中国国家标准汇编

2008年修订-21

中国标准出版社　编

中国标准出版社

北　京

图书在版编目（CIP）数据

中国国家标准汇编：2008年修订．21/中国标准出版社编．—北京：中国标准出版社，2009
ISBN 978-7-5066-5361-9

Ⅰ.中…　Ⅱ.中…　Ⅲ.国家标准-汇编-中国-2008
Ⅳ.T-652.1

中国版本图书馆CIP数据核字（2009）第101348号

中国标准出版社出版发行
北京复兴门外三里河北街16号
邮政编码:100045
网址 www.spc.net.cn
电话:68523946　68517548
中国标准出版社秦皇岛印刷厂印刷
各地新华书店经销
*
开本 880×1230 1/16　印张 39.5　字数 1 169 千字
2009年7月第一版　2009年7月第一次印刷
*
定价 200.00 元

ISBN 978-7-5066-5361-9

出　版　说　明

1.《中国国家标准汇编》是一部大型综合性国家标准全集。自1983年起，按国家标准顺序号以精装本、平装本两种装帧形式陆续分册汇编出版。它在一定程度上反映了我国建国以来标准化事业发展的基本情况和主要成就，是各级标准化管理机构，工矿企事业单位，农林牧副渔系统，科研、设计、教学等部门必不可少的工具书。

2.《中国国家标准汇编》收入我国每年正式发布的全部国家标准，分为"制定"卷和"修订"卷两种编辑版本。

"制定"卷收入上年度我国发布的、新制定的国家标准，顺延前年度标准编号分成若干分册，封面和书脊上注明"20××年制定"字样及分册号，分册号一直连续。各分册中的标准是按照标准编号顺序连续排列的，如有标准顺序号缺号的，除特殊情况注明外，暂为空号。

"修订"卷收入上年度我国发布的、被修订的国家标准，视篇幅分设若干分册，但与"制定"卷分册号无关联，仅在封面和书脊上注明"20××年修订-1，-2，-3，……"字样。"修订"卷各分册中的标准，仍按标准编号顺序排列(但不连续)；如有遗漏的，均在当年最后一分册中补齐。需提请读者注意的是，个别非顺延前年度标准编号的新制定的国家标准没有收入在"制定"卷中，而是收入在"修订"卷中。

读者配套购买《中国国家标准汇编》"制定"卷和"修订"卷则可收齐上一年度我国制定和修订的全部国家标准。

3. 由于读者需求的变化，自1996年起，《中国国家标准汇编》仅出版精装本。

4. 2008年制修订国家标准共5946项。本分册为"2008年修订-21"，收入新制修订的国家标准46项。

中国标准出版社
2009年5月

目　录

ICS 71.060.50
G 12

GB

中华人民共和国国家标准

GB/T 4209—2008
代替 GB/T 4209—1996

工业硅酸钠

Sodium silicate for industrial use

2008-04-01 发布　　2008-09-01 实施

中华人民共和国国家质量监督检验检疫总局
中国国家标准化管理委员会　发布

前　言

请注意本标准的某些内容有可能涉及专利。本标准的发布机构不应承担识别这些专利的责任。

本标准修改采用日本标准 JIS K 1408:1966(1985 年确认)《硅酸钠》(日文版)。

本标准根据日本标准 JIS K 1408:1966(1985 年确认)《硅酸钠》重新起草。

考虑到我国国情,在采用日本标准 JIS K 1408:1966(1985 年确认)《硅酸钠》时,本标准做了一些修改。有关技术性差异已编入正文中并在它们所涉及的条款的页边空白处用垂直单线标识。在附录 A 及附录 B 中给出了这些技术性差异、结构性差异及其原因的一览表以供参考。

本标准代替 GB/T 4209—1996《工业硅酸钠》。

本标准与 GB/T 4209—1996 的主要技术差异如下:

——删除了用户不要求的原标准中液—4 和固—3 两型产品的要求,并将原标准中液—5 和固—4 编为液—4 和固—3(1996 年版第 3 章和 4.2,本版第 4 章和 5.2);

——对液—1 型产品优等品的水不溶物质量分数、密度、氧化钠质量分数、二氧化硅质量分数和模数,液—2 型产品优等品的水不溶物质量分数的指标要求进行了调整。对固体硅酸钠一等品的可溶固体总质量分数指标进行了调整(1996 年版 4.2,本版 5.2);

——固—1 和固—2 增加优等品指标要求,并增设铝含量指标(1996 年版 4.2,本版 5.2)。

本标准的附录 A 和附录 B 为资料性附录。

本标准由中国石油和化学工业协会提出。

本标准由全国化学标准化技术委员会无机化工分会(SAC/TC 63/SC 1)归口。

本标准起草单位:青岛东岳泡花碱有限公司、青岛嘉润化工有限公司、滕州市辛绪化工原料有限公司、上海跃达实业有限公司、天津化工研究设计院。

本标准主要起草人:张月花、姜棣、田毓琪、张聿林、仇荣林、仇兴东、张瑾六、郭凤鑫。

本标准所代替标准的历次版本发布情况:

——GB/T 4209—1984,GB/T 4209—1996。

工 业 硅 酸 钠

1 范围

本标准规定了工业硅酸钠的分类、分型，要求，试验方法，检验规则，标志、标签，包装、运输、贮存。

本标准适用于工业固体硅酸钠和工业液体硅酸钠。液体硅酸钠主要用作化工原料、填充料、黏结剂、助剂、防腐剂等。固体硅酸钠主要用于制造液体硅酸钠。

2 规范性引用文件

下列文件的条款通过本标准中引用而成为本标准的条款。凡是注日期的引用文件，其随后所有的修改单(不包括勘误的内容)或修订版本均不适用于本标准，然而，鼓励根据本标准达成协议的各方研究是否可使用这些文件的最新版本。凡是不注日期的引用文件，其最新版本适用于本标准。

GB/T 1250 极限数值的表示方法和判定方法

GB/T 3049—2006 工业用化工产品 铁含量测定的通用方法 1,10-菲啰啉分光光度法(ISO 6685:1982,IDT)

GB/T 6678 化工产品采样总则

GB/T 6682—1992 分析实验室用水规格和试验方法(eqv ISO 3696:1987)

GB/T 8946 塑料编织袋

HG/T 3696.1 无机化工产品化学分析用标准滴定溶液的制备

HG/T 3696.2 无机化工产品化学分析用杂质标准溶液的制备

HG/T 3696.3 无机化工产品化学分析用制剂及制品的制备

3 分子式

分子式 $Na_2O \cdot nSiO_2$

4 分类、分型

工业硅酸钠分为二类：

Ⅰ类：液体硅酸钠。Ⅱ类：固体硅酸钠。

液体硅酸钠分为四种型号：液—1、液—2、液—3、液—4。

固体硅酸钠分为三种型号：固—1、固—2、固—3。

液—1、液—2、固—1、固—2、固—3 型产品主要用作黏结剂、填充料和化工原料等。液—3 产品主要用于建材业。液—4 和固—3 型产品用于铸造业中作黏结剂等。

5 要求

5.1 外观：液体硅酸钠为无色、略带色的透明或半透明黏稠状液体。固体硅酸钠为无色、略带色的透明或半透明玻璃块状体。

5.2 工业硅酸钠应符合表 1 和表 2 要求。

表 1 工业液体硅酸钠要求

指标项目		液—1			液—2			液—3			液—4		
		优等品	一等品	合格品	优等品	一等品	合格品	优等品	一等品	合格品	优等品	一等品	合格品
铁(Fe),w/%	≤	0.02	0.05	—	0.02	0.05	—	0.02	0.05	—	0.02	0.05	—
水不溶物,w/%	≤	0.10	0.40	0.50	0.10	0.40	0.50	0.20	0.60	0.80	0.20	0.80	1.00
密度(20℃)/(g/mL)		1.336～1.362			1.368～1.394			1.436～1.465			1.526～1.559		
氧化钠(Na_2O),w/%	≥	7.5			8.2			10.2			12.8		
二氧化硅(SiO_2),w/%	≥	25.0			26.0			25.7			29.2		
模数		3.41～3.60			3.10～3.40			2.60～2.90			2.20～2.50		

表 2 工业固体硅酸钠要求

指标项目		固—1			固—2			固—3	
		优等品	一等品	合格品	优等品	一等品	合格品	一等品	合格品
可溶固体,w/%	≥	99.0	98.0	95.0	99.0	98.0	95.0	98.0	95.0
铁(Fe),w/%	≤	0.02	0.12	—	0.02	0.12	—	0.10	—
氧化铝,w/%	≤	0.30	—	—	0.25	—	—	—	—
模数		3.41～3.60			3.10～3.40			2.20～2.50	

6 试验方法

6.1 安全提示

本试验方法中使用的部分试剂具有腐蚀性,操作者须小心谨慎!如溅到皮肤上应立即用水冲洗,严重者应立即治疗。使用易燃品时,严禁使用明火加热。

6.2 一般规定

本标准所用试剂和水,在没有注明其他要求时,均指分析纯试剂和 GB/T 6682—1992 中规定的三级水。试验中所需标准滴定溶液、杂质标准溶液、制剂及制品,在没有注明其他要求时,均按 HG/T 3696.1、HG/T 3696.2、HG/T 3696.3 的规定制备。

6.3 外观判别

在自然光下用目视法判定外观。

6.4 铁含量的测定

6.4.1 方法提要

同 GB/T 3049—2006 第 3 章。

6.4.2 试剂

6.4.2.1 盐酸溶液:1+3;

6.4.2.2 甲基橙指示液:1 g/L;以下同 GB/T 3049—2006 第 4 章。

6.4.3 仪器、设备

6.4.3.1 电热恒温干燥箱:可控制在本试验需要的温度范围;

6.4.3.2 玛瑙研钵;

6.4.3.3 50 mL 压力溶弹;以下同 GB/T 3049—2006 第 5 章。

6.4.4 分析步骤

6.4.4.1 工作曲线的绘制

用移液管移取 0.00 mL、0.50 mL、1.00 mL、2.00 mL、3.00 mL、4.00 mL、5.00 mL 铁标准溶液

[1 mL 溶液含铁(Fe)20 μg],分别置于 7 个 100 mL 容量瓶中,以下从 GB/T 3049—2006 的 6.3.2 开始操作,使用适宜的比色皿(3 cm 或 4 cm)绘制工作曲线。

6.4.4.2 **试验溶液的制备**

a) 液体硅酸钠试验溶液的制备

称取约 5 g 试样,精确至 0.01 g,置于 500 mL 烧杯中,加 150 mL 水。加 2 滴甲基橙指示液,滴加 1+3 盐酸溶液中和,再过量 10 mL,煮沸 5 min,冷却至室温。全部移入 250 mL 容量瓶中,用水稀释至刻度,摇匀,此溶液为试验溶液 A。

b) 固体硅酸钠试验溶液的制备

将待测试样置于 105℃～110℃的电热恒温干燥箱中烘干 1 h,用玛瑙研钵研细至无颗粒感为止,置于 105℃～110℃电热恒温干燥箱内烘至质量恒定。称取约 1 g 此试样,精确至 0.000 2 g,置于压力溶弹内,加入约 2 mL 水,盖紧溶弹盖。置于电热恒温干燥箱中,使温度升至 180℃,并在 180℃恒温 2 h。取出溶弹,温度降到 40℃时,用 80℃以上的热水将试样溶解,全部移入 400 mL 烧杯中,加 2 滴甲基橙指示液,用 1+3 盐酸溶液中和并过量 10 mL,煮沸 5 min,冷却至室温。全部移入 250 mL 容量瓶中,用水稀释至刻度,摇匀,此溶液为试验溶液 B。

6.4.4.3 **空白试验溶液的制备**

在 500 mL 烧杯中,加 150 mL 水,加 2 滴甲基橙指示液,加入 15 mL 1+3 盐酸溶液,煮沸 5 min,冷却至室温,全部移入 250 mL 容量瓶中,用水稀释至刻度,摇匀。

6.4.4.4 **测定**

用移液管移取试验溶液(6.4.4.2):液体硅酸钠优等品取 10 mL、一等品取 5 mL 试验溶液 A;固体硅酸钠优等品取 50 mL、一等品取 10 mL 试验溶液 B,置于 100 mL 容量瓶中。另外用移液管移取与试液相同体积的空白试验溶液(6.4.4.3),分别置于 100 mL 容量瓶中。以下按 GB/T 3049—2006 的 6.4.1,从"加水至 60 mL……"开始进行操作。

从工作曲线中查出试验溶液和空白试验溶液中铁的质量。

6.4.5 **结果计算**

铁含量以铁(Fe)的质量分数 w_1 计,数值以%表示,按式(1)计算:

$$w_1 = \frac{(m_1 - m_2) \times 10^{-6}}{m(V/250)} \times 100 \qquad (1)$$

式中:

m_1——从工作曲线上查得的试验溶液中铁的质量的数值,单位为微克(μg);

m_2——从工作曲线上查得的空白试验溶液中铁的质量的数值,单位为微克(μg);

V——移取的试验溶液的体积的数值,单位为毫升(mL);

m——试料质量的数值,单位为克(g)。

取平行测定结果的算术平均值为测定结果,两次平行测定结果的绝对差值液体硅酸钠不大于 0.005%;固体硅酸钠优等品不大于 0.005%,一等品不大于 0.01%。

6.5 **水不溶物含量的测定**

6.5.1 **试剂**

6.5.1.1 酚酞指示液:10 g/L。

6.5.1.2 酸洗石棉:取适量酸洗石棉,浸泡在 1+3 盐酸溶液中,煮沸 20 min,用布氏漏斗过滤并用水洗涤至中性(用 pH 试纸检查)。再用 50 g/ L 氢氧化钠溶液浸泡并煮沸 20 min,用布氏漏斗过滤并用水洗涤至中性(用 pH 试纸检查 pH 为 7～9)。用水调成稀糊状,备用。

6.5.2 **仪器、设备**

6.5.2.1 古氏坩埚:容量 30 mL。

将古氏坩埚置于抽滤瓶上,在筛板上下各均匀地铺上厚约 3 mm 处理过的酸洗石棉,用 60℃～

80℃的水洗至滤液中不含石棉毛为止。取下坩埚于105℃～110℃干燥,冷却后称量。再用热水洗涤,于105℃～110℃干燥,冷却后称量。如此重复,直至坩埚质量恒定为止。

6.5.3 分析步骤

称取约5 g试样,精确至0.01 g,置于400 mL烧杯中,用约300 mL 60℃～80℃的水溶解,用已于105℃～110℃干燥至质量恒定的古氏坩埚过滤,用60℃～80℃的水洗涤残渣至无碱性反应(用pH试纸检查pH为7～9)为止。将坩埚和残渣于105℃～110℃干燥至质量恒定。

6.5.4 结果计算

水不溶物含量以质量分数 w_2 计,数值以%表示,按式(2)计算:

$$w_2 = \frac{m_2 - m_1}{m} \times 100 \qquad \cdots\cdots(2)$$

式中:

m_1——古氏坩埚质量的数值,单位为克(g);

m_2——水不溶物与古氏坩埚质量的数值,单位为克(g);

m——试料质量的数值,单位为克(g)。

取平行测定结果的算术平均值为测定结果,两次平行测定结果的绝对差值不大于0.02%。

6.6 密度的测定

6.6.1 方法提要

将密度计浸于恒温的被测液体中达到平衡状态时,读取密度计与液面弯月面相切的刻度即为该液体的密度。

6.6.2 仪器、设备

6.6.2.1 密度计:分度值为0.001 g/mL;

6.6.2.2 恒温水浴:温度控制在20℃±0.5℃;

6.6.2.3 直形量筒:250 mL;

6.6.2.4 温度计:分度值为1℃。

6.6.3 分析步骤

将待测试样注入清洁、干燥的量筒内,不得有气泡,将量筒置于20℃±0.5℃的恒温水浴中。待温度恒定后,将清洁、干燥的密度计缓缓地放入试样中央,使密度计自然下沉。密度计应浮在试样中,不得与筒壁和筒底接触。密度计的上端露在液面外的部分所沾液体不得超过2～3分度值,待密度计在试样中稳定后,读出密度计弯月面下缘的刻度,即为20℃试样的密度。

取平行测定结果的算术平均值为测定结果,两次平行测定结果的绝对差值不大于0.001 g/mL。

6.7 氧化钠含量的侧定

6.7.1 方法提要

以甲基红为指示剂,用盐酸标准滴定溶液滴定总碱度。

6.7.2 试剂

6.7.2.1 盐酸标准滴定溶液:$c(HCl)\approx0.2$ mol/L;

a) 配制:量取18 mL盐酸,注入1 000 mL水中,摇匀。

b) 标定:称取约0.4 g于270℃～300℃灼烧至质量恒定的基准无水碳酸钠,精确至0.000 1 g,溶于50 mL水中,加10滴溴甲酚绿-甲基红混合指示液,用配制好的盐酸标准滴定溶液滴定至溶液由绿色变为暗红色,煮沸2 min,冷却后继续滴定至溶液再呈暗红色。同时作空白试验。

c) 计算:盐酸标准滴定溶液的实际浓度以 c 计,数值以mol/L表示,按式(3)计算:

$$c = \frac{m \times 1\,000}{(V_1 - V_2) \times M} \qquad \cdots\cdots(3)$$

式中：

m——基准无水碳酸钠的质量的数值，单位为克(g)；

V_1——滴定所消耗的盐酸标准滴定溶液体积的数值，单位为毫升(mL)；

V_2——空白试验消耗的盐酸标准滴定溶液体积的数值，单位为毫升(mL)；

M——无水碳酸钠($1/2Na_2CO_3$)摩尔质量的数值，单位为克每摩尔(g /mol)(M=52.99)。

6.7.2.2 甲基红指示液：1 g/L。

6.7.3 仪器、设备

6.7.3.1 电热恒温干燥箱：可控制在本试验需要的温度范围；

6.7.3.2 玛瑙研钵；

6.7.3.3 50 mL 压力溶弹。

6.7.4 分析步骤

6.7.4.1 试验溶液的制备

a) 液体硅酸钠试验溶液的制备：称取约 5 g 试样，精确至 0.000 2 g，移入 250 mL 容量瓶中，用水溶解，稀释至刻度，摇匀，此溶液为试验溶液 C。

b) 固体硅酸钠试验溶液的制备：将待测试样置于 105℃～110℃的电热恒温干燥箱中烘干 1 h，用玛瑙研钵研细至无颗粒感为止，置于 105℃～110℃电热恒温干燥箱内干燥至质量恒定。称取约 1 g 试样，精确至 0.000 2 g，置于压力溶弹内，加入约 2 mL 水，盖紧溶弹盖，置于电热恒温干燥箱中，使温度升至 180℃，保持 2 h。取出溶弹，温度降到 40℃时，用 80℃以上的热水将试样溶解，转移至 250 mL 容量瓶中，冷却至室温，用水稀释至刻度，摇匀，此溶液为试验溶液 D。

6.7.4.2 测定

用移液管移取 50 mL 试验溶液 C 或 D(6.7.4.1)置于 250 mL 锥形瓶内，加 10 滴甲基红指示液，用盐酸标准滴定溶液滴定至溶液由黄色变为微红色即为终点。滴定后的溶液为试验溶液 E，保留此溶液用于测定二氧化硅含量。

6.7.5 结果计算

氧化钠含量以氧化钠(Na_2O)的质量分数 w_3 计，数值以%表示，按式(4)计算：

$$w_3=\frac{(V/1\,000)cM}{m(50/250)}\times 100 \quad \cdots\cdots(4)$$

式中：

V——滴定所消耗的盐酸标准滴定溶液体积的数值，单位为毫升(mL)；

c——盐酸标准滴定溶液浓度的准确数值，单位为摩尔每升(mol/L)；

m——试料质量的数值，单位为克(g)；

M——氧化钠($1/2Na_2O$)摩尔质量的数值，单位为克每摩尔(g/mol)(M=30.99)。

取平行测定结果的算术平均值为测定结果，两次平行测定结果的绝对差值不大于 0.1%。

6.8 二氧化硅含量的测定

6.8.1 方法提要

在已测定氧化钠含量后的溶液中，加入过量氟化钠，生成定量的氢氧化钠。加入过量盐酸溶液，再用氢氧化钠标准滴定溶液返滴定。

6.8.2 试剂

6.8.2.1 氟化钠；

6.8.2.2 盐酸标准滴定溶液：$c(HCl)\approx0.5$ mol/L；

6.8.2.3 氢氧化钠标准滴定溶液：$c(NaOH)\approx0.5$ mol/L；

6.8.2.4 甲基红指示液：1 g/L。

6.8.3 分析步骤

在测定氧化钠含量后的试验溶液E(6.7.4.2)中，加入3 g±0.1 g氟化钠，摇动使其溶解，此时溶液又变成黄色，立即用盐酸标准滴定溶液滴定至红色不变，再过量2 mL～3 mL，准确记录盐酸标准滴定溶液的总体积。然后用氢氧化钠标准滴定溶液滴定至黄色为终点。

同时做空白试验，在250 mL锥形瓶中，加约50 mL水、10滴甲基红指示液，加入3 g±0.1 g氟化钠，立即用盐酸标准滴定溶液滴定至红色不变，再过量2 mL～3 mL，准确记录盐酸标准滴定溶液的总体积。然后用氢氧化钠标准滴定溶液滴定至黄色为终点。

6.8.4 结果计算

二氧化硅含量以二氧化硅(SiO_2)的质量分数w_4计，数值以%表示，按式(5)计算：

$$w_4 = \frac{[(c_1V_1 - c_2V_2) - (c_1V_3 - c_2V_4)]M}{m(50/250) \times 1\,000} \times 100 \quad \cdots\cdots(5)$$

式中：

c_1——盐酸标准滴定溶液浓度的准确数值，单位为摩尔每升(mol/L)；

c_2——氢氧化钠标准滴定溶液浓度的准确数值，单位为摩尔每升(mol/L)；

V_1——滴定中所消耗的盐酸标准滴定溶液体积的数值，单位为毫升(mL)；

V_2——滴定中消耗的氢氧化钠标准滴定溶液体积的数值，单位为毫升(mL)；

V_3——空白试验消耗的盐酸标准滴定溶液体积的数值，单位为毫升(mL)；

V_4——空白试验消耗的氢氧化钠标准滴定溶液体积的数值，单位为毫升(mL)；

M——二氧化硅($1/4SiO_2$)摩尔质量的数值，单位为克每摩尔(g/mol)(M=15.02)；

m——6.7.4.1中试料质量的数值，单位为克(g)。

取平行测定结果的算术平均值为测定结果，两次平行测定结果的绝对差值不大于0.2%。

6.9 模数(M_s)的计算

模数以二氧化硅摩尔数与氧化钠摩尔数的比值M_s计，按式(6)计算：

$$M_s = \frac{w_4}{w_3} \times 1.032 \quad \cdots\cdots(6)$$

式中：

w_3——氧化钠(Na_2O)的质量分数，数值以%表示(6.7.5)；

w_4——二氧化硅(SiO_2)的质量分数，数值以%表示(6.8.4)；

1.032——氧化钠相对分子质量与二氧化硅相对分子质量的比值。

6.10 可溶固体总含量的计算

6.10.1 方法提要

试样溶解后，测得的氧化钠的质量分数与二氧化硅的质量分数之和即为可溶固体总含量。

6.10.2 结果计算

可溶固体总含量以质量分数w_5计，数值以%表示，按式(7)计算：

$$w_5 = w_3 + w_4 \quad \cdots\cdots(7)$$

式中：

w_3——氧化钠(Na_2O)的质量分数，数值以%表示(6.7.5)；

w_4——二氧化硅(SiO_2)的质量分数，数值以%表示(6.8.4)。

6.11 铝含量的测定

6.11.1 方法提要

在pH值为4～5时，样品中的铝与铬天青S生成蓝色的四元胶束，在570 nm波长下，使用分光光度计进行测定。

6.11.2 试剂

6.11.2.1 氢氟酸；

6.11.2.2 高氯酸；

6.11.2.3 氢氧化钠溶液：50 g/L；

6.11.2.4 盐酸溶液：1+1；

6.11.2.5 硫酸溶液：1+1；

6.11.2.6 抗坏血酸溶液：10 g/L（有效期为1周）；

6.11.2.7 磷酸二氢钾溶液：5 g/L；

6.11.2.8 乙酸-乙酸钠缓冲溶液：pH值为4～5；

称取68.0 g乙酸钠（$CH_3COONa \cdot 3H_2O$），溶于470 mL水中，加30 mL乙酸。

6.11.2.9 铬天青S溶液：1 g/L（使用期为一个月）；

6.11.2.10 铝标准溶液：1 mL溶液含铝（Al）0.01 mg；

用移液管移取1 mL按HG/T 3696.2配制的铝标准溶液，置于100 mL容量瓶中，用水稀释至刻度，摇匀。

6.11.2.11 甲基橙指示液：5 g/L；

称取0.5 g甲基橙，溶于70℃的水中，冷却后用水稀释至100 mL。

6.11.3 仪器、设备

6.11.3.1 分光光度计，配有2 cm比色皿；

6.11.3.2 铂坩埚：容量为50 mL。

6.11.4 分析步骤

6.11.4.1 工作曲线的绘制

用移液管移取0.00 mL、1.00 mL、2.00 mL、4.00 mL、6.00 mL、8.00 mL、10.00 mL铝标准溶液，分别置于7个100 mL容量瓶中，用水稀释至约50 mL，加入1滴甲基橙指示液，用氢氧化钠溶液调节溶液变为黄色，加6滴盐酸溶液，摇匀。加入2 mL抗坏血酸溶液，在不断摇动下加入2 mL磷酸二氢钾溶液。加入10 mL乙酸-乙酸钠缓冲溶液，摇匀，准确加入5 mL铬天青S溶液，摇匀。用水稀释至刻度，摇匀，放置5 min。在570 nm波长下，用2 cm比色皿，以水调零，测量其吸光度（于1 h内测定完毕）。

从每个标准溶液的吸光度中减去试剂空白溶液的吸光度，以铝质量（mg）为横坐标，对应的吸光度为纵坐标，绘制工作曲线。

6.11.4.2 测定

将试样研细至无颗粒感，于105℃～110℃干燥至质量恒定，称取0.2 g～0.3 g试样，精确至0.001 g，置于铂坩埚中。加数滴水，加10滴硫酸溶液，加15 mL氢氟酸，于低温电热板上蒸至近干，再加入15 mL氢氟酸，继续置于电热板上蒸干。加2 mL高氯酸蒸至不冒烟，且坩埚中样品不能蒸干。加入2 mL盐酸溶液，置于电炉上加热溶解。冷却后转移至250 mL容量瓶中，用水稀释至刻度，摇匀。

用移液管移取25 mL试验溶液，置于100 mL容量瓶中，用水稀释至约50 mL，以下按6.11.4.1从“加入1滴甲基橙指示液……”开始，至“……测量其吸光度”为止。空白试验是取50 mL水，加6滴盐酸溶液，以下与试样同时同样处理。从工作曲线上查出试验溶液和空白试验溶液中铝的质量。

6.11.5 结果计算

氧化铝含量以三氧化二铝（Al_2O_3）的质量分数 w_6 计，数值以%表示，按式（8）计算：

$$w_6 = \frac{(m_1 - m_0) \times 1.890 \times 10^{-3}}{m(25/250)} \times 100 \quad \cdots\cdots (8)$$

式中：

m_1——从工作曲线上查得的试验溶液中铝的质量的数值，单位为毫克（mg）；

m_0——从工作曲线上查得的空白试验溶液中铝的质量的数值，单位为毫克（mg）；

m——试料质量的数值，单位为克（g）；

1.890——铝换算为氧化铝的系数。

取平行测定结果的算术平均值为测定结果,平行测定结果的绝对差值不大于0.05%。

7 检验规则

7.1 本标准要求中规定的所有指标项目为出厂检验项目,应逐批检验。

7.2 生产企业用相同材料,基本相同的生产条件,连续生产或同一班组生产的同一级别的产品为一批。液体硅酸钠每批产品不超过500 t,固体硅酸钠每批产品不超过400 t。

7.3 按GB/T 6678的规定确定采样单元数。液体硅酸钠的采样方法:从混合均匀的成品液体硅酸钠储罐的上、中、下三点采样,取不少于250 mL的平均试样,立即装入两个清洁、干燥、带有盖子的塑料瓶中,密封。固体硅酸钠的采样方法:按确定的采样单元数,随机取样。每袋所取样品不少于50 g。将所取样品充分混合,用四分法缩分至约500 g,立即装入两个清洁、干燥的广口瓶中,密封。瓶上粘贴标签,注明:生产厂名、产品名称、型号、级别、批号、采样日期和采样者姓名。一瓶作为实验室样品,另一瓶保存备查,保存时间由生产厂根据实际情况确定。

7.4 工业硅酸钠由生产厂的质量监督检验部门按本标准的规定进行检验。生产厂应保证每批出厂的产品都符合本标准的要求。

7.5 使用单位有权按照本标准的规定对收到的工业硅酸钠进行验收。验收应在货到之日算起的一个月内进行。

7.6 检验结果中如有指标不符合本标准要求时,应重新自两倍量的包装袋中采样进行复验,复验结果即使只有一项指标不符合本标准要求时,则整批产品为不合格。

7.7 采用GB/T 1250规定的修约值比较法判定检验结果是否符合标准。

8 标志、标签

8.1 工业硅酸钠包装上要有牢固清晰的标志,内容包括:生产厂名、厂址、产品名称、型号、级别、净含量、批号(或生产日期)、本标准编号。

8.2 每批出厂的工业硅酸钠都应附有质量证明书,内容包括:生产厂名、厂址、产品名称、型号、级别、净含量、批号(或生产日期)、产品质量符合本标准的证明和本标准编号。

9 包装、运输、贮存

9.1 工业液体硅酸钠采用清洁的铁桶、塑料桶或槽车密封包装。工业固体硅酸钠采用塑料编织袋包装。每袋净含量50 kg,也可根据用户要求的规格进行包装。桶、槽车包装的产品净含量由供需双方协商或按槽车的固有体积而定。

9.2 包装的塑料编织袋按GB/T 8946的规定选择相应型号,采用缝合,也可以用维尼龙绳或其他质量相当的绳封口。铁桶、塑料桶、槽车采用压边、抱箍或螺旋方式封口。

9.3 工业硅酸钠在运输过程中应避免容器破损。

9.4 工业硅酸钠应贮存在通风干燥的仓库内。

附 录 A
（资料性附录）
本标准与日本标准技术性差异及其原因一览表

表 A.1 给出了本标准与日本标准 JIS K 1408:1966(1985 年确认)《硅酸钠》(日文版)技术性差异及其原因。

表 A.1 本标准与日本标准 JIS K 1408:1966(1985 年确认)技术性差异及原因一览表

本标准的章条编号	技术性差异	原因
5.2	本标准设置的是密度指标，日本标准设置的是以波美度表示的比重指标。	由于波美度不是国际单位，因此本标准设置为密度指标。
	根据我国国情对液体硅酸钠和固体硅酸钠进行分型。并对指标值做了调整。	根据用户的要求进行设置。
	固体硅酸钠增设了可溶固体总质量分数和模数两指标。	根据用户的要求。
	固体硅酸钠增设了铝含量指标要求。	根据用户的要求。
6.4、6.5、6.6、6.7、6.8	铁含量、水不溶物含量、密度、氧化钠含量、二氧化硅含量的测定方法进行适当改进。	本标准采用了更准确、可靠、简便的测定方法。

附 录 B
(资料性附录)
本标准与日本标准的结构性差异一览表

表 B.1 给出了本标准与日本标准 JIS K 1408:1966(1985 年确认)《硅酸钠》(日文版)的结构性差异。

表 B.1 本标准与日本标准 JIS K 1408:1966(1985 年确认)的结构性差异一览表

本标准		JIS K 1408:1966(1985 年确认)《硅酸钠》	
章节	内 容	章节	内 容
前言	前言	—	—
1	范围	1	适用范围
2	规范性引用标准	—	—
3	分子式	—	—
4	分类、分型	—	—
5	要求	2	指标
5.2	工业硅酸钠附合表 1 和表 2 要求	—	—
—	—	3	取样方法
6	试验方法	4	检验方法
7	检验规则	—	—
8	标志、标签	5	标志
9	包装、运输、贮存	—	—

ICS 23.060.01
N 16

GB

中华人民共和国国家标准

GB/T 4213—2008
代替 GB/T 4213—1992

气动调节阀

Pneumatic industrial process control valves

2008-07-28 发布　　2009-02-01 实施

中华人民共和国国家质量监督检验检疫总局
中国国家标准化管理委员会　发布

前　言

本标准是修订并代替GB/T 4213—1992《气动调节阀》。

本标准与GB/T 4213—1992的主要区别如下：

——更新规范性引用文件；

——对公称通径系列及公称压力等级系列进行部分修改与补充；

——对信号范围作删减；

——增加死区的最大允许值；

——对回差及始终点偏差的要求和检验范围作修改；

——增加对噪声预测计算的考虑；

——检验规则中对阀单独出厂时增加泄漏量试验要求；

——对标志部分进行修改以突出强制性标志；

——将其中部分带有要求性或规定性的注改为正文；

——按照GB/T 1.1—2000的规定进行了编辑性修改。

本标准由中国机械工业联合会提出。

本标准由全国工业过程测量和控制标准化技术委员会(SAC/TC 124)归口。

本标准负责起草单位：上海工业自动化仪表研究所。

本标准参加起草单位：上海仪器仪表自控系统检验测试所、上海西派埃仪表成套有限公司、宁夏银星能源股份吴忠仪表有限公司、天津精通控制仪表技术有限公司、上海自动化仪表股份有限公司自动化仪表七厂、鞍山自控仪表(集团)股份有限公司、重庆川仪十一厂有限公司。

本标准主要起草人：王炯、陈蒙南、李明华、王克强、马玉山、王勇、杨建文、范萍、李雷、王燕、高强、王志泽、王艳。

本标准所代替标准的历次版本发布情况为：

——GB 4213—1984、GB/T 4213—1992。

气 动 调 节 阀

1 范围

本标准规定了工业过程控制系统用气动调节阀(亦称控制阀)的产品分类、技术要求、试验方法、检验规则等。

本标准适用于气动执行机构与阀组成的各类气动调节阀(以下简称调节阀)。本标准中有关内容也适用于独立的气动执行机构和阀组件。

本标准不适用于承受放射性工作条件等国家有特定要求工作条件的调节阀。

2 规范性引用文件

下列文件中的条款通过本标准的引用而成为本标准的条款。凡是注日期的引用文件,其随后所有的修改单(不包括勘误的内容)或修订版均不适用于本标准,然而,鼓励根据本标准达成协议的各方研究是否可使用这些文件的最新版本。凡是不注日期的引用文件,其最新版本适用于本标准。

GB/T 15464 仪器仪表包装通用技术条件

GB/T 17213(所有部分) 工业过程控制阀

JB/T 8218—1999 执行器 术语

3 术语和定义

GB/T 17213 及 JB/T 8218—1999 确立的术语和定义适用于本标准。

4 产品分类及通用要求

4.1 按调节阀动作方式分类

a) 直行程调节阀;

b) 角行程调节阀。

4.2 按调节阀调节方式分类

a) 调节型;

b) 切断型;

c) 调节切断型。

4.3 按调节阀作用方式分类

a) 气关式;

b) 气开式。

4.4 按调节阀执行机构型式分类

a) 气动薄膜调节阀;

b) 气动活塞调节阀。

4.5 公称通径(DN)

调节阀的公称通径 DN 后接数值应自下列优选数系中选取,单位为毫米(mm):

6,10,15,20,25,32,40,50,65,80,100,125,150,200,250,300,350,400,450,500,600,700,800,900,1 000,1 200,1 400,1 600,1 800,2 000。

4.6 公称压力(PN)

调节阀的公称压力标志 PN 后接数值应自下列数值中选取，单位为 1/10 兆帕(1/10 MPa)：

2.5,6,10,16,20,25,40,50,64,100,110,160,250,260,320,420,1 600,2 500。

注：以 PN 标志的与以等级(class)形式标志的公称压力部分对应关系为：PN20：class 150；PN50：class 300；PN64：class 400；PN110：class 600；PN160：class 900；PN260：class 1 500；PN420：class 2 500。

4.7 输入信号范围

a) 调节阀的标准输入压力信号范围：20kPa～100kPa；

b) 切断型调节阀，输入信号范围可在气源压力额定值内任意选取；

c) 带有电-气阀门定位器的调节阀，标准输入电信号范围为直流 4 mA～20 mA；

d) 用户(订购方)要求的符合其他标准或特定范围的输入电信号。

4.8 气源

4.8.1 气源压力的最大值

a) 气动薄膜调节阀：600 kPa；

b) 气动活塞调节阀：700 kPa。

4.8.2 气源的湿度

操作压力下的气源其露点应比调节阀工作环境温度至少低 10 ℃。

4.8.3 气源的质量

a) 气源应无明显的油蒸气、油和其他液体；

b) 气源应无明显的腐蚀性气体、蒸汽和溶剂；

c) 带定位器的调节阀气源中固体微粒的含量应小于 0.1 g/m^3，且微粒直径应小于 30 μm，含油量应小于 10 mg/m^3。

4.9 正常工作条件

除非另有规定，调节阀在下述大气条件中应能正常工作：

a) 温度：－25 ℃ ～ ＋55 ℃或－40 ℃ ～ ＋70 ℃；

b) 相对湿度：5%～100%；

c) 允许采用特殊的温度等级，但温度值应为 5 ℃的整倍数。

4.10 信号接管螺纹

气动执行机构与信号传送管道连接的螺纹尺寸为 M10×1、M16×1.5、RC1/4、RC3/8、RC1/2，按照用户(订购方)要求也可采用其他尺寸。

4.11 连接端型式和尺寸

a) 调节阀连接端型式为法兰、焊接或螺纹；

b) 调节阀连接端的型式和尺寸应符合 GB/T 17213 及其他相应国家标准和行业标准的规定；

c) 用户(订购方)要求采用的其他标准或特定的连接端型式和尺寸。

5 技术要求

5.1 基本误差

调节阀的基本误差应不超过表 1 中规定的基本误差限，基本误差用调节阀额定行程的百分数表示。弹簧压力范围在 20 kPa～100 kPa、40 kPa～200 kPa、60 kPa～300 kPa 以外的调节阀及切断型调节阀免于试验。

5.2 回差

调节阀的回差应不超过表 1 规定。回差用调节阀额定行程的百分数表示。不带定位器及弹簧压力范围在 20 kPa～100 kPa、40 kPa～200 kPa、60 kPa～300 kPa 以外的调节阀及切断型调节阀免于试验。

5.3 死区

调节阀的死区应不超过表 1 规定。死区用调节阀输入信号量程的百分数表示。弹簧压力范围在 20 kPa～100 kPa、40 kPa～200 kPa、60 kPa～300 kPa 以外的调节阀及切断型调节阀免于试验。

5.4 始终点偏差

当气动执行机构中的输入信号为上、下限值时，气开式调节阀的始点偏差和气关式调节阀的终点偏差应不超过表 1 的规定。始终点偏差用调节阀的额定行程的百分数表示。切断型调节阀免于试验。

表 1

<table>
<tr><th colspan="3" rowspan="2">项　目</th><th colspan="5">不带定位器</th><th colspan="5">带定位器</th></tr>
<tr><th>A</th><th>B</th><th>C</th><th>D</th><th>E</th><th>A</th><th>B</th><th>C</th><th>D</th><th>E</th></tr>
<tr><td colspan="3">基本误差限</td><td>±15</td><td>±10</td><td>±8</td><td>±8</td><td>±8</td><td>±4</td><td>±2.5</td><td>±2.0</td><td>±1.5</td><td>±1.5</td></tr>
<tr><td colspan="3">回差</td><td>—</td><td>—</td><td>—</td><td>—</td><td>—</td><td>3.0</td><td>2.5</td><td>2.0</td><td>1.5</td><td>1.5</td></tr>
<tr><td colspan="3">死区</td><td>8</td><td>6</td><td>6</td><td>6</td><td>6</td><td>1.0</td><td>1.0</td><td>0.8</td><td>0.6</td><td>0.6</td></tr>
<tr><td rowspan="4">始终点偏差</td><td rowspan="2">气开</td><td>始点</td><td>±6.0</td><td>±4.0</td><td>±4.0</td><td>±4.0</td><td>±4.0</td><td rowspan="4">±2.5</td><td rowspan="4">±2.5</td><td rowspan="4">±2.5</td><td rowspan="4">±2.5</td><td rowspan="4">±2.5</td></tr>
<tr><td>终点</td><td>—</td><td>—</td><td>—</td><td>—</td><td>—</td></tr>
<tr><td rowspan="2">气关</td><td>始点</td><td>—</td><td>—</td><td>—</td><td>—</td><td>—</td></tr>
<tr><td>终点</td><td>±6.0</td><td>±4.0</td><td>±4.0</td><td>±4.0</td><td>±4.0</td></tr>
<tr><td colspan="2" rowspan="2">额定行程偏差</td><td>调节型
（金属密封）</td><td>+6</td><td>+4</td><td>+4</td><td>+4</td><td>+4</td><td>+2.5</td><td>+2.5</td><td>+2.5</td><td>+2.5</td><td>+2.5</td></tr>
<tr><td>调节型
（弹性密封）
切断型</td><td colspan="10">实测行程大于额定行程</td></tr>
<tr><td colspan="13">注 1：A 类适用于特殊密封填料和特殊密封型式的调节阀；E 类适用于带纯聚四氟乙烯填料的一般单、双座调节阀；B、C、D 类适用于各种特殊结构型式和特殊用途的调节阀。
注 2：表中数值是相对于额定行程的百分数。</td></tr>
</table>

5.5 额定行程偏差

气关式调节阀的额定行程偏差应不超过表 1 规定。调节阀的额定行程偏差用额定行程的百分数表示。

5.6 泄漏量

5.6.1 调节阀在规定试验条件下的泄漏量应符合表 2 的规定。不应将本标准这一条款作为调节阀在工作条件下安装后预计其泄漏与否的依据。

5.6.2 调节阀的泄漏等级除Ⅰ级外，由制造厂自行选定。但单座阀结构的调节阀的泄漏等级不得低于Ⅳ级；双座阀结构的调节阀的泄漏等级不得低于Ⅱ级。

5.6.3 泄漏量大于 5×10^{-3} 阀额定容量时，应由结构设计保证，产品可免于测试。

5.6.4 泄漏应由下列代码加以规定：

X1	X2	X3

X1——泄漏等级如表 2 所示Ⅰ～Ⅵ；

X2——试验介质。G 为空气或氮气，L 为水；

X3——试验程序 1 或 2(见 6.9.2)。

表 2

泄漏等级	试验介质	试验程序	最大阀座泄漏量
Ⅰ	由用户与制造厂商定		
Ⅱ	L 或 G	1	$5\times10^{-3}\times$阀额定容量
Ⅲ	L 或 G	1	$10^{-3}\times$阀额定容量
Ⅳ	L	1 或 2	$10^{-4}\times$阀额定容量
	G	1	
Ⅳ-S1	L	1 或 2	$5\times10^{-6}\times$阀额定容量
	G	1	
Ⅴ	L	2	$1.8\times10^{-7}\times\Delta p\times D$(L/h)
Ⅵ	G	1	$3\times10^{-3}\times\Delta p\times$(表 3 规定的泄漏率系数)

注 1：Δp 以 kPa 为单位。

注 2：D 为阀座直径，以 mm 为单位。

注 3：对于可压缩流体，阀额定容量为体积流量时，是指在绝对压力为 101.325 kPa 和绝对温度为 273 K 或 288 K 的标准状态下的测定值。

表 3

阀座直径/mm	泄漏量	
	mL/min	每分钟气泡数
25	0.15	1
40	0.30	2
50	0.45	3
65	0.60	4
80	0.90	6
100	1.70	11
150	4.00	27
200	6.75	45
250	11.1	—
300	16.0	—
350	21.6	—
400	28.4	—

注 1：每分钟气泡数是在用外径 6 mm、壁厚 1 mm 的管子垂直浸入水下 5 mm～10 mm 深度的条件下测量所得，所用管子的管端表面应光滑、无倒角和毛刺。

注 2：如果阀座直径与表列值之一相差 2 mm 以上，则泄漏率系数可在假设泄漏率系数与阀座直径的平方成正比的情况下通过内推法取得。

5.6.5 在计算确定泄漏量的允许值时，阀的额定容量应按 GB/T 17213.2 规定的方法计算(表 4 所列)。

表 4

液体介质	应用条件	
	$\Delta p < F_L^2(p_1 - F_F p_v)$	$\Delta p \geqslant F_L^2(p_1 - F_F p_v)$
	$Q_l = 0.1K_v\sqrt{\dfrac{\Delta p}{\rho/\rho_0}}$	$Q_l = 0.1F_L K_v[(p_1 - F_F p_v)/(\rho/\rho_0)]^{1/2}$
气体介质	应用条件	
	$X < F_\gamma \cdot X_T$	$X \geqslant F_\gamma \cdot X_T$
	$Q_g = 0.28(X)^{1/2} Y p_1 K_v$	$Q_g = 0.19(X_T)^{1/2} p_1 K_v$

表中：

Q_l——液体流量，m^3/h；

Q_g——标准状态下的气体流量，m^3/h；

K_v——额定流量系数；

F_L——无附接管件控制阀的液体压力恢复系数，无量纲；

F_F——液体临界压力比系数，(规定温度范围内水的 $F_F = 0.96$)，无量纲；

p_v——入口温度下液体蒸汽的绝对压力，(规定温度范围内水的 $p_v = 2.34$)，kPa；

X——压差与入口绝对压力之比($\Delta p/p_1$)，无量纲；

Y——膨胀系数，$Y = 1 - X/(3X_T)$，(当 $X > F_\gamma \cdot X_T$ 时：Y 取值 0.667)，无量纲；

F_γ——比热比系数，(规定温度范围内空气的 $F_\gamma = 1$)无量纲；

X_T——阻塞流条件下无附接管件控制阀的压差比系数，无量纲；

p_1——阀前绝对压力，kPa；

p_2——阀后绝对压力，kPa；

Δp——阀前后压差，kPa；

t——试验介质温度，取 20 ℃；

G——气体比重，空气=1；

ρ/ρ_0——相对密度(规定温度范围内的水 $\rho/\rho_0 = 1$)。

5.7 填料函及其他连接处的密封性

调节阀的填料函及其他连接处应保证在 1.1 倍公称压力下无渗漏现象。特殊用途调节阀的试验压力值由制造厂和用户(订购方)商定。

5.8 气室的密封性

气动执行机构的气室应保证气密。在额定气源压力下，5 min 内薄膜气室内的压力下降不得大于 2.5 kPa；气缸各气室内的压力下降不得大于 5 kPa。

5.9 耐压强度

调节阀应以 1.5 倍公称压力的试验压力进行不少于 3 min 的耐压强度试验，试验期间不应有肉眼可见的渗漏。

5.10 额定流量系数

调节阀额定流量系数的数值由制造厂规定，调节阀额定流量系数的实测值与规定值的偏差应不超过规定值±10%。当额定流量系数 $K_v \leqslant 5$ 时，应不超过规定值的±20%。

5.11 固有流量特性

制造厂应以图或表的形式规定 $K_v > 1$ 的各种规格、型式和节流组件结构的调节型调节阀的固有流量特性。在列表表示时，应该说明相对行程 $h = 0.05, 0.1, 0.2$，随后以 0.1 递增，直至 1.0 的特定流量系数 K_v，制造厂也可以提出除上述行程外的流量系数。

5.11.1 **直线流量特性的斜率偏差**

在相对行程 h=0.1～0.9 之间，任意两相邻流量系数测量值的差值与实测额定流量系数的比值应符合表 5 的规定。

表 5

相对行程	h=0.1～0.8	h>0.8
$\frac{K_{vn}-K_{vn-1}}{K_{vmax}}$	7%～13%	3%～15%

表中：
K_{vn}——第 n 点的流量系数；
K_{vn-1}——$n-1$ 点的流量系数；
h——相对行程；
K_{vmax}——最大开度时的实测额定流量系数。

5.11.2 **等百分比流量特性的斜率偏差**

在相对行程 h=0.1～0.9 之间，任意两相邻流量系数测量值的十进对数(lg)差值应符合表 6 的规定。

表 6

可调比 R	$\lg K_{vn}-\lg K_{vn-1}$		
	h=0.2～0.8	h<0.2	h>0.8
	斜率偏差为±30%	斜率偏差为$^{+80\%}_{-30\%}$	斜率偏差为$^{+30\%}_{-80\%}$
10	0.13～0.07	0.18～0.07	0.13～0.02
25	0.18～0.10	0.25～0.10	0.18～0.03
30	0.19～0.10	0.26～0.10	0.19～0.03
50	0.22～0.12	0.30～0.12	0.22～0.03
100	0.26～0.14	0.36～0.14	0.26～0.04

5.11.3 **其他流量特性的偏差**

各类调节阀的固有流量特性为非直线或非等百分比特性时，其流量特性可按下列斜率偏差或流量系数偏差规定其允许偏差。

a) 斜率偏差

在相对行程 h=0.1～0.9 之间实测的相邻两点的流量特性的斜率的允许偏差为对应的固有流量特性斜率的 0.5～2 倍。

b) 流量系数偏差

在相对行程 h=0.1～0.9 之间，各相对行程 h 的实测流量系数与制造厂在流量特性中规定值的偏差不应超过$\pm10(1/\Phi)^{0.2}\%$。

注：Φ 为相对流量系数。

5.12 **耐工作振动性能**

调节阀应进行振动频率为 10 Hz～55 Hz，位移幅值为 0.15 mm 和振动频率应为 55 Hz～150 Hz，加速度幅值为 20 m/s^2 的正弦扫频振动试验，并在谐振频率上进行 30 min 的耐振试验。试验后调节阀的基本误差、回差、气室密封性和填料函及其他连接处的密封性仍应符合本标准要求。

5.13 **动作寿命**

a) 调节阀在规定条件下以加速动作进行寿命试验，试验后其基本误差、回差、气室密封性和填料函及其他连接处的密封性仍应符合本标准要求；

b) 各类调节阀动作次数可由下列数系中选取：

2 500,4 000,10 000,20 000,40 000,100 000,160 000次；

c) 对PN≤6.4 MPa,DN≤300 mm配有气动薄膜执行机构、聚四氟乙烯成型填料，非弹性密封的各类调节型调节阀，其动作寿命次数不得低于10万次；

d) 特殊用途调节阀的动作寿命，可由制造厂与用户商定。

5.14 外观

调节阀的气动执行机构和阀的外表应涂漆或其他涂料，不锈钢和铜的阀可不涂漆。表面涂层应光洁、完好，不得有剥落、碰伤及斑痕等缺点，紧固件不得有松动、损伤等现象。阀上应有标尺行程指针或其他阀位标志。

5.15 调节阀噪声的预测

调节阀制造厂应对产品在使用时由于气体动力流或液体动力流流经调节阀时产生的噪声进行预测计算。预测的结果应能使产品在使用时所产生的噪声符合相关规定，预测的方法参见GB/T 17213.15及GB/T 17213.16。

5.16 其他

对于防火、防腐、高压等危险场合使用的各类调节阀，可以规定其他相应的技术要求。

6 试验方法

6.1 试验条件及说明

6.1.1 参比工作条件

除外观检查及条款中另有规定者外，试验应在下述参比条件下进行。

a) 温度：20 ℃±2 ℃；

b) 相对湿度：60%～70%；

c) 大气压力：86 kPa～106 kPa；

d) 气源压力：额定值，允差为±1%。

6.1.2 推荐的大气条件

无需或不可能在参比工作条件下进行的试验，推荐在下述大气条件下进行：

a) 温度：15 ℃～35 ℃；

b) 相对湿度：45%～75%；

c) 大气压力：86 kPa～106 kPa。

在试验过程中，环境温度的变化应不大于1 ℃每10 min，并应在试验报告中注明实际的试验条件。

6.2 填料函及其他连接处的密封性

用1.1倍公称压力的室温水，水中可含有水溶油或防锈剂，按规定的入口方向输入调节阀的阀体，另一端封闭，同时使阀杆每分钟作1～3次往复动作，持续时间不少于3 min。观察调节阀填料函及其他连接处有无渗漏现象。试验后应排空，必要时尚应清洗和干燥。

6.3 气室密封性

将设计规定的额定压力的气源通入密封气室中，切断气源，观察在5 min内薄膜气室内或气缸各气室内压力降低值。对于无内漏可能的执行机构气室，可在气室的各密封处涂上肥皂水，检查有无渗漏，对于小规格的执行机构还可以直接浸在水中，检查有无渗漏。

6.4 基本误差

将规定的输入信号平稳地按增大或减小方向输入执行机构气室(或定位器)，测量各点所对应的行程值，并按公式(1)计算实际“信号-行程”关系与理论关系之间的各点误差，其最大值即为基本误差。

$$\delta_i = \frac{l_i - L_i}{L} \times 100\% \qquad \cdots\cdots(1)$$

式中：

δ_i——第 i 点的误差；

l_i——第 i 点的实际行程；

L_i——第 i 点的理论行程；

L——调节阀的额定行程。

除非另有规定，试验点应至少包括信号范围的 0、25%、50%、75%、100%五个点。

测量仪表基本误差限应不超过被试调节阀基本误差限的$\frac{1}{4}$。

6.5 回差

试验程序与 6.4 相同，在同一输入信号上所测得的正反行程的最大差值的绝对值即为回差。

6.6 死区

a) 缓慢改变(增大或减小)输入信号，直到观察出一个可察觉的行程变化，记下这时的输入信号值；

b) 按相反方向缓慢改变(减小或增大)输入信号，直到观察出一个可察觉的行程变化，记下这时的输入信号值；

c) 上述 a)、b)两项输入信号值之差的绝对值即为死区，死区应在输入信号量程的 25%、50%和 75%三点上进行试验。

6.7 始终点偏差

将输入信号上、下限值分别加入气动执行机构气室(或定位器)，测取相应的行程值，按公式(1)计算始终点偏差。

6.8 额定行程偏差

将输入信号加入气动执行机构气室(或定位器)，使阀杆走完全程，按公式(1)计算额定行程偏差。

6.9 泄漏量

6.9.1 试验介质

试验介质应为 5 ℃～40 ℃的清洁气体(空气或氮气)或水。

6.9.2 试验介质压力

a) 试验程序 1 时，应为 0.35 MPa，当阀的允许压差小于 0.35 MPa 时用设计规定的允许压差；

b) 试验程序 2 时，应为阀的最大工作压差。

6.9.3 试验信号压力

气动执行机构应调整到符合规定的工作状态，在试验程序 1 时，气开式调节阀执行机构的信号压力应为零；气关式调节阀执行机构的信号压力应为输入信号上限值加 20%；切断型调节阀执行机构的信号压力应为设计规定值。在试验程序 2 时，执行机构的信号压力应为设计规定值。

不带气动执行机构的阀试验时，应附加一个试验用推力装置，所施加的力不超过制造厂规定的最大阀座密封力。

6.9.4 试验介质流向

试验介质应按照规定流向加入阀内，阀出口可直通大气或连接出口通大气的低压头损失的测量装置，当确认阀和下游各连接管道完全充满介质并泄漏量稳定后方可测取泄漏量。

6.9.5 测量误差

泄漏量和压力的测量误差应不超过读数值的±10%。

6.9.6 泄漏等级、试验介质、试验程序和最大泄漏量应符合表 2 的规定。

6.10 耐压强度

用 1.5 倍公称压力的室温水，水中可含有水溶油或防锈剂，按调节阀的入口方向输入调节阀的阀体，另一端封闭，使所有在工作中受压的阀腔同时承受不少于 3min 的试验压力，试验时观察调节阀的受压部分是否有可见的泄漏。

试验期间，直行程调节阀均应处于全开位置，角行程调节阀应部分打开，试验设备不应使调节阀受到会影响试验结果的外加应力，必要时可拆除与试验无关的可能损坏的元件，如波纹管、膜片、填料等零件后进行试验。

试验用压力仪表的精确度不得低于 2.5 级，测量范围的上限值不得大于试验压力的 4 倍。

6.11 流量

6.11.1 试验装置

a) 标准试验段

标准试验段应由表 7 所示的二个直管段组成，接管的公称通径应与被试调节阀的公称通径一致。

b) 取压孔

取压孔应按表 7 的要求和图 1 的结构设置，其孔径 d 为公称通径的十分之一，最小为 3 mm，最大为 12 mm，长度 L 为 2.5 d～5 d。阀前后取压孔径应相同。

取压孔应位于水平位置以避免空气和灰尘聚积，其中心线应与管道中心线垂直相交，孔的边缘不应凸出管内壁，应锐利和无毛刺。

c) 调节阀的安装

被试调节阀按规定安装位置与试验管道相连接，管道中心线与被试调节阀出、入口中心线应保证同轴。密封垫片的内径尺寸应准确，其位置不应在管道内壁造成凸出。

表 7

标准试验段布置	阀前直管段 L_1	阀前取压孔距 L_2	阀后取压孔距 L_3	阀后直管段 L_4
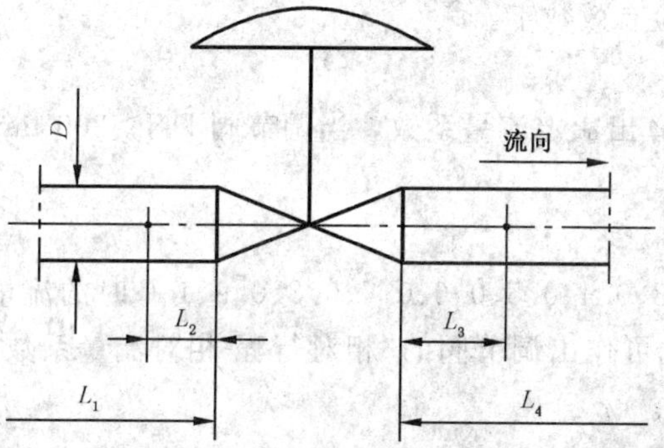	$>20D$	2 D	6 D	$>7D$

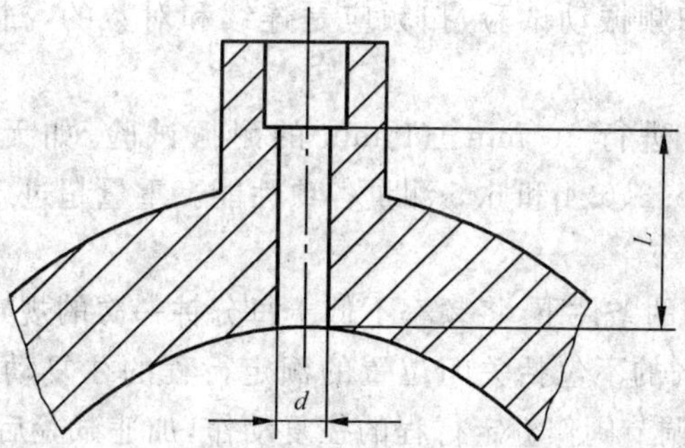

图 1 取压孔示意图

6.11.2 试验介质

试验介质应为 5 ℃ ～ 40 ℃的水。

6.11.3 试验压差

调节阀前后的压差应大于或等于 35 kPa。当阀的额定流量系数很小和很大时，只要能保持紊流，即保证阀雷诺数 Re_v 大于 4×10^4 的前提下，可以选用其他合适的压差值，但应记下实际试验用的压差值。

6.11.4 测量误差

测量下述参数的方法，应使误差不大于下列规定值：

a) 流量：实际流量的±2%，重复性应在 0.5%以内；

b) 压差：实际压差的±2%；

c) 温度：试验介质温度的±1 ℃，试验过程中，流体入口温度变化应保证在±3 ℃以内；

d) 阀行程：额定行程的±0.5%。

6.11.5 流量系数计算公式

$$K_v=\frac{10Q_1}{\sqrt{\frac{\Delta p}{\rho/\rho_0}}} \qquad \cdots\cdots(2)$$

式中：

Q_1——液体流量，单位为立方米每小时(m^3/h)；

Δp——阀前后压差，单位为千帕(kPa)；

ρ/ρ_0——相对密度(规定温度范围内的水 $\rho/\rho_0=1$)。

6.11.6 流量系数的测量

将调节阀的行程调整在相应的测试点上，在大于或等于 35 kPa 的三个压差下(增量不小于 15 kPa)测量流量值，并分别求得流量系数，每次流量试验得到的三个值中最大值不应大于最小值的 4%，每一行程的流量系数应该是三个值的算术平均值，并圆整到三位有效数字。

6.11.7 额定流量系数测量

在调节阀的额定行程值上按 6.11.6 的方法测量并计算出额定流量系数。当调节阀 DN＞300 mm 时可暂免予试验。

6.11.8 固有流量特性的测量

按 6.11.6 的方法测得相对行程 h=0.05、0.1、0.2、0.3、0.4、0.5、0.6、0.7、0.8、0.9、1.0 时的流量系数与实测的额定流量系数之比即为相对流量系数。由此可作出调节阀的"相对行程-相对流量系数"的流量特性曲线。当调节阀 DN＞300 mm 时，暂免于试验。

6.12 耐工作振动性能

调节阀按工作位置安装在振动试验台上，并输入 50%信号压力，按 5.12 规定的频率和幅值或加速度在 X、Y、Z 三个方向上进行扫频振动试验，扫频应是连续和对数的，扫频速度约为 0.5 个倍频程每分钟。

调节阀还应在谐振频率上进行 30 min±1 min 的耐振试验，如无谐振点应在 150 Hz 下振动 30 min±1 min，试验后按 6.2、6.3、6.4 和 6.5 测量各项性能。重量超过 50 kg 的调节阀可免于试验。

6.13 动作寿命

在环境温度为 5 ℃～40 ℃的条件下，将频率不低于每分钟一次的规定的气源压力通入气动执行机构气室中，调节型调节阀作 80%的不包括关闭位置的额定行程的往复动作，加速试验后，按 6.2、6.3、6.4、6.5测量各项性能；切断型调节阀作额定行程的往复动作，加速试验后，按 6.2、6.3 测量各项性能。

6.14 外观

用目检及手感法进行检查。

7 检验规则

7.1 各类调节阀的出厂检验和型式检验应按表8规定的项目进行。气动执行机构和阀单独出厂时按表8中相应的规定项目进行检验。在调节阀型式检验的有效期内,气动执行机构或阀单独出厂时可免于型式检验。

表 8

序号	项目	调节型		切断型		执行机构		阀		备注
		出厂检验	型式检验	出厂检验	型式检验	出厂检验	型式检验	出厂检验	型式检验	
1	基本误差	△	△	—	—	△	△	—	—	
2	回差	△	△	—	—	△	△	—	—	
3	死区	△	△	—	—	△	△	—	—	
4	始终点偏差	△	△	—	—	—	—	—	—	
5	额定行程偏差	△	△	△	△	—	—	—	—	
6	泄漏量	△	△	△	△	—	—	△	△	
7	填料函及其他连接处密封性	△	△	△	△	—	—	△	△	
8	气室密封性	△	△	△	△	△	△	—	—	
9	耐压强度	△	△	△	△	—	—	△	△	
10	外观	△	△	△	△	△	△	△	△	
11	额定流量系数	—	△	—	△	—	—	—	△	DN>300 mm 免试
12	固有流量特性	—	△	—	—	—	—	—	△	
13	耐工作振动性能	—	△	—	△	—	△	—	—	重量>50 kg 时免试
14	动作寿命	—	△	—	△	—	△	—	—	
注:“△”为检验项目;“—”为不检项目。										

7.2 在下列情况下调节阀进行型式检验:

a) 新产品和老产品转厂生产的试制定型鉴定;

b) 正式生产后如结构、材料、工艺有较大改变,可能影响产品性能时;

c) 产品长期停产后,恢复生产时;

d) 用户提出要求(有偿)进行型式检验时;

e) 国家质量监督机构提出进行型式检验的要求时。

8 标志、包装和贮存

8.1 标志

8.1.1 阀体标志(M)

调节阀阀体上应铸出或冲出表示介质流动方向的箭头(没有规定流动方向要求的除外)、阀体材料的缩写符号、制造厂厂标或商标、熔化标志、公称通径及公称压力的标志。也可以标志在与阀体牢固固定的标志板上。

注:标志板定义参照 GB/T 17213.5—2008 中 3.2。

8.1.2 铭牌标志(M或S)

在气动执行机构适当位置上应固定铭牌,并标出:

a) 制造厂名或厂标(M);
b) 产品型号(M);
c) 公称通径(M);
d) 公称压力(M);
e) 工作温度(仅在某些特殊情况时,无法对公称压力和法兰进行标志时才成为强制性标志)(S/M);
f) 弹簧压力范围(切断型为信号压力范围)(S);
g) 额定行程(S);
h) 额定流量系数(S);
i) 流量特性(切断型无)(S);
j) 阀体材料(M);
k) 设计位号(也可在独立的铭牌上标出)(S);
l) 产品制造编号(M);
m) 产品制造年月(S)。

对小规格调节阀,因受铭牌尺寸的限制,无法容纳全部标志时,允许省略部分标志,但必须在铭牌上标志有 a)、b)、h)、k)、l)、m)各项。其他强制性标志:c)、d)、j)应标志在阀体上。

注 1:M=强制;S=补充。

注 2:对小规格调节阀所作的最少标志规定是为了可快速识别参数。

8.2 包装

包装前调节阀所有无涂敷层的外加工面均应涂上防锈油或采取其他防锈措施,阀孔出、入口及信号传送管螺纹孔均应加封口,并应按 GB/T 15464 妥善包装,保证运输中不致损坏。

随同调节阀装箱的技术文件有:

a) 产品出厂合格证;
b) 产品使用说明书;
c) 装箱单。

8.3 贮存

调节阀应贮藏在空气温度为 5 ℃~40 ℃,相对湿度不大于 90%的室内,空气中应不含有腐蚀调节阀的有害杂质。

ICS 17.140.20
Z 32

中华人民共和国国家标准

GB/T 4214.2—2008/IEC 60704-2-1:2000(Ed 2)

家用和类似用途电器噪声测试方法 真空吸尘器的特殊要求

Household and similar electrical appliances—Test code for determination of airborne acoustical noise—Particular requirements for vacuum cleaners

(IEC 60704-2-1：2000(Ed 2),IDT)

2008-12-30 发布　　2009-09-01 实施

中华人民共和国国家质量监督检验检疫总局
中国国家标准化管理委员会　发布

前言

GB/T 4214 由若干部分组成,第1部分为通用要求,其他部分为特殊要求。

本部分是 GB/T 4214 的第2部分。本部分应与 GB/T 4214.1—2000《声学 家用电器及类似用途器具噪声测试方法 第1部分:通用要求》配合使用。

本部分等同采用 IEC 60704-2-1:2000(Ed 2)《家用和类似用途电器噪声测试方法 第2-1部分:真空吸尘器的特殊要求》。

本部分中写明"适用"的部分,表示 GB/T 4214.1—2000 中的相应条文适用于本部分;本部分写明"代替"的部分,则以本部分中的条文为准;本部分写明"增加"的部分,表示除要符合 GB/T 4214.1—2000 中的相应条文外,还必须符合本部分条文中所增加的条文。

本部分由中国轻工业联合会提出。

本部分由全国家用电器标准化技术委员会归口。

本部分起草单位:中国家用电器研究院、国家家用电器质量监督检验中心。

本部分主要起草人:鲁建国、朱焰、宋力强、孙鹏。

IEC 前言

1) 国际电工委员会(IEC)是由所有的国家电工委员会(IEC NC)组成的国际范围的标准化组织。其宗旨是促进在电气和电子领域有关标准化问题上的国际间合作。为此,IEC 开展相关活动,并出版国际标准。这些标准的制定委托各技术委员会完成。任何对该技术问题感兴趣的 IEC 国家委员会均可参加制定工作。与 IEC 有联系的国际、政府及非政府组织也可以参加标准的制定工作。IEC 与国际标准化组织(ISO)在两个组织协议的基础上密切合作。

2) IEC 在技术方面的正式决议或协议,是由对其感兴趣的所有国家委员会参加的技术委员会制定的。因此,这些决议或协议都尽可能表述了相关问题在国际上的一致意见。

3) IEC 标准以推荐性的方式供国际使用,并在此意义上被各国家委员会接受。在为了确保 IEC 出版物技术内容的准确性而做出任何合理的努力时,IEC 对其标准被使用的方式以及任何最终用户的误解不负有任何责任。

4) 为了促进国际上的统一,各国家委员会要保证在其国家或区域标准中最大限度地采用国际标准。IEC 标准与相应的国家或区域标准之间的任何差异必须清楚地在后者中表明。

5) IEC 规定了表示其认可的无标志程序,但并不表示对某一设备声称符合某一标准承担责任。

6) 应注意本国际标准的某些条款可能涉及专利权的内容,IEC 将不承担确认专利权的责任。

国际标准 IEC 60704-2-1 由 IEC 第 59 技术委员会:"家用电器性能",第 59F 分技术委员会"地板处理器具"制定。

第 2 版取消并替代了 1984 年出版的第 1 版,并进行了技术修订。

本部分是基于下述文件制定:

FDIS	表决报告
59F/110/FDIS	59F/111/RVD

投票批准本部分的全部信息均可以在上表中列出的表决报告中找到。

本部分是根据 ISO/IEC 指令,第 3 部分起草的。

本部分应与 IEC 60704-1,第 2 版(1997)"家用电器及类似用途器具噪声　测试方法　第 1 部分:通用要求"配合使用。

IEC 60704-1 中的相关文本由本部分修订后成为真空吸尘器的测试方法。

本部分补充或修改了 IEC 60704-1:1997 的相应条款。凡第一部分中没有在本部分中特别提及的条款,应尽可能合理地采用。本部分写明"增加"、"修改"或"替代"时,第一部分中的相关要求、测试规范及说明性内容应作相应修改。

对 IEC 60704-1 增加的条款和图形从 101 开始编号。增加的附录使用字母 AA,BB 等。

委员会决定,本基本出版物的内容保持不变,直到在 IEC 网站(http://webstore.iec.ch)上注明修改结果日期。届时标准将被:

重新确认;

废止;

由修订版替代;或者

增补。

引　言

本部分规定的测试条件对于确定器具发出的噪声级和对比不同试验室的测试结果提供了足够的准确性,同时尽可能模拟真空吸尘器的实际使用状况。

推荐将确定噪声级看作是全面测试程序(包括真空吸尘器特性和性能多个方面)的一部分。

本测试方法仅涉及空气传播的噪声。

家用和类似用途电器噪声测试方法 真空吸尘器的特殊要求

1 范围

GB/T 4214.1—2000 中的该章除下述内容外，均适用。

1.1 适用范围

1.1.1 概述

代替：

本部分适用于家用和类似用途电动真空吸尘器(包括其附件和元件部分)。

本部分适用于在干燥条件下运行的电动真空吸尘器。对在潮湿条件下运行的真空吸尘器的一些附加要求和修改正在考虑中。

“类似用途”理解为使用在类似家用的环境中，如旅馆、咖啡厅和茶馆等。

本部分不适用于工业和专业用途的真空吸尘器。

1.1.2 噪声类型

代替：

GB/T 6881.2、GB/T 6881.3 和 GB/T 3767 可以用于测试真空吸尘器发出的噪声。

1.1.3 声源的尺寸

代替：

GB/T 3767 中规定的方法适用于任意大小的声源。当使用 GB/T 6881.2 和 GB/T 6881.3 时，应注意被测真空吸尘器的最大尺寸满足 GB/T 6881.2—2002 和 GB/T 6881.3—2002 中 1.3 规定的要求。

1.2 测定量

增加：

本部分描述了确定真空吸尘器在正常工作条件下和正常使用中的电机最高转速设定状态下发出噪声的方法。通常，电机最高转速对应于 GB/T 20291—2006 中描述的最大连续空气流量。

噪声明示值的要求不在本部分范围内。

注 3：确定和验证产品说明书中明示的噪声值，见 IEC 60704-3。

2 规范性引用文件

下列文件中的条款通过 GB/T 4214 的本部分的引用而成为本部分的条款。凡是注日期的引用文件，其随后所有的修改单(不包括勘误的内容)或修订版均不适用于本部分，然而，鼓励根据本部分达成协议的各方研究是否可使用这些文件的最新版本。凡是不注日期的引用文件，其最新版本适用于本部分。

GB/T 4214.1—2000 中的该章除下述内容外，均适用。

增加：

GB/T 20291—2006　家用真空吸尘器性能测试方法

3 术语和定义

下列术语和定义适用于本部分。

GB/T 4214.1—2000 中的该章除下述内容外,均适用。

3.101

清洁头 cleaning head

真空吸尘器用于清洁表面的部分。

注:清洁头可以是平口吸嘴或连接管上的刷子、动力吸嘴或清洁室的组成部分。

[GB/T 20291—2006,1.3.1]

3.102

动力吸嘴 power nozzle

带有搅拌装置帮助去除尘埃的清洁头。

注:搅拌装置可以由组装在内部的电机(电动吸嘴)、组装在内部由气流提供动力的涡轮(空气涡轮吸嘴)或组装在内部、通过在被清洁表面移动清洁头传动的摩擦或齿轮机构(机械吸嘴)驱动。

[GB/T 20291—2006,1.3.2]

3.103

标准测试地毯 standard test carpet

型式和性质符合下列规格的测试地毯:

型式:	威尔顿
单位面积质量:	2.9 kg/m^2
衬背:	棉、羊毛和酒椰纤维,浸渍的
丝绒材料:	100%天然羊毛
丝绒面质量:	1.0 kg/m^2~1.1 kg/m^2
丝绒高:	7.0 mm~7.5 mm
丝绒表面密度:	0.140 g/cm^3~0.145 g/cm^3
单位长度簇数:	37/10 cm
单位宽度簇数:	45/10 cm

注:出于声学原因,使用地毯的尺寸为 1 m×1 m。

4 测量方法与声学环境

GB/T 4214.1—2000 中的该章除下述内容外,均适用。

4.2 直接法

增加:

注:如果发出的噪声中存在纯音成分,应按照 GB/T 6881.3 规定采取适当的预防措施。

4.3 比较法

增加:

注:如果发出的噪声中存在纯音成分,应按照 GB/T 6881.2 和 GB/T 6881.3 规定采取适当的预防措施。

5 测量仪器

GB/T 4214.1—2000 中的该章除下述内容外,均适用。

5.1 声学测量仪器

增加:

推荐使用挡风玻璃。如果需要,观测的声压级应根据仪器的使用说明对传声器灵敏度的变化进行修正。

6 被测器具的运行与定置

GB/T 4214.1—2000 中的该章除下述内容外,均适用。

6.1 **器具的配备与预处理**

6.1.1 代替:

器具装有打算用于从地毯上去除尘埃的普通清洁头和必要的附件,例如,软管和连接管。

将器具调整至最大吸气状态:

例:如有的话,旁通的开口(用于减少吸气量的)关闭。

如有的话,电子控制器调整至正常使用的电机最高转速。

注:可以使用其他设定进行附加测试(例如:"加速"位置,最小速度)。加速位置是偶然使用的一种控制器设定,可以产生短时更高的电机转速。

如果制造商推荐使用,器具应安装新的一次性过滤器(袋子),类型为制造商规定和提供的。

如果提供了永久性的过滤器,要注意这些过滤器应是清洁的。如果提供了永久性的袋子(如单独的集尘器或一次性过滤器袋子的套),在测试前应对其进行清洁,例如,通过摇动或敲打。不允许刷或清洗。

6.1.3 代替:

如有的话,噪声测试之前,器具应装有动力吸嘴;否则装有标准吸嘴运行,总的持续时间至少为2 h,以确保器具在最大转速设定下运行,打算使用的吸嘴位于地板上方(10±1)cm,以避免对吸入气流的限制。在此期间,旋转刷或类似装置应同时运行。

6.1.4 增加:

器具按照设计的使用方法安装,在6.4.2定义的条件下运转10 min后,立即进行每个系列测试。

对于由电池供电的器具,使其稳定的时间减少到2 min。

6.2 **电源、水源或气源**

6.2.2 增加:

可充电的真空吸尘器在电池完全充满电并与外部电源断开时进行测试。

6.4 **测试期间器具的加载与运转**

6.4.2 代替:

开始测试程序前,应确保清洁头根据制造商对清洁地毯的使用说明进行正确的调整。

如果清洁头带有伸出用于清洁地毯的刷子或其他可伸缩部件的装置,应将清洁头调整至使旋转刷或其他可伸缩部件的刷毛超出放在硬地板上的清洁头的理论支撑平面 $2^{+0.2}_{0}$ mm;如不可能,为至少2 mm。

所有仅打算用于硬质地板处理的部件均应拆除或收回。

关闭器具,从地毯上提起清洁头,将清洁头重新放到地毯的边缘,沿着丝绒绒面方向推至测试位置,注意不要施加垂直的力。为避免垂直的力,推荐直接用手推清洁头。打开器具。

其他条件见6.1.1、6.2和6.3规定。

如果器具交付时带有一个普通地毯吸嘴和一个额外的动力吸嘴,应对两种清洁头分别进行测试。

6.5 **器具的定位与安装**

6.5.1 代替:

将真空吸尘器直接放到无弹性装置的标准测试地毯(3.103中定义的)上。

——在混响室或带刚性壁面的试验室(器具或附件的任意部件与其最近的墙壁之间最小距离为1 m)的地板上;

——或自由场环境中的反射面上。

被测器具和其清洁头外形的垂直投影,应在地毯区域的中心(见图101和图102)。

清洁头移动的纵轴应与地毯丝绒方向(x 轴)平行。清洁头的横轴和器具(或管,如有的话)的纵轴之间的角度 α 应为 $\alpha=(90\pm5)^{\circ}$(见图101和图102)。

如果清洁头通过软管和连接管与器具连接,将清洁头放在地毯上,靠近器具,使清洁头移动的纵轴投影和器具纵轴的投影平行,相应横轴的投影重合,并且使器具投影和清洁头投影的距离为(2±1)cm。

将软管和连接管或手持式和垂直式真空吸尘器的手柄弹性悬挂或支撑在正常使用位置[如可能的话,手柄的中间放在高于地毯(80±5)cm处],清洁头完全与地毯接触。

如果真空吸尘器装有可伸缩的连接管,应调整伸缩连接管的长度,使伸缩连接管和地板(威尔顿地毯)之间的角度为$\beta=(45^{+5}_{0})°$;如不可能,应尽可能接近45°。

如果需要,清洁头弹性固定以防其自己前进。

注1:应防止由于标准测试地毯可能发生的振动产生的声音辐射。

注2:标准测试地毯被看作是被测器具的一部分,不应考虑它对测试环境的声学特性可能产生的影响,例如,对刚性反射面的声学特性,或对混响室或刚性壁面试验室吸收(混响时间)影响。

6.5.2至6.5.5 不适用。

7 声压级的测量

GB/T 4214.1—2000中的该章除下述内容外,均适用。

7.1 反射面上方近似自由场中的传声器布置以及标准声源(RSS)的位置

7.1.1至7.1.3 不适用。

7.1.5至7.1.6 不适用。

7.4 测量

7.4.1 增加:

声压级(A计权)应是至少30 s(或更少,如果器具的工作周期不允许持续这么长时间)的时间平均值。

8 声压级和声功率级的计算

GB/T 4214.1—2000中的该章均适用。

9 记录内容

GB/T 4214.1—2000中的该章除下述内容外,均适用。

9.12.5 不适用。

10 报告内容

GB/T 4214.1—2000中的该章除下述内容外,均适用。

10.4.10 不适用。

单位为毫米

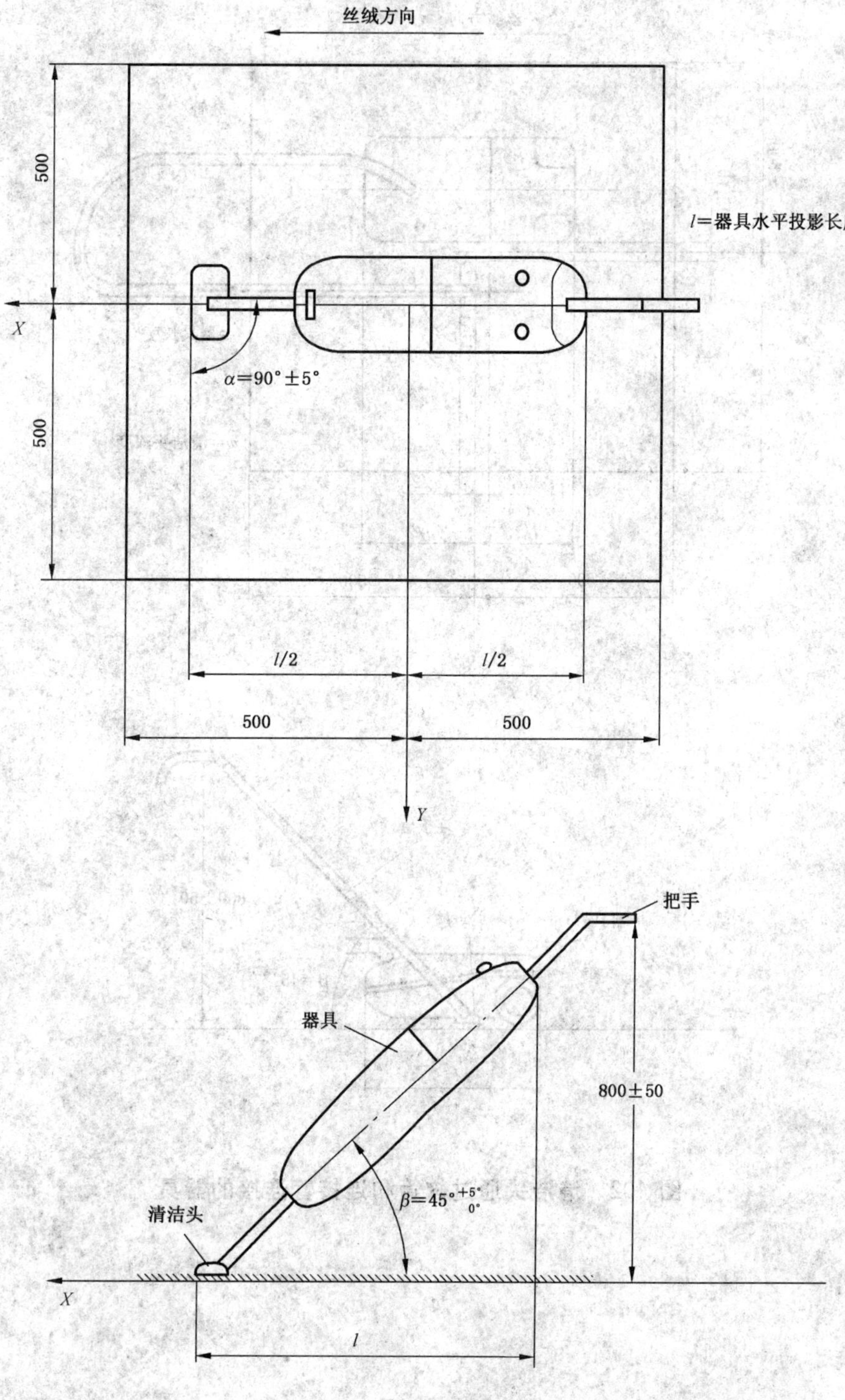

图 101 与清洁头直接连接的器具

单位为毫米

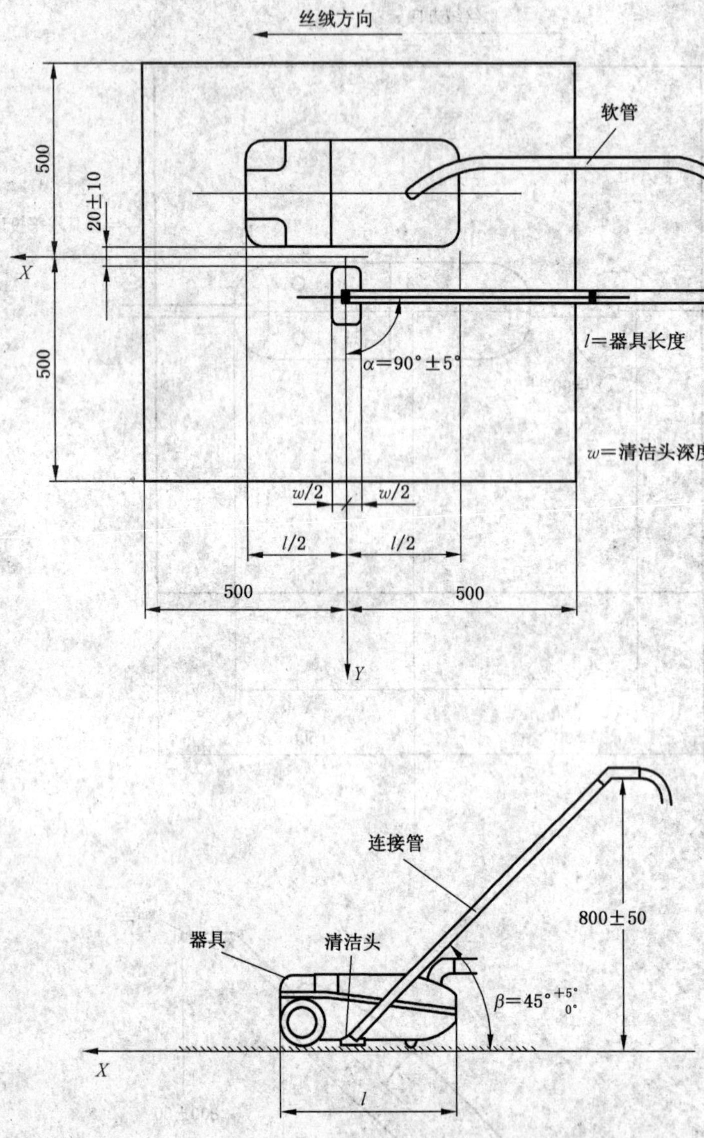

图 102 清洁头通过软管和连接管连接的器具

附 录

GB/T 4214.1—2000 中的附录除下述内容外,均适用。

附 录 A
(规范性附录)
标准测试台

GB/T 4214.1—2000 的本附录不适用。

ICS 17.140.20
Z 32

中华人民共和国国家标准

GB/T 4214.3—2008/IEC 60704-2-3:2005(Ed 2.1)

家用和类似用途电器噪声测试方法 洗碗机的特殊要求

Household and similar electrical appliances—Test code for determination of airborne acoustical noise—Particular requirements for dishwashers

(IEC 60704-2-3: 2005(Ed 2.1),IDT)

2008-12-30 发布　　2009-09-01 实施

中华人民共和国国家质量监督检验检疫总局
中国国家标准化管理委员会　发布

前　言

GB/T 4214 由若干部分组成,第 1 部分为通用要求,其他部分为特殊要求。

本部分是 GB/T 4214 的第 3 部分。本部分应与 GB/T 4214.1—2000《声学　家用电器及类似用途器具噪声测试方法　第 1 部分:通用要求》配合使用。

本部分等同采用 IEC 60704-2-3:2005(Ed 2.1)《家用及类似用途电器噪声测试方法　第 2-3 部分:洗碗机的特殊要求》。

本部分中写明“适用”的部分,表示 GB/T 4214.1—2000 中的相应条文适用于本部分;本部分写明“代替”的部分,则以本部分中的条文为准;本部分写明“增加”的部分,表示除要符合 GB/T 4214.1—2000 中的相应条文外,还必须符合本部分条文中所增加的条文。

本部分由中国轻工业联合会提出。

本部分由全国家用电器标准化技术委员会归口。

本部分起草单位:中国家用电器研究院、国家家用电器质量监督检验中心、美的集团有限公司。

本部分主要起草人:鲁建国、宋力强、梁鸿鹄、孙鹏。

IEC 前言

1) 国际电工委员会（IEC）是由所有的国家电工委员会(IEC NC)组成的国际范围的标准化组织。其宗旨是促进在电气和电子领域有关标准化问题上的国际间合作。为此,IEC开展相关活动,并出版国际标准、技术规范、技术报告、公共可用规范(PAS)、指南(以后统称为IEC出版物)。这些标准的制定委托各技术委员会完成。任何对该技术问题感兴趣的IEC国家委员会均可参加制定工作。与IEC有联系的国际、政府及非政府组织也可以参加标准的制定工作。IEC与国际标准化组织(ISO)在两个组织协议的基础上密切合作。
2) IEC在技术方面的正式决议或协议,是由对其感兴趣的所有国家委员会参加的技术委员会制定的。因此,这些决议或协议都尽可能表述了相关问题在国际上的一致意见。
3) IEC标准以推荐性的方式供国际使用,并在此意义上被各国家委员会接受。在为了确保IEC出版物技术内容的准确性而做出任何合理的努力时,IEC对其标准被使用的方式以及任何最终用户的误解不负有任何责任。
4) 为了促进国际上的统一,各国家委员会要保证在其国家或区域标准中最大限度地采用国际标准。IEC标准与相应的国家或区域标准之间的任何差异必须清楚地在后者中表明。
5) IEC规定了表示其认可的无标志程序,但并不表示对某一设备声称符合某一标准承担责任。
6) 所有的使用者应确保他们拥有本部分的最新版本。
7) IEC或其管理者、雇员、后勤人员或代理(包括独立专家和技术委员会的成员)和IEC国家委员会不应对使用或依靠本IEC出版物或其他IEC出版物造成的任何个人伤害、财产损失或其他任何属性的直接或间接损失,或源于本出版物之外的成本(包括法律费用)和支出承担责任。
8) 应注意在本部分中罗列的引用标准(规范性引用文件)。对于正确使用本部分来讲,使用引用标准(规范性引用文件)是不可缺少的。
9) 应注意本国际标准的某些条款可能涉及专利权的内容,IEC将不承担确认专利权的责任。

国际标准IEC 60704-2-3由IEC第59技术委员会:“家用电器性能”,第59A分技术委员会“电动洗碗机”制定。

本部分是基于IEC 60704-2-3的第2版(2001)及其增补件1(2005)制定,以下述文件为依据:

FDIS	表决报告
59A/103/FDIS	59A/106/RVD
59A/120/FDIS	59A/121/RVD

本部分的版本号为2.1。

本部分的法语版未经过投票。

本部分是根据ISO/IEC指令,第2部分起草的。

本部分应与IEC 60704-1,第2版(1997)“家用电器及类似用途器具噪声 测试方法　第1部分:通用要求”配合使用。

IEC 60704-1中的相关文本由本部分修订后成为洗碗机的测试方法。

本部分补充或修改了IEC 60704-1:1997的相应条款。凡第一部分中没有在本部分中特别提及的条款,应尽可能合理地采用。本部分写明“增加”、“修改”或“替代”时,第一部分中的相关要求、测试规范及说明性内容应作相应修改。

对 IEC 60704-1 增加的条款和图形从 101 开始编号。增加的附录使用字母 AA,BB 等。

委员会决定,本基本出版物的内容保持不变,直到在 IEC 网站(http://webstore.iec.ch)上注明修改结果日期。届时标准将被:

重新确认;

废止;

由修订版替代,或者

增补。

引　言

本部分中规定的测试条件对于确定器具发出的噪声和对比不同试验室测试结果提供了足够的准确性,同时尽可能模拟洗碗机的实际使用状况。

为避免由泡沫引起的不稳定性,试验使用清洁的负载和不加洗涤剂或漂洗剂进行。

推荐将确定噪声级看作是全面测试程序(包括洗碗机特性和性能多个方面)的一部分。

本部分考虑了水源、排水、预洗和中间漂洗的噪声。因此,必须在这些运行期间注意运行状况。

本测试方法仅涉及空气传播的噪声。

家用和类似用途电器噪声测试方法
洗碗机的特殊要求

1 范围

GB/T 4214.1—2000 中的该章除下述内容外，均适用。

1.1 适用范围

1.1.1 概述

代替：

本部分适用于家用和类似用途带有或不带有自动程序控制器，热水和/或冷水水源，与水源或排水系统可分离或永久连接，打算靠墙放在地板上，嵌入或放在柜台、厨房的操作面下或水槽下，墙壁安装或放在柜台上的单体电动洗碗机。

本部分涉及测试方法的局限性见 GB/T 4214.1—2000 中的 1.1.1。

1.1.2 噪声类型

代替：

GB/T 6881.2，GB/T 6881.3 和 GB/T 3767 可以用于测试洗碗机发出的噪声。

1.1.3 声源的尺寸

代替：

GB/T 3767 中规定的方法适用于任意大小的声源。当使用 GB/T 6881.2 和 GB/T 6881.3 时，应注意被测洗碗机的最大尺寸要满足 GB/T 6881.2—2002 和 GB/T 6881.3—2002 中 1.3 规定的要求。

1.2 测定量

增加：

噪声明示值的要求不在本部分范围内。

注 3：确定和验证产品说明书中明示的噪声值，见 IEC 60704-3。

2 规范性引用文件

下列文件中的条款通过 GB/T 4214 的本部分的引用而成为本部分的条款。凡是注日期的引用文件，其随后所有的修改单(不包括勘误的内容)或修订版均不适用于本部分，然而，鼓励根据本部分达成协议的各方研究是否可使用这些文件的最新版本。凡是不注日期的引用文件，其最新版本适用于本部分。

GB/T 4214.1—2000 中的该章除下述内容外，均适用。

增加：

GB/T 20290—2006　家用电动洗碗机性能测试方法

ISO 3055：1985　厨房器具　协调尺寸

3 术语和定义

下列术语和定义适用于本部分。

GB/T 4214.1—2000 中的该章除下述内容外，均适用。

3.4

运行周期　operational period

增加：

洗碗机的运行周期从操作者启动开始,到程序指示器达到结束位置结束。

3.101

额定容量　rated capacity

按照制造商使用说明书装载时,制造商规定的能够洗涤和干燥的餐位餐具和公用餐具的总数量。

3.102

餐位餐具和公用餐具　place setting and serving pieces

洗碗机性能标准中定义的餐具。

注:见 GB/T 20290—2006 附录 A。

3.103

噪声测试的标准试验负载　standard test load for noise measurements

全部餐位餐具加上相应数量公用餐具的总数,它们一起组成制造商规定的额定容量。

3.104

噪声测试的标准试验程序　standard test programme for noise measurements

与根据 GB/T 20290 用于测试洗净性能、干燥性能和耗电量、耗水量相同的程序。

注 101:通常该程序是制造商推荐的使用常用餐具(除烹饪用具外),用于常用污染负载的程序。

3.105

干燥　drying

在此期间负载被干燥的运行周期。干燥从最终漂洗后洗涤泵停止工作开始,到运行周期终止结束。

4　测量方法与声学环境

GB/T 4214.1—2000 中的该章除下述内容外,均适用。

4.2　直接法

增加:

注 101:如果发出的噪声中存在纯音成分,应按照 GB/T 6881.3 规定采取适当的预防措施。

4.3　比较法

增加:

注 101:如果发出的噪声中存在纯音成分,应按照 GB/T 6881.2 和 GB/T 6881.3 规定采取适当的预防措施。

5　测量仪器

GB/T 4214.1—2000 中的该章适用。

6　被测器具的运行与定置

GB/T 4214.1—2000 中的该章除下述内容外,均适用。

6.1　器具的配备与预处理

6.1.3　代替:

开始测试之前,器具的内表面和过滤器应是清洁的,如有的话,装盐的容器应该加满水。然后器具使用 3.104 规定的程序至少运行 2 个周期,带或不带负载均可。

6.1.4　不适用。

6.2　电源、水源或气源

6.2.2　不适用。

6.2.3　不适用。

6.2.4　代替:

设计用于冷水或热水水源均可的洗碗机应供以冷水。

水硬度可以忽略。

对噪声测试，如果与制造商使用说明不矛盾，进水时水压应为(240±50)kPa。冷水温度应为(15±5)℃，热水温度应为(55±5)℃。

注：当水源压力/温度与国内相关水源的压力/温度不同时，在额定压力/温度下测试可能会误导消费者。这种情况下，必须进行附加测试。如果试验压力/温度与额定压力/温度不同时，应在报告中注明。

6.4 测试期间器具的加载与运转

6.4.2 代替：

试验程序开始时，试验负载应为干燥的并且处于室温。

试验程序开始时，被测器具应处于室温。

器具应依据 3.104 运行，根据 3.103 装载。试验需装有未污染的负载，不使用洗涤剂和漂洗剂进行。

如果制造商说明书明确描述了额定容量的装载，则应按说明书执行；否则需遵循 3.103 的原则。对于后者的情形，至少进行 2 个系列测试。在第 2 个或随后的系列测试，负载应合理的重新布置，尽可能地遵照制造商对正常使用的提示。

如果洗碗机带有调整喷水压力的装置，用于标准试验程序的水压应依据制造商说明书调整。

应注意防止由喷水或喷臂造成餐具互相碰撞产生的可避免的噪声。

注：通常，在运行一个周期后，打开门放置 3 h 用来冷却器具。

6.5 器具的定位与安装

6.5.1 增加：

对于打算靠墙放置的落地式器具和放在柜台或桌面上的器具，应依据 6.5.3 放置。

6.5.2 不适用。

6.5.3 代替：

对于打算靠墙(包括橱柜、柜台或用于嵌入式或放在柜台下的器具的测试壳体)放置的落地式器具的测试，应使用一个垂直反射面。

当测试在带有刚性壁面的试验室或专用混响室中进行时，房间墙壁的一部分可以用于此目的。这部分墙壁的最小面积应由器具的投影向上及两边扩展至少 0.5 m 确定。器具任何表面(橱柜、柜台或测试壳体)与房间最近的墙之间的最小距离为 1 m。

当测试在自由场环境中进行时，应提供垂直反射面(由水平反射面支撑)。垂直面的最小尺寸应至少等于测量表面的投影尺寸。

对于这两种测试环境，均应满足以下要求：

- 垂直反射面的声学吸收系数应小于 0.06；
- 器具应放置到无任何弹性装置的测试环境中，安装在器具上的除外；
- 应注意避免器具(包括凸出部分、顶板、定距件等)与垂直反射面之间的任何直接接触；
- 垂直反射面与器具之间的距离应按以下方式确定：让器具与垂直反射面直接接触，然后移动器具(10±1)cm。

6.5.5 代替：

应遵照洗碗机制造商关于洗碗机的安装和使用的说明。

带有不可拆卸的顶板的器具和制造商规定仅用于自由放置的器具，测试时应自由放置。所有其他器具应放到图 101 中的测试壳体中，如有的话，顶板应拆除。

设计为嵌入式的洗碗机箱体的前边缘(除门以外)应在测试壳体的前边缘后 20 mm～25 mm。如果制造商使用说明中要求，壳体应相应地提供通风口。

在测试壳体背后的左边或右边角，应提供一个最小尺寸的开口，用密封装置将其堵住，以避免噪声泄漏。此开口是用于水源、电源连接和排水。应注意确保没有结构产生的噪声传播到测试壳体上。

如果器具带有定距件,固体或弹性材料的条状或其他特殊装置,用于填充器具外轮廓和内壁或壳体之间间隙,应相应地使用这些装置。如果未提供此类装置,这些间隙保持敞开状态。

器具装入测试壳体后按照6.5.3放置。

打算构成整体的器具应在与嵌入式器具相同的条件下安装。另外,洗碗机的门应按照制造商使用说明安装制造商允许的最大尺寸的木板,材料和厚度与测试壳体相同,见图101。

此外,测试壳体应根据制造商使用说明,在其前面较低位置安装与器具的门相应的最大高度的壁脚板,材料和厚度与测试壳体相同,见图101。如果制造商未给出说明,上述的壁脚板应紧靠器具的壁脚板。

7 声压级的测量

GB/T 4214.1—2000 中的该章除下述内容外,均适用。

7.1 反射面上方近似自由场中的传声器布置以及标准声源(RSS)的位置

7.1.3 不适用。

7.1.5~7.1.6 不适用。

7.4 测量

7.4.1 增加:

声压级(A计权)应是带有或不带有干燥周期的整个操作周期持续时间的时间平均值。最终结果应是2次测量结果的最高值。

如果被测器具的噪声周期性地变化,应注意避免噪声辐射的变化与测试过程同步所产生的影响(可移动传声器的移动,扫描传声器位置的时间等)。

7.4.4 不适用。

8 声压级和声功率级的计算

GB/T 4214.1—2000 中的该章适用。

9 记录内容

GB/T 4214.1—2000 中的该章除下述内容外,均适用。

9.6 被测器具的装备和预处理

9.6.3 不适用。

9.7 电源、水源等

9.7.2 不适用。

9.7.4 不适用。

10 报告内容

GB/T 4214.1—2000 中的该章除下述内容外,均适用。

10.3 器具的测试条件

10.3.3 不适用。

10.3.5 不适用。

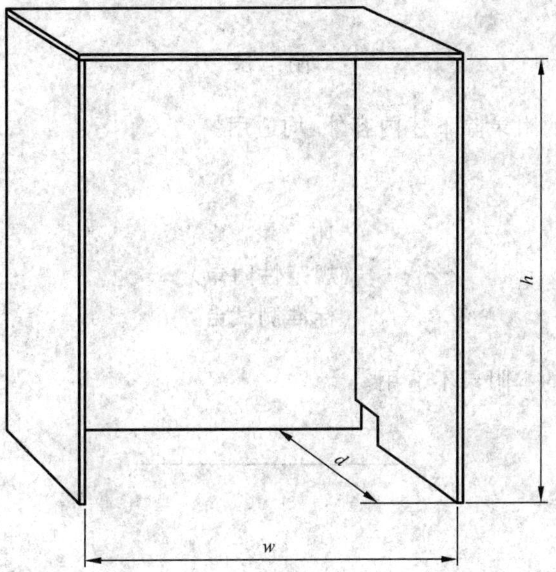

$h=h_n+(3\pm1)$mm

$w=w_n+(5\pm1)$mm

$d=d_n+(35\pm15)$mm,但至少 $d\geqslant550$ mm

式中：

h_n——根据 ISO 3055：1985 中 3.2.2 测量的最小协调尺寸，适用于器具；

w_n——根据 ISO 3055：1985 中 3.4 测量的宽度，适用于器具；

d_n——器具的外部深度；

h——测试壳体的内部高度；

w——测试壳体的内部宽度；

d——测试壳体的内部深度。

壳体材料：19 mm 厚未处理的密度板(板材)或未处理的密度为(600～750)kg/m^3 的胶合板。

开口的规定见 6.5.5。

图 101 测试壳体

附　录

GB/T 4214.1—2000 的附录除下述内容外，均适用。

附　录　A
（规范性附录）
标准测试台

GB/T 4214.1—2000 的本附录不适用。

ICS 17.140.20
Z 32

中华人民共和国国家标准

GB/T 4214.4—2008/IEC 60704-2-4:2001(Ed 2)

家用和类似用途电器噪声测试方法 洗衣机和离心式脱水机的特殊要求

Household and similar electrical appliances—Test code for determination of airborne acoustical noise—Particular requirements for washing machines and spin extractors

(IEC 60704-2-4:2001(Ed 2),IDT)

2008-12-30 发布　　2009-09-01 实施

中华人民共和国国家质量监督检验检疫总局
中国国家标准化管理委员会　发布

前　言

GB/T 4214 由若干部分组成,第 1 部分为通用要求,其他部分为特殊要求。

本部分是 GB/T 4214 的第 4 部分。本部分应与 GB/T 4214.1—2000《声学　家用电器及类似用途器具噪声测试方法　第 1 部分:通用要求》配合使用。

本部分等同采用 IEC 60704-2-4:2001《家用及类似用途电器噪声测试方法　第 2-4 部分:洗衣机和离心式脱水机的特殊要求》。

本部分中写明"适用"的部分,表示 GB/T 4214.1—2000 中的相应条文适用于本部分;本部分写明"代替"的部分,则以本部分中的条文为准;本部分写明"增加"的部分,表示除要符合 GB/T 4214.1—2000 中的相应条文外,还必须符合本部分条文中所增加的条文。

本部分由中国轻工业联合会提出。

本部分由全国家用电器标准化技术委员会归口。

本部分起草单位:中国家用电器研究院、博西华电器(江苏)有限公司、青岛海尔洗衣机有限公司、无锡小天鹅股份有限公司、宁波新乐电器有限公司、宁波乐士实业有限公司。

本部分主要起草人:鲁建国、吴建涛、时研玲、李宏、邬烈勤、林海滨、宋力强、朱焰、孙鹏。

IEC 前言

1) 国际电工委员会(IEC)是由所有的国家电工委员会(IEC NC)组成的国际范围的标准化组织。其宗旨是促进在电气和电子领域有关标准化问题上的国际间合作。为此,IEC 开展相关活动,并出版国际标准。这些标准的制定委托各技术委员会完成。任何对该技术问题感兴趣的 IEC 国家委员会均可参加制定工作。与 IEC 有联系的国际、政府及非政府组织也可以参加标准的制定工作。IEC 与国际标准化组织(ISO)在两个组织协议的基础上密切合作。
2) IEC 在技术方面的正式决议或协议,是由对其感兴趣的所有国家委员会参加的技术委员会制定的。因此,这些决议或协议都尽可能表述了相关问题在国际上的一致意见。
3) IEC 标准以推荐性的方式供国际使用,并在此意义上被各国家委员会接受。在为了确保 IEC 出版物技术内容的准确性而做出任何合理的努力时,IEC 对其标准被使用的方式以及任何最终用户的误解不负有任何责任。
4) 为了促进国际上的统一,各国家委员会要保证在其国家或区域标准中最大限度地采用国际标准。IEC 标准与相应的国家或区域标准之间的任何差异必须清楚地在后者中表明。
5) IEC 规定了表示其认可的无标志程序,但并不表示对某一设备声称符合某一标准承担责任。
6) 应注意本国际标准的某些条款可能涉及专利权的内容,IEC 将不承担确认专利权的责任。

国际标准 IEC 60704-2-4 由 IEC 第 59 技术委员会:"家用电器性能",第 59D 分技术委员会"家用洗涤器具"制定。

本第 2 版标准废除并替代了 1989 年出版的第 1 版标准,并形成了技术修订本。

本部分以下述文件为依据:

FDIS	表决报告
59D/185/FDIS	59D/191/RVD

有关本部分通过时的全部材料可在以上所示的表决报告中找到。

本部分是根据 ISO/IEC 指令,第 3 部分起草的。

IEC 60704-2-4 应与 IEC 60704-1:1997 第 2 版《声学　家用电器及类似用途器具噪声测试方法　第1 部分:通用要求》配合使用。

IEC 60704-1 中的相关文本由本部分修订后成为洗衣机和离心式脱水机的测试方法。

本部分补充或修改了 IEC 60704-1:1997 的相应条款。凡第一部分中没有在本部分中特别提及的条款,应尽可能合理地采用。本部分写明"增加"、"修改"或"替代"时,第一部分中的相关要求、测试规范及说明性内容应作相应修改。

对 IEC 60704-1 增加的条款和图形从 101 开始编号。增加的附录使用字母 AA,BB 等。

附录 A 成为本部分的整体部分。

委员会决定,本出版物的内容保持不变,直到在 IEC 网站(http://webstore.iec.ch)上注明修改结果日期。届时标准将被:

重新确认;

废止;

由修订版替代,或者

增补。

引　言

本部分规定的测试条件对于确定器具发出的噪声级和对比不同试验室的测试结果提供了足够的准确性,同时尽可能模拟洗衣机和离心式脱水机的实际使用状况。

织物负载在用于性能测试的负载基础上进行标准化处理。

为避免由泡沫引起的不稳定性,试验使用清洁的负载和不加洗涤剂或漂洗剂进行。

推荐将确定噪声级看作是全面测试程序(包括洗衣机和离心式脱水机特性和性能多个方面)的一部分。

本部分考虑了水源、排水、预洗和中间漂洗的噪声。因此,必须在这些运行期间注意运行状况。

本测试方法仅涉及空气传播的噪声。

家用和类似用途电器噪声测试方法 洗衣机和离心式脱水机的特殊要求

1 范围

GB/T 4214.1—2000 中的该章除下述内容外，均适用。

1.1 适用范围

1.1.1 概述

代替：

本部分适用于家用和类似用途的单独的电动洗衣机，洗衣和脱水功能结合的器具和离心式脱水机。

本部分涉及测试方法的局限性见 GB/T 4214.1—2000 中的 1.1.1。

注：本部分不适用于干衣功能的噪声测试。

1.1.2 噪声类型

代替：

GB/T 6881.2，GB/T 6881.3 和 GB/T 3767 可以用于测试洗衣机和离心式脱水机发出的噪声。

1.1.3 声源的尺寸

代替：

GB/T 3767 中规定的方法适用于任意大小的声源。当使用 GB/T 6881.2 和 GB/T 6881.3 标准时，应注意被测洗衣机或离心式脱水机的最大尺寸满足 GB/T 6881.2—2002 和 GB/T 6881.3—2002 中 1.3 规定的要求。

1.2 测定量

增加：

噪声明示值的要求不在本部分范围内。

注 3：确定和验证产品说明书中明示的噪声值，见 IEC 60704-3。

2 规范性引用文件

下列文件中的条款通过 GB/T 4214 的本部分的引用而成为本部分的条款。凡是注日期的引用文件，其随后所有的修改单(不包括勘误的内容)或修订版均不适用于本部分，然而，鼓励根据本部分达成协议的各方研究是否可使用这些文件的最新版本。凡是不注日期的引用文件，其最新版本适用于本部分。

GB/T 4214.1—2000 中的该章除下述内容外，均适用。

增加：

IEC 60456:1998　家用洗衣机　性能测试方法

3 术语和定义

下列术语和定义适用于本部分。

GB/T 4214.1—2000 中的该章除下述内容外，均适用。

3.101

额定容量　rated capacity

制造商声称的在单次运行或运行周期内洗涤和脱水可以处理的干燥织物的最大质量，以千克(kg)为单位。如果未标出额定容量，则需根据滚筒的有效容积由以下比率推算得出：

——滚筒式洗衣机 1 kg/13 L;
——搅拌式洗衣机 1 kg/15 L;
——波轮式洗衣机 1 kg/20 L;
——离心式脱水机 1 kg/4.6 L。

注：用于噪声测试的干燥织物应是洗涤并经滚筒干燥后的织物，然后在以下气候条件下放置 16 h 进行调整：

——环境温度 $t=(20\pm5)$℃

——相对湿度 RH=(50±20)%

3.102

棉基本负载 base load of cotton

由符合 IEC 60456 中 7.1.1 规定的粗麻布毛巾组成的负载。

3.103

噪声测试的标准试验负载 standard test load for noise measurements

用于带有或不带有脱水功能的洗衣机噪声测试的标准试验负载，按照 3.101 规定进行预调整，由调整后的棉基本负载干燥织物组成；其质量应接近，但在任何情况下都不应超过额定容量。

负载每 10 周期必须使用洗涤剂至少洗涤一次，使用 100 周期后应废弃。

注：噪声测试用的干燥负载可以通过滚筒干燥负载获得，直到额定容量的干燥织物(见 3.101)质量变化在负载的初始质量的 2%以内。

3.104

噪声测试的标准试验程序 standard test programme for noise measurements

不带预洗的 60 ℃棉程序。如果无此程序，应使用制造商说明书中注明的对白色棉织物最有效的程序。

通过选择按钮关闭附加功能。

3.105

洗涤 washing

从主洗第一次注水开始，到第一次漂洗运行前排水装置启动的期间。

注：某些选项，例如"预洗"，不包括在"洗涤"功能中。

3.106

漂洗 rinsing

从洗涤结束开始，到最后一次漂洗后，排水装置启动的期间。

3.107

最终脱水 final spin extraction

在程序结束阶段，通过离心动作从织物中去除水分的脱水功能。从最后一次漂洗后排水装置启动开始，到最后一次脱水和排水动作后，排水装置停止。

4 测量方法与声学环境

GB/T 4214.1—2000 中的该章除下述内容外，均适用。

4.1 概述

增加：

洗涤的噪声(A 计权)是洗涤期间的时间平均值。

脱水的噪声(A 计权)是在漂洗和最终脱水期间噪声最高的 50 s 时间平均值。

4.2 直接法

增加：

注 2：如果发出的噪声中存在纯音成分，应按照 GB/T 6881.3 规定采取适当的预防措施。

4.3 比较法

增加:

注2:如果发出的噪声中存在纯音成分,应按照GB/T 6881.2和GB/T 6881.3规定采取适当的预防措施。

5 测量仪器

GB/T 4214.1—2000中的该章均适用。

6 被测器具的运行与定置

GB/T 4214.1—2000中的该章除下述内容外,均适用。

6.1 器具的配备与预处理

6.1.3 代替:

噪声测试前,洗衣机应按照3.104规定运行至少5个完整的周期。额定容量的任何负载均可用于此运行。

单独的脱水机应在最大转速状态下空载运行至少1 h。如果需要,停歇时间按照制造商使用说明规定。

6.1.4 不适用。

6.2 电源、水源或气源

6.2.2和6.2.3 不适用。

6.2.4 代替:

如果制造商无其他规定,器具应供以冷水。

水硬度可以忽略。

对噪声测试,如果与制造商使用说明不矛盾,进水时水压应为(240±50)kPa。冷水温度应为(15±5)℃,热水温度应为(55±5)℃。

注:当水压/温度与国内相关水压/温度不同时,在额定压力/温度下测试可能会误导消费者。这种情况下,必须进行附加测试。如果试验压力/温度与额定压力/温度不同时,应在报告中注明。

6.4 测试期间器具的加载与运转

6.4.2 代替:

带有或不带有脱水功能的洗衣机根据3.104运行,使用3.103规定的干燥负载。对于带有脱水功能的洗衣机,如果脱水额定容量与洗涤额定容量不同,负载应根据其功能相应地调整。

为了获得“洗涤”功能的最终结果,应进行三次完整的测试,每次均使用3.103规定的干燥负载。最终结果为测量值根据7.4.1计算的对数平均值。

为了获得“脱水”功能的最终结果,应使用3.104规定的全程序进行三次完整的测试,每次均使用3.103规定的干燥负载。根据7.4.1计算对数平均值。然而,如果任意两次结果之间相差超过3 dB(A计权),应进行3次附加测试,最终结果为6次测量值根据7.4.1计算的对数平均值。

注:噪声测试时获得的最大脱水转速应在报告中注明。

对于带有脱水功能的洗衣机中的脱水噪声测试,如果程序中包含洗涤,应装有上述对洗衣机规定的负载,与洗涤部分一起运行。

对于离心式脱水机,无论是单独的或与洗衣机组合在一起的,如果脱水动作不包括在程序中,并且该脱水机带有垂直轴,应按照3.103加载。在此情况下,应使用之前已经在一个适当的洗衣机中(对于带有脱水功能的洗衣机,在该组合的洗衣机中)洗涤和漂洗过的湿负载。

为避免不平衡,湿的织物沿着滚筒的圆周一件挨一件顺序码放。

6.5 器具的定位与安装

6.5.1和6.5.2 不适用。

6.5.3 代替:

对于打算靠墙(包括橱柜、柜台或用于嵌入式或放在柜台下的器具的测试壳体)放置的落地式器具的测试,应使用一个垂直反射面。

当测试在带有刚性壁面的试验室或专用混响室中进行时,房间墙壁的一部分可以用于此目的。这部分墙壁的最小面积应由器具的投影向上及两边扩展至少 0.5 m 确定。器具任何表面(橱柜、柜台或测试壳体)与房间最近的墙壁之间的最小距离为 1 m。

当测试在自由场环境中进行时,应提供一个垂直反射面(由水平反射面支撑)。垂直面的最小尺寸应至少等于测量表面的投影尺寸。

对于这两种测试环境,均应满足以下要求:

- 垂直反射面的声学吸收系数应小于 0.06;
- 器具应放置到无任何弹性装置的测试环境中,安装在器具上的除外;
- 应注意避免器具(包括凸出部分、顶盖、定距件等)与垂直反射面之间的任何直接接触;
- 垂直反射面与器具之间的距离应按以下方式确定:让器具与垂直反射面直接接触,然后移动器具(10±1)cm。

6.5.5 代替:

设计用于前面加入负载,并且仅打算用于嵌装或放置到柜台下或操作面下,或橱柜之间的器具,应嵌装或放到图 101 描述的测试壳体中。

在测试壳体背后的左边或右边角,应提供一个最小尺寸的开口,并且通过密封装置将其堵住,以避免噪声泄漏。此开口是用于水源、电源连接和排水。应注意确保没有结构产生的噪声传播到测试壳体上。

如果需要,测试壳体应根据制造商使用说明提供通风口。

器具应按照制造商使用说明嵌装或放到测试壳体中,使其前边缘与测试壳体的前边缘对齐。

如果器具带有定距件,固体或弹性材料的条状或其他特殊装置,用于填充器具外轮廓和内壁或壳体之间间隙,应相应地使用这些装置。如果未提供此类装置,这些间隙保持敞开状态。

器具装入测试壳体后按照 6.5.3 放置。

打算构成整体的器具应在与嵌入式器具相同的条件下安装。

另外,应根据制造商使用说明,安装装有制造商允许的最大表面的门,材料和厚度与测试壳体相同。

此外,测试壳体应根据制造商使用说明在其前面较低位置安装与门相应的最大高度的壁脚板,材料和厚度与测试壳体相同。如果制造商未说明,上述的壁脚板应紧靠器具的壁脚板。

7 声压级的测量

GB/T 4214.1—2000 中的该章除下述内容外,均适用。

7.1 反射面上方近似自由场中的传声器布置以及标准声源(RSS)的位置

7.1.3 不适用。

7.1.5~7.1.6 不适用。

7.4 测量

7.4.1 增加:

对于洗涤,声压级(A 计权)应是洗涤全程的时间平均值。

对于脱水,噪声最高的 50s 的时间平均声压级(A 计权),应在漂洗和脱水期间确定。

如果被测器具的噪声周期性地变化,应注意避免噪声辐射的变化与测试过程同步所产生的影响(传声器的移动,扫描传声器位置的时间等)。

注 2:脱水可能会发生在漂洗过程中。因此,脱水噪声级的测试在漂洗和最终脱水期间进行。

注 3:另外,可以测量漂洗期间的 A 计权时间平均声压级,用来确定漂洗的噪声级。

7.4.4 不适用。

8 声压级和声功率级的计算

GB/T 4214.1—2000 中的该章均适用。

9 记录内容

GB/T 4214.1—2000 中的该章除下述内容外，均适用。

9.6 被测器具的装备和预处理

9.6.3 不适用。

9.7 电源、水源等

9.7.2 不适用。

9.7.4 不适用。

10 报告内容

GB/T 4214.1—2000 中的该章除下述内容外，均适用。

10.3 器具的测试条件

10.3.3 不适用。

10.3.5 不适用。

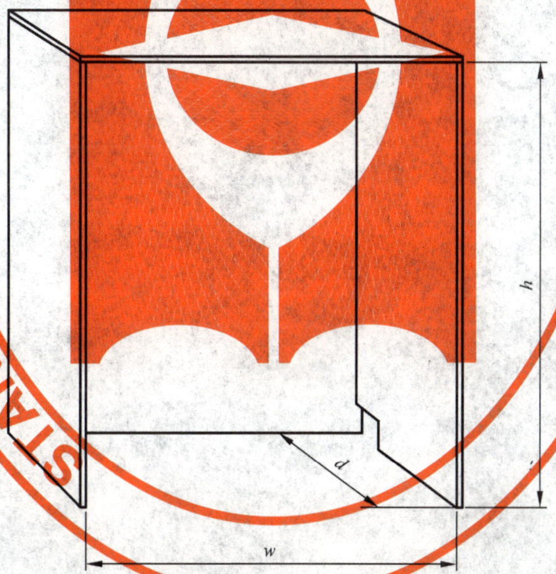

$h=h_n+(3\pm1)$ mm

$w=w_n+(5\pm1)$ mm

$d=d_n+(35\pm15)$ mm，且 $d\geqslant550$ mm

式中：

h——测试壳体的内部高度；

h_n——器具的标称高度；

w——测试壳体的内部宽度；

w_n——器具的标称宽度；

d——测试壳体的内部深度；

d_n——器具的外部深度。

壳体材料：19 mm 厚未处理的密度板(板材)或未处理的密度为(600～750)kg/m^3 的胶合板。

图 101 测试壳体

附 录

GB/T 4214.1—2000 的附录除下述内容外,均适用。

附 录 A
(规范性附录)
标准测试台

GB/T 4214.1—2000 的本附录不适用。

ICS 97.170
Y 64

中华人民共和国国家标准

GB/T 4214.5—2008/IEC 60704-2-8:1997

家用和类似用途电器噪声测试方法 电动剃须刀的特殊要求

**Household and similar electrical appliances—
Test code for the determination of airborne acoustical noise—
Particular requirements for electric shavers**

(IEC 60704-2-8:1997,IDT)

2008-12-30 发布　　2009-09-01 实施

中华人民共和国国家质量监督检验检疫总局
中国国家标准化管理委员会　发布

前　　言

GB/T 4214《家用和类似用途电器噪声测试方法》由若干部分组成，第1部分为通用要求，其他部分为特殊要求。

本部分是GB/T 4214的第5部分。

本部分是家用和类似用途电器噪声测试方法——电动剃须刀的特殊要求，等同采用IEC 60704-2-8:1997《家用和类似用途电器噪声测试方法　第2部分：电动剃须刀的特殊要求》(英文版)。

为便于使用，本部分对IEC 60704-2-8:1997做了下列编辑性修改：

a) “第一部分”一词改为“GB/T 4214.1—2000”；

b) 用小数点‘.’代替用作小数点的逗号‘,’；

c) 删除IEC前言。

本部分应与GB/T 4214.1—2000《声学　家用电器及类似用途器具噪声测试方法　第1部分：通用要求》配合使用。

本部分对GB/T 4214.1—2000的相关技术内容进行了增补或修改。GB/T 4214.1中具体条款未在本部分中提及的，表示GB/T 4214.1中的相应条款适用于本部分。本部分中写明“适用”的部分，表示GB/T 4214.1中的相应条文适用于本部分；本部分中写明“代替”的部分，则以本部分的条文为准；本部分中写明“增加”的部分，表示除要符合GB/T 4214.1相应条文外，还必须符合本部分所增加的条文。

本部分由中国轻工业联合会提出。

本部分由全国家用电器标准化技术委员会(SAC/TC 46)归口。

本部分起草单位：广州电器科学研究院、飞科集团有限公司、松下电工·万宝电器(广州)有限公司、广州威凯检测技术研究所。

本部分起草人：黄文秀、董升、别正业、钟志刚。

本部分首次发布。

引 言

在尽可能模拟剃须刀的实际使用情况的同时，本部分中规定的测量条件在不同实验室的噪声发射和可复现性方面提供了充分的稳定性。

推荐把噪声数据考虑为性能数据的一部分。

注：如 GB/T 4214.1—2000 的引言所述，本测试方法仅与空气中的噪声有关。

家用和类似用途电器噪声测试方法 电动剃须刀的特殊要求

1 范围和对象

GB/T 4214.1—2000 的该章除下述内容外均适用：

1.1 范围

代替：

本部分适用于家用及类似用途的通过电网或电池供电的电动剃须刀。

类似用途可理解为器具在酒店、医院、商店、办公室等场所的使用。

注 1：本部分不适用于非电方式提供动力的剃须刀，如弹簧装置提供动力的剃须刀。

注 2：如有可能，本部分还适用于类似的操作装置，如剪发器和脱毛装置。

1.2 对象

增加：

噪声发射值的声明的要求不在本部分的范围内。

注：对于产品规范中所声明的噪声发射值的确定和验证，见 IEC 60704-3。

2 规范性引用文件

GB/T 4214.1—2000 的该章除下述内容外均适用：

增加：

GB/T 4214.1—2000　家用电器及类似用途器具噪声测试方法　第 1 部分：通用要求(eqv IEC 60704-1:1996)

QB/T 2532—2001　家用电动剃须刀性能测试方法(idt IEC 61254:1993)

3 术语和定义

下列术语和定义适用于本标准。

GB/T 4214.1—2000 的该章除下述内容外均适用。

增加：

3.101

电网供电的剃须刀　mains shaver

可直接通过电网电源工作的剃须刀。

3.102

可充电的剃须刀　rechargeable shaver

通过二次电池供电的剃须刀，且二次电池是剃须刀的一部分。

3.103

电池供电的剃须刀　battery shaver

通过一次电池供电的剃须刀。

3.104

修剪刀　trimmer

剃须刀内装的一个附件，用于修整特殊的面部须毛，例如，胡子、胡须或腮须。

4 测量方法与声学环境

GB/T 4214.1—2000 的该章除下述内容外均适用：

4.2 直接法

增加：

注：剃须刀会产生纯音。如果在发射的噪声中存在有纯音成分，则应采取 ISO 3743-1、ISO 3743-2 和 ISO 3744 中所规定的适当预防措施。

4.3 比较法

增加：

注：剃须刀会产生纯音。如果在发射的噪声中存在有纯音成分，则应采取 ISO 3743-1、ISO 3743-2 和 ISO 3744 中所规定的适当预防措施。

5 测量仪器

GB/T 4214.1—2000 的该章适用。

6 被测器具的运行与定位

GB/T 4214.1—2000 的该章除下述内容外均适用：

增加：

注：在操作剃须刀的过程中，应小心避免损坏，特别是器具的剃须部件，因为这些部件往往是很脆弱的。

6.1 器具的配备与预处理

6.1.1 代替：

应按正常剃须时的状况装备剃须刀。带有切削选择器的剃须刀，应调节剃须刀保证剃须头是最不显露的。

剃须刀应是清洁的，包括毛须室。器具应涂上轻油，轻油的黏度不超过 20cSt(50 ℃时)。如果制造商规定了一种不同的清洁或润滑方法，则应按照制造商的方法。

6.1.3 代替：

在噪声测量前，器具应工作至少 10 min，制造商另有规定除外。

6.1.4 代替：

剃须刀要在无负载最高速度下工作 35 s±5 s 达到稳定后，紧接着进行每个系列的噪声测量。

6.2 电、水或燃气的供应

6.2.2 代替：

噪声测量时，应使用制造商规定的满电量的电池来起动电池供电的剃须刀。当承载电压已经下降到 0.9 倍的电池额定电压时，必须更换电池。

可充电的剃须刀，在电池充满电并与任何外部电源断开的情况下进行测量。

6.4 测试期间器具的加载与运行

6.4.1 代替：

在无负载的条件下对剃须刀进行测量。如果装有速度控制器，则必须选择最高速度挡。

当剃须刀装有一个以上的剃须头而且还有一个剃须头的选择开关时，则应测量出发射最高噪声值的那个开关设定值。

剃须刀可以装有一个修剪刀。如修剪刀可被接通和断开时，则应进行下述测量：

——只测量剃须头，而且还可进行下述测量；

——剃须头＋修剪刀(如有可能)；

——只测量修剪刀(如有可能)。

如果修剪刀有一个以上的位置，则应测量出发射最大噪声值的那个修剪刀位置。

6.4.3 增加：

注：对于按照工作周期进行工作的剃须刀，应测量出工作周期中发射最大响声的那个部分。优先强迫器具直接运行在工作周期的这个最响的部分并进行测量。如果这是不可能的，则应在工作到那个最响的部分期间进行测量。

6.5 器具的定位和安装

6.5.1 不适用。

6.5.2 增加：

剃须刀的定位要保证，正常与皮肤接触的表面的切面处于竖直位置。如有可能，剃须刀的纵轴处于水平方向。25 cm 高度是从切削面的中心算起的。

6.5.3～6.5.5 不适用。

7 声压级的测量

GB/T 4214.1—2000 的该章除下述内容外均适用：

7.1 反射面上方近似自由场中传声器的布置、测量表面以及标准声源(RSS)的位置。

7.1.1～7.1.3 不适用。

7.1.5～7.1.6 不适用。

8 声压级和声功率级的计算

GB/T 4214.1—2000 的该章适用。

9 记录内容

GB/T 4214.1—2000 的该章除下述内容外均适用：

9.7 电源、水源等

9.7.3 和 9.7.4 不适用。

9.8 气候条件

9.8.3 不适用。

10 报告内容

GB/T 4214.1—2000 的该章除下述内容外均适用：

10.3 器具的测试条件

10.3.4、10.3.5 和 10.3.8 不适用。

附　录

除下述内容外,GB/T 4214.1—2000 的附录适用。

附　录　B
(规范性附录)
标准测试台

GB/T 4214.1—2000 的该附录不适用。

ICS 97.170
Y 64

中华人民共和国国家标准

GB/T 4214.6—2008/IEC 60704-2-9:2003

家用和类似用途电器噪声测试方法 毛发护理器具的特殊要求

**Household and similar electrical appliances—
Test code for the determination of airborne acoustical noise—
Particular requirements for electric hair care appliances**

(IEC 60704-2-9:2003,IDT)

2008-12-30 发布　　2009-09-01 实施

中华人民共和国国家质量监督检验检疫总局
中国国家标准化管理委员会　发布

前　言

GB/T 4214《家用和类似用途电器噪声测试方法》由若干部分组成，第1部分为通用要求，其他部分为特殊要求。

本部分是GB/T 4214的第6部分。

本部分是家用和类似用途电器噪声测试方法——毛发护理器具的特殊要求，等同采用IEC 60704-2-9:2003《家用和类似用途电器噪声测试方法　第2-9部分：毛发护理器具的特殊要求》(英文版)。

为便于使用，本部分对IEC 60704-2-9:2003做了下列编辑性修改：

a)　"第一部分"一词改为"GB/T 4214.1—2000"；

b)　用小数点'.'代替用作小数点的逗号'，'；

c)　删除IEC前言。

本部分应与GB/T 4214.1—2000《声学　家用电器及类似用途器具噪声测试方法　第1部分：通用要求》配合使用。

本部分对GB/T 4214.1—2000的相关技术内容进行了增补或修改。GB/T 4214.1中具体条款未在本部分中提及的，表示GB/T 4214.1中的相应条款适用于本部分。本部分中写明"适用"的部分，表示GB/T 4214.1中的相应条文适用于本部分；本部分中写明"代替"的部分，则以本部分的条文为准；本部分中写明"增加"的部分，表示除要符合GB/T 4214.1相应条文外，还必须符合本部分所增加的条文。

本部分由中国轻工业联合会提出。

本部分由全国家用电器标准化技术委员会(SAC/TC 46)归口。

本部分起草单位：广州电器科学研究院、飞科集团有限公司、广州威凯检测技术研究所。

本部分主要起草人：黄文秀、董升、钟志刚。

本部分首次发布。

引　　言

在尽可能模拟毛发护理器具的实际使用情况的同时，本部分中规定的测量条件在测定发射噪声和比较不同实验室得出的测量结果方面提供了足够的准确性。

推荐把噪声级的测定考虑为（覆盖毛发护理器具的特性和性能的许多方面的）综合测试程序的一部分。

注：如 GB/T 4214.1—2000 的引言所述，本测试方法仅与空气中的噪声有关。

家用和类似用途电器噪声测试方法 毛发护理器具的特殊要求

1 范围和对象

GB/T 4214.1—2000 的该章除下述内容外均适用:

1.1 范围

1.1.1 概述

代替:

GB/T 4214 的本部分适用于家用及类似用途的通过电网供电且利用空气流动进行工作的手持式电吹风。

这些特殊要求还适用于类似的电动装置,如利用风扇产生气流的毛发定型器。

头盔式电吹风不在本部分范围内。

本部分不适用于带有辐射加热的毛发护理器具。

1.1.2 噪声类型

代替:

ISO 3743-1、ISO 3743-2 和 ISO 3744 可用于测量电吹风所发射的噪声。

1.1.3 声源的尺寸

代替:

ISO 3744 所规定的方法适用于任何尺寸的声源(仅受限于可得到的试验环境)。当采用 ISO 3743-1 和 ISO 3743-2 时,应注意,被测电毛发护理器具的最大尺寸要满足 ISO 3743-1:1994 和 ISO 3743-2:1994 中 1.3 规定的要求。

1.2 对象

增加:

噪声发射值的声明的要求不在本部分范围内。

注:对于产品规范中所声明的噪声发射值的确定和验证,见 IEC 60704-3。

1.3 测量不确定度

代替:

按照本部分所确定的声功率级的标准偏差的估值如下:

标准偏差/dB	
σ_r(重复性)	σ_R(再现性)
0.4	0.8

增加:

1.101 声明和验证用的标准偏差

为了按照 IEC 60704-3 测定和验证声明的噪声发射值,下述数值适用:

标准偏差/dB		
σ_P(生产)	σ_t(总计)	σ_M(基准)
0.5～1.3	0.9～1.5	1.5

2 规范性引用文件

GB/T 4214.1—2000 的该章适用。

3 术语和定义

下列术语和定义适用于本标准。

GB/T 4214.1—2000 的该章除下述内容外均适用：

增加：

3.101

手持式电吹风 hand-held hairdryer

在正常稳定的使用过程中用手握持的电吹风。

3.102

毛发定型器具 hairstyling appliance

用于给毛发定型和/或卷曲的器具。

注：毛发定型器具可能装有刷子和梳子。

3.103

头盔式电吹风 helmet-type hairdryer

在刚性或柔性头罩下吹干毛发的电吹风。

4 测量方法与声学环境

GB/T 4214.1—2000 的该章除下述内容外均适用。

4.2 直接法

增加：

注：如果在发射的噪声中存在有纯音成分，则应采取 ISO 3743-2 中所规定的适当预防措施。

4.3 比较法

增加：

注：如果在发射的噪声中存在有纯音成分，则应采取 ISO 3743-1 和 ISO 3743-2 中所规定的适当预防措施。

5 测量仪器

GB/T 4214.1—2000 的该章除下述内容外均适用。

5.1 声学测量仪器

增加：

如有必要应使用挡风玻璃，而且应在观测到的声压级上增加传声器灵敏度变化的校正值。

6 被测器具的运行与定置

GB/T 4214.1—2000 的该章除下述内容外均适用。

6.1 器具的配备与预处理

6.1.1

代替：

应按正常吹干毛发时的状况装备器具。不应安装喷嘴、风嘴、扩散风嘴、刷子、梳子等附件。进风口，特别是进风口过滤器应是清洁的，没有绒毛或头发。

6.1.3

代替：

在噪声测量前，按照6.1.1所装备的器具应在正常稳定使用的最高速度和温度设定值下运行至少5 min。如果有助推位置的话，不应使用它。

注：助推位置是指偶尔使用的控制器的一个设定位置，用于产生短时的高风速。

6.1.4

代替：

按照6.1.1所装备的器具在正常稳定使用的最高速度和温度设定值下至少运行2 min达到稳定后，紧接着进行每个系列的噪声测量。如果有助推位置的话，不应使用它。

6.2 电、水或燃气的供应

6.2.1

修改：

电压容差应为±0.5%。

6.2.2～6.2.4 不适用。

6.4 测试期间器具的加载与运行

6.4.2

代替：

应按照6.1.1的要求装备器具。

应在器具正常稳定使用时且在风扇最高速度及加热器最高功率设定值下测定噪声发射值。应拆下附件。

注：还可以测定在其他可能的速度和功率设定值(助推位置、冷位置等)下的噪声发射值。还可以增加测量带附件的情况。

应认真记录测量过程中的实际设定值和配置。

6.4.3～6.4.4 不适用。

6.5 器具的定位和安装

增加：

器具出风口的放置位置应适合于实际的使用。应仔细操作避免限制干发器的气流。在进风口、出风口及整个器具上都要考虑到这一点。

器具的放置应保证避免产生因增加的结构而产生传播的噪声。不应使用制造商随机附带以外的附件。

6.5.2

增加：

手持式干发器和毛发定型器具的定位应保证器具的纵轴处于水平且位于地板或反射面上方约25 cm的高度。器具的手柄或抓手应处于其正常使用的位置，通常是朝下的。

7 声压级的测量

GB/T 4214.1—2000的该章除下述内容外均适用。

7.1 反射面上方近似自由场中的传声器的布置、测量表面以及标准声源(RSS)的位置

增加：

在测量过程中，应小心防止直接对着任何传声器吹风。

7.1.3 不适用。

7.1.4

增加：

器具的纵轴应指向Y轴，以避免直接对着传声器吹风。

7.1.5～7.1.6 不适用。

7.4 测量

7.4.1

增加：

在至少 30 s 时间过程中应测量 A 计权的时间平均声压级。

7.4.4 不适用。

8 声压级和声功率级的计算

GB/T 4214.1—2000 的该章适用。

9 记录内容

GB/T 4214.1—2000 的该章除下述内容外均适用。

9.7 电源、水源等

9.7.2～9.7.4 不适用。

9.12 测量数据

9.12.5 不适用。

10 报告内容

GB/T 4214.1—2000 的该章除下述内容外均适用。

10.3 器具的测试条件

10.3.3～10.3.5 不适用。

10.3.11 不适用。

10.4 声学数据

10.4.10 不适用。

附　录

除下述内容外，GB/T 4214.1—2000 的附录适用。

附　录　A
（规范性附录）
标准测试台

GB/T 4214.1—2000 的该附录不适用。

ICS 83.040.20
G 33

GB

中华人民共和国国家标准

GB/T 4217—2008/ISO 161-1:1996
代替 GB/T 4217—2001

流体输送用热塑性塑料管材 公称外径和公称压力

Thermoplastics pipes for the conveyance of fluids—Nominal outside diameters and nominal pressures

(ISO 161-1:1996,IDT)

2008-08-19 发布　　2009-05-01 实施

中华人民共和国国家质量监督检验检疫总局
中国国家标准化管理委员会　发布

前　言

本标准等同采用ISO 161-1:1996《流体输送用热塑性塑料管材　公称外径和公称压力　第1部分：公制系列》，在技术内容和标准结构上完全相同，仅作少量编辑性修改。

本标准代替GB/T 4217—2001《流体输送用热塑性塑料管材　公称外径和公称压力》。

本标准与GB/T 4217—2001相比主要变化如下：

——规范性引用文件引用了GB/T 321—2005《优先数和优先数系》；

——修正了GB/T 4217—2001的式(4)、式(5)；

——将表1中的“350”改为“450”；

——将表2注中的“R20”改为“R10”；

——增加了参考文献。

本标准由全国塑料制品标准化技术委员会(SAC/TC 48)归口。

本标准起草单位：轻工业塑料加工应用研究所、亚大塑料制品有限公司、河北宝硕管材有限公司。

本标准主要起草人：李田华、王志伟、李艳英。

本标准所代替标准的历次版本发布情况为：

——GB/T 4217—1984,GB/T 4217—2001。

流体输送用热塑性塑料管材 公称外径和公称压力

1 范围

本标准规定了有压和无压流体输送用热塑性塑料管材的公称外径，并规定了有压热塑性塑料管材的公称压力、最小要求强度和总体使用(设计)系数。

本标准适用于用各种加工方法和材料制造的、横截面为圆形、内外壁光滑的热塑性塑料管材。

2 规范性引用文件

下列文件中的条款通过本标准的引用而成为本标准的条款。凡是注日期的引用文件，其随后所有的修改单(不包括勘误的内容)或修订版均不适用于本标准，然而，鼓励根据本标准达成协议的各方研究是否可使用这些文件的最新版本。凡是不注日期的引用文件，其最新版本适用于本标准。

GB/T 321—2005 优先数和优先数系(ISO 3:1973,IDT)

GB/T 18475—2001 热塑性塑料压力管材和管件用材料 分级和命名 总体使用(设计)系数(eqv ISO 12162:1995)

3 术语和定义

下列术语和定义适用于本标准。

3.1

公称外径 nominal outside diameter

d_n

管材或管件插口外径的规定数值，单位为毫米(mm)。在热塑性塑料管材系统中，它适用于除法兰和用螺纹尺寸表示的部件外的所有热塑性塑料管道系统部件。为便于参考采用整数。

注：公称外径是管材产品标准中规定的最小平均外径 $d_{em,min}$，单位为毫米(mm)。

3.2

外径 outside diameter

d_e

3.2.1

平均外径 mean outside diameter

d_{em}

管材或管件插口端任一横断面的外圆周长除以 π(圆周率)并向大圆整到 0.1 mm 得到的值。

3.2.2

最小平均外径 minimum mean outside diameter

$d_{em,min}$

平均外径(3.2.1)的最小允许值。

注：在符合 GB/T 4217 的管材产品标准中，最小平均外径等于其公称外径(3.2.1)。

3.3

压力 pressure

3.3.1

公称压力　nominal pressure

PN

与管道系统部件的力学性能相关用于参考的标识。它选自 GB/T 321 中的 R10 系列的便于使用的数字。

注：缩略语 *PN* 来源于法语 pression nominale。

3.3.2

最大允许工作压力　maximum allowable operating pressure

p_{PMS}

考虑总体使用(设计)系数 *C* 后确定的管材的允许压力，单位为 MPa。

注：有时用 MOP 表示；缩略语 PMS 来源于法语 pression maximale de service。

3.4

置信下限　lower confidence limit

σ_{LCL}

一个用于评价材料性能的应力值，指该材料制造的管材在 20 ℃、50 年的内水压下，置信度为 97.5%时，预测的长期强度的置信下限，单位为 MPa。

3.5

最小要求强度　minimum required strength

MRS

将 20 ℃、50 年置信下限(3.4)σ_{LCL}的值按 GB/T 321 的 R10 或 R20 系列向下圆整到最接近的一个优先数得到的应力值，单位为 MPa。当 σ_{LCL} 小于 10 MPa 时，按 R10 系列圆整，当 σ_{LCL} 大于等于 10MPa 时按 R20 系列圆整。*MRS* 是单位为 MPa 的环应力值。

3.6

总体使用(设计)系数　overall service (design) coefficient

C

一个大于 1 的数值，它的大小考虑了使用条件和管路其他附件的特性对管系的影响，是在置信下限所包含因素之外考虑的管系的安全裕度。

GB/T 18475 规定了特定材料的总体使用系数的最小值。

3.7

设计应力　design stress

σ_s

规定条件下的允许应力，等于最小要求强度(单位 MPa)除以总体使用(设计)系数(3.6)：

$$\sigma_s = \frac{MRS}{C} \quad \cdots\cdots(1)$$

3.8

标准尺寸比　standard dimension ratio

SDR

管材的公称外径(d_n)与公称壁厚(e_n)的比值，由公式 $SDR = d_n / e_n$ 计算并按一定规则圆整。*SDR* 可以由式(2)、式(3)之一计算：

$$SDR = \frac{2 \times MRS}{C \times p_{PMS}} + 1 \quad \cdots\cdots(2)$$

或

$$SDR = \frac{2 \times \sigma_s}{p_{PMS}} + 1 \qquad \cdots\cdots (3)$$

式中：

d_n——管材公称外径，单位为毫米(mm)；

e_n——公称壁厚，单位为毫米(mm)；

MRS——最小要求强度，单位为兆帕(MPa)；

p_{PMS}——最大允许工作压力，单位为兆帕(MPa)；

C——总体使用(设计)系数；

σ_s——设计应力，单位为兆帕(MPa)。

给定 SDR 的值，用产品标准中规定的 MRS 和 C，可以按式(4)、式(5)算出最大允许工作压力 p_{PMS}：

$$p_{PMS} = \frac{2 \times MRS}{C \times (SDR - 1)} \qquad \cdots\cdots (4)$$

或

$$p_{PMS} = \frac{2 \times \sigma_s}{(SDR - 1)} \qquad \cdots\cdots (5)$$

3.9

静液压应力　hydrostatic stress

σ

管材充满有压液体时，管壁所受到的应力，单位为 MPa。它与压力、壁厚和外径的关系：

$$\sigma = \frac{p(d_e - e)}{2e} \qquad \cdots\cdots (6)$$

式中：

p——静液压压力，单位为兆帕(MPa)；

d_e——管材的外径，单位为毫米(mm)；

e——管材的壁厚，单位为毫米(mm)。

4　公称外径(d_n)

公称外径应从表1中选定。

表1　公称外径(d_n)允许值

单位为毫米

2.5	10	40	125	250	500	1 000
3	12	50	140	280	560	1 200
4	16	63	160	315	630	1 400
5	20	75	180	355	710	1 600
6	25	90	200	400	800	1 800
8	32	110	225	450	900	2 000

5　公称压力(p_N)级别

公称压力级别应从表2中选定。

表 2　公称压力(p_N)级别(对应最大允许工作压力 p_{PMS})

PN	p_{PMS}	
	MPa	bar
1	0.1	1
2.5	0.25	2.5
3.2	0.32	3.2
4	0.4	4
5	0.5	5
6	0.6	6
6.3	0.63	6.3
8	0.8	8
10	1	10
12.5	1.25	12.5
16	1.6	16
20	2	20
注：如要求更高的公称压力，应从 GB/T 321 中的 R5 系列或 R10 系列选取。		

6　最小要求强度(*MRS*)

最小要求强度应从表 3 中选定。

表 3　最小要求强度(*MRS*)允许值

单位为兆帕

1	6.3	20
1.25	8	22.4
1.5	10	25
2	11.2	28
2.5	12.5	31.5
3.15	14	35.5
4	16	40
5	18	—
注：从 1 到 10 的各个值选自 GB/T 321 中的 R10 系列(增量 25%)，大于 10 的值选自 GB/T 321 中的 R20 系列(增量 12%)。		

参考文献

[1] ISO 161-2:1996 流体输送用热塑性塑料管材 公称外径和公称压力 第2部分:英制系列.

[2] GB/T 19764—2005 优先数和优先数化整值系列的选用指南(ISO 497:1973,IDT).

[3] GB/T 10798—2001 热塑性塑料管材通用壁厚表(idt ISO 4065:1996).

[4] GB/T 19278—2003 热塑性塑料管材、管件及阀门通用术语及其定义.

ICS 83.140.30
G 33

中华人民共和国国家标准

GB/T 4219.1—2008
代替 GB/T 4219—1996

工业用硬聚氯乙烯(PVC-U)管道系统 第1部分:管材

Unplasticized poly(vinyl chloride)(PVC-U) piping system for industrial applications—Part 1: Pipes

2008-03-24 发布　　2008-10-01 实施

中华人民共和国国家质量监督检验检疫总局
中国国家标准化管理委员会　发布

前　言

GB/T 4219《工业用硬聚氯乙烯(PVC-U)管道系统》预计分为以下部分：

——第1部分：管材；

——第2部分：管件；

……

本部分为GB/T 4219的第1部分，对应于ISO 15493：2003《工业用塑料管道系统　丙烯腈-丁二烯-苯乙烯(ABS)、硬聚氯乙烯(PVC-U)、氯化聚氯乙烯(PVC-C)　组件及系统规范　公制系列》中硬聚氯乙烯管材部分。

本部分修改采用ISO 15493：2003中PVC-U部分，本部分与ISO 15493中PVC-U部分主要技术内容相同，主要差异有：

——取消对非PVC-U生产的部件材料要求；

——取消原料密度要求；

——取消公称外径12 mm规格；

——调整了液压试验的环应力；

——落锤冲击试验增加试验温度−5℃级别；

——增加了附录A(资料性附录) PVC-U管材材料预测强度，附录B(资料性附录)管系列S、标准尺寸比SDR与公称压力PN对照表。

本部分代替GB/T 4219—1996《化工用硬聚氯乙烯(PVC-U)管材》。

本部分与GB/T 4219—1996主要技术差异有：

——将表1温度与压力关系作为资料性附录；

——管材规格由20 mm～710 mm改为16 mm～400 mm；

——物理力学性能增加二氯甲烷浸渍试验和落锤冲击试验，取消弯曲度、腐蚀度、丙酮浸泡和拉伸试验、扁平试验；

——增加系统的适用性试验；

——增加了附录A(资料性附录) PVC-U管材材料预测强度，附录B(资料性附录)管系列S、标准尺寸比SDR与公称压力PN对照表，附录C(资料性附录) 组件材料温度对压力的折减系数。

本部分的附录A、附录B、附录C为资料性附录。

本部分由中国轻工业联合会提出。

本部分由全国塑料制品标准化技术委员会塑料管材、管件及阀门分技术委员会(TC48/SC3)归口。

本部分起草单位：佑利控股集团有限公司、福建亚通新材料科技股份有限公司、浙江中财管道科技股份有限公司、重庆顾地塑胶电器有限公司、河北宝硕管材有限公司、上海乔治费歇尔管路系统有限公司。

本部分主要起草人：胡旭苍、林华义、魏作友、丁良玉、吴晓芬、高长全、柯锦玲、肖玉刚。

本部分所代替标准的历次版本发布情况为：

——GB/T 4219—1996。

工业用硬聚氯乙烯(PVC-U)管道系统
第1部分:管材

1 范围

GB/T 4219的本部分规定了以聚氯乙烯(PVC)树脂为主要原料,经挤出成型的工业用硬聚氯乙烯(PVC-U)压力管材(以下简称"管材")的材料、产品分类、要求、试验方法、检验规则和标志、包装、运输、贮存。

本部分适用于工业用硬聚氯乙烯管道系统,也适用于承压给排水输送以及污水处理、水处理、石油、化工、电力电子、冶金、电镀、造纸、食品饮料、医药、中央空调、建筑等领域的粉体、液体的输送。

注1:当用于输送易燃易爆介质时,应符合防火、防爆的有关规定。

注2:设计时应考虑输送介质随温度变化对管材的影响,应考虑管材的低温脆性和高温蠕变,建议使用温度范围为−5℃~45℃。

注3:当用于输送饮用水、食品饮料、医药时,其卫生性能应符合有关规定。

2 规范性引用文件

下列文件中的条款通过GB/T 4219的本部分的引用而成为本部分的条款。凡是注日期的引用文件,其随后所有的修改单(不包括勘误的内容)或修订版均不适用于本部分,然而,鼓励根据本部分达成协议的各方研究是否可使用这些文件的最新版本。凡是不注日期的引用文件,其最新版本适用于本部分。

GB/T 1033—1986 塑料密度和相对密度试验方法(eqv ISO/DIS 1183:1984)

GB/T 2828.1—2003 计数抽样检验程序 第1部分:按接收质量限(AQL)检索的逐批检验抽样计划(ISO 2859-1:1999,IDT)

GB/T 2918—1998 塑料试样状态调节和试验的标准环境(idt ISO 291:1997)

GB/T 6111—2003 流体输送用热塑性塑料管材耐内压试验方法(ISO 1167:1996,IDT)

GB/T 6671—2001 热塑性塑料管材 纵向回缩率的测定(eqv ISO 2505:1994)

GB/T 8802—2001 热塑性塑料管材、管件 维卡软化温度的测定(eqv ISO 2507:1995)

GB/T 8806 塑料管材尺寸测量方法(GB/T 8806—1988,eqv ISO 3126:1974)

GB/T 13526 硬聚氯乙烯(PVC-U)管材 二氯甲烷浸渍试验方法(GB/T 13526—2007)

GB/T 14152—2001 热塑性塑料管材耐外冲击性能试验方法 时针旋转法(GB/T 14152—2001,eqv ISO 3127:1994)

GB/T 18252 塑料管道系统 用外推法对热塑性塑料管材长期静液压强度的测定(GB/T 18252—2000,neq ISO/DIS 9080:1997)

GB/T 19278—2003 热塑性塑料管材、管件及阀门通用术语及其定义

QB/T 2568—2002 硬聚氯乙烯(PVC-U)塑料管道系统用溶剂型胶粘剂

ISO 4433-1:1997 热塑性塑料管材 耐化学流体 分类 第1部分:浸渍试验方法

ISO/TR 10358:1993 塑料管材和管件 耐化学性 综合分类表

3 术语和定义、符号

GB/T 19278—2003中给出的以及下列术语和定义、符号适用于GB/T 4219的本部分。

3.1

20℃、50 年置信下限　lower confidence limit at 20℃ and 50 years(σ_{LCL})

一个用于评价材料性能的应力值,该材料制造管材在 20℃、50 年的内水压下,置信度为 97.5%时,预测的长期强度的置信下限,单位为 MPa。

3.2

最小要求强度　minimum required strength(MRS)

将 20℃、50 年置信下限 σ_{LCL} 的值按 R10 或 R20 系列向下圆整到最接近的一个优先数得到的应力值,单位为 MPa。当 σ_{LCL} 小于 10 MPa 时,按 R10 系列圆整,当 σ_{LCL} 大于等于 10 MPa 时按 R20 系列圆整。

3.3

总体使用(设计)系数　overall service (design) coefficient(C)

一个大于 1 的数值,它的大小考虑了使用条件和管路其他附件的特性对管系的影响,是在置信下限所包含因素之外考虑的管系的安全裕度。

3.4

设计应力　design stress (σ_s)

规定条件下的允许应力。等于最小要求强度(单位 MPa)除以总体使用(设计)系数。

3.5

公称压力　nominal pressure(PN)

与管道系统部件耐压能力有关的参考数值,为便于使用,通常取 R10 系列的优先数。

4　材料

4.1　制造管材的材料以聚氯乙烯(PVC)树脂为主,其中仅加入为提高其物理、力学性能及加工性能所需的添加剂组成的混配料,添加剂应分散均匀。

4.2　原料制成管材,按 GB/T 18252 规定进行试验,最小要求强度(MRS)不小于 5 MPa,此数据应由混配料供应部门提供,总体使用(设计)系数 C 最小值为 2.0。

4.3　允许少量使用来自本厂的生产同种管材的清洁回用料。

4.4　连接用粘合剂应符合 QB/T 2568—2002,并由生产方推荐使用。粘合剂不应对组件性能产生不利影响,同时不应致使组合件难以符合本标准的相关要求。

5　原料制成的管材耐化学性

5.1　对组件材料的影响

如果输送非水流体,流体对组件材料的影响可向生产方咨询或参考 ISO/TR 10358:1993。

5.2　对流体的影响

如果输送非水流体,对流体的影响可向生产方咨询。

6　产品分类

6.1　管材按尺寸分为:S20、S16、S12.5、S10、S8、S6.3、S5 共七个系列。

6.2　管系列 S、标准尺寸比 SDR 及管材规格尺寸,见表 1。

根据管材所输送的介质及应用条件,从表 1 中选择合理的管系列。附录 B 中列出了管系列与公称压力 PN 的对照表。

表 1 管材规格尺寸、壁厚及其偏差

单位为毫米

公称外径 d_n	壁厚 e 及其偏差													
	管系列 S 和标准尺寸比 SDR													
	S20 SDR41		S16 SDR33		S12.5 SDR26		S10 SDR21		S8 SDR17		S6.3 SDR13.6		S5 SDR11	
	e_{min}	偏差	e_{min}	偏差	e_{min}	偏差	e_{min}	偏差	e_{min}	偏差	e_{min}	偏差	e_{min}	偏差
16	—	—	—	—	—	—	—	—	—	—	—	—	2.0	+0.4
20	—	—	—	—	—	—	—	—	—	—	—	—	2.0	+0.4
25	—	—	—	—	—	—	—	—	—	—	2.0	+0.4	2.3	+0.5
32	—	—	—	—	—	—	—	—	2.0	+0.4	2.4	+0.5	2.9	+0.5
40	—	—	—	—	—	—	2.0	+0.4	2.4	+0.5	3.0	+0.5	3.7	+0.6
50	—	—	—	—	2.0	+0.4	2.4	+0.5	3.0	+0.5	3.7	+0.6	4.6	+0.7
63	—	—	2.0	+0.4	2.5	+0.5	3.0	+0.5	3.8	+0.6	4.7	+0.7	5.8	+0.8
75	—	—	2.3	+0.5	2.9	+0.5	3.6	+0.6	4.5	+0.7	5.6	+0.8	6.8	+0.9
90	—	—	2.8	+0.5	3.5	+0.6	4.3	+0.7	5.4	+0.8	6.7	+0.9	8.2	+1.1
110	—	—	3.4	+0.6	4.2	+0.7	5.3	+0.8	6.6	+0.9	8.1	+1.1	10.0	+1.2
125	—	—	3.9	+0.6	4.8	+0.7	6.0	+0.8	7.4	+1.0	9.2	+1.2	11.4	+1.4
140	—	—	4.3	+0.7	5.4	+0.8	6.7	+0.9	8.3	+1.1	10.3	+1.3	12.7	+1.5
160	4.0	+0.6	4.9	+0.7	6.2	+0.9	7.7	+1.0	9.5	+1.2	11.8	+1.4	14.6	+1.7
180	4.4	+0.7	5.5	+0.8	6.9	+0.9	8.6	+1.1	10.7	+1.3	13.3	+1.6	16.4	+1.9
200	4.9	+0.7	6.2	+0.9	7.7	+1.0	9.6	+1.2	11.9	+1.4	14.7	+1.7	18.2	+2.1
225	5.5	+0.8	6.9	+0.9	8.6	+1.1	10.8	+1.3	13.4	+1.6	16.6	+1.9	—	—
250	6.2	+0.9	7.7	+1.0	9.6	+1.2	11.9	+1.4	14.8	+1.7	18.4	+2.1	—	—
280	6.9	+0.9	8.6	+1.1	10.7	+1.3	13.4	+1.6	16.6	+1.9	20.6	+2.3	—	—
315	7.7	+1.0	9.7	+1.2	12.1	+1.5	15.0	+1.7	18.7	+2.1	23.2	+2.6	—	—
355	8.7	+1.1	10.9	+1.3	13.6	+1.6	16.9	+1.9	21.1	+2.4	26.1	+2.9	—	—
400	9.8	+1.2	12.3	+1.5	15.3	+1.8	19.1	+2.2	23.7	+2.6	29.4	+3.2	—	—

注 1：考虑到安全性，最小壁厚应不小于 2.0 mm。

注 2：除了有其他规定之外，尺寸应与 GB/T 10798 一致。

7 要求

7.1 颜色

一般为灰色，也可由供需双方协商确定。

7.2 外观

管材的内外表面应光滑平整、清洁，不应有气泡、划伤、凹陷、明显杂质及颜色不均等缺陷。管端应切割平整，并与管轴线垂直。

7.3 管材尺寸

7.3.1 管材长度一般为 4 m、6 m 或 8 m，也可由供需双方协商确定。管材长度(L)、有效长度(L_1)、最小承口深度(L_{min})见图 1 所示。长度不允许负偏差。

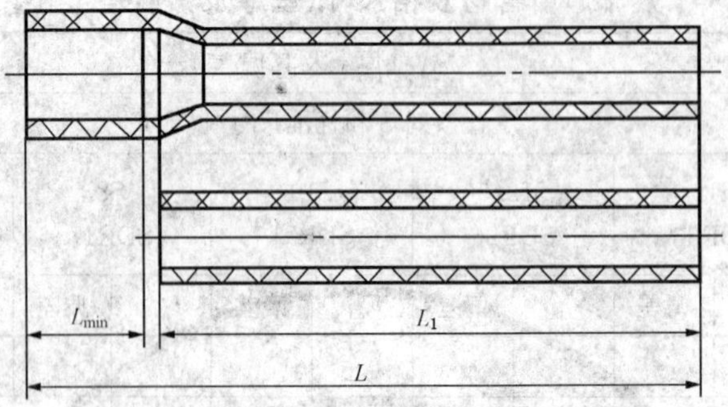

图 1 管材长度示意图

7.3.2 管材的平均外径 d_{em}及平均外径公差和不圆度的最大值，应符合表 2 的规定。

表 2 平均外径及平均外径偏差和不圆度

单位为毫米

公称外径 d_n	平均外径 $d_{em,min}$	平均外径公差	不圆度 max (S20～S16)	不圆度 max (S12.5～S5)	承口最小深度 L_{min}
16	16.0	+0.2	—	0.5	13.0
20	20.0	+0.2	—	0.5	15.0
25	25.0	+0.2	—	0.5	17.5
32	32.0	+0.2	—	0.5	21.0
40	40.0	+0.2	1.4	0.5	25.0
50	50.0	+0.2	1.4	0.6	30.0
63	63.0	+0.3	1.5	0.8	36.5
75	75.0	+0.3	1.6	0.9	42.5
90	90.0	+0.3	1.8	1.1	50.0
110	110.0	+0.4	2.2	1.4	60.0
125	125.0	+0.4	2.5	1.5	67.5
140	140.0	+0.5	2.8	1.7	75.0
160	160.0	+0.5	3.2	2.0	85.0
180	180.0	+0.6	3.6	2.2	95.0
200	200.0	+0.6	4.0	2.4	105.0
225	225.0	+0.7	4.5	2.7	117.5
250	250.0	+0.8	5.0	3.0	130.0
280	280.0	+0.9	6.8	3.4	145.0
315	315.0	+1.0	7.6	3.8	162.5
355	355.0	+1.1	8.6	4.3	182.5
400	400.0	+1.2	9.6	4.8	205.0

7.3.3 管材的壁厚及壁厚偏差应符合表 1 的规定。

7.4 物理性能

管材物理性能应符合表 3 的规定。

表 3 物理性能

项目	要求
密度 ρ/(kg/m^3)	1 330～1 460
维卡软化温度(VST)/℃	≥80
纵向回缩率/%	≤5
二氯甲烷浸渍试验	试样表面无破坏

7.5 力学性能

管材力学性能应符合表 4 的规定。

表 4 力学性能

项目	试验参数			要求
	温度/℃	环应力/MPa	时间/h	
静液压试验	20	40.0	1	无破裂、无渗漏
	20	34.0	100	
	20	30.0	1 000	
	60	10.0	1 000	
落锤冲击性能	0℃(−5℃)			TIR≤10%

7.6 适用性

管材连接后应通过液压试验，试验条件按表 5 规定。

表 5 系统适用性

项目	试验参数			要求
	温度/℃	环应力/MPa	时间/h	
系统液压试验	20	16.8	1 000	无破裂、无渗漏
	60	5.8	1 000	

7.7 卫生要求

当用于输送饮用水、食品饮料、医药时，其卫生性能应按相关标准执行。

8 试验方法

8.1 试验环境

除另有规定外，按照 GB/T 2918—1998 中的规定，在温度为(23±2)℃条件下进行状态调节，状态调节时间不少于 24 h，并在此环境下进行试验。

8.2 颜色与外观

在自然光线下，用肉眼观察。

8.3 尺寸测量

8.3.1 长度

用精度不低于 1 mm 的量具测量。

8.3.2 平均外径 d_{em}及偏差和不圆度

按 GB/T 8806 规定测量，数值精确至 0.1 mm。不圆度测量应在管材出厂前进行。

8.3.3 壁厚

按 GB/T 8806 规定，对所抽取的试样沿圆周测量壁厚最大值和最小值，数值精确至 0.1 mm。

8.4 密度

按 GB/T 1033—1986 方法 A 进行测试。

8.5 维卡软化温度

按 GB/T 8802—2001 方法 A1 规定测试。

8.6 二氯甲烷浸渍试验

按 GB/T 13526 规定测试，从管材上截取长度为 160 mm 管段试样，切割时应垂直于管材轴线，切割时应尽可能避免产生热量，为便于试验大口径管材，可将管段沿轴向切割成片条作为试样。将试样放于(15±0.5)℃浸渍液内，保持(30±1)min，在通风情况下放置 15 min 后，检查试样。

8.7 纵向回缩率

按 GB/T 6671—2001 规定的方法 B——烘箱试验测定。

8.8 落锤冲击试验

按 GB/T 14152—2001 规定，在温度为 0℃下，管系列 S5～S10 的管材应按中等级别 M 试验，管系列 S12.5～S20 的管材应按高级别 H 试验。

当使用温度在 0℃以下时，试验温度为(−5±1)℃，落锤质量和冲击高度与 0℃时相同，这种管材应标记冰晶(*)符号。

考虑实际应用需要，本试验不适用于 d_n 小于 20 mm 的管材。落锤质量和冲击高度见表 6。

表 6 落锤冲击试验的落锤质量和冲击高度

公称外径 d_n/ mm	中等级别 M 试验		高级别 H 试验	
	落锤质量/kg	冲击高度/m	落锤质量/kg	冲击高度/m
20	0.5	0.4	0.5	0.4
25	0.5	0.5	0.5	0.5
32	0.5	0.6	0.5	0.6
40	0.5	0.8	0.5	0.8
50	0.5	1.0	0.5	1.0
63	0.8	1.0	0.8	1.0
75	0.8	1.0	0.8	1.2
90	0.8	1.2	1.0	2.0
110	1.0	1.6	1.6	2.0
125	1.25	2.0	2.5	2.0
140	1.6	1.8	3.2	1.8
160	1.6	2.0	3.2	2.0
180	2.0	1.8	4.0	1.8
200	2.0	2.0	4.0	2.0
225	2.5	1.8	5.0	1.8
250	2.5	2.0	5.0	2.0
280	3.2	1.8	6.3	1.8
≥315	3.2	2.0	6.3	2.0

8.9 静液压试验

试验方法按 GB/T 6111—2003 规定的方法，选用 a 型封头，试验介质为水。

8.10 适用性

按 GB/T 6111—2003 规定的方法，在管材连接后进行静液压试验，试验介质为水。试验条件按表 5 规定。

8.11 卫生性能试验

卫生性能应按相关标准执行。

9 检验规则

9.1 产品需经生产厂质量检验部门检验合格并附有合格标志，方可出厂。

9.2 组批

同一批原料、配方，同一工艺连续生产的同一规格管材为一批，每批数量不超过 50 t，如果生产 7 d 仍不足 50 t，则以 7 d 产量为一批。

9.3 出厂检验

9.3.1 出厂检验项目为 7.1、7.2、7.3、7.4 中纵向回缩率、7.5 中落锤冲击性能、20℃、1 h 静液压试验。

9.3.2 项目 7.1、7.2、7.3 按 GB/T 2828.1—2003 中的规定(可使用 GB/T 2828.1 的转移规则)，采用一般检验水平 I、接收质量限(AQL)为 6.5 的正常检验一次抽样，其抽样方案见表 7。

表 7 抽样及判定

单位为根

批量范围 N	样本量 n	接收数 Ac	拒收数 Re
≤150	8	1	2
151～280	13	2	3
281～500	20	3	4
501～1 200	32	5	6
1 201～3 200	50	7	8
3 201～10 000	80	10	11

9.3.3 在计数抽样合格的产品中，随机抽取足够数量的样品进行纵向回缩率，落锤冲击试验、20℃、1 h静液压试验。

9.4 判定规则

项目 7.1、7.2、7.3 按表 7 进行判定。其他指标有一项达不到规定时，则随机抽取双倍样品进行该项复检(如落锤冲击试验达不到规定，则直接判定为不合格批)；如仍不合格，则判定为不合格批。

9.5 型式检验

9.5.1 型式检验项目为第 7 章规定的全部要求。

9.5.2 按本标准要求，抽取足够样品进行检验，一般为每两年进行一次型式检验。

若有下列情况之一时，也应进行型式检验：

a) 结构、材料、工艺有较大变动，可能影响产品性能时；

b) 产品长期停产后恢复生产时；

c) 出厂检验结果与上次型式检验结果有较大差异时；

d) 国家质量监督机构提出进行型式检验要求时。

10 标志、包装、运输、贮存

10.1 标志

每根管至少应有一处完整的永久性标志，每两处标志的间隔不应超过 2 m。

标志至少应包括下列内容：

a） 本部分标准编号和相关卫生标准编号等(适用时)；

b） 生产厂名或商标；

c） 产品名称:工业用 PVC-U 管材；

d） 规格及尺寸:管系列 S　公称外径×公称壁厚,例:S5　50×4.6；

e） 冰晶(＊)符号:0℃以下使用时；

f） 生产日期。

10.2 包装

管材应妥善包装,并标明用途,也可根据用户要求协商确定。

10.3 运输

管材在运输与装卸时,不得抛摔、曝晒、玷污、重压和损伤。

10.4 贮存

管材应合理堆放,不得露天曝晒。堆放时应远离热源,堆放高度不超过 2 m。

附　录　A
（资料性附录）
PVC-U 管材材料预测强度

10℃～60℃温度范围内硬聚氯乙烯管材材料 MRS 为 25.0 MPa 最小要求静液压强度的值（见图 A.1 的参照曲线）用式(A.1)计算：

$$\log t = -164.461 - 29\,349.493 \times \frac{\log\sigma}{T} + 60\,126.534 \times \frac{1}{T} + 75.079 \times \log\sigma \quad \cdots\cdots(\text{A.1})$$

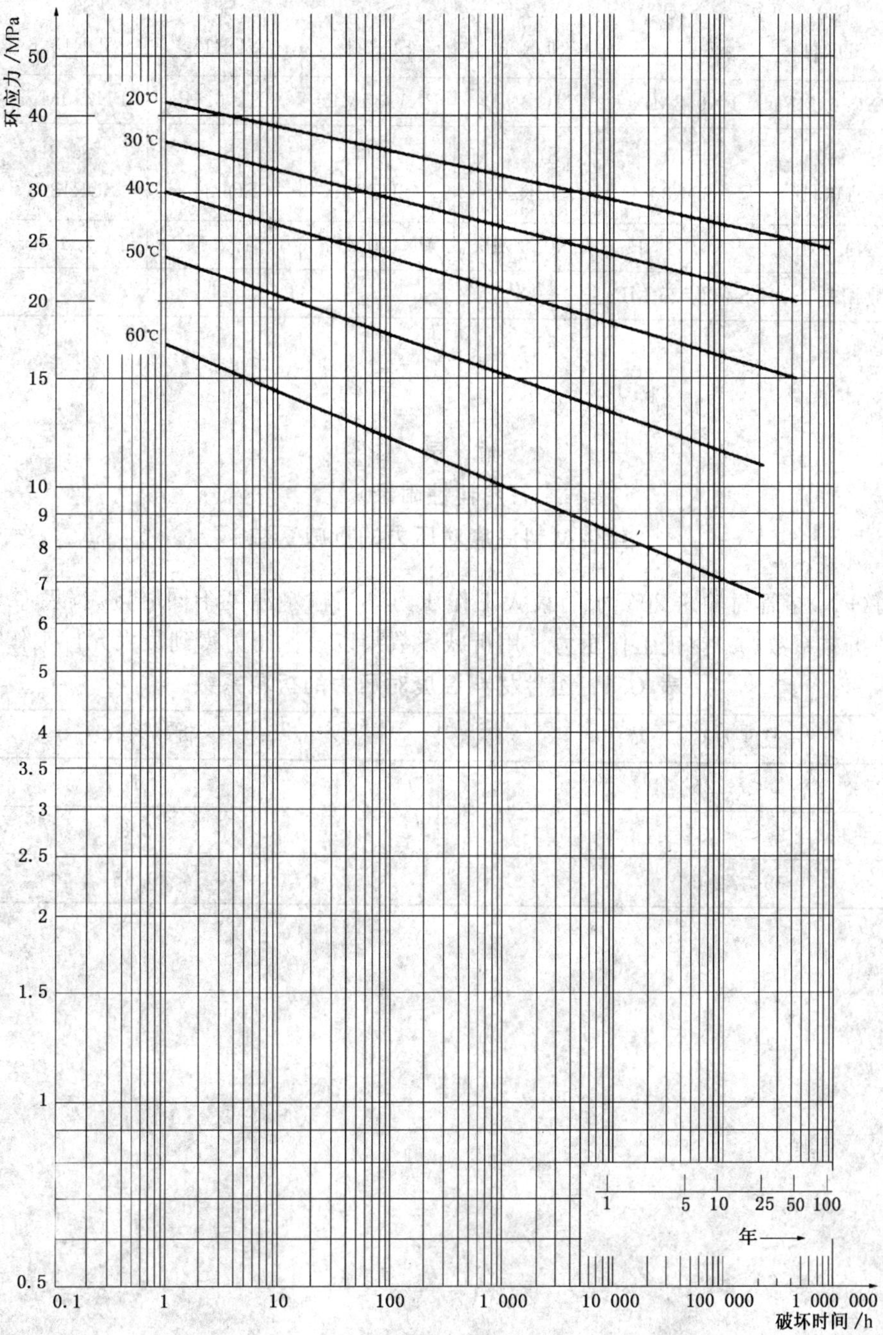

图 A.1　PVC-U 预测静液压强度参照曲线

附 录 B
（资料性附录）
管系列 S、标准尺寸比 SDR 与公称压力 PN 对照

管系列 S、标准尺寸比 SDR 与公称压力 PN 对照见表 B.1。

表 B.1

C 值	管系列 S、标准尺寸比 SDR 与公称压力 PN 对照						
2.0	S20 SDR41	S16 SDR33	S12.5 SDR26	S10 SDR21	S8 SDR17	S6.3 SDR13.6	S5 SDR11
	PN0.63MPa	PN0.8MPa	PN1.0MPa	PN1.25MPa	PN1.6MPa	PN2.0MPa	PN2.5MPa
2.5	S20 SDR41	S16 SDR33	S12.5 SDR26	S10 SDR21	S8 SDR17	S6.3 SDR13.6	S5 SDR11
	PN0.5MPa	PN0.63MPa	PN0.8MPa	PN1.0MPa	PN1.25MPa	PN1.6MPa	PN2.0MPa
注：以上数据基于 MRS 值为 25 MPa。							

附 录 C
（资料性附录）
组件材料温度对压力的折减系数

公称压力(PN)指管材输送 20℃水的最大工作压力。当输水温度不同时，应按表 C.1 给出的不同温度对压力的折减系数(f_t)修正工作压力。用折减系数乘以公称压力得到最大允许工作压力。

表 C.1 组件材料温度对压力的折减系数

温度 t/℃	折减系数 f_t
$0<t\leqslant 25$	1
$25<t\leqslant 35$	0.8
$35<t\leqslant 45$	0.63

参 考 文 献

［1］ GB/T 10798—2001 热塑性塑料管材通用壁厚表

ICS 25.100.30
J 41

中华人民共和国国家标准

GB/T 4251—2008
代替 GB/T 4251～4253—2004

硬质合金机用铰刀

Machine reamers with carbide tips

2008-11-04 发布　　2009-04-01 实施

中华人民共和国国家质量监督检验检疫总局
中国国家标准化管理委员会　发布

前　言

本标准代替 GB/T 4251—2004《硬质合金直柄机用铰刀》、GB/T 4252—2004《硬质合金莫氏锥柄机用铰刀》、GB/T 4253—2004《硬质合金铰刀　技术条件》。

本标准与 GB/T 4251—2004、GB/T 4252—2004、GB/T 4253—2004 相比主要变化如下：

——将 GB/T 4251—2004、GB/T 4252—2004 和 GB/T 4253—2004 合并为一个标准；

——对 5.2.2 铰刀柄部或扁尾部分硬度进行了修改；

——取消了 3.1 中"对于常备标准铰刀，直径 d 的公差为 m6。"和"其公差带位置上移 0.05IT～0.15IT"的要求；

——取消了 3.3 长度公差中"公差"两字；

——取消了位置公差表 6 中直径 d 公差为 m6 的位置公差要求；

——表 A.1 中增加了注；

——进行了编辑性修改。

本标准的附录 A 为规范性附录。

本标准由中国机械工业联合会提出。

本标准由全国刀具标准化技术委员会(SAC/TC 91)归口。

本标准起草单位：河南一工工具有限公司。

本标准主要起草人：赵建敏、孔春艳、樊英杰、王焯林、董向阳。

本标准所代替标准的历次版本发布情况为：

——GB 4251—1984，GB/T 4251—2004；

——GB 4252—1984，GB/T 4252—2004；

——GB 4253—1984，GB/T 4253—2004。

硬质合金机用铰刀

1 范围

本标准规定了硬质合金直柄、莫氏锥柄机用铰刀的型式和尺寸、位置公差、材料和硬度、外观和表面粗糙度、标志和包装的基本要求。

本标准适用于直径大于5.3 mm至20 mm的硬质合金直柄机用铰刀和直径大于7.5 mm至40 mm的硬质合金锥柄机用铰刀。

2 规范性引用文件

下列文件中的条款通过本标准的引用而成为本标准的条款。凡是注日期的引用文件,其随后所有的修改单(不包括勘误的内容)或修订版均不适用于本标准,然而,鼓励根据本标准达成协议的各方研究是否可使用这些文件的最新版本。凡是不注日期的引用文件,其最新版本适用于本标准。

GB/T 1443 机床和工具柄用自夹圆锥(GB/T 1443—1996,eqv ISO 296:1991)

GB/T 2075 切削加工用硬切削材料的分类和用途 大组和用途小组的分类代号(GB/T 2075—2007,ISO 513:2004,IDT)

GB/T 4246 铰刀特殊公差(GB/T 4246—2004,ISO 522:1975,IDT)

3 公差

3.1 切削部分

铰刀直径公差参照GB/T 4246设计,其公差带位置根据被加工材料、切削状态等情况可适当上移。附录A中给出了加工H7、H8、H9精度孔的铰刀直径公差。

3.2 柄部

直柄铰刀柄部直径 d_1 的公差为h9,锥柄铰刀的莫氏锥柄尺寸和公差按GB/T 1443的规定。

3.3 长度

铰刀的长度公差按表1。

表1 长度公差

单位为毫米

总长 L、切削刃长度 l、直柄长度 l_1		公差
大于	至	
6	30	±1.0
30	120	±1.5
120	315	±2.0
315	1 000	±3.0

4 型式和尺寸

4.1 直柄机用铰刀的型式按图1,优先采用的尺寸按表2,以直径分段的尺寸按表3。根据需要刀齿也可做成螺旋齿或斜齿。

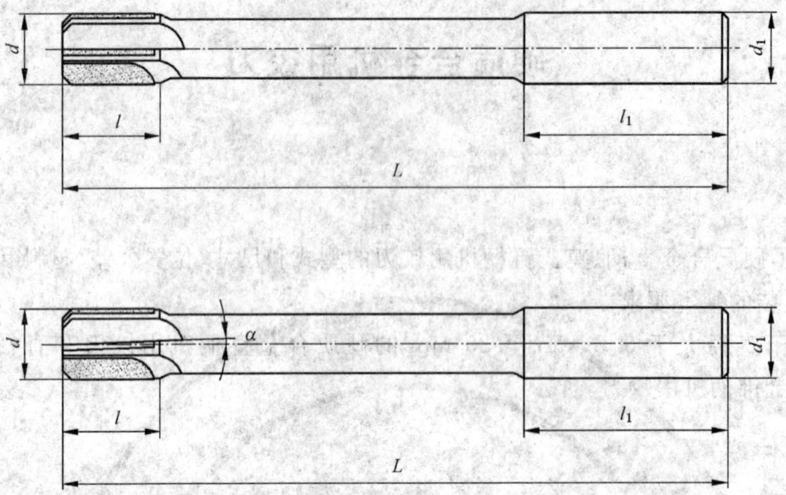

α——根据被加工情况确定。

图 1

表 2　优先采用的尺寸

单位为毫米

<table>
<tr><th>d</th><th>d1</th><th>L</th><th>l</th><th>l1</th></tr>
<tr><td>6</td><td>5.6</td><td>93</td><td rowspan="6">17</td><td>36</td></tr>
<tr><td>7</td><td>7.1</td><td>109</td><td>40</td></tr>
<tr><td>8</td><td>8.0</td><td>117</td><td>42</td></tr>
<tr><td>9</td><td>9.0</td><td>125</td><td>44</td></tr>
<tr><td>10</td><td rowspan="4">10.0</td><td>133</td><td rowspan="4">46</td></tr>
<tr><td>11</td><td>142</td></tr>
<tr><td>12</td><td rowspan="2">151</td><td rowspan="4">20</td></tr>
<tr><td>(13)</td></tr>
<tr><td>14</td><td rowspan="3">12.5</td><td>160</td><td rowspan="3">50</td></tr>
<tr><td>(15)</td><td>162</td></tr>
<tr><td>16</td><td>170</td><td rowspan="5">25</td></tr>
<tr><td>(17)</td><td rowspan="2">14.0</td><td>175</td><td rowspan="2">52</td></tr>
<tr><td>18</td><td>182</td></tr>
<tr><td>(19)</td><td rowspan="2">16.0</td><td>189</td><td rowspan="2">58</td></tr>
<tr><td>20</td><td>195</td></tr>
<tr><td colspan="5">注：括号内的尺寸尽量不采用。</td></tr>
</table>

表 3 以直径分段的尺寸

单位为毫米

直径范围 d		d_1	L	l	l_1
大于	至				
5.3	6.0	5.6	93		36
6.0	6.7	6.3	101		38
6.7	7.5	7.1	109		40
7.5	8.5	8.0	117	17	42
8.5	9.5	9.0	125		44
9.5	10.6		133		
10.6	11.8	10.0	142		46
11.8	13.2		151		
13.2	14.0		160	20	
14.0	15.0	12.5	162		50
15.0	16.0		170		
16.0	17.0	14.0	175		52
17.0	18.0		182	25	
18.0	19.0	16.0	189		58
19.0	20.0		195		

4.2 莫氏锥柄机用铰刀的型式按图 2，优先采用的尺寸按表 4，以直径分段的尺寸按表 5。莫氏锥柄的尺寸和偏差按 GB/T 1443 的规定。根据需要刀齿也可做成螺旋齿或斜齿。

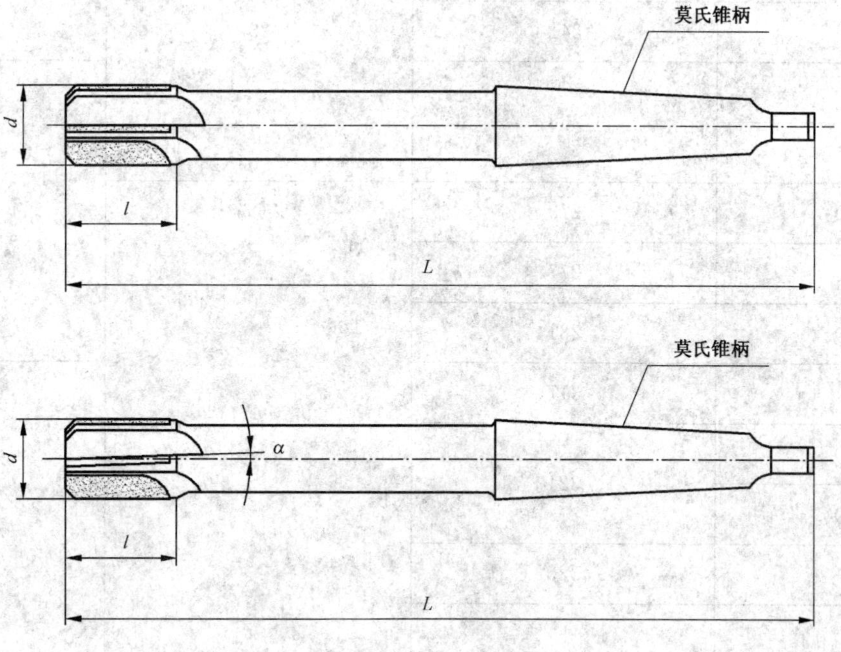

α——根据使用情况确定。

图 2

表 4 优先采用的尺寸

单位为毫米

d	*L*	*l*	莫氏锥度号
8	156	17	1
9	162		
10	168		
11	175		
12	182	20	
(13)			
14	189		
(15)	204	25	2
16	210		
(17)	214		
18	219		
(19)	223		
20	228		
21	232	28	
22	237		
23	241		
24	268		3
25			
(26)	273	34	
28	277		
(30)	281		
32	317		4
(34)	321		
(35)			
36	325		
(38)	329		
40			

注：括号内尺寸尽量不采用。

表 5 以直径分段的尺寸

单位为毫米

直径范围 *d*		*L*	*l*	莫氏锥柄号
大于	至			
7.5	8.5	156	17	1
8.5	9.5	162	17	1
9.5	10.0	168	17	1
10.0	10.6	168	17	1
10.6	11.8	175	17	1
11.8	13.2	182	20	1
13.2	14.0	189	20	1
14.0	15.0	204	25	2
15.0	16.0	210	25	2
16.0	17.0	214	25	2
17.0	18.0	219	25	2
18.0	19.0	223	25	2
19.0	20.0	228	25	2
20.0	21.2	232	28	2
21.2	22.4	237	28	2
22.4	23.02	241	28	2
23.02	23.6	241	28	3
23.6	25.0	268	34	3
25.0	26.5	273	34	3
26.5	28.0	277	34	3
28.0	30.0	281	34	3
30.0	31.5	285	34	3
31.5	33.5	317	34	4
33.5	35.5	321	34	4
35.5	37.5	325	34	4
37.5	40.0	329	34	4

4.3 标记示例

直径 $d=20$ mm，加工 H7 级精度孔，焊有用途分类代号为 P20 硬质合金刀片的直柄机用铰刀为：

硬质合金直柄机用铰刀 20 H7—P20 GB/T 4251—2008

直径 $d=20$ mm，加工 H7 级精度孔，焊有用途分类代号为 P20 硬质合金刀片的莫氏锥柄机用铰刀为：

硬质合金莫氏锥柄机用铰刀 20 H7—P20 GB/T 4251—2008

5 技术条件

5.1 铰刀的位置公差和倒锥度

5.1.1 铰刀的位置公差按表 6。

表 6 位置公差

单位为毫米

<table>
<tr><th colspan="2" rowspan="3">项　　目</th><th colspan="4">公　　差</th></tr>
<tr><th rowspan="2">切削部分</th><th rowspan="2">校准部分</th><th colspan="2">柄　　部</th></tr>
<tr><th>d≤30</th><th>d>30</th></tr>
<tr><td rowspan="2">对公共轴线的径向圆跳动</td><td>H7 级</td><td>0.015</td><td colspan="2">0.01</td><td rowspan="2">0.018</td></tr>
<tr><td>H8、H9 级</td><td colspan="3">0.018</td></tr>
</table>

5.1.2 铰刀校准部分直径应有倒锥度。

5.2 材料和硬度

5.2.1 材料

铰刀刀片按 GB/T 2075 选用，铰刀刀体用 40Cr 或同等性能的其他牌号合金钢制造。

5.2.2 硬度

铰刀柄部和扁尾部分硬度为 35 HRC～45 HRC。

5.3 外观和表面粗糙度

5.3.1 外观

铰刀上不得有裂纹、崩刃，铰刀磨削表面不得有划痕、锈迹以及磨削烧伤等影响使用性能的缺陷。刀片焊接应牢固，不得有明显焊瘤。

5.3.2 表面粗糙度

表面粗糙度的上限值：

——前面和后面：Rz3.2 μm；

——圆柱刃带表面：Rz1.6 μm；

——柄部外圆：Ra0.4 μm。

6 标志和包装

6.1 标志

6.1.1 产品上应标志：

——制造厂或销售商的商标；

——铰刀直径；

——精度等级；

——硬质合金刀片的牌号。

6.1.2 包装盒上应标志：

——制造厂或销售商的名称、地址和商标；

——铰刀的标记；

——硬质合金刀片的牌号；

——件数；

——制造年月。

6.2 包装

铰刀在包装前应经防锈处理，包装应牢固，防止运输过程中损伤。

附　录　A
（规范性附录）
加工 H7、H8、H9 级精度孔的硬质合金铰刀直径公差

表 A.1

单位为毫米

直　径　范　围	极　限　偏　差		
	H7 级	H8 级	H9 级
＞5.3～6.0	+0.012 +0.007	+0.018 +0.011	+0.030 +0.019
＞6.0～10.0	+0.015 +0.009	+0.022 +0.014	+0.036 +0.023
＞10.0～18.0	+0.018 +0.011	+0.027 +0.017	+0.043 +0.027
＞18.0～30.0	+0.021 +0.013	+0.033 +0.021	+0.052 +0.033
＞30.0～40.0	+0.025 +0.016	+0.039 +0.025	+0.062 +0.040
注：硬质合金铰刀直径的极限偏差，是在按 GB/T 4246 设计的基础上，公差带位置上移 0.05 IT～0.15 IT 所得。			

ICS 027.010
F 04

中华人民共和国国家标准

GB/T 4272—2008
代替 GB/T 4272—1992, GB/T 11790—1996

设备及管道绝热技术通则

General principles for thermal insulation technique of equipment and pipes

2008-06-19 发布　　2009-01-01 实施

中华人民共和国国家质量监督检验检疫总局
中国国家标准化管理委员会　发布

前言

本标准根据 GB/T 4272—1992《设备及管道保温技术通则》和 GB/T 11790—1996《设备及管道保冷技术通则》的内容整合、修订而成，与其他有关设备与管道绝热的系列标准原则一致，互相配套、方便使用。

本标准同时代替 GB/T 4272—1992 和 GB/T 11790—1996。

本标准与 GB/T 4272—1992 和 GB/T 11790—1996 相比，主要变化如下：

——在范围中说明本标准适用于设备、管道及其附件外表面温度在－196 ℃～650 ℃的绝热工程，其他温度范围的绝热工程，可参照本标准执行；

——修改了术语和定义，去掉“保温”和“保冷”的定义，增加了“绝热”的定义；

——修改了表 1、表 2 中的允许最大散热损失值；

——在保冷材料中增加泡沫橡塑的要求；

——在绝热结构中增加了防水层的要求；

——增加绝热工程的效果测试周期要求。

本标准由全国能源基础与管理标准化技术委员会提出。

本标准由全国能源基础与管理标准化技术委员会省能材料应用技术分委员会归口。

本标准负责起草单位：建筑材料工业技术监督研究中心、中国疾病预防控制中心环境与健康相关产品安全所、北京中关村国际环保产业促进中心。

本标准参加起草单位：无锡市明江保温材料有限公司、阿乐斯绝热（广州）有限公司、北京北工国源联合科技有限公司、浙江振申绝热科技有限公司、宜兴市中建保温材料有限公司、中国水利电力物资天津公司、欧文斯科宁（中国）投资有限公司。

本标准主要起草人：戴自祝、金福锦、陈斌、王巧云、武庆涛、何振声、周敏刚、顾明善、徐云、李守福、甘永祥、孙世平、单永江、甘向晨、鹿院卫。

本标准所代替标准的历次版本发布情况为：

—— GB 4272—1984、GB/T 4272—1992；

—— GB/T 11790—1996。

设备及管道绝热技术通则

1 范围

本标准规定了有关绝热材料及其制品的术语和定义、一般规定、绝热结构材料的性能要求、绝热设计、绝热结构、绝热工程的施工与验收、绝热工程效果的测试、绝热工程的维护检修和安全规定。

本标准适用于设备、管道及其附件外表面温度在－196 ℃～650 ℃的绝热工程,其他温度范围的绝热工程可参照本标准执行。

2 规范性引用文件

下列文件中的条款通过本标准的引用而成为本标准的条款。凡是注日期的引用文件,其随后所有的修改单(不包括勘误的内容)或修订版均不适用于本标准,然而,鼓励根据本标准达成协议的各方研究是否可使用这些文件的最新版本。凡是不注日期的引用文件,其最新版本适用于本标准。

GB/T 4132　绝热材料及相关术语

GB/T 8174　设备及管道绝热效果的测试与评价

GB/T 8175　设备及管道绝热设计导则

GB 50126　工业设备及管道绝热工程施工规范

3 术语和定义

GB/T 4132 确立的以及下列术语和定义适用于本标准。

3.1

绝热　thermal insulation

为减少设备、管道及其附件向周围环境散热,在其外表面采取的增设绝热层的措施。按热流方向分为保温、保冷。

3.2

经济厚度　economics thickness

绝热后的年散热(冷)损失费用和投资的年分摊费用之和为最小值时绝热层的计算厚度。

4 一般规定

4.1 具有下列工况之一的设备、管道及其附件必须保温:

a) 外表面温度高于 323 K(50 ℃)者;

b) 工艺生产中需要减少介质的温度降或延迟介质凝结的部位;

c) 工艺生产中不需保温的设备、管道及其附件,其外表面温度超过 333 K(60 ℃)并需要经常操作维护,而又无法采用其他措施防止引起烫伤的部位。

4.2 具有下列工况之一的设备、管道及其附件必须保冷:

a) 为减少冷介质及载冷介质在生产和输送过程中的冷损失者;

b) 为防止或降低冷介质及载冷介质在生产和输送过程中温度升高者;

c) 为防止 0 ℃以上常温以下的设备或管道外表面凝露者;

d) 与保冷设备或管道相连的仪表及其附件。

4.3 具有下列情况之一的设备、管道及其附件不受本标准的约束:

a) 工艺生产中不宜或不需绝热的部位;

b） 施工中的临时设施。

5 绝热材料的性能要求

5.1 保温材料

5.1.1 在平均温度为298 K(25 ℃)时热导率值不应大于0.08 W/(m·K)，并有在使用密度和使用温度范围下的热导率方程式或图表。

5.1.2 密度不大于300 kg/m³。

5.1.3 除软质、半硬质、散状材料外，硬质无机成型制品的抗压强度不应小于0.30 MPa，有机成型制品的抗压强度不应小于0.20 MPa。

5.1.4 必须注明最高使用温度。

5.1.5 必要时须注明材料燃烧性能级别、含水率、吸湿率、热膨胀系数、收缩率、抗折强度、腐蚀性及耐腐蚀性等性能。

5.1.6 上述各项性能应按相应国家标准、行业标准及有关专业部门规定的方法测定。

5.2 保冷材料

5.2.1 泡沫塑料及其制品25 ℃时的热导率应不大于0.044 W/(m·K)，密度应不大于60 kg/m³，吸水率应不大于4%，并应具有阻燃性能，氧指数不应小于30%，硬质成型制品的抗压强度应不小于0.15 MPa。

5.2.2 泡沫橡塑制品0 ℃时的热导率应不大于0.036 W/(m·K)，密度应不大于95 kg/m³，真空吸水率不大于10%。

5.2.3 泡沫玻璃及其制品25 ℃时的热导率应不大于0.064 W/(m·K)，密度应不大于180 kg/m³，吸水率应不大于0.5%。

5.2.4 应注明最低使用温度及线膨胀系数或线收缩率。

5.2.5 应具有良好的化学稳定性，对设备和管道无腐蚀作用，当遭受火灾时，不致大量逸散有毒气体。

5.2.6 耐低温性能好，在低温情况下使用不易变脆。

5.2.7 上述各项性能均应按有关国家标准或行业标准规定的绝热材料物化性能检测方法进行测定。

5.3 保冷层施工用的粘结剂、密封和耐磨剂

5.3.1 粘结剂、密封剂和耐磨剂的性能应与保冷材料和被保冷物表面的特性要求相适应。

5.3.2 粘结剂、密封剂和耐磨剂应能耐低温，对保冷材料不溶解，对金属壁不腐蚀，并明确说明其允许最低使用温度及其有关性能数据。

5.3.3 粘结剂和密封剂应固化时间短、粘结力强、密封性好。

5.3.4 耐磨剂(泡沫玻璃用)应在温度变化或机械振动的情况下，能防止保冷材料与金属外壁间和保冷材料相互接触面间发生磨损。

5.4 防潮层

5.4.1 抗蒸汽渗透性好、防水、防潮能力强。

5.4.2 密封性能及粘结性能好。有一定的耐温性，软化温度不低于65 ℃，夏季不软化、不起泡、不流淌；有一定的抗冻性，冬季不脆化、不开裂、不脱落。

5.4.3 化学稳定性好，使用时不挥发出有害气体。

5.4.4 使用温度范围大。

5.4.5 干燥时间较短，在常温下能够直接使用，施工方便。

5.5 外保护层

5.5.1 密度小，化学稳定性好，不易燃烧。

5.5.2 防水、防湿、抗大气腐蚀性能良好。

5.5.3 强度高，在温度变化及振动情况下不开裂，使用寿命长。

5.5.4 安装方便，外表整齐美观。

6 绝热设计

6.1 保温层厚度的计算原则

6.1.1 为减少保温结构散热损失的保温层厚度应按“经济厚度”的方法计算，并且其散热损失不得超过表1或表2的数值。

只有在用“经济厚度”的方法计算无法满足本条规定或无条件使用“经济厚度”公式时方可按允许散热损失计算。

表1 季节运行工况允许最大散热损失值

设备、管道及其附件外表面温度/K(℃)	323 (50)	373 (100)	423 (150)	473 (200)	523 (250)	573 (300)
允许最大散热损失/(W/m²)	104	147	183	220	251	272

表2 常年运行工况允许最大散热损失值

设备、管道及其附件外表面温度/K(℃)	323 (50)	373 (100)	423 (150)	473 (200)	523 (250)	573 (300)	623 (350)	693 (400)	723 (450)	773 (500)	823 (550)	873 (600)	923 (650)
允许最大散热损失/(W/m²)	52	84	104	126	147	167	188	204	220	236	251	266	283

6.1.2 设备及管道内介质在允许或指定温度降条件下输送时，保温层厚度按热平衡方法计算。

6.1.3 为延迟管道内介质冻结、凝固的保温层厚度按热平衡方法计算。

6.1.4 防止烫伤的保温层厚度按表面温度计算。保温层外表面温度不得超过333 K(60 ℃)。

6.1.5 加热伴热保温及保温保冷双重结构按各专业部门规定的方法计算。

6.1.6 锅炉及工业炉窑的保温按各专业部门规定的方法计算。

6.1.7 具体计算方法应按GB/T 8174的有关规定。

6.2 保冷层厚度的计算原则

6.2.1 为减少冷量损失(热量侵入)并防止外表面凝露的保冷，应采用经济厚度法计算保冷层厚度，以热平衡法校验其外表面温度。该温度应高于环境的露点温度0.3 ℃或0.3 ℃以上。否则应加厚重新计算，直至满足要求。

6.2.2 工艺上规定冷损失量的保冷，应采用热平衡法计算保冷层厚度，并用6.1.1的规定核算外表面温度。

6.2.3 为防止外表面凝露的保冷应采用表面温度法计算保冷(防露)层厚度。

6.2.4 具体计算方法应按GB/T 8175的有关规定。

7 绝热结构

7.1 绝热结构的组成

a) 防腐层：凡需进行绝热的碳钢设备、管道及其附件应设防腐层；不锈钢、有色金属及非金属材料的设备、管道及其附件则不需设防锈层；

b) 绝热层：厚薄均匀，接缝严密，紧固合理，松紧适度，确保绝热效果良好；

c) 保冷结构防潮层：必须完整严密，厚薄均匀，无气孔、无鼓泡或开裂等缺陷；

d) 保温结构防水层：必须完整严密，防水，耐温、阻燃、不开裂；

e) 外保护层：应抗大气腐蚀和光照老化，不燃烧、不开裂、密度小、反辐射性能好，使用寿命长，能使绝热结构外形整齐美观。在外保护层表面根据需要可涂刷防腐漆，并可采用不同颜色的防腐漆或制作相应标记，用以识别设备及管道内介质类别和流向。

7.2 绝热结构的基本要求

7.2.1 耐用性要求

绝热结构设计应保证其在有效使用期内的完整性。即在有效使用期内不允许发生损坏、腐烂、剥落、开裂及收缩变形等现象。

7.2.2 机械强度要求

要求在其自重或轻微撞击下不被破坏。

7.2.3 可拆性要求

绝热结构一般不考虑可拆卸性,但需要经常拆卸及维护检修的法兰、人孔、手孔、阀门及管件等部位则宜采用可拆卸式结构。

7.2.4 保护性要求

7.2.4.1 防潮层必须切实起到防水、防潮、保护保冷层作用,确保其保冷效果良好。

7.2.4.2 防水层必须完整严密,防水、确保保温层不受破坏。

7.2.4.3 外保护层必须切实起到保护保温层和保冷层的作用,防止环境和外力对绝热结构的有害影响,延长绝热结构的使用寿命,并使外形整齐美观。

7.2.5 管道附件的保冷长度要求

管道附件的保冷长度应等于设备及管道保冷层厚度的4倍,或敷设至垫木处。

7.3 绝热材料要求

7.3.1 保温层材料的选择

在保温材料的物理、化学性能满足工艺要求的前提下,应优先选用导热系数低、密度小,价格低廉、施工方便、便于维护的保温材料。

7.3.2 保冷层材料的选择

7.3.2.1 在物理、化学性能满足工艺要求的前提下,应优先选用经济的保冷材料或制品,材料或制品宜为闭孔型,吸水及吸湿率低,耐低温性能好,并具有阻燃性,氧指数应不小于30。

7.3.2.2 确需采用导热系数小、密度小、能在一定低温下使用的一般保温材料作为保冷层材料时,则对防水、防潮的设计和施工更应严格要求,以免保冷层因吸水、吸潮而失效或破坏。

7.3.3 双层或多层结构

a) 用一种绝热材料制品作为绝热层材料时,绝热层厚度按单层绝热计算公式计算,当其厚度大于80 mm时,应分为两层或多层逐层施工。每层厚度宜相近。

b) 用两种或多种绝热材料制品时,绝热层厚度按双层或多层计算公式计算,其层间界面温度必须在其相邻外层绝热层材料的最高使用温度范围以内。除采用复合预制制品外,均应按各绝热层材料的特性分别施工。

c) 各绝热层均应敷设牢固,错缝压缝,接缝严密,表面平整,层间结合紧密,无缺损现象。

7.3.4 保冷结构粘结剂、密封剂和耐磨剂

根据选用的保冷层材料特性,采用与其特性相适应的粘结剂、密封剂和耐磨剂(仅泡沫玻璃需用耐磨剂)配套使用。

7.3.5 防水层、防潮层和外保护层

根据材料性能要求合理选用防水层、防潮层和外保护层材料。

7.4 绝热工程主辅材料的性能检验

7.4.1 绝热材料及其制品以及粘结剂、密封剂、耐磨剂的性能检验,应按所用材料的相关标准中的性能测试方法,在使用工作温度范围内进行测定。

7.4.2 防水层、防潮层和外保护层材料应按所用材料的相关标准中的性能测试方法,在使用工作温度范围内进行测定。

8 绝热工程的施工与验收

8.1 施工前准备

8.1.1 对于到达施工现场的绝热材料及其制品，必须检查其出厂合格证书或化验、物性试验记录，凡不符合设计性能要求的不予使用。有疑义时必须作抽样复核。

8.1.2 绝热材料不应在露天堆放，否则应采取防雨、防雪、防潮措施，严防受潮。

8.1.3 对需要绝热的设备、管道及其附件必须检查、评定，确认合格后才能进行保温施工。

8.2 施工

8.2.1 室外绝热结构不应在雨、雪天施工，否则应采取防雨、防雪措施。室外喷涂应在三级风以下进行，酷暑及雾天均不宜施工。

8.2.2 绝热结构应严格按照 GB 50126 进行施工，以确保施工质量。

8.2.3 施工中应有相应的劳动保护及安全措施。

8.3 验收

绝热工程完成后必须按 GB 50126 进行验收。验收应具备以下资料：

a) 绝热材料及其制品、粘结剂、密封剂和耐磨剂等主要辅助材料的出厂合格证书或检验试验资料；

b) 如设计变更，则应有设计变更通知书；

c) 如采用代用材料，则应有代用材料通知书；

d) 隐蔽工程记录；

e) 质量检查记录。

9 绝热工程效果的测试

绝热工程投入使用后，应按 GB/T 8175 对其热(冷)损失及表面温度进行测定并提出报告。

9.1 测试分级

根据不同的要求，对设备、管道及其附件的绝热效果测试分为三级：

a) 一级测试，适用于采用新技术、新材料、新结构的绝热工程；

b) 二级测试，适用于新建、改建、扩建及大修后绝热工程的验收测试；

c) 三级测试，适用于绝热工程的普查和定期监测。

一、二级测试应由经过认证认可的检测单位承担。

9.2 测试周期

9.2.1 二级测试在绝热工程新、改、扩建及大修后进行；在正常运行时每两年进行一次。

9.2.2 三级测试在普查时进行，或由单位自行组织每一年进行一次。

10 绝热工程的维护检修

10.1 绝热工程竣工验收交付生产使用后，生产单位必须制定绝热工程的维护保养制度。

10.2 生产岗位操作人员应对其操作范围内设备、管道及其附件的绝热结构作经常性检查和维护保养工作。发现绝热结构有凝露、破裂、剥落，保护层有脱开及松散等现象时应及时修好。若工作量较大，生产岗位操作工人完成有困难时，则应及时报告有关部门进行检修，以确保绝热效果良好。

10.3 生产单位必须对绝热工程进行定期的全面检修，以确保绝热工程完整，绝热效果良好，保证装置生产稳定，节能效果显著。

11 安全规定

11.1 防毒措施

11.1.1 绝热施工中经常接触到具有毒性的物品、材料，施工时应戴口罩、防护面具(或防毒面具)及防护鞋、防护手套等。并应具有防护药品和用具。

11.1.2 配制或喷涂聚氨酯泡沫塑料时，施工工人应处于上风向。

11.1.3 施工完毕后，施工工人应进行洗涤或沐浴。

11.1.4 施工工人应定期检查身体，对材料有过敏反应的工人不应参加操作。

11.2 防火措施

绝热工程在施工中使用的粘结剂、密封剂、耐磨剂、溶剂或洗净剂等多具有易燃特点，施工中无论在储存、搬运或使用时，均应远离火源，防止引起火灾。清洗工具后的溶剂也应注意收存、妥善处理。严禁随地倾倒，以防引起火灾。并应设置消防器材。

11.3 工具保护

喷涂绝热施工工具使用后应用溶剂或洗净剂清洗干净，以免结疤或粘堵工具。

ICS 97.060
Y 62

GB

中华人民共和国国家标准

GB/T 4288—2008
代替 GB/T 4288—2003

家用和类似用途电动洗衣机

Household and similar electrical washing machine

2008-12-30 发布　　　　2009-09-01 实施

中华人民共和国国家质量监督检验检疫总局
中国国家标准化管理委员会　发布

前　言

本标准代替 GB/T 4288—2003《家用电动洗衣机》。

本标准与 GB/T 4288—2003 的主要差异如下：

——增加有关羊毛洗涤项目的术语和定义；

——取消了 5.1 安全性、5.4 洗涤用水量与额定容量、5.10 走时误差、5.11 排水时间；

——5.5 漂洗性能改为洗衣机洗涤物上残留漂洗液相对于试验用水碱度应不大于 0.06×10^{-2} mol/L(摩尔浓度)。

——5.8 排水管弯曲次数减少为 600 次；

——增加了 5.15 羊毛洗涤性能；

——增加了 5.16 洗净均匀度；

——增加了 5.17 脱水转速；

——增加了 5.18 明示值允许偏差；

——第 7 章内容改为检验规则；

——增加第 8 章内容标志、包装、运输和贮存；

——附录 D 表 D.1 中分等分级项目中用电量改为洗净均匀度；

——附录 E 内容改为羊毛洗涤程序性能试验。

本标准附录 A、附录 B、附录 C、附录 D、附录 E 均为规范性附录。

本标准由中国轻工业联合会提出。

本标准由全国家用电器标准化技术委员会(SAC/TC 46)归口。

本标准主要起草单位：中国家用电器研究院、青岛海尔洗衣机有限公司、博西华电器(江苏)有限公司、无锡小天鹅股份有限公司、松下电化住宅设备机器(杭州)有限公司、金羚电器有限公司、惠而浦(中国)投资有限公司、宁波新乐电器有限公司、宁波吉德电器有限公司、慈溪市顺达实业有限公司、美菱英凯特家电(合肥)有限公司。

本标准主要起草人：鲁建国、吕佩师、吴敏、李宏、贾春耕、潘皓炫、钟华、郳烈勤、戴志军、刘劲旋、付洪武、朱焰、孙鹏。

本标准所代替标准的历次版本发布情况为：

——GB/T 4288—1984、GB/T 4288—1992、GB/T 4288—2003。

家用和类似用途电动洗衣机

1 范围

本标准规定了家用和类似用途电动洗衣机(以下简称“洗衣机”)的术语和定义、产品分类、技术要求、试验方法、检验规则、标志、包装、运输和贮存。

本标准适用于单相额定电压不超过 250 V,在家庭、商店、学校等场所由非专业人员使用的洗衣机(包括脱水机)。

2 规范性引用文件

下列文件中的条款通过本标准的引用而成为本标准的条款。凡是注日期的引用文件,其随后所有的修改单(不包括勘误的内容)或修订版均不适用于本标准,然而,鼓励根据本标准达成协议的各方研究是否可使用这些文件的最新版本。凡是不注日期的引用文件,其最新版本适用于本标准。

GB/T 411 棉印染布

GB/T 22939.5 家用和类似用途电器包装 电动洗衣机和干衣机的特殊要求

GB/T 2423.17 电工电子产品环境试验 第2部分:试验方法 试验Ka:盐雾(GB/T 2423.17—2008, IEC 60068-2-11:1981, IDT)

GB/T 2828.1 计数抽样检验程序 第1部分:按接收质量限(AQL)检索的逐批检验抽样计划(GB/T 2828.1—2003, ISO 2859-1:1999, IDT)

GB/T 2829 周期检验计数抽样程序及表(适用于对过程稳定性的检验)

GB/T 4214.1—2000 声学 家用电器及类似用途器具噪声测试方法 第1部分:通用要求(eqv IEC 60704-1:1997)

GB/T 4214.4 家用电器及类似用途器具噪声测试方法 洗衣机和离心式脱水机的特殊要求(IEC 60704-2-4,IDT)

GB 4706.24 家用和类似用途电器的安全 洗衣机的特殊要求(GB 4706.24—2000, eqv IEC 60335-2-7:1993)

GB 4706.26 家用和类似用途电器的安全 离心式脱水机的特殊要求(GB 4706.26—2000, eqv IEC 60335-2-4:1993)

GB 5296.2 消费品使用说明 第二部分:家用和类似用途电器

IEC 60456 家用洗衣机性能测试方法

3 术语和定义

下述术语和定义适用于本标准。

3.1

电动洗衣机 household electric washing machine

利用电能驱动,依靠机械作用洗涤衣物的器具。

3.2

波轮式洗衣机 impeller washing machine

被洗涤物浸没于洗涤水中,依靠波轮连续转动或定时正反向转动的方式进行洗涤的洗衣机。

3.3

滚筒式洗衣机 drum washing machine

被洗涤物放在滚筒内,部分浸于水中,依靠滚筒连续转动或定时正反向转动的方式进行洗涤的洗衣机。

3.4

搅拌式洗衣机 agitator washing machine

被洗涤物浸没于洗涤水中,依靠搅拌叶往复运动的方式进行洗涤的洗衣机。

3.5

双驱动洗衣机 double-drive washing machine

被洗涤物浸没于或部分浸没于洗涤水中,在同一系统内通过动力分别使波轮或搅拌叶和内桶按照设定的转速和转速比进行运转,洗涤衣物。

3.6

脱水机 extractor

依靠机械作用除掉被洗涤物中水分的器具。

3.7

离心式脱水机 spin extractor

依靠离心力除掉被洗涤物中水分的器具。

3.8

挤水器 rolling extractor

依靠转辊之间的压力除掉被洗涤物中水分的装置。

3.9

脱水装置 device of extractor

与洗衣机组合在一起,靠离心力或压力进行脱水的装置。

3.10

普通洗衣机 washing machine

洗涤、漂洗、脱水各功能的动作需用手工转换的洗衣机。

3.11

半自动洗衣机 semi-automatic washing machine

在洗涤、漂洗、脱水各功能之间,其中任意两个功能转换不用手工操作而能自动进行的洗衣机。

3.12

全自动洗衣机 automatic washing machine

同时具有洗涤、漂洗和脱水各功能,它们之间的转换不用手工操作而能自动进行的洗衣机。

3.13

额定洗涤容量 rated washing capacity

一次可洗干燥状态标准洗涤物的最大质量,以千克(kg)为单位(按附录A中A.4规定的洗涤物计算)。

3.14

额定脱水容量 rated spinning capacity

一次可脱水干燥状态标准洗涤物的最大质量,以千克(kg)为单位(按附录A中A.4规定的洗涤物计算)。

3.15

额定洗涤(或漂洗)用水量 rated water consumption of washing (or rinsing) state

按洗衣机的说明书中标称,一次洗涤(或漂洗)额定容量的洗涤物所规定水量的概约数,以升(L)为单位。

3.16

额定用水量　rated consumption of water

半自动和全自动洗衣说明书中标称，进行一次常用(标准)洗涤程序所规定用水量的概约数，以升(L)为单位。

3.17

额定洗涤剂量　rated detergent

按额定水量配制额定浓度洗涤液的洗涤剂量。

3.18

额定(正常)负载　rated load

按洗衣机的铭牌标定，洗衣桶内加入额定洗涤容量和额定用水量时的负载。

3.19

工作水压　working pressure

指保证洗衣机正常工作水压力的范围，以帕(Pa)为单位。

3.20

水位、水位线　water level

指洗涤一定洗涤容量的洗涤物、洗涤桶内注入相应水量时的水位，这一水位的标志线称为水位线。

3.21

最高水位　highest water level

指加入额定负载时的静止水面。

3.22

最低水位　lowest water level

指保证洗衣时，水不至飞溅而能正常洗涤所加入最少洗涤水量时的静止水面。

3.23

额定洗涤(或漂洗)状态　rated washing state

洗衣机的洗涤(或漂洗)工作是在额定电压、额定频率和额定负载的条件下(洗涤性能试验时应加入额定洗涤剂量)，以常用(标准)洗涤程序进行运转的工作状态。

3.24

额定脱水状态　rated spinning state

洗衣机的脱水工作是在额定电压、额定频率和额定脱水容量(洗涤物浸泡 1 h 以上)的条件下进行脱水的工作状态。

3.25

额定工作状态　rated working state

洗衣机额定洗涤(或漂洗)状态和脱水状态的泛指。

3.26

单向洗涤　single direction wash

在一次洗涤过程中，洗衣机的洗涤运动机构连续转动，不改变转动方向的洗涤方式。

3.27

常用(标准)洗涤　standard wash

在一次洗涤过程中，洗衣机的洗涤运动机构正反向交替转动，转动的时间比停止时间长的洗涤方式。

3.28

轻柔洗涤　gentle wash

在一次洗涤过程中，洗衣机的洗涤运动机构正反向交替转动，转动时间比停止时间短的洗涤方式。

3.29

常用（标准）洗涤程序　standard washing program

在产品使用说明书中规定的包括洗涤、漂洗、脱水完整常用洗涤程序。

3.30

程序控制器　program controller

能按照预定顺序，转换控制电路，使洗衣机自动完成洗衣各程序的控制部件。

3.31

水位开关　switch of water level

控制预定水位的开关。

3.32

进水电磁阀　inlet electromagnetic valve

以电磁元件控制进水的阀门。

3.33

排水阀　drain valve

控制排水的阀门。

3.34

传感器　sensor

将被测物理量直接转换为相应的便于检测、传输、处理的信号装置。

3.35

洗净比　rate of washing ability

被测样机洗净率与参比洗衣机洗净率之比。

3.36

磨损率　rate of abrasion

负载失去的质量与额定负载质量之比。

3.37

羊毛洗涤程序　wool washing program

在洗衣机上或使用说明书中规定的专门用来洗涤纯羊毛织物的包括洗涤、漂洗、脱水的一个完整周期。

3.38

羊毛洗缩水率　wool washing shrinking ratio

羊毛洗涤程序洗涤试验后与洗涤试验前羊毛缩水样块面积减少的百分比。

3.39

羊毛洗磨损率　wool washing ratio of abrasion

羊毛洗涤程序洗涤试验后与洗涤试验前羊毛缩水样块质量减少的百分比。

3.40

羊毛洗缩水比　wool washing shrinking rate

被测样机羊毛洗缩水率与参比洗衣机羊毛洗缩水率之比。

3.41

羊毛洗磨损比　wool washing rate of abrasion

被测样机羊毛洗磨损率与参比洗衣机羊毛洗磨损率之比。

3.42

洗净均匀度　evenness of washing

洗涤程序完成后，所用每块标准污染布洗净率的一致程度。

4　产品分类

4.1　型式

4.1.1　按自动化程度分

a)　普通型洗衣机(以汉语拼音字母 P 表示)；

b)　半自动型洗衣机(以汉语拼音字母 B 表示)；

c)　全自动型洗衣机(以汉语拼音字母 Q 表示)。

4.1.2　按洗涤方式分

a)　波轮式洗衣机(以汉语拼音字母 B 表示)；

b)　滚筒式洗衣机(以汉语拼音字母 G 表示)；

c)　搅拌式洗衣机(以汉语拼音字母 J 表示)；

d)　双驱动洗衣机(以汉语拼音字母 S 表示)；

e)　其他洗涤方式洗衣机(以洗涤方式名称第一个字的汉语拼音字母表示。若该字母与 B、G 和 J 相同，则以第 2 个字的汉语拼音字母表示，以此类推)。

4.1.3　按结构型式分

a)　单桶洗衣机(不标注字母)；

b)　双桶洗衣机(以汉语拼音字母 S 表示)；

c)　套桶洗衣机(不标注字母)。

4.2　规格

洗衣机的规格在型号中以额定洗涤(或脱水)容量(kg)数值乘以 10 表示。

4.3　型号

洗衣机的型号及其含义如下：

1　2 3　4 — 5 6

- 6 —— 结构型式代号，按 4.1.3 规定表示。
- 5 —— 工厂设计序号，用阿拉伯数字或字母表示。
- 4 —— 规格代号，按 4.2 规定表示。
- 3 —— 洗涤方式代号按 4.1.2 规定表示。
- 2 —— 自动化程度代号，按 4.1.1 规定表示。
- 1 —— 洗衣机代号，以汉语拼音字母 X 表示，脱水机代号，以汉语拼音字母 T 表示。

注：脱水机型号 2 3 　6 中省略。

5　技术要求

5.1　使用环境条件

a)　周围环境温度为(0～40)℃；

b)　空气的相对湿度在 95％以下(温度为 25 ℃时)。

5.2 使用电源、试运转

洗衣机使用的电源为单相交流，额定电压为(220～250)V，额定频率为 50 Hz(特殊要求除外)。按照洗衣机产品使用说明书的要求操作，洗衣机应能起动运转，并能完成产品使用说明书所述功能(关于这些功能的技术要求，如在本标准未有规定，可执行相应的国家标准、行业标准或备案的企业产品标准规定)。

5.3 洗净性能

洗衣机洗净比应不小于 0.70。

5.4 对织物磨损率

磨损率的检验只有在试验后负载布没有明显破损点的前提下才有意义，如试验后负载布有明显的破损点，则应认为被测洗衣机的磨损率不合格。

洗衣机对试验织物的磨损率应不大于表 1 的规定值：

表 1 洗衣机对试验织物的磨损率的规定值

洗衣机	限定值/%
波轮式洗衣机	0.15
滚筒式洗衣机	0.10
搅拌式洗衣机	0.15

5.5 漂洗性能

洗衣机洗涤物上残留漂洗液相对于试验用水碱度应不大于 0.06×10^{-2} mol/L(摩尔浓度)。

5.6 噪声

洗衣机洗涤、脱水时的声功率级噪声值均应不大于 72 dB(A 计权)。

5.7 脱水性能

经脱水机或洗衣机的脱水装置脱水后，洗涤物的含水率应符合表 2 的规定。

表 2 洗涤物的含水率的规定值

脱水方式		含水率/%
手动式	挤水器	<150
离心式	波轮式和搅拌式全自动洗衣机	<115
	滚筒式洗衣机	<115
	波轮式普通型和半自动型洗衣机	<115
	脱水机	<115

5.8 进水管和排水管弯曲性能

洗衣机进水管进行 500 次、排水管进行 600 次弯曲寿命试验后，水管不应发生断裂和漏水现象。

5.9 振动性能

洗衣机的机箱前、后、左、右各侧面中央部位的振幅，额定洗涤容量为 5 kg 及 5 kg 以下应不大于 0.6 mm；额定洗涤容量在 5 kg 以上应不大于 0.8 mm；机盖中央部位的振幅，额定洗涤容量为 5 kg 和 5 kg以下应不大于 0.8 mm；额定洗涤容量在 5 kg 以上应不大于 1.0 mm。

5.10 无故障运行

洗衣机在额定工作状态下，无故障工作次数或时间应不小于表 3 的规定值。试验后应能继续正常工作，离心式脱水机及脱水装置制动时间应不大于 20 s。

表 3 无故障工作次数或时间的规定值

型　　式	无故障运行次数或时间
普通洗衣机	以定时器一个满量程为一次，共 4 000 次
半自动及全自动洗衣机	以一个常用(标准)洗涤程序为一次，波轮式/搅拌式 2 000 次，滚筒式 2 300 h
离心式脱水机及脱水装置	按断续周期工作，共 6 000 次

5.11 一般结构

5.11.1 洗衣机中的紧固件及其他零部件应符合有关国家标准的规定，其易损件应便于更换。

5.11.2 洗衣桶内壁及与洗涤物接触的零部件表面应光滑，正常使用时，不应夹扯和损伤洗涤物。

5.11.3 洗衣机在洗涤过程中，盖好盖以后，水不应溢到机外。

5.11.4 洗衣机手动挤水辊的辊面应采用弹性材料，其表面不应有气孔、气泡、裂纹等缺陷，正常使用时不应损坏洗涤物。

5.11.5 洗衣机应有水位控制装置，或在洗衣桶内壁应有明显的最高水位和最低水位的耐久性标志。

5.11.6 洗衣机使用 55 ℃热水，按最长洗涤程序运转，至少 1 个周期，应能正常工作。

5.12 材料

5.12.1 钢铁制件

洗衣机钢铁制件(不锈钢除外)，表面应进行防锈蚀处理，例如采用电镀、涂漆、搪瓷或其他有效的防锈蚀处理。

5.12.2 电镀件

5.12.2.1 洗衣机电镀件表面应光滑细密、色泽均匀、不得有剥落、露底、针孔、鼓泡、明显的花斑和划伤等缺陷。

5.12.2.2 洗衣机一般结构零件在边缘及棱角部位 2 mm 以外的镀层不应出现锈蚀点。

5.12.3 涂漆件或涂塑件

5.12.3.1 洗衣机涂漆件或涂塑件的涂饰层应附着力强，结合牢固，不应有明显的气泡、流痕、漏涂、底漆外露、皱纹、裂痕等现象。

5.12.3.2 洗衣机涂漆件或涂塑件进行耐腐蚀试验后，腐蚀宽度不应大于 1 mm。

5.12.4 塑料件

洗衣机塑料件表面应平整光滑、色泽均匀、耐老化，不得有裂纹、气泡、缩孔等缺陷。

5.12.5 洗涤桶

洗衣机洗涤桶应具有耐腐蚀、耐碱、耐摩擦和耐冲击等性能，外形光整、表面处理层不应有露底、冷暴等现象。

5.13 用电量

洗衣机进行洗净性能试验全过程单位洗涤容量用电量应不大于表 4 的规定值。

表 4 单位洗涤容量用电量的规定值

产品名称	限定值/(kWh/kg)
波轮式和全自动搅拌式洗衣机	≤0.032
滚筒式洗衣机	≤0.350

5.14 用水量

洗衣机进行洗净性能试验全过程单位洗涤容量用水量应不大于表 5 的规定值。

表 5　洗涤容量用水量的规定值

产品名称	限定值/(L/kg)
波轮式和全自动搅拌式洗衣机	≤36
滚筒式洗衣机	≤20

5.15　羊毛洗涤性能

洗衣机按附录 E 使用羊毛洗涤程序进行试验，试验结果应符合表 6 的规定。

表 6　羊毛洗涤性能的规定值

项　目	限　定　值
洗净比	≥0.65
缩水比	≤0.70
磨损比	≤0.60(滚筒)
	≤0.70(波轮)
	≤0.75(搅拌)

5.16　洗净均匀度

洗衣机的洗净均匀度应不小于表 7 的规定值。

表 7　洗衣机的洗净均匀度的规定值

洗　衣　机	限　定　值
波轮式洗衣机	86.0%
滚筒式洗衣机	92.0%
搅拌式洗衣机	94.0%

5.17　脱水转速

在铭牌、标识或使用说明书中明示脱水转速的洗衣机，在额定负载下实测脱水转速应不低于明示值的 92% 或 100 r/min，两者取较小值，在该转速下持续时间应不小于 60 s。

5.18　明示值允许偏差

在本标准规定的试验条件下，洗衣机的洗净比、用电量、用水量、洗净均匀度的实测值与其在产品或使用说明书上明示值的偏差应不大于表 8 所示偏差。

表 8　明示值允许偏差的规定值

项　目	偏　差
洗净比	−0.035
用电量	+7%
用水量	+5%
洗净均匀度	−0.4%
注：洗净均匀度偏差是指实际测量值与明示值的差值。	

6　试验方法

6.1　试验条件

6.1.1　除对试验环境条件另作具体规定的试验外，型式试验应在环境温度为(23±2)℃，其相对湿度为(60～70)%，无外界气流，无强烈阳光和其他热幅射作用的室内进行。

6.1.2　试验电源为单相交流正弦波，电压和频率波动范围不得超过额定值的±1%。

6.1.3 被测试洗衣机应在生产厂说明书规定的使用状态下进行试验。

6.1.4 有加热装置的洗衣机进水口水温(15±2)℃。

6.1.5 无加热装置的滚筒式洗衣机进水口水温(50±2)℃。

6.1.6 无加热装置的波轮式/搅拌式洗衣机进水口水温(30±2)℃。

6.1.7 全自动洗衣机进水口压力(0.24±0.02)MPa。

6.1.8 羊毛洗涤程序无加热装置的滚筒式洗衣机洗涤水温(40±2)℃。

6.1.9 试验前被测样机应至少运行1个标准程序。

6.1.10 被测样机应用标准或制造商推荐的常用(标准)程序(时间)进行试验。

6.1.11 被测样机和参比洗衣机应在同一环境条件下,使用同一批次负载布、污染布进行试验。搅拌式参比洗衣机的漂洗水温应与被测样机一致。

6.1.12 除特殊要求外,所有项目应在同一程序下进行试验。

6.2 试验用的仪器仪表

6.2.1 用于型式试验的电工测量仪表,除已具体规定的仪表外,其精度应不低于0.5级,出厂试验应不低于1.0级。

6.2.2 测量温度用的温度计,其精度应在0.5℃。

6.2.3 测量时间用的仪表,其精度应在0.5%以内。

6.2.4 测量负载质量的衡器以千克(kg)计,精确至5克(g),绒毛称重用的天平,其精度应不低于Ⅲ级。

6.2.5 水量计以升(L)计,精确至0.1升(L)。

6.2.6 压力计以帕(Pa)计,精确至0.02兆帕(MPa)。

6.2.7 测量羊毛洗涤样块尺寸用钢直尺准确度1 mm。

6.2.8 测量羊毛样洗涤块质量用电子天平准确度 Ⅱ级。

6.3 洗衣机洗净性能试验

洗衣机按附录A进行洗净性能试验,应符合5.3的规定。

6.3.1 用电量计算

洗净试验同时测量用电量,用电量按式(1)计算:

$$E=\frac{E_1}{m} \qquad \cdots\cdots(1)$$

式中:

E——单位洗涤容量用电量,单位为千瓦时每千克(kWh/kg);

E_1——在洗净性能试验全过程总的用电量,单位为千瓦时(kWh);

m——额定洗涤容量,单位为千克(kg)。

带加热装置的洗衣机用式(2)进行修正:

$$E_1=E_t+E_c \qquad \cdots\cdots(2)$$

式中:

E_t——在洗净性能试验全过程总的用电量,单位为千瓦时(kWh);

E_c——在洗净性能试验全过程用电量修正值,单位为千瓦时(kWh);

$E_c=[V_c\times(t_c-15)]/860$

V_c——在洗净性能试验全过程进行加热的水量,单位为升(L);

t_c——洗衣机进水口水的实际的温度,单位为摄氏度(℃)。

每台样机共进行3次试验,取3次试验的算术平均值作为该机的用电量。

注:对于额定洗涤容量大于额定脱水容量的双桶洗衣机,洗涤、漂洗后应分别进行两次脱水,每次脱水使用标准洗涤物的50%,每次运行5 min。

6.3.2 用水量计算

洗净试验同时测量用水量，用水量按式(3)计算：

$$W = \frac{W_1}{m} \qquad \cdots\cdots(3)$$

式中：

W——单位洗涤容量用水量，单位为升每千克(L/kg)；

W_1——全过程的用水量，单位为升(L)；

m——额定洗涤容量，单位为千克(kg)。

每台样机共进行 3 次试验，取 3 次试验的算术平均值作为该机的用水量。

6.4 磨损试验

洗衣机按附录 B 进行对织物磨损率试验，应符合 5.4 的规定。

6.5 漂洗性能试验

洗衣机按附录 C 进行漂洗性能试验，应符合 5.5 的规定。

6.6 脱水性能试验

6.6.1 全自动洗衣机、双桶洗衣机待洗净试验最后脱水运行完成后称量标准洗涤物质量，含水率按式(4)计算：

$$H = \frac{M_2 - M_1}{M_1} \qquad \cdots\cdots(4)$$

式中：

H——含水率；

M_1——洗涤前干燥状态标准洗涤物质量，单位为千克(kg)；

M_2——脱水后标准洗涤物质量，单位为千克(kg)。

每台样机共进行 3 次试验，取 3 次的算术平均值作为该机的含水率。

注：额定洗涤容量大于额定脱水容量的双桶洗衣机，应分两次脱水，每次脱水使用标准洗涤物的 50%，待最后脱水运行结束后，称量两次脱水标准洗涤物的总质量。

6.6.2 单独的离心式脱水机和挤水器，将额定脱水容量的标准洗涤物(按附录 A 中 A.4 规定)浸泡 1 h 后，进行如下试验，试验后应符合 5.7 的规定。

a) 离心式脱水，将上述洗涤物投入脱水桶中运转一个最长的脱水程序后取出称重，按式(4)计含水率；

b) 挤水器脱水：将上述洗涤物折叠 8 层，进行两次挤干后称重，按式(4)计算含水率。若挤水辊具有压力调整机构时，试验应在最大压力状态下进行。

6.7 噪声测定

洗衣机按 GB/T 4214.4 要求进行试验。

GB/T 4214.1—2000 中 8.5 式(5)修正为下式：

$$L_W = L_{pmc} + 10\lg\left(\frac{S}{S_0}\right) - 2\ \text{dB(基准量 1 pW)} \qquad \cdots\cdots(5)$$

公式中符号代表内容不变。

6.8 进水管和排水管弯曲性能试验

在温度为(−5～0)℃条件下，按图 1 将水管向左右各 90°交替弯曲，频率为 (50±10)次/min，应符合 5.8 规定。

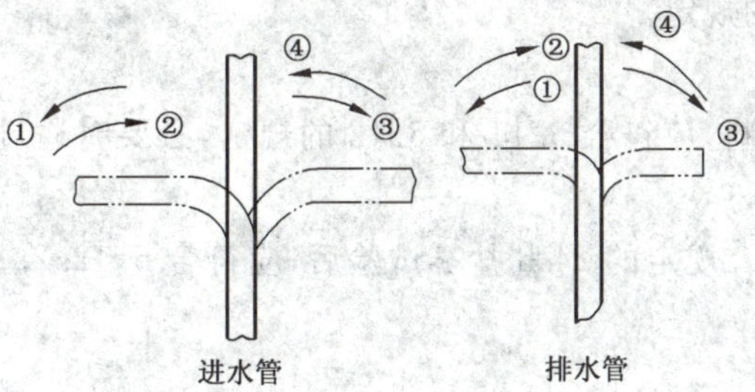

注：①⇌②算一次；③⇌④算一次。

图 1 进水管和排水管弯曲性能试验

6.9 无故障运行试验

6.9.1 运行说明

洗衣机在无故障运行试验中如发生影响其继续正常使用的故障即为试验结束，试验期间皮带允许更换两次。

6.9.2 运行试验说明

a) 每天连续运转不少于 8 h，对洗涤桶不能自动进、排水的洗衣机每运转 8 h 换一次水；

b) 负载布的规格与洗涤性能试验要求相同，质量为 0.8 倍的额定洗涤容量(见附录 A 中 A.4)；

c) 试验程序为标准(常用)程序；

d) 试验使用 3 台样机，取 3 台样机第 1 次发生故障运行次数(时间)的平均值。

6.9.3 脱水

a) 采用断续周期工作制，工作周期 5 min(运转 3 min，停止 2 min)，要求在最大转速状态下打开机门进行制动；

b) 采用模拟负载(如橡胶球等)，质量为生产厂所规定的额定脱水容量的两倍。在脱水时，模拟负载应能均匀分布在脱水桶中。

6.10 机箱涂饰层耐腐蚀试验

如图 2 所示，切取长 200 mm、宽 50 mm 的机箱试样一块。在外表面一边的中部，用新刮脸刀片划两条长 150 mm，间距为 17 mm，深达底材的平行切口，然后置于盐雾试验箱中，用浓度为 5% 的 NaCl 溶液在 (35±2)℃ 环境中喷雾 24 h。取出后把表面附着物充分水洗，最后测定切口处的锈蚀宽度应符合 5.12.3.2 的规定。

单位为毫米

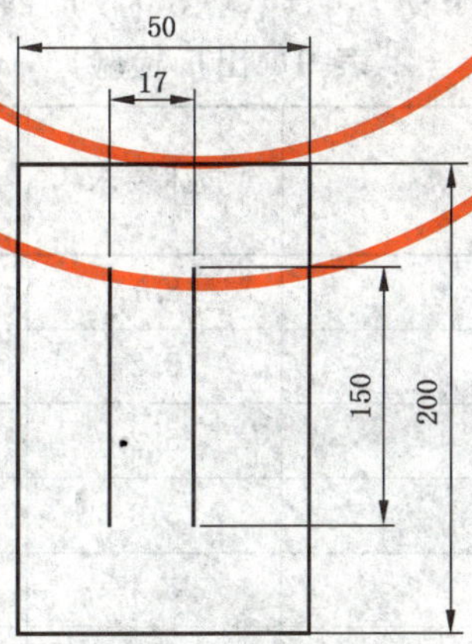

图 2 机箱涂饰层耐腐蚀试验

6.11 振动性能试验

洗衣机在额定工作状态下运转达到稳定时，用测振仪测量机箱前、后、左、右各侧面中央部位及盖中央部位，其振幅应符合5.9的规定。

6.12 结构及材料检查

视检洗衣机的结构及材料，应符合5.11和5.12的规定，必要时通过手工测试。

6.13 电镀件盐雾试验

电镀件按GB/T 2423.17规定的24 h盐雾试验后，应符合5.12.2.2的规定。

6.14 羊毛洗洗能试验

按附录E进行试验。

6.15 洗净均匀度计算

洗净均匀度按式(6)计算。

$$S = 1 - \sqrt{\frac{1}{k-1}\sum_{j=1}^{k}(D_j - \overline{D}_j)^2} \quad \cdots\cdots (6)$$

其中：

$$\overline{D}_j = \frac{1}{k}\sum_{j=1}^{k} D_j ; D_j = \frac{R_{wj} - R_{sj}}{R_{0j} - R_{sj}}$$

式中：

S——洗净均匀度，%；

k——单次试验中污染布数量之和；

D_j——第j块污染布的洗净率。

每台样机共进行3次试验，取3次试验的算术平均值作为该机的洗净均匀度。

7 检验规则

7.1 检验规则

洗衣机应根据本标准测试，并经正式鉴定合格后，方能批量投产。

7.2 检验说明

每台洗衣机须经制造厂技术检验部门检验合格后方能出厂，并应附有质量检验合格证、使用说明书和保修单。

7.3 检验分类

洗衣机的检验分为出厂检验和型式检验。

7.4 出厂检验

7.4.1 产品出厂检验的必检项目

产品出厂检验的必检项目见表9序号1、3、13、14、23中的内容。

表9 出厂检验

序号	试验项目	技术要求	试验方法	不合格分类			致命缺陷
				A	B	C	
1	标志	8.1	视检	√			
2	包装振动试验	8.2	GB/T 22939.5		√		
3	试运转	5.2	视检		√		
4	洗净性能	5.3	附录A				√
5	对织物的磨损率	5.4	附录B		√		
6	漂洗性能	5.5	附录C			√	
7	噪声	5.6	6.7	√			
8	脱水性能	5.7	6.6	√			

表 9（续）

序号	试验项目	技术要求	试验方法	不合格分类			致命缺陷
				A	B	C	
9	进水管和排水管弯曲性能	5.8	6.8			√	
10	振动性能试验	5.9	6.11		√		
11	无故障运行试验	5.10	6.9	√			
12	内部部件	5.11.1	视检		√		
13	洗涤桶内部表面	5.11.2	视检		√		
14	洗涤检查	5.11.3	视检		√		
15	挤水辊表面检查	5.11.4	视检			√	
16	水位标志检查	5.11.5	视检			√	
17	55 ℃水运行试验	5.11.6	视检	√			
18	钢铁制件表面检查	5.12.1	视检		√		
19	电镀件表面检查	5.12.2.1	6.13	√			
20	结构件边缘及棱角部位检查	5.12.2.2	视检	√			
21	涂漆件或涂塑件附着力检查	5.12.3.1	视检		√		
22	涂漆件或涂塑件耐腐蚀试验	5.12.3.2	6.10		√		
23	塑料件表面检查	5.12.4	视检		√		
24	洗衣桶耐腐蚀、耐碱、耐摩擦和耐冲击	5.12.5	6.12	√			
25	用电量	5.13	6.3.1				√
26	用水量	5.14	6.3.2				√
27	羊毛洗涤性能	5.15	附录 E		√		
28	洗净均匀度	5.16	6.15	√			
29	脱水转速	5.17	—	√			
30	明示值允许偏差	5.18	7.5.8	√			

注 1：表中打“√”项目以不符合本标准的规定作为缺陷；

注 2：本表列出的均为主要检测或视检项目。

7.4.2 产品出厂检验的抽检项目

7.4.2.1 产品出厂抽检项目见表 9 序号 1、3、15、16、25 中的内容。

7.4.2.2 产品出厂检验的抽样按 GB/T 2828.1 检查的批量、抽样方案、检查水平及合格质量水平，由生产厂和订货方共同商定。

7.4.3 订货要求

订货方在必要时可提出表 9 以外、标准范围之内项目进行抽检的要求。

7.4.4 检验样品处理

经出厂检验后，凡合格的样品可作为合格产品交付订货方，经型式检验的样品，一律不能作为合格产品交付订货方。

7.5 型式检验

7.5.1 洗衣机在下列情况之一则应进行型式检验：

a) 试制的新产品；

b) 间隔半年以上再生产时；

c) 连续生产的产品每年不少于1次；

d) 当产品在设计、工艺、材料等有重大改变时。

7.5.2 型式检验应包括本标准和GB 4706.24以及GB 4706.26中所规定的所有试验项目。

7.5.3 型式检验采用的抽样方案按GB/T 2829判别水平Ⅰ的2次抽样方案、判别水平、样本大小，不合格质量水平见表10。安全要求均为致命缺陷，若有1项不合格即该批产品为不合格。

表10 型式检验

判别水平	抽样方案 二次抽样	样本大小	不合格质量水平					
			A类 RQL=30		B类 RQL=50		C类 RQL=65	
			Ac	Re	Ac	Re	Ac	Re
判别水平Ⅰ	第一次	$n_1=4$	0	2	0	3	1	3
	第二次	$n_2=4$	1	2	3	4	4	5

注：无故障运行试验另行抽取3台。

7.5.4 型式检验的周期由生产厂自行确定，必须符合7.5的规定，型式检验的样品应从出厂检验合格的产品中随机抽取。

7.5.5 若型式检验合格，则本周期生产的该代表组的产品经验收检查合格的批次作为合格的产品可以入库或出厂，若入库超过两年再出厂，则必须重新进行交收检验。

7.5.6 本次型式检验结束前，供货方质量检验部门或订货方可参照上次型式检验结果验收产品，但必须以本次型式检验结果为准。

7.5.7 根据订货方的要求，供货方应提供一年内完整的型式检验报告。

7.5.8 进行明示值检测应至少抽取3台样机，3台样机检测结果的算术平均值即为该批次产品的明示值。如果每台的测量值与其平均值之差不符合5.18、E.4的要求，应另抽取3台样机进行检测。

8 标志、包装、运输和贮存

8.1 标志

洗衣机及包装上的标志应符合GB 5296.2相应条款的要求，包装上标称的尺寸、质量(毛重、净重)的偏差不应大于±8%。

8.2 包装

洗衣机应用牢固的包装箱包装，其技术要求应符合GB/T 22939.5的规定。

8.3 运输和贮存

8.3.1 在运输和贮存过程中，不应摔撞、雨雪淋袭。

8.3.2 洗衣机应在不开启原包装的状态下，保管于通风良好的仓库中，周围空气中不应有腐蚀性气体存在。

附 录 A
（规范性附录）
洗涤性能试验方法

A.1 碳黑油污染布的制备

A.1.1 布料

采用 GB/T 411 中漂白中平布，其经纱为(21±2)支数；纬纱为(21±2)支数，经过脱浆预处理后裁成 240 mm×250 mm，仔细熨平，在(105+5)℃的条件下干燥 3 h，保存在干燥器中待用。此时，原布反射率应为(86～92)%。

A.1.2 污染液配方

a) 牛脂硬化油（工业用） (1.0～1.2)g
融点 57 ℃以上；
碘值 3 以下；
皂化值 190～198。

b) 液体石蜡（化学纯） (3.5～3.7)g

c) 炭黑（去污效果） (0.8～1.5)g
颗粒的平均大小：$2\ 950\times10^{-9}$ m；
颗粒的平均表面积：94 m^2/g；
含碳量：96%。

d) 四氯化碳（化学纯） 1 000 g

A.1.3 污染液配制

在小烧杯中称取牛脂硬化油和液体石蜡，加温溶化，再向其中加入炭黑，用玻璃棒搅拌均匀（时间不少于 10 min），倒入烧瓶中。

称取四氯化碳，将其中 2/3 放入烧瓶中，用其余 1/3 清洗小烧杯中的剩余物，将清洗液倒入同一烧瓶中，搅拌约 30 min，即成污染液。

A.1.4 污染方法

将搪瓷盘侧斜放置在工作台上，倒入按 A.1.3 配制的污染液，把按 A.1.1 制作的干燥布料一边的两角分别用夹子夹往。手持夹子，让布料从污染液中拖过，然后，挂起自然晾干。染布在常温下进行。亦可采用污染布机进行连续污染。

A.1.5 污染布的检查

将污染布裁成 120 mm×60 mm，用肉眼初步检查污染是否均匀一致，剔除污染不均匀的污染布。

污染布用光电反射率计（或白度仪）测定反射率，各测试点反射率值应在(20～30)% 范围内。

A.1.6 污染布的保存方法

每批污染布应标明制作日期和原布反射率，污染布应保存在干燥器内，并存放在(0～5)℃阴凉干燥处。

制成污染布一周后方可以使用，保质期为 3 个月。

A.1.7 制备污染布的注意事项

A.1.7.1 制作和测定污染布均应在室温(20～25)℃及相对湿度小于 40% 条件下进行，以保证污染布的质量。

A.1.7.2 污染液不能混有其他杂物，配制的污染液必须充分摇匀，并立即使用。

A.2 蛋白污染布的制备

A.2.1 布料

同 A.1.1。

A.2.2 污染液配方

a) 新鲜鸡蛋；

b) 全脂奶粉(GB 5410—2008),蛋白质含量(19～22)%；

c) 阿拉伯树胶:工业 A 级；

d) 碳黑,甲级中色素,粒度约 20 μm；

A.2.3 蛋白污染液的配制

称取 2.4 g 阿拉伯树胶粉用少量水溶解后,加入到 1.6 g 碳黑中,研磨约 2 min,然后将此碳黑污染液倒入盛有 120 mL 含 13.8 g 奶粉水溶液的塑料杯中,另加入 120 mL 蒸馏水,用乳化器以(4 000～5 000)r/min的速率均化 30 min,而后缓缓加入已准备好的 120 mL 含 25 g 鸡蛋液(蛋清∶蛋黄＝3∶2,m/m)的水溶液 120 mL,继续均化 1 h 后备用。

A.2.4 蛋白污染布的染制

将已配制好的蛋白污染液加温至 40 ℃后,用 2 层纱布过滤置搪瓷盘内,将白布(A.1.1)浸入盘内污液中,拉起,贴在印染机轴上,并滚压(6～8)转后,放置在固定的铁丝架上自然晾干后再放入 60 ℃的烘箱内老化 2 h 即成。

A.2.5 蛋白污染布的保存

染好的蛋白污染布置于(3～5)℃的环境中保存,保质期为 2 个月。

A.3 皮脂污染布的制备

A.3.1 布料

同 A.1.1。

A.3.2 污染液配方

a) 棕榈酸:试剂级；

b) 硬脂酸:工业级(1 级)；

c) 椰子油:工业级；

d) 液体石蜡:试剂级；

e) 橄榄油:试剂级；

f) 角鲨烯:色谱级；

g) 胆固醇:分析级；

h) 棉油酸:工业级,碘价 123；

i) 三乙醇胺:试剂级；

j) 油酸:试剂级,碘价 80～100；

k) 阿拉伯树胶:工业 A 级；

l) 碳黑:甲级中色素；

m) 黏土:300 目；

n) 氧化铁黄:300 目,工业级；

o) 氧化铁黑:300 目,工业级；

p) 95%乙醇(GB/T 679)。

A.3.3 皮脂污染液的配制

A.3.3.1 混合油的配制

依次称取棕榈酸 30 g,硬脂酸 15 g,椰子油 45 g,液体石蜡 30 g,橄榄油 60 g,角鲨烯 15 g,胆固醇 15 g,棉油酸 45 g 于一搪瓷烧杯内,加热充分熔化后,搅拌均匀放入一容器中,密闭储存于阴凉干燥处备用。

A.3.3.2 灰尘碳黑污垢的配制

a) 称取碳黑 2.5 g 于研钵中,加入 95%乙醇 10 mL,研磨 10 min。加入氧化铁黄 1 g,氧化铁黑 2 g再研磨 10 min,此过程中加入蒸馏水 15 mL。

b) 加入用 10 mL 蒸馏水溶解的阿拉伯树胶 3.8 g,用蒸馏水 5 mL 洗杯并入研钵中,研磨 10 min。

c) 加入黏土 44.5 g,加蒸馏水 50 mL 研磨 30 min,转入磨口瓶中,用蒸馏水 35 mL 洗研钵并入磨口瓶中,玻璃棒搅拌均匀,整个过程共用水 115 mL。密闭储存于阴凉干燥处备用。

A.3.3.3 皮脂污染液的配制

称取三乙醇胺 4.8 g,油酸 2.4 g,灰尘碳黑污垢 10.2 g 于一个三口瓶中,加入 60 mL 熔化的混合油,然后加蒸馏水至 600 mL,将混合液加温至 60 ℃,放入转速 3 000 r/min 的搅拌器中搅拌 1 h 后备用。

A.3.4 皮脂污染布的染制

将皮脂污染液加温至 50 ℃,用两层纱布过滤后,倒入搪瓷盘中,将白布(A.1.1)放入污染液中完全浸透后,将白布拉起贴于印染机的滚筒上,滚压 8 转后放置在固定的铁丝架上自然晾干。待干后重复上述步骤进行第 2 次污染,自然晾干后再放入 60 ℃的烘箱内老化 4 h 即成。

A.3.5 皮脂污染布的保存

染好的皮质污染布置于(3～5)℃的环境中保存,保质期为 2 个月。

A.4 标准洗涤物

A.4.1 标准洗涤物布号同 A.1.1。

A.4.2 标准洗涤物布的规格如图 A.1、A.2、A.3、A.4 数量按表 A.1 规定。

表 A.1 标准洗涤物布的规格

项目	床单		衬衫		餐巾		配污染布总数
洗衣机的额定洗涤容量 W/kg	数量	配污染布数	数量	配污染布数	数量	配污染布数	
$W \leqslant 1$	0	0	1	2	6	6	8
$1 < W \leqslant 1.5$	1	3	1	2	5	5	10
$1.5 < W \leqslant 4$	1	3	2	4	3	3	10
$4 < W \leqslant 5$	2	6	4	8	1	1	15
$5 < W \leqslant 7$	2	6	5	10	2	2	18
$7 < W \leqslant 9$	3	9	5	10	2	2	21
$9 < W \leqslant 11$	3	9	6	12	3	3	24
$11 < W \leqslant 13$	4	12	6	12	3	3	27
$13 < W \leqslant 15$	4	12	7	14	4	4	30
$15 < W \leqslant 17$	5	15	7	14	4	4	33

注：在表中规定数以外,用"餐巾"和"手帕"补足额定洗涤容量。所补"餐巾"和"手帕"的比例约为 2∶1。

单位为毫米

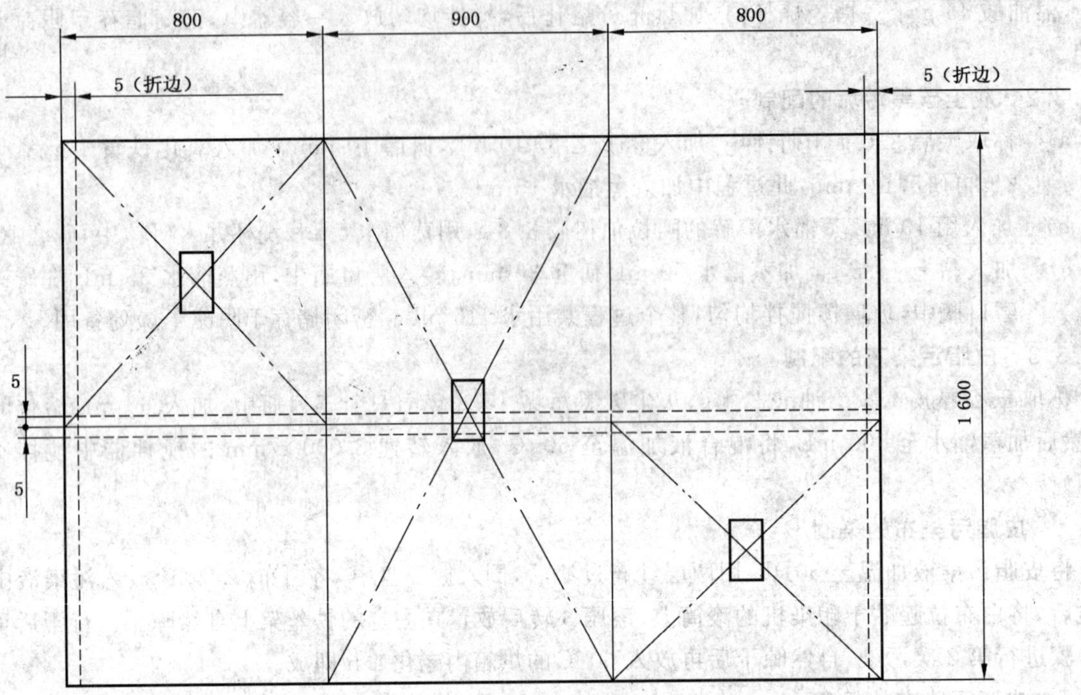

图 A.1 床单

单位为毫米

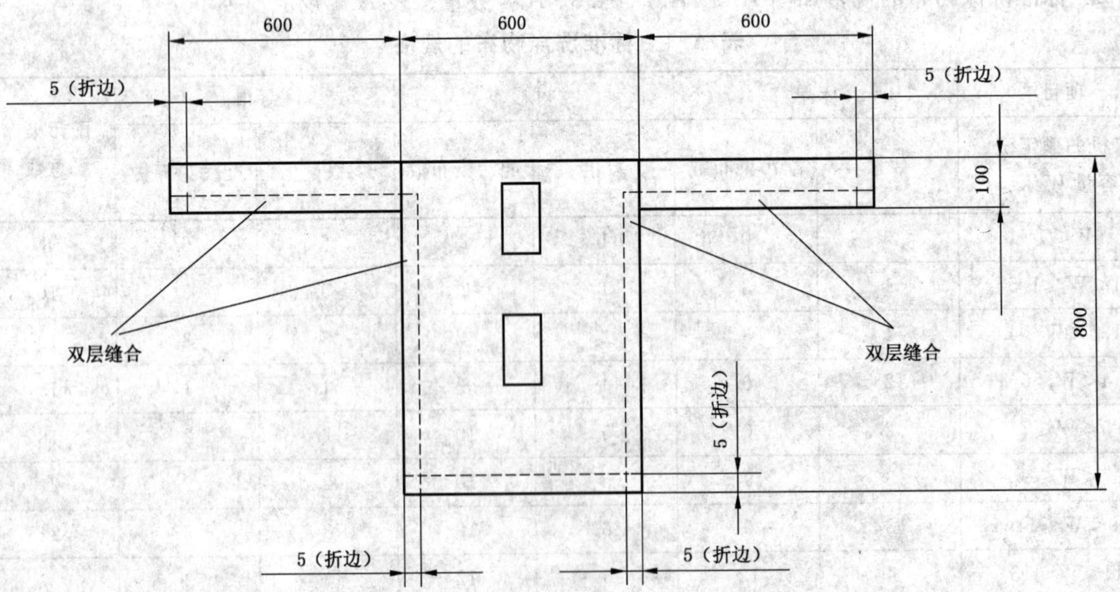

图 A.2 衬衫

单位为毫米

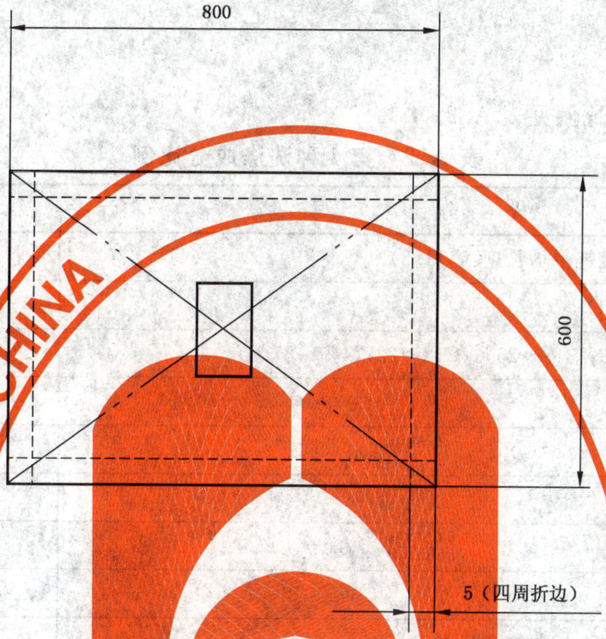

图 A.3 餐巾

单位为毫米

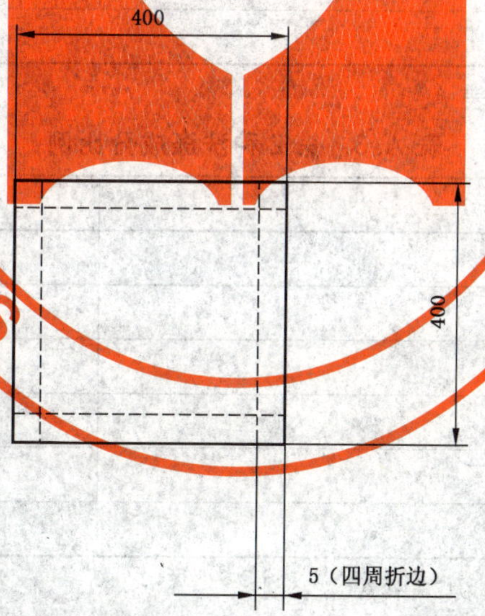

图 A.4 手帕

注 1：图 A.1～图 A.4 中尺寸偏差为±6%。

注 2：图 A.1～图 A.4 中“□”为污染布。

注 3：图中标准洗涤物原布单位面积质量(135±10)g/m²。

A.4.3 标准洗涤物使用时间在(3～180)h 范围之内，试验负载应使用新、旧混合负载，负载配比为 1/3(4～60)h；1/3(61～120)h；1/3(121～180)h。

A.4.4 标准洗涤物称重：将干燥的标准洗涤物在室温为(20±5)℃、相对湿度为(60～70)%的条件下，放置 24 h 后称重。

A.4.5 标准污染布按 A.4.2 的要求缝在标准洗涤物上，检验去污能力使用碳黑油污染布，检验去除蛋白质能力使用蛋白污染布，检验去除皮脂能力使用皮脂污染布。检验其他去污能力，如去除血渍、奶渍、咖啡、果汁能力，可使用相应的血渍污染布、奶渍污染布、咖啡污染布、果汁污染布。

A.5 洗涤剂的成分

a) 第 1 种洗涤成分比例见表 A.2。

表 A.2 第 1 种洗涤成分比例

成分		比例
喷雾干粉	线型烷基苯磺酸钠(烷链平均长度:C 11.5)	6.4%
	羟乙基化脂肪醇(14EO)	2.3%
	纳肥皂(链长 C12～16;13%～26%;C18～22;74%～87%)	2.8%
	三聚磷酸钠	35.0%
	硅酸钠(SiO_2 : Na_2O=3.3 : 1)	6.0%
	硅酸镁	1.5%
	羧甲基纤维素	1.0%
	乙二胺四乙酸钠盐	0.2%
	棉织物的光学漂白剂(二吗啉二苯乙烯型)	0.2%
	硫酸钠(作为填料或添加剂)	16.8%
	水	7.8%
四水合过硼酸钠		20.0%
注：过硼酸盐单独提供		

b) 第 2 种洗涤成分比例见表 A.3。

表 A.3 第 2 种洗涤成分比例

成分	比例
烷基苯磺酸钠	14.4%
硫酸钠	55.8%
硅酸钠	9.6%
三聚磷酸钠	16.3%
碳酸钠	2.9%
羧甲基纤维素钠(CMC)	1.0%

注：滚筒式洗衣机推荐使用 IEC 60456 中 A* 洗涤剂。

A.6 试验用水

水质：试验用水的硬度质量分数为(40～60)×10^{-6}。

水量：按洗衣机说明书中标称的额定水量。

水温：波轮式、搅拌式洗衣机的洗涤起始温度为(30±2)℃；无加热装置的滚筒式洗衣机洗涤温度为(50±2)℃；有加热装置的滚筒式洗衣机按制造商明示的标准程序进行，无明示标准程序按 60 ℃，棉织物程序进行。

水压：按 6.1.7 的要求。

A.7 参比洗衣机

波轮式和搅拌式洗衣机采用搅拌式参比洗衣机，滚筒式洗衣机采用滚筒式参比洗衣机。

A.7.1 与任何用充分的水量浸没衣物进行洗涤的洗衣机比较用的搅拌式参比洗衣机。

洗涤容量	2.75 kg
洗衣桶直径	(540±1)mm
最高水位水量	(50±1)L
搅拌器直径	(340±1)mm
搅拌器叶数	4
摆动角	(214±5)°
速度	(51±1)次/min

A.7.2 与任何其他滚筒式洗衣机比较用的周期正反转滚筒式参比洗衣机，内筒（与外筒同心）。

洗涤容量		5.0 kg
直径		(520±5)mm
容积(净)		(62±3)L
提升叶板	数目	3
滚筒速度	洗涤	(52±1)r/min
	脱水	(500±20)r/min

A.8 洗净性能测定

A.8.1 污染布的测定

用光电反射率计（或白度仪）测定洗净前污染布的反射率，每1块污染布表里各测两处，共测4处，取其算术平均值。

测定污染布反射率时，衬底用纸的反射率与被测的污染布反射率相接近。

A.8.2 污染布的数量和缝法

沿长方形短边中的一边钉缝数点；污染布的数量按表A.1中规定，钉缝方法见图A.1、A.2、A.3、A.4。

床单如图A.1缝3块污染布。

衬衣如图A.2缝2块污染布。

餐巾如图A.3缝1块污染布。

A.8.3 洗涤剂的放置

洗涤剂按被测洗衣机额定洗涤水量配成浓度为0.2%（滚筒式洗衣机为额定洗衣容量的1.0%）的洗涤液，放入额定洗涤容量于被测洗衣机中进行试验。每次试验都按此规定进行。

A.8.4 洗涤物的放置

标准洗涤物应按下列顺序和数量放置：

1） 床单（1件）；

2） 无污染布的餐巾（5件）；

3） 衬衫（2件）；

4） 无污染布的餐巾（10件）；

5） 依次投入3件有污染布的餐巾，每件之间投入无污染布的餐巾2件；

6） 如还有带污染布的床单、衬衫、餐巾，则继续按上述顺序放置；

7） 投入其他无污染布的餐巾和手帕；

8） 上述标准洗涤物投入时，将有污染布的一面向上，抓住洗涤物中心处，均匀投入洗涤桶中。

注：滚筒式洗衣机可参照IEC 60456规定的放置方法。

A.8.5 试验时间及程序

A.8.5.1 参比洗衣机试验时间及程序

A.8.5.1.1 搅拌式参比洗衣机：洗涤 20 min，漂洗 2 次，每次 5 min，脱水 3 次，每次 5 min。

A.8.5.1.2 滚筒式参比洗衣机试验程序为 IEC 60456 中 60 ℃ 棉布洗涤程序。

A.8.5.2 无程序控制器洗衣机试验时间

波轮式洗衣机：洗涤 10 min[以常用(标准)洗涤为准]，漂洗 2 次，每次 5 min 脱水 3 次，每次 5 min。

搅拌式洗衣机：洗涤 20 min(参考值)，漂洗 2 次，每次 5 min，脱水 3 次，每次 5 min。

滚筒式洗衣机：洗涤 30 min(参考值)，漂洗 2 次，每次 5 min，脱水 3 次，每次 5 min。

使用制造商推荐的时间进行试验，应在检验报告中标明试验时间。

A.8.5.3 带有程序控制器洗衣机试验程序

按制造商推荐的常用(标准)程序(不包括浸泡程序)进行试验，并在检验报告中标明试验程序。

A.8.6 洗净性能试验后污染布测定

每次洗净试验后，将污染布拆下，不要用手揉搓，自然晾干后。用(150±5)℃的电熨斗熨平，熨平后不应起光泽(可将污染布放在两块织物之间)，熨平时衬厚质平整毛呢。熨平后按 A.8.1 测定其反射率。

A.8.7 试验次数

同一规格洗衣机，要在同一条件下至少试验 3 台，每台洗衣机做 3 次洗净试验，每次试验后根据反射率算出洗净率，再取其 3 次洗净率的算术平均值为该台洗衣机的洗净率值。

A.8.8 参比洗衣机试验

参比洗衣机在与被测洗衣机相同的条件下试验，搅拌式参比洗衣机洗净率在(30～50)%范围内试验有效。滚筒式参比洗衣机洗净率在(30～50)%范围内试验有效。

A.8.9 洗净性能表示方法

A.8.9.1 洗净率

洗净率的计算如式(A.1)所示：

$$D_r = \frac{R_w - R_s}{R_0 - R_s} \times 100\% \qquad \cdots\cdots\cdots\cdots(A.1)$$

式中：

D_r——洗净率，%；

R_w——污染布洗净后反射率，%；

R_s——污染布洗净前反射率，%；

R_0——原布反射率，%。

A.8.9.2 洗净比

洗净比的计算如式(A.2)所示：

$$C = \frac{D_r}{D_s} \qquad \cdots\cdots\cdots\cdots(A.2)$$

式中：

C——洗净比；

D_r——被测洗衣机洗净率，%；

D_s——参比洗衣机洗净率，%。

附 录 B
（规范性附录）
对织物磨损率的试验方法

通过测量在洗涤水和漂洗水中过滤所得分离纤维和绒毛的质量来确定洗衣机对标准洗涤物(以下简称负载布)的机械磨损程度。

B.1 负载布料

负载布的布料同附录A中的A.1.1。

B.2 负载布规格和数量

负载布的规格和数量同附录A中的A.4.2。

B.3 负载布质量

负载布的称量同附录A中的A.4.4。

B.4 洗涤剂和试验用水

洗涤剂的成分同附录A中的A.5。当试验采用硬度不大于质量分数为80×10^{-6}的试验用水时，洗涤剂用量为被测洗衣机洗涤水量的0.14%。

B.5 磨损率试验方法

B.5.1 在被测洗衣机中注入按B.4规定配制并用网眼额定尺寸为0.09 mm、铜丝直径为0.05 mm(180目)的滤网布滤过的额定用水量的洗涤液，然后再投入额定洗涤容量的负载布，在常用(标准)程序下连续运转4 h后，用手工逐块将负载布漂洗2次(第1次在原洗涤液中进行，第2次在另一容器中进行，容器中装有额定用水量的漂洗水)，再将洗涤水和漂洗水用网眼额定尺寸为0.09 mm的滤网布自然过滤。再将滤网布上收集到的绒毛连同洗衣机桶及排水系统各处收集到的绒毛一起放入烘箱。在80 ℃温度下烘至质量稳定。然后在B.3规定条件下称重。

B.5.2 如称量环境达不到B.3的规定，可采用十分干燥法来称量；将收集的绒毛一起放在烘箱中，在80 ℃温度下进行干燥，每10 min称量一次，直至相邻两次称得的质量值变化在1%以下为止。将如此所得的质量值增加8%作为绒毛的质量。

注：采用十分干燥法称量时，可采用将被称物放在带盖的密闭小盒里一起称量的方法，避免环境湿度影响，由于带盖密闭小盒在同一烘箱中干燥，减去它的质量即为被称物的质量。

B.5.3 做磨损试验用的负载布使用次数为第20次～第30次(每4 h为1次)。负载布露出纱线和有明显破损点时，不得使用。

B.5.4 同一规格洗衣机，要在同一条件下至少试验3台，每台洗衣机做3次磨损试验，取3次磨损率的算术平均值为该台洗衣机的磨损率值。

B.6 磨损率计算：

磨损率的计算如式(B.1)所示：

$$\eta=\frac{p}{p_0}\times100\% \qquad \cdots\cdots(B.1)$$

式中：

η——磨损率，%；

p——过滤所得绒毛的质量，单位为千克(kg)；

p_0——额定(正常)负载布的质量，单位为千克(kg)。

附 录 C
（规范性附录）
漂洗性能试验方法

使用滴定法测量漂洗液中的碱度，漂洗试验和洗涤试验同时进行。

C.1 洗涤物

漂洗试验用洗涤物布料，按附录 A 中 A.1.1 的规定；洗涤物规格同附录 A 中 A.4.2；累积使用时间按附录 A 中 A4.2 的规定；称重环境按附录 A 中 A.4.2 的规定。

C.2 试验用水

试验用水硬度的质量分数为$(40\sim60)\times10^{-6}$。

C.3 洗涤液

洗涤剂同附录 A 中 A.5 条规定，浓度同附录 A 中 A.8.3 的规定。

C.4 试验内容

C.4.1 试验方法

采用酸碱滴定法测定洗涤物上残留漂洗液相对于试验用水的碱度。

C.4.2 取样

C.4.2.1 试验用水取样

在被测洗衣机进行漂洗试验同时，在同一试验用水中取水样 500 mL。

C.4.2.2 漂洗液取样

被测洗衣机处于额定状态，洗衣机运转一个常用(标准)洗涤程序，在最后的脱水程序完成后，将负载放入高速脱水机中取样 500 mL。

C.4.3 试剂的制备

C.4.3.1 0.05%浓度的甲基橙指示液的制备

用药物天平称取 0.05g 甲基橙，放入 100 mL 无二氧化碳水中，即为备用的 0.05%甲基橙溶液。

C.4.3.2 0.1 mol/L 盐酸溶液配制与标定

C.4.3.2.1 0.1 mol/L 盐酸溶液的制备

吸取 9 mL 浓盐酸，注入 1 000 mL 容量瓶中，用无二氧化碳水稀释至标线，此时该溶液浓度为 0.1 mol/L。

C.4.3.2.2 0.1 mol/L 盐酸溶液的标定

用分析天平准确称取无水碳酸钠，放入 180 ℃烘箱中烘 2 h，并于干燥器内冷却至室温的无水碳酸钠(0.1～0.15)g；置于 250 mL 锥形瓶中，加入无二氧化碳水 100 mL，4 滴甲基橙指示液，用0.1 mol/L 盐酸滴定至出现淡橘红色，记录用量，同时用无二氧化碳水作空白滴定。

0.1 mol/L 盐酸溶液的标定计算如式(C.1)所示：

$$M_{HCl}=\frac{W\times1\,000\times2}{(V_1-V_0)\times106.0} \qquad \cdots\cdots(C.1)$$

式中：

M_{HCl}——盐酸标准溶液的摩尔浓度，单位为摩尔每升(mol/L)；

W——无水碳酸钠的质量，单位为克(g)；

V_1——滴定无水碳酸钠时 0.1 mol/L 盐酸的用量，单位为毫升(mL)；

V_0——滴定空白时 0.1 mol/L 盐酸的用量；单位为毫升(mL)；

106.0——无水碳酸钠的分子量。

C.4.4 滴定步骤

C.4.4.1 试验用水滴定

C.4.4.1.1 取 100 mL 试验用水置于 250 mL 锥形瓶中，并滴入 0.05%甲基橙指示液 4 滴。

C.4.4.1.2 在 C.4.4.1.1 的溶液中，以 0.1 mol/L 盐酸标准溶液，使用 0.01 mL 标度的微量滴定管滴定，直至液体呈淡橘红色为止，记下盐酸的用量 V_n。

C.4.4.1.3 按 C.4.4.1.2 规定的方法重复滴定 3 次，分别得到盐酸溶液用量 V_1、V_2、V_3，按式(C.2)求其平均值 V_{HCl}：

$$V_{HCl}=\frac{V_1+V_2+V_3}{3} \qquad \cdots\cdots\cdots(C.2)$$

C.4.4.1.4 试验用水的碱度按式(C.3)计算：

$$M_s=\frac{M_{HCl}\cdot V_{HCl}}{V_s} \qquad \cdots\cdots\cdots(C.3)$$

式中：

V_{HCl}——滴定用盐酸溶液用量，单位为毫升(mL)；

V_s——被滴定试验用水毫升数，单位为毫升(mL)；

M_{HCl}——盐酸溶液的摩尔浓度，单位为摩尔每升(mol/L)；

M_s——试验用水的碱度，单位为摩尔每升(mol/L)。

C.4.4.2 漂洗液滴定

C.4.4.2.1 取 100 mL 漂洗液置于 250 mL 锥形瓶中，并滴入 0.05%甲基橙指示液 4 滴。

C.4.4.2.2 在 C.4.4.2.1 的溶液中，以 0.1 mol/L 盐酸标准溶液，使用 0.01 mL 标度的微量滴定管滴定，直至液体呈淡橘红色为止，记下盐酸的用量 u_n。

注：如果使用自动滴定仪，滴定终止点 pH 值为 4。

C.4.4.2.3 按 C.4.4.2.2 规定的方法重复滴定 3 次，分别得到盐酸溶液用量 u_1、u_2、u_3；并按式(C.4)求其平均值 u_{HCl}：

$$u_{HCl}=\frac{u_1+u_2+u_3}{3} \qquad \cdots\cdots\cdots(C.4)$$

C.4.4.2.4 漂洗液的碱度按式(C.5)计算：

$$M_P=\frac{M_{HCl}\cdot u_{HCl}}{u_P} \qquad \cdots\cdots\cdots(C.5)$$

式中：

M_P——漂洗液的碱度，单位为摩尔每升(mol/L)；

u_{HCl}——滴定用盐酸溶液用量，单位为毫升(mL)；

M_{HCl}——被滴定漂洗液的摩尔浓度，单位为摩尔每升(mol/L)；

u_P——被滴定漂洗液的毫升数，单位为毫升(mL)。

C.5 试验用水碱度计算

洗涤物上残留漂洗液相对试验用水的碱度，按式(C.6)计算可得：

$$A_r=M_p-M_s \qquad \cdots\cdots\cdots(C.6)$$

式中：

A_r——洗涤物上残留漂洗液相对试验用水的碱度，单位为摩尔每升(mol/L)；

M_p——洗涤物上残留漂洗液的碱度，单位为摩尔每升(mol/L)；

M_s——试验用水的碱度，单位为摩尔每升(mol/L)。

附 录 D
（规范性附录）
主要性能的分等分级

D.1 主要性能的分等分级

D.1.1 洗衣机主要性能的分等分级按国际先进水平、国内先进水平、国内中等水平、国内一般水平分为A级、B级、C级、D级，具体指标见表D.1。

D.1.2 表D.1中的等级指标，是在洗衣机的其他项目必须符合本标准要求的前提下进行的，即单项指标达到高等级要求，而其他指标不符合本标准要求，则该等级也是无效的。

表 D.1 主要性能的分级指标

产品名称	检测项目	单位	A级	B级	C级	D级
双桶波轮式洗衣机	洗净比	—	>0.90	≥0.83	≥0.77	≥0.70
	洗净均匀度	%	>93.0	≥91.0	≥89.0	≥86.0
	用水量	L/kg	<24	≤28	≤32	≤35
	噪声	dB(A计权)	<62	≤65	≤68	≤72
	含水率	%	<70	≤80	≤95	≤115
	无故障运行	次	>6 000	≥5 400	≥4 700	≥4 000
全自动波轮式洗衣机	洗净比	—	>0.90	≥0.83	≥0.77	≥0.70
	洗净均匀度	%	>93.0	≥91.0	≥89.0	≥86.0
	用水量	L/kg	<25	≤28	≤32	≤36
	噪声	dB(A计权)	<62	≤65	≤68	≤72
	含水率	%	<70	≤80	≤95	≤115
	无故障运行	次	>5 000	≥4 000	≥3 000	≥2 000
全自动搅拌式洗衣机	洗净比	—	>0.90	≥0.83	≥0.77	≥0.70
	洗净均匀度	%	>98.0	≥97.0	≥96.0	≥94.0
	用水量	L/kg	<32	≤36	≤40	≤44
	含水率	%	<70	≤80	≤95	≤115
	噪声	dB(A计权)	<62	≤65	≤68	≤72
	无故障运行	次	>5 000	≥4 000	≥3 000	≥2 000
有加热装置全自动滚筒式洗衣机	洗净比	—	>1.00	≥0.90	≥0.80	≥0.70
	洗净均匀度	%	>97.0	≥95.5	≥93.5	≥92.0
	用水量	L/kg	<12	≤14	≤16	≤18
	噪声	dB(A计权)	<62	≤65	≤68	≤72
	含水率	%	<70	≤80	≤95	≤115
	无故障运行	h	>4 500	≥3 800	≥3 100	≥2 300

表 D.1（续）

产品名称	检测项目	单位	A级	B级	C级	D级
无加热装置全自动滚筒式洗衣机	洗净比	—	≥0.90	≥0.83	≥0.77	≥0.70
	洗净均匀度	%	≥97.0	≥95.5	≥93.5	≥92.0
	用水量	L/kg	≤14	≤16	≤18	≤20
	噪声	dB(计权)	≤62	≤65	≤68	≤72
	含水率	%	≤70	≤80	≤95	≤115
	无故障运行	h	≥4 500	≥3 800	≥3 100	≥2 300
离心式脱水机	噪声	dB(A 计权)	≤62	≤65	≤68	≤72
	含水率	%	≤70	≤80	≤95	≤115
	无故障运行	次	≥12 000	≥10 000	≥8 000	≥6 000

附 录 E
（规范性附录）
羊毛洗涤性能试验方法

E.1 洗净试验

E.1.1 标准物质及处置

E.1.1.1 标准羊毛缩水样块为 300 mm×300 mm、100%羊毛纤维平织物，技术要求如下：

经纱：(35±3)支/2；

纬纱：(35±3)支/2；

单位面积质量：(135±10)g/m^2；

原纱：66 支澳毛。

羊毛缩水样块放置在温度(22±2)℃、相对湿度(55±5)% 阴凉干燥环境中。

E.1.1.2 洗涤前后羊毛缩水样块的测量、称重应在相同条件下进行。

称重在洗涤试验完成后将羊毛缩水样块自然平放干燥，干燥后在温度(22±2)℃、相对湿度(55±50)% 阴凉干燥环境中放置 24 h 后再进行测试。

测量时将羊毛缩水样块放在自来水中直接测量。

E.1.1.3 标准负载为 300 mm×300 mm 针织聚酯织物，技术要求如下：

质量：(35±3)g；

单位面积质量：(200±25)g/m^2；

尺寸：(30±3)cm×(30±3)cm，沿四边双层缝制。

E.1.2 试验方法

E.1.2.1 按附录 A 要求进行洗净性能试验。参比洗衣机使用滚筒式参比洗衣机，试验程序为 IEC 60456 中 40 ℃ 羊毛洗涤程序。

E.1.2.2 使用符合 A.3 要求的皮脂污染布或 A.1 要求的碳黑油污染布进行试验。

E.1.2.3 每次试验使用污染布数量见表 E.1：

表 E.1 试验用污染布的数量

序号	羊毛洗额定洗涤容量 W/kg	配污染布数/块
1	$W \leq 1$	6
2	$1 < W \leq 1.5$	8
3	$1.5 < W \leq 2.0$	10
4	$2.0 < W \leq 2.5$	12
5	$2.5 < W \leq 3.5$	15
6	$3.5 < W \leq 5.0$	18
7	$W > 5.0$	20

E.1.2.4 污染布缝制在负载布的中央位置。

E.1.2.5 试验负载放置顺序：

首先放置两块不带污染布的试验负载，然后按 1 块带污染布负载、1 块不带污染布负载顺序放置。

E.1.2.6 每台样机进行 3 次试验，每次连续运转两个程序，取 3 次试验的平均值为该样机的洗净率。

E.1.2.7 洗净率和洗净比计算按附录 A 中 A.8.9 的要求进行。

E.2 缩水率试验

E.2.1 试验负载放置顺序

首先放置2块试验负载,然后按1快羊毛缩水样块、1块试验负载的顺序放置。

E.2.2 羊毛缩水样块数量

1个试验程序使用3块羊毛缩水样块。

E.2.3 洗涤试验前用钢直尺测量每块羊毛缩水样块的边长,并记录;待羊毛缩水样块干燥后,在与试验前相同的环境条件下,测量每块羊毛缩水样块的边长,并记录。

E.2.4 每台样机进行3次试验,每次连续运转2个程序,取3次试验的平均值为该样机的缩水率。

E.2.5 缩水率计算方法

缩水率按式(E.1)计算:

$$\eta=\frac{S_1-S_2}{S_1} \qquad \text{(E.1)}$$

式中:

η——缩水率;

S_1——洗涤前羊毛缩水样块面积,单位为平方毫米(mm^2);

S_2——洗涤后羊毛缩水样块面积,单位为平方毫米(mm^2)。

E.2.6 缩水比计算方法

缩水比按式(E.2)计算:

$$Y=\frac{\eta_1}{\eta_2} \qquad \text{(E.2)}$$

式中:

Y——缩水比;

η_1——被测样机缩水率;

η_2——参比洗衣机缩水率。

E.3 磨损率试验方法

E.3.1 与E.2.1相同。

E.3.2 与E.2.2相同。

E.3.3 洗涤试验前用电子天平称量每块羊毛缩水样块的质量,并记录;洗涤试验结束后剪子小心地对样块进行修剪,注意在修剪磨损的飞边时,所有的毛边以外的线束都应剪掉,应沿样块的经向、纬向毛边边沿进行修剪,待羊毛缩水样块干燥后称量其质量,并记录。

E.3.4 每台样机进行3次试验,每次连续运转2个程序,取3次试验的平均值为该样机的磨损率。

E.3.5 磨损率计算方法

磨损率按式(E.3)计算:

$$\mu=\frac{M_1-M_2}{M_1} \qquad \text{(E.3)}$$

式中:

μ——磨损率;

M_1——洗涤前羊毛缩水样块质量,单位为克(g);

M_2——洗涤后羊毛缩水样块质量,单位为克(g)。

E.3.6 磨损比计算方法

磨损比按式(E.4)计算:

$$Z = \frac{\mu_1}{\mu_2} \quad \cdots\cdots\cdots\cdots (E.4)$$

式中：

Z——磨损比；

μ_1——被测样机磨损率；

μ_2——参比洗衣机磨损率。

E.4 明示值允差

在本标准规定的试验条件下，洗衣机洗净比、缩水比、磨损比的实测值与其在产品或使用说明书上明示值的偏差应不大于表E.2所示偏差。

表 E.2 明示值允差

项 目	限 定 值
缩水比	0.02
磨损比	0.02

参 考 文 献

GB 5410—2008 乳粉
GB/T 679 化学试剂 乙醇(95%)

ICS 77.160
H 71

中华人民共和国国家标准

GB/T 4295—2008
代替 GB/T 4295—1993

碳 化 钨 粉

Tungsten carbide powder

2008-03-31 发布　　2008-09-01 实施

中华人民共和国国家质量监督检验检疫总局
中国国家标准化管理委员会 发布

前 言

本标准代替 GB/T 4295—1993《碳化钨粉》。

本标准与 GB/T 4295—1993 相比，主要有如下变动：

——取消了 FWCB 类的 12 个牌号；

——增加了 FWC02-04 、FWC04-06、FWC06-08 和 FWC260-350 四个牌号。

本标准由中国有色金属工业协会提出。

本标准由全国有色金属标准化技术委员会归口。

本标准由自贡硬质合金有限公司负责起草。

本标准由厦门金鹭特种合金有限公司参加起草。

本标准主要起草人：戴普、邹建平。

本标准所代替标准的历次版本发布情况为：

——GB/T 4295—1984、GB/T 4295—1993。

碳 化 钨 粉

1 范围

本标准规定了碳化钨粉的要求、试验方法、检验规则、标志、包装、运输、贮存及订货单(或合同)内容。

本标准适用于生产硬质合金等用的碳化钨粉。

2 规范性引用文件

下列文件中的条款通过本标准的引用而成为本标准的条款。凡是注日期的引用文件,其随后所有的修改单(不包括勘误的内容)或修订版均不适用于本标准,然而,鼓励根据本标准达成协议的各方研究是否可使用这些文件的最新版本。凡是不注日期的引用文件,其最新版本适用于本标准。

GB/T 3249 难熔金属及化合物粉末粒度的测定方法 费氏法

GB/T 4324 (所有部分)钨化学分析方法

GB/T 5124 (所有部分)硬质合金分析方法

GB/T 5314 粉末冶金用粉末的取样方法

GB/T 13390 金属粉末比表面积的测定 氮吸附法

3 要求

3.1 产品分类

碳化钨粉按其平均粒度范围分为16个牌号,其表示方法如下:

示例:

FWC 100-140

100-140——表示10.0 μm～14.0 μm的平均粒度范围

FWC——表示碳化钨粉

3.2 化学成分

碳化钨粉的化学成分应符合表1的规定。

表1

质量分数/%

主含量 WC	杂质含量,不大于								
	Al	Ca	Fe*	K	Mg	Mo	Na	S	Si
≥99.8	0.002	0.002	0.02	0.001 5	0.002	0.01	0.001 5	0.002	0.003

* 对于平均粒度不小于14 μm的粗颗粒碳化钨粉,要求Fe≤0.05%。

3.3 粒度、比表面积和碳、氧含量

碳化钨粉的费氏平均粒度、比表面积、总碳、游离碳、化合碳、氧含量应符合表2的规定。

3.4 过筛

碳化钨粉应过筛。费氏平均粒度<2 μm的粉末,筛网孔径不得大于150 μm;费氏平均粒度2 μm～10 μm的粉末,筛网孔径不得大于75 μm;费氏平均粒度>10 μm的粉末,筛网孔径不得大于180 μm。

表 2

牌　号	比表面积/(m^2/g)	平均粒度范围/μm	氧含量/% 不大于	总碳/ %	游离碳/% 不大于	化合碳/% 不小于
FWC02-04	＞2.5	—	0.35	6.20～6.30	0.20	6.07
FWC04-06	1.5～2.5	—	0.30	6.15～6.25	0.15	6.07
FWC06-08	—	≥0.60～0.80	0.20	6.13～6.23	0.12	6.07
FWC08-10	—	＞0.80～1.00	0.18	6.08～6.18	0.08	6.07
FWC10-14	—	＞1.00～1.40	0.15	6.08～6.18	0.06	6.07
FWC14-18	—	＞1.40～1.80	0.15	6.08～6.18	0.06	6.07
FWC18-24	—	＞1.80～2.40	0.12	6.08～6.18	0.06	6.07
FWC24-30	—	＞2.40～3.00	0.10	6.08～6.18	0.06	6.07
FWC30-40	—	＞3.00～4.00	0.08	6.08～6.18	0.06	6.07
FWC40-50	—	＞4.00～5.00	0.08	6.08～6.18	0.06	6.07
FWC50-70	—	＞5.00～7.00	0.08	6.08～6.18	0.06	6.07
FWC70-100	—	＞7.00～10.00	0.05	6.08～6.18	0.06	6.07
FWC100-140	—	＞10.00～14.00	0.05	6.08～6.18	0.06	6.07
FWC140-200	—	＞14.00～20.00	0.05	6.08～6.18	0.06	6.07
FWC200-260	—	＞20.00～26.00	0.05	6.08～6.18	0.06	6.07
FWC260-350	—	＞26.00～35.00	0.08	6.08～6.18	0.06	6.07

3.5　外观质量

碳化钨粉的外观呈灰色，随产品粒度增加，颜色由深到浅。颜色应均匀一致，无目视可见的夹杂物。

4　试验方法

4.1　主含量按杂质减量法计算。杂质含量分析按 GB/T 4324 的规定进行。

4.2　总碳、游离碳按 GB/T 5124 的规定进行。化合碳按总碳减去游离碳之差计算。氧含量按 GB/T 4324的规定进行。碳化钨粉的平均粒度按 GB/T 3249 的规定进行。碳化钨粉的比表面积按 GB/T 13390 的规定进行。

4.3　产品的过筛按供需双方认同的方式进行。

4.4　产品的外观质量用目视检查。

5　检验规则

5.1　检查和验收

5.1.1　产品应由供方质量监督部门进行检验，保证产品质量符合本标准规定，并填写产品质量证明书。

5.1.2　需方可对收到的产品按本标准的规定进行检验，如检验结果与本标准规定不符合时，应在收到产品之日起 1 个月内向供方提出，由供需双方协商解决。如需仲裁，仲裁取样在需方由供需双方共同进行。

5.2　组批

产品应成批提交验收，每批由同一牌号的碳化钨粉组成，每批重量由供需双方协商确定。

5.3　检验项目及取样数量

产品检验项目及取样数量见表 3。

表 3

检验项目	取样数量	要求的章条号	试验方法的章条号
化学成分	每批按 GB/T 5314 的规定进行	3.2	4.1
粒度、比表面积及碳、氧含量	每批按 GB/T 5314 的规定进行	3.3	4.2
过筛	逐批	3.4	4.3
外观质量	逐批	3.5	4.4

5.4 检验结果判定

5.4.1 产品的化学成分结果如有一项不合格，应在该批产品中对该不合格项加倍取样进行重复试验。若试验结果仍有一个不合格，则该批产品判为不合格。

5.4.2 产品的粒度、比表面积、总碳、游离碳、化合碳和氧含量的检验结果如有一项不合格，应在该批产品中对该不合格项加倍取样进行重复试验。若试验结果仍有一个不合格，则该批产品判为不合格。

5.4.3 产品的过筛不合格，判该批产品不合格。

5.4.4 产品的外观质量不合格，判该批产品不合格。

6 标志、包装、运输和贮存

6.1 标志

产品外包装上应注明：供方名称、产品名称和牌号、批号、净重，并附有“防潮”、“向上”等字样或标志。

6.2 包装

产品外包装用铁桶，内包装用聚乙烯塑料袋，严密封口。或采用供需双方确定的方法包装。每件重量由供需双方协商确定。

6.3 运输

产品运输时，应防止潮湿，不得剧烈碰撞。

6.4 贮存

产品贮存时，应存放于干燥、通风、无酸碱气氛之处，严防氧化。存放期不宜超过半年。

6.5 质量证明书

每批产品应提供产品质量证明书，其上注明：

a) 供方名称、地址、邮编；

b) 产品名称、牌号；

c) 批号；

d) 净重；

e) 本标准编号；

f) 各项分析检验结果和质量监督部门印记；

g) 检验员号；

h) 检验日期。

7 订货单(或合同)内容

订货单(或合同)应包括下列内容：

a) 产品名称；

b) 产品牌号；

c) 产品净重；

d) 本标准编号；

e) 其他。

ICS 47.020.01
U 04

GB

中华人民共和国国家标准

GB/T 4299—2008
代替 GB/T 4299—1984

船舶通风系统图形符号

Symbols for ships' ventilation system

2008-10-20 发布 2009-04-01 实施

中华人民共和国国家质量监督检验检疫总局
中国国家标准化管理委员会 发布

前 言

本标准代替 GB/T 4299—1984《船舶通风系统图形符号》。

本标准与 GB/T 4299—1984 相比，主要有下列变化：

——删除了各表中的备注栏；

——增加了部分图形符号；

——修改了部分名称说明；

——修改了部分图形符号；

——修改了部分英文说明；

——修改和删除了附录 A 中的部分内容说明。

本标准附录 A 为资料性附录。

本标准由中国船舶重工集团公司提出。

本标准由全国海洋船标准化技术委员会船舶基础分技术委员会归口。

本标准起草单位：中国船舶重工集团公司第七〇一研究所。

本标准主要起草人：刘克荣、邵飞、宋靠华。

本标准所代替标准的历次版本发布情况为：

——GB/T 4299—1984。

船舶通风系统图形符号

1 范围

本标准规定了船舶通风系统图中的图形符号。

本标准适用于船舶的科研、设计、教学、使用等领域。

本标准未规定的图形符号可根据基本图形符号、附加图形符号及有关附件或设备的图形符号加以适当的组合和引伸使用。

2 基本图形符号

风管及其主要附件和设备的基本图形符号见表1。

表1 基本图形符号

序号	名称说明	图形符号	英文名称
1.1	风管		duct
1.2	表示流向的风管	或 	duct with indication of direction flow
1.3	表示空气的流向	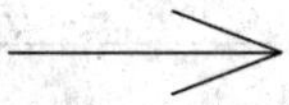	direction of air flow
1.4	阀(添加其他图形符号表示有关阀体及操作方式)		valve
1.5	附件和设备,不包括阀(正方形中添加其他图形符号或缩写记号以表示有关通风附件和设备)		appliances and fittings

3 附加(控制和调节方式)图形符号

附加(控制和调节方式)图形符号见表2。

表2 附加(控制和调节方式)图形符号

序号	名称说明	图形符号	英文名称
2.1	手动式		hand operated
2.2	遥控式		remote control

表 2（续）

序号	名称说明	图形符号	英 文 名 称
2.3	电机驱动式(改动圈内字母以表达类似的其他驱动方式)	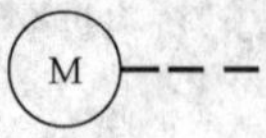	electric motor
2.4	机械自动式		mechanical automate

4 风管及其连接的图形符号

风管及其连接的图形符号见表 3。

表 3 风管及其连接的图形符号

序号	名称说明	图形符号	英 文 名 称
3.1	不连接的交叉风管	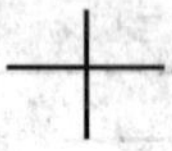	crossing duct，not connected
3.2	连接的交叉风管	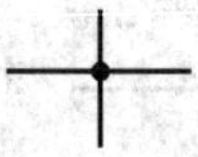	crossing ducts connected
3.3	三通风管	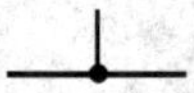	tee duct
3.4	挠性接管		flexible duct
3.5	变形接头	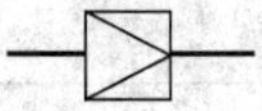	joint，change of shape
3.6	变径接头	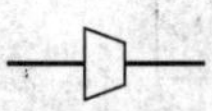	joint，change of dimensions
3.7	法兰接头	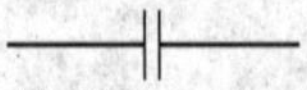	joint，flanged
3.8	风管通过水密隔壁		bulkhead crossing，watertight
3.9	风管通过非水密隔壁	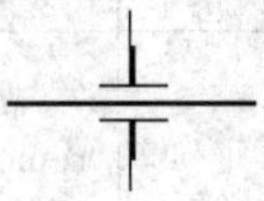	bulkhead crossing，non-watertight

表 3（续）

序号	名称说明	图形符号	英 文 名 称
3.10	风管通过防火隔壁	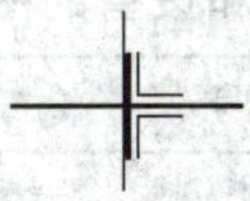	bulkhead crossing, fireproof
3.11	风管上行		duct, directed upwards
3.12	风管下行		duct, directed downwards

5 阀的图形符号

阀的图形符号见表 4。

表 4 阀的图形符号

序号	名称说明	图形符号	英 文 名 称
4.1	通风闸阀（手动）		gate valve (hand operated)
4.2	通风蝶阀（手动）		butterfly valve (hand operated)
4.3	通风直角截止阀（手动）	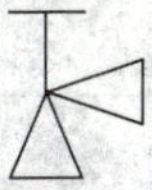	stop valve, angle (hand operated)
注 1：其他操作方式可按具体情况及表 2 附加图形符号组合表示。 注 2：* 供平面图选用。			

6 通风附件和设备的图形符号

通风附件和设备的图形符号见表 5。

表 5 通风附件和设备的图形符号

序号	名称说明	图形符号	英 文 名 称
5.1	调风门	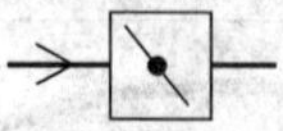	volume damper
5.2	可闭风门	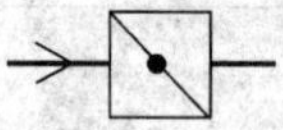	shut off damper
5.3	换向风门	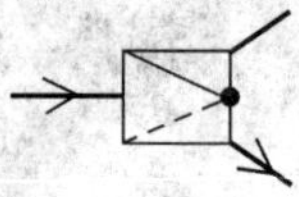	change over damper
5.4	静压调节器		static pressure regulator
5.5	配风门	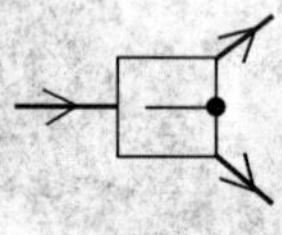	distributing damper
5.6	防火风闸	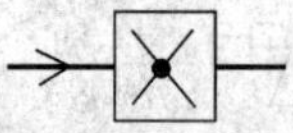	fire damper
5.7	止回风门	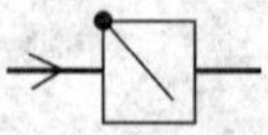	non return damper
5.8	垂直通风口	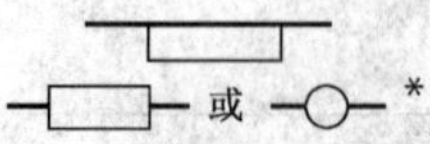	normal air outlet

表 5（续）

序号	名称说明	图形符号	英 文 名 称
5.9	可闭垂直通风口	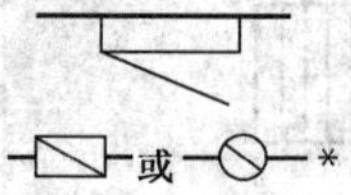	normal air outlet with closing device
5.10	球形风头	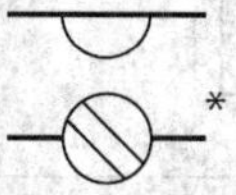	punkah louver outlet
5.11	半球形风头	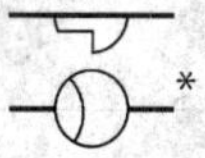	half punkah louver outlet
5.12	集散式布风器	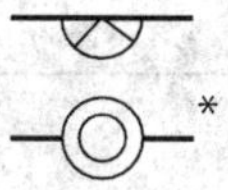	jet diffuser outlet
5.13	扩散式布风器	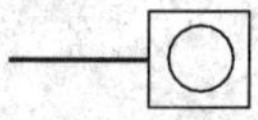	diffuser outlet
5.14	转动喇叭式风口		rotary bellmouth outlet
5.15	顶式诱导器	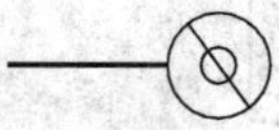	ceiling induction unit
5.16	立式诱导器	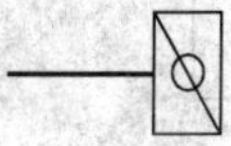	vertical induction unit
5.17	卧式诱导器	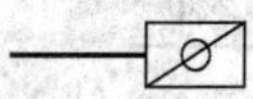	horizontal induction unit

表 5（续）

序号	名称说明	图形符号	英 文 名 称
5.18	空气滤器		air filter
5.19	空气净化器		air purifier
5.20	消声器		silencer
5.21	挡水器		water separator
5.22	风管电加热器		air duct electric heater
5.23	空气冷却器		air cooler
5.24	空气加热器		air heater
5.25	空气加热冷却器		air heater and cooler
5.26	加湿器	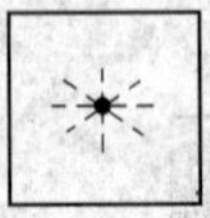	humidifier
5.27	导流叶片	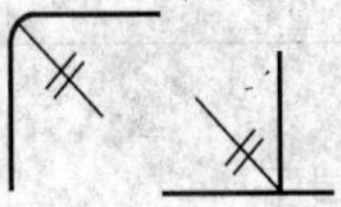	vanes
注：* 供平面图选用。			

7 通风头和通风机械的图形符号

通风头和通风机械的图形符号见表6。

表6 通风头和通风机械的图形符号

序号	名称说明	图形符号	英文名称
6.1	回转式通风头		turnable ventilator cowl
6.2	流吸式抽风头		wall ventilator cowl
6.3	菌形通风筒		mushroom ventilator
6.4	可闭菌形通风筒 （外操式或内操式）	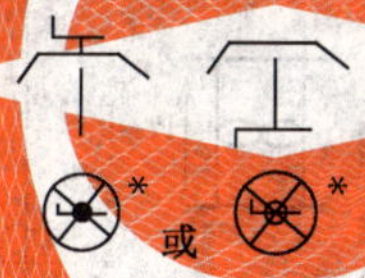	mushroom ventilator with closing device (Outside operated or Inside operated)
6.5	鹅颈式通风筒	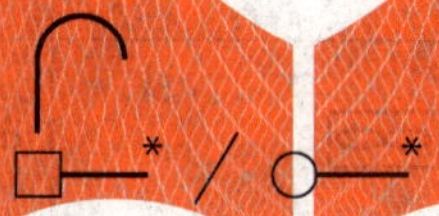	gooseneck ventilator
6.6	可闭鹅颈式通风筒	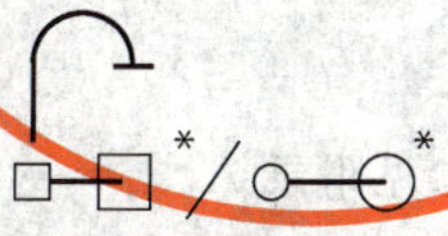	gooseneck ventilator with closing device
6.7	通风百叶窗		louver
6.8	可闭通风百叶窗	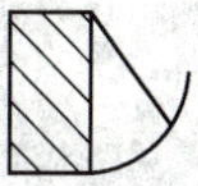	louver with closing device

表 6（续）

序号	名称说明	图形符号	英 文 名 称
6.9	阻火器	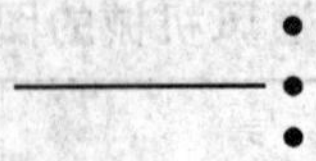	flame arrestor
6.10	离心式风机	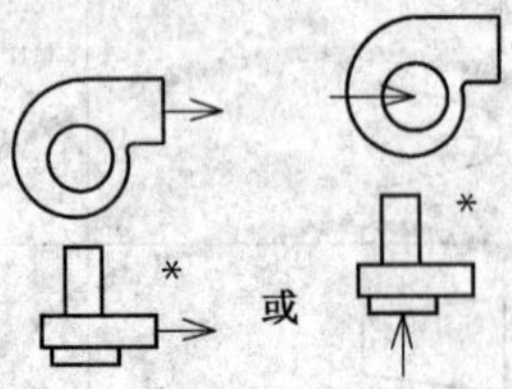	centrifugal fan
6.11	轴流式风机	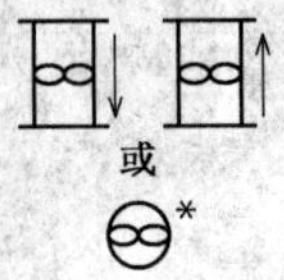	axial fan
6.12	轴流式可逆转风机	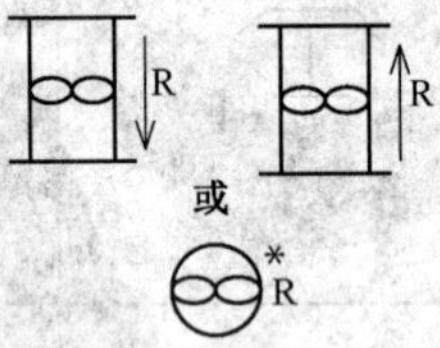	axial reversible fan
6.13	管道风机	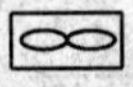	duct fan
注：* 供平面图选用。			

8 说明

船舶通风系统图使用的图形符号的说明参见附录 A。

附 录 A
（资料性附录）
说 明

A.1 凡船舶通风系统图使用的图形符号一般可采用本标准所规定的图形符号；当绘制其他更为详尽的图样时，则可考虑不受本标准的限制。

A.2 本标准所规定的图形符号侧重表达其功能，因此，对于不同结构和不同材料的同一通风附件或设备，就规定为一个图形符号，其具体区别可在图中明细表或附注中加以指明，或在原有图形符号上添加其他适当的符号或缩写记号。

A.3 图形符号的大小及表示风管的线条粗细可按需择定，但在同一通风系统图内应协调一致。对于表示风管的线条类型(如虚线、点划线等)，可按特殊需要而加以引伸和指明。

A.4 连接与不连接交叉风管的图形符号是最基本的图形符号之一，应与国际标准的图形符号相一致。

A.5 名称挠性接管的主旨在于可挠，其具体的结构、材料、型式等都可能会有所不同。

A.6 变形接头的图形符号，其三角形底边处为方形风管连接，三角形顶点处为圆形风管连接，表示风管由方变接圆或由圆变接方。

A.7 垂直通风口和可闭垂直通风口主要用于舱室的送风和抽风，也可用于回风。被广泛采用的矩(圆)形固定式出风口、矩形线网式风栅和通风栅即列入这两项。其中通风栅是可调节并可关闭的，余者都不可关闭(但有可调节的)。

A.8 烟斗式通风头属回转式通风头的一种，不再另列图形符号。

A.9 通风头、通风口、通风栅或通风管内需要带(或加)滤网、防火网、防鼠网、防昆虫网或电磁屏蔽网(或电磁屏蔽格栅)等时，可在该通风头等图形符号旁或通风管的相应处加注或引注文字标记："带(或加)滤网"等。如有必要，还可加注或引注相应引伸的图形符号。

A.10 通风机运行的本身并无抽风与送风的区别，加注箭头以表示空气的流向。

ICS 47.020.70
U 65

中华人民共和国国家标准

GB/T 4301—2008
代替 GB/T 4301—1992

船用电磁计程仪

Marine electromagnetic logs

(IEC 61023:2007,Maritime navigation and radiocommunication equipment and systems—Marine speed and distance measuring equipment(SDME)—Performance requriements,methods of testing and requied test results,NEQ)

2008-10-20 发布 2009-04-01 实施

中华人民共和国国家质量监督检验检疫总局
中国国家标准化管理委员会 发布

前　言

本标准对应于 IEC 61023:2007《船舶导航与无线电通讯设备及系统　船舶速度及航程测量设备》，与 IEC 61023:2007 一致性程度为非等效。

本标准代替 GB/T 4301—1992《船用电磁计程仪通用技术条件》。

本标准与 GB/T 4301—1992 相比主要变化如下：

——标准名称改为“船用电磁计程仪”。

——海上测量误差有所提高。根据传感器发展技术，分别规定了使用不同种类传感器的电磁计程仪海上测量误差。

——明确规定了可靠性指标。

——标准中的“精度”统一为“精确性”或“误差”。

——增加了喷水试验。

——增加了满量程跟踪时间的规定。

——修改了航程解算精确性计算公式。

本标准由中国船舶重工集团公司第七〇七研究所九江分部提出。

本标准由全国海洋船标准化技术委员会航海仪器分技术委员会归口。

本标准起草单位：中国船舶重工集团公司。

本标准主要起草人：谢瑛、辛会珍、杜方书、丁建军。

本标准所代替标准的历次版本发布情况为：

——GB 4301—1984、GB/T 4301—1992。

船用电磁计程仪

1 范围

本标准规定了船用电磁计程仪的技术要求、试验方法和检验规则。

本标准适用于由杆式或平面式传感器、模拟式或数字式显示器构成的船用电磁计程仪,适用于电磁计程仪的设计、生产和检验。

2 规范性引用文件

下列文件中的条款通过本标准的引用而成为本标准的条款。凡是注日期的引用文件,其随后所有的修改单(不包括勘误的内容)或修订版均不适用于本标准,然而,鼓励根据本标准达成协议的各方研究是否可使用这些文件的最新版本。凡是不注日期的引用文件,其最新版本适用于本标准。

GB/T 191 包装储运图示标志(GB/T 191—2008,ISO 780:1997,MOD)

GB/T 10250—2007 船舶电气与电子设备的电磁兼容性(IEC 60533:1999,IDT)

GB/T 12267—1990 船用导航设备通用要求和试验方法(eqv IEC 60945:1988)

GJB 150.23—1991 军用设备环境试验方法 倾斜和摇摆试验

HJB 25—1988 舰用电子式电气设备加速寿命试验方法

3 术语和定义

下列术语和定义适用于本标准。

3.1

电磁计程仪 electromagnetic log

应用法拉第电磁感应原理测量船舶相对于水的运动速度,并能够累计航行里程的仪器。

3.2

测速传感器 sensor of measuring speed

将船舶相对于水的运动速度转换为电信号的敏感元件。

3.3

真速度 actual velocity

船舶在不受浅水、风、流和潮汐影响时,单位时间内航行的距离。

3.4

电磁计程仪速度 log velocity

电磁计程仪的累计航程与累计该航程值所用时间的比值。

$$V_j = S_j / t_j \quad \cdots\cdots(1)$$

式中:

V_j——电磁计程仪速度,单位为海里/小时(n mile/h);

S_j——电磁计程仪累计航程值,单位为海里(n mile);

t_j——累计航程值 S_j 所用的时间,单位为小时(h)。

3.5

海上测量误差 error of measurement at sea

船舶在不受浅水、风、流和潮汐影响时,电磁计程仪速度与船舶真速度之差的允许值。

3.6

航程解算精确性　accuracy of distance calculation

电磁计程仪的累计航程值与理论航程值之差的允许值。

3.7

正常工作状态　normative working condition

电磁计程仪在规定条件下达到精确性要求的工作状态。

3.8

模拟工作方式　simulation operation mode

电磁计程仪可产生模拟传感器的速度信号进行速度解算的工作方式。

3.9

航行工作方式　navigation operation mode

以传感器信号作为输入信号，进行速度解算的工作方式。

3.10

满量程跟踪时间　tracking time of full range

主仪器在模拟工作方式下，设定满量程速度值，测量速度输出量从零到满刻度指示的响应时间。

4　要求

4.1　设计

4.1.1　组成

电磁计程仪基本组成包括主仪器、放大器、传感器、船底阀门或升降装置(用户任选)，复示器、信息发送装置等供用户选配。

4.1.2　功能

电磁计程仪具有以下功能：

a）航速测量、指示或显示；

b）航程解算、指示或显示；

c）航速测量误差修正；

d）模拟量和数字量信息输出；

e）自检。

4.1.3　工作方式

电磁计程仪应有以下两种工作方式：

a）模拟工作方式；

b）航行工作方式。

4.2　结构

4.2.1　安装形式

主仪器、放大器、信息发送装置等一般采用壁挂式。复示器可采用壁挂式或嵌入式。

4.2.2　显示形式

速度信息可采用数字显示或模拟指示形式。采用数字显示时，其递增量应不大于0.1 kn；采用模拟指示时，刻度标识间距应不大于0.5 kn，数字标识间距应不大于5 kn。

4.2.3　传感器

伸出船底外的杆式传感器收放时，应能自动关闭与开启船底阀门。杆式传感器结构设计应满足刚度与强度及其他装船要素的要求。

浸水部分的零件材料及镀层、涂覆应能防止海生物生长，且传感器在海水中正常工作。

4.3 外观

4.3.1 表面

电磁计程仪各组成部分外表面应无毛刺、划痕、裂纹和锈蚀，表面漆膜应颜色均匀一致，无脱落、划伤、凝结和气泡。

4.3.2 观察窗

观察窗透明件应清晰、透明，无划痕和污物。

4.4 安装

4.4.1 传感器

传感器应安装在船底靠近船艏处，传感器附近应无凸出物和吸、排水孔，船舶在最小吃水和最大摇摆时，传感器不应露出水面。

4.4.2 船底阀

船底阀门标志刻线与船舶艏艉线交角在±1°之内。

4.5 性能指标

4.5.1 模拟测量

电磁计程仪模拟工作方式下，可进行考核的指标有：

a) 模拟速度指示误差：±0.10 kn；

b) 航程解算精确性：±0.5%；

c) 航速复示误差：模拟量误差±0.25 kn，数字量误差±0.1 kn；

d) 航程复示误差：±0.01 n mile；

e) 满量程跟踪时间不大于 150 s。

4.5.2 测速场测速误差

电磁传感器测速场测速误差指标如下：

a) 杆式传感器电磁计程仪：

——当速度小于 15 kn 时，为±0.15 kn；

——当速度不小于 15 kn 时，为测速值的±1%(负速度不计误差)；

b) 平面式传感器电磁计程仪：±0.25 kn(负速度不计误差)。

4.5.3 测速范围

电磁计程仪具有如下测速范围：

a) −5 kn～+25 kn；

b) −8 kn～+40 kn；

c) −12 kn～+60 kn。

注："+"表示前进方向，"−"表示后退方向。

4.5.4 输出信息形式

电磁计程仪输出信息的主要形式有：

a) 航速模拟量：转值为 55 kn/r、240 kn/r；

b) 航速数字量：采用标准串行接口 RS422；

c) 航程脉冲量：200 脉冲/海里、400 脉冲/海里、2 000 脉冲/海里。

注：TTL 电平型，输出脉冲宽度不小于 10 ms，高电平有效；

继电器触点型，输出脉冲宽度不小于 50 ms，闭合有效。

4.5.5 传感器速度信号灵敏度

传感器速度信号灵敏度指标如下：

a) 杆式传感器速度信号灵敏度不低于 300 μV/kn，其变压器电势不大于 100 μV；

b) 平面式传感器速度信号灵敏度不低于 225 μV/kn，其变压器电势不大于 200 μV。

4.5.6 耐水压

电磁计程仪的传感器应能承受1 MPa水压，传感器绝缘电阻应不小于100 MΩ；船底阀门应能承受0.6 MPa水压，并无泄漏现象。

4.6 电气特性

4.6.1 电源

4.6.1.1 电源波动

电磁计程仪应在表1规定的电源种类和参数波动范围内正常工作。

表1 电源参数

类别	电压 V		频率 Hz		备注
	额定值	波动范围	额定值	波动范围	
单相交流	110	±10%	50	±6	
	220				
	110		400		
	220				
直流	24		—	—	蓄电池供电时电压变化+20%～−25%
	220				

4.6.1.2 电源瞬态变化

电磁计程仪应能承受额定电压波动为±20%、恢复时间不大于1.5 s的电压瞬态变化，和额定电压波动为±10%、恢复时间不大于5 s的频率瞬态变化。当电源故障断电时，元器件应无损坏，电源恢复正常后，电磁计程仪应能正常工作。

4.6.2 介电强度

电磁计程仪在试验用标准大气条件下，在试验过程中，表面无飞弧、击穿和闪烁，试验电压应无突然下降现象发生，其介电强度见表2规定。

表2 介电强度参数

工作电压 V	试验电压 V	试验电源频率 Hz	试验时间 min
<60	1000	45～62	1
60～300	2 000		
>300	2 500		

4.6.3 绝缘电阻

电磁计程仪在试验用标准大气条件下，其绝缘电阻如下：

a) 冷态时不小于100 MΩ；

b) 热态时不小于5 MΩ；

c) 湿热态时不小于1 MΩ。

4.6.4 稳定性

电磁计程仪在通电状态下连续工作24 h，其航程解算精确性应满足±0.5%的要求。

4.7 可靠性

4.7.1 平均故障间隔时间

电磁计程仪的平均故障间隔时间(MTBF)一般应不小于2 500 h。

4.7.2 使用寿命

电磁计程仪的使用寿命一般应不小于10 a。

4.8 维修性

电磁计程仪平均修复时间(MTTR)应不大于0.5 h。

4.9 安全性

4.9.1 接地

电磁计程仪配套的所有组成部分的机壳、连接电缆的金属编织物应可靠接地。不应将船用交流电源线缆的芯线端直接接地。

4.9.2 高压保护或警告标志

峰值电压大于55 V的端头和裸露部分应有保护罩或高压警告标志。

4.9.3 传感器

传感器的安全性设计应满足以下要求：

a) 应设置传感器提收限位装置，防止维护传感器时造成海水涌入船舱；

b) 传感器在空气中或提升到船底阀门内时不应接通电源。

4.10 噪声

电磁计程仪正常工作时噪声应不大于65 dB(A)。

4.11 环境适应性

4.11.1 工作温度

电磁计程仪工作温度如下：

a) 安装在舱内的电磁计程仪各组成部分：−15 ℃～55 ℃；

b) 安装在舱外的电磁计程仪各组成部分：−25 ℃～70 ℃。

注：传感器不做高温和低温试验。

4.11.2 湿热

温度为(40±3)℃，相对湿度(93±2)%，湿热时间10 h或按有关规定的其他时间。

4.11.3 倾斜与摇摆

电磁计程仪在下列条件下工作时，其航程解算精确性应满足±0.5%的要求：

a) 横摇：角度±45°，周期3 s～14 s，试验持续时间不少于30 min；

b) 纵摇：角度±15°，周期4 s～10 s，试验持续时间不少于30 min；

c) 纵倾：角度±10°，试验持续时间前后各不少于30 min；

d) 横倾：角度±15°，试验持续时间左右各不少于30 min。

4.11.4 喷水

喷水试验结束后，对设备进行检查，应无进水现象。

4.11.5 振动

电磁计程仪在正常工作条件下，按表3规定的要求进行振动。电磁计程仪应无机械损伤、接触不良和紧固件松动等现象。

表3 振动扫描主要性能参数

频率 Hz	振幅 mm	时间 min	容差	耐振时间 h
5～12.5	±1.6	15	±10%	2
12.5～25	±0.38			
25～50	±0.10			

4.11.6 盐雾

电磁计程仪在 GB/T 12267—1990 规定的盐雾环境中试验后，应无明显的锈蚀和镀层脱落。

4.11.7 长霉

绝缘材料、油漆件经过霉菌试验后，用肉眼应看不到霉菌生长。

4.12 电磁兼容性

除另有规定外，电磁兼容性应满足 GB/T 10250—2007 中第 6 章和第 7 章的要求。

5 检验方法

5.1 外观

用目测检验外观质量，结果应符合 4.3 的要求。

5.2 模拟速度指示误差

电磁计程仪可产生模拟速度信号，通过换算模拟速度信号得到电磁计程仪的显示速度值。电磁计程仪的显示速度值与模拟速度值之差为模拟速度指示误差，结果应符合 4.5.1a)的要求。

5.3 航程解算精确性

用秒表测取电磁计程仪航程值累计到设定航程所需的实际时间与理论时间之差，航程解算精确性按公式(2)计算。计算结果应符合 4.5.1b)的要求。

$$\delta_j = \frac{t_j - t_l}{t_l} \times 100\% \qquad \cdots\cdots(2)$$

式中：

δ_j——航程解算精确性；

t_j——电磁计程仪航程值累计到设定航程所需的实际时间，单位为秒(s)；

t_l——电磁计程仪航程值累计到设定航程所需的理论时间，单位为秒(s)。

5.4 航程航速复示误差

主仪器在模拟工作方式下，速度指示为零，分别记录主仪器、复示器的速度指示值和航程计数器的初始值。分别设低、中、高三种速度，各工作 6 min，检验各复示器的速度指示值与主仪器速度值之差。然后使主仪器速度指示为零，分别记录主仪器和复示器航程计数器终了值与初始值之差，结果应符合 4.5.1c)和 4.5.1d)的要求。

5.5 满量程跟踪时间

主仪器在模拟工作方式下，设定满量程速度值，用秒表测量速度输出量从零到满刻度指示的响应时间，结果应符合 4.5.1e)的要求。

5.6 测速范围

通过旋转水池或水洞等试验设施检测电磁计程仪测速范围，结果应符合 4.5.3 的要求。

5.7 输出信息形式

用校位仪接收电磁计程仪输出的航速模拟量信息，结果应符合 4.5.4 a)的要求。用规约仪检测标准 RS422 信息，结果应满足合同要求。用 20 MHz 的示波器检测航程脉冲量信息，结果应符合 4.5.4c)的要求。

5.8 传感器速度信号灵敏度

通过旋转水池或水洞等试验设施提供标准速度，或采用其他等效的方检验传感器的灵敏度，结果应符合 4.5.5 的要求。

5.9 耐水压

将电磁计程仪传感器和船底阀门安装在专用压力试验台上，按要求设定压力，保持时间 60 min，用 500 V 兆欧表检测传感器绝缘电阻，目测船底阀门，结果应符合 4.5.6 的要求。

5.10 电源

5.10.1 电源波动

电磁计程仪在电压变化为额定电压的－10%～＋10%、频率变化－6%～＋6%的状态下各运行5 min，结果应符合4.6.1.1的要求。

5.10.2 电源瞬态变化

电磁计程仪在额定电压波动为－20%～＋20%、恢复时间不大于1.5 s的电压瞬态变化和额定电压波动为－10%～＋10%、恢复时间不大于5 s的频率瞬态变化条件下，连续切断电源三次，结果应符合4.6.1.2的要求。

5.11 介电强度

耐压测试仪电压频率为45 Hz～62 Hz，功率不小于0.5 kW。试验时将接地电容、滤波器、印制板、半导体管等低压元件断开后，将所有相同等级的载流部分用裸导线连接起来，在载流部分与壳体之间加电压，起始为小于1/2试验电压。然后以100 V/s的速度升至要求值，保持1 min，断开试验电源，结果应符合4.6.2的要求。

5.12 绝缘电阻

供电电源在110 V以上用500 V兆欧表，110 V以下用250 V兆欧表，测量主仪器各电源端子与壳体的绝缘电阻，其冷态、热态和湿热态的绝缘电阻应符合4.6.3的要求。

5.13 稳定性

电磁计程仪在通电状态下连续工作24 h，每间隔4 h检测1次航程解算精确性，其结果应符合4.6.4的要求。

5.14 可靠性

按HJB 25—1988中9.1～9.4、统计评估或合同规定的其他方法进行试验，结果应符合4.7要求。

5.15 噪声

电磁计程仪处于通电状态，按GB/T 12267—1990中15.5规定的方法进行试验，结果应符合4.10要求。

5.16 温度

5.16.1 高温

按GB/T 12267—1990中14.1规定的方法，将电磁计程仪按实际安装方式放置在试验箱内，然后升温到4.11.2规定的相应最高温度。保温4 h后立即通电，其航程解算精确性应满足±0.5%的要求。

5.16.2 低温

按GB/T 12267—1990中14.3规定的方法，将电磁计程仪按实际安装方式放置在试验箱内，然后降温至4.11.2规定的相应最低温度。保温4 h后立即通电，其航程解算精确性应满足±0.5%的要求。

5.17 湿热

按GB/T 12267—1990中14.2规定的方法进行试验。试验结束后，恢复至试验用标准大气条件下，电磁计程仪表面不应出现漆层脱落、材料龟裂、零件变形和锈蚀等现象，绝缘电阻应满足4.6.3c)的要求。

5.18 倾斜与摇摆

电磁计程仪按实际安装方式固定在试验台上，按GJB 150.23—1991中规定的方法进行试验，其航程解算精确性应符合4.5.1b)的要求。

5.19 喷水

按GB/T 12267—1990中14.5规定的方法进行试验，结果应符合4.11.4的要求。

5.20 振动

按GB/T 12267—1990中14.4的方法进行试验，结果应符合4.11.5的要求。

5.21 盐雾

选取电磁计程仪各组成部分中的金属电镀件按 GB/T 12267—1990 中 14.8 的方法进行试验，结果应符合 4.11.6 的要求。

5.22 长霉

选取电磁计程仪各组成部分中的绝缘材料、油漆件按 GB/T 12267—1990 的 14.7 的方法进行试验，结果应符合 4.11.7 的要求。

5.23 电磁兼容性

电磁计程仪处于通电状态，按 GB/T 10250—2007 中 5.5 表 1 中 E 组所规定相关项目的对应方法进行试验，结果应符合 4.12 的要求。

5.24 测速场测速误差

电磁计程仪测速误差测量航行试验应在专用测速场或海域进行试验，试验应满足下列要求：

a) 测速区的水深应保证不影响电磁计程仪的测量误差；

b) 测速时所在水域的风力应不大于 3 级，浪不大于 2 级；

c) 测速线长度 0.5 n mile～3 n mile；

d) 船舶在测速线上应保持固定的航向，航向偏差不大于±1°；

e) 船舶以同一速度在测速线上航行，主机转速应保持不变，船转向后应待航速和航向稳定后再进入测速区。

电磁计程仪在进行检测测速误差时，在保持主机转速不变的情况下，为消除海流的影响，船舶应依次按顺流—逆流—顺流，或者按逆流—顺流—逆流的方式航行，分别测得船舶真速度和电磁计程仪速度。

船舶的平均真速度和电磁计程仪平均速度分别按公式(3)和公式(4)计算：

$$v_{zp} = (v_{z1} + 2v_{z2} + v_{z3})/4 \quad \cdots\cdots(3)$$

$$v_{jp} = (v_{j1} + 2v_{j2} + v_{j3})/4 \quad \cdots\cdots(4)$$

式中：

v_{zp}——船舶的平均真速度，单位为节(kn)；

v_{jp}——电磁计程仪平均速度，单位为节(kn)；

v_{z1}、v_{z2}、v_{z3}——分别为第一、第二、第三航次测量的船舶真速度，单位为节(kn)；

v_{j1}、v_{j2}、v_{j3}——分别为第一、第二、第三航次测量的电磁计程仪速度，单位为节(kn)。

电磁计程仪测速误差按公式(5)计算：

$$\Delta = v_{jp} - v_{zp} \quad \cdots\cdots(5)$$

根据实际测量计算的测速误差值，对电磁计程仪进行调整后，按照上述方法，在选定的各种航速下，对电磁计程仪进行测速误差复测，其结果应满足 4.5.2 的要求。

测速时，主机转速一般分别按船舶常用的低速、中速、高速三种航速进行测量，也可根据使用状况确定航速。

6 检验规则

6.1 检验分类

检验分类应有下面两种类型：

a) 鉴定检验(定型检验)；

b) 质量一致性检验。

6.2 检验条件

除另有规定外，应在下面规定的测量和试验用标准大气条件下进行试验：

a) 温度：15 ℃～55 ℃；

b） 相对湿度：25％～75％；

c） 气压：86 kPa～106 kPa。

6.3 鉴定检验

6.3.1 检验项目、顺序和试验数量

除另有规定外，检验项目和顺序按表4规定进行试验，受检试样数量为1台。

6.3.2 合格判据

规定的鉴定检验项目经检验全部符合要求时，判定鉴定检验合格。如其中任一测试项目未通过时，允许排除故障后重新进行该项目及与该项目有关的试验，合格后再进行其他项目的试验。复检允许2次。试验中如发生不可修复的损伤时，应重新加倍抽样进行试验，如还不合格，则判定鉴定检验不合格。

表4 检验项目

序号	检验项目	检验要求	检验方法	鉴定检验	质量一致性检验	
					A组	C组
1	外观质量	4.3	5.1	●	○	—
2	模拟速度指示误差	4.5.1a)	5.2	●	●	—
3	航程解算精确性	4.5.1b)	5.3	●	●	—
4	航程航速复示误差	4.5.1c)、4.5.1d)	5.4	●	●	—
5	满量程跟踪时间	4.5.1e)	5.5	●	●	—
6	测速范围	4.5.3	5.6	●	○	—
7	输出信息形式	4.5.4	5.7	●	●	○
8	传感器速度信号灵敏度	4.5.5	5.8	●	●	—
9	耐水压	4.5.6	5.9	●	●	—
10	电源	4.6.1	5.10	●	●	—
11	介电强度	4.6.2	5.11	●	●	—
12	绝缘电阻	4.6.3	5.12	●	●	—
13	稳定性	4.6.4	5.13	●	●	—
14	可靠性	4.7	5.14	●	—	○
15	噪声	4.10	5.15	●	—	○
16	温度	4.11.1	5.16	●	—	—
17	湿热	4.11.2	5.17	●	—	—
18	倾斜与摇摆	4.11.3	5.18	●	—	—
19	喷水	4.11.4	5.19	●	—	●
20	振动	4.11.5	5.20	●	—	●
21	盐雾	4.11.6	5.21	●	—	○
22	长霉	4.11.7	5.22	●	—	○
23	电磁兼容性	4.12	5.23	●	—	○
24	测速场测速误差	4.5.2	5.24	●	●	○
注：●为必检项目；○为视产品情况而定；—为不检项目。						

6.4 质量一致性检验

6.4.1 检验项目

质量一致性检验的检验项目分为A组、C组,检验项目见表4。

6.4.2 受检样品数

受检样品数按下面要求进行:

a) A组检验:电磁计程仪应全数进行检验;

b) C组检验:C组项目检验的检验周期一般为4a,数量1台或按合同规定进行试验。C组项目检验的样品应从A组项目检验合格的电磁计程仪中随机抽取。

6.4.3 合格判据

合格判据按下面规定执行:

a) A组项目检验不合格的电磁计程仪为不合格产品;

b) C组项目检验中,如果有不合格项目,应查明原因,采取纠正措施之后,重新进行该项检验,或加倍抽样检验相应项目。如仍有不合格项目,则判C组检验不合格。

7 标志、包装、运输和贮存

7.1 标志

包装储运图示标志应符合GB/T 191的规定。

7.2 包装

包装应紧固结实,应能适应多次装卸和运输的要求,并具有防震、防雨、防潮的性能。必要时,包装箱内可提供下列文件:

a) 产品合格证;

b) 产品说明书;

c) 装箱清单;

d) 随机备品附件清单;

e) 其他有关资料。

7.3 运输

装卸、运输过程应按包装箱上的储运图示标志进行作业。

7.4 贮存

应贮存在温度为-10 ℃～40 ℃,相对湿度不大于75%的清洁、干燥、通风的仓库中,其周围应无腐蚀性气体等。

ICS 47.020.50
U 27

GB

中华人民共和国国家标准

GB 4302—2008
代替 GB 4302—1984

救 生 圈

Life buoy

2008-11-10 发布　　　　2009-05-01 实施

中华人民共和国国家质量监督检验检疫总局
中国国家标准化管理委员会　发布

前言

本标准的3.2和第4章为强制性的，其余为推荐性的。

本标准是根据国际海事组织SOLAS公约(1974)和1978年议定书及有关修正案、国际救生设备(LSA)规则、海安会决议MSC.81(70)救生设备试验及MSC.200(80)救生设备试验修正案、MSC.201(81)海上人命安全公约修正案、MSC.207(81)国际救生设备规则修正案的相关要求进行修订的。

本标准代替GB 4302—1984《救生圈》。

本标准与GB 4302—1984相比，主要有下列变化：

——取消了包布救生圈的有关内容；

——提出了新的救生圈分类型式；

——取消了救生圈材料物理化学性能指标；

——增加了救生圈外观和属具、尺寸、重量、材料和效用试验，并对高低温循环试验和投落试验进行了修改；

——增加了检验规则，给出了型式检验与出厂检验的检验项目、要求与试验方法的对照表；

——取消了救生圈所用闭孔型泡沫塑料测试方法。

本标准由中国船舶工业集团公司提出。

本标准由全国船舶舾装标准化技术委员会归口。

本标准起草单位：无锡兴泰船舶装备有限公司、中国船舶工业综合技术经济研究院。

本标准主要起草人：黄锡安、包国平、王磊、赵华、高学峰。

本标准所代替标准的历次版本发布情况为：

——GB 4802—1984。

救　生　圈

1　范围

本标准规定了船用救生圈的分类与标记、要求、试验方法、检验规则、标志、包装和贮存。

本标准适用于船舶及海上设施各类人员用救生圈的设计、制造和验收。

2　术语和定义

下列术语和定义适用于本标准。

2.1

整体式救生圈　integral life buoy

采用圈体一次整体成型工艺制造的救生圈。

2.2

外壳内充式救生圈　stuffing life buoy

采用圈体外壳整体成型、内部填充材料的工艺制造的救生圈。

3　分类与标记

3.1　分类

救生圈按制造工艺分为：

a)　A 型——整体式救生圈；

b)　B 型——外壳内充式救生圈。

3.2　结构型式

救生圈结构型式见图 1。

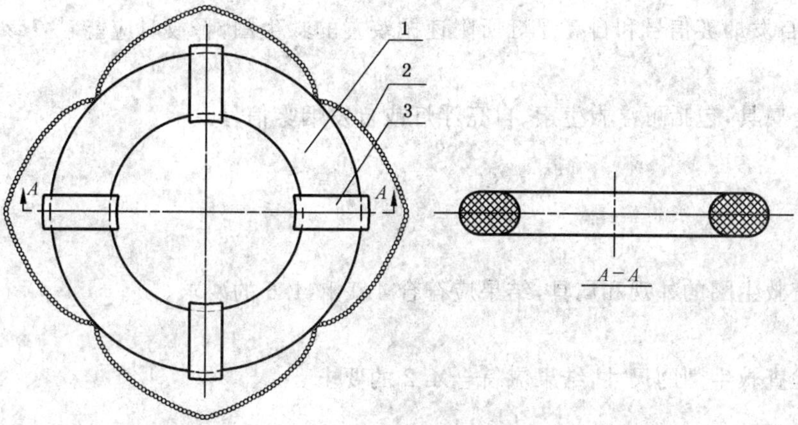

1——本体；

2——把手索；

3——反光带。

图 1　救生圈结构型式

3.3　标记示例

整体式救生圈标记为：

救生圈 GB 4302—2007　A

外壳内充式救生圈标记为：

救生圈 GB 4302—2007 B

4 要求

4.1 外观

4.1.1 救生圈外表颜色应为橙红色，且无色差。

4.1.2 救生圈表面应无凹凸、无开裂。

4.1.3 沿救生圈周长四个相等间距位置，应环绕贴有 50 mm 宽度的逆向反光带。

4.2 尺寸

4.2.1 救生圈外径应不大于 800 mm，内径应不小于 400 mm。

4.2.2 救生圈外围应装有直径不小于 9.5 mm、长度不小于救生圈外径 4 倍的可浮把手索。此索应紧固在圈体周边 4 个等距位置上，并形成 4 个等长的索环。

4.3 重量

救生圈重量应大于 2.5 kg。配有自发烟雾信号和自亮浮灯所附速抛装置的救生圈，重量应大于 4 kg。

4.4 材料

整体式救生圈的材料和外壳内充式救生圈的内充材料应采用闭孔型发泡材料。

4.5 性能

4.5.1 救生圈应耐高低温，无皱缩、破裂、膨胀、分解。

4.5.2 救生圈从规定高度投落后，应无开裂或破碎。

4.5.3 救生圈应耐油，无皱缩、破裂、膨胀、分解。

4.5.4 救生圈应耐火，不应燃烧或过火后继续融化。

4.5.5 救生圈应能支承 14.5 kg 的铁块在淡水中持续漂浮 24 h。

4.5.6 救生圈在自由悬挂情况下，应能承受 90 kg 重量持续 30 min 而无破裂和永久变形。

4.5.7 对于配有自发烟雾信号和自亮浮灯所附速抛装置的救生圈，释放时应能触发该装置。

4.6 属具

救生圈可配有属具，包括可浮救生索、自亮浮灯或自发烟雾信号。

5 试验方法

5.1 外观和属具

用目测法检查救生圈的外观和属具，结果应符合 4.1 和 4.6 的要求。

5.2 尺寸

用通用量具检查救生圈的尺寸，结果应符合 4.2 的要求。

5.3 重量

用称重方法检查救生圈的重量，结果应符合 4.3 的要求。

5.4 材料

将救生圈圈体纵向剖开，对材料进行检查，结果应符合 4.4 的要求。

5.5 高低温循环

救生圈经历下述高低温循环过程：

a) 将救生圈放入高温室，在不低于 65 ℃的高温环境中，持续 8 h；

b) 8 h 后，在 20 ℃±3 ℃的常温条件下敞开放置 24 h；

c) 再将救生圈放入低温室，在不高于－30 ℃的低温环境中，持续 8 h；

d) 8 h后，在20 ℃±3 ℃的常温条件下敞开放置24 h；

e) 反复执行a)～d)10个循环。

试验后进行检查，结果应符合4.5.1的要求。

5.6 投落

在船最轻载航行吃水状态下，救生圈在船上或海上设施上的存放高度与30 m高度之间取较大者，将救生圈投落水中。然后，再将救生圈从2 m高度投落到水泥地面上，反复3次。结果应符合4.5.2的要求。

5.7 耐油

将经过5.5、5.6试验的救生圈在常温下水平浸于100 mm压头的柴油中24 h，结果应符合4.5.3的要求。

5.8 耐火

将30 cm×35 cm×6 cm的试验盆置于无风处，在试验盆中注入深度为1 cm的水，然后注入汽油，至盆中液体总深度不低于4 cm。点燃汽油，自由燃烧30 s后，将经过5.5、5.6但未经受耐油试验的救生圈自由吊起，且底部高出试验盆顶边25 cm，将救生圈直立向前移过火焰，过火时间为2 s。结果应符合4.5.4的要求。

5.9 漂浮

将经过5.5～5.8各项试验的救生圈，分别附上不小于14.5 kg的铁块，使其浮于淡水中24 h，结果应符合4.5.5的要求。

5.10 强度

用一根宽度为50 mm的带子将一个救生圈吊起，再将重量为90 kg的物体用另一根同样的带子悬挂在其下边，持续30 min。试验后进行检查，结果应符合4.5.6的要求。

5.11 效用

将带有自亮浮灯及自发烟雾信号的救生圈模拟从船上驾驶台或海上设施的释放位置释放，结果应符合4.5.7的规定。

6 检验规则

6.1 检验分类

救生圈的检验分为型式检验和出厂检验。

6.2 型式检验

6.2.1 救生圈有下列情况之一时，应进行型式检验：

a) 新产品鉴定(定型)；

b) 结构、材料、工艺等有重大变动，足以影响产品性能或质量；

c) 批量生产后每隔4 a；

d) 产品停产2 a以上，恢复生产；

e) 主管部门有检验要求时。

6.2.2 救生圈型式检验项目及顺序见表1。

表1 救生圈检验项目及顺序

序号	检验项目	要求的章条号	试验方法的章条号	型式检验	出厂检验
1	外观和属具	4.1和4.6	5.1	●	●
2	尺寸	4.2	5.2	●	●

表 1(续)

序号	检验项目	要求的章条号	试验方法的章条号	型式检验	出厂检验
3	重量	4.3	5.3	●	●
4	材料	4.4	5.4	●	—
5	高低温循环	4.5.1	5.5	●	—
6	投落	4.5.2	5.6	●	—
7	耐油	4.5.3	5.7	●	—
8	耐火	4.5.4	5.8	●	—
9	漂浮	4.5.5	5.9	●	●
10	强度	4.5.6	5.10	●	—
11	效用	4.5.7	5.11	●	—
注:●为必检项目;—为不检项目。					

6.2.3 提交型式检验的救生圈应为 3 个,包括 1 个带有自亮浮灯及自发烟雾信号的救生圈。

6.2.4 所有救生圈的全部检验项目符合要求时,判定救生圈型式检验合格。当有某一项目不符合要求时,则判定救生圈型式检验不合格。

6.3 出厂检验

6.3.1 救生圈出厂检验的项目及顺序见表 1。

6.3.2 救生圈的外观、属具、尺寸和重量应逐件检验;其他各项要求应作抽样检验。同工艺、同材料连续生产的救生圈批量不应超过 2 000 个,抽样数量取批量的 2%,当抽样数量不足 2 个时,则应取 2 个。

6.3.3 救生圈所有出厂检验的项目符合要求时,则判定救生圈出厂检验合格。若有一项不符合要求,可加倍取样复验,如复验符合要求,则仍判定救生圈出厂检验合格;若复验中仍有不符合要求的项目,则判定该批救生圈出厂检验不合格。

7 标志、包装及贮存

7.1 每个救生圈上应标明其名称、制造厂名、制造编号、制造日期及批号、检验机构检验标志。

7.2 救生圈装箱时应注意不使圈体发生变形,运输中应不受损坏。

7.3 救生圈应存放在干燥的库房内,且应平放。

ICS 47.020.50
U 27

中华人民共和国国家标准

GB 4303—2008
代替 GB 4303—1984

船用救生衣

Marine lifejacket

2008-11-10 发布 2009-05-01 实施

中华人民共和国国家质量监督检验检疫总局
中国国家标准化管理委员会 发布

前　言

本标准的第5章为强制性的，其余为推荐性的。

本标准是参照国际海事组织1974 SOLAS海上人命安全公约、海安会MSC.81(70)决议及海安会MSC.200(80)决议的相关试验要求进行修订的。

本标准代替GB 4303—1984《船用救生衣》。

本标准与GB 4303—1984相比，主要有下列变化：

——增加了两种套头式救生衣的型式；

——删除了对布料、浮材的尺寸规定；

——删除了对救生衣重量和折叠后的外形尺寸的要求；

——增加了对救生衣包布颜色的要求；

——删除了对浮力材料的耐酸、耐碱等方面的物理化学性能要求；

——修改了对浮力材料的其他要求和试验方法；

——增加了对包布等材料的要求和检验方法；

——修改了救生衣的系紧形式，由衣带式变为扣件式；

——修改了对缝制加工质量的要求，增加了对化纤包布的缝制加工要求；

——修改了救生衣的浸水性能及相应的试验方法和评判准则；

——删除了关于救生衣所用闭孔型泡沫塑料的测试方法的附录；

——增加了关于成人基准试验装备(RTD)的附录。

本标准的附录A为规范性附录。

本标准由中国船舶工业集团公司提出。

本标准由全国船舶舾装标准化技术委员会归口。

本标准起草单位：无锡兴泰船舶装备有限公司、中国船舶工业综合技术经济研究院。

本标准主要起草人：黄锡安、包国平、高学峰、赵华、王磊。

本标准所代替标准的历次版本发布情况为：

——GB 4303—1984。

船 用 救 生 衣

1 范围

本标准规定了船用救生衣(以下简称救生衣)的分类和标记、要求、试验方法、检验规则、标志、包装及贮存。

本标准适用于船舶及海上设施用的成人救生衣的设计、制造与验收。

2 规范性引用文件

下列文件中的条款通过本标准的引用而成为本标准的条款。凡是注日期的引用文件,其随后所有的修改单(不包括勘误的内容)或修订版均不适用于本标准,然而,鼓励根据本标准达成协议的各方研究是否可使用这些文件的最新版本。凡是不注日期的引用文件,其最新版本适用于本标准。

GB 250—1995 评定变色用灰色样卡(idt ISO 105/A02:1993)

GB 251—1995 评定沾色用灰色样卡(idt ISO 105/A03:1993)

GB/T 3920 纺织品 色牢度试验 耐摩擦色牢度(GB/T 3920—2008,ISO 105-X12:2001,MOD)

GB/T 5714 纺织品 色牢度试验 耐海水色牢度(GB/T 5714—1997,eqv ISO 105-E02:1994)

GB/T 8430 纺织品 色牢度试验 耐人造气候色牢度:氙弧(GB/T 8430—1998,eqv ISO 105-B04:1994)

ISO 9227:1990 人造环境中的腐蚀试验 盐雾试验

ISO 12402-7 个人漂浮装置 第7部分:材料和部件 安全要求和试验方法

AATCC 30—1999 抗菌性:纺织品材料评定:耐霉菌防腐烂

IMO A.658(16) 救生设备用逆向反光材料的使用与装配

3 术语和定义

下列术语和定义适用于本标准。

3.1

净高度 freeboard

水面与救生衣穿着人员嘴最下端的垂直距离,即水面与穿着人员不闭嘴将无法呼吸位置的距离。如果嘴不在同一水平线上,则指测量至嘴的最低端(见图1)。

3.2

面平面角度 faceplane angle

前额和下巴最前端所在平面与水平面间的角度(见图1)。

3.3

躯干角度 torso angle

肩膀与髋骨最前端所在直线与垂线之间的角度(见图1)。

3.4

倾侧角 list angle

左右肩膀所在直线与水平面的角度,或当仅头部倾斜时,穿过双耳的直线与水平面的角度。

单位为毫米

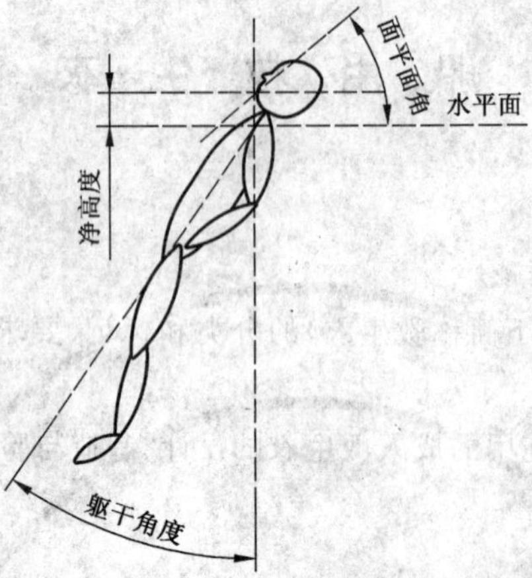

图 1 静平衡位置

4 分类和标记

4.1 分类

救生衣按照常见的结构型式分为下列四种型式：

a) YB——背心式救生衣；

b) YTD——套头式单面救生衣；

c) YTL——套头式带领子救生衣；

d) YTP——套头式普通救生衣。

4.2 型式

4.2.1 背心式救生衣的型式见图 2。

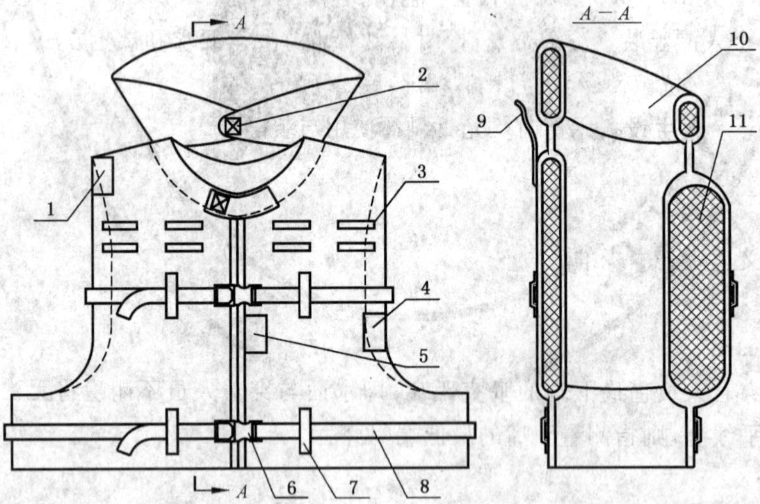

1——衣灯、带及衣灯袋；
2——粘扣；
3——反光带；
4——浮绳及袋；
5——口哨、带及口哨袋；
6——扣件；
7——定位带；
8——缚带；
9——提环；
10——包布；
11——浮材。

图 2 背心式救生衣

4.2.2 套头式单面救生衣的型式见图3。

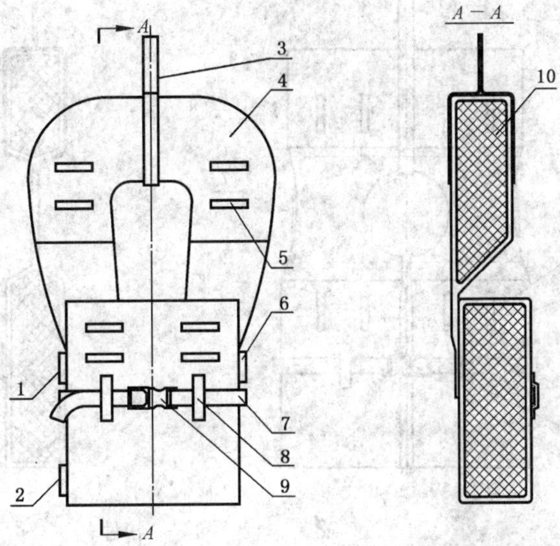

1——浮绳及袋；
2——口哨、带及口哨袋；
3——提环；
4——包布；
5——反光带；
6——衣灯、带及衣灯袋；
7——缚带；
8——定位带；
9——扣件；
10——浮材。

图3 套头式单面救生衣

4.2.3 套头式带领子救生衣的型式见图4。

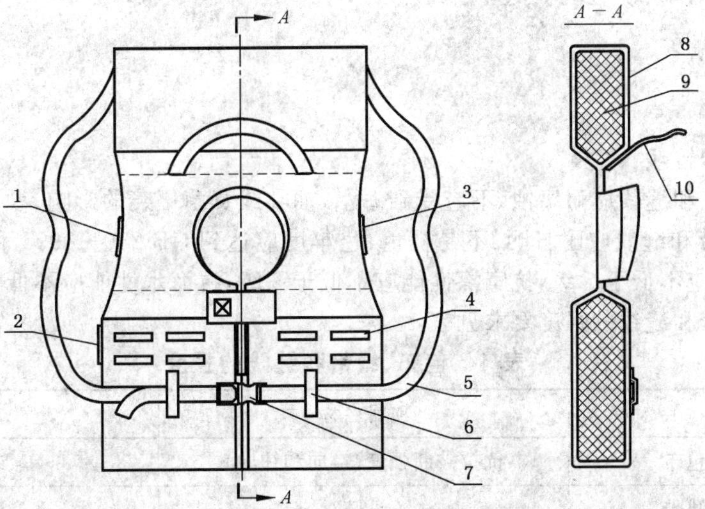

1——衣灯、带及衣灯袋；
2——浮绳及袋；
3——口哨、带及口哨袋；
4——反光带；
5——缚带；
6——定位带；
7——扣件；
8——包布；
9——浮材；
10——提环。

图4 套头式带领子救生衣

4.2.4 套头式普通救生衣的型式见图5。

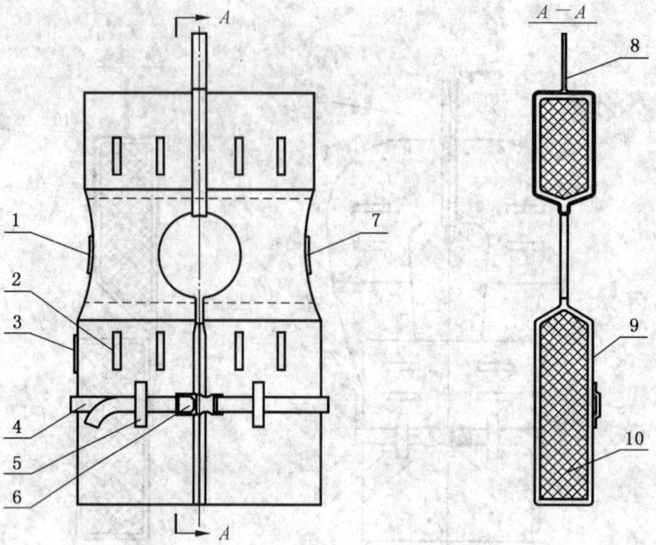

1——衣灯、带及衣灯袋；
2——反光带；
3——浮绳及袋；
4——缚带；
5——定位带；
6——扣件；
7——口哨、带及口哨袋；
8——提环；
9——包布；
10——浮材。

图5 套头式普通救生衣

4.3 标记示例

背心式救生衣标记为：

救生衣 GB 4303—2008 YB

套头式带领子救生衣标记为：

救生衣 GB 4303—2008 YTL

5 要求

5.1 材料

5.1.1 包布、缚带和缝线

5.1.1.1 包布、缚带和缝线应耐腐蚀，不应受到海水、油类或真菌侵袭的影响。

5.1.1.2 包布、缚带和缝线应耐日晒、不易褪色，色牢度应达到GB 250—1995和GB 251—1995规定的要求：抗光照性能应不低于5级，抗摩擦性能应不低于3级，抗海水性能应不低于4级。

5.1.1.3 包布、缚带和缝线的强度要求见表1。

表1 包布、缚带和缝线的强度

序号	材料名称	项目名称	要 求
1	包布	抗拉破断强度(经向和纬向)	≥784 N/块
2	缚带	抗拉破断强度	≥1 600 N/根
3	缝线		≥19.6 N/根

5.1.2 逆向反光带

逆向反光带的材料应满足IMO A.658(16)的要求。

5.1.3 浮力材料

5.1.3.1 **形状**

浮力材料不应是松散的颗粒状材料。

5.1.3.2 耐高低温稳定性

承受10个高低温循环后，浮力材料应无结构上的改变。

5.1.3.3 浮力损失

浸水1 d后及7 d后，在柴油中浸渍过的浮力材料的浮力减小应不大于10%，未在柴油中浸渍过的浮力材料的浮力减小应不大于5%，且不应有皱缩、开裂、膨胀、分解等损坏迹象。

5.1.3.4 抗拉破断强度

浮力材料抗拉破断强度应不小于140 kPa，在经历10个高低温循环和浸渍柴油24 h之后抗拉破断强度的减少应不大于25%。

5.2 外观

5.2.1 救生衣包布颜色应为橙红色。

5.2.2 救生衣应能正反两面无差别穿着。若只能单面穿着，应在救生衣上明示。

5.2.3 救生衣的系固应采用扣件形式。

5.2.4 救生衣的配件不应有尖角、毛刺等导致穿着者受伤的缺陷。

5.2.5 救生衣应具备用于不同的救生衣在水中相互连接、系固的可释放浮绳或其他装置。

5.2.6 救生衣应具备用于将穿着者从水中拉到救生筏上或救助艇中的提拉装置或附件。

5.2.7 救生衣所适用的胸围的范围应不小于700 mm且不大于1 350 mm。

5.2.8 穿着人员在水中处于静平衡状态时，水面以上的救生衣外表面所贴逆向反光带的总面积应不少于400 cm^2。

5.3 加工质量

5.3.1 救生衣包布缝边的向里折进应不小于10 mm。

5.3.2 救生衣的明缝线距离边缘应不小于3 mm，并且缝线不应有跳针。

5.3.3 救生衣机缝线密度每50 mm长度内不应少于棉布20针、化纤16针，缝线端部应打回结。

5.3.4 救生衣缚带端头镶入包布的长度不应少于30 mm。缟缚带应不少于3趟缝线。

5.4 属具

5.4.1 每件救生衣应配备细索系牢的哨笛一只。

5.4.2 每件救生衣应配备细索系牢的示位灯一只，示位灯应满足SOLAS规范及其修正案的要求。

5.5 耐高低温性能

在承受10个高低温循环后，救生衣不应有皱缩、开裂、膨胀、分解等损坏。

5.6 浮力损失

救生衣在淡水中浸24 h后，其浮力损失不应超过5%。

5.7 耐油

在0#柴油中浸泡24 h后，救生衣不应有皱缩、开裂、膨胀、分解等损坏。

5.8 耐燃烧

救生衣过火2 s后，不应持续燃烧或继续熔化。

5.9 强度

5.9.1 救生衣衣身以及每一圈提环均应能承受3 200 N的作用力30 min而不损坏。

5.9.2 救生衣肩部应能承受900 N的作用力30 min而不损坏。

5.10 穿着

5.10.1 无指导情况下，应有75%的穿着人员在1 min内可以正确地穿上救生衣。

5.10.2 经指导后以及恶劣天气着装条件下，100%的穿着人员应在1 min内可以正确地穿上救生衣。

5.11 浸水性能

5.11.1 复正

穿着人员穿着救生衣后，平均复正翻转时间应不大于穿着成人基准试验装备(RTD)时的平均复正翻转时间。若有“不翻转”情况，“不翻转”的次数应不超过穿 RTD 时的次数。RTD 的要求见附录 A。

5.11.2 静平衡

穿着人员穿着选定救生衣静平衡后应符合下列要求：

a） 净高度：所有穿着人员的平均净高应不小于穿着 RTD 时的平均净高；

b） 躯干角度：所有穿着人员的平均躯干角应不小于穿着 RTD 时的平均角度减去 5°；

c） 面平面（头）角度：所有穿着人员的平均面角应不小于穿着 RTD 时的平均角度减去 5°；

d） 倾侧角：综合净高度、躯干角度、面平面角度的制约，在救生衣灯实际安装到位的情况下，救生衣示位灯的上半球体应可见。

5.11.3 落水和跳水

穿着人员落水及跳水后，救生衣应符合下列要求：

a） 使穿着人员浮出水面并保持脸朝上，且所有穿着人员离开水面的净高度不应小于 5.11.2 的规定；

b） 不发生移动或对穿着人员造成伤害；

c） 没有影响其浸水性能或浮力的破损；

d） 不对其附件造成破坏。

5.11.4 稳性

穿着人员入水后，救生衣不应左右摇摆而使穿着人员的脸没入水中，穿着选定救生衣、恢复至稳定的脸朝上似胎儿状姿势的穿着人员人数，应至少与穿着 RTD 时同样状态的穿着人员人数相同。

5.11.5 游泳和出水

游泳 25 m 后，能够攀上救生筏或爬上高出水面 300 mm 的刚性平台的穿救生衣的穿着人员人数应不少于不穿救生衣情况下的穿着人员人数的 2/3。

6 试验方法

6.1 材料

6.1.1 包布、缚带和缝线

6.1.1.1 按 ISO 9227：1990 规定的方法进行盐雾试验；按 AATCC 30—1999 规定的方法进行纺织材料防酶防腐性的评定。结果应符合 5.1.1.1 的要求。若可提供有相应检验项目的材料质量证明，盐雾试验可以免做；若有化纤织物的材料质量证明，霉菌试验可以免做。

6.1.1.2 救生衣包布、缚带和缝线的色牢度按下列要求进行试验：

a） 按 GB/T 3920 规定的方法进行耐摩擦色牢度试验；

b） 按 GB/T 5714 规定的方法进行耐海水色牢度试验；

c） 按 GB/T 8430 规定的方法进行耐气候色牢度试验。

结果应符合 5.1.1.2 的要求。

若可提供有相应检验项目的材料质量证明，上述试验可以免做。

6.1.1.3 救生衣包布、缚带和缝线的抗拉破断强度按下列方法进行：试验试样数：包布 5 块（经向 2 块、纬向 3 块）、缝线 3 根、缚带 3 根；试样尺寸为：包布 200 mm×50 mm/块、缝线 500 mm/根、缚带 200 mm/根；试验机速度为（100±10）mm/min，记录破断强度。结果应符合 5.1.1.3 的要求。若可提供有相应检验项目的材料质量证明，试验可以免做。

6.1.2 逆向反光带

以检查材料质量证明的方式检验救生衣逆向反光带的材料，结果应符合 5.1.2 的要求。

6.1.3 浮力材料

6.1.3.1 试样选取

浮力材料按下列要求选取试样：

a) A类试样——选取8个救生衣浮力材料试样进行6.1.3.2～6.1.3.4的试验;试样应为边长不小于300 mm的正方形,厚度应与救生衣中采用浮材的厚度相同,若救生衣的总厚度是由多层材料组成,则试样应为最薄的材料。试验开始和结束时,均应记录各试样的尺寸。

b) B类试样——选取2个55 mm×25 mm×10 mm的救生衣浮力材料材试样进行6.1.3.2、6.1.3.5的试验。

6.1.3.2 形状

以目测的方法来检验救生衣浮力材料的形状,结果应符合5.1.3.1的要求。

6.1.3.3 高低温稳定性

救生衣浮力材料高低温稳定性试验的步骤为：

a) 按6.5规定的试验步骤,取6个A类试样进行10个高低温循环试验；

b) 在10个循环结束后,检查试样外部质量；

c) 试验过的A类试样取2个切开,检查内部结构质量。

结果应符合5.1.3.2的要求。

6.1.3.4 浮力损失

救生衣浮力材料浮力损失试验按下列步骤进行：

a) 经过上述高低温循环试验后未切开的4个A类试样(其中的2个应先按6.7的方法进行柴油浸渍试验)和未经任何试验的2个A类试样作浮力损失试验；

b) 浮力损失试验应在淡水中进行,试样应浸入水下1.25 m,历时7 d;

c) 在浸水1 d后及7 d后,分别测量并记录每一试样的浮力(N)。

结果应符合5.1.3.3的要求。

6.1.3.5 抗拉破断强度

取2个B类试样进行由6.5规定的高低温循环试验步骤和之后的6.7规定的柴油浸渍试验步骤组成的组合试验,在组合试验前、后分别测试材料的抗拉破断强度。抗拉破断强度试验的具体步骤为:将试样垂直置于上下夹具中进行测试,试样断裂后读取并记录载荷值,并按照公式(1)计算抗拉破断强度。

$$\sigma_t = \frac{P}{b \times d} \qquad \cdots\cdots(1)$$

式中：

σ_t——抗拉破断强度,单位为兆帕(MPa)；

P——试样测试时最大载荷,单位为牛顿(N)；

b——试样宽度,单位为毫米(mm)；

d——试样厚度,单位为毫米(mm)。

结果应符合5.1.3.4的要求。

6.2 外观

用目测方法检查救生衣外观质量,结果应符合5.2.1～5.2.6的要求。

用通用量具检查救生衣适用的胸围尺寸,结果应符合5.2.7的要求。

6.3 加工质量

用目测方法和通用量具检查加工质量,结果应符合5.3的要求。

6.4 属具

6.4.1 用目测方法检查哨笛,结果应符合5.4.1的要求。

6.4.2 用目测和检查证书的方式检查救生衣灯，结果应符合5.4.2的要求。

6.5 高低温循环

将试样交替地放置在最低温度为+65 ℃的高温试验环境下和最高温度为-30 ℃的低温试验环境下历时8 h，但交替循环无需一个接一个进行，按下述程序为重复一个高低温循环试验：

a) 将救生衣放入温室，在最低温度为+65 ℃的高温环境中，连续8 h；

b) 8 h后，将试样从温室中取出，并在20 ℃±3 ℃的常温条件下敞开放置24 h；

c) 将救生衣放入冷室，在最高温度为-30 ℃的低温环境中，连续8 h；

d) 8 h后，将试样从冷室中取出，并在20 ℃±3 ℃的常温条件下敞开放置24 h。

重复10个高低温循环试验后，检查救生衣外观，结果应符合5.5的要求。

6.6 浮力损失

设备：淡水槽1个、通用质量量具1台（精度0.02 kg）、不吸水网篮1个、重物1块（其重量应使挂重物的网篮在装入救生衣后不露出水面）。

将救生衣刚好浸没在淡水水面以下，分别测量在浸入时及浸入24 h后的浮力。试验按下列步骤进行：

a) 将秤悬放于水槽正上方。网篮挂好重物，悬于水槽中部，浸没水中并挂在秤上，此时记下重量W_1。

b) 将救生衣放在网篮里，重复步骤a)，救生衣浸水5 min后，记下重量W_2。

c) 保持24 h后，再记下重量W_3。

按公式(2)和公式(3)计算救生衣浮力损失：

$$W = W_1 - W_2 \quad \cdots\cdots(2)$$

$$W_s = \frac{W_3 - W_2}{W} \times 100 \quad \cdots\cdots(3)$$

式中：

W——救生衣的浮力，单位为千克(kg)；

W_1——网篮和重物在水中的重量，单位为千克(kg)；

W_2——网篮、重物和救生衣在水中的重量，单位为千克(kg)；

W_s——浮力损失的比率，%（取两位有效数字）；

W_3——浸没于水中24 h后，网篮、重物和救生衣在水中的重量，单位为千克(kg)。

结果应符合5.6的要求。

6.7 耐油

将救生衣水平浸入0#柴油100 mm深处，历时24 h后检查外观，结果应符合5.7的要求。

6.8 耐燃烧

将一个300 mm×350 mm×60 mm的试验盘置于无风之处，在试验盘里装入10 mm深的淡水，接着倒入汽油，使总深度不低于40 mm。点燃汽油使其自由燃烧30 s。然后，使救生衣的底部高出试验盘上边缘250 mm，以直立、向前、自由吊起的状态将救生衣移过火焰，救生衣过火时间应为2 s，离开火焰后检查救生衣外观。结果应符合5.8的要求。

6.9 强度

6.9.1 衣身和提环的强度

将救生衣先在水中浸置2 min，然后取出按实际人员穿着的方法扣好并挂起。在系紧缚带的救生衣部分以及救生衣的提环上分别施加不小于3 200 N的作用力，见图6，并保持30 min。结果应符合5.9.1的要求。

C——筒体（直径为125 mm）；

G——试验载荷。

图6 救生衣衣身强度试验

6.9.2 肩部强度

将救生衣浸入水中浸置2 min，然后取出并按实际人员穿着的方法系紧在拟人模型上，模型及主要尺寸见图7，在救生衣的肩部施加不小于900 N的作用力，见图8，并保持30 min，结果应符合5.9.2的要求。

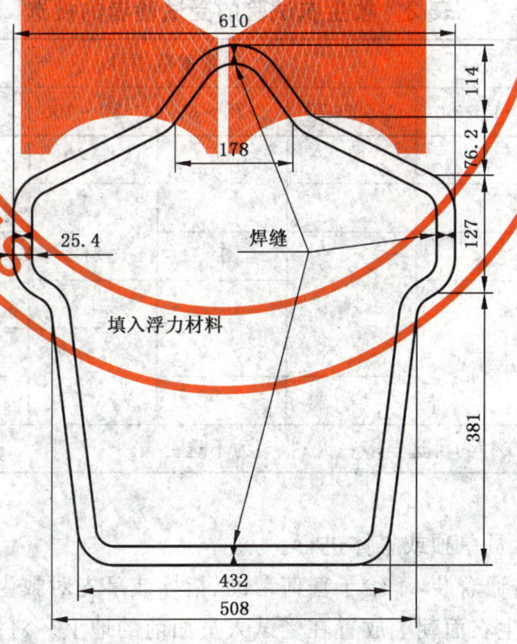

图7 救生衣肩部提拉部位试验模型

a）背心式救生衣　　　　b）套头式救生衣

C——筒体（直径为 125 mm）；

G——试验载荷。

图 8　救生衣肩部强度试验

6.10　穿着

6.10.1　受试人员

根据表 2 中对身高和体重的要求以及下列规定，选择至少 12 名体格健全且完全不熟悉救生衣的人员进行下列试验：

a）　至少 1/3 但不超出 1/2 的受试人员应是女性，且每类身高范围内应至少有一名女性，但不包括身材最高者；

b）　最轻和最重组内应各有一名男性和一名女性；

c）　每个受试人员的着装应与其身材相适应并符合下列要求：

　1）　“普通着装”指通常不妨碍救生衣穿着的室内着装；

　2）　“恶劣天气着装”指适合恶劣环境的穿着，包括能罩住头部的御寒大衣以及保暖棉手套。

表 2　救生衣试验的受试验者的挑选　　单位为人

<table>
<tr><th rowspan="2">身高范围/m</th><th colspan="8">体重范围/kg</th></tr>
<tr><th>40～43</th><th>>43～60</th><th>>60～70</th><th>>70～80</th><th>>80～100</th><th>>100～110</th><th>>110～120</th><th>>120</th></tr>
<tr><td><1.5</td><td>1</td><td>×</td><td>×</td><td rowspan="2">×</td><td>—</td><td rowspan="2">—</td><td rowspan="3">—</td><td rowspan="3">—</td></tr>
<tr><td>>1.5～1.6</td><td>×</td><td>1</td><td>1</td><td rowspan="2">×</td></tr>
<tr><td>>1.6～1.7</td><td rowspan="4">—</td><td>×</td><td rowspan="3">×</td><td>1</td><td rowspan="2">×</td></tr>
<tr><td>>1.7～1.8</td><td rowspan="3">—</td><td rowspan="2">×</td><td>1</td><td>×</td><td rowspan="2">×</td></tr>
<tr><td>>1.8～1.9</td><td rowspan="2">×</td><td>1</td><td>1</td></tr>
<tr><td>>1.9</td><td>—</td><td>—</td><td>×</td><td>×</td><td>1</td></tr>
<tr><td colspan="9">注：“1”为可选至少一人；“×”为可选至多一人；“—”为不选。</td></tr>
</table>

6.10.2　无指导情况

6.10.2.1　试验可由受试人员单独或集体进行。

6.10.2.2　要求受试人员普通着装，不给予任何帮助、指导或事先对救生衣穿着进行演示。救生衣的扣件应处于保存时的状态，救生衣面朝上放置在受试人员面前的地上。对每个受试人员下达相同的指令，即“请尽快穿上救生衣并调整至贴身舒适然后弃船”。试验计时从下达指令至受试人员报告穿着完毕为止。只有当受试人员穿上救生衣，并用系固救生衣的所有方法调整救生衣直至可以进入浸水性能试验时才能认为救生衣穿着完毕。结果应符合 5.10.1 的要求。

6.10.2.3 穿着正确但没有扣紧和(或)调整好扣件的情况下,受试人员穿着救生衣进行落水试验以及复正试验和静平衡试验,并确定救生衣穿着是否正确。

6.10.3 经指导后情况

对于每一位受试人员,若第一次救生衣穿着时间超过 1 min 或没有完成穿着,则在经演示或指导其穿着程序后,应在普通着装且无人相助的情况下按 6.10.2.2 所述的指令重新进行救生衣的穿着试验,结果应符合 5.10.2 的要求。

6.10.4 恶劣天气着装情况

每位受试人员应进行恶劣天气着装的救生衣穿着,按照 6.10.2.2 所述的指令进行救生衣的穿着试验,结果应符合 5.10.2 的要求。

6.11 浸水性能

6.11.1 试验环境和受试人员

6.11.1.1 所有浸水性能试验均应在平静的淡水中进行。

6.11.1.2 按 6.10.1 的规定,应至少选择 12 位受试人员。受试人员应熟悉水性而且应只穿游泳装。使受试人员在指导后熟悉 6.11.2～6.11.6 的试验内容。受试人员在保持面朝下的姿势时能放松和呼气。受试人员在没有帮助的情况下,可仅按使用说明书就能独立穿上救生衣。入水后,确保救生衣或游泳装内不会意外滞留大量空气。

6.11.2 复正

救生衣复正试验按下列步骤进行:

a) 模拟完全精疲力尽的状态:受试人员应取俯卧、面朝下的体位,抬起头使嘴离开水面。试验人员支撑起受试人员的双脚,与肩同宽分开,并使脚跟刚好保持在水面之下。双腿伸直和手臂放在腿外侧,受试人员按下列顺序使身体逐渐并最终完全放松处于自然的浮态:
   1) 放松手臂和肩膀;
   2) 放松腿;
   3) 放松脊柱和颈部;
   4) 将头浸入水中并保持正常呼气。

   放松阶段,受试人员应保持稳定的面朝下姿势。
b) 受试人员脸部浸入水中保持放松后,试验人员立即放开受试人员的脚。计录从放开受试人员脚起至受试人员嘴部离开水面的时间(即为翻转时间,精确至 1/10 s)。
c) 上述试验进行 6 次,去除最长和最短的时间记录。然后再穿着 RTD 进行总共 6 次试验,并去除最长和最短的时间记录。

将以上所得的复正试验数据进行比较,结果应符合 5.11.1 的要求。

6.11.3 静平衡

救生衣复正试验后,在不进行任何身体或救生衣位置调整的情况下,在受试人员处于面朝上静平衡浮态时用通用量具进行下列项目的测量:

a) 净高度;
b) 面平面角度;
c) 躯干角度;
d) 倾侧角度;
e) 逆向反光带面积。

a)～d)的结果应符合 5.11.2 的要求;e)的结果应符合 5.2.8 的要求。

6.11.4 落水和跳水

落水和跳水试验按下列步骤进行:

a) 受试人员在未调整救生衣的情况下,手臂放在头部之上从至少 1 m 高处脚向下垂直落入水中。

入水后受试人员保持放松，模拟6.11.2中a)的精疲力尽的状态。在受试人员在水中静止后，记录水面至其嘴部的净高度。

b) 在4.5 m的高度垂直跳入水中。跳水时，受试人员抓住救生衣以避免受伤。入水后受试人员保持放松，模拟精疲力尽的状态。在受试人员水中静止后，记录水面至其嘴部的净高度，检查救生衣及其附件是否有破损。

结果应符合5.11.3的要求。

若认为落水试验会使受试人员受伤，则应先进行较低高度的试验，或在采取了预防措施，并证明试验风险可被接受时再进行试验。

6.11.5 稳性

稳性试验按下列步骤进行：

a) 受试人员在水中保持脸朝上的静平衡体位，模拟类似胎儿状的姿势：把肘部贴紧身体两侧，如果可能把手放进救生衣内胃部位置，使膝盖尽可能紧贴胸部。

b) 试验人员抓住受试人员的肩膀或救生衣的上部，使受试人员成纵倾(55±5)°，以其躯干为纵轴，顺时针旋转，然后参试人员放开受试人员，观察受试人员恢复并保持稳定的面朝上姿势的情况，统计成功人数。然后对受试人员进行逆时针旋转试验。

c) 受试人员穿着RTD，重复上述稳性试验过程。

将所得数据进行比较，结果应符合5.11.4的要求。

6.11.6 游泳和出水

所有受试人员不穿救生衣游泳25 m后，攀登救生筏或爬上高出水面300 mm的刚性平台。能够攀上救生筏或爬上高出水面300 mm的刚性平台的受试人员再穿上救生衣后重复游泳25 m，统计能够攀上救生筏或爬上高出水面300 mm的刚性平台的受试人员的人数。结果应符合5.11.5要求。

7 检验规则

7.1 检验分类

救生衣的检验分为型式检验和出厂检验。

7.2 型式检验

7.2.1 救生衣有下列情况之一时，应进行型式检验：

a) 新产品鉴定(定型)；

b) 结构、材料、工艺等有重大变动，足以影响产品性能或质量；

c) 批量生产后每隔4 a；

d) 产品停产2 a以上，恢复生产；

e) 主管检查机构有要求。

7.2.2 救生衣型式检验的检验项目及检验顺序见表3。

表3 救生衣检验项目及顺序

序号	检验项目	型式检验	出厂检验	要求的章条号	试验方法的章条号
1	材料	●	●	5.1	6.1
2	外观	●	●	5.2	6.2
3	加工质量	●	●	5.3	6.3
4	属具	●	●	5.4	6.4
5	耐高低温循环	●	—	5.5	6.5
6	浮力损失	●	●	5.6	6.6

表 3（续）

序号	检验项目	型式检验	出厂检验	要求的章条号	试验方法的章条号
7	耐油	●	—	5.7	6.7
8	耐燃烧	●	—	5.8	6.8
9	强度	●	—	5.9	6.9
10	穿着	●	—	5.10	6.10
11	浸水性能	●	—	5.11	6.11
注：“●”为必检项目；“—”为不检项目。					

7.2.3　救生衣型式检验的样品为 12 件。

7.2.4　所有试样的全部检验项目符合要求时，判定救生衣型式检验合格。若有一项不符合要求，则判定救生衣型式检验不合格。

7.3　出厂检验

7.3.1　救生衣出厂检验的检验项目及顺序见表 3。

7.3.2　救生衣外观、加工质量和属具要求应逐件检验；其他项目进行抽样，同工艺、同材料、连续生产的救生衣为一批，每批为 2 000 件，不足 2 000 件仍可计为一批。抽样数量取批量的 2%，抽样少于 2 件时，则取 2 件。

7.3.3　所有产品的全部检验项目符合要求时，判定救生衣出厂检验合格。若外观、加工质量和属具不符合要求，则允许修复后复验。若复验符合要求，则仍判定该件救生衣出厂检验项目合格；若复验仍不符合要求，则判定该件救生衣出厂检验不合格。对于试验抽样，若材料不符合要求，判定该批救生衣出厂检验不合格。其他项目中若有一项不符合要求，则应加倍取样进行复验。若复验都符合要求，则仍判定该批救生衣出厂检验合格；若复验仍有不符合要求的项目，则判定该批救生衣出厂检验不合格。

8　标志、包装、运输及贮存

8.1　标志

出厂检验合格的救生衣应加上标志，标志内容应包括：

a）　救生衣名称和型号；

b）　标准号；

c）　检验机构检验标志；

d）　制造厂印记、制造编号、制造日期及批号。

8.2　包装、运输

救生衣的包装应能防止其不受雨雪侵蚀，在运输中应不受损坏。

8.3　贮存

救生衣应存放在干燥的库房内，且应不受挤压。

附 录 A
（规范性附录）
成人基准试验装备要求

A.1 通则

本附录内容等同采用海安会 MSC.200(80)决议中关于成人救生衣基准试验装备(以下简称 RTD)的相关规定。

RTD 仅作为救生衣浸水性能试验的参考标准，不能代表救生衣其他性能。RTD 设计适用于胸围 700 mm～1 350 mm 的成年人。RTD 只能单面穿着，且即使在微弱灯光下也应确保穿着人员能明显辨清该装备的里面和外面。

RTD 是由两种浮力泡沫塑料组成、外罩包布采用加厚尼龙织物面料的马甲式装备，通过 25 mm 的厚带子、扣件和可调装置系固在人体上。外罩包布封闭接缝处采用滑动拉链把泡沫塑料封闭固定在内部，在检查泡沫浮力时，能够方便取出泡沫塑料，并在浮力不符合公差规定时进行更新或补充。为固定和防止泡沫塑料板移动，在内部泡沫塑料定位装置上装有钩环扣件。

A.2 材料

A.2.1 总则

RTD 采用的全部材料均应符合 ISO 12402-7 的要求。

A.2.2 泡沫塑料

A.2.2.1 刚度

RTD 采用了两种不同硬度的泡沫塑料：一是软质泡沫塑料，另一种是硬质泡沫塑料。

根据泡沫塑料的拟定用途，选用桥式变形试验进行材料的可接受性验证。图 A.1 为桥形试验示意图(上图为变形前，下图为变形后)，表 A.1 为应满足的具体尺寸规定和变形测量值。RTD 内具体泡沫塑料类型的选用，见表 A.2 和表 A.3。

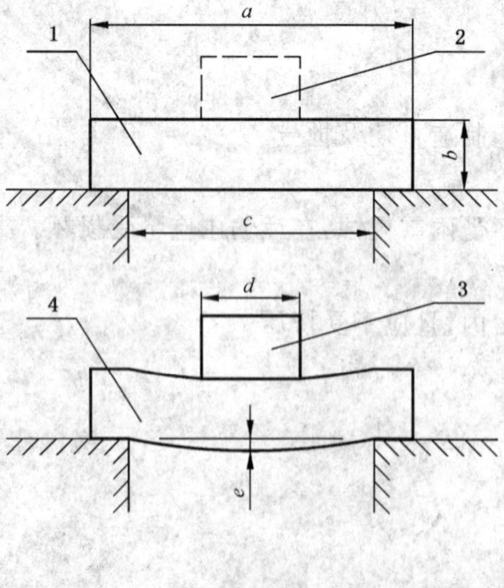

1——泡沫塑料的原始状态；
2——中心载荷；
3——载荷；
4——30 s 后的泡沫塑料变形。

图 A.1 泡沫塑料桥形变形试验

测量一个规定横剖面($a \times b$)且宽为 110 mm 的泡沫塑料板的中心变形时,应先把泡沫塑料板放在两个间距为 c 的等高平行水平表面上,然后在泡沫塑料上加载一个规定宽度 d 的重块。应保证载荷的长度至少为 110 mm,以便放置在泡沫塑料板上时该载荷重块的长度能覆盖整个泡沫塑料板的宽度。加载的重块可超出泡沫塑料板的宽度,但应位于泡沫塑料板中心,且向泡沫塑料板两端伸出的长度应相等。加载 30 s 后测量泡沫塑料板底部中心部位的变形量 e。

表 A.1 泡沫塑料桥形变形试验的规格

单位为毫米

泡沫塑料类型	长度 a	宽度(未示出)	厚度 b	跨距 c	载荷宽度 d	变形量 e	加载质量/kg
硬质	394	110	83	300	120	<20	8.6
软性			45	150	30	≥25	0.75

表 A.2 材料部件的数量和说明

部件	描述	数量	图示	构造说明
1 表面织物	—	—	—	—
1.1 正面外包布	420 旦尼尔尼龙,防拆散涂层,黄色	1	A.2	—
1.2 背面外包布				
1.3 内包布			A.3	
1.4 中心的三角形包布		2	A.4	
1.5 领子,内外包布			A.5	
1.6 织物加强件		4	A.6 A.14	加强件 1,缝制在领子内部,用于加强厚带附件,见图 A.14
1.7 泡沫塑料块 1 的内部织物护圈		2	A.7 A.13	加强件 3,缝制在正面内部,正面两侧均用针脚缝合,以固定内部泡沫塑料块,见本表 2.2.1 和 2.2.2(见图 A.13)
1.8 泡沫塑料块 2 的内部织物护圈			A.7 A.14	加强件 4,把环圈扣件缝在内表面端部,中央针脚与内表面缝合,以此形成护圈用于固定正面泡沫塑料块,见本表 2.1.1 和 2.1.2(见图 A.13)
2 泡沫塑料	—	—	—	—
2.1 硬质	见表 A.1 和表 A.3	1	—	—
2.1.1 正面右侧泡沫塑料块	厚 81 mm		A.8	
2.1.2 正面左侧泡沫塑料块				
2.1.3 领子处的泡沫塑料块	厚 56 mm		A.10	
2.2 软质	见表 A.1 和表 A.3	—	—	
2.2.1 正面右侧泡沫塑料块	厚 46 mm	1	A.9	
2.2.2 正面左侧泡沫塑料块				
2.2.3 背面泡沫塑料块	厚 32 mm	2	A.11	

表 A.2（续）

部　件	描　述	数量	图示	构造说明
3　厚带	25 mm，聚丙烯，能方便地进行调整，且与规定的硬件同时使用时无明显滑动	—	—	—
3.1　胸带	127 mm，黑色	2	A.12	在救生衣正面表面左侧，缝纫了带插入式凸形搭扣的厚带。在救生衣正面表面右侧，则为插入式凹形搭扣。胸带自由端折叠翻入黄色的厚带下（领子附带），织物内表面为加强织物（见图 A.6）。使用框形-X针脚把胸带缝在正面表面
3.2　腰带	152 mm，黑色		A.12	左边缝纫带滑动装置的腰带以及带扣夹腰带。右面则为带 D 形环和滑动装置的底带
3.3　腰带	1 867 mm，黑色	1	A.12 A.13	在每端制成 40 mm 的扣环。用 3 个框形-X针脚缝制在背面（在正面和背面表面缝制完后）
3.4　前表面腰环	76 mm，黑色	2	A.12	使用两组双条纹粗缝针脚缝制，把带子缝制在正面的外表面构成一个带环（每边一个）
3.5　内表面腰环	89 mm，黑色		A.13	两处使用框形-X 针脚，把带子缝制在内表面构成一个带环（每边一个）
3.6　领子附件	1 384 mm，黄色	1	A.14 A.6 A.12	在两处使用框形-X 针脚把带子缝制在领子和织物加强处
4　钩环搭扣	50 mm×70 mm，黑色类	2	A.13 A.7	钩环带扣缝制在内部用于固定泡沫塑料的织物护圈的端部
5　线	合成类	—	—	—
6　硬质配件	—	—	—	—
6.1　搭扣	雌、雄搭扣，塑料，25 mm，单端强度 890 N	1	—	胸带附件
6.2　滑动装置	调整装置 25 mm，塑料，单端强度 1 600 N	2		腰带附件
6.3　安全钩	25 mm，不锈钢，单端强度 1 600 N	1		
6.4　D 形环	25 mm，不锈钢，1 600 N	2		
6.5　拉链	280 mm，塑料（拉链和拉链头）	1	A.14	领部泡沫塑料块填入口
6.6　拉链	370 mm，塑料（拉链和拉链头）		A.12	背面泡沫塑料块填入口
6.7　拉链	440 mm，塑料（拉链和拉链头）	2	A.12 A.13	正面泡沫塑料块填入口

表 A.3　泡沫塑料充填要求

单位为牛顿

位置	前右	前左	内表面右侧	内表面左侧	背面	领子
泡沫塑料类型[a]	硬质	硬质	软质	软质	软质	硬质
浮力[b]	34±1.20	34±1.20	17.5±0.65	17.5±0.65	18±0.80	28±1.00

[a] 绝大多数泡沫塑料的浮力会随着时间的推移发生改变，最大的改变发生在生产之后的最初几个月。为确保符合规定的浮力，应对所选的泡沫塑料进行事先评估，以确定其在生产期间应留有的浮力冗余。

[b] 浮力分布：正面 69%±1.5%。

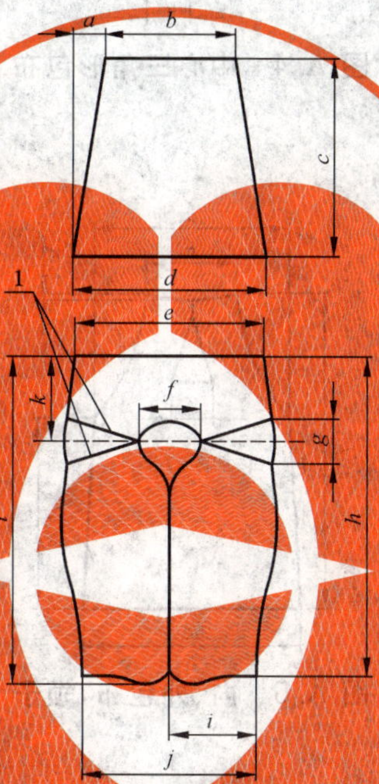

1——暗针。

图 A.2　外包布，前后和背面部分

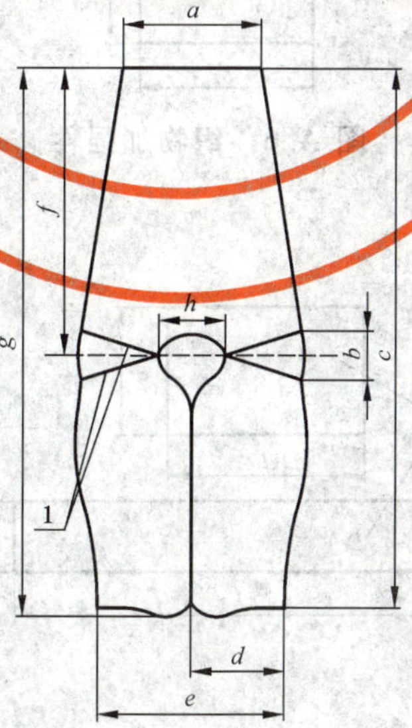

1——暗针。

图 A.3　内包布

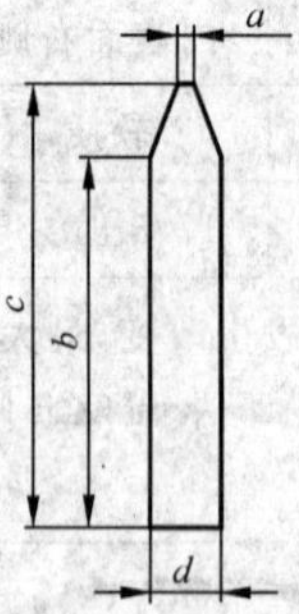

图 A.4　中心三角形包布

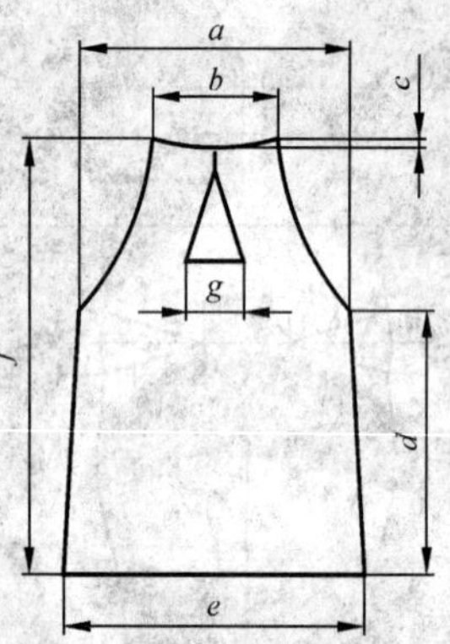

图 A.5　内、外包布，领子

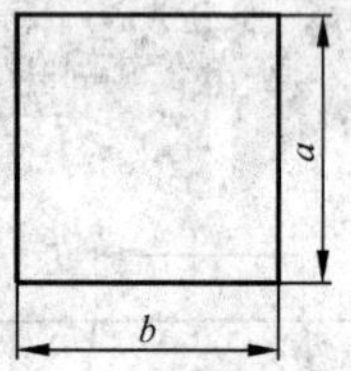

图 A.6　织物加强件

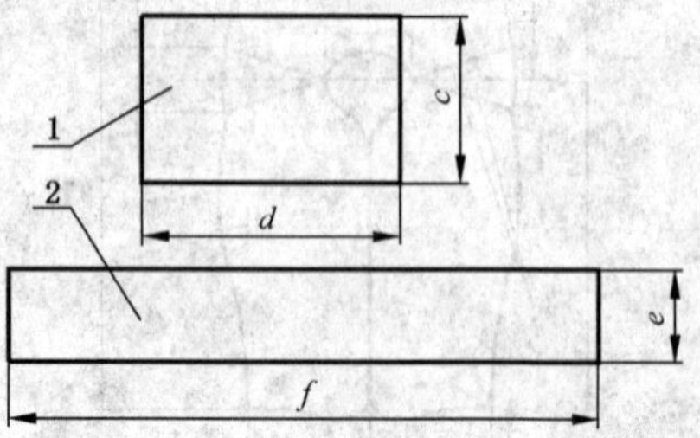

1——内部泡沫塑料护圈 1；
2——内部泡沫塑料护圈 2。

图 A.7　内部泡沫塑料护圈

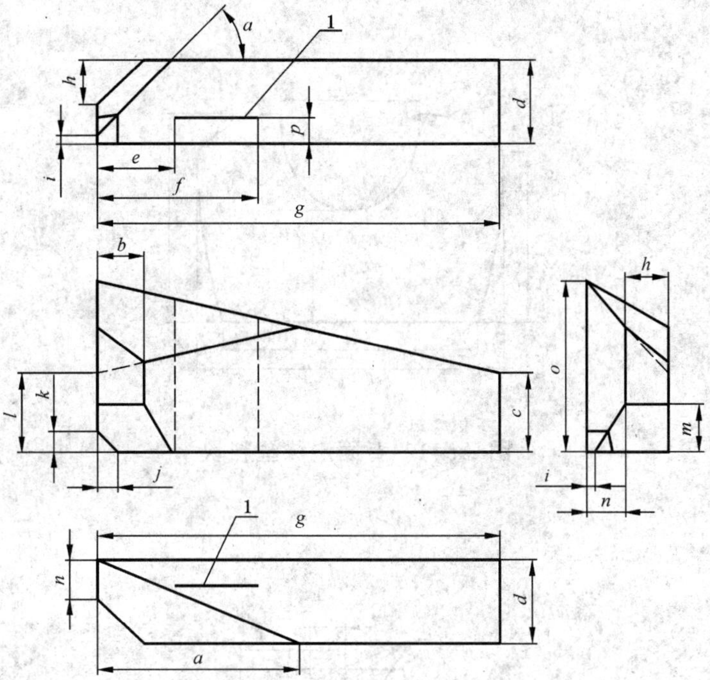

1——槽。

$\alpha=45°$

图 A.8 正面泡沫塑料块

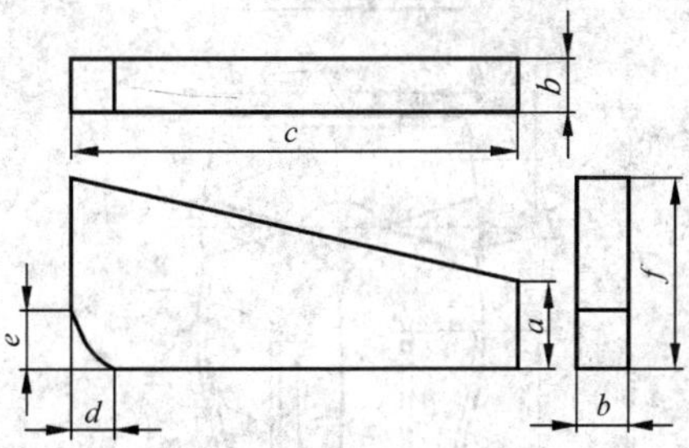

图 A.9 正面内部泡沫塑料块

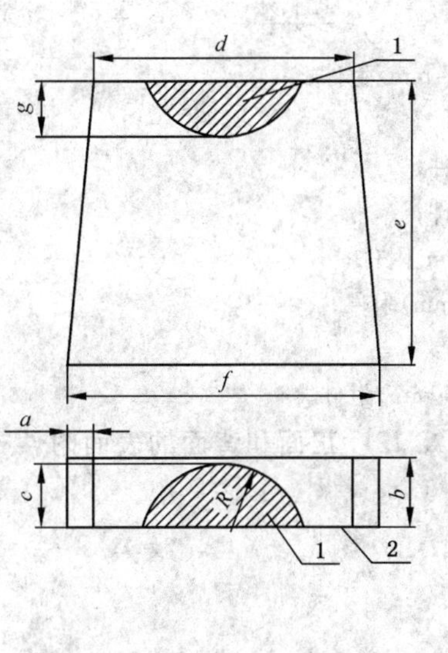

1——薄片；

2——朝身体一侧。

图 A.10 领子泡沫塑料块

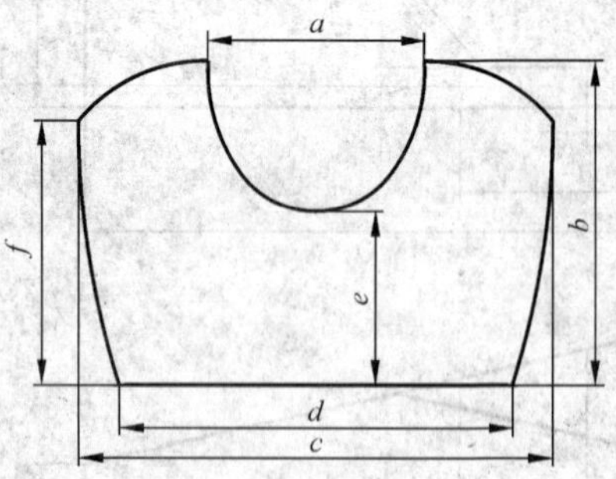

厚度为 25 mm。

图 A.11 背面泡沫塑料块

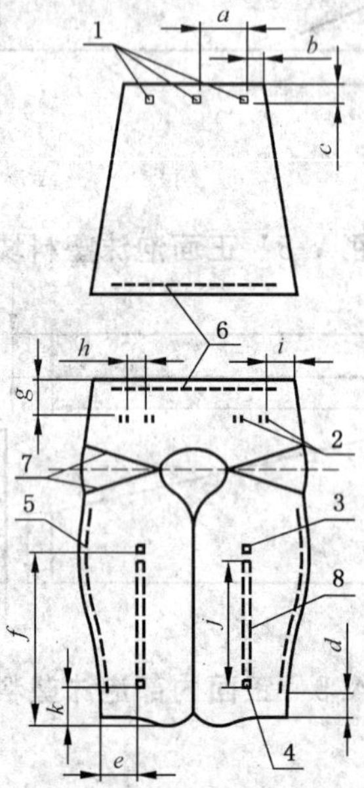

1——固定在背面外部的腰带(1 867 mm)附件;

2——拉链(440 mm)附件;

3——正面外部的胸带(127 mm)附件;

4——正面外部的腰带(152 mm)附件;

5——正面外部的带环加厚带(76 mm)附件;

6——正面和背面表面的拉链(370 mm)附件;

7——暗针;

8——正面外表面领子加厚带(1 384 mm)附件。

图 A.12 正面和背面的表面附件布置

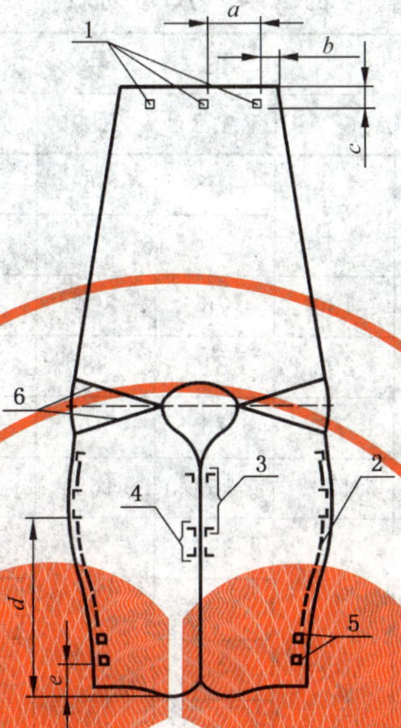

1——背面外部和表面内部的腰带(152 mm)附件(见图 A.12);
2——拉链(440 mm)附件;
3——正面内部的织物护圈附件;
4——正面内部中心的内部织物护圈附件;
5——外表面的带环加厚带(89 mm)附件;
6——暗针。

图 A.13　内表面附件布置

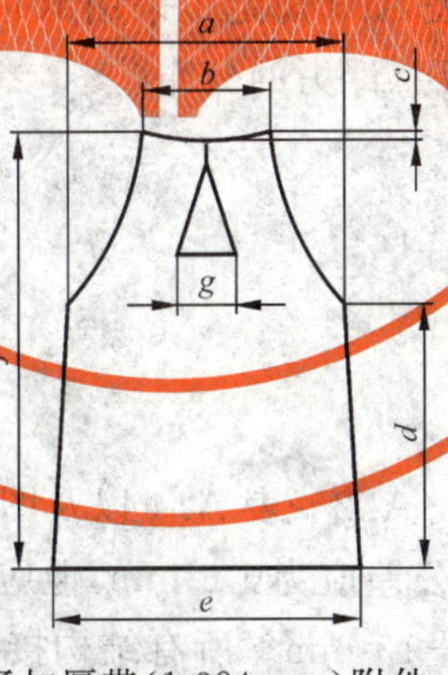

1——内部有加强织物的内表面外层的领子加厚带(1 384 mm)附件;
2——内外表面的拉链(280 mm)附件。

图 A.14　领子内外表面的附件布置

A.2.2.2 外形

泡沫塑料外形见图 A.8～图 A.11 规定，尺寸见表 A.2 和表 A.4。

表 A.4 尺寸列表

单位为毫米

符号	图号											
	A.2	A.3	A.4	A.5	A.6、A.7	A.8	A.9	A.10	A.11	A.12	A.13	A.14
a	72	294	23	308	73	198	76	20	188	100		25
b	298	100	516	142		46		56	274	35		160
c	438	1106	618	10	130	76	394	51	414	20		53
d	442	199	102	288	205	81	38	216	343	35	300	25
e	432	398	—	342	72	76	51	229	147	120	30	45
f	141	597		476	470	157	165	259	223	260	—	—
g	100	1 124		65	—	394	—	45	—	85		
R	—			—		—		70		—		
h	705	141				46		—		40		
i	199	—				8				55		
j	398					20				225		
k	188									75		
l	723					76				—		
m	—					46						
n						38						
o						165						
p						25						

A.2.2.3 浮力

RTD 的总设计浮力为 155.6 N。表 A.3 规定了采用 RTD 浮材应符合的要求，主要包括泡沫塑料的特性、每块泡沫塑料的浮力、公差以及总浮力的分布。

A.2.3 其他部件要求

其他部件要求见表 A.2。

A.3 加工质量

A.3.1 尺寸及公差要求

A.3.1.1 RTD 的结构和组装应符合表 A.2～表 A.4 以及图 A.2～图 A.14 的要求。织物裁剪和针脚公差均应为±6 mm。泡沫塑料剪切的公差应为±6 mm，但应符合表 A.3 的浮力要求。

A.3.1.2 除另有规定外，接缝公差为±13 mm。所有结构接缝采用联锁式针脚，在 25 mm 针脚长度内针脚密度应为 7 针～12 针，厚带上的框形-X 形尺寸为 15 mm×18 mm，厚带上的条纹粗缝针脚尺寸为 15 mm×2 mm。

A.3.2 缝制要求

A.3.2.1 织物的裁剪端折叠翻入后用针脚封闭，带子的剪截端应予热封。

A.3.2.2 将 40 mm 长的材料末端折叠两次、缝纫尺寸 19 mm 作为腰带端部接头，端部折叠处以框形-X 形或条纹粗缝针脚缝纫。

A.4 浮力的要求和调整

A.4.1 浮力要求

根据表A.5中浮块浮力规定，确保RTD总浮力及其正面和背面的浮力分布保持在公差范围内。要求正面左右两侧泡沫塑料块的浮力分布差不超出1.3 N。表A.6中给出了各部分浮力分布的设计值。

表 A.5 RTD 浮力和公差

单位为牛顿

	正面浮力[a]	背面浮力	总浮力	浮力分布[b]
设计值	103.5	46.5	150	正面 69%
最大值	107	48	155	正面 70.5%
最小值	100	45	145	正面 67.5%

[a] 标准温度和压力下的数值或修正值。

[b] 以正面浮力除以总浮力得到浮力分布。

表 A.6 RTD 浮力设计

单位为牛顿

	正面左侧和正面内部总计[a]	正面右侧和正面内部总计[a]	背面	领子
设计值	34+17.75=51.75	34+17.75=51.75	18.5	28

[a] 设计值中包括补充块。

在泡沫塑料块收缩或压缩达到平衡前，新的RTD的浮力可能会超出许可的公差范围。达到平衡之后，应至少一个月一次定期检查浮力和分布，或在试验时予以检查，取间隔时间长者（对频繁使用的，可能需要经常检查），并应记录浮力及其分布数据。若检查中温度和压力不符合要求，则应按规定的温度和压力予以修正。

A.4.2 浮力调整

正面面料和正面内部泡沫块之间可填入一层薄泡沫塑料块（补充块）来调整浮力。图A.15和表A.7中为补充块尺寸。若四个主要区域中任一个都需完整的6.5 mm厚泡沫塑料，则正面或背面内部块应更换。若正面浮力小于最低值，则应测试左右浮力，使左右部分的浮力分布满足A.4.1的要求。

单位为毫米

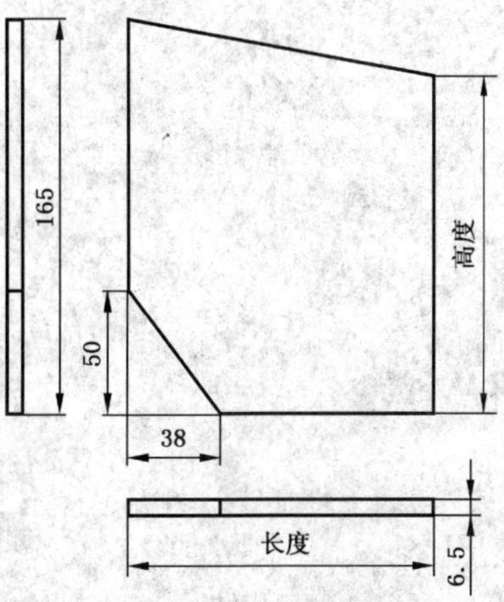

图 A.15 RTD 补充泡沫块尺寸

表 A.7 RTD 补充泡沫块尺寸及对应浮力

浮力/N	长度/mm	高度/mm
0.9	84	146
1.3	126	137
1.8	172	126
2.2	222	114
3.1	394	76

ICS 77.120.99
H 63

GB

中华人民共和国国家标准

GB/T 4324.8—2008
代替 GB/T 4324.8～4324.9—1984

钨化学分析方法　镍量的测定 电感耦合等离子体原子发射光谱法、火焰原子吸收光谱法和丁二酮肟重量法

Methods for chemical analysis of tungsten—Determination of nickel content—The inductively coupled plasma atomic emission spectrometry、flame atomic absorption spectrometry and dimethylglyoxime gravimetry

2008-06-09 发布　　2008-12-01 实施

中华人民共和国国家质量监督检验检疫总局
中国国家标准化管理委员会　发布

前　言

GB/T 4324《钨化学分析方法》分为 27 个部分：

GB/T 4324.1　钨化学分析方法　铅、镉量的测定　方波极谱法；

GB/T 4324.2　钨化学分析方法　铋量的测定　碘化钾-马钱子碱分光光度法；

GB/T 4324.3　钨化学分析方法　锡量的测定　聚乙二醇辛基苯基醚-苯芴光酮分光光度法；

GB/T 4324.4　钨化学分析方法　锑量的测定　孔雀绿分光光度法；

GB/T 4324.5　钨化学分析方法　砷量的测定　钼蓝分光光度法；

GB/T 4324.6　钨化学分析方法　铁量的测定　邻二氮杂菲分光光度法；

GB/T 4324.7　钨化学分析方法　钴量的测定　钴试剂分光光度法；

GB/T 4324.8　钨化学分析方法　镍量的测定　电感耦合等离子体原子发射光谱法、火焰原子吸收光谱法和丁二酮肟重量法；

GB/T 4324.10　钨化学分析方法　铜量的测定　新铜试剂分光光度法；

GB/T 4324.11　钨化学分析方法　铝量的测定　铬天青 S 分光光度法；

GB/T 4324.12　钨化学分析方法　硅量的测定　氯化-硅钼蓝分光光度法；

GB/T 4324.13　钨化学分析方法　钙量的测定　电感耦合等离子体原子发射光谱法；

GB/T 4324.15　钨化学分析方法　镁量的测定　火焰原子吸收光谱法和电感耦合等离子体原子发射光谱法；

GB/T 4324.17　钨化学分析方法　钠量的测定　原子吸收光谱法；

GB/T 4324.18　钨化学分析方法　钾量的测定　原子吸收光谱法；

GB/T 4324.19　钨化学分析方法　钛量的测定　二安替比林甲烷分光光度法；

GB/T 4324.20　钨化学分析方法　钒量的测定　钽试剂分光光度法；

GB/T 4324.21　钨化学分析方法　铬量的测定　二苯基碳酰二肼分光光度法；

GB/T 4324.22　钨化学分析方法　锰量的测定　甲醛肟分光光度法；

GB/T 4324.23　钨化学分析方法　硫量的测定　燃烧-电导法；

GB/T 4324.24　钨化学分析方法　磷量的测定　铍为载带沉淀剂-钼蓝分光光度法；

GB/T 4324.25　钨化学分析方法　氧量的测定　惰气熔融库仑滴定法；

GB/T 4324.26　钨化学分析方法　氮量的测定　奈式试剂分光光度法；

GB/T 4324.27　钨化学分析方法　碳量的测定　燃烧-库仑滴定法；

GB/T 4324.28　钨化学分析方法　钼量的测定　硫氰酸盐分光光度法；

GB/T 4324.29　钨化学分析方法　氯化挥发后残渣量的测定　重量法；

GB/T 4324.30　钨化学分析方法　灼烧损失量的测定　重量法。

本部分为 GB/T 4324 的第 8 部分。

本部分代替 GB/T 4324.8—1984《钨化学分析方法　丁二酮肟光度法测定镍量》和 GB/T 4324.9—1984《钨化学分析方法　丁二酮肟重量法测定镍量》。

本部分与 GB/T 4324.8—1984 和 GB/T 4324.9—1984 相比主要变化如下：

——测定方法增加了电感耦合等离子体原子发射光谱法和原子吸收光谱法，取消了丁二酮肟分光光度法；

——适用范围中增加了碳化钨、三氧化钨、钨酸、蓝钨、紫钨、仲钨酸铵及偏钨酸铵；

——方法 3 的测定范围由“0.20％～1.50％”改为“0.20％～2.00％”；

——将“测定次数”中“三次”改为“两次”；

——增加了三氧化钨、钨酸、蓝钨、紫钨、仲钨酸铵及偏钨酸铵的溶样方法；

——丁二酮肟镍沉淀的条件由原“pH8～9”改为“用氨水调至钨酸沉淀溶解，再用盐酸(1＋1)调至溶液pH6左右，加入沉淀剂，30 mL氨水”；

——将5.4.2中“置于沸水浴中加热15 min，切断电源，保温90 min～100 min”改为“加入沸水至250 mL体积”，使镍在热的溶液中沉淀，沉淀“放置1.5 h”；

——将洗涤烧杯及沉淀的洗涤液由“冷的氢氧化氨溶液(1＋99)”改为“水溶液”；

——增加了前言、精密度及质量保证和控制内容。

镍的质量分数在0.045％～0.050％范围内，仲裁时采用方法2。

本部分由中国有色金属工业协会提出。

本部分由全国有色金属标准化技术委员会归口。

本部分由株洲硬质合金集团有限公司负责起草。

本部分由自贡硬质合金有限责任公司、崇义章源钨制品有限公司、中南大学粉末冶金研究院参加起草。

本部分方法1主要起草人：熊静、郭鹏、张江峰。

本部分方法2主要起草人：易建波、郭鹏、张江峰。

本部分方法3主要起草人：易建波、郭鹏、张江峰。

本部分方法1主要验证人：奉冬文。

本部分方法2主要验证人：张云霞、李萍、李慧玲。

本部分方法3主要验证人：菅豫梅、张云霞、李萍、谭朝晖。

本部分所代替标准的历次版本发布情况为：

——GB/T 4324.8—1984、GB/T 4324.9—1984。

钨化学分析方法 镍量的测定 电感耦合等离子体原子发射光谱法、火焰原子吸收光谱法和丁二酮肟重量法

方法1 电感耦合等离子体原子发射光谱法

1 范围

本方法规定了钨粉、钨条、碳化钨、三氧化钨、钨酸、蓝钨、紫钨、仲钨酸铵及偏钨酸铵中镍量的测定方法。

本方法适用于钨粉、钨条、碳化钨、三氧化钨、钨酸、蓝钨、紫钨、仲钨酸铵及偏钨酸铵中镍量的测定。测定范围:0.000 4%~0.050%。

2 方法提要

钨粉、钨条、细(中)颗粒碳化钨用过氧化氢溶解;三氧化钨、钨酸、仲钨酸铵及偏钨酸铵用氨水溶解;蓝钨用氨水及过氧化氢溶解;紫钨、粗颗粒碳化钨灼烧成三氧化钨后用氨水溶解。以盐酸溶解镍,过氧化氢、柠檬酸络合钨后,于电感耦合等离子体原子发射光谱仪上测定镍量。

3 试剂

除非另有说明,在分析中仅使用确认为优级纯的试剂和二次蒸馏水。

3.1 过氧化氢(ρ1.10 g/mL)。

3.2 氨水(1+1)。

3.3 柠檬酸溶液(500 g/L)。

3.4 盐酸(1+1)。

3.5 镍标准贮存溶液:称取0.100 0 g金属镍($w_{Ni}\geqslant$99.99%)于250 mL烧杯中,以少量水润湿,加入20 mL硝酸(1+1),盖上表面皿,低温加热至完全溶解,冷却至室温,将溶液移入1 000 mL容量瓶中,用水稀释至刻度,混匀。此溶液1 mL含100 μg镍。

3.6 镍标准溶液:移取10.00 mL镍标准贮存溶液(3.5)置于100 mL容量瓶中,加入2 mL硝酸(1+1),用水稀释至刻度,混匀。此溶液1 mL含10 μg镍。

3.7 钨基体:镍的质量分数小于0.000 1%。

4 仪器和设备

电感耦合等离子体原子发射光谱仪。

5 试样

5.1 钨条应粉碎并通过125 μm筛网。

5.2 细颗粒碳化钨平均粒度为1 μm~3 μm,中颗粒碳化钨平均粒度大于3 μm~9 μm,粗颗粒碳化钨平均粒度大于9 μm。

6 分析步骤

6.1 试料

称取0.5 g~1 g试样(5),精确至0.000 1 g。

6.2　测定次数

独立地进行两次测定，取其平均值。

6.3　空白试验

称取与试料等量的钨基体(3.7)，随同试料做空白试验。

6.4　测定

6.4.1　试料的处理

6.4.1.1　钨粉、钨条和细(中)颗粒碳化钨：将试料(6.1)置于 200 mL 烧杯中，用水润湿，分次加入 10 mL过氧化氢(3.1)，待激烈反应停止后，盖上表面皿，低温加热至试料溶解。取下，加入 1 mL 柠檬酸溶液(3.3)，加热煮沸。

6.4.1.2　三氧化钨、钨酸：将试料(6.1)置于 200 mL 烧杯中，加入 40 mL 氨水(3.2)，盖上表面皿，低温加热至试料溶解或出现白色结晶，并蒸至约 10 mL 体积。取下，加入 2 mL 过氧化氢(3.1)，1 mL 柠檬酸溶液(3.3)，加热煮沸。

6.4.1.3　仲钨酸铵、偏钨酸铵：将试料(6.1)置于 200 mL 烧杯中，加入约 30 mL 水，5 mL 氨水(3.2)，低温加热至试料溶解，蒸至约 10 mL 体积。取下，加入 2 mL 过氧化氢(3.1)，1 mL 柠檬酸溶液(3.3)，加热煮沸。

6.4.1.4　蓝钨：将试料(6.1)置于 200 mL 烧杯中，加入 20 mL 过氧化氢(3.1)，加热蒸至近干。以下按 6.4.1.2 进行。

6.4.1.5　紫钨、粗颗粒碳化钨：将试料(6.1)置于 200 mL 石英烧杯中，在 750℃的高温炉中灼烧至完全氧化为三氧化钨，以下按 6.4.1.2 进行。

6.4.2　取下稍冷，用水吹洗表面皿及杯壁，并控制体积约 20 mL。加入 8 mL 盐酸(3.4)，低温加热煮沸 15 min～20 min，不时摇动。取下稍冷，加入 20 mL 氨水(3.2)，低温加热煮沸约 5 min，取下。加入 2 mL 柠檬酸溶液(3.3)，加热煮沸至溶液清亮，取下，冷却。

6.4.3　将试液移入 100 mL 容量瓶中，用水稀释至刻度，混匀。

6.4.4　在电感耦合等离子体原子发射光谱仪上，于 231.604 nm 波长处，测定试液及随同试料空白的发射强度。从相应的工作曲线计算经空白校正的镍的质量浓度。

6.5　工作曲线的绘制

6.5.1　称取六份与试料等量的钨基体(3.7)于一组 200 mL 烧杯中，按 6.4.1～6.4.2 处理后，移入 100 mL容量瓶中，分别加入 0、1.00 mL、2.00 mL、3.00 mL、4.00 mL、5.00 mL 镍标准溶液(3.5 或 3.6)，用水稀释至刻度，混匀。

6.5.2　将标准系列溶液在电感耦合等离子体原子发射光谱仪上，于 231.604 nm 波长处，测定镍的发射强度。以镍的质量浓度为横坐标，发射强度为纵坐标，绘制工作曲线。

7　分析结果的计算

按公式(1)计算镍的质量分数，数值以%表示：

$$w(\mathrm{Ni}) = \frac{\rho_1 \times V_1 \times 10^{-6}}{m} \times 100 \qquad \cdots\cdots (1)$$

式中：

ρ_1——自工作曲线上计算得到试液中经空白校正的镍的质量浓度，单位为微克每毫升(μg/mL)；

V_1——试液的体积，单位为毫升(mL)；

m——试料的质量，单位为克(g)。

8　精密度

8.1　重复性

在重复性条件下获得的两次独立测试结果的测定值，在以下给出的平均值范围内，这两个测试结果的绝对差值不超过重复性限(r),超过重复性限(r)的情况不超过5%。重复性限(r)按以下数据采用线性内插法求得:

镍的质量分数(%):0.000 50　　0.004 88　　0.048 9

重复性限r(%):　0.000 15　　0.000 61　　0.004 2

8.2　允许差

实验室之间分析结果的差值不应大于表1所列允许差。

表1

镍的质量分数/%	允许差/%
0.000 4～0.001 0	0.000 3
>0.001 0～0.002 0	0.000 4
>0.002 0～0.004 0	0.000 6
>0.004 0～0.007 0	0.000 8
>0.007 0～0.010	0.001 0
>0.010～0.020	0.002
>0.020～0.040	0.004
>0.040～0.050	0.006

9　质量保证和控制

应用国家级标准样品或行业标准样品(当两者都没有时,也可用控制样品代替),每周或每两周校核一次本分析方法标准的有效性。当过程失控时,应找出原因,纠正错误后,重新进行校核。

方法2　火焰原子吸收光谱法

10　范围

本方法规定了钨粉、钨条、碳化钨、三氧化钨、钨酸、蓝钨、紫钨、仲钨酸铵、偏钨酸铵中镍量的测定方法。

本方法适用于钨粉、钨条、碳化钨、三氧化钨、钨酸、蓝钨、紫钨、仲钨酸铵、偏钨酸铵中镍的测定。测定范围:0.045%～0.20%。

11　方法提要

钨粉、钨条、细(中)颗粒碳化钨用过氧化氢分解;蓝钨用过氧化氢和氨水分解;三氧化钨、钨酸、仲钨酸铵、偏钨酸铵用氨水分解;紫钨、粗颗粒碳化钨灼烧成三氧化钨后用氨水分解。以盐酸溶解镍,过氧化氢、柠檬酸络合钨后,于原子吸收光谱仪上测定镍量。

12　试剂

除非另有说明,在分析中仅使用确认为分析纯的试剂和蒸馏水或去离子水。

12.1　过氧化氢(ρ1.10 g/mL),优级纯。

12.2　氨水(1+1)。

12.3　柠檬酸溶液(500 g/L),用优级纯试剂配制。

12.4　盐酸(1+1)。

12.5　镍标准贮存溶液:称取1.000 g金属镍(w(Ni)≥99.99%)于250 mL烧杯中,加入20 mL硝酸(1+1),盖上表面皿,低温加热溶解,取下,冷却至室温。移入1 000 mL容量瓶中,用水稀释至刻度,混匀。此溶液1 mL含1 mg镍。

12.6 镍标准溶液：移取10.00 mL镍标准贮存溶液（12.5）于100 mL容量瓶中，用水稀释至刻度，混匀。此溶液1 mL含100 μg镍。

12.7 钨基体：镍的质量分数小于0.000 1%。

13 仪器

原子吸收光谱仪，附镍空心阴极灯。

在仪器最佳工作条件下，凡能达到下列指标者均可使用：

——特征浓度：在与测量溶液的基体相一致的溶液中，镍的特征质量浓度不大于0.1 μg/mL。

——精密度：用最高浓度的标准溶液测量10次吸光度，其标准偏差应不超过平均吸光度的1.5%；用最低浓度的标准溶液（不是"零浓度"标准溶液）测量10次吸光度，其标准偏差应不超过最高浓度标准溶液平均吸光度的0.5%。

——工作曲线线性：将工作曲线按浓度等分为5段，最高段的吸光度差值与最低段的吸光度差值之比，应不小于0.7。

14 试样

14.1 钨条应粉碎并通过125 μm筛网。

14.2 细颗粒碳化钨平均粒度为1 μm～3 μm，中颗粒碳化钨平均粒度为大于3 μm～9 μm，粗颗粒碳化钨平均粒度大于9 μm。

15 分析步骤

15.1 试料

称取0.25 g试样（14），精确至0.000 1 g。

15.2 测定次数

独立地进行两次测定，取其平均值。

15.3 空白试验

称取与试料等量的钨基体（12.7），随同试料做空白试验。

15.4 测定

15.4.1 试料的处理

15.4.1.1 钨粉、钨条、细（中）颗粒碳化钨：将试料（15.1）置于200 mL烧杯中，用水润湿，分次加入5 mL～10 mL过氧化氢（12.1），待激烈反应停止后，盖上表面皿，低温加热至试料溶解，取下。加入1 mL柠檬酸溶液（12.3），加热煮沸。

15.4.1.2 三氧化钨、钨酸：将试料（15.1）置于200 mL烧杯中，加入30 mL氨水（12.2），盖上表面皿，低温加热至试料溶解，取下。加入1 mL过氧化氢（12.1），1 mL柠檬酸溶液（12.3），加热煮沸。

15.4.1.3 仲钨酸铵、偏钨酸铵：将试料（15.1）置于200 mL烧杯中，加入约50 mL水，5 mL氨水（12.2），低温加热至试料溶解，并蒸至15 mL体积，取下。加入1 mL过氧化氢（12.1），1 mL柠檬酸溶液（12.3），加热煮沸。

15.4.1.4 蓝钨：将试料（15.1）置于200 mL烧杯中，加入20 mL过氧化氢（12.1），加热蒸至近干，取下。以下按15.4.1.2进行。

15.4.1.5 紫钨、粗颗粒碳化钨：将试料（15.1）置于200 mL石英烧杯中，在750℃的高温炉中灼烧至完全氧化为三氧化钨。以下按15.4.1.2进行。

15.4.2 取下稍冷，加入6 mL盐酸（12.4），低温加热煮沸5 min～10 min。取下稍冷，加入25 mL氨水（12.2），低温加热煮沸约5 min，取下。加入1 mL柠檬酸溶液（12.3），加热煮沸至试液清亮。取下冷却。

15.4.3 将试液移入100 mL容量瓶中，用水稀释至刻度，摇匀。

15.4.4 在原子吸收光谱仪上，使用空气-乙炔火焰，于232.0 nm波长处，以水调零，测定试液及随同试料空白的吸光度。从工作曲线计算经空白校正的镍的质量浓度。

15.5 工作曲线的绘制

15.5.1 称取七份与试料等量的钨基体(12.7)于一组200 mL烧杯中，按15.4.1～15.4.2处理后，移入100 mL容量瓶中，分别加入0、0.50 mL、1.00 mL、2.00 mL、3.00 mL、4.00 mL、5.00 mL镍标准溶液(12.6)，用水稀至刻度，混匀。

15.5.2 将标准系列溶液在原子吸收光谱仪上，使用空气-乙炔火焰，以水调零，于232.0 nm波长处，测定镍的吸光度，减去标准系列中"零"质量浓度溶液的吸光度。以镍的质量浓度为横坐标，吸光度为纵坐标，绘制工作曲线。

16 分析结果的计算

按公式(2)计算镍的质量分数，数值以%表示：

$$w(\mathrm{Ni}) = \frac{\rho_2 \times V_2 \times 10^{-6}}{m_0} \times 100 \qquad \cdots\cdots(2)$$

式中：

ρ_2——从工作曲线计算得到试液中经空白校正的镍的质量浓度，单位为微克每毫升(μg/mL)；

V_2——试液的体积，单位为毫升(mL)；

m_0——试料的质量，单位为克(g)。

17 精密度

17.1 重复性

在重复性条件下获得的两次独立测试结果的测定值，在以下给出的平均值范围内，这两个测试结果的绝对差值不超过重复性限(r)，超过重复性限(r)的情况不超过5%。重复性限(r)按以下数据采用线性内插法求得：

镍的质量分数(%)：　0.047 8　　0.193

重复性限 r　(%)：　0.006 0　　0.017

17.2 允许差

实验室之间分析结果的差值不应大于表2所列允许差。

表2

镍的质量分数/%	允许差/%
0.045～0.10	0.006
>0.10～0.20	0.03

18 质量保证和控制

应用国家级标准样品或行业标准样品(当两者都没有时，也可用控制样品代替)，每周或每两周校核一次本分析方法标准的有效性。当过程失控时，应找出原因，纠正错误后，重新进行校核。

方法3 丁二酮肟重量法

19 范围

本方法规定了钨粉、钨条、碳化钨、三氧化钨、钨酸、蓝钨、紫钨、仲钨酸铵、偏钨酸铵中镍量的测定方法。

本方法适用于钨粉、钨条、碳化钨、三氧化钨、钨酸、蓝钨、紫钨、仲钨酸铵、偏钨酸铵中镍的测定。测定范围：>0.20%～2.00%。

20 方法提要

钨粉、钨条、碳化钨用硫酸—硫酸铵分解；三氧化钨、钨酸用焦硫酸钾分解；蓝钨、紫钨经灼烧后用焦硫酸钾分解；仲钨酸铵、偏钨酸铵用氨水分解。以柠檬酸络合主体钨，在氨性条件下，用丁二酮肟沉淀镍，以重量法测定镍量。

21 试剂

除非另有说明，在分析中仅使用确认为分析纯的试剂和蒸馏水或去离子水。

21.1 焦硫酸钾。

21.2 硫酸铵。

21.3 硫酸（ρ1.84 g/mL）。

21.4 氨水（ρ0.90 g/mL）。

21.5 盐酸（1+1）。

21.6 柠檬酸溶液，500 g/L，过滤后备用。

21.7 丁二酮肟乙醇溶液，10 g/L：称取 1 g 丁二酮肟于 250 mL 烧杯中，加入 100 mL 无水乙醇溶解，过滤于棕色瓶中。

22 试样

钨条应粉碎并通过 125 μm 筛网。

23 分析步骤

23.1 试料

称取 1 g 试样（22），精确至 0.000 1 g。

23.2 测定次数

独立地进行两次测定，取其平均值。

23.3 空白试验

随同试料做空白试验。

23.4 测定

23.4.1 试料的处理

23.4.1.1 钨粉、钨条、碳化钨：将试料（23.1）置于 400 mL 烧杯中，加入 7 g 硫酸铵（21.2），10 mL 硫酸（21.3），在电炉上加热溶解，取下冷却。用水冲洗表面皿及杯壁，并稀释至 100 mL。

23.4.1.2 三氧化钨、钨酸：将试料（23.1）置于 100 mL 瓷坩埚中，加入 10 g 焦硫酸钾（21.1），在电炉上加热除去水分后取下，放入 750℃的高温炉中熔融 10 min，取出，冷却。用 100 mL～150 mL 热水将熔块浸取于 400 mL 烧杯中，加入 10 mL 柠檬酸溶液（21.6），加热使熔块溶解完全。

23.4.1.3 仲钨酸铵、偏钨酸铵：将试料（23.1）置于 400 mL 烧杯中，加入约 50 mL 水，5 mL 氨水（21.4），加热煮沸至试料完全分解，加入 10 mL 盐酸（21.5），加热煮沸 5 min。

23.4.1.4 蓝钨、紫钨：将试料（23.1）置于 100 mL 瓷坩埚中，在 750℃的高温炉中灼烧 30 min。以下按 23.4.1.2 进行。

23.4.2 加入 10 mL 柠檬酸溶液（21.6），混匀，加热煮沸。取下冷却，用氨水（21.4）调至钨酸沉淀溶解，再用盐酸（21.5）调至溶液 pH6 左右，加入沸水至 250 mL 体积，加入 20 mL 丁二酮肟乙醇溶液

(21.7),混匀。在不断搅拌下加入 30 mL 氨水(21.4),放置 1.5 h。

23.4.3　用预先在 115℃恒重的玻璃砂芯坩埚(3# 或 4#)抽滤,用蒸馏水洗涤烧杯和沉淀 10 次,然后将坩埚置于 115℃的烘箱内烘干 1 h。取出,放入干燥器中,冷却至室温,称重并烘至恒重。

24　分析结果的计算

按公式(3)计算镍的质量分数,数值以%表示:

$$w(\mathrm{Ni}) = \frac{(m_1 - m_2) - (m_3 - m_4)}{m_5} \times 0.203\,2 \times 100 \quad \cdots\cdots\cdots\cdots(3)$$

式中:

m_1——坩埚与丁二酮肟镍沉淀的总质量,单位为克(g);

m_2——盛试料的空坩埚的质量,单位为克(g);

m_3——空白和坩埚的总质量,单位为克(g);

m_4——盛空白的坩埚的质量,单位为克(g);

m_5——试料的质量,单位为克(g);

0.203 2——丁二酮肟镍换算为镍的系数。

25　精密度

25.1　重复性

在重复性条件下获得的两次独立测试结果的测定值,在以下给出的平均值范围内,这两个测试结果的绝对差值不超过重复性限(r),超过重复性限(r)的情况不超过 5%。重复性限(r)按以下数据采用线性内插法求得:

镍的质量分数(%):　0.203　1.986

重复性限 r (%):　0.027　0.086

25.2　允许差

实验室之间分析结果的差值不应大于表 3 所列允许差。

表 3

镍的质量分数/%	允许差/%
>0.20～0.80	0.05
>0.80～2.00	0.10

26　质量保证和控制

应用国家级标准样品或行业标准样品(当两者都没有时,也可用控制样品代替),每周或每两周校核一次本分析方法标准的有效性。当过程失控时,应找出原因,纠正错误后,重新进行校核。

ICS 77.120.99
H 63

中华人民共和国国家标准

GB/T 4324.13—2008
代替 GB/T 4324.13～4324.14—1984

钨化学分析方法
钙量的测定
电感耦合等离子体原子发射光谱法

**Methods for chemical analysis of tungsten—
Determination of calcium content—
The inductively coupled plasma atomic emission spectrometry**

2008-06-09 发布　　2008-12-01 实施

中华人民共和国国家质量监督检验检疫总局
中国国家标准化管理委员会　发布

前　言

GB/T 4324《钨化学分析方法》分为27个部分：

GB/T 4324.1　钨化学分析方法　铅、镉量的测定　方波极谱法；

GB/T 4324.2　钨化学分析方法　铋量的测定　碘化钾-马钱子碱分光光度法；

GB/T 4324.3　钨化学分析方法　锡量的测定　聚乙二醇辛基苯基醚-苯芴光酮分光光度法；

GB/T 4324.4　钨化学分析方法　锑量的测定　孔雀绿分光光度法；

GB/T 4324.5　钨化学分析方法　砷量的测定　钼蓝分光光度法；

GB/T 4324.6　钨化学分析方法　铁量的测定　邻二氮杂菲分光光度法；

GB/T 4324.7　钨化学分析方法　钴量的测定　钴试剂分光光度法；

GB/T 4324.8　钨化学分析方法　镍量的测定　电感耦合等离子体原子发射光谱法、火焰原子吸收光谱法和丁二酮肟重量法；

GB/T 4324.10　钨化学分析方法　铜量的测定　新铜试剂分光光度法；

GB/T 4324.11　钨化学分析方法　铝量的测定　铬天青S分光光度法；

GB/T 4324.12　钨化学分析方法　硅量的测定　氯化-硅钼蓝分光光度法；

GB/T 4324.13　钨化学分析方法　钙量的测定　电感耦合等离子体原子发射光谱法；

GB/T 4324.15　钨化学分析方法　镁量的测定　火焰原子吸收光谱法和电感耦合等离子体原子发射光谱法；

GB/T 4324.17　钨化学分析方法　钠量的测定　原子吸收光谱法；

GB/T 4324.18　钨化学分析方法　钾量的测定　原子吸收光谱法；

GB/T 4324.19　钨化学分析方法　钛量的测定　二安替比林甲烷分光光度法；

GB/T 4324.20　钨化学分析方法　钒量的测定　钽试剂分光光度法；

GB/T 4324.21　钨化学分析方法　铬量的测定　二苯基碳酰二肼分光光度法；

GB/T 4324.22　钨化学分析方法　锰量的测定　甲醛肟分光光度法；

GB/T 4324.23　钨化学分析方法　硫量的测定　燃烧-电导法；

GB/T 4324.24　钨化学分析方法　磷量的测定　铍为载带沉淀剂-钼蓝分光光度法；

GB/T 4324.25　钨化学分析方法　氧量的测定　惰气熔融库仑滴定法；

GB/T 4324.26　钨化学分析方法　氮量的测定　奈式试剂分光光度法；

GB/T 4324.27　钨化学分析方法　碳量的测定　燃烧-库仑滴定法；

GB/T 4324.28　钨化学分析方法　钼量的测定　硫氰酸盐分光光度法；

GB/T 4324.29　钨化学分析方法　氯化挥发后残渣量的测定　重量法；

GB/T 4324.30　钨化学分析方法　灼烧损失量的测定　重量法。

本部分为GB/T 4324的第13部分。

本部分代替GB/T 4324.13—1984《钨化学分析方法　乙二醛双(2-羟基苯胺)光度法测定钙量》和GB/T 4324.14—1984《钨化学分析方法　原子吸收光度法测定钙量》。

本部分与GB/T 4324.13—1984和GB/T 4324.14—1984相比主要变化如下：

——测定方法改为电感耦合等离子体原子发射光谱法，取消了乙二醛双(2-羟基苯胺)分光光度法和原子吸收分光光度法；

——增加了前言、精密度及质量保证和控制内容。

本部分由中国有色金属工业协会提出。

本部分由全国有色金属标准化技术委员会归口。

本部分由株洲硬质合金集团有限公司负责起草。

本部分由中南大学粉末冶金研究院参加起草。

本部分主要起草人：熊静、郭鹏、张江峰。

本部分主要验证人：奉冬文。

本部分所代替标准的历次版本发布情况为：

——GB/T 4324.13—1984、GB/T 4324.14—1984。

钨化学分析方法
钙量的测定
电感耦合等离子体原子发射光谱法

1 范围

本部分规定了钨粉、钨条、三氧化钨、蓝钨、紫钨、碳化钨、钨酸、仲钨酸铵、偏钨酸铵中钙含量的测定方法。

本部分适用于钨粉、钨条、三氧化钨、蓝钨、紫钨、碳化钨、钨酸、仲钨酸铵、偏钨酸铵中钙含量的测定。测定范围：0.000 3%～0.050%。

2 方法提要

钨粉、钨条、细(中)颗粒碳化钨用过氧化氢分解；蓝钨用过氧化氢及氨水分解；三氧化钨、钨酸、仲钨酸铵、偏钨酸铵用氨水分解；紫钨、粗颗粒碳化钨氧化成三氧化钨后用氨水分解。用过氧化氢、柠檬酸络合钨，于电感耦合等离子体原子发射光谱仪上测定钙量。

3 试剂

除非另有说明，在分析中仅使用确认为分析纯的试剂和二次蒸馏水。

3.1 过氧化氢(ρ1.10 g/mL)。

3.2 氨水(1+1)，用 MOS 级氨水配制。

3.3 柠檬酸溶液(500 g/L)。

3.4 钙标准贮存溶液：称取 0.139 9 g 预先经 900℃灼烧 1 h 的氧化钙(氧化钙的质量分数不小于 99.99%)，置于 250 mL 烧杯中，加入 20 mL 盐酸(1+1)，盖上表面皿，加热至完全溶解，冷却至室温。将溶液移入 1 000 mL 容量瓶中，用水稀释至刻度，混匀。此溶液 1 mL 含 100 μg 钙。

3.5 钙标准溶液：移取 10.00 mL 钙标准贮存溶液(3.4)于 100 mL 容量瓶中，用水稀释至刻度，混匀。此溶液 1 mL 含 10 μg 钙。

3.6 钨基体：钙的质量分数小于 0.000 1%。

4 仪器

电感耦合等离子体原子发射光谱仪。

5 试样

5.1 钨条应粉碎并通过 125 μm 筛网。

5.2 细颗粒碳化钨平均粒度为 1 μm～3 μm，中颗粒碳化钨平均粒度大于 3 μm～9 μm，粗颗粒碳化钨平均粒度大于 9 μm。

6 分析步骤

6.1 试料

称取 0.5 g～1 g 试样(5)，精确至 0.000 1 g。

6.2 测定次数

独立地进行两次测定，取其平均值。

6.3 空白试验

称取与试料等量的钨基体(3.6),随同试料做空白试验。

6.4 测定

6.4.1 试料按

6.4.1.1 钨粉、钨条、细(中)颗粒碳化钨:将试料(6.1)置于200 mL石英烧杯中,用水润湿,分次加入10 mL过氧化氢(3.1),待激烈反应停止后,盖上表面皿,低温加热至试料完全溶解,取下。

6.4.1.2 三氧化钨、钨酸:将试料(6.1)置于200 mL石英烧杯中,加入40 mL氨水(3.2),盖上表面皿,低温加热至试料溶解,并蒸至出现白色结晶,加入5 mL过氧化氢(3.1),加热至试液清亮。

6.4.1.3 仲钨酸铵、偏钨酸铵:将试料(6.1)置于200 mL石英烧杯中,加入约30 mL水,5 mL氨水(3.2),低温加热煮沸至完全溶解,并蒸至出现白色结晶,加入5 mL过氧化氢(3.1),加热至试液清亮。

6.4.1.4 蓝钨:将试料(6.1)置于100 mL石英锥形瓶中,加入20 mL过氧化氢(3.1),加热蒸至近干。以下按6.4.1.2进行。

6.4.1.5 紫钨、粗颗粒碳化钨:将试料(6.1)置于100 mL石英锥形瓶中,在750℃高温炉中灼烧至完全氧化为三氧化钨。以下按6.4.1.2进行。

6.4.2 加入2 mL柠檬酸溶液(3.3),加热煮沸至无小气泡,冷却。

6.4.3 将试液移入100 mL容量瓶中,用水稀释至刻度,混匀。

6.4.4 在电感耦合等离子体原子发射光谱仪上,于Ca393.366 nm波长处,测定试液及随同试料空白的发射强度。从相应的工作曲线计算经空白校正的钙的质量浓度。

6.5 工作曲线的绘制

6.5.1 称取六份与试料等量的基体(3.6)置于一组200 mL石英烧杯中,按6.4.1～6.4.2进行,将试液移入100 mL容量瓶中,分别加入0 mL、1.00 mL、2.00 mL、3.00 mL、4.00 mL、5.00 mL钙标准溶液(3.4或3.5),用水稀释至刻度,混匀。

6.5.2 将标准系列溶液在电感耦合等离子体原子发射光谱仪上,于393.366 nm波长处,测定钙的发射强度。以钙的质量浓度为横坐标,发射强度为纵坐标,绘制工作曲线。

7 分析结果的计算

按公式(1)计算钙的质量分数,数值以%表示:

$$w(\mathrm{Ca}) = \frac{\rho \times V \times 10^{-6}}{m} \times 100 \qquad \cdots\cdots(1)$$

式中:

ρ——从工作曲线计算得到试液中经空白校正过的钙的质量浓度,单位为微克每毫升(μg/mL);

V——试液的体积,单位为毫升(mL);

m——试料的质量,单位为克(g)。

8 精密度

8.1 重复性

在重复性条件下获得的两次独立测试结果的测定值,在以下给出的平均值范围内,这两个测试结果的绝对差值不超过重复性限(r),超过重复性限(r)的情况不超过5%。重复性限(r)按以下数据采用线性内插法求得:

钙的质量分数(%):	0.000 47	0.003 96	0.038 8
重复性限 r(%):	0.000 17	0.000 42	0.004 4

8.2 允许差

实验室之间分析结果的差值不应大于表1所列允许差。

表 1

钙的质量分数/%	允许差/%
0.000 3～0.000 9	0.000 25
>0.000 9～0.002 0	0.000 5
>0.002 0～0.004 0	0.000 8
>0.004 0～0.010	0.001 0
>0.010～0.020	0.003
>0.020～0.030	0.005
>0.030～0.050	0.006

9 质量保证和控制

应用国家级标准样品或行业标准样品(当两者都没有时,也可用控制样品代替),每周或每两周校核一次本分析方法标准的有效性。当过程失控时,应找出原因,纠正错误后,重新进行校核。

ICS 77.120.99
H 63

中华人民共和国国家标准

GB/T 4324.15—2008
代替 GB/T 4324.15～4324.16—1984

钨化学分析方法 镁量的测定 火焰原子吸收光谱法和电感耦合等离子体原子发射光谱法

Methods for chemical analysis of tungsten—
Determination of magnesium content—
The flame atomic absorption spectrometry and inductively coupled plasma atomic emission spectrometry

2008-06-09 发布　　2008-12-01 实施

中华人民共和国国家质量监督检验检疫总局
中国国家标准化管理委员会　发布

前　言

GB/T 4324《钨化学分析方法》分为27个部分：

GB/T 4324.1　钨化学分析方法　铅、镉量的测定　方波极谱法；

GB/T 4324.2　钨化学分析方法　铋量的测定　碘化钾-马钱子碱分光光度法；

GB/T 4324.3　钨化学分析方法　锡量的测定　聚乙二醇辛基苯基醚-苯芴光酮分光光度法；

GB/T 4324.4　钨化学分析方法　锑量的测定　孔雀绿分光光度法；

GB/T 4324.5　钨化学分析方法　砷量的测定　钼蓝分光光度法；

GB/T 4324.6　钨化学分析方法　铁量的测定　邻二氮杂菲分光光度法；

GB/T 4324.7　钨化学分析方法　钴量的测定　钴试剂分光光度法；

GB/T 4324.8　钨化学分析方法　镍量的测定　电感耦合等离子体原子发射光谱法、火焰原子吸收光谱法和丁二酮肟重量法；

GB/T 4324.10　钨化学分析方法　铜量的测定　新铜试剂分光光度法；

GB/T 4324.11　钨化学分析方法　铝量的测定　铬天青S分光光度法；

GB/T 4324.12　钨化学分析方法　硅量的测定　氯化-硅钼蓝分光光度法；

GB/T 4324.13　钨化学分析方法　钙量的测定　电感耦合等离子体原子发射光谱法；

GB/T 4324.15　钨化学分析方法　镁量的测定　火焰原子吸收光谱法和电感耦合等离子体原子发射光谱法；

GB/T 4324.17　钨化学分析方法　钠量的测定　原子吸收光谱法；

GB/T 4324.18　钨化学分析方法　钾量的测定　原子吸收光谱法；

GB/T 4324.19　钨化学分析方法　钛量的测定　二安替比林甲烷分光光度法；

GB/T 4324.20　钨化学分析方法　钒量的测定　钽试剂分光光度法；

GB/T 4324.21　钨化学分析方法　铬量的测定　二苯基碳酰二肼分光光度法；

GB/T 4324.22　钨化学分析方法　锰量的测定　甲醛肟分光光度法；

GB/T 4324.23　钨化学分析方法　硫量的测定　燃烧-电导法；

GB/T 4324.24　钨化学分析方法　磷量的测定　铍为载带沉淀剂-钼蓝分光光度法；

GB/T 4324.25　钨化学分析方法　氧量的测定　惰气熔融库仑滴定法；

GB/T 4324.26　钨化学分析方法　氮量的测定　奈式试剂分光光度法；

GB/T 4324.27　钨化学分析方法　碳量的测定　燃烧-库仑滴定法；

GB/T 4324.28　钨化学分析方法　钼量的测定　硫氰酸盐分光光度法；

GB/T 4324.29　钨化学分析方法　氯化挥发后残渣量的测定　重量法；

GB/T 4324.30　钨化学分析方法　灼烧损失量的测定　重量法。

本部分为GB/T 4324的第15部分。

本部分代替GB/T 4324.15—1984《钨化学分析方法　偶氮氯膦Ⅰ光度法测定镁量》和GB/T 4324.16—1984《钨化学分析方法　原子吸收光度法测定镁量》。

本部分与GB/T 4324.15—1984和GB/T 4324.16—1984相比主要变化如下：

——测定方法增加了电感耦合等离子体原子发射光谱法，取消了偶氮氯膦Ⅰ分光光度法；

——适用范围中增加了蓝钨、紫钨、碳化钨、偏钨酸铵，测定范围由“0.000 3%～0.020%”改为“0.000 3%～0.050%”；

——为保证样品适用不同溶解方法，在“试样”中对细、中、粗颗粒碳化钨的平均粒度作了界定；

——将“测定次数”中“三次”改为“两次”；

——对钨粉、钨条、三氧化钨、钨酸、仲钨酸铵分别修改了溶样方法，增加了蓝钨、紫钨、碳化钨、偏钨酸铵的溶样方法；

——在“工作曲线的绘制”中改用基体匹配标准曲线法代替样品标准加入法；

——增加了前言、精密度及质量保证和控制内容。

本部分方法2为仲裁方法。

本部分由中国有色金属工业协会提出。

本部分由全国有色金属标准化技术委员会归口。

本部分由株洲硬质合金集团有限公司负责起草。

本部分由自贡硬质合金有限责任公司、崇义章源钨制品有限公司、中南大学粉末冶金研究院参加起草。

本部分主要起草人：张颖、郭鹏、张江峰。

本部分方法1主要验证人：李慧玲、张云霞、李萍。

本部分方法2主要验证人：奉冬文。

本部分所代替标准的历次版本发布情况为：

——GB/T 4324.15—1984、GB/T 4324.16—1984。

钨化学分析方法
镁量的测定
火焰原子吸收光谱法和电感耦合等离子体原子发射光谱法

方法1 火焰原子吸收光谱法

1 范围

本方法规定了钨粉、钨条、三氧化钨、蓝钨、紫钨、碳化钨、钨酸、偏钨酸铵、仲钨酸铵中镁含量的测定方法。

本方法适用于钨粉、钨条、三氧化钨、蓝钨、紫钨、碳化钨、钨酸、偏钨酸铵、仲钨酸铵中镁含量的测定。测定范围:0.000 3%~0.050%。

2 方法提要

钨粉、钨条、细(中)颗粒碳化钨用过氧化氢分解;蓝钨用过氧化氢及氨水分解;三氧化钨、钨酸、仲钨酸铵、偏钨酸铵用氨水分解;紫钨、粗颗粒碳化钨灼烧成三氧化钨后用氨水分解。用过氧化氢、柠檬酸络合钨,于原子吸收光谱仪上测定镁量。

3 试剂

除非另有说明,在分析中仅使用确认为优级纯的试剂和二次蒸馏水。

3.1 过氧化氢(ρ1.10 g/mL)。

3.2 氨水(1+1)。

3.3 柠檬酸溶液(500 g/L)。

3.4 镁标准贮存溶液:称取0.165 8 g预先经780℃灼烧1 h的氧化镁(氧化镁的质量分数不小于99.99%),置于250 mL烧杯中,加入20 mL盐酸(1+1),低温加热溶解,冷却至室温。将溶液移入1 000 mL容量瓶中,用水稀释至刻度,混匀。此溶液1 mL含100 μg镁。

3.5 镁标准溶液:移取10.00 mL镁标准贮存溶液(3.4)置于100 mL容量瓶中,用水稀释至刻度,混匀。此溶液1 mL含10 μg镁。

3.6 钨基体:镁的质量分数小于0.000 1%。

4 仪器

原子吸收光谱仪,附镁空心阴极灯。

在仪器最佳工作条件下,凡能达到下列指标者均可使用:

——特征浓度:在与测量溶液的基体相一致的溶液中,镁的特征质量浓度不大于0.01 μg/mL。

——精密度:用最高浓度的标准溶液测量10次吸光度,其标准偏差应不超过平均吸光度的1.5%;用最低浓度的标准溶液(不是"零"浓度标准溶液)测量10次吸光度,其标准偏差应不超过最高浓度平均吸光度的0.5%。

——工作曲线线性:将工作曲线按浓度等分成五段,最高段的吸光度差值与最低段的吸光度差值之比应不小于0.7。

5 试样

5.1 钨条应粉碎并通过 125 μm 筛网。

5.2 细颗粒碳化钨平均粒度为 1 μm～3 μm，中颗粒碳化钨平均粒度大于 3 μm～9 μm，粗颗粒碳化钨平均粒度大于 9 μm。

6 分析步骤

6.1 试料

称取 0.5 g～1 g 试样(5)，精确至 0.000 1 g。

6.2 测定次数

独立地进行两次测定，取其平均值。

6.3 空白试验

随同试料做空白试验。

6.4 测定

6.4.1 试料的处理

6.4.1.1 钨粉、钨条、细(中)颗粒碳化钨：将试料(6.1)置于 200 mL 石英烧杯中，用水润湿，分次加入 10 mL 过氧化氢(3.1)，待激烈反应停止后，盖上表面皿，低温加热至试料完全溶解，取下。

6.4.1.2 三氧化钨、钨酸：将试料(6.1)置于 200 mL 石英烧杯中，加入 40 mL 氨水(3.2)，盖上表面皿，低温加热至试料溶解，并蒸至出现白色结晶，加入 5 mL 过氧化氢(3.1)，加热至试液清亮。

6.4.1.3 偏钨酸铵、仲钨酸铵：将试料(6.1)置于 200 mL 石英烧杯中，加入约 50 mL 水，5 mL 氨水(3.2)，加热至试料溶解，并蒸至出现白色结晶，加入 5 mL 过氧化氢(3.1)，加热至试液清亮。

6.4.1.4 蓝钨：将试料(6.1)置于 100 mL 石英锥形瓶中，加 20 mL 过氧化氢(3.1)，加热蒸至近干，以下按 6.4.1.2 进行。

6.4.1.5 紫钨、粗颗粒碳化钨：将试料(6.1)置于 100 mL 石英锥形瓶中，于 750℃高温炉中灼烧至完全氧化为三氧化钨，以下按 6.4.1.2 进行。

6.4.2 加 2 mL 柠檬酸溶液(3.3)，加热煮沸至无小气泡，冷却。

6.4.3 将试液移入 100 mL 容量瓶中，用水稀释至刻度，混匀。

6.4.4 在原子吸收光谱仪上，根据试样中镁的质量分数，0.000 3%～0.010%含量选用镁 285.2 nm 波长，>0.010%～0.050%含量选用镁 202.6 nm 波长，用空气-乙炔火焰，以水调零，测定试液及随同试料空白的吸光度。从相应的工作曲线计算经空白校正的镁的质量浓度。

6.5 工作曲线的绘制

6.5.1 称取六份与试料等量的基体(3.6)置于一组 200 mL 石英烧杯中，按 6.4.1～6.4.2 处理，将试液移入 100 mL 容量瓶中，分别加入 0、1.00 mL、2.00 mL、3.00 mL、4.00 mL、5.00 mL 镁标准溶液(3.4 或 3.5)，用水稀释至刻度，混匀。

6.5.2 将标准系列溶液在原子吸收光谱仪上，根据镁标准溶液质量浓度，0～0.5 μg/mL 选用 285.2 nm 波长，0～5.0 μg/mL 选用镁 202.6 nm 波长，用空气-乙炔火焰，以水调零，测定镁的吸光度，减去标准系列中“零”质量浓度溶液的吸光度。以镁的质量浓度为横坐标，吸光度为纵坐标，绘制工作曲线。

7 分析结果的计算

按公式(1)计算镁的质量分数，数值以%表示：

$$w(\mathrm{Mg}) = \frac{\rho \cdot V \times 10^{-6}}{m} \times 100 \qquad \cdots\cdots(1)$$

式中：

ρ——从工作曲线上计算得到试液中经空白校正的镁的质量浓度，单位为微克每毫升(μg/mL)；

V——试液的体积，单位为毫升(mL)；

m——试料的质量，单位为克(g)。

8 精密度

8.1 重复性

在重复性条件下获得的两次独立测试结果的测定值，在以下给出的平均值范围内，这两个测试结果的绝对差值不超过重复性限(r)，超过重复性限(r)的情况不超过5%。重复性限(r)按以下数据采用线性内插法求得：

镁的质量分数(%)：0.000 43　　0.004 30　　0.043 6

重复性限r(%)：　0.000 07　　0.000 62　　0.004 4

8.2 允许差

实验室之间分析结果的差值不应大于表1所列允许差。

表 1

镁质量分数/%	允许差/%
0.000 3～0.000 9	0.000 25
>0.000 9～0.003 0	0.000 5
>0.003 0～0.010	0.001 0
>0.010～0.025	0.003 0
>0.025～0.050	0.006 0

9 质量保证和控制

应用国家级标准样品或行业标准样品(当两者都没有时，也可用控制样品代替)，每周或每两周校核一次本分析方法标准的有效性。当过程失控时，应找出原因，纠正错误后，重新进行校核。

方法2　电感耦合等离子体原子发射光谱法

10 范围

本方法规定了钨粉、钨条、三氧化钨、蓝钨、紫钨、碳化钨、钨酸、偏钨酸铵、仲钨酸铵中镁含量的测定方法。

本方法适用于钨粉、钨条、三氧化钨、蓝钨、紫钨、碳化钨、钨酸、偏钨酸铵、仲钨酸铵中镁含量的测定。测定范围：0.000 3%～0.050%。

11 方法提要

钨粉、钨条、细(中)颗粒碳化钨用过氧化氢分解；蓝钨用过氧化氢及氨水分解；三氧化钨、钨酸、仲钨酸铵、偏钨酸铵用氨水分解；紫钨、粗颗粒碳化钨灼烧成三氧化钨后用氨水分解。用过氧化氢、柠檬酸络合钨，于电感耦合等离子体发射光谱仪上测定镁量。

12 试剂

除非另有说明，在分析中仅使用确认为优级纯的试剂和二次蒸馏水。

12.1　过氧化氢(ρ1.10 g/mL)。

12.2 氨水(1+1)。

12.3 柠檬酸溶液(500 g/L)。

12.4 镁标准贮存溶液：称取0.165 8 g预先经780℃灼烧1 h的氧化镁(氧化镁的质量分数不小于99.99%)，置于250 mL烧杯中，加入20 mL盐酸(1+1)，低温加热溶解，冷却至室温，将溶液移入1 000 mL容量瓶中，用水稀释至刻度，混匀。此溶液1 mL含100 μg镁。

12.5 镁标准溶液：移取10.00 mL镁标准贮存溶液(12.4)置于100 mL容量瓶中，用水稀释至刻度，混匀。此溶液1 mL含10 μg镁。

12.6 钨基体：镁的质量分数小于0.000 1%。

13 仪器

电感耦合等离子体原子发射光谱仪。

14 试样

14.1 钨条应粉碎并通过125 μm筛网。

14.2 细颗粒碳化钨平均粒度为1 μm～3 μm，中颗粒碳化钨平均粒度大于3 μm～9 μm，粗颗粒碳化钨平均粒度大于9 μm。

15 分析步骤

15.1 试料

称取试样0.5 g～1 g(14)，精确至0.000 1 g。

15.2 测定次数

独立地进行两次测定，取其平均值。

15.3 空白试验

称取与试料等量的钨基体(12.6)，随同试料做空白试验。

15.4 测定

15.4.1 按不同类别对试料进行处理。

15.4.1.1 钨粉、钨条、细(中)颗粒碳化钨：将试料(15.1)置于200 mL石英烧杯中，用水润湿，分次加入10 mL过氧化氢(12.1)，待激烈反应停止后，盖上表面皿，低温加热至试料溶解，取下。

15.4.1.2 三氧化钨、钨酸：将试料(15.1)置于200 mL石英烧杯中，加入40 mL氨水(12.2)，盖上表面皿，低温加热至试料溶解，并蒸至出现白色结晶，加入5 mL过氧化氢(12.1)，加热至试液清亮。

15.4.1.3 偏钨酸铵、仲钨酸铵：将试料(15.1)置于200 mL石英烧杯中，加入约50 mL水，5 mL氨水(12.2)，低温加热至试料溶解，并蒸至出现白色结晶，加入5 mL过氧化氢(12.1)，加热至试液清亮。

15.4.1.4 蓝钨：将试料(15.1)置于100 mL石英锥形瓶中，加20 mL过氧化氢(12.1)，加热蒸至近干，以下按15.4.1.2进行。

15.4.1.5 将紫钨、粗颗粒碳化钨试料(15.1)置于100 mL石英锥形瓶中，于750℃高温炉中灼烧至完全氧化为三氧化钨，以下按15.4.1.2进行。

15.4.2 加2 mL柠檬酸溶液(12.3)，加热煮沸至无小气泡，冷却。

15.4.3 将试液移入100 mL容量瓶中，用水稀释至刻度，混匀。

15.4.4 在电感耦合等离子体原子发射光谱仪上，于g 279.553 nm波长处，测定试液及随同试料空白的发射强度。从相应的工作曲线计算经空白校正的镁的质量浓度。

15.5 工作曲线的绘制

15.5.1 称取六份与试料等量的基体(12.6)置于一组200 mL石英烧杯中，按15.4.1～15.4.2进行，将溶液移入100 mL容量瓶中，分别加入0、1.00 mL、2.00 mL、3.00 mL、4.00 mL、5.00 mL镁标准溶液(12.4 或 12.5),用水稀释至刻度,混匀。

15.5.2 将标准系列溶液在电感耦合等离子体原子发射光谱仪上,于 279.553 nm 波长处,测定镁的发射强度。以镁的质量浓度为横坐标,发射强度为纵坐标,绘制工作曲线。

16 分析结果的计算

按公式(2)计算镁的质量分数,数值以%表示:

$$w(\mathrm{Mg})=\frac{\rho_1 \cdot V_1 \times 10^{-6}}{m_1}\times 100 \qquad \cdots\cdots(2)$$

式中:

ρ_1——从工作曲线上计算得到试液中经空白校正的镁的质量浓度,单位为微克每毫升(μg/mL);

V_1——试液的体积,单位为毫升(mL);

m_1——试料的质量,单位为克(g)。

17 精密度

17.1 重复性

在重复性条件下获得的两次独立测试结果的测定值,在以下给出的平均值范围内,这两个测试结果的绝对差值不超过重复性限(r),超过重复性限(r)的情况不超过 5%。重复性限(r)按以下数据采用线性内插法求得:

镁的质量分数(%):0.000 46　　0.004 34　　0.043 4

重复性限 r(%):　0.000 14　　0.000 69　　0.004 8

17.2 允许差

实验室之间分析结果的差值不应大于表 2 所列允许差。

表 2

镁的质量分数/%	允许差/%
0.000 3～0.000 9	0.000 25
>0.000 9～0.003 0	0.000 5
>0.003 0～0.010	0.001 0
>0.010～0.025	0.003 0
>0.025～0.050	0.006 0

18 质量保证和控制

应用国家级标准样品或行业标准样品(当两者都没有时,也可用控制样品代替),每周或每两周校核一次本分析方法标准的有效性。当过程失控时,应找出原因,纠正错误后,重新进行校核。

ICS 13.220.10
C 80

中华人民共和国国家标准

GB/T 4327—2008
代替 GB/T 4327—1993

消防技术文件用消防设备图形符号

Equipment for fire protection and fire fighting graphical symbols for fire protection plans-specification

(ISO 6790:1986, MOD)

2008-10-08 发布 2009-05-01 实施

中华人民共和国国家质量监督检验检疫总局
中国国家标准化管理委员会 发布

前　言

本标准修改采用ISO 6790:1986《消防技术文件用消防设备图形符号》(英文版)。

本标准根据ISO 6790:1986重新起草,在附录B中列出了本标准章条编号与ISO 6790:1986章条编号的对照一览表。

考虑到我国国情,在采用ISO 6790:1986时,本标准进行了以下技术性修改:

——增加了第2章内容,将国际标准引言中的要求部分作为本章的内容,其后各章的章、条号对应国际标准相关前一章的章、条号,图形符号的对应关系在说明栏中进行了详细说明;

——增加了基本符号、辅助符号、单独使用的符号、组合图形符号举例(表1～表4说明栏内未标识ISO条款号的符号);

——修改了ISO 6790:1986的5.9所示符号(见本标准6-10所示符号);

——删除了ISO 6790:1986中3.2.1、3.2.2符号名称的脚注内容“按ISO 3941命名”(见本标准4-05、4-06符号);

——增加了资料性附录B“本标准章条编号与ISO 6790:1986章条编号对照”;

——增加了索引。

为了方便使用和符合我国相关标准编写要求,本标准还对ISO 6790:1986做了下列编辑性修改:

——“本国际标准”一词改为“本标准”;

——删除了ISO 6790:1986的前言和引言,重新起草了标准前言;

——按照GB/T 20001.2—2001的要求,将国际标准的图形符号表中符号栏与名称栏的位置进行了交换,修改了图形符号的编号;

——按照GB/T 20001.2—2001的要求,在图形符号表中增加了说明栏,给出了图形符号与国际标准的对应关系,将ISO 6790:1986中部分符号名称的脚注内容放到说明栏内(见本标准4-03、4-07、4-10、5-03、5-04符号的说明)。

本标准代替GB/T 4327—1993《消防技术文件用消防设备图形符号》。本标准与GB/T 4327—1993相比主要变化如下:

——增加了基本符号、辅助符号、单独使用的符号、组合图形符号举例(表1～表4说明栏内未标识ISO条款号的符号);

——增加了资料性附录B。

本标准的附录A和附录B为资料性附录。

本标准由中华人民共和国公安部提出。

本标准由全国消防标准化技术委员会消防术语符号和标志分技术委员会(SAC/TC 113/SC 1)归口。

本标准起草单位:公安部天津消防研究所。

本标准主要起草人:王颖、姚松经、郑巍、梁广喜、李春强。

本标准所代替标准的历次版本发布情况为:

——GB 4327—1984、GB/T 4327—1993。

消防技术文件用消防设备图形符号

1 范围

本标准规定了有关建筑、工程、建筑物及其他相关设计领域的消防技术文件中使用的、表示各种消防设备的基本符号、辅助符号和单独使用的符号，并举例说明了部分组合图形符号。

本标准适用于新建、改建或扩建工程中，在编制消防设计、施工、维护或审核等技术文件时使用的有关防火、灭火和疏散方法的下列消防设备：

——灭火器；

——固定灭火系统；

——消防供水线；

——其他灭火设备；

——控制与指示设备；

——报警启动装置；

——火灾报警装置；

——消防通风口；

——疏散路线；

——火灾和爆炸危险区域。

2 基本原则

2.1 消防技术文件用图形符号由基本符号(见表1)、辅助符号(见表2)按需要组合成不同的图形符号，也可采用单独使用的图形符号(见表3)。

2.2 同一份消防技术文件中的所有图形符号的比例都应相同，并要与文件中其他内容的比例相适应。符号的大小应适宜于微缩复制。

2.3 单独使用的符号(见表3)不应组合使用。

3 基本符号

基本符号表示消防设备的类别。表1给出了常见的基本符号。

表1 基本符号

编号	符 号	名 称	说明
3-01	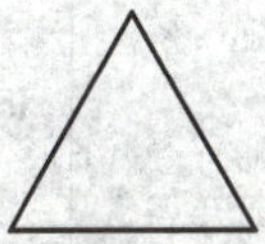	手提式灭火器 portable fire extinguisher	ISO 6790:1986(2.1)
3-02	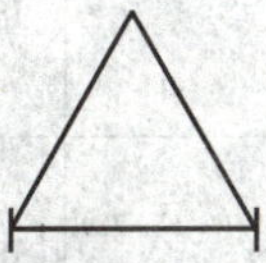	推车式灭火器 wheeled fire extinguisher	ISO 6790:1986(2.2)

表 1（续）

编号	符 号	名 称	说明
3-03	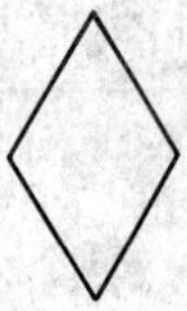	固定灭火系统(全淹没) fixed fire-extinguishing systems (total protection of a room)	ISO 6790:1986(2.3)
3-04	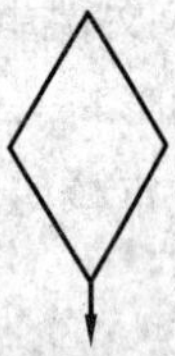	固定灭火系统(局部应用) fixed fire-extinguishing systems (local application)	ISO 6790:1986(2.4)
3-05		消防供水干线 fire main	ISO 6790:1986(2.5)
3-06	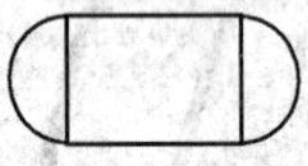	灭火剂罐 extinguishing agent jar	
3-07		其他灭火设备 miscellaneous fire-fighting equipment	ISO 6790:1986(2.6)
3-08	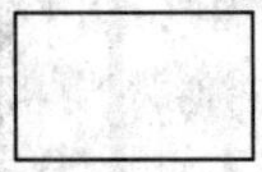	控制和指示设备 control and indicating equipment	ISO 6790:1986(2.7)
3-09		报警启动装置(点式-手动或自动) alarm-initiating device (point type, manual or automatic)	ISO 6790:1986(2.8)
3-10	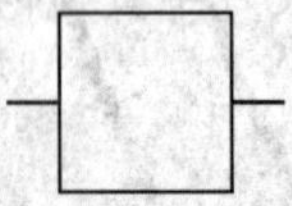	线型探测器 linear detector	ISO 6790:1986(2.9)
3-11	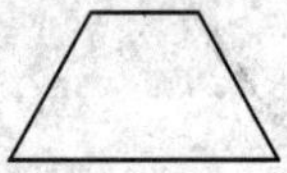	火灾警报装置 fire warning device	ISO 6790:1986(2.10)
3-12	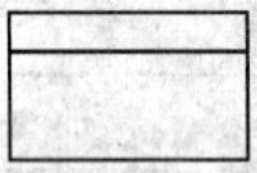	火灾报警装置 fire alarm device	
3-13	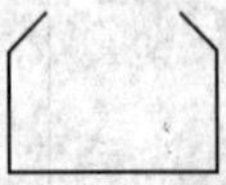	消防通风口 natural venting	ISO 6790:1986(2.11)
3-14	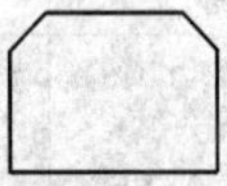	正压(烟气控制) pressurization(smoke control)	ISO 6790:1986(2.12)
3-15	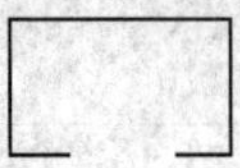	特殊危险区域或房间 special risk area or room	ISO 6790:1986(2.13)

4 辅助符号

辅助符号一般放在基本符号内,表示消防设备的种类或性质。表 2 给出了常见的辅助符号。

表 2 辅助符号

编号	符 号	名 称	说明
4-01		水 water	ISO 6790:1986(3.1.1)
4-02	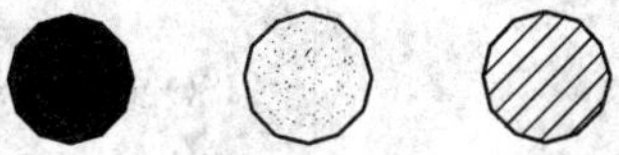	泡沫或泡沫液 foam or foam solution	ISO 6790:1986(3.1.2) 三种图形可以任意选择使用,当图形符号相对较小时,其中的打点区域应用阴影线或涂黑表示
4-03		含有添加剂的水 water with additive	ISO 6790:1986(3.1.3) 在平面图例中定义 三种图形可以任意选择使用,当图形符号相对较小时,其中的打点区域应用阴影线或涂黑表示
4-04		无水 dry	ISO 6790:1986(3.1.4)
4-05		BC 干粉 BC powder	ISO 6790:1986(3.2.1)
4-06		ABC 干粉 ABC powder	ISO 6790:1986(3.2.2) 三种图形可以任意选择使用,当图形符号相对较小时,其中的打点区域应用阴影线或涂黑表示
4-07		非 BC 和 ABC 干粉 extinguishing powder other than BC or ABC	ISO 6790:1986(3.2.3) 在平面图例中定义
4-08		卤代烷 halon	ISO 6790:1986(3.3.1)
4-09		二氧化碳(CO_2) carbon dioxide(CO_2)	ISO 6790:1986(3.3.2) 三种图形可以任意选择使用,当图形符号相对较小时,其中的打点区域应用阴影线或涂黑表示
4-10		非卤代烷和二氧化碳灭火气体 extinguishing gas other than halon or CO_2	ISO 6790:1986(3.3.3) 在平面图例中定义

表 2（续）

编号	符　号	名　称	说明
4-11		消防泵 fire pumps	
4-12		阀 valve	ISO 6790:1986(3.4.1)
4-13		自动阀 automatic valve	
4-14		出口 outlet	ISO 6790:1986(3.4.2)
4-15		入口 inlet	ISO 6790:1986(3.4.3)
4-16		热 heat	ISO 6790:1986(3.5.1)
4-17		烟 smoke	ISO 6790:1986(3.5.2)
4-18		火焰 flame	ISO 6790:1986(3.5.3)
4-19		易爆气体 explosive gas	ISO 6790:1986(3.5.4)
4-20		手动启动 manual actuation	ISO 6790:1986(3.5.5)
4-21		电铃 bell	ISO 6790:1986(3.6.1)
4-22	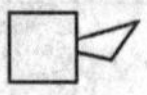	发声器 sounder	ISO 6790:1986(3.6.2)
4-23		扬声器 loud-speaker	ISO 6790:1986(3.6.3)
4-24		电话 telephone	ISO 6790:1986(3.6.4)
4-25		照明信号 illuminated signal	ISO 6790:1986(3.6.5)
4-26		指示灯 indicator light	
4-27		易燃材料 combustible materials	ISO 6790:1986(3.7)

表 2（续）

编号	符　号	名　称	说明
4-28		氧化剂 oxidizing agents	ISO 6790:1986(3.8)
4-29		爆炸材料 explosive materials	ISO 6790:1986(3.9)

5　单独使用的符号

单独使用的符号为非基本符号与辅助符号合成的符号。表 3 给出了常见的单独使用的符号。

表 3　单独使用的符号

编号	符　号	名　称	说明
5-01		水桶 water bucket	ISO 6790:1986(4.1)
5-02		砂桶 sand bucket	ISO 6790:1986(4.2) 三种图形可以任意选择使用，当图形符号相对较小时，其中的打点区域应用阴影线或涂黑表示
5-03		地上消火栓 pillar hydrant	ISO 6790:1986(4.3) 箭头数量由出水口数量决定
5-04		地下消火栓 ground hydrant	ISO 6790:1986(4.4) 箭头数量由出水口数量决定
5-05		疏散路线，疏散方向 escape route, direction to follow	ISO 6790:1986(4.5)
5-06		疏散路线，最终出口 escape route, final exit	ISO 6790:1986(4.6)
5-07		消防控制中心 fire protection control center	
5-08		开式喷头 open sprinkler	
5-09		闭式喷头 close sprinkler	
5-10	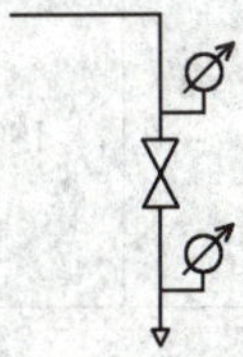	末端试水装置 end water-test equipment	

6 组合图形符号举例

根据不同的需要组合基本符号和辅助符号,表示不同品种设备的图形符号示例。基本符号和辅助符号的组合可以有很多形式,这里给出的符号仅仅是举例说明,不包括所有可能的组合。

表 4 给出了常见的组合图形符号。

表 4 组合图形符号

编号	符 号	名 称	说明
6-01		手提式清水灭火器 water portable extinguisher	ISO 6790:1986(5.1)
6-02	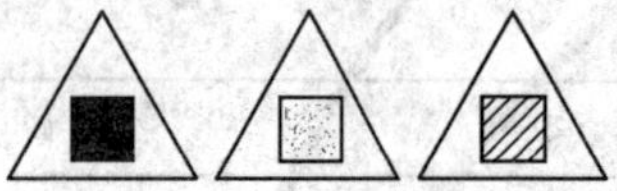	手提式 ABC 干粉灭火器 ABC powder portable extinguisher	ISO 6790:1986(5.2) 三种图形可以任意选择使用,当图形符号相对较小时,其中的打点区域应用阴影线或涂黑表示
6-03		手提式二氧化碳灭火器 carbon dioxide portable extinguisher	ISO 6790:1986(5.3) 三种图形可以任意选择使用,当图形符号相对较小时,其中的打点区域应用阴影线或涂黑表示
6-04	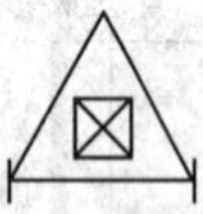	推车式 BC 干粉灭火器 wheeled BC powder extinguisher	ISO 6790:1986(5.4)
6-05		水喷淋灭火系统 sprinkler systems	
6-06	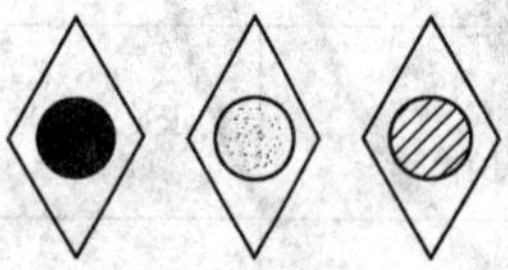	泡沫灭火系统(全淹没) foam extinguishing systems (total protection of the room)	ISO 6790:1986(5.5) 三种图形可以任意选择使用,当图形符号相对较小时,其中的打点区域应用阴影线或涂黑表示
6-07		BC 干粉灭火系统(局部应用) BC powder extinguishing systems (local application)	ISO 6790:1986(5.6)
6-08	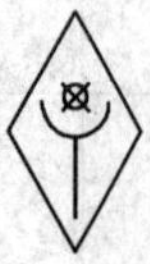	手动控制的水灭火系统(全淹没) manual control of a water extinguishing systems (total protection of a room)	ISO 6790:1986(5.7)
6-09	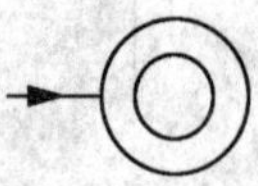	干式立管(入口无阀门) dry riser, inlet without valve	ISO 6790:1986(5.8)

表 4（续）

编号	符　号	名　称	说明
6-10	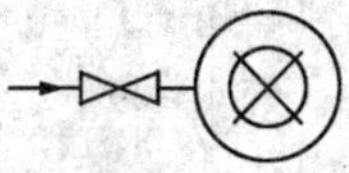	湿式报警阀 wet pipe valve	ISO 6790:1986(5.9),修改
6-11	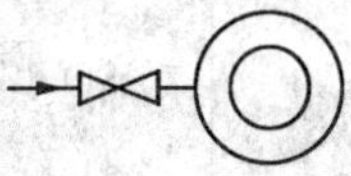	干式报警阀 dry pipe valve	
6-12	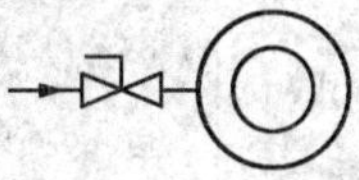	雨淋阀 deluge valve	
6-13	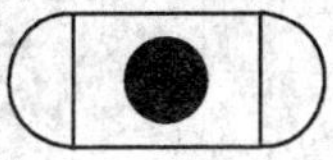	泡沫液罐 foam concentrate jar	
6-14	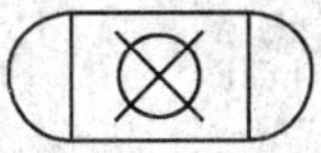	消防水罐(池) fire pool	
6-15	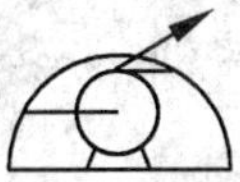	消防泵站(间) fire pump station	
6-16	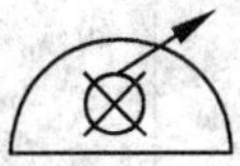	消火栓箱,湿式竖管 hose station, wet standpipe	ISO 6790:1986(5.10)
6-17	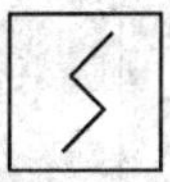	感烟火灾探测器(点型) smoke detector (point type)	ISO 6790:1986(5.11)
6-18	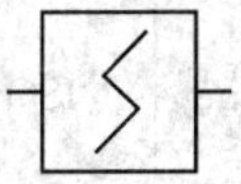	感烟火灾探测器(线型) smoke detector (linear type)	
6-19	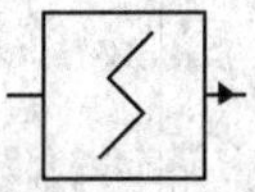	光束感烟火灾探测器(线型,发射部分) beam smoke detector (linear type, the part of launch)	
6-20	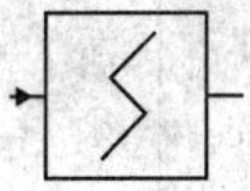	光束感烟火灾探测器(线型,接收部分) beam smoke detector (linear type, the part of reception)	
6-21		感光火灾探测器(点型) optical flame detector(point type)	
6-22		可燃气体探测器(点型) combustible gas detector(point type)	ISO 6790:1986(5.12)
6-23		报警电话 alarm telephone	ISO 6790:1986(5.14)

表 4(续)

编号	符　号	名　称	说明
6-24		感温火灾探测器(点型) heat detector (point type)	
6-25	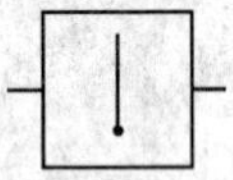	感温火灾探测器(线型) heat detector (linear type)	ISO 6790:1986(5.15)
6-26		复合式感温感烟火灾探测器(点型) combination type heat and smoke detector(point type)	
6-27		复合式感光感烟火灾探测器(点型) combination type optical flame and smoke detector (point type)	
6-28		复合式感光感温火灾探测器(点型) combination type optical flame and heat detector (point type)	
6-29	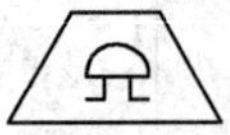	火灾警铃 fire bell	
6-30	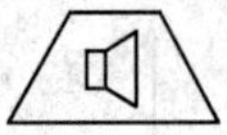	火灾应急广播扬声器 fire emergency broadcast loud-speaker	
6-31	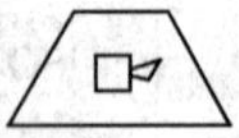	火灾发声警报器 fire alarm sounder	ISO 6790:1986(5.16)
6-32	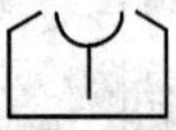	消防通风口的手动控制器 manual control of a natural venting device	ISO 6790:1986(5.17)
6-33		手动火灾报警按钮 manual fire alarm call point	
6-34	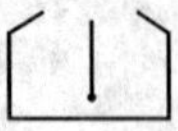	消防通风口的热启动控制器 heat control of a natural venting device	
6-35		有视听信号的控制和显示设备 control and indicating equipment with audible and illuminated signals	ISO 6790:1986(5.16)
6-36		含有爆炸性材料的房间 room containing explosive materials	ISO 6790:1986(5.17)

附 录 A
（资料性附录）
设计图示例

设计图示例见图 A.1。

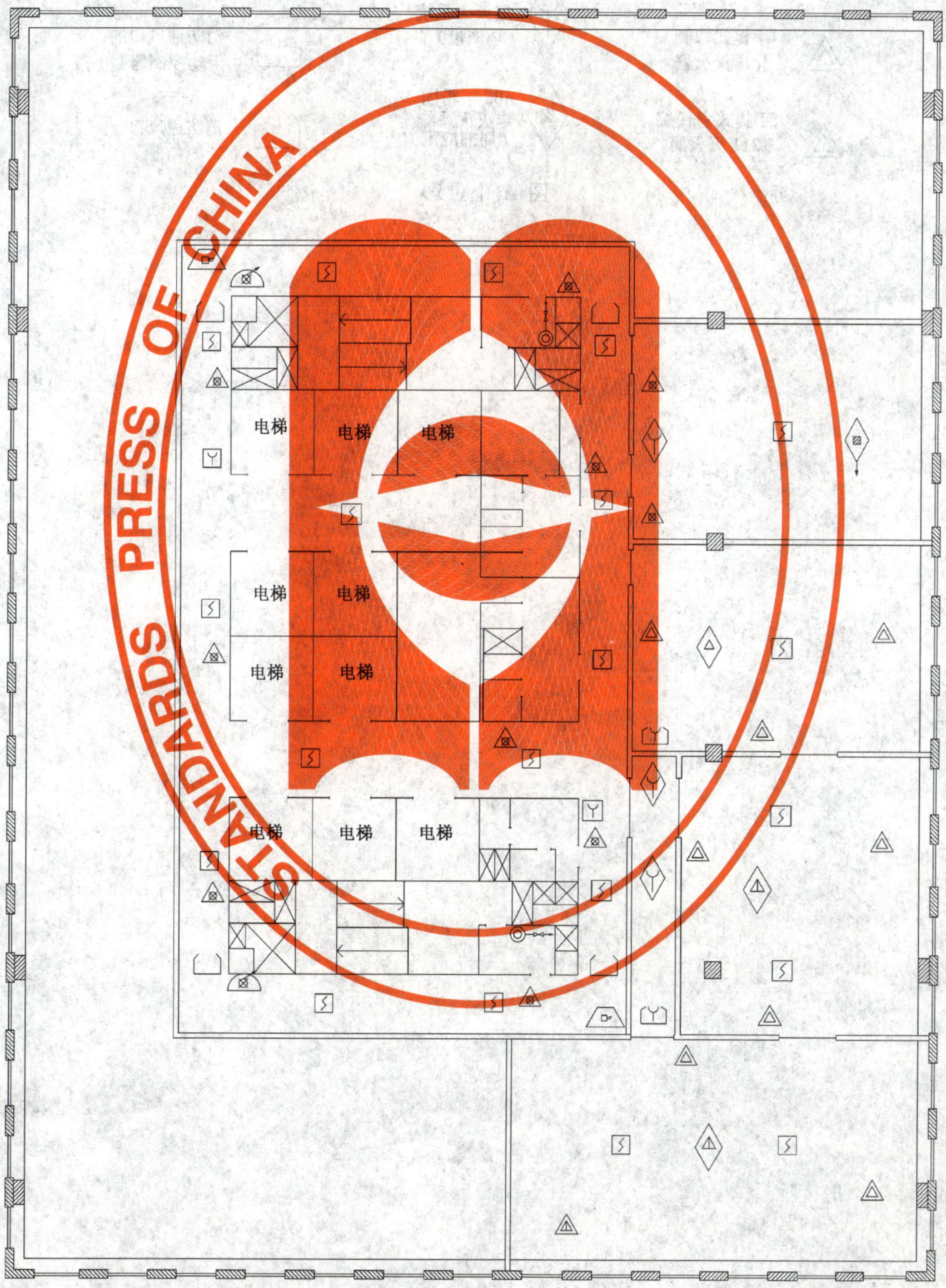

图 A.1

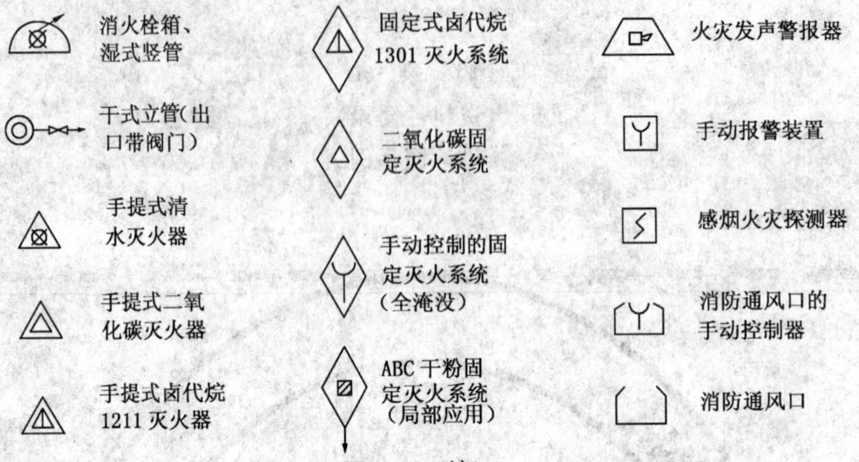
消火栓箱、湿式竖管
干式立管(出口带阀门)
手提式清水灭火器
手提式二氧化碳灭火器
手提式卤代烷1211灭火器
固定式卤代烷1301灭火系统
二氧化碳固定灭火系统
手动控制的固定灭火系统（全淹没）
ABC干粉固定灭火系统（局部应用）
火灾发声警报器
手动报警装置
感烟火灾探测器
消防通风口的手动控制器
消防通风口

图 A.1（续）

附 录 B
（资料性附录）
本标准章条编号与 ISO 6790:1986 章条编号对照

表 B.1 给出了本标准章条编号与 ISO 6790:1986 章条编号对照一览表。

表 B.1 本标准章条编号与 ISO 6790:1986 章条编号对照

本部分章条编号	对应的国际标准章条编号
1	1
2	—
3	2
4	3
5	4
6	5
附录 A	附 录
附录 B	—
索引	—

索　引

ICS 77.060
H 25

中华人民共和国国家标准

GB/T 4334—2008
代替 GB/T 4334.1～4334.5—2000

金属和合金的腐蚀 不锈钢晶间腐蚀试验方法

Corrosion of metals and alloys—Test methods for intergranular corrosion of stainless steels

(ISO 3651-1:1998 & ISO 3651-2:1998,MOD)

2008-10-10 发布　　2009-05-01 实施

中华人民共和国国家质量监督检验检疫总局
中国国家标准化管理委员会　发布

前　言

本标准的方法C修改采用ISO 3651-1:1998《不锈钢耐晶间腐蚀的测定——第1部分:奥氏体和铁素体奥氏体(双相)不锈钢—含硝酸介质中的腐蚀试验》,与ISO 3651-1:1998相比主要技术差异如下:

——适用范围不包括双相不锈钢;

——敏化处理制度“700 ℃±10 ℃保温30 min,水冷”修改为“650 ℃,压力加工试样保温2 h,铸件保温1 h,空冷”。

本标准的方法B、方法E修改采用ISO 3651-2:1998《不锈钢耐晶间腐蚀的测定——第2部分:铁素体、奥氏体和铁素体奥氏体(二重)不锈钢——含硫酸介质中的腐蚀试验》,与ISO 3651-2:1998相比主要技术差异如下:

——取消了ISO 3651-2:1998的方法B:35%硫酸/硫酸铜试验;

——适用范围不包括铁素体不锈钢;

——方法B硫酸浓度为50%,ISO 3651-2:1998方法C的硫酸浓度为40%;

——敏化处理制度“700 ℃±10 ℃保温30 min,水冷”或“650 ℃±10 ℃保温30 min,水冷”修改为“650 ℃,压力加工试样保温2 h,铸件保温1 h,空冷”;

——取消了“弯曲试验”。

本标准代替GB/T 4334.1—2000《不锈钢　10%草酸浸蚀试验方法》、GB/T 4334.2—2000《不锈钢　硫酸-硫酸铁腐蚀试验方法》、GB/T 4334.3—2000《不锈钢　65%硝酸腐蚀试验方法》、GB/T 4334.4—2000《不锈钢　硝酸-氢氟酸腐蚀试验方法》、GB/T 4334.5—2000《不锈钢　硫酸-硫酸铜腐蚀试验方法》。

本标准与GB/T 4334.1～4334.5—2000比较,其主要变化如下:

——统一了取样位置、试样尺寸及制备。

本标准由中国钢铁工业协会提出。

本标准由全国钢标准化技术委员会归口。

本标准起草单位:钢铁研究总院、冶金工业信息标准研究院、合肥通用机械研究所、上海五钢集团公司。

本标准主要起草人:王玮、冯超、罗明、任翠英。

本标准所代替标准的历次版本发布情况为:

——GB/T 4334.1—1984,GB/T 4334.1—2000;

——GB/T 4334.2—1984,GB/T 4334.2—2000;

——GB/T 4334.3—1984,GB/T 4334.3—2000;

——GB/T 4334.4—1984,GB/T 4334.4—2000;

——GB/T 4334.5—1984,GB/T 4334.5—2000。

金属和合金的腐蚀 不锈钢晶间腐蚀试验方法

1 范围

本标准规定了不锈钢晶间腐蚀试验方法的试样、试验溶液、试验设备、试验条件和步骤、试验结果的评定及试验报告。

本标准适用于检验不锈钢晶间腐蚀。包括以下试验方法：

a) 方法 A——不锈钢 10%草酸浸蚀试验方法。

适用于奥氏体不锈钢晶间腐蚀的筛选试验，试样在 10%草酸溶液中电解浸蚀后，在显微镜下观察被浸蚀表面的金相组织，以判定是否需要进行方法 B、方法 C、方法 D、方法 E 等长时间热酸试验。

在不允许破坏被测结构件和设备的情况下，也可以作为独立的晶间腐蚀检验方法。

b) 方法 B——不锈钢硫酸-硫酸铁腐蚀试验方法。

适用于将奥氏体不锈钢在硫酸-硫酸铁溶液中煮沸试验后，以腐蚀速率评定晶间腐蚀倾向。

c) 方法 C——不锈钢 65%硝酸腐蚀试验方法。

适用于将奥氏体不锈钢在 65%硝酸溶液中煮沸试验后，以腐蚀速率评定晶间腐蚀倾向。

d) 方法 D——不锈钢硝酸-氢氟酸腐蚀试验方法。

适用于检验含钼奥氏体不锈钢的晶间腐蚀倾向。用温度为 70 ℃的 10%硝酸和 3%氢氟酸溶液中的腐蚀速率，同基准试样腐蚀速率的比值来判定晶间腐蚀倾向。

e) 方法 E——不锈钢硫酸-硫酸铜腐蚀试验方法。

适用于检验奥氏体、奥氏体-铁素体不锈钢在加有铜屑的硫酸-硫酸铜溶液中煮沸试验后，由弯曲或金相判定晶间腐蚀倾向。

2 规范性引用文件

下列文件中的条款通过本标准的引用而成为本标准的条款。凡是注日期的引用文件，其随后所有的修改单(不包括勘误的内容)或修订版均不适用于本标准，然而，鼓励根据本标准达成协议的各方研究是否可使用这些文件的最新版本。凡是不注日期的引用文件，其最新版本适用于本标准。

GB/T 620　化学试剂　氢氟酸

GB/T 625　化学试剂　硫酸

GB/T 626　化学试剂　硝酸

GB/T 655　化学试剂　过硫酸铵

GB/T 665　化学试剂　无水合硫酸铜(Ⅱ)(硫酸铜)

GB/T 2100　一般用途耐蚀钢铸件

GB/T 8170　数值修约规则

GB/T 9854　化学试剂　二水合草酸(草酸)

3 试样

3.1 取样及制备

3.1.1 压力加工钢材的试样从同一炉号、同一批热处理和同一规格的钢材中取样。

3.1.2 铸件试样按 GB/T 2100 规定，从同一炉号钢水浇注的试块中取样。含稳定化元素钛的钢种，在该炉号最末浇注的试块中取样。

3.1.3 焊管试样从同一炉号、同一批热处理和同一规格的焊管中取样。

3.1.4 焊接试样从与产品钢材相同而且焊接工艺也相同的试块上取样。

3.1.5 所检验的面为使用表面。对于焊接接头的试样应包括母材、热影响区以及焊接金属的表面。用方法A判定凹坑组织时应检验断面。方法B～方法D试样尺寸及制备要求见表5,方法E试样尺寸及制备要求见表6。

3.1.6 试样的取样方法,原则上用锯切,如用剪切方法时应通过切削或研磨的方法除去剪切的影响部分。

3.1.7 方法A试样被检查的表面应抛光,以便进行腐蚀和显微组织检验。

3.1.8 方法B～方法E试样上有氧化皮时,要通过切削或研磨除掉。需要敏化处理的试样,应在敏化处理后去除氧化皮。不能进行研磨的试样,可以进行酸洗,表面不能过酸洗。不能进行研磨或酸洗处理的试样,热处理时,表面不能氧化。

3.1.9 方法B～方法E试样表面磨制过程中应防止表面过热,加工后的试样表面粗糙度 Ra 值不大于0.8 μm。不能进行研磨的试样,根据双方协议也可以采用其他方法。试样表面的氧化皮应在磨光前除掉。

3.2 试样的敏化处理

3.2.1 敏化前和试验前试样用适当的溶剂或洗涤剂(非氯化物)除油并干燥。

3.2.2 试样的敏化处理在研磨前进行。对超低碳钢(碳含量不大于0.03%)和稳定化钢种(添加钛或铌),敏化处理制度为650 ℃,压力加工试样保温2 h,铸件保温1 h,空冷。

3.2.3 焊接试样直接以焊后状态进行试验。对焊后还要经过350 ℃以上热加工的焊接件,试样在焊后还应进行敏化处理。敏化处理制度由供需双方协商。

4 方法A——不锈钢10%草酸浸蚀试验方法

4.1 试验溶液

4.1.1 将100 g符合GB/T 9854的优级纯草酸溶解于900 mL蒸馏水或去离子水中,配制成10%草酸溶液。

4.1.2 对含钼钢种在难以出现阶梯组织时,可以用100 g符合GB/T 655分析纯的过硫酸铵溶解于900 mL蒸馏水或去离子水中,配制成10%过硫酸铵溶液代替10%的草酸溶液。

4.2 试验仪器和设备

4.2.1 供浸蚀试验用的直流电源、可变电阻器、选用适当量程的电流表(精度0.5级)。

4.2.2 阴极为奥氏体不锈钢制成的钢杯或表面积足够大的钢片,阳极为试样,如用钢片作阴极时要采用适当形状的夹具,使试样保持于试验溶液中,浸蚀电路如图1所示。

4.3 试验条件和步骤

4.3.1 把浸蚀试样作阳极,以不锈钢杯或不锈钢片作为阴极,倒入10%草酸溶液,接通电流。阳极电流密度为1 A/cm^2,浸蚀时间90 s,浸蚀溶液温度20 ℃～50 ℃。用10%过硫酸铵浸泡时,电流密度为1 A/cm^2,浸蚀时间5 min～10 min。

4.3.2 试样浸蚀后,用流水洗净,干燥。在金相显微镜下观察试样的全部浸蚀表面,放大倍数为200倍～500倍,根据表1、表2和图2～图8判定组织的类别。

4.3.3 每次试验使用新的溶液。

4.4 浸蚀组织的分类

4.4.1 显示晶界形态浸蚀组织的分类见表1。

4.4.2 显示凹坑形态浸蚀组织的分类见表2。

4.4.3 筛选试验与其他试验方法的关系见表3、表4。

单位为毫米

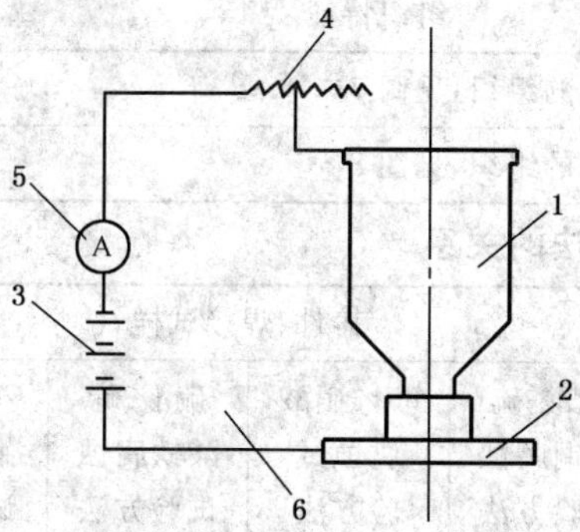

a）大试样用

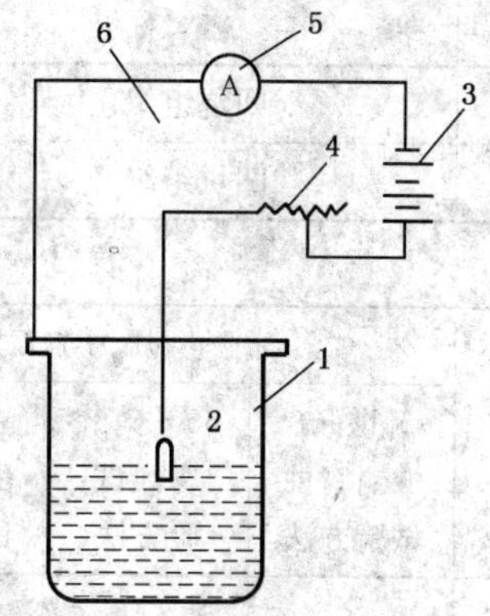

b）小试样用

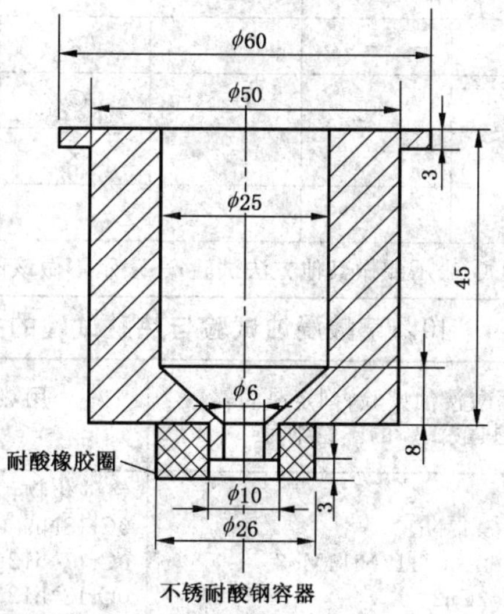

1——不锈钢容器；

2——试样；

3——直流电源；

4——变阻器；

5——电流表；

6——开关。

图 1　电解浸蚀装置图

表 1　晶界形态的分类

类　别	名　称	组织特征
一类	阶梯组织	晶界无腐蚀沟，晶粒间呈台阶状，见图 2
二类	混合组织	晶界有腐蚀沟，但没有一个晶粒被腐蚀沟包围，见图 3
三类	沟状组织	晶界有腐蚀沟，个别或全部晶粒被腐蚀沟包围，见图 4
四类	游离铁素体组织	铸钢件及焊接接头晶界无腐蚀沟，铁素体被显现，见图 5
五类	连续沟状组织	铸钢件及焊接接头，沟状组织很深，并形成连续沟状组织，见图 6

表 2 凹坑形态的分类

类别	名　称	组织特征
六类	凹坑组织Ⅰ	浅凹坑多，深凹坑少的组织，见图 7
七类	凹坑组织Ⅱ	浅凹坑少，深凹坑多的组织，见图 8

表 3 筛选试验与其他试验方法的关系

	压力加工试样				铸件、焊接试样			
	硫酸-硫酸铜腐蚀试验方法	65%硝酸腐蚀试验方法	硫酸-硫酸铁腐蚀试验方法	硝酸-氢氟酸腐蚀试验方法	硫酸-硫酸铜腐蚀试验方法	65%硝酸腐蚀试验方法	硫酸-硫酸铁腐蚀试验方法	硝酸-氢氟酸腐蚀试验方法
一类	×	×	×	×	—	—	—	—
二类	×	×	×	○	—	—	—	—
三类	○	○	○	○	—	—	—	—
四类	—	—	—	—	×	×	×	×
五类	—	—	—	—	○	○	○	○
六类	×	×	×	×	×	×	×	×
七类	×	○	×	×	×	○	×	×

注：×表示不必做其他方法试验；○表示要做其他方法试验；一表示不做该试验。

表 4 10%草酸浸蚀试验与热酸试验的关系

热酸试验	用 10%草酸浸蚀试验，判定是否需要做热酸试验的不锈钢种	用热酸试验检验铬碳化物或 σ 相与不锈钢种的关系
硫酸-硫酸铁试验	0Cr18Ni9、00Cr19Ni10 0Cr17Ni12Mo2、00Cr17Ni14Mo2 0Cr18Ni12Mo2Cu2 00Cr18Ni14Mo2Cu2 0Cr19Ni13Mo3、00Cr19Ni13Mo3	铬碳化物： 0Cr18Ni9、00Cr19Ni10 0Cr17Ni12Mo2、00Cr17Ni14Mo2 0Cr18Ni12Mo2Cu2、00Cr18Ni14Mo2Cu2 0Cr19Ni13Mo3、00Cr19Ni13Mo3 铬碳化物与 σ 相： 0Cr18Ni11Ti
65%硝酸试验	0Cr18Ni9、00Cr19Ni10	铬碳化物： 0Cr18Ni9、00Cr19Ni10 铬碳化物与 σ 相： 0Cr18Ni12Mo2Cu2、00Cr18Ni14Mo2Cu2 00Cr17Ni14Mo2、0Cr17Ni12Mo2 0Cr19Ni13Mo3、00Cr19Ni13Mo3、0Cr18Ni10Ti 0Cr18Ni11Nb
硝酸-氢氟酸试验	0Cr17Ni12Mo2、00Cr17Ni14Mo2 0Cr18Ni12Mo2Cu2 00Cr18Ni14Mo2Cu2 0Cr19Ni13Mo3、00Cr19Ni13Mo3	铬碳化物： 0Cr17Ni12Mo2、00Cr17Ni14Mo2 0Cr18Ni12Mo2Cu2、00Cr18Ni14Mo2Cu2 0Cr19Nil3Mo3、00Cr19Ni13Mo3
硫酸-硫酸铜试验	0Cr18Ni9、00Cr19Ni10 0Cr17Ni12Mo2、00Cr17Ni14Mo2 0Cr18Ni12Mo2Cu2 00Cr18Ni14Mo2Cu2、0Cr19Ni13Mo3 00Cr19Ni13Mo3、0Cr18Ni10Ti 00Cr18Ni11Nb、1Cr18Ni9Ti 0Cr18Ni10Ti	铬碳化物： 0Cr18Ni9、00Cr19Ni10、0Cr17Ni12Mo2 00Cr17Ni14Mo2、0Cr18Ni12Mo2Cu2 00Cr18Ni14Mo2Cu2、0Cr19Ni13Mo3 00Cr19Ni13Mo3、0Cr18Ni10Ti 00Cr18Ni11Nb、1Cr18Ni9Ti、0Cr18Ni10Ti

4.5 试验报告

试验报告应包括以下内容：

a) 试样的名称及试验面积尺寸；

b) 电流密度；

c) 浸蚀时间和温度；

d) 浸蚀后的金相照片；

e) 判定结果。

5 方法B——不锈钢硫酸-硫酸铁腐蚀试验方法

5.1 试验溶液

将符合GB/T 625的优级纯硫酸用蒸馏水或去离子水配制成(50.0±0.3)%(质量分数)的硫酸溶液，然后取该溶液600 mL加入25 g硫酸铁(硫酸铁含量为21.0%～23.0%的优级纯)加热溶解配制成试验溶液。

5.2 试验仪器和设备

5.2.1 容量为1 L带回流冷凝器的磨口锥形烧瓶。

5.2.2 使试验溶液能保持微沸状态的加热装置。

5.2.3 测量试样尺寸用的游标卡尺。

5.3 试验条件和步骤

5.3.1 测量试样的尺寸，计算试样的表面积(取三位有效数字)。

5.3.2 试验前对试样进行称重(精确到1 mg)。

5.3.3 溶液量按试样表面积计算，其量不少于20 mL/cm²。每次试验用新的溶液。

5.3.4 试样放在试验溶液中用玻璃支架保持于溶液中部，连续煮沸120 h。每一容器中只放一个试样。

5.3.5 试验后取出试样，在流水中用软刷子刷掉表面的腐蚀产物，洗净、干燥、称重。

5.4 试验结果评定

以腐蚀速率评定试验结果，腐蚀率[g/(m²·h)]按公式(1)计算，计算结果按GB/T 8170进行数值修约，修约到小数点后第二位：

$$腐蚀率 = \frac{W_{前} - W_{后}}{S \times t} \qquad (1)$$

式中：

$W_{前}$——试验前试样重量，单位为克(g)；

$W_{后}$——试验后试样重量，单位为克(g)；

S——试样总面积，单位为平方米(m²)；

t——试验时间，单位为小时(h)。

5.5 试验报告

试验报告应包括以下内容：

a) 试样的名称及尺寸；

b) 如经过敏化处理应记录敏化处理制度；

c) 试验时间；

d) 试验前后试样的重量；

e) 试样的腐蚀率[g/(m²·h)]。

6 方法C——不锈钢65%硝酸腐蚀试验方法

6.1 试验溶液

将符合GB/T 626的优级纯硝酸用蒸馏水或去离子水配制成(65.0±0.2)%(质量分数)的硝酸溶液。

6.2 试验仪器和设备

应符合5.2的规定。

6.3 试验条件和步骤

6.3.1 测量试样的尺寸、计算试样的表面积(取三位有效数字)。

6.3.2 试验前对试样进行称重(精确到1 mg)。

6.3.3 试样放在试验溶液中用玻璃支架保持于溶液中部。溶液量按试样表面积计算,其量不少于20 mL/cm^2。每周期应用新的试验溶液。每一容器中只放一个试样。

注:对于常规检验,在同一容器中可试验两个试样,但这两个试样应是同一规格,同一炉号和同一热处理制度。如果两个试样中有一个未能通过试验,按6.3.3重新试验。

6.3.4 每周期连续煮沸48 h。试验后取出试样,在流水中用软刷子刷掉表面的腐蚀产物,洗净、干燥、称重。

6.3.5 试验五个周期。但根据双方协议也可缩短为三个周期。

6.4 试验结果评定

以腐蚀速率评定试验结果,腐蚀速率[g/(m^2·h)]按公式(1)计算。

计算结果按GB/T 8170进行数值修约,修约到小数点后第2位。然后取5个周期的平均值。根据协议进行3个周期试验时,也可取3个周期的最大值。

焊接试样发现刀状腐蚀即为具有晶间腐蚀倾向,性质可疑时,可用金相法判定。

6.5 试验报告

试验报告应包括下列内容:

a) 试样的名称、尺寸及面积;

b) 如经过敏化处理应记录敏化处理制度;

c) 试验时间;

d) 试验前后试样的重量;

e) 每个试样每个周期的腐蚀速率[g/(m^2·h)]及所有周期结束后的平均值,以及两个试样最后腐蚀速率的平均值。

7 方法D——不锈钢硝酸-氢氟酸腐蚀试验方法

7.1 试验溶液

将符合GB/T 626的优级纯硝酸和符合GB/T 620的优级纯氢氟酸试剂,用蒸馏水或去离子水配制成10%硝酸-3%氢氟酸(质量分数)试验溶液。

7.2 试验仪器和设备

7.2.1 容量为500 mL~1 000 mL的带盖的塑料容器。

7.2.2 塑料支架。

7.2.3 恒温水槽。

7.2.4 测量试样尺寸用的游标卡尺。

7.3 试验条件和步骤

7.3.1 测量试样的尺寸,计算试样的表面积(取三位有效数字)。

7.3.2 试验前对试样进行称重(精确到1 mg)。

7.3.3 溶液量按试样表面积计算,其量不少于10 mL/cm^2。

7.3.4 装有试验溶液的容器放入恒温水槽内,试验溶液的温度加热到(70±0.5)℃时再将试样放入容器内的支架上,使试样处于溶液中部,连续保持2 h。每一容器内只放一个试样。

7.3.5 试验后取出试样,在流水中用软刷子刷掉表面的腐蚀产物,洗净、干燥、称重。

7.3.6 试验2个周期,每周期为2 h。每周期应使用新的试验溶液。

7.3.7 装有交货状态试样和热处理后试样的试验容器应在同一恒温槽中同时进行。

7.4 试验结果评定

以腐蚀率评定试验结果，腐蚀率[g/(m^2·h)]按式(1)计算。

将两周期的腐蚀率数值相加，然后按公式(2)和公式(3)求腐蚀速率的比值，按 GB/T 8170 进行数值修约，修约到小数点后第 2 位。

对于一般含碳量的钢种：

$$\text{腐蚀速率的比值} = \frac{\text{交货状态试样的腐蚀速率}}{\text{固溶处理后试样的腐蚀速率}} \qquad \cdots\cdots(2)$$

对于超低碳钢种(也用于焊接的非超低碳钢种)：

$$\text{腐蚀速率的比值} = \frac{\text{敏化处理后试样的腐蚀速率}}{\text{交货状态试样的腐蚀速率}} \qquad \cdots\cdots(3)$$

7.5 试验报告

试验报告应包括以下内容：

a) 试样的名称、尺寸及面积；

b) 如经过敏化处理应记录敏化处理制度；

c) 试验时间；

d) 试验前后试样的重量；

e) 试样每个周期的腐蚀率[g/(m^2·h)]；

f) 腐蚀速率的比值。

8 方法 E——不锈钢硫酸-硫酸铜腐蚀试验方法

8.1 试验溶液

将 100 g 符合 GB/T 665 的分析纯硫酸铜($CuSO_4 \cdot 5H_2O$)溶解于 700 mL 蒸馏水或去离子水中，再加入 100 mL 符合 GB/T 625 的优级纯硫酸，用蒸馏水或去离子水稀释至 1 000 mL，配制成硫酸-硫酸铜溶液。

8.2 试验仪器和设备

8.2.1 容量为 1 L 带回流冷凝器的磨口锥形烧瓶。

8.2.2 使试验溶液能保持微沸状态的加热装置。

8.3 试验条件和步骤

8.3.1 试验前将试样用适当的溶剂或洗涤剂(非氯化物)除油并干燥。

8.3.2 在烧瓶底部铺一层纯度不小于 99.5%的铜屑或铜粒，然后放置试样。保证每个试样与铜屑接触的情况下，同一烧瓶中允许放几层同一钢种的试样，但是，试样之间要互不接触。

8.3.3 试验溶液应高出最上层试样 20 mm 以上，每次试验都应使用新的试验溶液。仲裁试验时，试验溶液量按试样表面积计算，其量不少于 8 mL/cm^2。

8.3.4 将烧瓶放在加热装置上，通以冷却水，加热试验溶液，使之保持微沸状态。试验连续 16 h。

8.3.5 试验后取出试样，洗净、干燥、弯曲。

8.4 试验结果评定

8.4.1 压力加工件、焊管和焊接件试样弯曲角度为 180°，焊管舟形试样沿垂直焊缝方向进行弯曲，焊接接头沿熔合线进行弯曲。铸钢件弯曲角度为 90°。

8.4.2 试样弯曲用的压头直径，当试样厚度不大于 1 mm 时，压头直径为 1 mm；当试样厚度大于 1 mm 时，压头直径为 5 mm。

8.4.3 弯曲后的试样在 10 倍放大镜下观察弯曲试样外表面，有无因晶间腐蚀而产生的裂纹。

从试样的弯曲部位棱角产生的裂纹，以及不伴有裂纹的滑移线、皱纹和表面粗糙等都不能认为是晶间腐蚀而产生的裂纹。

8.4.4 试样不能进行弯曲评定或弯曲的裂纹难以判定时，则采用金相法。金相磨片应取自试样的非弯曲部位（焊接接头和焊管除外），经浸蚀后（不得过腐蚀），在显微镜下观察（150 倍～500 倍），允许的晶间腐蚀深度由供需双方协商确定。

注：如果怀疑裂纹是由于弯曲产生的裂纹，可对一未经过腐蚀试验的试样进行同样的弯曲，弯曲后进行比较，便可以认定在腐蚀试验试样上看到的裂纹是否是由于晶间腐蚀造成的。

8.5 试验报告

试验报告应包括以下内容：

a) 试样的种类；

b) 如经过敏化处理应记录敏化处理制度；

c) 试样弯曲角度及 10 倍放大镜观察后，晶间腐蚀倾向结果；

d) 如果用金相法判定时，应记录放大倍数及晶间腐蚀深度。

表 5 方法 B、方法 C 和方法 D 试样尺寸及制备

<table>
<tr><th rowspan="2">类　别</th><th rowspan="2">规格/mm</th><th colspan="3">试样尺寸/mm</th><th rowspan="2" colspan="2">试样数量/个</th><th rowspan="2">说　明</th></tr>
<tr><th>长</th><th>宽</th><th>厚</th></tr>
<tr><td rowspan="2">钢板、带（扁钢）</td><td>厚度＜4</td><td>30</td><td>20</td><td></td><td colspan="2">2</td><td>沿轧制方向取样</td></tr>
<tr><td>厚度＞4</td><td>30</td><td>20</td><td>3～4</td><td colspan="2">2</td><td>沿轧制方向取样，一个试样从一面加工到试样厚度，另一个试样从另一面加工到试样厚度</td></tr>
<tr><td>型钢</td><td></td><td>30</td><td>20</td><td>3～4</td><td colspan="2">2</td><td>从截面中部沿纵向取样</td></tr>
<tr><td rowspan="2">钢棒（钢丝）</td><td>直径＜10</td><td>30</td><td></td><td></td><td colspan="2">2</td><td>—</td></tr>
<tr><td>直径＞10</td><td>30</td><td>≤20</td><td>≤5</td><td colspan="2">2</td><td>从截面中部沿纵向取样</td></tr>
<tr><td rowspan="4">无缝钢管</td><td>外径＜5</td><td>30</td><td></td><td></td><td colspan="2">2</td><td>取整段管状试样</td></tr>
<tr><td>15≥外径≥5</td><td>30</td><td></td><td></td><td colspan="2">2</td><td>取半管状或舟形试样</td></tr>
<tr><td rowspan="2">外径＞15</td><td rowspan="2">30</td><td rowspan="2">≤20</td><td rowspan="2"></td><td>管壁＜4 mm</td><td>2</td><td rowspan="2">管壁厚大于 4 mm 时，一组试样从外壁加工到试样厚度，另一组从内壁加工到试样厚度</td></tr>
<tr><td>管壁≥4 mm</td><td>4</td></tr>
<tr><td rowspan="2">焊管</td><td>厚度≤4</td><td>30</td><td></td><td>管壁厚</td><td colspan="2">2</td><td>取半管状或舟形试样，焊缝沿试样长度方向，位于试样中部，如图 9 所示。对于舟形试样，试样母材边缘至熔合线距离，两面均不小于 10 mm，试样内外表面不进行加工，需进行敏化处理的试样可在敏化后进行除去氧化膜的表面处理。
对大直径管亦可采用弧形试样，数量加倍，焊缝位于弧形试样中央，如图 10 所示</td></tr>
<tr><td>厚度＞4</td><td>30</td><td></td><td>3～4</td><td colspan="2">4</td><td>管壁厚度大于 4 mm 时，试样分两组，每组各两片，一组试样从外壁加工到要求厚度，另一组从内壁加工到要求厚度。其他要求同上</td></tr>
</table>

表 5（续）

类别	规格/mm	试样尺寸/mm			试样数量/个	说明
		长	宽	厚		
铸件	—	30	≤20	—	2	—
焊条	—	30	10	—	2	按图 11 取焊条试样
堆焊焊条	—	30		—	2	按图 12 取堆焊焊条试样
焊接接头	单焊缝	30	20	3～4	2	焊缝位于中部，如图 13 所示
	交叉焊缝	30	20	3～4	4	焊缝交叉点位于试样中部，两个试样检验横焊缝，两个试样检验纵焊缝，如图 14 所示

表 6　方法 E 试样尺寸及制备

类别	规格/mm	试样尺寸/mm			试样数量/个	说明
		长	宽	厚		
钢板、带（扁钢）型钢	厚度≤4	80～100	20	—	2	沿轧制方向取样。试验后每个试样均弯曲两个被检验面
	厚度>4	80～100	20	3～4	4	沿轧制方向取样，两个试样从一面加工到试样厚度，两个试样从另一面加工到试样厚度。试验后各弯曲其相应的一个被检验面
钢棒（钢丝）	直径≤10	80～100	—	—	2	—
	直径>10	80～100	≤20	≤5	2	从截面中部沿纵向取样。试验后每个试样均弯曲两个被检验面
无缝钢管	外径≤5	80～100	—	—	2	取整段管状试样（内外壁都需检验，如内壁不能弯曲评定时，则用金相法评定）
	15≥外径>5	80～100	—	—	2	取半管状或舟形试样，试验后每个试样均弯曲两个被检验面
	外径>15	80～100	≤20	—	管壁<4 mm　2 管壁≥4 mm　4	管壁厚大于 4 mm 时，一组试样从外壁加工到试样厚度，另一组从内壁加工到试样厚度，试验后各弯曲其相应的被检验面
焊管	厚度≤4	80～100	—	管壁厚	2	取半管状或舟形试样，焊缝沿试样长度方向，位于试样中部，如图 9 所示。对于舟形试样，试样母材边缘至熔合线距离，两面均不小于 10 mm，试样内外表面不进行加工，试验后每个试样均弯曲两个被检验面。 需进行敏化处理的试样可在敏化后进行除去氧化膜的表面处理。 对于大直径管亦可采用弧形试样，数量加倍，焊缝位于弧形试样中央。如图 10 所示，弯曲时，焊缝熔合线位于弯曲中心
	厚度>4	80～100		3～4	4	管壁厚度大于 4 mm 时，试样分两组，每组各两片，一组试样从外壁加工到要求厚度；另一组从内壁加工到要求厚度弯曲时，未加工面位于弯曲外侧。其他要求同上

表 6（续）

类　别	规格/mm	试样尺寸/mm			试样数量/个	说　明
		长	宽	厚		
铸件	—	80～100	≤20	—	4	两个试样做试验，两个试样留做空白弯曲
焊条	—	80～100	10	—	2	按图 11 取焊条试样，试验后每个试样均弯曲两个被检验面
堆焊焊条	—	80～100	—	—	2	按图 12 取堆焊焊条试样，试验后每个试样均弯曲两个被检验面
焊接接头	单焊缝	80～100	20	3～4	2	焊缝位于中部，试验后弯曲其相应的一个检验面，取样见图 13
	交叉焊缝	80～100	20～35	3～4	4	焊缝交叉点位于试样中部，两个试样检验横焊缝，两个试样检验纵焊缝，试验后弯曲其相应的一个被检验面，取样见图 14

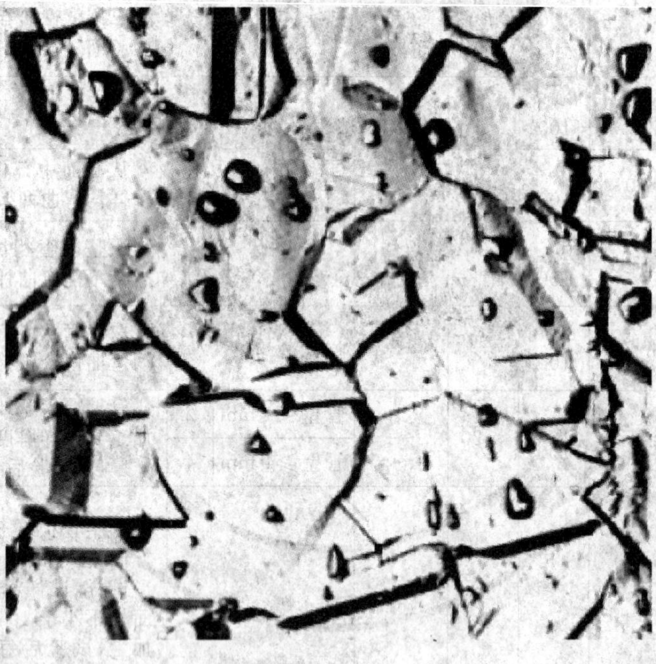

图 2　阶梯组织（一类）500×

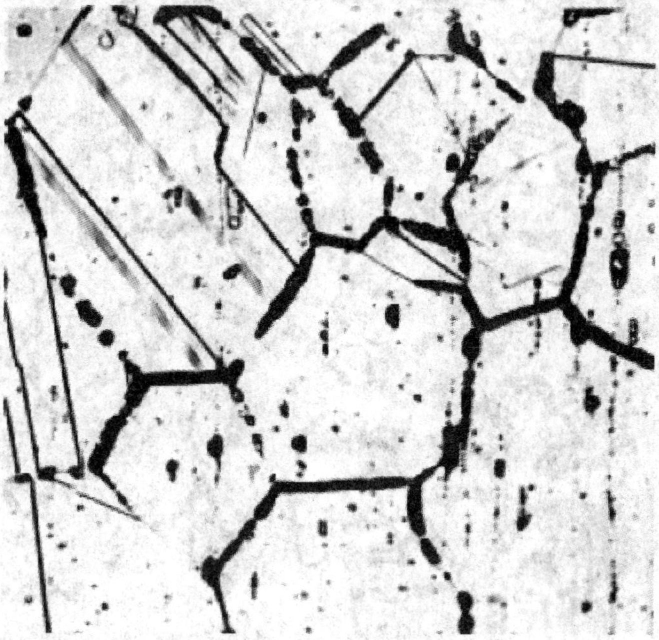

图 3　混合组织(二类)500×

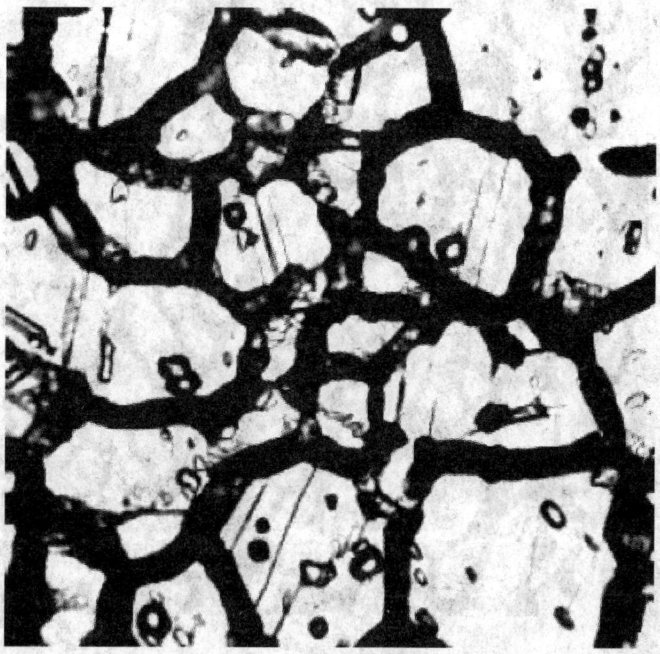

图 4　沟状组织(三类)500×

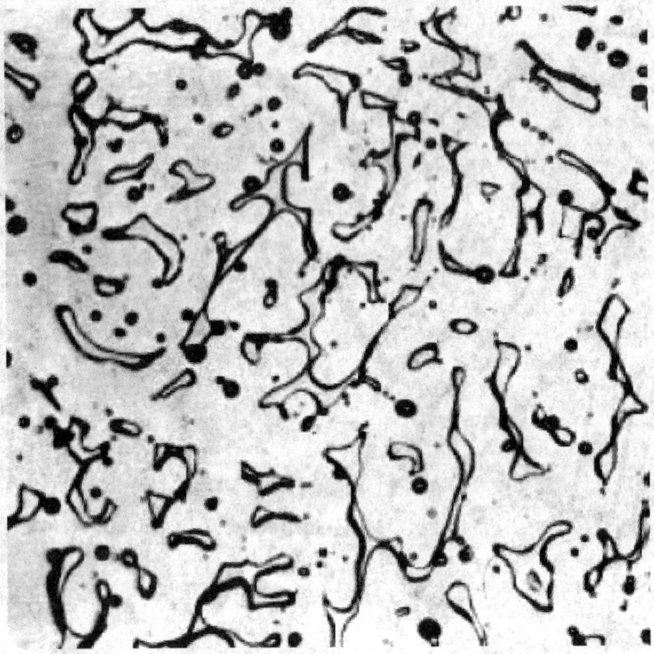

图5 游离铁素体组织(四类)250×

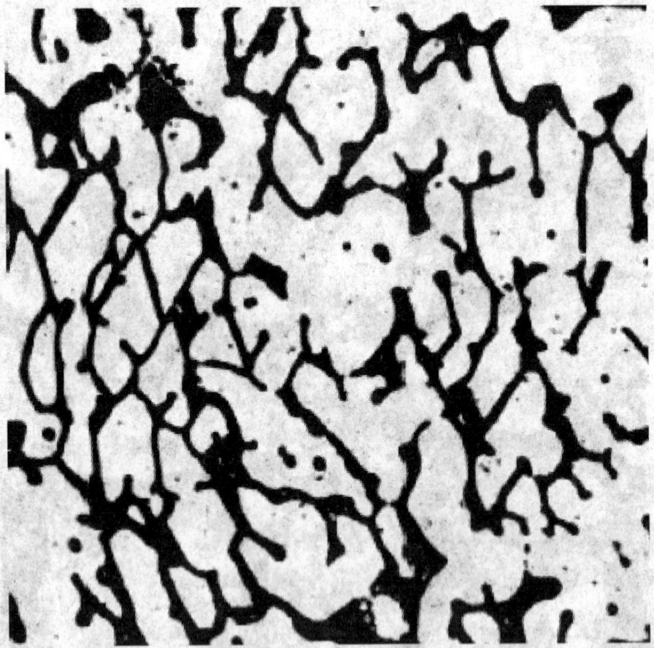

图6 连续沟状组织(五类)250×

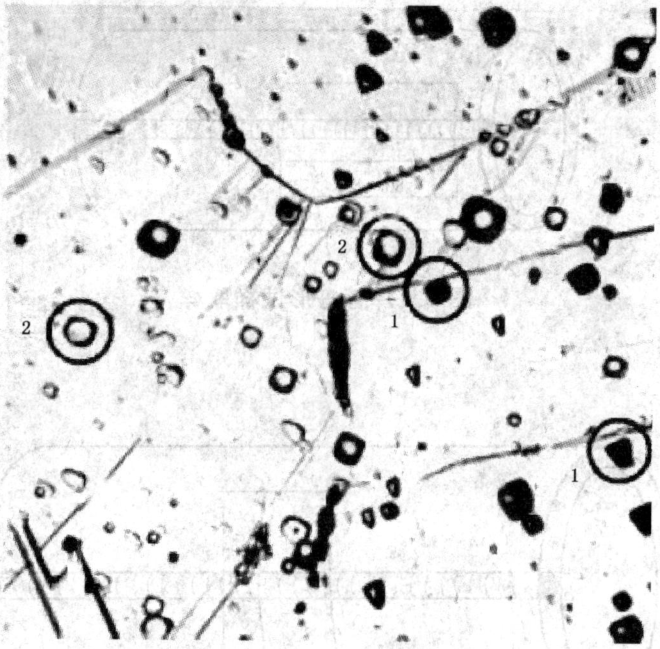

1——深凹坑；

2——浅凹坑。

图 7　凹坑组织(六类)500×

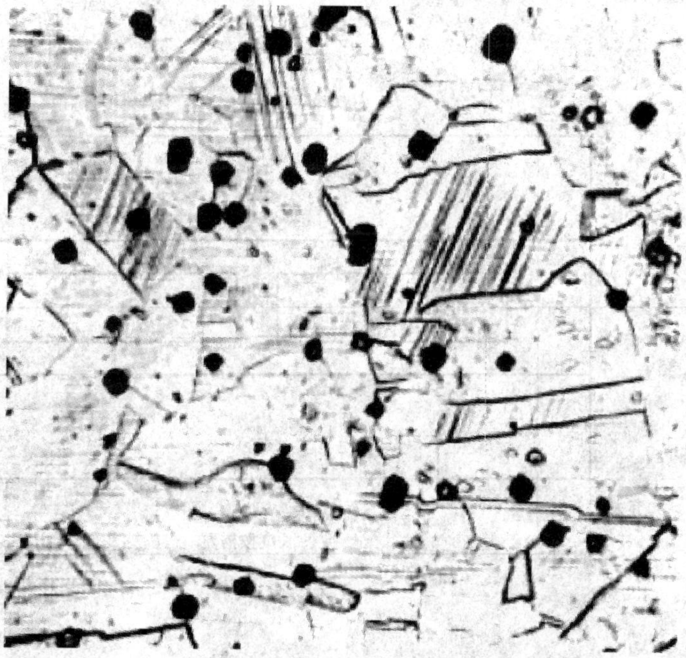

图 8　凹坑组织(七类)500×

单位为毫米

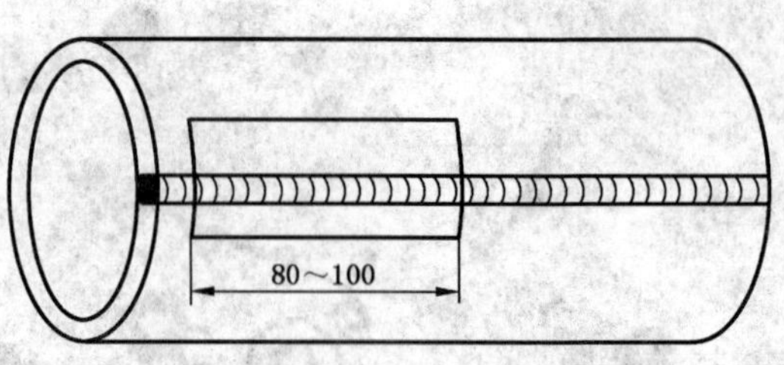

图 9　焊管舟形试样取样

单位为毫米

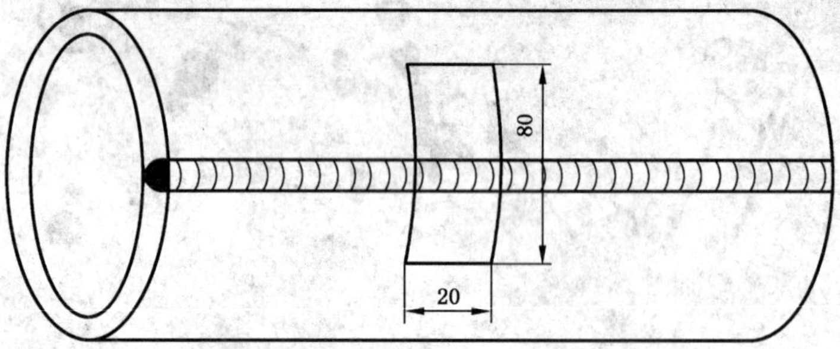

图 10　焊管弧形试样取样

单位为毫米

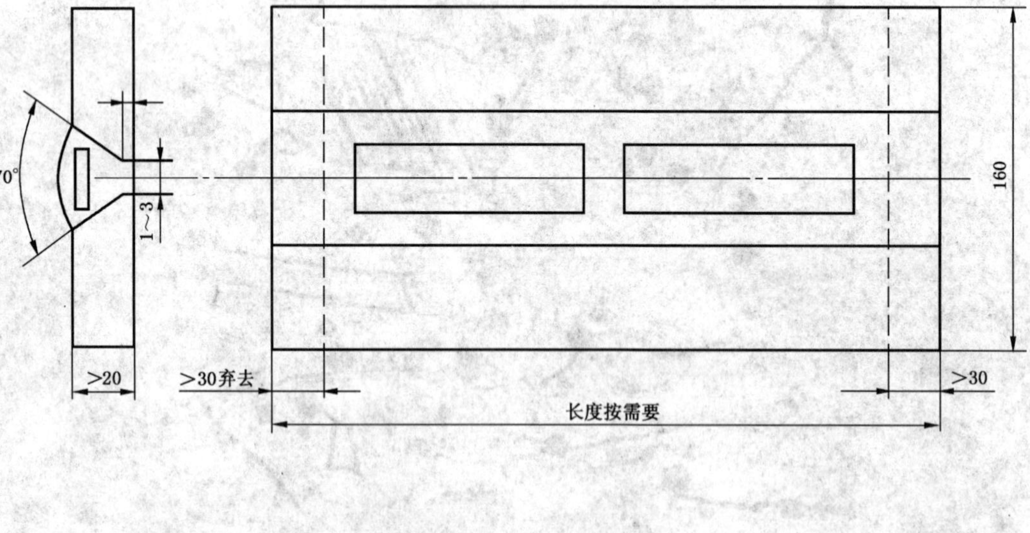

注：采用与焊条相应钢号的钢板。

图 11　焊条试样取样

单位为毫米

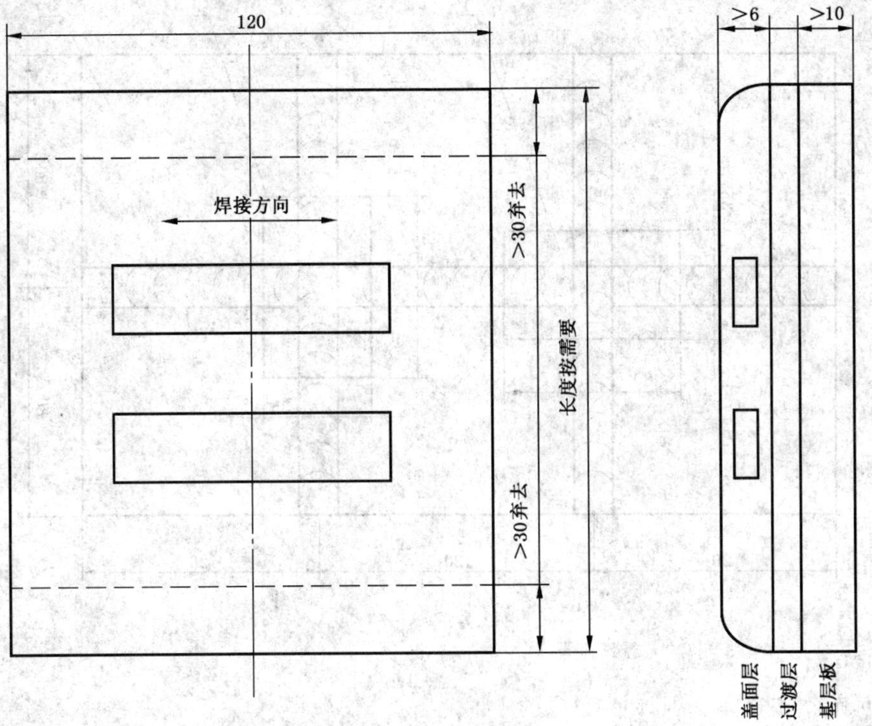

注：基层板用与焊条相应钢号的钢板，试样长度方向沿着施焊方向。

图 12　堆焊焊条试样取样

单位为毫米

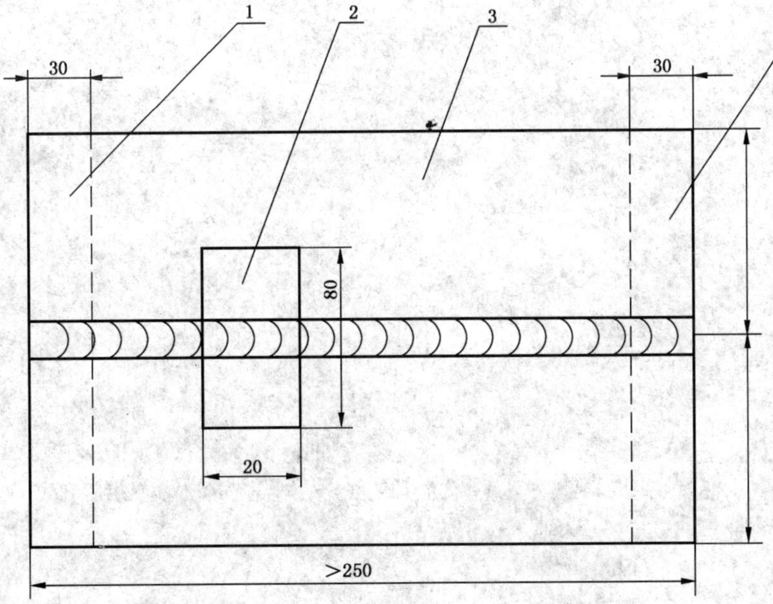

1——弃去；

2——焊接试样；

3——焊板；

4——弃去。

图 13　单焊缝取样

单位为毫米

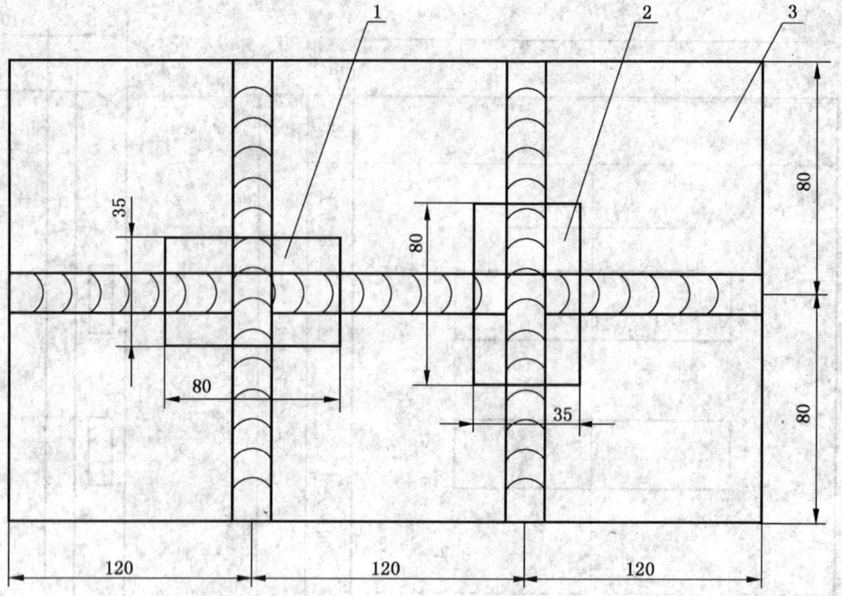

1——焊接试样；

2——焊接试样；

3——焊板。

图 14 交叉焊缝取样

ICS 77.040.10
H 22

中华人民共和国国家标准

GB/T 4337—2008
代替 GB/T 2107—1980, GB/T 4337—1984, GB/T 7733—1987

金属材料 疲劳试验 旋转弯曲方法

Metallic materials—Fatigue testing—Rotating bar bending method

2008-08-05 发布 2009-04-01 实施

中华人民共和国国家质量监督检验检疫总局
中国国家标准化管理委员会 发布

前 言

本标准根据 ISO/DIS 1143:2008 金属材料 旋转弯曲疲劳试验方法(英文版),采用翻译法起草,在文本结构和技术内容方面与 ISO/DIS 1143:2008 一致,但根据我国编写标准的有关规定做了如下编辑性修改:

——用“本标准”代替“本国际标准”;

——用中文的句号“。”代替英文的小数点符号“.”;

——增加了本标准的前言。

本标准代替 GB/T 2107—1980《金属高温旋转弯曲疲劳试验方法》、GB/T 4337—1984《金属旋转弯曲疲劳试验方法》和 GB/T 7733—1987《金属旋转弯曲腐蚀疲劳试验方法》。本标准与 GB/T 2107—1980、GB/T 4337—1984 和 GB/T 7733—1987 相比主要变化如下:

——标准的结构上发生了重大改变,本标准按照 GB/T 1.1—2000 重新组织了编写,由原国标的 7 章增加为 12 章,为了与国际标准一致,将原国标附录的内容更改为“旋转弯曲疲劳试验机弯距的校验”,并由资料性附录变为“规范性附录”。原国标附录中的主要内容并入本标准正文的第 7 章“试样制备”;

——本国标将三个原国标的范围合并,改为“本标准适用于金属材料在室温和高温空气中试样旋转弯曲的条件下进行的疲劳试验,其他环境(如腐蚀)下的也可参照本标准执行”;

——在第 4 章中增加了杠杆比和力臂的定义和符号,将原国标中“条件疲劳极限”改为“耐久极限应力”,GB/T 10623 中已有的相关术语“应力比”、“疲劳寿命”、“*S-N* 曲线图”、“应力集中系数”和“存活率”不再单独列出;删除了原腐蚀疲劳试验方法中关于腐蚀的术语和定义;

——在第 7 章与原国标相比增加了“取样和标记”、“试样的表面状态”和“尺寸检查”等新的要求。在“7.3 加工过程”中将原国标的附录内容补充进来,另外增加了两条注;

——在第 9 章补充了原国标高温旋转弯曲疲劳试验的内容;

——在第 10 章较原国标增加了“10.2 加载”和“10.4 高温试验步骤”;

——原 GB/T 7733—1987 中腐蚀试验条件和腐蚀试验装置的操作未单独列出;

——增加了一个新的规范性附录 A“旋转弯曲疲劳试验机弯距的校验”;

——增加了图 11 旋转弯曲疲劳试验机的原理图、图 A.1 分力测量装置的示意图和图 A.2 力臂测量的原理图。

本标准的附录 A 是规范性附录。

本标准由中国钢铁工业协会提出。

本标准由全国钢标准化技术委员会归口。

本标准起草单位:钢铁研究总院,冶金工业信息标准研究院,北京有色金属研究总院。

本标准主要起草人:高怡斐、董莉、王福生。

本标准所代替标准的历次版本发布情况为:

——GB/T 2107—1980;

——GB/T 4337—1984;

——GB/T 7733—1984。

金属材料　疲劳试验　旋转弯曲方法

1　范围

本标准规定了金属材料旋转棒弯曲疲劳试验方法。

本标准适用于金属材料在室温和高温空气中试样旋转弯曲的条件下进行的疲劳试验，其他环境(如腐蚀)下的也可参照本标准执行。

2　规范性引用文件

下列文件中的条款通过本标准的引用而成为本标准的条款。凡是注日期的引用文件，其后所有的修改单(不包括勘误的内容)或修订版均不适用于本标准，然而，鼓励根据本标准达成协议的各方研究是否可使用这些文件的最新版本。凡是不注日期的引用文件，其最新版本适用于本标准。

GB/T 3075　金属材料　疲劳试验　轴向力控制方法(GB/T 3075—2008，ISO 1099:2006，MOD)

GB/T 10623　金属材料　力学性能试验术语(GB/T 10623—2008，ISO 23718:2007，MOD)

GB/T 13634　试验机检验用测力仪的校准(GB/T 13634—2000，ISO 376:1999，IDT)

ISO/R 554　标准大气的条件和/或试验标准参考大气的说明

ISO 12106　金属材料　疲劳试验　轴向应变控制方法

ISO 12107　金属材料　疲劳试验　疲劳数据的统计和分析方法

3　试验原理

试样旋转并承受一弯矩。产生弯矩的力恒定不变且不转动。试样可装成悬臂，在一点或两点加力；或装成横梁，在四点加力。试验一直进行到试样失效或超过预定应力循环次数。

4　术语和定义

GB/T 10623 确立的以及下列术语和定义适用于本标准。

4.1

疲劳　fatigue

金属材料在交变应力或应变作用下产生裂纹或失效，材料性能的变化过程。

4.2

杠杆比　machine lever ratio

M_{Lr}

施力杠杆比，对于同类的旋转弯曲疲劳试验机，它是由试验机厂家提供的固定数值。

4.3

力臂　moment arm

L

支点与加力点之间的距离，见图 A.2。对于四点弯曲加力 L_1 和 L_2 应相等。

4.4

耐久极限应力　endurance limit stress

对应于规定循环周次例如 10^7 或 10^8，施加到试样上而试样没有发生失效的应力范围。

5　符号和名称

本标准的符号和名称见表 1。

表1 符号和名称

符 号	名 称	单 位
D	试样夹持部分的直径	mm
d	试样应力最大部位的直径	mm
N_f	疲劳寿命	周次
r	试样夹持部分与试验部分之间过渡弧半径	mm

6 试样的形状与尺寸

6.1 试验部分的形状

试验部分可以是：

a) 圆柱形(见图1,图4和图5)；

b) 圆锥形(见图2)；

c) 漏斗形(见图3,图6和图7)。

上述的每种形状,试验部分都应是圆形横截面。

试验部分的形状应根据所用试验机的加力方式设计。对于圆柱形或漏斗形试样可以简支梁或悬臂梁一点或两点加力,圆锥形试样只能采用悬臂梁单点加力方式。图1到图7为各种方式的原理图,显示了各种情况下的弯矩和名义应力图。

不同类型的试样给出的疲劳试验结果可能不同。推荐试验采用使尽可能多的材料体积承受高应力。

注：对于某些材料高应力和高速旋转可能会引起试样发热。如果出现这种情况,应减小试样承受高应力的材料体积。如果采用冷却试样的方式,冷却介质不得与试验材料发生反应。应选取与试样发生最小反应的介质,试验介质应在报告中注明。

6.2 试样尺寸

同一批疲劳试验所使用的试样应具有相同的直径,相同的形状和尺寸公差。

为了准确计算施加的力,每支试样实际最小直径的测量应精确至0.01 mm。试验前应确保测量试样尺寸时不损伤试样表面。

对于承受恒定弯曲的圆柱形试样(见图4和图5)试验部分的平行度应保证在0.025 mm以内。对于其他形状的圆柱形试样(见图1)试验部分的平行度应保证在0.05 mm以内。试样夹持部分与实验部分的过渡圆弧半径不应小于$3d$。对于漏斗形试样,试验部分的圆弧半径不应小于$5d$。

图8显示了圆柱形试样的形状和尺寸。推荐直径d为6 mm、7.5 mm和9.5 mm。直径d的偏差为±0.05 mm。图9为推荐的高温疲劳试验圆弧形光滑试样(危险截面)。

注1：最小横截面直径通常为6 mm、7.5 mm和9.5 mm。直径的偏差应≤0.005 d。

注2：由于缺口试样的形状和尺寸没有标准化,本标准不覆盖缺口疲劳试验。然而,本标准描述的疲劳试验过程可以适用于缺口疲劳试样。

6.3 试样夹持部分的形状和尺寸

试样夹持部分的形状和尺寸应根据试验时采用的试验机设计。

经验表明对于螺纹夹持的试样,螺纹部分的横截面积与试验部分的横截面积之比不应小于3。

7 试样制备

7.1 总则

在测定材料的旋转棒弯曲疲劳特性试验时,应注意以下试样制备的要求。如果试验程序是为了测定与试样制备要求不相符的某一因素(表面处理,氧化等)的影响,就有可能偏离试样制备的要求。各种情况的任何偏离都应在报告中注明。

7.2 取样和标记

取样部位、取样方向和试样类型应按有关产品标准或双方协议。

从半成品或零件上取样对试验结果会有影响。因此很有必要在完全了解情况的条件下取样。

取样图应附加到试验报告，应清晰地表明：

——每支试样的位置；

——半成品产品加工的特征方向(轧制方向，挤压方向等)；

——每支试样的标识。

试样在加工的每个阶段都应有标识。应采取可靠的方法保证加工过程中标识不会消失或影响试验的结果。

7.3 加工过程

机械加工可能在试样表面产生残余应力。这些残余应力可能是机加工阶段的热梯度或材料变形或显微结构的变化引起的。残余应力的影响在高温疲劳试验时不需考虑，这是因为残余应力在试样保温过程中已全部或部分释放。然而应该采取合适的机加工方式来减小残余应力，尤其是在最终抛光阶段。对于较硬的材料，选取磨削加工工艺更好：

——磨削：试样磨削前的加工余量为+0.1 mm，以不超过0.005 mm/r的磨削速度进行磨削；

——抛光：用颗粒逐渐减小的不同砂纸去除掉最后的0.025 mm加工余量。推荐最终的抛光方向应沿着试样轴线。

注1：材料显微结构的改变可能由于机加工过程中温度的升高和应变硬化而引起，它可能产生相变或者更多情况下会发生表面的再结晶。由于试验的材料不再是原始材料而导致试验无效。

注2：有些材料由于某些元素或化合物的存在而影响力学性能。典型的例子就是氯离子对钢和钛合金的影响。在切削过程中应避免这些元素。建议在试样保存之前清洗和去油。

7.4 试样的表面状态

试样的表面状态对试验结果有影响。这种影响通常与下列一种或多种因素有关：

——试样表面粗糙度；

——表面残余应力的存在；

——材料显微结构的改变；

——污染物的引入。

下面的建议将使这些因素的影响降到最小。

表面状态用平均粗糙度或当量值来定量化。在各种试验条件下试样的平均表面粗糙度 Ra 应小于0.2 μm。

另外一个因素是局部的加工划痕。试样的最终加工要去除所有车削过程中的环向划痕。特别建议最终的磨削应是纵向机械抛光。用大约20倍的光学仪器检查试样表面，不允许有环向划痕。

如果在粗加工之后进行热处理，建议在热处理之后进行最终的抛光。如果不可能，应在真空或惰性气体下进行热处理防止试样的氧化。这种情况下残余应力已得到了释放。

这种热处理不应改变被研究材料的显微结构特性。热处理的细节和机加工过程应在试验结果中注明。

7.5 尺寸检查

应在最终完成试样加工后，采取不改变表面状态的方法测量试样直径。

7.6 储存与运输

已制备好的试样应妥善保存以避免任何损伤(接触的划痕，氧化等等)。推荐使用带封头的独立包装的盒子或试管。某些情况下在真空容器或填满硅胶的干燥器中储存样品是必要的。

尽量避免运输试样。在运输过程中不应接触试样标距和试样截面部分。

应特别注意给每支试样标识。要求在试样的两头部标识，保证在试样断裂后，每段试样都容易辨认。

8 试验装置的精度

可使用不同类型的旋转弯曲疲劳试验机（图 11 显示了主要类型旋转弯曲疲劳机的试验原理），但应满足如下要求：

8.1 所施弯矩误差应在±1%以内。

8.2 选择的频率应适合于材料、试样和试验机的组合。对于给定试验系列，试验频率应当相同。试验过程中应避免试样震动。

注 1：试验频率通常在 15 Hz 到 200 Hz（对应的转速为 900 r/min 到 10 000 r/min）。

注 2：高速旋转下的试样可能会发生自热，对疲劳寿命和强度的试验结果可能会产生影响。如果发生此类情况，建议降低试验频率。在室温下的试验，试样的自热应引起注意。试样温度不应超过试验材料熔点的 30%，并应记录温度。

注 3：如果环境的影响很明显，试验结果可能具有频率依赖性。

9 加温装置和温度测量装置

9.1 试样用电阻炉等加热装置加热。

9.2 炉温应保持均匀，试样工作部分应在炉膛长度内，温度梯度不大于 15 ℃。

9.3 测量或记录温度所用的热电偶、补偿导线和控温、测温仪表都应定期进行标定。

9.4 温度显示器的分辨力至少为 0.5℃，温度测量装置的误差应在±1 ℃以内。

10 试验程序

10.1 安装试样

安装每支试样时要避免试验部分承受施加力以外的应力。如果轴承是通过开口销来传递力的，在这种情况下就要求将试样定好位并拧紧避免起始扭应变的产生。

为了避免试验过程中的震动，试样的同轴度和试验机的驱动轴应保持接近的极限值之内。主轴端的最大允许误差为±0.025 mm，对于单点或两点加载悬臂试验机自由端的最大允许误差为±0.013 mm。对于其他类型的旋转弯曲疲劳试验机，实际工作部分两端的径向误差不应大于±0.013 mm。施加力之前应满足所需要的同轴度。

10.2 加力

杠杆比应按照本标准的附录 A 进行标定。试验应力按式(1)计算：

四点简支梁试样（图 5 和图 7）：

应力 $$S=\frac{M}{W}=\frac{32PL}{\pi d^3} \qquad (1)$$

对试样施加的力 $$P=S\frac{\pi d^3}{32L} \qquad (2)$$

机器加力的重量 $$=S\frac{\pi d^3}{32L}M_{Lr} \qquad (3)$$

悬臂试样和两点简支梁试样（图 1、图 2、图 3、图 4 和图 6）：

$$S=\frac{M}{W}=\frac{16P(L-\chi)}{\pi d^3} \qquad (4)$$

对试样施加的力 $$P=S\frac{\pi d^3}{16(L-\chi)} \qquad (5)$$

机器加力的重量 $$=S\frac{\pi d^3}{16(L-\chi)}M_{Lr} \qquad (6)$$

式中：

M——弯矩，单位为牛顿毫米(N·mm)；

W—弯曲系数，单位为立方米(mm^3)；

P——传递的力，单位为牛顿(N)；

L——力臂的长度，单位为毫米(mm)；

d——试样直径，单位为毫米(mm)；

M_{Lr}——机器的杠杆比；

两点加载的简支梁试样 $\chi=0$。

每支试样达到全载的总过程应该是相同的。启动试验机，在施力之前使其达到所需要的转速，以递增和连续的方式，平稳而无冲击地将力加到规定值。如果要求特殊的频率，对试验机的转速要做相应调整。

10.3 终止试验

试验一直进行到试样失效或达规定循环次数时终止。如失效位置发生在试样标距以外，则试验结果无效。

10.4 高温试验步骤

10.4.1 当试样用辐射炉加热时，需要控制转动时的试样温度，在疲劳试验中不能使用直接温度测量方法。允许用间接温度测量方法在静态下标定试验温度。

10.4.2 试样加热至规定的试验温度，保温半小时。测量试验温度时，可采用间接测量法(即热电偶的热端不直接接触试样工作表面，而与其相距 1 mm～2 mm)与直接测量法(即热电偶热端直接接触试样工作表面，此测量必须在试验机停止转动的状态下进行)。间接测量温度的方法用于控制试样温度。当客户要求时，需要在报告中提供直接温度测量和间接温度测量的标定记录。

10.4.3 在试验过程中，控制炉温的波动范围见表 2。

表 2 炉温允许的波动范围

单位为摄氏度(℃)

试验温度	温度波动
≤600	±3
>600～900	±4
>900～1 200	±5

10.4.4 温度测量装置在室温发生变化时应稳定在±1 ℃。

注：在试验过程中，若短时间(<10%N_f)内炉温有降低现象，应将炉温降低期间内的循环次数从总循环数中减去。如果炉温超温时间大于 10%N_f，试样断裂或有异常现象，则试验结果无效。

10.5 *S-N* 曲线的构成

一个试验不连续的预定循环数通常总是依赖于被测材料。对于某些材料的 *S-N* 曲线在给定的循环数显示明显的斜率变化，例如曲线的后半段平行于水平轴线。也有一些材料 *S-N* 曲线呈现连续的曲线，最终趋近于水平轴。对于第一种类型的 *S-N* 曲线，推荐取 10^7 耐久寿命，对于第二种类型，推荐取 10^8 耐久寿命。疲劳试验的计划参照 ISO 12107。特定的循环数应包括在测定的耐久极限应力范围内。

11 试验结果的表述

11.1 表格的表达形式

当采用表格的报告格式时，表格内容应包括试样标识、试验顺序、试验应力范围、疲劳寿命或试验结束时的循环数。

11.2 图形表达形式

最普遍的疲劳试验数据的图形表达形式是 *S-N* 曲线，如图 10 所示。以横坐标表示疲劳寿命 N_f，以纵坐标表示最大应力，应力范围或应力幅，一般使用线性尺度，也可用对数尺度。用直线或曲线拟合各数据点，即得 S-N 曲线图。当对数寿命呈正态分布时上述过程描述的 S-N 图具有 50%的存活率。然而类似过程也可用于其他存活率的 S-N 曲线图。

S-N 曲线图上至少应包括材料牌号，材料的级别及拉伸性能，试样的表面状态，缺口试样的应力集中系数(如有要求)，疲劳试验的类型，试验频率，环境和试验温度。

12 试验报告

在疲劳试验报告中，试验条件应清晰地注明，并应包括以下信息：

a) 本国家编号；

b) 被测材料和材料的冶金特性。材料制造时参照的标准；

c) 加力方式和所用试验机类型；

d) 试样的类型，尺寸和表面状态，加力的点数；

e) 应力循环的频率；

f) 如果试样自热温度超过 35 ℃，应注明试样温度；

g) 每天室温和湿度的最大和最小值(根据协商)；

h) 试验结束判据，例如 2×10^6 或试样完全失效或其他标准；

i) 试验过程中与要求条件的任何偏离；

j) 试验结果。

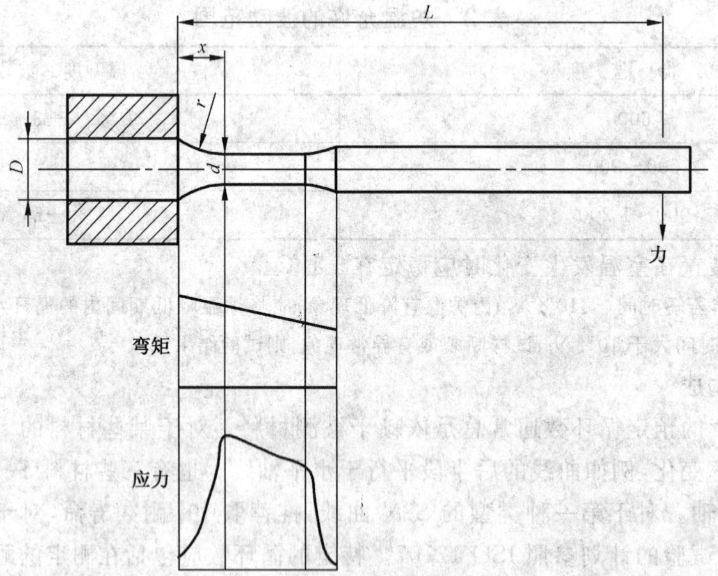

图 1 圆柱形试样——单点加力

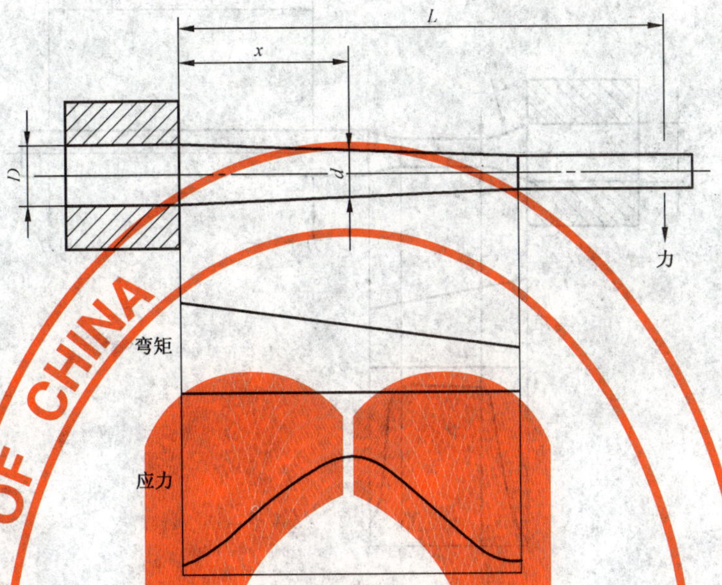

图 2 圆锥形试样——单点加力

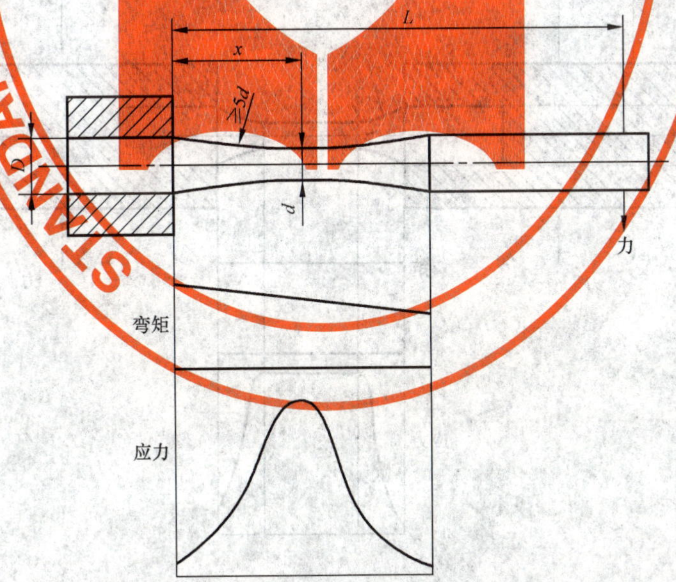

图 3 漏斗形试样——单点加力

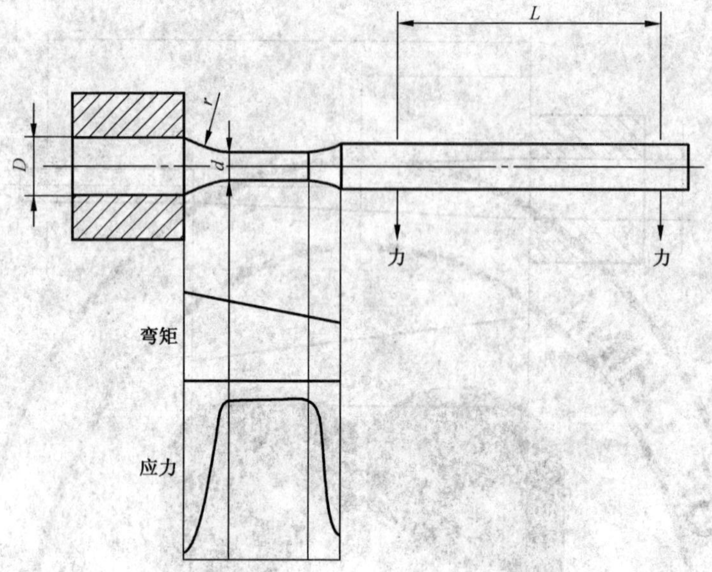

图 4　圆柱形试样——两点加力

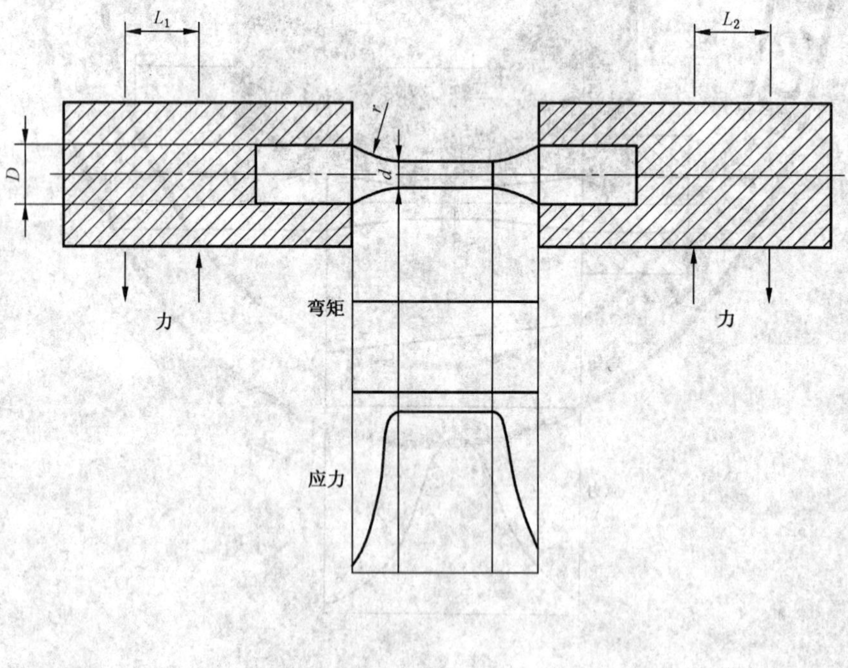

图 5　圆柱形试样——四点加力

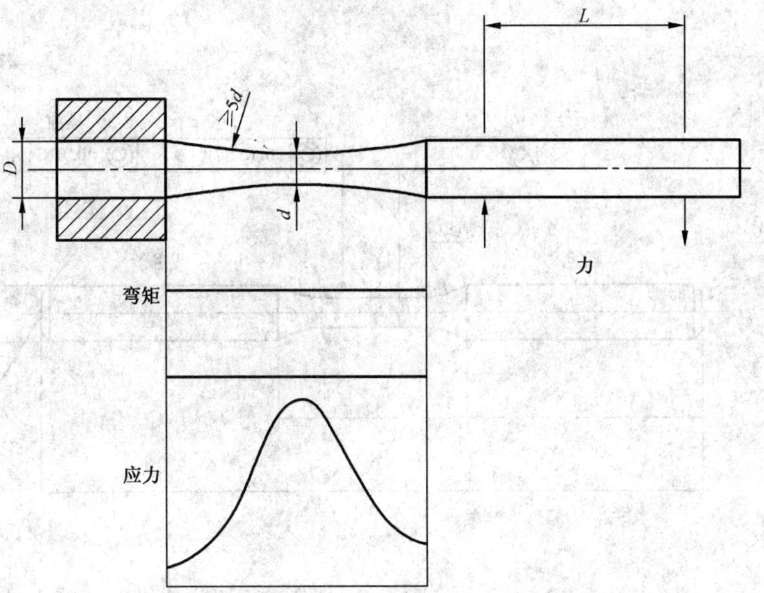

图 6 漏斗形试样——两点加力

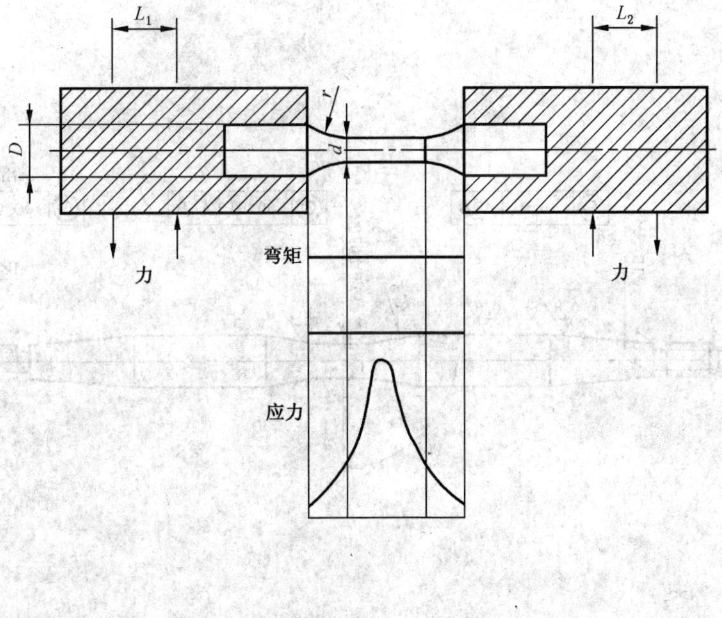

图 7 漏斗形试样——四点加力

单位为毫米

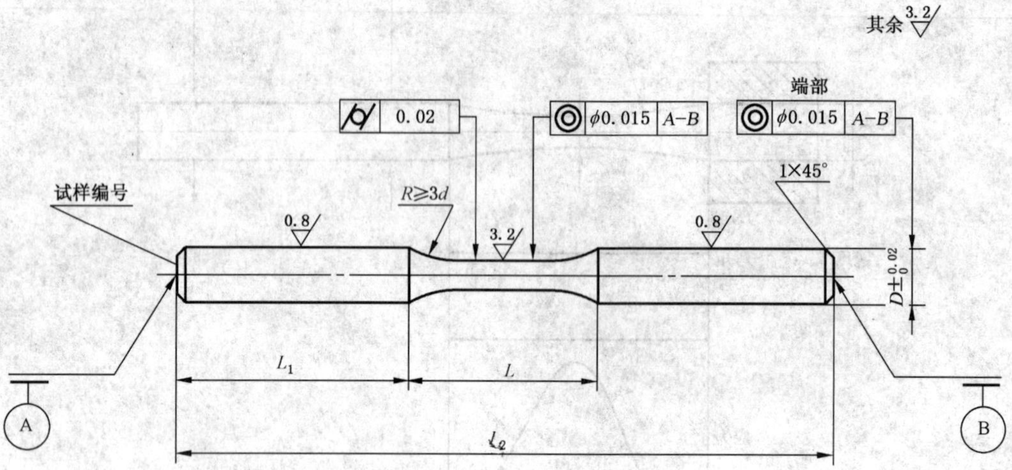

图8 圆柱形光滑试样

单位为毫米

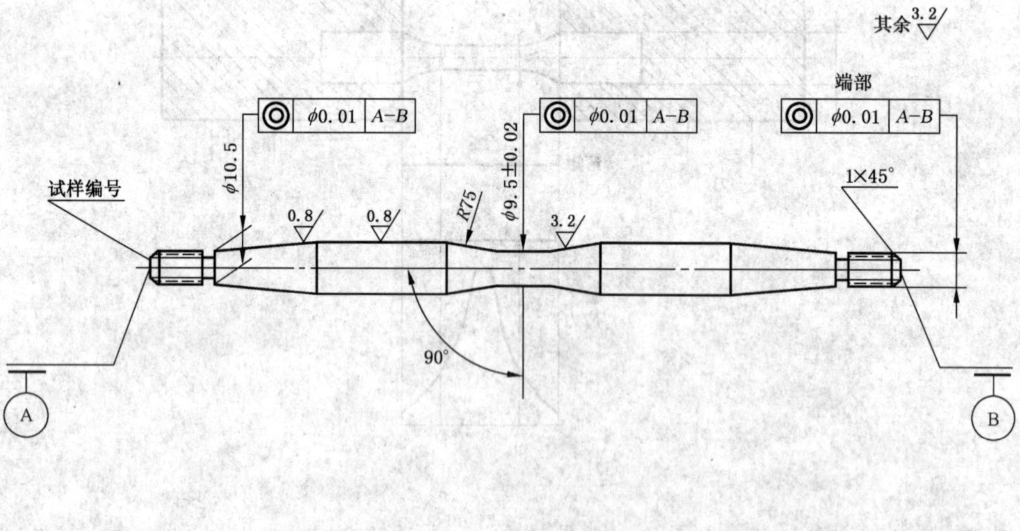

图9 圆弧形光滑试样

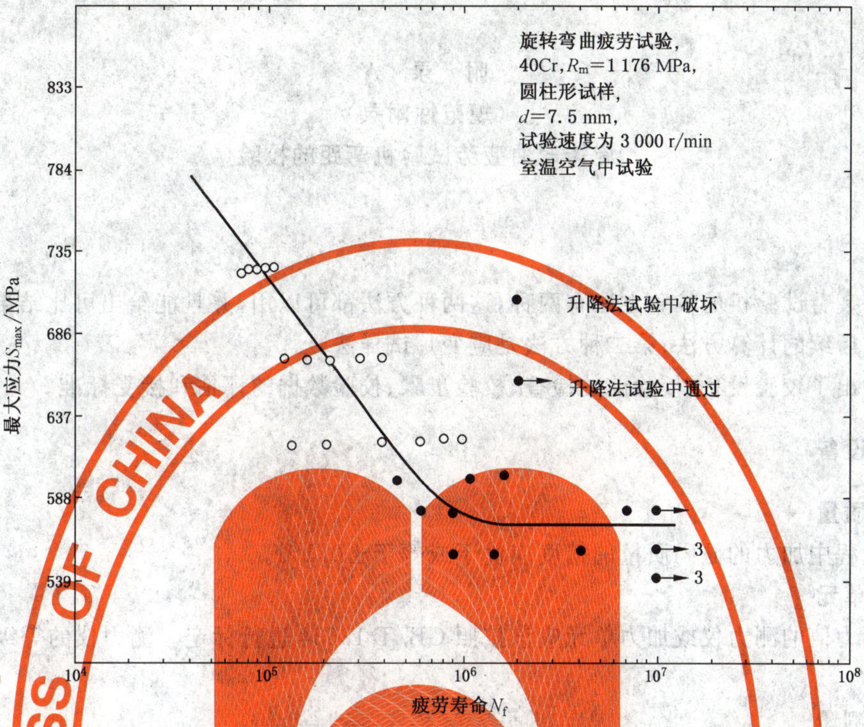

图 10 ***S-N*** 曲线图

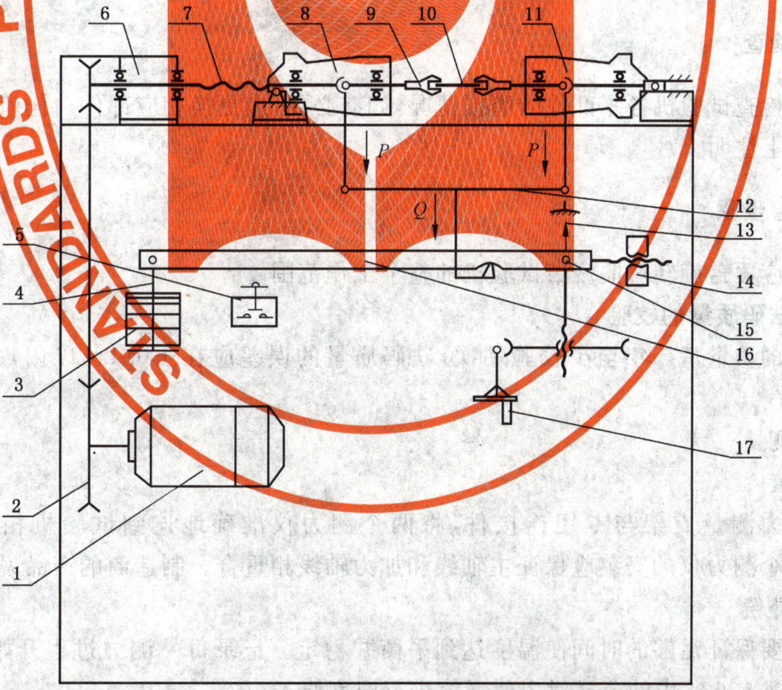

1——电动机；	7——软轴；	13——指针；
2——三角皮带；	8——左主轴箱；	14——平衡锤；
3——砝码；	9——弹簧夹头；	15——计数器；
4——吊杆；	10——试样；	16——杠杆；
5——按钮；	11——右主轴箱；	17——手轮。
6——计数减速器；	12——吊钩；	

图 11 旋转弯曲疲劳试验机的原理图

附 录 A
（规范性附录）
旋转弯曲疲劳试验机弯距的校验

A.1 总则

旋转弯曲疲劳试验机的校验方法有两种，这两种方法都可以用，并且能给出可比结果。第一种方法是尺寸测量和后续的计算方法；第二种方法是应变片试样法。

本附录列出了校验设备、校验前的检查、校验步骤、校验数据的评估和接受标准。

A.2 需校验设备

A.2.1 砝码质量

在校验过程中加力的砝码质量的精度应优于或等于±0.1%。

A.2.2 加力单元

用于校验力值的测力仪或加力单元应该按照GB/T 13634进行标定。测力仪的等级应等于或优于1级。

A.2.3 尺寸测量

用于旋转弯曲疲劳试验机尺寸测量的测微仪或卡尺的分辨力至少为0.01 mm，测量误差应在±0.03 mm以内。

A.3 校验前的检查

在校验前应检查试验机各零部件的磨损情况，如有必要，应更换相应部件。任何零部件的更换都应在设备维护记录上注明。

A.4 加力的校验步骤

力值的校验应覆盖旋转弯曲疲劳试验机的整个工作范围。

A.4.1 试验用砝码质量的校验

试验用砝码的质量每5年至少校验一次，砝码质量的误差应在±0.1%以内，并且能溯源到国家基准。

A.4.2 力值的测量

A.4.2.1 同轴度

借助专用分力测量支架与专用连接件，将两个测力仪准确地连到试验机相应测力部位上，见图A.1。同时两个测力仪的安装应保证主轴线和加力轴线相重合。制造商的产品说明书应提供。

A.4.2.2 温度补偿

校验仪器时要保证足够的时间使温度达到平衡并稳定。记录每一测力过程开始和结束时的温度。必要时利用GB/T 13634中的公式对力值系统进行温度修正。

A.4.2.3 系统调整

为了保证试验机处于良好的工作状态，有必要对疲劳试验机和力测量系统在测量的起始力和最大力之间反复3次。对于第3次施加的力回到零点后，如果必要，将测力仪置零。

A.4.2.4 试验力的选择

力值的校验点数一般不少于5点，尽量均匀分布，通常从最大力的20%（或所用最小力）的较小者开始到试验机的最大力。

A.4.2.5 试验力的施加

逐级均匀分布地施加递增的力，直到最大力，建议重复3遍。每完成一次加力过程，将力完全卸除到零。

确保每一次的加力过程都没有冲击和震动。

A.5 尺寸测量的校验方法

用于校验试验机尺寸的工具应满足A.2.3的要求，并应按照供货商产品说明的指导进行。

A.5.1 平均弯距力臂$\overline{L}$的测量

利用测微尺或卡尺在力臂的两侧，测量弯距力臂长度L（对于四点弯曲试验机为L_1和L_2），重复测量3次（见图1至图7和A.2）。计算各次测量的平均值，并记为平均弯距力臂长度$\overline{L}$，每次测量之间的差异不应大于5%。

A.6 应变片试样的校验

该方法是实验室利用应变片试样校验试验机。该方法的试样沿着试样轴线在标距长度的最小横截面处粘贴一个或两个应变片。如果是两个应变片，两应变片的夹角为180°。

A.6.1 悬臂梁试验机

应变片试样安装在试验机马达一侧，不与弯距力臂侧相连。应变片与应变片调节箱相连，并检查信号的连续性。应变片试样、试验机各部件和电子仪器应在试验环境下稳定30 min。稳定后将各个电子信号调零。对应变片试样施加弯曲力臂，并与加力系统相连。然后转动应变片试样，直到得到应变1#输出信号的最大值；并记录该值。在整个力值范围，重复该过程，在每一次转动应变片试样时，要保证得到最大弯曲应变。

通过增加已知质量的砝码来增加力值；对于吊称和游码的加力系统，通过增加吊杆上的游码重量来增加力值。

当整个加力过程完成后，去除掉试验力（但弯曲力臂仍保留），将应变片试样转动180°。启动第二个加力过程，取应变2#的最大输出值；对于单个应变片试样，取压缩应变的最大输出值。

上述过程完成后，去除掉加力系统和弯曲力臂；记录应变片最终输出值。

A.6.2 四点弯曲试验机

对于四点弯曲试验机，校验过程与A.6.1相同，唯一的不同是试样的初始装夹。将应变片试样安装在试验机两端的轴承支座上，这时不要将轴承支座与加力系统相连，并读取起始值。接下来，按照A.6.1读取每一级加载力对应的最大弯曲应变输出。

A.7 机器的评估

A.7.1 包含力传感器和加力单元的试验机

A.7.1.1 包含力传感器和加力单元的试验机力值的相对误差

相对误差q用力真值平均值的百分数表示，给出式(A.1)：

$$q(\%)=\frac{F_i-\overline{F}}{\overline{F}}\times 100 \qquad\cdots\cdots(\text{A.1})$$

式中：

F_i——被校验试验机施加的力值。

A.7.1.2 包含力传感器和加力单元的试验机力值的相对重复性误差

重复性误差b指每一待测力值的最大与最小值的差相对于力真值平均值的百分数，给出式(A.2)：

$$b(\%)=\frac{F_{\max}-F_{\min}}{\overline{F}}\times 100 \qquad\cdots\cdots(\text{A.2})$$

A.7.2 通过砝码加力的试验机

A.7.2.1 通过砝码加力的试验机力值的相对误差

相对误差 q 用力真值平均值$\overline{F}$的百分数表示，可以从试验砝码的标定证书得到。

A.7.2.2 通过砝码加力的试验机力值的相对重复性误差

重复性误差 b 指每一待测力值的最大与最小值的差相对于力真值平均值的百分数，可以从试验砝码的标定证书得到。

A.7.2.3 吊称和游码加力试验机力值的相对误差

吊称和游码加力试验机的相对力值精度由两部分组成。一部分是产生吊杆重量的砝码质量的精度(c)，这部分可以通过砝码的标定证书得到。第二部分是游码的分辨力(d)，通过观察可以得到。通过式(A.3)组合得到：

$$q=\sqrt{(c^2+d^2)} \qquad \text{(A.3)}$$

A.7.2.4 吊称和游码加力试验机力值的相对重复性误差

力值的相对重复性误差通过试验可以得到。操作员将吊称的重量固定在杠杆的一预先定义位置。重复测量 5 次。按照 ISO 376 标定的一级测力仪用于测量施加的试验力。重复性误差 b 指每一待测力值的最大与最小值的差相对于力真值平均值的百分数，给出式(A.4)：

$$b=\frac{F_{\max}-F_{\min}}{\overline{F}}\times 100 \qquad \text{(A.4)}$$

A.7.3 力臂相对误差

相对误差 q'用力臂平均值的百分数表示，给出式(A.5)：

$$q'=\frac{L_s-\overline{L}}{\overline{L}}\times 100 \qquad \text{(A.5)}$$

式中：

L_s——力臂的名义值。

A.7.4 力矩的相对误差

力矩的相对误差用式(A.6)表示：

$$q''=q+q'=\left[\frac{F_i-\overline{F}}{\overline{F}}+\frac{L_s-\overline{L}}{\overline{L}}\right]\times 100 \qquad \text{(A.6)}$$

A.8 旋转弯曲疲劳试验机的特性

A.8.1 通过尺寸测量校验的试验机

旋转弯曲疲劳试验机，对应的力值、力臂和力矩的误差应分别在±1%，±0.3%和±1%以内。相对应力的最大重复性误差为 1%。

A.8.2 利用应变片试样校验的试验机

利用应变片建立试验机自重(不施加外力)校验过程得到的数据，建立外加力与试样应力/应变的关系。这一关系随后将用于根据试验特定的应力计算试验力值。

A.9 校验周期

校验周期最长为一年。如果机器经过移动重新安装或进行过修理或调整则需要重新检定。

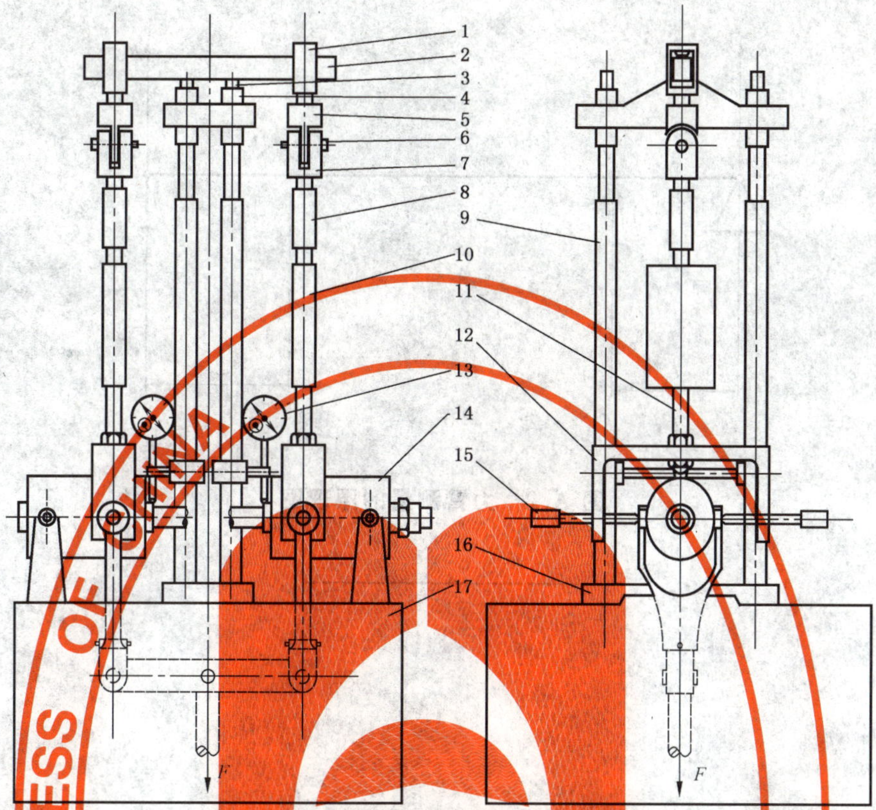

1——框；

2——臂；

3——前支杆；

4——滚花螺母；

5——上铰链；

6——销轴；

7——下铰链；

8——上连杆；

9——后支杆；

10——测力仪；

11——下连杆；

12——架；

13——百分表；

14——主轴筒；

15——滚花螺钉；

16——下座；

17——箱体。

图 A.1　分力测量装置的示意图

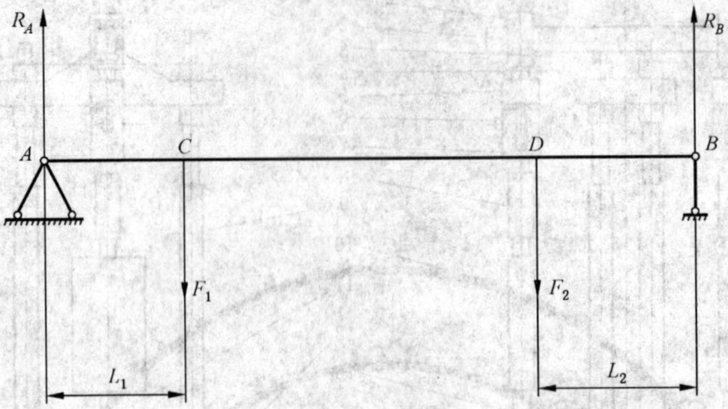

图 A.2　力臂测量的原理图

ICS 77.040.99
H 21

中华人民共和国国家标准

GB/T 4339—2008
代替 GB/T 4339—1999、GB/T 10562—1989

金属材料热膨胀特征参数的测定

Test methods for thermal expansion characteristic parameters of metallic materials

2008-10-10 发布 2009-05-01 实施

中华人民共和国国家质量监督检验检疫总局
中 国 国 家 标 准 化 管 理 委 员 会 发布

前　言

本标准修改采用 ASTM E 228-06《用推杆法测量刚性材料线性热膨胀的试验方法》。

为了方便比较，在附录 A 中列出了本标准章条编号和 ASTM E 228-06 章条编号的对照一览表。

考虑到我国国情，在采用 ASTM E 228-06 时进行了修改。这些技术性差异用垂直单线标识在它们所涉及的条款的页边空白处。在附录 B 中给出了技术性差异及其原因的一览表以供参考。

本标准代替 GB/T 4339—1999《金属材料热膨胀特征参数的测定》和 GB/T 10562—1989《金属材料超低膨胀系数测量方法　光干涉法》。

本标准与 GB/T 4339—1999 相比，在技术内容上主要有如下变化：

——修改了标准的适用范围(GB/T 4339—1999 的第 1 章)；

——修改了规范性引用文件(GB/T 4339—1999 的第 2 章)；

——修改了定义及符号(GB/T 4339—1999 的第 3 章)；

——将“原理”修改为“方法综述”，并增加了关于“TMA”的内容(GB/T 4339—1999 的第 4 章)；

——删除了对载体和推杆进行处理的规定(GB/T 4339—1999 的 5.1.2)；

——增加了对参照材料 W、Cu 热膨胀数据的有关规定(GB/T 4339—1999 的 7.1.4)；

——修改了对校正常数的规定并补充了常用的透明石英的平均线膨胀系数值(GB/T 4339—1999 的 7.4.2)；

——删除了“校正适用范围”的规定(GB/T 4339—1999 的 7.5)；

——删除了试样热膨胀计算公式(5)，并将原公式(6)中的 B 改为 A(GB/T 4339—1999 的 9.1)；

——删除了用长度和温度的测量精度进行热膨胀测量精度估算的规定(GB/T 4339—1999 的 11.3)；

——增加了 2 000 ℃以下测量精度估算的规定并删除了相应的“注”(GB/T 4339—1999 的 11.5)；

——增加附录 D《金属材料超低膨胀系数测量方法　光干涉法》。

本标准附录 A、附录 B 和附录 D 均为资料性附录；附录 C 是规范性附录。

本标准由中国钢铁工业协会提出。

本标准由全国钢标准化技术委员会归口。

本标准起草单位：北京北冶功能材料有限公司、冶金工业信息标准研究院。

本标准主要起草人：李丽敏、李昕、冯超、任翠英。

本标准所代替标准的历次版本发布情况为：

——GB/T 4339—1984、GB/T 4339—1999；

——GB/T 10562—1989。

金属材料热膨胀特征参数的测定

1 范围

本标准规定了金属材料及其他相关固体材料热膨胀特征参数测量方法的定义及符号、原理、测试装置及要求、试样制备、装置校正、测量程序、测量结果计算、试验报告、精度与偏差等。

本标准规定了用推杆式膨胀仪检测刚性固体材料的线性热膨胀，这适用于借助由同种熔融石英载体与推杆构成的组件，在−180 ℃～900 ℃温度范围内，检测金属材料试样的线性热膨胀，也适用于对陶瓷、耐火材料、玻璃、岩石等具有刚性固体特征的试样的线性热膨胀的检测；若改用高纯度氧化铝的组件，检测温度范围可扩大至1 600 ℃；改用各向同性的石墨，则可扩大至2 500 ℃。

2 规范性引用文件

下列文件中的条款通过本标准的引用而成为本标准的条款。凡是注日期的引用文件，其随后所有的修改单(不包括勘误的内容)或修订版均不适用于本标准，然而，鼓励根据本标准达成协议的各方研究是否可使用这些文件的最新版本。凡是不注日期的引用文件，其最新版本适用于本标准。

GB/T 8170 数值修约规则

JJG 141 工作用贵金属热电偶检定规程

JJG 229 工业铂、铜热电阻检定规程

JJG 351 工作用廉金属热电偶检定规程

3 术语和定义

3.1

线性热膨胀

$\Delta L/L_0$

与温度变化相应的试样单位长度上的长度变化，以$\Delta L/L_0$表示；其中ΔL是从起始温度t_0至所需温度t间观测到的长度变化，L_0是环境温度t_0下的试样的原始长度。热膨胀常以百分率或百万分之几(10^{-6})表示。

一般以20 ℃为基准起始温度；若采用的温度不同于20 ℃，在报告中应予注明。

3.2

平均线膨胀系数

α_m

在温度t_1和t_2间，与温度变化1 ℃相应的试样长度的相对变化，以α_m表示：

$$\alpha_m=(L_2-L_1)/[L_0(t_2-t_1)]=(\Delta L/L_0)/\Delta t(t_1<t_2) \quad\cdots\cdots(1)$$

由式(1)可见，α_m是线性热膨胀($\Delta L/L_0$)除以温度变化(Δt)所得的商，单位名称为每摄氏度，它一般以10^{-6}℃$^{-1}$为单位表达。

3.3

瞬间线膨胀系数

α_t

在温度t下，与温度变化1 ℃相应的线性热膨胀值，以α_t表示，其定义见公式(2)：

$$\alpha_t=\frac{1}{L_i}\lim_{t_2\to t_1}\frac{L_2-L_1}{t_2-t_1}=(dL/dt)/L_i(t_1<t_i<t_2) \quad\cdots\cdots(2)$$

亦被称为“热膨胀率”，一般以 $10^{-6}℃^{-1}$ 为单位表达。

4 符号和说明

A——校正常数，无量纲；

L_0——环境温度 t_0 下试样的原始长度，单位为毫米(mm)；

L_1——温度 t_1 下试样的试样长度，单位为毫米(mm)；

L_2——温度 t_2 下试样的试样长度，单位为毫米(mm)；

L_i——指定温度 t_i 下的试样长度，单位为毫米(mm)；

ΔL——温度 t_1 和 t_2 间试样长度的变化，单位为微米(μm)；

$(\Delta L)_\alpha$——位移传感器示出的试样长度变化值，单位为微米(μm)；

α_m——平均线膨胀系数，常用 $10^{-6}℃^{-1}$ 表示，单位为每摄氏度($℃^{-1}$)；

α_t——温度 t 下的热膨胀率，常用 $10^{-6}℃^{-1}$ 表示，单位为每摄氏度($℃^{-1}$)；

t_0——与原始长度 L_0 对应的温度，单位为摄氏度(℃)；

t_1，t_2——测量中选取的两个温度($t_1<t_2$)，单位为摄氏度(℃)；

Δt——t_2 和 t_1 间的温度差($t_1<t_2$)，单位为摄氏度(℃)。

5 方法综述

5.1 采用步进式变温方式或缓慢恒速变温方式对温度进行控制，利用推杆式熔融石英膨胀仪检测作为温度函数的、固体材料试样相对于其载体的长度变化。

5.2 以基本组态区分，常有各类变体，包括采用模拟测温的、被称为“示差膨胀仪”等测试装置，对这些装置的基本要求与本标准的规定相同。

5.3 热机械分析仪(TMA)多半具有膨胀仪的功能，它具有自动化程度高、试样尺寸较小的优点；但如果采用小尺寸的试样，从测量精度考虑，则一般只能检测聚合物等高膨胀材料。

6 测试装置及要求

6.1 试样载体与推杆或管

6.1.1 试样的载体与推杆或管均由退火的熔融石英构成，它们将试样长度上的变化传输至传感器上；推杆的形状和尺寸应保证将载荷作用到试样上而又不至在需要的温度范围内在试样上产生压痕。图1示出管与杆的典型形状。

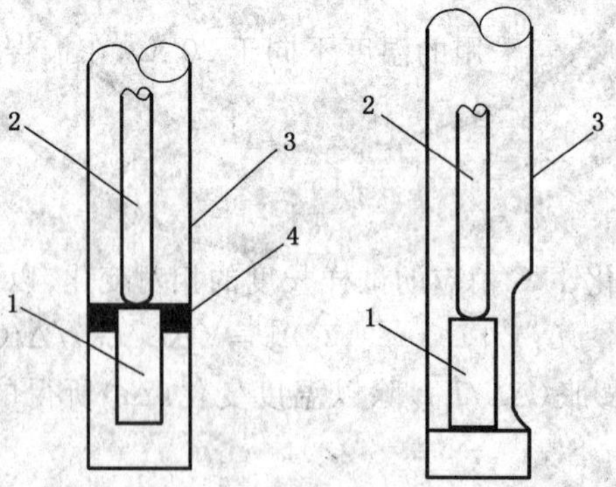

1——试样；

2——透明石英推杆；

3——透明石英外管；

4——适宜的间隙。

图1 试样载体与推杆及试样接触面的典型形状

6.1.2　试样载体和推杆应由同牌号的透明石英制成，两者热膨胀特征参数间的差异应在±1%以内。

6.2　炉子、恒温器和槽

6.2.1　用于在所关心的温度范围内以受控速率均匀加热或冷却试样，低温可达－180 ℃，高温可达900 ℃。

6.2.2　为保证试样温度的均匀性符合要求，放置试样的炉子或变温均匀区的长度应大于试样长度。试样中的温度梯度依赖于其长度与直径的比值和炉子的热绝缘质量；调整炉子加热绕组的位置，使其由中心区移向试样端部，可使梯度减小。此外，对于高温下的试验，推荐使用重金属套管或辐射屏。温度控制最好在这样的条件下进行：保证控温传感元件有与被测试样相同的温度（辐射加热炉），或使其很靠近加热元件（电阻加热炉）。

6.3　膨胀位移测量系统

6.3.1　由位移传感器将试样与其载体间的膨胀位移的差值转换为适宜输入到数据处理-记录仪的电、光信号；可有各种类型，如数字编码器、差动的或指针式的转换器等；其精度应满足性能检测要求。例如，在20 ℃～100 ℃温度间隔内，要保证对长度25 mm、平均线膨胀系数1.0×10^{-6}/℃试样的检测精度好于$\pm0.1\times10^{-6}$/℃，所用位移传感器的测量不确定度应好于±85 nm（见11.3）。

位移传感器应受到保护，须保证因试验所致传感器中温度的最大变化对其示值无可见影响。

6.3.2　推杆的形状和尺寸应保证将载荷作用到试样上而又不至在需要的温度范围内导致试样产生压痕。本方法所用平直圆形截面推杆的直径为2 mm～5 mm。

6.3.3　由位移传感器、数据处理-记录仪、试样载体和推杆组成的膨胀位移测量系统应有稳定的零位示值；在系统使用的温度范围内，对与试样载体同质的参照试样测得的表观平均线膨胀系数绝对值应不大于0.3×10^{-6}/℃。

6.4　温度测量系统

此系统由校正了的温度传感器件或器件组与人工的、电子的或其他等效的读出装置构成，要求被检温度示值的不确定度优于±0.5 ℃或不大于整个温度范围的±1%。

6.4.1　由于本试验方法涉及的温度范围广，依温度区间的不同，可使用不同类型的传感器件；一般采用JJG 141、JJG 351检定规程校正的丝状（ϕ0.5 mm或更细的丝）、箔状热电偶，以及JJG 229规程校正的丝状电阻温度计。

6.4.2　在190 ℃～350 ℃范围内推荐使用E型或T型热电偶，在0 ℃～900 ℃范围内推荐使用K型、S型及N型热电偶；热电偶应定期进行校正检验，以保证在使用过程中不致受到污染或排除因接点处合金组元的迁移而产生的相变。

6.4.3　当使用热电偶时，应借助冰水槽或不受周围环境温度变化影响的、等效的电子基准装置来保证其参照端为0 ℃。

6.4.4　精密测量时温度检测的附加注意事项见附录C中的C.4。

6.5　长度检测量具

用来测定试样原始与最终长度的指针式千分尺或卡尺（或其他等效器件），应保证测量不确定度不大于±25 μm。

7　试样制备

7.1　要求被检试样具有刚性固体特征，即在试验温度和仪器所予应力下，试样的蠕变或弹性应变速率是可忽略的，或者说不会对热长度变化的测量产生可见的影响。

7.2　试样长度L_0应服从热膨胀$\Delta L/L_0$检测精度的需要，依目前商品仪器的水平，推荐试样的最小长度应为25 mm±0.1 mm，横向尺寸在3 mm～10 mm。

7.3 试样应轴向均匀，其端面（与载体、推杆间的接触面）的粗糙度 Ra 应不大于 10 μm，端面间的不平行度应小于 25 μm（见图 2）。

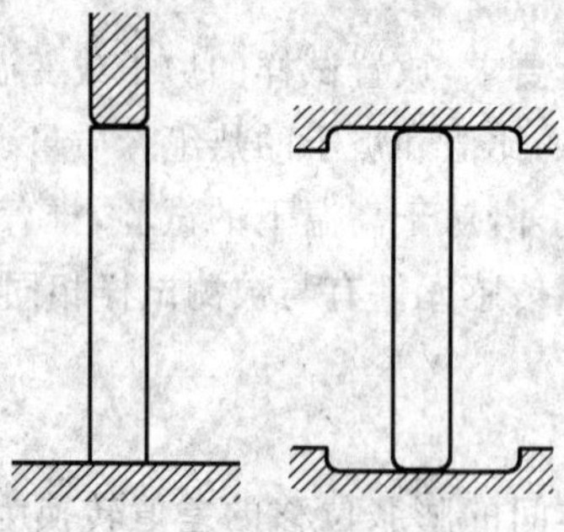

图 2 试样与推杆端部的示意图

不应采用具有尖端的试样，它在试验中易产生变形。

7.4 增大试样的横截面积有助于防止升温时试样的非弹性蠕变。

7.5 应控制长试样中的温度梯度，保证试样上的温度不均匀性在±2 ℃/50 mm。

8 装置校正

8.1 检测前的准备

检测前，确定测试装置的换算当量或校正常数是完成检测任务的前提条件。

8.2 位移传感器的校正

借助检测一组由精密螺旋测微器确定的位移、一组量块或其他等效的装置来完成位移传感器的校正；对于诸如数字编码器类绝对的传感器可略去此步骤。

8.3 温度测量系统的校正

8.3.1 按照 JJG 141、JJG 229 或 JJG 351 规定的方法完成温度传感器的校正。

8.3.2 对 TMA 的温度校正应优于±1 ℃，为此应将一种晶态材料以膨胀检测中所用的速率加热通过其熔点，通过观察施加 5 cN 负载的推杆产生压痕时的温度完成校正；可使用下述高纯度（>99%）材料制作的试样：

参比物	熔点/℃
In	156.6
Sn	232.0
Pb	327.5
Zn	419.6
Al	660.4

8.4 热膨胀测试系统校正

8.4.1 对于整个系统的校正，应至少测量其膨胀值已知、且与被测试样材料尽可能接近的一种参照材料。表 1 给出了校正用标准参照材料的热膨胀值，表 2 列出可满足一般使用的要求的、工业用参照材料的膨胀值。其中，铂的数据可用至 1 300 ℃；钨的数据，在空气中用至 300 ℃，在惰性气体中为1 500 ℃；铜的数据，在空气中用至 300 ℃，在惰性气体中为 800 ℃。应依据具体检测要求，参照表 1 或表 2 选取可利用的材料。

表 1　标准参照材料的热膨胀

温度 t/℃	不锈钢(SRM738)		熔融石英(SRM739)	
	线性热膨胀 $(\Delta L/L_0)/10^{-6}$	热膨胀率 $\alpha_t/(10^{-6}℃^{-1})$	线性热膨胀 $(\Delta L/L_0)/10^{-6}$	热膨胀率 $\alpha_t/(10^{-6}℃^{-1})$
−193			−1	−0.07
−173			−13	−0.53
−153			−22.5	−0.53
−133			−28.5	−0.38
−113			−32	−0.24
−93			−32.5	−0.10
−73			−31	0.13
−53			−27.5	0.23
−33			−22	0.32
−13			−14	0.39
7			−6	0.45
20	0	9.76	0	0.48
27	69	9.81		
47			13.5	0.53
67	466	10.04	24.5	0.56
107	872	10.28	47.5	0.60
147	1 288	10.52	72	0.62
187	1 714	10.76	97	0.63
227	2 149	11.00	122	0.63
267	2 593	11.23		
287			159	0.61
307	3 408	11.47		
327			183	0.59
347	3 511	11.71		
367			206	0.56
387	3 984	11.95		
407			228	0.54
427	4 467	12.19		
447			249	0.51
467	4 959	12.42		
487			269	0.49
507	5 461	12.66		
527			288	0.47
567			307	0.44
607			324	0.42
647			340	0.40
687			356	0.38
727			371	0.37

表 2　工业用参照材料线性热膨胀值

温度 t/℃	钨 $(\Delta L/L_0)/10^{-6}$	铂 $(\Delta L/L_0)/10^{-6}$	铜 $(\Delta L/L_0)/10^{-6}$	铝 $(\Delta L/L_0)/10^{-6}$
−233	(−875)		(−3 235)	
−213	(−850)		(−3 158)	
−195		−1 756.66		
−193	(−811)		(−3 018)	
−173	(−760)		(−2 829)	
−153	(−700)		(−2 605)	
−150		−1 420.60		−3 430
−133	(−633)		(−2 353)	
−113	(−560)		(−2 080)	
−100		−1 024.09		−2 550
−93	(−482)		(−1 792)	
−73	(−401)		(−1 492)	
−50		−607.96		−1 550
−23	(−189)		(−707)	
0	(−49)	−176.2	(−331)	−460
20	0	0 (0)	0	0
50	(134)	286.06 (266)	(500)	710
100	(359)	722.38 (720)	(1 354)	1 900
150	(814)		(2 228)	
200		1 654.60 (1 652)	(3 121)	4 450
250	(1 045)	(2 128)	(4 033)	
300	(1 278)	2 612.01 (2 610)	(4 961)	7 130
350	(1 515)	(3 097)	(5 907)	
400	(1 754)	3 692.18 (3 590)	(6 870)	10 050
450	(1 996)	(4 087)	(7 852)	
500	(2 240)	4 596.55 (4 591)	(8 853)	13 230
600	(2 733)	5 628.65 (5 617)	(10 919)	16 760
700	(3 232)	6 692.81 (6 674)	(13 072)	
800	(3 736)	7 793.27 (7 766)	(15 323)	
900	(4 250)	(8 896)	(17 688)	
1 000	(4 775)	(10 063)		
1 100	(5 311)	(11 264)		
1 200	(5 858)	(12 500)		
1 300	(6 415)	(13 777)		
1 400	(6 984)	(15 111)		
1 500	(7 571)	(16 507)		
1 600	(8 183)			
1 700	(8 803)			

注：与括号内数据相应的试样的化学纯度为 99.99%。

8.4.2 应使用公式(3)中的校正常数：

$$A=(\Delta L/L_0)_t-(\Delta L/L_0)_m \quad \cdots\cdots(3)$$

式中：

$(\Delta L/L_0)_t$——标准参照材料真实的或被证实的热膨胀；

$(\Delta L/L_0)_m$——由膨胀仪测得的标准参照材料的热膨胀。

在20 ℃至700 ℃间，透明石英平均线膨胀系数$\alpha_m=(0.52\pm0.02)\times10^{-6}$℃$^{-1}$，其他见表3。

表3 透明石英的平均线膨胀系数

温度范围/℃	α_m数值/10^{-6}℃$^{-1}$
20～100	0.54
20～200	0.57
20～300	0.58
20～400	0.57

8.4.3 校正膨胀仪使用的试验条件和程序应与检测试样时相同，例如：试样长度、温度历程、环境气氛等都应尽可能相同。

8.4.4 显示试样与载体和推杆间热膨胀差值的观测值应予修正；对于TMA仪，此值被作为基线值或基线变化值，它可由不装设试样时的空白运行获得，最好由装入与推杆同质的试样的测量运行中获得。

9 测试程序

9.1 测试方法

可采用任何与本标准所描述的装置等效的、以计算机及电子仪器作为基础的设备与数据分析系统进行检测；当有争议时，采用本标准所描述的精密测量方法。

9.2 测试步骤

依赖于所用装置及测量要求的不同，下述步骤可能不都是或不总是需要的。

9.3 测试前的清洗

9.3.1 在500 ℃以上受热的熔融石英将会因遭受碱性化合物的污染而产生晶化。为防止此种现象的发生，在每次测试前，建议以下述工艺对熔融石英组件进行清洗：在10%的氢氟酸水溶液中浸泡1 min，然后用蒸馏水彻底漂洗。

9.3.2 为防止再受碱性化合物的污染，在测量结束前不得用手触及清洗后的熔融石英组件。

9.4 测试前的准备

9.4.1 在室温下，测量试样热膨胀检测方向上的原始长度L_0。

9.4.2 在确认试样表面不受其他物质污染的前提下，将其置入膨胀仪，保证其位置稳定。

9.4.3 将温度传感器置于试样中部位置，应使其尽可能逼近试样，又不致影响试样在载体中的运动。

9.4.4 确保位移传感器、推杆、试样间有可靠的接触。

9.4.5 将装配好的膨胀测量系统放入炉子、恒温器或它们的组合体中，使试样温度与其环境温度相平衡。

9.4.6 应将适当的微量载荷作用在推杆上，以保证它与试样间的接触。依赖试样的可压缩性与温度范围的不同，这个力一般应在0.1 N～1 N之间；如果可能减小，推荐取30 mN～50 mN。为标示零负载，应采用精密地逐渐增加载荷的操作方法，并将施加的力注在报告上。

9.4.7 记录温度传感器的初始读数t_0和与L_0相应的位移传感器的初始读数。

9.5 自动测量

9.5.1 在整个需要的温度范围内测量试样的膨胀(收缩)值，直至最高温度。

9.5.2 可采用速率不大于5 ℃/min的恒速加热或冷却的测量程序；在高精度的测试中，这个速率的上限值应为3 ℃/min。变温测量时试样中的平均温度一般与测得的温度不同(加热时低些，冷却时高些)，但如果系统已用参照材料正确的校正过，测得的试样的膨胀值仍是准确的。应连续记录温度和长度的变化值。

9.6 精密测量

采用阶梯式升温(或冷却)方式,各点保温时间由位移传感器达到示值稳定的时间决定,保温过程中的温度变化不得大于±2 ℃,试样内的温度梯度不得超过 0.5 ℃/cm;这个保温时间是膨胀测试装置与试样总的热质量(热容)的函数,并因温度的不同而变化,在每个恒定的温度下,读取并记录温度 t_i 和试样变化了的相应长度 L_i。

9.7 试验结束后,如果试样长度与其原始值间的相对变化可能影响测量结果的报出,应考虑重新检验,亦可在报出膨胀值时记录这个永久变形。

9.8 热机械分析仪(TMA)应用

9.8.1 采用热机械分析仪(TMA)进行测试前,在不装入试样的条件下,据上述 9.4.4~9.4.7,采用所选定的试验参数运行,检测并记录测量仪器的基线;特别在低膨胀试样的检验中,对试样 ΔL 的测量值一般必经仪器基线修正。

9.8.2 当以热机械分析仪(TMA)完成低膨胀材料的检测时,对一种材料一般应至少测试 3 个试样;仅对标准参照试样可重复检验。

10 计算

10.1 计算试样线性热膨胀的公式如公式(4)所示:

$$\Delta L/L_0 = (\Delta L/L_0)_a + A \qquad \cdots\cdots(4)$$

式中:

$\Delta L/L_0$——指定温度范围内试样的热膨胀;

$(\Delta L/L_0)_a$——指定温度范围内膨胀仪的热膨胀测量值;

A——由公式(3)确定的校正常数。

10.2 线性热膨胀的计算值除以相应的温度差 $\Delta t = t_2 - t_1$ 得到的平均系数[见公式(1)]:

$$\alpha_m = (\Delta L/L_0)/\Delta t \qquad \cdots\cdots(5)$$

10.3 由指定温度下试样长度变化与温度关系曲线上的斜率 dL/dt 来确定热膨胀率;这个斜率可根据作图法由标绘图确定,亦可由数据的拟合方程算出[见式(2)]:

$$\alpha_t = (1/L_i)dL/dt \qquad \cdots\cdots(6)$$

10.4 在相关量的计算中,应保持所有参与运算的参量的位数,测量的精度水平由最终结果体现,一般以 3 位有效数字报出。

11 精度和偏差

11.1 本标准规定的测量方法属于比较法,其测量精度低于属于绝对法的光干涉法(见附录 D);它通常用于线膨胀系数不小于 0.5×10^{-6}/℃的材料检测;如果传感器的精度及装置的稳定性满足要求,亦可用本方法检测低膨胀材料。

11.2 热膨胀和平均线膨胀系数的测量精度和偏差,与温度和长度相对应的测量同时性有关。

11.2.1 测量不确定度一般由长度和温度重复测量中的精度和偏差构成,但也可能涉及可干扰测量的其他因素,例如试样位置可重现性的变化、施加到传感器上的电压波动等。

11.2.2 系统偏差较大并有多种来源,这包括长度与温度测量的准确度、试样平均温度与温度传感器指示温度间的偏差、由位移传感器的非线性所致的偏差、试样载体与推杆间及其与试样间的温度差异、熔融石英膨胀的假定值与实测值间的偏差以及试样与推杆间附加的表面接触的影响等。对于选定的位移传感器和温度传感器,可通过提高操作质量来减少随机因素的影响,而系统偏差只能借助对各独立组元及对整个系统的认真校正来消除或减小。

11.3 平均线膨胀系数检测精度的估算值可由式(7)得出:

$$\frac{\delta\alpha_m}{\alpha_m}=\left(\frac{\delta(\Delta L/L_0)}{\Delta L/L_0}+\frac{\delta t}{\Delta t}\right)\times 100 \qquad \cdots\cdots(7)$$

式中：

$\delta\alpha_m/\alpha_m$——测量温度范围内平均线膨胀系数检测精度，%；

$\delta(\Delta L/L_0)$——热膨胀测量不确定度，无量纲；

$\Delta L/L_0$——热膨胀值，无量纲；

δt——温度传感器检测不确定度，单位为摄氏度(℃)；

Δt——测量温度范围，单位为摄氏度(℃)。

11.4 采用符合本标准规定的、仔细校正的熔融石英膨胀测试装置，在 25 ℃～400 ℃温度范围内，对硼硅酸盐玻璃、铜、钨线性热膨胀 95%置信水平检测的精度可达 4%。

11.5 基于本标准规定的技术要点，采用氧化铝或石墨为推杆和载体的高温膨胀仪，在 2 000 ℃以下，可获得相近的精度和偏差。

11.6 要确定热膨胀测量值的精度，必须用热膨胀值已知的、可再现的参照材料对膨胀仪进行校正。

12 试验报告

如需要，试验报告应包括下述内容：

a) 关于制造者、材料化学成分及受热、加工历程的描述；

b) 试样的制备方法，各向异性的轴向方向以及试样所经受的热的、机械的、湿度或其他处理的细节；

c) 试样的形状和尺寸，包括原始长度和基准温度；

d) 所用装置的简明描述，包括膨胀位移和温度测量系统、精度估算、加热与冷却速率、温度控制和气氛；

e) 列出使用的参照材料及对包括膨胀位移传感器、温度传感器在内的整个膨胀测试系统的校正方法；

f) 在指定的温度区间内，展示线性热膨胀、测量温度及平均线膨胀系数的数据表；

g) 关于$(\Delta L/L_0)$-t、α_m-t、α_t-t 的描绘曲线，其中 α_m 是根据通用的参照温度或基准温度算出的；

h) 关于试样异常现象的完整描述，诸如：试验后在参照温度下试样显示永久变形、过度氧化、起皮、变色、形变、裂纹、开裂等所有可能影响试验结果而需要加以说明的因素；

i) 满足被检材料特殊要求的任何附加信息。

附　录　A
（资料性附录）
本标准章条编号与 ASTM E 228-06 章条编号对照

表 A.1 给出了本标准章条编号与 ASTM E 228-06 章条编号对照一览表。

表 A.1　本标准章条编号与 ASTM E 228-06 章条编号对照

本标准章条编号	对应 ASTM E 228-06 章条编号
1	1、1.1、1.2
2	2
3	3
3.1	3.3.1
3.2	3.3.2
3.3	3.3.3
4	3.2
5	4
5.1	4.1
5.2	4.2
5.3	—
6	7
6.1	7.1
6.1.1	7.1.1
6.1.2	7.1.1
6.2	7.1.2.1
6.3	7.1.3
6.3.1	7.1.3.1、7.1.3.2、7.1.3.3、7.1.3.4
6.3.2	—
6.3.3	6.2.6
6.4	7.1.4、7.1.4.1
6.4.1	7.1.4.1
6.4.3	注 5
6.5	7.2
7	8
7.1	8.2.4、8.2.5
7.2	8.1
7.3	8.2.1
7.4	6.2.1
7.5	8.1

表 A.1（续）

本标准章条编号	对应 ASTM E 228-06 章条编号
8	9
8.1	—
8.2	9.1
8.3.1	9.2
8.3.2	—
8.4	9.4
8.4.1	X1.1
8.4.2	9.4.2
9.4.1	10.1
9.4.2	10.2
9.4.4	10.3
9.4.5	10.4
9.4.7	10.5
9.5.2	10.6.2
9.6	10.6.1
9.7	10.7
10	11
10.1	11.1
10.2	11.2
10.3	11.3
10.4	11.4
11	13
11.1	13
11.2	13.1
11.2.1	13.1.1
11.2.2	13.1.2
11.4	13.3
11.5	13.4
11.6	5.3
12	12
—	12.1
a)	12.1.1
b)	12.1.2
c)	12.1.3
d)	12.1.4

表 A.1(续)

本标准章条编号	对应 ASTM E 228-06 章条编号
e)	12.1.5
f)	12.1.6
g)	12.1.7
h)	12.1.8
i)	12.1.9
附录 A	—
附录 B	—
附录 C	—
附录 D	—

附 录 B
（资料性附录）
本标准与 ASTM E 228-06 技术性差异及其原因

表 B.1 给出了本标准与 ASTM E 228-06 技术性差异及其原因的一览表。

表 B.1 本标准与 ASTM E 228-06 技术性差异及其原因

本标准的章条编号	技术性差异	原 因
1	增加了"本标准规定了金属材料及其他相关固体材料热膨胀特征参数测量方法的定义及符号、原理、测试装置及要求、试样制备、装置校正、测量程序、测量结果计算、试验报告、精度与偏差等"及"若改用高纯度氧化铝的组件，检测温度范围可扩大至 1 600 ℃；改用各向同性的石墨，则可扩大至 2 500 ℃"等内容	使对材料的要求和方法技术内容的描述更为明确、严谨
4.3	将关于 TMA 的 3.3.4.1 并入本标准的"方法综述"部分	对热机械分析仪的应用作了规定，与后续内容呼应
5	修改了 ASTM E 228-06 第 7 章的相应内容：增加"一般采用 JJG 141、JJG 351 检定规程校正的丝状（φ0.5 或更细的丝）、箔状热电偶，以及 JJG 229 规程校正的丝状电阻温度计"和"在 190 ℃～350 ℃范围内推荐使用 E 型或 T 型热电偶，在 0 ℃～900 ℃范围内推荐使用 K 型、S 型及 N 型热电偶；热电偶应定期进行校正检验，以保证在使用过程中不致受到污染或排除因接点处合金组元的迁移而产生的相变"等内容	适应国情，对测试装置的内容描述更明确
6.2、6.3	修改了 ASTM E 228-06 8.1 中关于试样尺寸的规定	满足国内不同测试设备的需要
7.4.1	补入了参照材料 W、Cu 热膨胀的数据	为高温测量结果的精度和偏差提供依据
7.4.2	补入了关于透明石英平均线膨胀系数的数据	为膨胀仪的校正提供依据
8.5.2	修改了 ASTM E 228-06 10.6.2 中关于加热速率的规定	满足国内实际测试需要

附 录 C
（规范性附录）
热膨胀测试的补充规定

C.1 基准温度

C.1.1 一般以 20 ℃作为基准温度 t_0，以 20 ℃下的试样长度作为基准长度 L_0。在实际测量中，常以初始温度 t_1 下的长度 L_1 代替 L_0，若由此所得平均线膨胀系数为 α'_m，则两者关系为：

$$\alpha_m = \alpha'_m / [1 + \alpha_{t_1,t_0}(t_0 - t_1)] \quad \cdots\cdots(C.1)$$

式中：

α_{t_1,t_0}——试样在温度 t_1 与 t_0 间的平均线膨胀系数。

C.1.2 生产检验中，可忽略室温变化对试样长度值的影响。

C.2 试样

C.2.1 为保证测量结果的重现性，对试样的一般检测应在热的或机械的加工或处理之后进行；对某些材料，特别是复合材料，在检测前，试样应先经稳定化处理（预处理）以去除应力或畸变；当不了解试样的原始状态时，可在试样安装好后，加热到最高测量温度，保温 1 h，炉冷到室温，此后再进行热膨胀测量。

C.2.2 当以热电偶进行测温时，若对执行 8.4 所获得的测量结果有疑问或为提高测温的准确性，可在试样中点处打出直径 1.0 mm～1.5 mm 的孔，其深度应不小于试样半径，以便插入热电偶。

C.3 位移传感器

应依测量要求选择位移传感器的测量范围、最小分度及放大倍数，放大倍数越大，测量灵敏度越高，但同时伴有数据的重现性下降。

C.4 测温用热电偶

C.4.1 当测量温度时，即使温度传感器不与试样直接接触，也应防止由于热交换所致的偏差；这个偏差是由流出或流入试样及热电偶接点的热流产生的，可通过减小接点附近热偶丝上的温度梯度来将这种热流减至最小。例如，可在与试样温度相近的空间内将偶丝绕一圈或两圈，此时将使温度梯度移至该区间内偶丝的中点至炉子边缘之间。

C.4.2 当热电偶接点不与试样直接接触时，将使加热或冷却过程中的温度测量不准确；温度传感器的尺寸一般对温度的超前或滞后影响不大。这种温度偏差依赖于传感器与试样间的距离、试样尺寸、试样材料的辐射率和热扩散率以及所采用的加热或冷却速率。

C.4.3 在 800 ℃以上不应使用镍铬-镍铝电偶，建议用耐热玻璃焊封其接点，以防止污染。

C.5 保护气氛

C.5.1 对于一般金属材料，在 400 ℃以上的测量中，应在加热炉中通入氩气或氮气；除非事先做好细致的校正工作，否则不应在真空中进行测量。

C.5.2 当以 TMA 型装置进行测量时，需以氮气或氦气等惰性气体作为净化试样环境的工具。

C.6 报告

C.6.1 测量结果报至 10^{-7}（单位：$℃^{-1}$）；数字修约执行 GB/T 8170 中的有关规定。

C.6.2 依产品使用的要求，可适当简化报告内容。

附　录　D
（资料性附录）
金属材料超低膨胀系数测量方法　光干涉法

D.1　范围

本方法规定了用菲索光干涉法测定－195 ℃至＋100 ℃间金属材料的热膨胀特征参数；本方法的温度范围由设备条件和校正用参照试样的特征决定，可以扩大或缩小。

本方法的具体规定主要适用于具有低膨胀特性的金属材料的平均线膨胀系数的测量；作为热膨胀特征参数的绝对测量法，其测量精度显著高于推杆式膨胀仪、热机械分析仪等比较测量法，校正用参照材料的热膨胀特征参数测定是本方法的主要用途之一。

D.2　方法综述

D.2.1　通过观测与试样膨胀（收缩）相应的干涉条纹的变化，从而借助光的波长量度这种变化来完成测量，属于绝对测量法。

D.2.2　采用菲索光干涉法来完成测量：柱形试样的顶部和底部分置两块光学平板，称为“干涉片”，上下干涉片间有一定的夹角，投射的激光束经它们反射后发生干涉，形成干涉条纹；试样的膨胀或收缩引致光程差的变化，造成条纹移动，检测条纹的变化，并把它还原为长度变化，即可完成测量，见图 D.1。

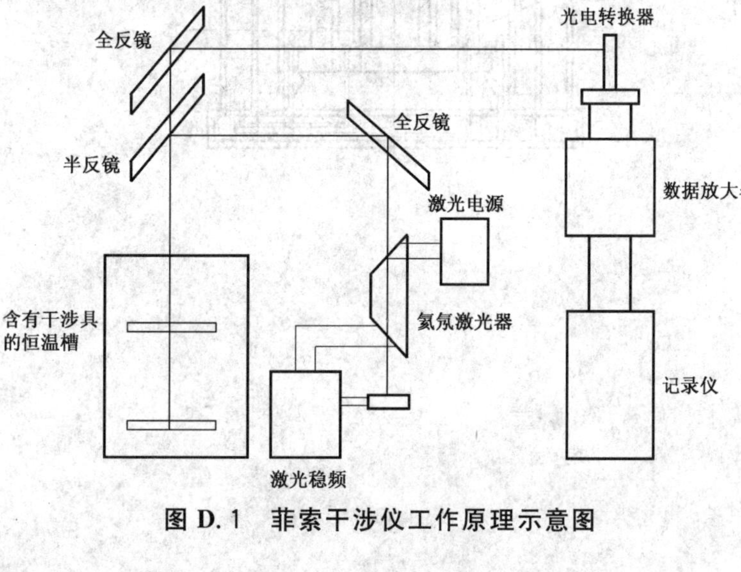

图 D.1　菲索干涉仪工作原理示意图

D.3　测试装置

D.3.1　长度测量装置

D.3.1.1　使用卧式测长仪或其他可满足要求的量具，测量环境温度 t_0 时的试样原始长度 L_0，其最小分度应不大于 0.01 mm。

D.3.1.2　干涉仪的光学平板由具有光学品质的透明石英制成，平板应抛光到可见光的十分之一个波长，顶板与地板间应有 15′±5′的夹角，顶板的下表面应经过研磨以消除反射，底板的上表面和顶板的下表面可涂敷以得到条纹的最佳能见度。

D.3.1.3　使用波长已知的单色光源，推荐使用氦氖激光光源。可用游丝测微计或条纹记录器测量干涉条纹的移动，应读到二十分之一个条纹间距。

D.3.2　温度测量装置

D.3.2.1　用铂电阻温度计测量试样的温度，其测温灵敏度应好于 0.03 ℃。

D.3.2.2 变温用恒温槽如图 D.2 所示，用电阻丝加热，用液氮或液氦制冷。在试样区内，横向温度的最大偏差应不大于 0.5 ℃，纵向温度的最大偏差应不大于 0.5 ℃。恒温槽的控温水平应不大于±0.2 ℃。

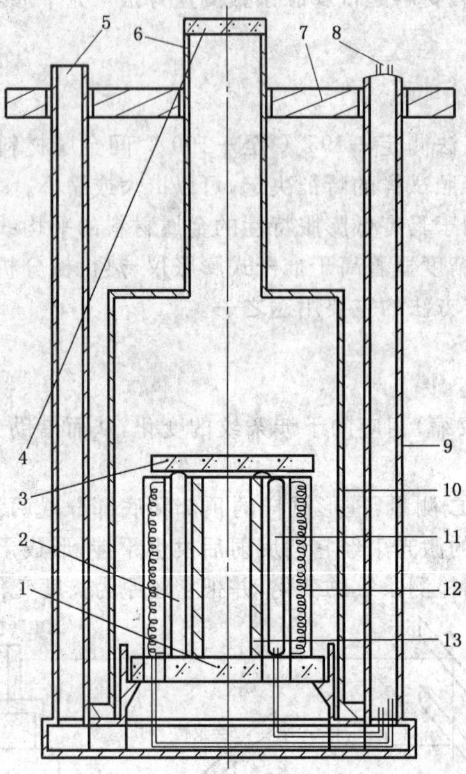

干涉具：

1——下干涉片；

2——试样(3 支)；

3——上干涉片；

4——通光玻璃。

其他部分：

5——抽真空口；

6——真空密封筒；

7——支架；

8——测温器具引线；

9——恒温器吊杆；

10——恒温槽壁；

11——铂电阻温度计(3 支)；

12——加热丝；

13——圆筒状试样夹具。

图 D.2 含有干涉具的恒温槽示意图

D.3.3 膨胀仪

D.3.3.1 推荐的非索干涉膨胀仪如图 D.3 所示。

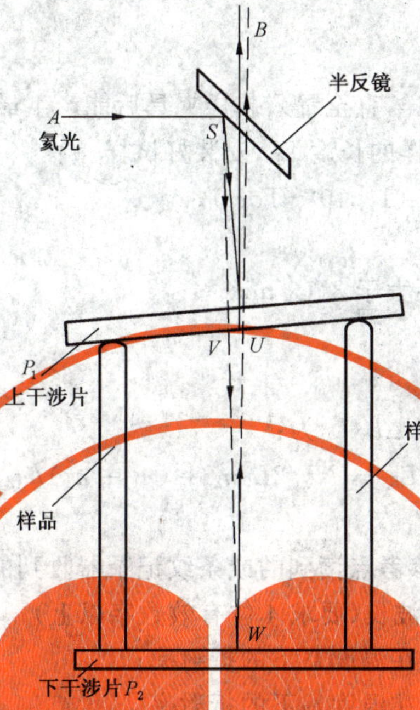

图 D.3　菲索干涉膨胀仪线路方框图

D.3.3.2　光源的频率应稳定，以保证测量条纹移动的偏差达到不大于±0.05 个条纹的水平。

D.4　试样

D.4.1　在严格的检测中，要求在被检材料的不同部位取样，加工成所需尺寸的试样，试样为棒状(或管状)，以同一部位制取的三支试样为一组，在一般的检测中，对同一炉号只需一组试样。

D.4.2　推荐试样长度为 50 mm。过短时测量灵敏度降低，过长时试样轴向温度不均匀性加大。

D.4.3　当试样长度取 50 mm 时，直径应取 3 mm 至 3.5 mm。试样一端面为圆头，见图 D.4。

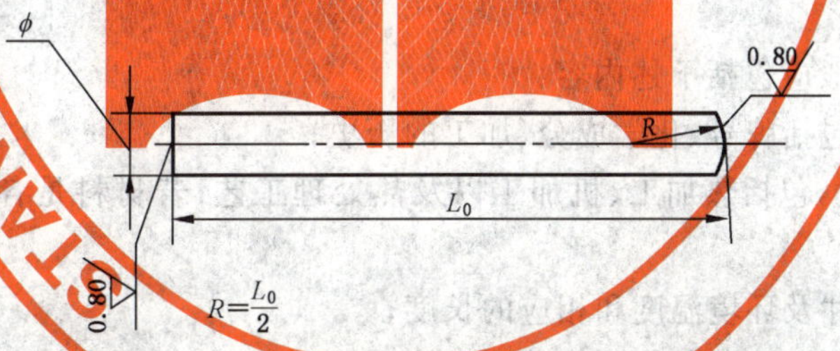

图 D.4　试样形状示意图

D.4.4　为获得可复现的测量结果，应消除与热膨胀行为无关的可导致长度附加变化的影响因素。为此，测试前对样品进行稳定化处理是必要的(见 D.9)。

D.5　校正

D.5.1　测试前，必须对所使用的膨胀仪进行校正。

D.5.2　校正用参照试样的物理特征参数应与待测试样尽可能接近，常用的参照材料热膨胀值见表 1 和表 2。

D.5.3　膨胀仪的校准是将标样放入图 D.3 所示干涉具内的装样夹具中，在需要的温度范围内将标样加热或冷却，将测量得出的计算值与标样的标称值比较，当测量的温度差为 50 ℃时，平均线膨胀系数的最大偏差应不大于 6×10^{-8} ℃$^{-1}$，否则应进行维修。

D.6 测试程序

D.6.1 修磨同组接近等长的 3 支试样，直至置入装样夹具后能产生最佳的干涉条纹为止。

D.6.2 在基准温度 t_0 下测量 3 支试样的长度 L_0，安装好试样。

D.6.3 抽真空，使真空度好于 1.3 Pa(1×10^{-2} Torr)。

D.6.4 调整好光接收仪器。

D.6.5 开始变温测量，变温速率应不大于 3 ℃/min。

D.7 计算

D.7.1 在菲索干涉膨胀仪中，热膨胀 $\Delta L/L_0$ 为：

$$\Delta L/L_0 = N\lambda/2L_0 n_2 + (n_1 - n_2)/n_2 \qquad \text{(D.1)}$$

式中：

N——温度由 t_1 变到 t_2 时，通过参考点读到的或条纹记录器收到的干涉条纹数(含小数部分)；

λ——产生条纹的光在真空中的波长(要求 4 位有效数字以上)；

n_1——干涉具内气压为 p 的气体在温度 t_1 下的折射率；

n_2——干涉具内气压为 p 的气体在温度 t_2 下的折射率。

注：在 288 K、100 kPa 的环境条件下，空气中氦的黄色光的折射率为 1.000 277 1，汞的绿色光的折射率为 1.000 277 9。

当气压 p 不大于 1.3 Pa(1×10^{-2} Torr)时，式(D.1)为：

$$\Delta L/L_0 = N\lambda/2L_0 \qquad \text{(D.2)}$$

将式(D.1)及温度 t_1 和 t_2 代入式(1)，即可得出平均线膨胀系数 α_m。

D.7.2 将样品长度对温度曲线上温度 t 处的斜率和样品长度 L_0 代入式(D.2)，即可得出瞬间线膨胀系数。可用数学分析或作图法得出 $L(t)$ 曲线的斜率。

D.7.3 计算中对数字不取舍，以两位有效数字报出最终结果；在正常情况下，平均线膨胀系数的测量精度好于 $\pm0.04\times10^{-6}$/℃。

D.8 试验报告

如需要，试验报告一般应包括下述内容：

a) 对材料的描述，包括牌号、化学成分、加工的历史；

b) 试样的制备方法，包括热加工、机加工以及热处理工艺；若材料是各向异性的，则应列出试样的轴向方向；

c) 试样的形状、尺寸及环境温度和相应的长度；

d) 对测试全过程的简述，包括试样膨胀和温度测量系统、加热和冷却速度、温度控制方法、精度估算及环境条件等；

e) 对测量结果所列表格，包括测量温度 t、温度间隔 Δt、所对应的膨胀量 ΔL 或线性热膨胀 $\Delta L/L_0$、平均线膨胀系数 α_m、瞬间线膨胀系数 α_t；

f) 画出 $\Delta L/L_0$ 与 t、α_m 与 t 及 α_t 与 t 的关系曲线；

g) 对试样测量前、后的所有可影响结果的异常行为都要进行完整的描述；

h) 对材料的特殊用途所需的任何附加信息。

D.9 部分材料的稳定化热处理参考工艺

D.9.1 Fe-Ni36 合金

Fe-Ni36 合金的稳定化热处理一般用三段处理。首先，将样品在空气中加热到 830 ℃保温 20 min，淬水，达到均匀化；然后，将样品在空气中加热到 310 ℃回火 1 h；最后，再将样品加热到 95 ℃～100 ℃

稳定化时效 48 h。

Fe-Ni36 合金的稳定化热处理也可用于消除应力处理。首先，将样品加热到 310 ℃～350 ℃保温 1 h，空冷；然后，将样品加热到比样品同炉的产品最高使用温度高 10 ℃后，再将样品冷却到比该产品最低使用温度低 10 ℃，这样反复(2～3)次后冷却至室温。

Fe-Ni36 合金在上述两种处理中，都要注意其在居里点 205 ℃附近应缓冷。

D.9.2 Fe-Ni32Co4Cu 合金

Fe-Ni32Co4Cu 合金的稳定化热处理同 D.9.1 的热处理工艺。

D.9.3 Fe-Co54Cr9.5 合金

Fe-Co54Cr9.5 合金的稳定化、强化热处理工艺是：900 ℃保温 1 h 冷却至室温，在 450 ℃保温 5 min。

D.9.4 含铜量为 99.97%的无氧铜稳定化热处理工艺是：530 ℃～540 ℃退火。

ICS 25.060.20
J 52

中华人民共和国国家标准

GB/T 4346—2008
代替 GB/T 4346.1—2002

机床　手动自定心卡盘

Machine tools—Manually operated self-centring chucks

2008-06-03 发布　　2009-01-01 实施

中华人民共和国国家质量监督检验检疫总局
中国国家标准化管理委员会　发布

前　言

本标准代替 GB/T 4346.1—2002《机床用手动自定心卡盘　第1部分：参数和技术要求》。

本标准与 GB/T 4346.1—2002 相比主要变化如下：

——删除了基爪和顶爪的定义(2002 年版的 3.1 和 3.2)；

——增加了 800 mm 规格所有参数(见本版的表 1～表 8)；

——对 630 规格进行了调整：表 2 中的 D_1 尺寸由 545 调整到 560，D_2 尺寸由 586 调整到 595，$D_{3\,min}$尺寸由 240 调整到 260。表 4 中 $D_{3\,min}$尺寸由 250 调整到 350，H_{max}尺寸由 270 调整到 200；

——静平衡参照日本标准保留了原Ⅱ级精度数值(见本版的 5.5.1)；

——删除了分离爪(键、槽配合型)的互换性尺寸(2002 年版的图 4 和表 5)；

——删除了不配带顶爪的分离爪卡盘几何精度检验(2002 年版的附录 A)。

本标准的附录 A 为资料性附录。

本标准由中国机械工业联合会提出。

本标准由全国金属切削机床标准化技术委员会(SAC/TC 22)归口。

本标准起草单位：呼和浩特众环(集团)有限责任公司、浙江园牌机床附件厂、天津市泽尔数控机床成套有限公司机床附件分公司、瓦房店永川机床附件有限公司、无锡建华机床厂。

本标准主要起草人：杜淑逞、张国斌、叶太根、许德才、徐世顺、刘世德、时述庆。

本标准所代替标准的历次版本发布情况为：

——GB 4346—1984、GB/T 4346.1—2002。

机床　手动自定心卡盘

1　范围

本标准规定了手动自定心卡盘(以下简称卡盘)的型式和参数、技术要求、试验方法、检验规则、标志及包装。

本标准适用于盘丝式三爪卡盘,其他盘丝式卡盘也可参照使用。

2　规范性引用文件

下列文件中的条款通过本标准的引用而成为本标准的条款。凡是注日期的引用文件,其随后所有的修改单(不包括勘误的内容)或修订版均不适用于本标准,然而,鼓励根据本标准达成协议的各方研究是否可使用这些文件的最新版本。凡是不注日期的引用文件,其最新版本适用于本标准。

GB/T 5900.1—1997　机床　主轴端部与花盘　互换性尺寸　第1部分:A型(eqv ISO 702-1:1975)

GB/T 5900.2—1997　机床　主轴端部与花盘　互换性尺寸　第2部分:凸轮锁紧型(eqv ISO 702-2:1975)

GB/T 5900.3—1997　机床　主轴端部与花盘　互换性尺寸　第3部分:卡口型(eqv ISO 702-3:1975)

JB/T 3207—2005　机床附件　产品包装通用技术条件

JB/T 9935—1999　机床附件　随机技术文件的编制

ISO 3089:2005　机床　整体爪手动自定心卡盘检验条件

ISO 3442-1:2005　机床　分离爪自定心卡盘尺寸和几何精度检验　第1部分:键、槽配合型手动卡盘

3　术语和定义

下列术语和定义适用于本标准。

3.1

整体爪　one-piece jaw

基爪和顶爪为一体的卡爪。

3.2

分离爪　two-piece jaw

由基爪和顶爪两部分组成的卡爪。

注:顶爪通常可调整为正爪或反爪使用。

4　型式和参数

4.1　型式

卡盘按其与机床主轴端部的连接型式分为短圆柱型和短圆锥型。短圆锥型的型式按GB/T 5900.1～5900.3—1997的规定,共有A_1、A_2、C、D四种型式(见图1)。

短圆锥型卡盘的连接型式代号(用字母和数字表示)与卡盘直径的配置关系按表1。

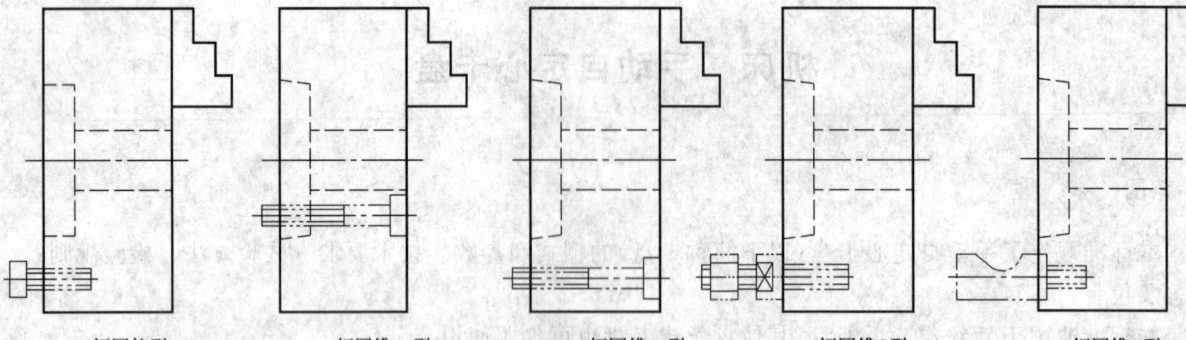

图 1　卡盘的型式

表 1

系列	连接型式	卡盘直径 D/mm								
		125	160	200	250	315	400	500	630	800
		代　号								
Ⅰ	A_1	—	—	5	6	8	11	15	15	—
	A_2	—	—	—	—	—	—	—		15
	C、D	3	4	5	6	8	11	15		
Ⅱ	A_1	—	—	6	8	—	—	—	—	—
	C、D	4	5			11	15		20	20
Ⅲ	A_1	—	—	—	5	6	8	11	—	—
	A_2	—	—	4					11	20
	C、D	—	3							—

注：优先选用Ⅰ系列。

4.2　参数

4.2.1　短圆柱型卡盘参数

短圆柱型卡盘参数见图 2 和表 2。

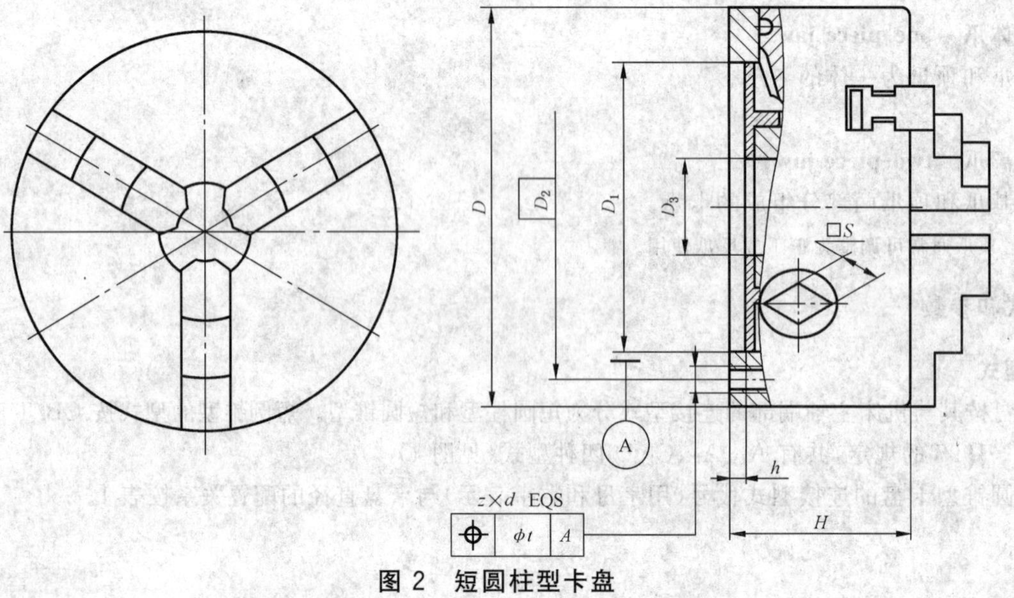

图 2　短圆柱型卡盘

表 2

单位为毫米

卡盘直径 D	80	100	125	160	200	250	315	400	500	630	800
D_1	55	72	95	130	165	206	260	340	440	560	710
D_2	66	84	108	142	180	226	285	368	465	595	760
$D_{3\ min}$	16	22	30	40	60	80	100	130	200	260	380
$z \times d$	3×M6	3×M8			3×M10	3×M12	3×M16		6×M16		6×M20
t	0.30					0.40					
h_{min}	3			5					6	7	8
H_{max}	50	55	60	65	75	80	90	100	115	135	149
S	8		10		12		14	17		19	

4.2.2 短圆锥型卡盘参数

125 mm～250 mm 短圆锥型卡盘参数见图 3 和表 3。

315 mm～800 mm 短圆锥型卡盘参数见图 3 和表 4。

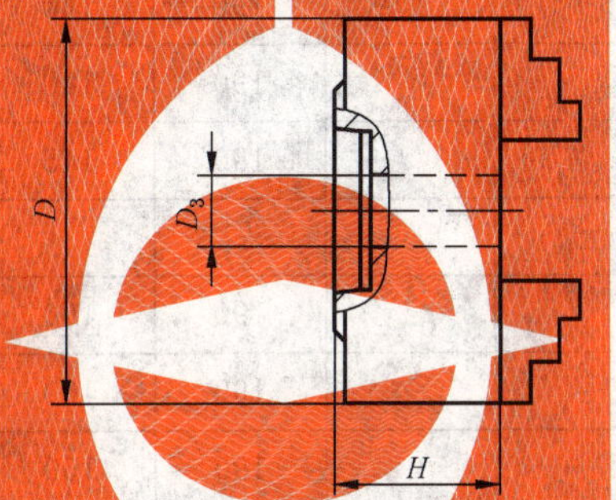

图 3 短圆锥型卡盘

表 3

单位为毫米

卡盘直径 D	连接型式	代号 3 $D_{3\ min}$	3 H_{max}	4 $D_{3\ min}$	4 H_{max}	5 $D_{3\ min}$	5 H_{max}	6 $D_{3\ min}$	6 H_{max}	8 $D_{3\ min}$	8 H_{max}
125	A_1										
	A_2										
	C	25	65	25	65						
	D	25	65	25	65						
160	A_1										
	A_2										
	C	40	80	40	75	40	75				
	D	40	80	40	75	40	75				
200	A_1					40	85	55	85		
	A_2			50	90						
	C			50	90	50	90	50	90		
	D			50	90	50	90	50	90		
250	A_1					40	95	55	95	75	95
	A_2										
	C					70	100	70	100	70	100
	D					70	100	70	100	70	100

注 1：A_1 型、A_2 型、C 型、D 型短圆锥型卡盘连接参数分别见 GB/T 5900.1～5900.3—1997 中图 2 和表 2。

注 2：扳手方孔尺寸见表 2。

表 4

单位为毫米

卡盘直径 D	连接型式	代号 6 $D_{3\ min}$	6 H_{max}	8 $D_{3\ min}$	8 H_{max}	11 $D_{3\ min}$	11 H_{max}	15 $D_{3\ min}$	15 H_{max}	20 $D_{3\ min}$	20 H_{max}
315	A_1	55	110	75	110						
	A_2	100	110								
	C	100	110	100	110	100	110				
	D	100	115	100	115	100	115				
400	A_1			75	125	125	125				
	A_2			125	125						
	C			125	125	125	125	125	140		
	D			125	125	125	125	125	155		
500	A_1					125	140	190	140		
	A_2					190	140				
	C					190	140	200	140		
	D					190	145	200	145		
630	A_1							240	160		
	A_2					190	160	240	160		
	C					190	160	240	160	350	200
	D					190	160	240	160	350	200
800	A_1										
	A_2							240	180	350	200
	C							240	180	350	200
	D							240	180	350	200

注 1：A_1 型、A_2 型、C 型、D 型短圆锥型卡盘连接参数分别见 GB/T 5900.1～5900.3—1997 中图 2 和表 2。

注 2：扳手方孔尺寸见表 2。

4.3 卡爪

按其结构型式分为整体爪和分离爪。

分离爪(键、槽配合型)互换性尺寸按 ISO 3442-1:2005 的规定。

5 技术要求

5.1 外观

卡盘外表面应加工良好，不得有裂纹、锈蚀和气孔等缺陷，不应有碰伤和毛刺。

5.2 材质和热处理

卡盘盘体应选用抗拉强度(σ_b)不低于 300 N/mm^2 金属材料。卡爪、盘丝和齿轮选用优质结构钢，其主要工作表面应经热处理达到必要硬度，卡爪夹持台弧面硬度不低于 53HRC。

5.3 传动平稳性

用扳手驱动时，各传动零件应运动平稳、灵活，没有明显的阻滞现象。

5.4 夹持范围

卡盘的夹持范围见图 4 和表 5。

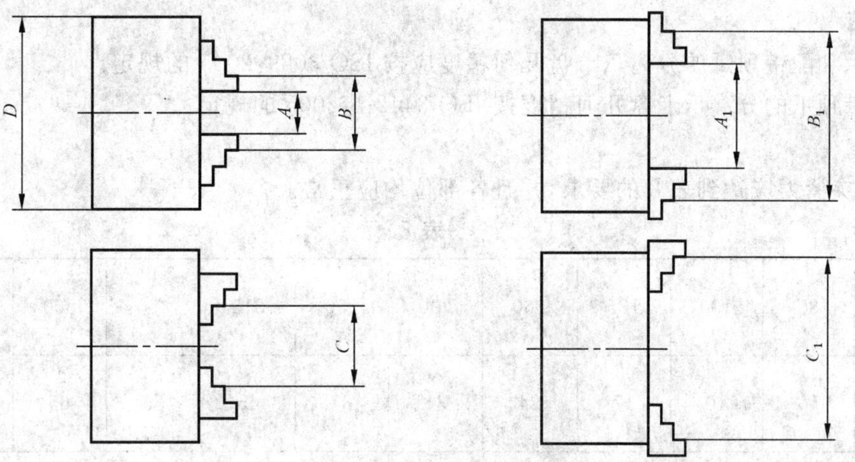

图4　卡盘的夹持范围

表5

单位为毫米

卡盘直径 D	正爪		反爪
	夹紧范围	撑紧范围	夹紧范围
	$A \sim A_1$	$B \sim B_1$	$C \sim C_1$
80	2～22	25～70	22～63
100	2～30	30～90	30～80
125	2.5～40	38～125	38～110
160	3～55	50～160	55～145
200	4～85	65～200	65～200
250	6～110	80～250	90～250
315	10～140	95～315	100～315
400	15～210	120～400	120～400
500	25～280	150～500	150～500
630	50～350	170～630	170～630
800	150～450	300～800	400～800

5.5　平衡

5.5.1　卡盘在外圆周上的不平衡量(静平衡)不应大于表6的规定。

表6

卡盘直径 D/mm	80	100	125	160	200	250	315	400	500	630	800
不平衡量 g	6	8	12	16	20	25	40	60	120	200	300

5.5.2　当用户有特殊需要时，可提出动平衡要求，其等级应参照表7的规定。

表7

卡盘直径 D/mm	≤160	>160～315	>315～800
动平衡等级	G25	G16	G10

5.6 几何精度

5.6.1 整体爪和配带顶爪的分离爪卡盘几何精度应按 ISO 3089:2005 的规定。

5.6.2 不配带顶爪的分离爪卡盘几何精度按 ISO 3442-1:2005 的规定。

5.7 夹紧力

卡盘静态夹紧力应达到表 8 的要求,并且各部位均应正常。

表 8

卡盘直径 D/mm	80	100	125	160	200	250	315	400	500	630	800
夹紧力/kN	10	10	17	24	31	37	46	55	65	72	80
注:夹紧力为全部卡爪径向作用力之和。											

5.8 极限转速

极限转速即卡盘允许的最高转速,应由制造者予以规定;极限转速的确定条件为:

a) 在极限转速下,卡盘实际夹紧力应不小于表 8 所列静态夹紧力的三分之一;

b) 确定极限转速时,卡盘应处在反爪夹持状态,且卡爪外端与卡盘外圆齐平。

极限转速宜在随行技术文件中指明。

6 试验方法

6.1 平衡

6.1.1 静平衡试验

静平衡试验如图 5 所示,卡盘安装在预先经过平衡的心轴上,卡爪外端与卡盘外圆齐平,然后放置在刀口式(或圆柱式)平衡架上,用试粘砝码的方法测出卡盘的不平衡量。

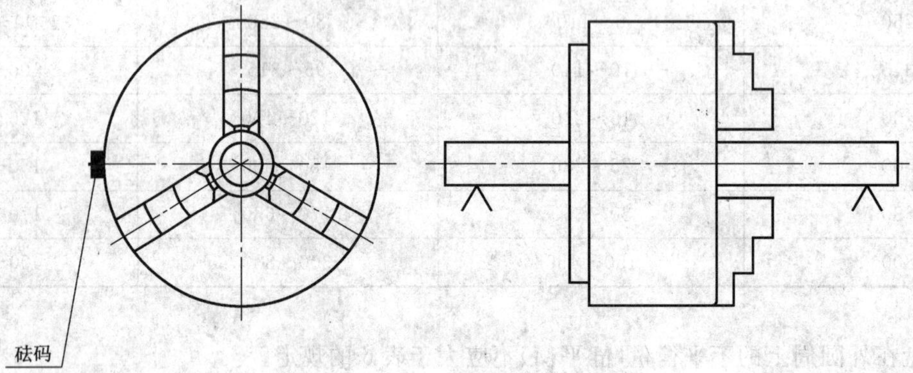

图 5 卡盘静平衡试验

6.1.2 动平衡等级的确定

通过试验测得卡盘剩余不平衡量,根据所测得的剩余不平衡量,用下列公式求得动平衡等级。

$$e = U/m \quad \cdots\cdots (1)$$

$$G = e\omega/1\,000 \quad \cdots\cdots (2)$$

式中:

e——偏心率,表示质心离开旋转轴心的径向偏移,单位为微米(μm);

U——由试验测得的剩余不平衡量,单位为克毫米(gmm);

m——质量,单位为千克(kg);

G——平衡等级,单位为毫米每秒(mm/s);

ω——角速度，单位为弧度每秒(rad/s)。

6.2 几何精度检验

6.2.1 整体爪和配带顶爪的分离爪卡盘几何精度检验见 ISO 3089:2005。检验棒和检验环直径见附录 A。

6.2.2 不配带顶爪的分离爪卡盘几何精度检验见 ISO 3442-1:2005。

6.3 夹紧力测定

用正爪夹持测力仪，测力点尽量靠近卡盘端面，然后用扳手依次夹紧。

当测力仪相对卡盘夹持直径显得太大时，如对直径不大于 160 mm 的卡盘，允许使用特制卡爪。

6.4 极限转速测定

在极限转速限定的条件下，用仪器测试卡盘的极限转速。实际测定时，也可用等效的正爪夹持方式进行，通过正爪、反爪夹持状态质心半径的比值，根据正爪夹持状态下夹紧力损失实测值，可计算出反爪夹持状态下夹紧力损失实际值。该实际值达到静态夹紧力的三分之二时的转速即为极限转速。

$$F_1 = F_2 r_1 / r_2 \qquad \cdots\cdots (3)$$

式中：

F_1——正爪夹持测力仪时夹紧力损失实测值，单位为千牛(kN)；

F_2——静态夹紧力的三分之二，单位为千牛(kN)；

r_1——正爪夹持测力仪时卡爪的质心半径，单位为毫米(mm)；

r_2——反爪与卡盘外圆齐平时卡爪的质心半径，单位为毫米(mm)。

7 检验规则

7.1 出厂检验

每台卡盘均应经检验合格后方可出厂。检验内容包括外观、几何精度、标志及包装。

7.2 型式检验

型式检验内容包括本标准涉及的全部技术要求及相应的试验方法和标志及包装。在下列情况之一时，应进行型式检验。

a) 新产品或老产品转厂生产的试制定型鉴定；

b) 产品正式生产后，工艺、结构、材料等有较大改变，可能影响产品性能时；

c) 产品长期停产后，恢复生产时；

d) 企业定期质量抽查或上级质量监督机构提出型式检验要求时。

抽样及评定若无供需双方约定，可按行业有关规定执行。静平衡和夹紧力测定的抽样量一般不应少于三台。

8 标志及包装

8.1 卡盘应标明制造商名或商标。

8.2 随机应供应卡盘扳手和安装卡盘用螺钉；分离爪卡盘应提供卡爪螺钉用扳手。

8.3 包装应符合 JB/T 3207—2005 的规定。

8.4 随行技术文件应符合 JB/T 9935—1999 的规定。

附 录 A
(资料性附录)
检验棒、检验环直径

A.1 检验棒直径见表 A.1。

表 A.1 单位为毫米

卡盘直径 D	80	100	125	160	200	250	315	400	500	630	800
检验棒直径	8	10	12	12	15	15	20	25	50	65	158
	10	12	15	15	20	20	25	32	80	72	165
	12	15	18	20	25	25	32	80	86	107	172
	15	18	20	25	44	50	80	107	115	142	207

注 1：检验短圆锥型卡盘时，如果表列检验棒直径大于卡盘通孔直径可根据 ISO 3089:2005 的有关规定进行调整。

注 2：实际检验中，若检验棒直径不符合 ISO 3089:2005 时，则允许做适当调整。

A.2 检验环直径按表 A.2 的规定。

表 A.2

检验环		检验环直径计算公式	检测距离 L/mm
夹环	高台弧检验环	$\phi-(1.5S$ 或 $2.5S)$	12
	中台弧检验环	ϕ_1-S	
	高台面检验环	$\phi-(1.5S$ 或 $2.5S)$	—
撑环	高台弧检验环	$\phi+S$	12
	中台弧检验环	$\phi_1+(2.5S$ 或 $3.5S)$	
	高台面检验环	$\phi+S$	—

注 1：公式中 ϕ 为卡爪高台弧直径。

注 2：公式中 ϕ_1 为卡爪中台弧直径。

注 3：公式中 S 为盘丝螺距。

注 4：检测距离 L 为指示器距卡爪高台面距离。

ICS 77.140.60
H 44

中华人民共和国国家标准

GB/T 4354—2008
代替 GB/T 4354—1994

优质碳素钢热轧盘条

Hot rolled quality carbon steel wire rods

2008-08-05 发布 2009-04-01 实施

中华人民共和国国家质量监督检验检疫总局
中国国家标准化管理委员会 发布

前　言

本标准修改采用JIS G 3506:2004《高碳钢盘条》(英文版)。

本标准根据JIS G 3506:2004重新起草，与JIS G 3506:2004相比，本标准主要技术差异如下：

——钢的牌号不同，采用GB/T 699中的各牌号；

——增加了数值修约的规定。

本标准代替GB/T 4354—1994《优质碳素钢热轧盘条》，与GB/T 4354—1994相比，本标准主要作了如下修改：

——"冶炼方法"中取消原标准中平炉冶炼；

——增加了订货内容条款；

——"技术要求"中将原标准脱碳层深度三组分级改为二组；

——"技术要求"对尺寸、外形、重量规定作了修改；

——"试验方法"中取样数量作了修改；

——增加了数值修约规定。

本标准由中国钢铁工业协会提出。

本标准由全国钢标准化技术委员会归口。

本标准起草单位：马鞍山钢铁股份有限公司、江阴兴澄特种钢铁有限公司、首钢集团有限公司、青岛钢铁有限公司、江苏永钢集团有限公司、安阳钢铁集团有限责任公司、湖南湘潭钢铁集团有限公司、宣化钢铁集团有限责任公司、山东石横特钢集团有限公司、冶金工业信息标准研究院。

本标准主要起草人：宋强、方拓野、刘玉兰、李国忠、王丽萍、郑世芬、陈华斌、张先轶、唐武峰、李小莉、马立明、刘晓东、王玲君、戴石锋。

本标准所代替标准的历次版本发布情况为：

——GB/T 4354—1984、GB/T 4354—1994。

优质碳素钢热轧盘条

1 范围

本标准规定了优质碳素钢热轧盘条的订货内容、尺寸、外形、重量及允许偏差、技术要求、试验方法、检验规则、包装、标志、质量证明书等内容。

本标准适用于制造碳素弹簧钢丝、预应力钢丝、高强度优质碳素结构钢丝、镀层钢丝、镀锌绞线及钢丝绳等用优质碳素钢热轧盘条。

2 规范性引用文件

下列文件中的条款通过本标准的引用而成为本标准的条款。凡是注日期的引用文件，其随后所有的修改单(不包括勘误的内容)或修订版均不适用于本标准，然而，鼓励根据本标准达成协议的各方研究是否可使用这些文件的最新版本。凡是不注日期的引用文件，其最新版本适用于本标准。

GB/T 222 钢的成品化学成分允许偏差

GB/T 223.3 钢铁及合金化学分析方法 二安替吡啉甲烷磷钼酸重量法测定磷量

GB/T 223.5 钢铁及合金化学分析方法 还原型硅钼酸盐光度法测定酸溶硅含量

GB/T 223.12 钢铁及合金化学分析方法 碳酸钠分离-二苯碳酰二肼光度法测定铬量

GB/T 223.19 钢铁及合金化学分析方法 新亚铜灵-三氯甲烷萃取光度法测定铜量

GB/T 223.23 钢铁及合金化学分析方法 丁二酮肟分光光度法测定镍量

GB/T 223.59 钢铁及合金化学分析方法 锑磷钼蓝光度法测定磷量

GB/T 223.60 钢铁及合金化学分析方法 高氯酸脱水重量法测定硅量

GB/T 223.61 钢铁及合金化学分析方法 磷钼酸铵容量法测定磷量

GB/T 223.62 钢铁及合金化学分析方法 乙酸丁酯萃取光度法测定磷量

GB/T 223.63 钢铁及合金化学分析方法 高碘酸钠(钾)光度法测定锰量

GB/T 223.64 钢铁及合金化学分析方法 火焰原子吸收光谱法测定锰量

GB/T 223.68 钢铁及合金化学分析方法 管式炉内燃烧后碘酸钾滴定法测定硫含量

GB/T 223.69 钢铁及合金化学分析方法 管式炉内燃烧后气体容量法测定碳含量

GB/T 223.71 钢铁及合金化学分析方法 燃烧重量法测定碳量

GB/T 223.72 钢铁及合金化学分析方法 氧化铝色层分离-硫酸钡重量法测定硫量

GB/T 224 钢的脱碳层深度测定法

GB/T 228 金属材料 室温拉伸试验方法(GB/T 228—2002,eqv ISO 6892:1998(E))

GB/T 232 金属材料 弯曲试验方法(GB/T 232—1999,eqv ISO 7438:1985(E))

GB/T 239 金属线材扭转试验方法(GB/T 239—1999,eqv ISO 7800:1984,ISO 9649:1994(E))

GB/T 699 优质碳素结构钢

GB/T 2101 型钢验收、包装、标志及质量证明书的一般规定

GB/T 2975 钢及钢产品力学性能试验取样位置及试样制备(GB/T 2975—1998,eqv ISO 377:1997)

GB/T 4336 碳素钢和中低合金钢火花源原子发射光谱分析方法(常规法)

GB/T 6394 金属平均晶粒度测定法

GB/T 10561 钢中非金属夹杂物含量的测定标准评级图 显微检验法

GB/T 13298 金属显微组织检验方法

GB/T 14981 热轧盘条尺寸、外形、重量及允许偏差(GB/T 14981—2004,ISO/DIS 16124,MOD)

GB/T 20066 钢和铁 化学成分测定用试样的取样和制样方法(GB/T 20066—2006,ISO 14284:1996,IDT)

GB/T 20123 钢铁总碳硫含量的测定高频感应炉燃烧后红外吸收法(常规方法)(GB/T 20123—2006, ISO 15350:2000,IDT)

YB/T 5293 金属材料 顶锻试验方法

YB/T 081 冶金技术标准的数值修约与检测数值的判定原则

3 订货内容

按本标准订货的合同应包括下列内容:

a) 本标准号;

b) 产品名称;

c) 钢的牌号;

d) 盘条规格及重量;

e) 脱碳层组别;

f) 其他特殊要求。

4 尺寸、外形、重量及允许偏差

4.1 盘条的尺寸、外形及允许偏差应符合 GB/T 14981 的规定,盘条应规整。

4.2 每卷盘条的重量应不小于 1 000 kg,每批允许有 5%的盘数(不足 2 盘的允许有 2 盘)由两根组成,但每根盘条的重量不少于 300 kg,并且有明显标识。

5 技术要求

5.1 牌号和化学成分

5.1.1 盘条应采用 GB/T 699 中各牌号钢制造,其化学成分应符合 GB/T 699 的规定。

5.1.2 在钢坯或盘条上取样进行化学分析时,其允许偏差应符合 GB/T 222 的规定。

5.1.3 经供需双方协议并在合同中注明,可供应其他牌号和化学成分的盘条。

5.2 冶炼方法

钢以氧气转炉或电炉冶炼,经供需双方协商也可采用其他方法冶炼。

5.3 交货状态

盘条以热轧状态交货。

5.4 脱碳层

60(60 Mn)钢或 60(60 Mn)钢以上的盘条应进行脱碳层深度检验,盘条一边总脱碳层(铁素体+过渡层)深度应符合表 1 的规定。脱碳层深度级别应在合同中注明,未注明时按表 1 中Ⅱ组要求供货。根据需方要求,30～55 钢及 30 Mn～50Mn 钢盘条可进行脱碳层深度检验,指标由供需双方协议规定。

表 1

组 别	盘条公称直径 D/mm		
	$D<10$	$10\leqslant D<25$	$D\geqslant 25$
Ⅰ组	≤2.0%D	≤1.5%D	≤1.0%D
Ⅱ组	≤2.5%D	≤2.0%D	

5.5 高倍组织

盘条不应有影响使用的淬火组织存在,若供方在工艺上有保证,可不作检验。

5.6 **表面质量**

5.6.1 盘条应将头尾有害缺陷切除，其截面不应有缩孔、分层及夹杂。

5.6.2 盘条表面应光滑，不应有裂纹、折叠、耳子、结疤、分层及夹杂，允许有压痕及局部的凸块、划痕、麻面，其深度或高度（从实际尺寸算起）B级和C级精度应不大于0.10 mm，A级精度应不大于0.15 mm。

5.7 **特殊要求**

根据需方要求，经供需双方协议，可进行拉伸试验、弯曲试验、顶锻试验、扭转试验和晶粒度、非金属夹杂物、金相组织等检验，各项检验的指标由供需双方协议规定，并在合同中注明。

6 试验方法

每批盘条的检验项目、取样数量、方法及部位、试验方法按表2规定。

表 2

序号	检验项目	取样数量	取样方法及部位	试验方法
1	化学成分	1个/炉	GB/T 20066	GB/T 223、GB/T 4336、GB/T 20123
2	拉伸试验	2个/批	不同根盘条 GB/T 2975	GB/T 228
3	弯曲试验	1个/批	GB/T 2975	GB/T 232
4	顶锻试验	4个/批	GB/T 2975	YB/T 5239
5	扭转试验	4个/批	不同根盘条、两端	GB/T 239
6	脱碳层	2个/批	不同根盘条	GB/T 224
7	晶粒度	2个/批	不同根盘条	GB/T 6394
8	非金属夹杂	2个/批	不同根盘条	GB/T 10561
9	金相组织	2个/批	不同根盘条	GB/T 13298
10	尺寸	逐盘		千分尺、游标卡尺
11	表面			目测

7 检验规则

7.1 检查与验收

盘条的质量检查与验收由供方技术质量监督部门进行。

7.2 盘条应成批验收，每批由同一炉号、同一牌号、同一尺寸的盘条组成。

7.3 盘条质量检验取样数量、取样方法及部位和试验方法应符合表2的规定。

7.4 复验

盘条的复验与判定规则按GB/T 2101的规定执行。

7.5 数值修约

检验结果的数值修约按YB/T 081的规定执行。

8 包装、标志和质量证明书

盘条的包装、标志和质量证明书按GB/T 2101的规定执行。

ICS 13.100
C 66

中华人民共和国国家标准

GB 4387—2008
代替 GB 4387—1994,GB 6389—1997

工业企业厂内铁路、道路运输安全规程

Safety regulation for railway and road transportation in plants of industrial enterprises

2008-12-11 发布　　　　2009-10-01 实施

中华人民共和国国家质量监督检验检疫总局
中国国家标准化管理委员会　发布

前　　言

本标准全部技术内容为强制性的。

本标准代替GB 4387—1994《工业企业厂内铁路、道路运输安全规程》和GB 6389—1997《工业企业铁路道口安全标准》。

本标准与GB 4387—1994和GB 6389—1997相比主要变化如下：

——增加了道路运输危险货物车辆标志及道路交通标志和标线等有关规范性引用文件；

——增加了厂内铁路运输、厂内道路运输的术语和定义；

——增加了设计生产单位的资质及出具合格证的要求；

——增加了对有害物料及超限货物的运输的相应安全规定；

——增加了厂内铁路、道路运输事故应急救援预案；

——修改了在区间、站内通信、信号架空线弛度最低点至地面、轨面的距离；

——增加了铁路信号、通信光(缆)埋设铺设地点设置警示保护标志的条款；

——删除了新建厂的铁路线路与道路交叉点应设置立体交叉的部分条款；

——增加了对跨越道路上空的建(构)筑物设置限高标志及限高设施的要求；

——修改了限于厂内行驶车辆的号牌和行驶证发放的管理部门；

——增加了对厂内道路装运易燃易爆、剧毒等危险货物人员的从业资格证要求；

——修改了对装运易燃易爆、剧毒等危险货物车辆标志的要求；

——增加了装运易燃易爆、剧毒等危险货物应急处理预案的要求；

——修改了GB 6389中道口分级的有关规定；

——增加了铁路道口事故应急救援预案要求；

——增加了道口房内通讯设施的配备规定；

——修改了GB 6389中道口信号设施中有关栏木的要求；

——修改了GB 6389中列车接近道口电动或人工栏木落下后，有关音响信号的规定；

——删除了GB 6389中"道口信号机光源中采用的12 V 15 W双丝灯泡"，增加了"有条件时可采用LED发光二极管"；

——修改了GB 6389中当利用现有轨道电路确有困难时，可采用微机连锁系统实行集中控制以满足道口自动信号的条款，将"采用微机连锁系统实行集中控制"修改为"增设其他点式传感装置"；

——修改了GB 6389中有关铁路道口标志的规定，将铁路道口标志分为有人看守铁路道口标志和无人看守铁路道口标志；

——修改了GB 6389中道口标志中停车瞭望让行标志的内容；

——增加了铁路道口标志均应采用反光材料制作标志面的要求；

——删除了GB 6389中"道口护桩可用木材制作"的内容；

本标准的附录A和附录B为规范性附录。

本标准由国家安全生产监督管理总局提出。

本标准由全国安全生产标准化技术委员会(SAC/TC 288)归口。

本标准起草单位：中钢集团武汉安全环保研究院。

本标准主要起草人：黄劲松、王志、谢和平、王晓轩。

本标准所代替标准的历次版本发布情况为：

——GB 4387—1984、GB 4387—1994；

——GB 6389—1986、GB 6389—1997。

工业企业厂内铁路、道路运输安全规程

1 范围

本标准规定了工业企业厂内铁路、道路运输所必须遵守的安全要求，规定了工业企业铁路道口的分级、道口的设置、道口安全设施的配备和看守、道口信号和标志等要求。

本标准适用于工业企业厂内铁路、道路运输，矿山和物资仓库的铁路和道路运输亦可参照使用，不适用于林场、建筑工地以及铁道、交通、公安部门管辖的铁路和道路运输。

本标准适用于工业企业标准轨距铁路道口，不适用于矿山、林区、国家铁路、地方铁路的铁路道口。

2 规范性引用文件

下列文件中的条款通过本标准的引用而成为本标准的条款。凡是注日期的引用文件，其随后所有的修改单(不包括勘误的内容)或修订版均不适用于本标准。然而，鼓励根据本标准达成协议的各方研究是否可使用这些文件的最新版本。凡是不注日期的引用文件，其最新版本适用于本标准。

GB 146.1 标准轨距铁路机车车辆限界

GB 146.2 标准轨距铁路建筑限界

GB 1589 道路车辆外廓尺寸、轴荷及质量限值

GB 5768 道路交通标志和标线

GB 10494 铁路区间道口信号设备技术条件

GB 13392 道路运输危险货物车辆标志

GB/T 18833 公路交通标志反光膜

GBJ 12 工业企业标准轨距铁路设计规范

GBJ 22 厂矿道路设计规范

CJJ 37 城市道路设计规范

JTJ 1 公路工程技术标准

3 术语和定义

下列术语和定义适用于本标准。

3.1

厂内铁路运输 factory-in railway transportation

在工业企业厂内铁路上以机车或动车牵引车列的方式，从事货物运输活动的总称。

3.2

厂内道路运输 factory-in road transportation

在工业企业厂内道路上使用汽车或其他运输工具，从事货物运输或客运活动的总称。

3.3

铁路道口 railway level crossing

铁路上铺面宽度在 2.5 m 及以上，直接与道路贯通的平面交叉。按看守情况分为有人看守道口和无人看守道口[GB 10494]。

3.4

厂内道口 factory-in railway level crossing

工业企业铁路与厂内道路平面交叉的铁路道口。

3.5

厂外道口　factory-out railway level crossing

工业企业铁路与厂外道路平面交叉的铁路道口。

4　基本要求

4.1　应根据工艺流程、运输量和物料性质，选用适当的运输方式，合理地组织车流、人流，从设计上保证运输、装卸作业的安全。

4.2　厂内建(构)筑物、设备和绿化物严禁侵入铁路线路和道路的建筑限界，并不得妨碍视线。现有已侵入限界的围墙和各种建(构)筑物必须拆除。拆除确有困难的永久性建(构)筑物，在其大修或改造时应予解决；未拆除前应制定有效的安全措施，并在侵限处设置侵限警告标志。

4.3　制造、改造和改装的运输、装卸设备，应由具有相应资质的设计和生产单位出具完整的技术资料、使用说明书和合格证等。

4.4　应建立运输、装卸设备的技术档案，有计划地对运输、装卸设备进行大、中、小修和维修保养。新购、改装和修复后的运输、装卸设备在投入使用前，必须经过验收或试运转，符合安全技术要求并制定安全技术操作规程后，方准使用。

4.5　从事运输工作的新职工和代培、实习人员，入厂时应进行安全教育，在指定的人员带领下工作，按不同岗位确定不同的培训时间，经考试合格后，方准上岗。

机车、机动车和装卸机械的驾驶人员，必须经有关部门组织的专业技术、安全操作考试合格，发给驾驶证，方准驾驶。

从事危险品运输、装卸、押运人员，应持有相关主管部门颁发的危险货物运输从业资格证，必须定期进行安全教育，每年在厂内进行一次训练和考试，经考试合格，方准继续操作。

4.6　从事运输作业的人员，应定期进行体格检查。经检查合格者，方能继续担任原职工作。

4.7　运输、装卸作业人员作业时应按规定穿戴劳动防护用品。

4.8　有害物料的运输，应使用经专业资质机构检测检验合格的设备或容器。运输超限货物时，必须满足超限货物装载和加固要求，并采取必要的安全措施。在超限货物的运输影响到厂内铁路、道路的行车安全时，必须事先经企业铁路、道路运输管理部门的批准。

4.9　原有线路改造、邻近路基施工(特别是地下工程)、跨越或穿过路基构筑物施工、跨越铁路线路和道路或横穿路基和桥梁敷设电线、管道等设施时，必须事先经工厂总图管理和运输部门批准。

4.10　在运输线路附近施工时，应事先得到企业运输主管部门的批准，不得占用运输设备，并采取防护措施。所用器具、材料的堆放，不得侵入铁路线路和道路的建筑限界，妨碍行车安全。

4.11　工业企业应对厂内铁路和道路突发的重大自然灾害及火灾事故，重大铁路、道路运输安全事故及其他影响铁路道路运输安全、畅通的突发性事件，制订应急救援预案，明确应急指挥、救援等事项。

5　铁路运输

5.1　铁路运输设施

5.1.1　铁路线路应按设计标准铺设，并保持路基坚实稳固、道床密实、排水设施完整畅通。

5.1.2　厂内铁路线路路基在路堤护道边线外、路堑天沟边线外和平地侧沟边线外 1 m 以内，严禁挖沟、蓄水、取土，并不得向铁路线路上排弃废水和倒垃圾。

5.1.3　站场最外侧的线路中心线至路基面边缘的宽度不得小于 3 m。现有不符合上述规定的站场，当改、扩建站场条件困难时不得小于 2.8 m；在梯线、平面调车牵出线和货场边缘的装卸线等经常有调车人员上、下作业的一侧，不得小于 3.5 m。

5.1.4　允许行人的铁路桥梁和隧道的一侧或两侧应设置有防护栏杆的人行道。

5.1.5　岔线与正线、到发线接轨时，均应铺设安全线。岔线与站内到发线接轨，当站内有平行进路及隔开道岔并有联锁装置时，可不设安全线。

在进站信号机外制动距离内为超过 6‰下坡道的车站，应在正线或到发线的接车方向末端设置安全线。

安全线的有效长度一般不小于 50 m。

5.1.6 厂内车站应设在平直的线路上，必须设在坡道上时，其坡度不得大于 1.5‰。在困难条件下，可设在不大于 2.5‰的坡道上，但必须采取防溜措施。站线曲线半径在困难条件下不得小于 400 m；仅有 2 至 3 条配线时，曲线半径不得小于 300 m。

5.1.7 厂内铁路线路最小曲线半径应符合表 1 的规定，最大纵向坡度应符合表 2 的规定。危险物品装卸线的曲线半径不得小于 500 m。

使用固定轴距小于 4.6 m 或 3.5 m 机车的线路，前者最小曲线半径应不小于 150 m，后者应不小于 120 m。

铁路局机车进厂取送车的专用线，应按铁道部有关铁路技术标准执行。

表 1 厂内铁路线路最小曲线半径

线路名称	最小曲线半径/m	
	一般条件	困难条件
厂内正线	300	200
联络线	300	180
装卸线	500	300
其他线	200	180

表 2 厂内铁路线路最大纵向坡度

线路名称		最大纵坡/‰	
		一般条件	困难条件
厂内正线和联络线	蒸汽机车	15	20
	内燃与电力机车	20	25
装卸线		0	1.5
液体槽车、液体金属和熔渣罐车停放线		0	0

5.1.8 站内有调车作业的各线道床间，应用渗水材料铺平。

5.1.9 位于调车作业区、装卸区和作业人员通行地段的排水槽，以及库房内的地沟应加盖板。上述设施清沟和设备检修完毕后，盖板应盖好，并定期检查。

5.1.10 牵出线、货场边缘的装卸线有调车作业人员上、下车地段的一侧，其道床顶面宽度应铺设至轨枕头部外 1 m 处。

5.1.11 道岔应铺设在直线上，避免铺设在竖曲线或桥头上。如有困难时，可铺设在半径大于 5 000 m 的竖曲线上或距桥头 25 m 以外。道岔有下列情况之一时，应及时整治或更换。

a) 两尖轨互相脱离；
b) 尖轨尖端与基本轨在静止状态下不密贴，间隙超过 2 mm；
c) 尖轨被轧伤，轮缘有爬上尖轨的危险；
d) 在尖轨顶面宽 50 mm 以上的断面处，尖轨顶面低于基本轨顶面超过 2 mm；
e) 基本轨垂直磨耗，正线超过 8 mm，其他线超过 10 mm；
f) 在辙叉心宽 40 mm 的断面处，辙叉心垂直磨耗，正线超过 8 mm，其他线超过 10 mm；

g) 辙叉心作用面至护轮轨头部外侧距离小于 1 391 mm 或翼轨作用面至护轮轨头部外侧距离大于 1 348 mm；

h) 辙叉(辙叉心、翼轨)损坏；

i) 尖轨或基本轨损坏；

j) 护轮机螺栓折损。

5.1.12 尽头线的终端，应设置车档和车档表示器。车档后面的安全距离，露天不小于 15 m，车间内不小于 6 m。上述距离内，严禁修建建(构)筑物或安装设备。

5.1.13 机车投入运行前，必须达到机车运行状态，下列主要部件必须作用良好并符合要求：

a) 机械、走行部件，风泵、制动、撒砂、牵引给油装置，发电机(包括头灯和信号标志)，汽笛、风笛和各种监督计量器具；

b) 车钩、轮对；

c) 扶手、车梯和脚蹬等；

d) 蒸汽机车的锅炉及其给水装置、安全阀、易溶塞、水表及调整阀等；

e) 电力机车的受电弓、牵引电动机、辅助机组、高压电器、与操纵机车有关的低压电器、蓄电池组、主辅控制电路及安全保护装置。

f) 内燃机车的柴油机及辅助装置、牵引电机、传动装置、蓄电池组、与操纵机车有关的电器及电线路、安全保护装置。

5.1.14 运行的普通车辆，其主要部件应保持技术状态良好：

a) 转向架、轮对；

b) 制动装置，车钩中心水平线或钩板底面最低点至钢轨顶高度符合要求；

c) 扶手、脚蹬等。

5.1.15 运行的特种车辆应保持技术状态良好，其性能必须符合下列要求：

a) 自翻车车体正位，车箱不倾斜，起翻装置和风动系统作用良好；

b) 硝酸、硫酸和高压罐车安全阀的调整压力，应分别不得小于 8×10^4 Pa、18×10^4 Pa、18×10^5 Pa，其罐体腐蚀厚度均不得大于 30%。

c) 液体金属罐车、熔渣罐车的罐体应保持正位，翻罐机构作用良好。

5.1.16 站场、道岔区、料场、渣场、装卸线以及建筑物的进出口等处，应有良好的照明设施，其照度应符合下列要求：

a) 站场线路上不小于 1 lx；

b) 道岔区不小于 5 lx；

c) 装卸场所不小于 5 lx；

d) 料场、渣场不小于 0.5 lx。

5.2 铁路界限、线路间距及线路有关距离。

5.2.1 建(构)筑物和设备与铁路的建筑接近限界，除应符合 GB 146.1 和 GB 146.2 的规定外，使用特殊型号的车辆或有其他特殊需要时，各行业部门可制定特种建筑接近限界。

5.2.2 站场线路间距和线路中心线至建(构)筑物或设备的距离，除应符合 GBJ 12 的有关规定外，有普通车调车作业通过的建筑物大门边缘，距铁路中心线不得小于 2 600 mm；有冶金车调车作业通过的建筑物大门边缘，距铁路中心线不得小于 2 800 mm。

5.2.3 通信、信号架空线弛度最低点至地面、轨面的距离应符合下列规定。

a) 在区间，距地面不少于 3 m；

b) 在站内，距地面不少于 3.5 m；

c) 跨越道路，距路面不小于 5.5 m；

d) 跨越铁路，距钢轨顶面不小于 7 m；

e) 禁止在电线路下面植树，电线路附近的树枝与电线的距离，在市区内时不得小于 1 m，在市区外时不得小于 2 m。

5.2.4 电力电线路与铁路接近或交叉时的距离应符合下列规定：

a) 接近或平行时，电杆(塔)外缘至线路中心线的水平距离：10 kV 以下架空电力线路，不小于 3 m；35 kV 架空电力线路，不小于电杆(塔)高加 3 m；

b) 电力线路跨越铁路(非电力牵引区段)时，电杆内侧距铁路中心线的水平距离不得小于 5 m，其导线最大弛度的最低点距钢轨顶面的距离：110 kV 及以下电力线路不得小于 7.5 m；154 kV～220 kV 的电力电线路不得小于 8.5 m；330 kV 的电力线路不得小于 9.5 m；

c) 为避免低压电力线路跨越高压电力线路，便于设备维修管理，10 kV 及以下的电力线路，尽量由地下穿过铁路。

5.2.5 厂内正线、联络线直线地段以及站场两侧边缘栽植灌木绿篱时，其中心距铁路中心线不得小于 4 m；栽植乔木不得小于 5 m；当树冠影响行车视线时，应及时剪枝；曲线地段应栽植于行车视线以外。

5.3 信号、安全标志

5.3.1 信号标志的设置、信号显示和使用方法，应参照铁道部《铁路技术管理规程》的有关规定执行。

5.3.2 各种信号机和表示器，在正常情况下的显示距离如下：

a) 进站、通过、遮断和防护信号机不得小于 500 m；

b) 出站、进路、预告、驼峰及翻车机信号机不得小于 400 m；如达不到上述规定时，可设置复示信号机；

c) 调车、矮型出站、矮型进路、复示、容许、引导信号和各种表示器，均不得小于 200 m。

因地形、地物影响视线的地方，进站、通过、预告、遮断和防护信号机的显示距离，在最坏的条件下，不得小于 200 m。

5.3.3 白天因天气恶劣，影响瞭望，以致使调车手信号在显示距离内不能辨认时，应改用夜间手信号或者音响信号。

5.3.4 铁路信号、通信光电(缆)埋设铺设地点，铁路运输企业应按标准设置易于识别的警示保护标志。

5.4 道口

5.4.1 新建厂的铁路线路与道路交叉点，具有下列情况之一者，应设置立体交叉：

a) 受地形等条件限制，采用平面交叉危及行车安全时；

b) 当昼间 12 h 双向换算标准载重汽车超过 1 400 辆和昼间 12 h 火车通过道口封闭时间超过 1 h，经技术经济比较合理时；

c) 经常运送特种货物确有特殊需要时。

现有工厂符合上述情况和事故多发的道口，应逐步改造为立体交叉，不能设置立体交叉时，对人流量和高峰小时人流量较大的道口，应设置人行天桥或地道，并附设引导栏杆。

5.4.2 新建、改建、扩建工厂道口位置的选择和铺设，以及现有工厂道口的改造，应遵守下列规定：

a) 应设在瞭望条件好的地点，道口视距应符合 7.3.1 的规定，围墙、临时建(构)筑物、绿化物和堆积等不得影响行车瞭望视线。

b) 不应设置在铁路线群、道岔区和调车作业繁忙的线路上。

c) 道路与铁路平面交叉，一般设计为正交，如受地形限制必须斜交时，其交叉角一般不小于 45°，特别困难时，其交叉角可以适当减小。

d) 道口两侧的道路，从钢轨外侧算起，各应有不小于 16 m(不包括竖曲线部分长度)的水平路段。当受地形等条件限制时，可采用纵坡不大于 2%的平缓路段。连接水平路段或平缓路段的道路纵坡，不宜大于 3%，困难地段不应大于 5%。

e) 道口应进行铺砌，铺面宽度一般与相交道路的路基同宽。设有人行道的道路，道口的铺面宽度应包括人行道的宽度。道路拓宽、改建时，道口铺面应同时拓宽。道口的铺面长度应延至钢轨外侧0.5 m～2 m。

f) 通行自行车较多的道口，其交叉角小于45°时，应加宽铺砌道口地段的路面。

5.4.3 要加强对道口防护设施的维修，保持轮缘槽深度不小于4.5 cm，建立巡回检查制度，保持防护设施齐全有效。

5.4.4 严禁随意增设道口，发现私设道口时，企业铁路运输主管部门有权拆除。如需增设永久道口，经企业铁路运输主管部门批准，由所属单位负责管理，并接受企业铁路运输主管部门检查。

5.5 列车运行和调车作业的要求。

5.5.1 运输调度工作应集中领导、统一指挥。调度人员应随时了解现场情况，遇危及安全时，应及时采取措施，确保行车安全。

5.5.2 列车运行和调车作业的限制速度不得超过表3的规定。

表3 列车运行与调车作业的限制速度

序号	列车运行和与调车作业		限制速度
1	厂内正线运行		40
2	在空线上调车作业	牵引运行	35
		推进运行	25
3	在栈桥、矿槽上作业		10
4	液体金属走行线	重车	10
		空车	15
5	调动重铸锭车及列好的空模车		10
6	调动装载爆炸品、压缩气体、超限货物的车辆		15
7	出入厂房、仓库、站修线和在高炉下作业		5
8	在轨道上(不包括电子轨道衡)推送车辆		3
9	接近被连挂的车辆		3
10	接近线路尽头取送车		3
注：1 在电子轨道衡上推送车辆，按电子轨道衡的限速要求执行； 2 天气恶劣时，应降低速度。			

5.5.3 车站值班员(调度员)在办理闭塞时，必须亲自检查，确认区间、接车线路空闲，进路有关道岔位置正确，影响进路的调车作业已经停止后，方准给开放信号。

5.5.4 大、中型蒸汽机车，应实行司机、副司机、司炉三乘制。

5.5.5 机车运行中，乘务人员必须遵守下列规定：

a) 不得离开机车(遥控的机车除外)；

b) 准确掌握速度，认真瞭望，确认信号，执行呼唤应答制，严禁臆测行车；

c) 遇有信号中断或显示不明时，立即停车；

d) 在指定地点清炉、放水；

e) 在作业中除企业运输部门规定允许的人员外，严禁其他人员搭乘；

f) 值乘探头瞭望时，必须注意侵限情况；

g) 机车通过道口或行进方向有行人时应鸣笛。

5.5.6 调车作业时，调车人员应遵守下列规定：

a) 按调车作业计划工作，接到变更计划应彻底传达；

b) 推进运行时应认真执行“要道、还道”制度，并确认进路；

c) 不得站在道心或妨碍邻线机车走行的地点显示信号和联系工作；

d) 推进运行时，应先试拉；

e) 值乘厂内小运转时应指派一名连接员在最后(或靠近尾部)的车辆上值乘；

f) 在平板车、敞车、罐车边端等上进行调车作业时，如在车辆两侧站立，必须距车边缘不少于1 m，在车辆两端站立，必须距车端部边缘不少于3 m；

g) 调车人员在随车运行中应站稳把牢。

5.5.7 调车人员上、下车时，应遵守下列规定：

a) 脚蹬不在两侧、脚蹬不良和无把手的车辆不准上车；

b) 场地不平、有积水、结冰和障碍物处不准上、下车；

c) 上车时速不得超过5 km/h，下车时速不得超过10 km/h；

d) 禁止迎面上车或反面上、下车；

e) 跟班学习的调车人员，应在列车停稳后上、下车。

5.5.8 调车人员在车辆移动时，禁止进行下列作业：

a) 摘风管和提钩销(驼峰解体摘钩除外)；

b) 在棚车顶上站立或行走；

c) 调正钩位或用脚蹬钩；

d) 两人同攀一个车梯；

e) 手扒篷布、绳索、车门、链条和脚蹬轴箱上；

f) 站立或蹬坐在连接器上；

g) 跨越车辆及在货物上行走；

h) 徒手掩撤铁鞋或止轮器。

5.5.9 在尽头线上取送车时，其终端车位的末端至车档前的安全距离应不小于10 m。在困难条件下，可小于10 m，但要严格控制调车速度，并采取可靠的安全措施。

5.5.10 在装卸线上取送车辆时，调车人员应检查线路上有无障碍和车辆装载、连挂状态以及装卸机械定位情况，如有危及安全时不得调车。

5.5.11 机车经常进出的厂房应设置带音响的信号。机车驶入有信号设备的厂房前，应确认开通信号显示后方可鸣笛，按规定速度进入，如无信号设备，应在厂房门外一度停车，确认厂房内线路无障碍后，按规定速度进入。

在厂房内作业时，应特别注意吊车动态，禁止在吊物或吊钩下通过或停留。

机车车辆出厂房时，调车人员应在厂房外进行监护，机车应鸣笛，按规定速度运行。

5.5.12 下列地点严禁停留车辆：

a) 警冲标外方及道岔上；

b) 双动道岔中间的线路上；

c) 道口、桥梁、轨道衡上；

d) 安全线上。

5.5.13 下列线路上禁止溜放调车作业：

a) 正在进行装卸作业或施工的线路；

b) 站修线和停有堵门车的线路；

c) 停有正在进行技术检查、修理、乘人的车辆的线路；

d) 无人看守道口的线路；

e) 轨道衡、栈桥、矿槽、高炉下以及厂房内的线路；

f) 停有装载爆炸品、压缩气体、液化气体车辆的线路；

g) 纵坡超过2.5‰以上的线路(为溜放调车而设的驼峰和牵出线除外)。

5.5.14 严禁溜放下列车辆:

a) 非工作机车、载人车辆、轨道起重机、冶金车和三个转向架的车辆;

b) 装有危险品及插有禁止溜放表示牌的车辆;

c) 装置超过机车车辆限界及跨装货物的车辆以及凹型车、落下孔车;

d) 装载不良与易窜动货物的车辆;

e) 无手制动机或制动机不良的单个车辆(用铁鞋和减速顶制动除外)。

5.5.15 扳道员应遵守下列规定:

a) 正确及时地准备进路;

b) 认真执行"一看、二扳、三确认、四显示"和"要道、还道"制度;

c) 扳动道岔和显示信号,由同一个人进行;

d) 准确掌握溜放车组的间距,间距小于15 m时不得抢扳道岔。

5.6 液体金属、熔渣和高温货物的运输

5.6.1 罐内液体金属或熔渣的液面与罐口边沿的垂直距离不得小于300 mm;不得向线路上乱丢杂物,并应及时清除墙、柱和线路上的残渣。

5.6.2 调车人员配罐车时,应检查车辆和线路状况,步行引导,按"罐位标"对好罐位,并做好止轮措施。

5.6.3 连挂和吊运液体金属、熔渣罐车时,禁止冲撞和猛力拖动。

5.6.4 渣罐车进入渣场作业时,调车人员应对好车位,做好止轮措施后,方准机车摘钩离开车列。

5.6.5 在炼钢、炼铁车间调移热锭车、铁罐、渣罐前,调车人员必须认真检查线路有无障碍和跑钢、跑铁、跑渣粘结现象,如发现上述情况,经生产单位处理后,方准调动。

5.6.6 在脱模车间连接钢锭车或空模车时,调车人员必须彻底检查锭模、保温帽和底盘的装载情况。如发现端重、偏重,应由生产单位处理后,方准调动。

5.6.7 装运热锭、热切头、热模、液体金属和熔渣等灼热物质的特种车辆,严禁在煤气、氧气等管道下停放。

5.7 危险货物的运输

5.7.1 蒸汽机车和无防爆设施的内燃机车不得进入易燃、易爆区域。如需进入时,必须采取安全措施。

5.7.2 装载危险货物的车辆编入列车时,应最后连挂。解编时应优先送往卸货地点。

5.7.3 装载易燃、易爆危险品的车辆,由蒸汽机牵引时,须用2辆货车与机车隔离,推进时可用1辆货车与机车隔离;由内燃、电力机车牵引或推进时,须用1辆货车与机车隔离。装有起爆物品(引信、火工品、雷管等)与装有爆炸物品(火药、炸药、弹药)的车辆之间应有不少于1辆的隔离车。蒸汽机车与有爆炸危险物品的装卸站台或爆炸危险物品的仓库之间应保持不少于2辆的隔离车距,内燃机车应保持不少于1辆的隔离车位。

5.7.4 连挂易燃、易爆、压缩和液化气体货物车辆时,起动操作要平衡,防止冲撞和空转。

5.7.5 装载易燃、易爆货物组编的车列,在车站、车场通过时,必须与热货物车列隔线通行。一般车辆严禁在高温热货物车站(车场)停放,高温热货物车站不得与普通货物车站(车场)及煤水线(站)邻近设置。

5.7.6 装载易燃、易爆货物的车辆,必须专线停放。危险性工房及转手库房,装卸有爆炸危险物品的站台长度不应超过1辆车厢的长度。

5.8 线路维修和安全防护

5.8.1 工务、电务部门进行线路、信号、接触网等行车设备的检修时,必须事先取得有关车站的同意,并按规定进行防护。

5.8.2 轻型车辆、轨道检查和钢轨探伤等小车需在区间作业行驶时,应取得车站值班员(调度员)对行驶时间的确认,作业负责人员应按规定进行防护。

5.8.3 沿线工务、电务人员发现线路、电务设备故障危及行车安全时，应采取紧急措施，并应迅速通知就近车站。

5.8.4 电动机车的供电线路和动力照明线的电源，未经批准，严禁自停、自送、通引或变更供电系统和扳动开关。

5.8.5 严禁无关人员进入调度室、信号楼、调车场、扳道房等处。严禁在铁路上行走、逗留、抢道、钻车和在车辆下休息。

6 道路运输

6.1 厂内道路

6.1.1 厂内道路的平纵断面设计应符合 GBJ 22 的有关规定，并应经常保持路面平整、路基稳固、边坡整齐、排水良好，并应有完好的照明设施。

6.1.2 跨越道路上空架设管线距路面的最小净高不得小于 5 m，现有低于 5 m 的管线在改、扩建时应予以解决。

跨越道路上空的建(构)筑物(含桥梁、隧道等)距路面的最小净高，应按行驶车辆的最大高度或车辆装载物料后的最大高度另加 0.5 m～1 m 的安全间距采用，并不宜于小 5 m。如有足够依据确保安全通行时，净空高度可小于 5 m，但不得小于 4.5 m。跨越道路上空的建(构)筑物(含桥梁、隧道等)以及管线，应增设限高标志和限高设施。

6.1.3 厂内道路应根据交通量设置交通标志，其设置、位置、形式、尺寸、图案和颜色等必须符合 GB 5768 的规定。

6.1.4 易燃、易爆物品的生产区域或贮存仓库区，应根据安全生产的需要，将道路划分为限制车辆通行或禁止车辆通行的路段，并设置标志。

6.1.5 厂内道路与铁路交叉，应符合本规程 5.4 的有关规定。

6.1.6 厂内道路的交叉口，高峰时间每小时机动车流量超过 200 辆，或者自行车、行人流量超过 2 000 人次，或者交通量比较繁忙而视线条件达不到规定要求，均应有人指挥和设置信号灯。

6.1.7 厂内干道与职工人数较多的生产车间相衔接的人行通道，如跨越铁路线路，应设置人行地道或天桥。

6.1.8 大、中型企业厂内道路应采取交通分流，人流较大的主干道两侧，应修筑人行道；人流较大的次干道两侧，宜设人行道。

在职工上、下班时间内人流密集的出入口和路段，应停止行驶货运机动车辆。

6.1.9 路面狭窄或交通量大、容易堵塞的道路，应尽量实行单向通行。

6.1.10 厂内道路在弯道的横净距和交叉口的视距三角形范围内，不得有妨碍驾驶员视线的障碍物。

6.1.11 路面宽度 9 m 以上的道路，应划中心线，实行分道行车。

6.2 车辆

6.2.1 车辆必须经过车辆管理机关检验合格，领取号牌和行驶证，方准行驶。限于厂内行驶的车辆，应由企业交通安全主管部门核发号牌和行驶证，号牌和行驶证不准转借、涂改或伪造。车辆必须按车辆管理机关规定的期限接受检验，未按规定检验或检验不合格的，不准行驶。

6.2.2 机动车的制动器、转向器、喇叭、灯光、雨刷和后视镜必须保持齐全有效。行驶途中，如制动器、转向器、喇叭、灯光发生故障或雨雪天雨刷发生故障时，应停车，并在醒目处设置“注意危险”标志后进行修复。

6.2.3 机动车牵引挂车，应符合下列要求：

a) 机动车和挂车的连接装置必须牢固，并应挂保险链条；挂车的牵引架、挂环发现裂纹、扭曲、脱焊或严重磨损时，不得使用；

b) 机动车与挂车之间，挂车前后轮之间，应安装防护栏栅；

c) 机动车在空载情况下，不得拖带载重挂车；

d) 每辆机动车只准牵引1辆挂车；

e) 挂车应安装自动刹车装置、灯光和显示标志；

f) 挂车宽度超过机动车时，机动车的前保险杠两端，应安装与挂车宽度相等的标杆，标杆顶端安装标灯；

g) 对采用自动连接装置的牵引车和挂车，应根据具体情况，采取必要的安全措施。

6.2.4 机动车拖带损坏车辆，应遵守下列规定：

a) 被拖带的车辆，由正式驾驶员操纵，并在醒目处设置“注意危险”标志；

b) 小型车不准拖带大型车；

c) 拖带车车辆时不得背行；

d) 每车只准拖带1辆，牵引索的长度须在5 m～7 m之间；

e) 拖带制动器失灵的车辆须用硬牵引。不得拖带转向器失灵的车辆；

f) 夜间拖带损坏车辆时，被拖带的车辆灯光应齐全有效；

g) 新车、大修车在走合期，不得拖带车辆。

6.3 车辆装载

6.3.1 调度人员在下达运输作业计划前，应事先掌握运输线路与货源情况。下达计划时，应将货运路线、装卸场所和安全注意事项向驾驶员交待清楚。

6.3.2 车辆装载不得超过行驶证上核定的数量。

6.3.3 车辆载物的高度、宽度和长度应符合GB 1589的规定。

6.3.4 载运不可解体货物的体积超过规定时，必须经厂交通安全管理部门批准，指派专人押车，按指定的路线、时间和时速行驶，并悬挂明显的安全标志。

6.3.5 装载货物必须均衡平稳，捆扎牢固，车厢侧板、后栏板必须关好、拴牢。货物长度超过后栏板时，不得遮挡号牌、转向灯、尾灯和制动灯。装载散状、粉状或液态货物时，不得散落、飞扬或滴漏车外。

6.3.6 载运炽热货物时，必须使用专用的柴油货车，油箱必须采取隔热措施，并按指定的线路行驶。

6.3.7 自动倾卸车应遵守下列规定：

a) 驾驶室内应安装车厢起升警报器或指示灯；

b) 装载大、重货物时，货物不得卡在车厢栏板上；

c) 车厢起升前注意空中有无障碍物，禁止边走边起，边走边落；

d) 倾卸货物时，应选择平坦场地，向坑内卸车时，应与坑边缘保持一定的安全距离；在危险地段卸车时，应有人指挥。

6.3.8 随车装卸人员应遵守下列规定：

a) 不得超过厂交通安全部门核定的人数；

b) 载运大、重货物未靠车厢前后栏板时，货前后不得乘人；

c) 载物高度超过车厢栏板时，货车不得乘人；

d) 不得坐在车厢栏板上；车辆未停稳前，不得上、下车；

e) 机动车车厢以外的任何部位或货运汽车的挂车、拖拉机的挂车、电瓶车、起重车、罐车、平板车和轮胎式专用车，不得载人。

6.3.9 装载易燃、易爆、剧毒等危险货物时，应遵守下列规定：

a) 装载液态和气态易燃、易爆物品的罐车，必须挂接地静电导链；装载液化气体的车辆，应有防晒措施；

b) 装载氯酸钠、氯酸钾和用铁桶装的一级易燃液体时，不得使用铁底板车辆；

c) 装载剧毒品的车辆，用后应进行清洗、消毒；

d) 不得与其他货物混装；易燃、易爆物品的装载量不得超过货物载重量的 2/3，堆放高度不得高于车厢栏板。

6.3.10 装运易燃、易爆、剧毒等危险货物时，应遵守下列规定：

a) 必须经厂交通安全管理部门和保卫部门批准，按指定的路线和时间行驶；

b) 必须由具有 50 000 km 和 3 年以上安全驾驶经历的驾驶员驾驶，并选派熟悉危险品性质和有安全防护知识的人担任押运员；驾驶员和押运员必须取得交通主管部门颁发的危险货物运输从业资格证；

c) 必须用货运汽车运输，禁止用汽车挂车及其他机动车运输；

d) 车上应根据危险货物的性质配带相应的防护、消防器材。并按 GB 13392 的规定悬挂规定的标志和标志灯；

e) 应在货车排气管消音器处装设阻火器，易燃、易爆货物专用车的排气管应装在车厢前一侧，向前排气；

f) 车厢周围严禁烟火；

g) 两台以上车辆跟踪运输时，两车最小间距为 50 m，行驶中不得紧急制动，严禁超车；

h) 中途停车应选择安全地点，停车或未卸完货物前，驾驶员和押运员不得离车；

i) 必须有危险货物运输应急处理预案。

6.4 机动车行驶

6.4.1 机动车在无限速标志的厂内主干道行驶时，不得超过 30 km/h，其他道路不得超过 20 km/h。

6.4.2 机动车行驶下列地点、路段或遇到特殊情况时的限速要求应符合表 4 的规定。

表 4 机动车在特定条件下的限速规定

单位为千米每小时

限速地点、路段及情况	最高行驶速度
道口、交叉口、装卸作业、人行稠密地段、下坡道、设有警告标志处或转弯、调头时，货运汽车载运易燃易爆等危险货物时	15
结冰、积雪、积水的道路；恶劣天气能见度在 30 m 以内时	10
进出厂房、仓库、车间大门、停车场、加油站、上下地中衡、危险地段、生产现场、倒车或拖带损坏车辆时	5

恶劣天气能见度在 5 m 以内或能见度在 10 m 以内、道路最大纵坡在 6% 以上时，应停止行驶。

6.4.3 执行任务的消防车、工程抢险车和救护车不受规定速度限制。

6.4.4 机动车通过道口时，必须遵守下列规定：

a) 提前减速；

b) 通过有人看守道口或自动信号道口时，要做到“一慢、二看、三通过”；遇道口栏杆放下或发出停车信号时，须依次停车于停车线以外，无停车线的，应停在距最外股钢轨 5 m 以外，严禁抢道通过；

c) 通过无人看守道口时，如视距达到 7.3.1 中的规定，应做到“一慢、二看、三通过”；如达不到要求，必须做到“一停、二看、三通过”；

d) 铁路机车、车辆占用无人看守道口时，机动车不得通过；

e) 机动车发生故障被迫停在无人看守道口时，随车人员应立即下车到安全地点，驾驶员应采取紧急措施设置防护信号，并使车辆尽快让开道口；

f) 机动车频繁通过无人看守道口期间，应由用车单位派人临时看守。

6.4.5 机动车不得在平行铁路装卸线钢轨外侧 2 m 以内行驶。

6.4.6 机动车在冰雪、泥泞道路上行驶时，应遵守下列规定：

a) 在冰雪上行驶时，轮胎上应装有防滑链；

b) 缓慢行驶，避免紧急制动；

c) 同向行驶车辆，两车辆之间的距离应保持 50 m 以上。

6.4.7 进入易燃易爆区域的机动车辆，必须装设火星熄灭器(阻火器)。

6.4.8 同向行驶的机动车，前、后车之间应根据车辆行驶速度、路面和气候状况，保持随时可以制动停车的距离。

6.4.9 停车应停在指定地点或道路有效路面以外不妨碍交通的地点，不得逆向停车，驾驶员离车时，应拉紧手闸、切断电路、锁好车门。

6.4.10 下列地点不得停放车辆：

a) 距通勤车站、加油站、消防车库门口和消防栓 20 m 以内的地段；

b) 距交叉口、道口、转弯处、隧道、桥梁、危险地段、地中衡和厂房、仓库、职工医院大门口 15 m 以内地段；

c) 纵坡大于 5%的地段；

d) 道路一侧有障碍物时，对面一侧与障碍物长度相等的地段两端各 20 m 以内。

6.4.11 机动车倒车时，驾驶员须先查明周围情况，确认安全后，方准倒车。在货场、厂房、仓库、窄路等处倒车时，应有人站在车后的驾驶员一侧指挥。

6.4.12 机动车在道口、桥梁、隧道和危险地段严禁倒车或调头。

6.5 机动车驾驶员

6.5.1 机动车驾驶员应遵守下列规定：

a) 驾驶车辆时，必须携带驾驶证和行驶证；

b) 不得驾驶与驾驶证不符的车辆；

c) 驾驶室不得超额坐人；

d) 严禁酒后驾驶车辆；不得在行驶时吸烟、饮食、闲谈或有其他妨碍安全行车的行为；

e) 身体过度疲劳或患病有碍行车安全时，不得驾驶车辆；

f) 试车时，必须挂试车牌照，不得在非试车区域内试车。

6.5.2 厂内机动车辆驾驶人员的培训、考核、发证和复审应遵守企业的有关规定。

6.5.3 驾驶员不从事驾驶工作(除担任车管工作外)6 个月至 1 年者，须继续担任驾驶工作时，应经车辆管理部门重新复试；1 年以上者，应重新考核。

7 道口安全

7.1 道口分级

7.1.1 道口分为四级。二、三、四级道口视安全上的实际需要可以升级，但不得降级。特殊情况需要降级的，由道口所属单位向企业铁路运输主管部门提交降级申请及相关道口交通量统计数据，由铁路运输主管部门核准后，方可办理道口降级。

7.1.2 具有下列条件之一者为一级道口：

——昼间 12 h 内，道口交通量在 18 000 辆次及以上者；

——昼间 12 h 内，道口交通量在 6 000 辆次～18 000 辆次，瞭望条件不良者。

7.1.3 具有下列条件之一者为二级道口：

——昼间 12 h 内，道口交通量为 6 000 辆次～18 000 辆次，瞭望条件良好者；

——昼间 12 h 内，道口交通量在 2 000 辆次～6 000 辆次，瞭望条件不良者；

——有通勤汽车或公共汽车通过者；

——运载高温金属熔液、铸锭等特种货物车辆通过的道口。

7.1.4 道口交通量低于 7.1.3 的规定，并且具有下列条件之一者为三级道口：

——近五年内发生过重大事故或重复发生过事故的道口；

——瞭望条件达不到7.3.2中5 m停车侧向视距要求的道口。

7.1.5　四级道口为一、二、三级以外的道口。

注1：道口交通量指通过道口的铁路量与道路交通量之乘积，单位为辆次。

注2：铁路交通量指列车(包括单机、轨道车以及调车作业等)通过道口的次数。昼间12 h内铁路交通量等于零者以1计算。

注3：道路交通量指通过道口的标准汽车辆数。各种车辆及行人按附录A(规范性附录)的换算系数K换算为标准汽车的辆数。

注4：昼间12 h指常白班上班前1 h算起的时间间隔。

注5：新建、改建道口的交通量不易查定时，可根据设计铁路和道路交通量等主要因素确定其等级。

注6：瞭望条件不良指机动车驾驶员对道口的侧向视距或机车车辆调乘人员对道口的视距达不到7.3.1的规定。

7.2　基本要求

7.2.1　道口应按本标准的规定分级。

7.2.2　各级道口应按本标准的规定配备安全设施，并保持完好有效。

7.2.3　道口及其附近道路的平、纵断面应符合GBJ 22的有关规定。

7.2.4　在新建、改建道口设计及施工时，道口安全设施必须同时设计、同时施工，确认道口符合本标准要求后，方可开通使用。

7.2.5　在铁路线路上，增设或拆除道口，必须取得企业铁路运输部门的同意。

7.2.6　企业铁路运输部门应对现有道口进行检查、鉴定，凡不符合本标准要求，应限期改造或拆除。

7.2.7　工业企业铁路与城市道路及公路平面交叉的铁路道口，应遵守CJJ 37、JTJ 1和GBJ 12的有关规定。

7.2.8　工业企业应对突发的铁路道口重大自然灾害、安全事故及其他影响铁路道口畅通的突发性事件，制定铁路道口事故应急救援预案明确应急指挥、救援等事项。

7.3　道口设置

7.3.1　道口的视距应符合下列要求：

a)　厂内道口，应根据列车限速，使机动车驾驶员距道口交叉点20 m外，能看见表5所规定的侧向视距以外的机车车辆；

b)　厂外道口，应根据列车限速，使机动车驾驶员距道口交叉点50 m外，能看见表5所规定的侧向视距以外的机车车辆；

c)　机车车辆调乘人员能看见道口的距离，不得小于表5所列机车车辆调乘人员对道口的视距。

表5　道口视距

列车限速/(km/h)	机动车驾驶员对道口的侧向视距/m		机车车辆调乘人员对道口的视距/m
	厂内道口	厂外道口	
40	160	200	400
35	140	175	300
30	120	150	230
25	100	125	170
20	80	100	120
15	60	75	90
10	40	50	60
注：厂外道口，列车限速超过40 km/h时，可按计算确定视距。			

7.3.2 因受地形等条件限制，机动车驾驶员在道口外距最外股钢轨外侧 5 m 处停车，应能分别看到表 5 所规定的侧向视距以外的机车车辆。当不符合要求时，道口应设人看守或道口自动信号。

7.3.3 道口不宜设在道岔区或站场范围内以及调车作业繁忙的铁路线路上。严禁设在道岔尖轨处。

7.3.4 道口铺面应保持平整耐用，并选用坚固、耐用、平整、稳定且易于翻修的铺砌层。道口的铺设不符合本标准规定者，应限期整修、改造。

7.3.5 厂内、厂外道口的铺面宽度一般与相交道路的路基面同宽。设有人行道的道路，道口的铺面宽度应包括人行道的宽度，道路拓宽时，道口铺面应同时拓宽。

厂内、厂外道口的铺面长度应延至钢轨外侧 0.5 m～2.0 m。

7.3.6 道口的铁路线路应设置护轨，护轨可采用旧轨。轮缘槽宽度直线上为 70 mm～100 mm；曲线内股应为 90 mm～100 mm；轮缘槽深度不小于 45 mm。护轨两端应做成喇叭口，距护轨端 300 mm 处弯向线路中心，护轨的终端距钢轨不小于 150 mm。

7.4 道口安全设施的配备和看守

7.4.1 一级道口应有人看守，并配备下列四种类型之一的主要安全设施：

a) 道口自动信号、自动栏木、遮断信号机、通讯设备，有条件时设置障碍物检测、电视监控设备；

b) 道口自动信号、电动栏木、通讯设备，根据需要设置遮断信号机，有条件时设置电视监控设备；

c) 道口自动通知、道口信号机、电动或人工栏木、通讯设备，根据需要设置遮断信号机，有条件时设置电视监控设备；

d) 道口信号机、人工或电动栏木、通讯设备，根据实际需要设置遮断信号机，有条件时设置电视监控设备。

7.4.2 二级道口应配备下列四种类型之一的主要安全设施，并按规定确定是否设人看守：

a) 道口自动信号、自动栏木，无人看守，有条件时设置障碍物检测、电视监控设备；

b) 道口自动信号、电动栏木，有人看守。根据需要设置遮断信号机，有条件时设置电视监控设备；

c) 道口自动通知、人工或电动栏木，有人看守。根据需要设置遮断信号机，有条件时设置电视监控设备；

d) 人工或电动栏木、通讯设备，有人看守。根据需要设置遮断信号机，有条件时设置电视监控设备。

7.4.3 三级道口应配备下列二种类型之一的主要安全设施，并按规定确定是否设人看守：

a) 道口自动信号，无人看守；

b) 人工或电动栏木，有人看守，根据实际需要设置通讯设备。

7.4.4 四级道口无人看守，根据瞭望条件配备下列二种类型之一的主要安全设施：

a) 瞭望条件良好时，厂内道口应设置慢速瞭望让行标志及慢速瞭望让行标线；

b) 瞭望条件不良，但能达到 7.3.2 中 5 m 停车侧向视距要求时，应设置停车瞭望让行标志及停止线。

7.4.5 各级道口安全设施的配备和看守应符合表 6 的规定。

7.4.6 有人看守的道口应建道口房。其位置不宜妨碍看守员瞭望接近道口的车辆和便于防护道口，并且不影响机动车驾驶员侧向视距和机车车辆调乘人员对道口的视距。如果道口较长，管理不便，可在道口两端各设一个道口房。

道口房内宜配备防护信号用具，钟表和扩音器及通讯设施等。

7.4.7 通过电力机车的厂外道口，在道口通路两面应设限界架，其净高为 4.5 m。厂内道口可设限界架，或按 7.6.1.7 设置道口限高标志。

表 6　道口安全设施的配备和看守

道口级别	类型	道口看守情况	道口安全设施																					
			人工或电动栏木	自动栏木	道口信号机	遮断信号机	通讯设备	道口自动通知	道口自动信号	障碍物检测	电视监控	有人看守铁路道口标志	无人看守铁路道口标志	慢速瞭望让行标志	慢速瞭望让行标线	停车瞭望让行标志	停止线	司机鸣笛标志	护桩	道口路段中央分隔带护栏	道口路段中心线	照明	限制速度标志	解除限制速度标志
一	7.4.1a)	有		△		△	△		△	或△	或△	△				△	△	△	▲	或△		△	△	
	7.4.1b)	有	△			或△	△		△		或△	△				△	△	△	▲		△	△	△	
	7.4.1c)	有	△		△	或△	△				或△	△				△	△	△	▲			△	△	
	7.4.1d)	有	△		△	或△	△	△			或△	△				△	△	△	▲			△	△	
二	7.4.2a)	无		△					△	或△	或△		△			△	△	△	▲	或△		△	△	
	7.4.2b)	有	△			△			△		或△	△				△	△	△	▲		△	△	△	
	7.4.2c)	有	△			或△					或△	△				△	△	△	▲			△	△	
	7.4.2d)	有	△			或△	△	△			或△	△				△	△	△	▲			△	△	
三	7.4.3a)	无				或△			△				△			△	△	△	▲		△	△	△	
	7.4.3b)	有	△				或△					△				△	△	△	▲			△	△	
四	7.4.4a)	无											△	△	△			△	▲			△	△	
	7.4.4b)	无											△			△	△	△	▲			△	△	

注：“△”表示应设置；“或△”表示可设可不设；“▲”表示按 7.6.3.1 设置。

7.5 道口信号设施

7.5.1 一般规定

7.5.1.1 道口信号机应设置于道路车辆驶向道口方向的右侧，便于机动车驾驶员瞭望的地点，距最外股钢轨外侧的距离不应小于5 m。

道口信号机的型式如图1所示，月白灯中心距路面高度不低于2.5 m。

7.5.1.2 道口信号机灯光信号的显示意义及通行规定如下：

a) 月白灯稳定亮，表示设备正常，道路开通，准许车辆、行人通过道口；

b) 两个红灯交替闪光或红灯稳定亮、且月白灯灭时，表示列车接近道口，禁止道路上的车辆、行人越过该信号机；

c) 红灯和月白灯都熄灭时，系停电或设备发生故障，道口信号失效，这时道路上的车辆、行人应注意瞭望，确认安全后通过道口。

7.5.1.3 栏木的长度原则上不应小于道口的宽度，根据道口的宽度等具体情况可采用一对半遮断式栏木，也可采用一对全遮断式栏木或两对半遮断式栏木。横跨同一遮断面的一对半遮断式栏木落下时，两顶端之间的距离必须小于0.5 m。

7.5.1.4 全遮断式栏木，一般设置于道路车辆驶向道口方向的右侧；半遮断式栏木设置于道路车辆驶向道口方向的两侧。栏木距道口最外股钢轨外侧的距离不应小于3 m。

7.5.1.5 栏木应符合下列要求：

a) 一般采用轻便、耐用的材料制作，分段组装的栏木应能调节更换；

b) 表面涂以间距为250 mm黑白相间的纵向条纹。

c) 在自动栏木上可根据需要装设不需电源的反光材料，或在带有标志的栏杆上涂红色反光漆；

d) 自动栏木应能水平摆10°。

7.5.1.6 栏木的升降可以电动、自动控制或人工操纵。由道口看守员操纵的电动栏木，在升、降过程中，应能随时停止或改变栏木的动作方向。电动栏木或自动栏木应具备人工操作功能。

7.5.1.7 采用两对半遮断式栏木时，入口端和出口端的半遮断式栏木，根据道口实际需要可分先后关闭，升杆时两对半遮断式栏木应同时升起。

电动栏木落下时间为6 s～10 s。

7.5.1.8 栏木一般以开放道路为定位，特殊情况下，厂内道口经企业道路有关管理部门批准，可以遮断道路为定位。

7.5.1.9 栏木在开放位置时，与路面边缘的垂直距离应符合道路建筑限界的要求。栏木在落下位置时，应为水平状态，距路中心的高度为1 000 mm～1 200 mm。

7.5.1.10 设置栏栅应符合下列要求：

a) 一般采用钢网结构，高度为1.20 m～1.50 m长度可根据道路宽度确定；

b) 栏栅为两侧对开式，横向滚动，滚动速度宜为1 m/s；

c) 停电时应能由人工关闭或开放；

d) 其他要求可参照栏木的有关规定确定。

7.5.1.11 设有道口信号的道口，当信号机、栏木及其控制设备发生故障或停电时，有人看守的道口，在列车接近时，道口看守员应使用其他安全设施；无人看守的道口，道口管理部门应采取保证安全的措施，直至道口信号恢复正常状态。

7.5.2 手动道口信号

7.5.2.1 手动道口信号的控制盘、人工栏木的操作杆，应设在便于道口看守员瞭望与操作的位置。人工栏木的牵引传动装置，应不影响道路通行。

道口设有遮断信号机时，遮断按钮应加封。

7.5.2.2 列车接近道口时，道口看守员应根据企业规定的列车接近道口的距离，首先操纵道口信号机，同时发出音响报警及红色灯光信号，适时落杆，并监护道口安全。

电动或人工栏木落下，列车尾部通过道口后，道口看守员应切断音响信号，道口信号应立即恢复开通状态。

7.5.2.3 遮断信号机应设置于列车驶向道口方向的左侧，距道口铺面边缘的距离不应小于 15 m。

7.5.2.4 遮断信号机为高柱式，其背板为方形，在机柱上涂以间距为 200 mm 黑、白相间的 45°斜向条纹，如图 2 所示。该信号机灯灭，不起信号作用；当道口堵塞而有列车接近时，开放遮断信号机、显示红灯，表示不准列车越过该信号机。

7.5.3 道口自动通知及道口自动信号

7.5.3.1 道口自动通知供道口看守员使用，室内信号表示盘上的表示灯和音响器应满足下列条件：

a) 每条线路的接近方向各设一盏接近表示灯，平时灯灭，在列车接近及通过道口时相应的接近表示灯亮；
b) 列车进入接近区段时，向道口看守员发出连续音响；停电或主要设备发生故障时，向道口看守员发出断续音响。以上音响经道口看守员确认后，能用自复式按钮切断音响；
c) 有两股或两股以上铁路的道口，当首次列车接近道口发出通知后，其他股道又有列车接近道口时，应再次发出通知。

7.5.3.2 在设有自动通知的道口房外，也应装有对道口看守员发出通知的音响器，其控制条件与室内音响一致。

7.5.3.3 列车接近及通过道口时，道口自动信号应自动地向道路上的车辆和行人显示红色闪光信号并发出音响信号。

设有道口自动信号及自动栏木的道口，当列车驶入接近区段，道口信号机自动发出音响及红色闪光信号时，栏木应滞后道路车辆以规定最低速度通过道口的时间（t_1）开始下落，以让进入两栏木之间的车辆、行人通过道口。

7.5.3.4 列车尾部通过道口后，道口自动信号或道口自动信号及自动栏木应及时恢复道路通行状态，自动切断音响。

7.5.3.5 在列车接近及通过道口的过程中，道口自动信号应及时、正确、可靠地显示；当轨道电路或其控制设备发生故障时，道口自动信号应能自动导向列车接近状态的显示或报警停用状态。

7.5.3.6 列车接近通知时间及接近区段长度的计算见附录 B（规范性附录）。

单线区段的接近时间，有栏木的道口不得小于 40 s，无栏木的道口不得小于 30 s；每增加一条铁路线路，接近时间应增加 5 s。

7.5.3.7 在自动闭塞或有轨道电路的区段，应利用现有轨道电路。当现有轨道电路不能满足道口信号接近区段长度要求时，可适当延长报警时间，但总的报警时间不得超过 60 s。当利用现有轨道电路确有困难时，可采用其他类型的叠加传递设备或增设其他点式传感装置。

7.5.4 器材和设备的技术要求

7.5.4.1 道口信号设备电源的供电等级不得低于二级。交流电源电压允许范围为（380^{+19}_{-38}）V、（220^{+22}_{-33}）V，直流电源电压允许范围为（$12^{+1.2}_{-1.2}$）V、（$24^{+2.4}_{-2.4}$）V。

7.5.4.2 道口信号机的灯光和音响信号，应符合下列要求：

a) 红色灯光直线显示距离不应小于 100 m，月白色灯光直线显示距离不应小于 50 m，偏散角不应小于 40°；
b) 光源采用 12 V 25 W 双丝灯泡，有条件时可采用 LED 发光二极管；
c) 音响信号应采用无噪声的经济耐用的音响设备；
d) 采用电子闪光器或继电器方式的闪光器，其闪光频率为 60 次/min±10 次/min，亮黑比为 1∶1，负载能力为 100 W。

7.5.4.3 道口自动通知和道口自动信号采用的轨道电路，应有可靠的抗干扰能力，并根据实际需要采取防雷措施。

7.5.4.4 道口信号器材应采用符合本标准要求的产品。所采用的器材或设备应在其要求的工作环境条件下可靠地工作。

7.5.4.5 自动化设备发生故障时,应能自动导向保证安全的状态或显示。

7.6 道口标志、护桩和标线

7.6.1 道口标志

7.6.1.1 各级道口均应根据所跨越的铁路股数,相应设置铁路道口标志或多股铁路道口标志。

7.6.1.2 铁路道口标志的板面为等边三角形,顶角朝上,尺寸如图3所示,板面颜色为黄底,黑边,黑图案。图案应以制作图(见图4)按比例放大绘制,有人看守铁路道口标志(见图5)表示前方为有人看守的单股铁路道口,警告车辆、行人注意瞭望,小心火车,无人看守铁路道口标志(见图6)表示前方为无人看守的单股铁路道口,警告车辆、行人特别注意瞭望,小心火车。

7.6.1.3 表示多股铁路与道路交叉的叉形符号为白底、红边,如图7所示。它设在铁路道口标志的上端,其交叉点距标志板三角形顶点400 mm。叉形符号与铁路道口标志共同组成多股铁路道口标志,如图8所示。该标志表示前方有多股铁路道口,警告车辆、行人要特别注意瞭望,小心火车。

7.6.1.4 停车瞭望让行标志如图9所示,标志形状为八角形,板面尺寸同图10,板面颜色为红底白字,白边宽度为20 mm,衬边宽度为4 mm。该标志表示车辆、行人通过道口,必须在停止线以外停车或止步瞭望,确认安全后通过。

7.6.1.5 符合7.3.1 a)的四级道口应设置慢速瞭望让行标志。

慢速瞭望让行标志如图11所示,为等边三角形,顶角朝下。板面尺寸同图3。板面颜色为白底、红边、黑字。红边宽度为70 mm。

该标志表示车辆、行人通过无人看守道口,必须慢行,加强瞭望,确认无列车接近道口后再通过;遇有列车即将通过道口时,必须依次停在慢速瞭望让行标线以外。

7.6.1.6 停车瞭望让行标志的"停"字和慢速瞭望让行的"让"字其高分别为310 mm和170 mm,字高与字宽相等,采用粗等线体,笔画粗为字高的1/10。

7.6.1.7 行驶电力机车的厂内道口未设限界架时,应在道口两端,机动车驶向道口方向的右侧适当地点,设置道口限高标志。

道口限高标志为圆形,其图案及尺寸如图12所示。板面颜色为白底、红圈和黑图案;该标志表示严禁高度超过4.5 m的车辆通过道口。

7.6.1.8 各级道口应在机动车辆驶向道口方向的右侧设置限制速度标志(见图13),在道口另一端应配套设置解除限制速度标志(见图14)。解除限制速度标志与最外股钢轨外侧的距离不应小于5 m。

限制速度标志为白底、红圈、黑图案,表示机动车辆应以低于该标志板上的速度通过道口。解除限制速度标志为白底、黑圈、黑杠、黑图案,图案压杠。表示机动车辆不受此规定速度限制。

7.6.1.9 各种标志应设置在道路车辆驶向道口方向的右侧,机动车驾驶员视角范围之内,不得被树木或建、构筑物所遮蔽。距最外股钢轨外侧的距离不应小于表7的规定。

表7 各种标志距最外股钢轨外侧的距离

单位为米

标志名称	距最外股钢轨的距离	
	厂内道口	厂外道口
铁路道口标志	20	30
慢速瞭望让行标志	5	—
停车瞭望让行标志	5	5
限制速度标志	20	30
解除限制速度标志	5	5

7.6.1.10 各种标志的板面近路侧边缘与路面(或硬路肩)边缘的水平距离不得小于250 mm,板面下缘距路面的高度为1.8 m～2.5 m。

各种标志的板面一般应面向来车方向,与道路中心线成80°～90°的交角。

7.6.1.11 铁路道口标志均应采用反光材料制作标志面,用于标志面的反光膜应符合GB/T 18833要求。

7.6.2 **鸣笛标志**

7.6.2.1 道口应设置司机鸣笛标志,机车司机见此标志须长声鸣笛。

7.6.2.2 司机鸣笛标志的板面为正方形,边长600 mm,标志板与立柱的连接如图15所示。板面颜色为白底、黑边、黑色“鸣”字,黑边边宽为30 mm,其外缘应有白色衬底,衬底的边宽为5 mm。字高为320 mm、字高与字宽相等,采用粗等线体,笔画粗为字高的1/10。背面及立柱为乳白色或浅灰色,板面下缘距轨面的高度为1.4 m。

7.6.2.3 司机鸣笛标志设置于列车驶向道口方向的左侧,距道口200 m～300 m的范围内。具体设置距离根据列车速度、道口长度及地形情况确定。设置距离在厂内道口受到限制时,可适当缩短。

7.6.3 **道口护桩和标线**

7.6.3.1 三、四级道口,应设护桩(特殊情况除外),一、二级道口可根据实际需要设置。

道口护桩如图16所示,用钢筋混凝土制作。在道口两端的道路两侧各设二至五个护桩。第一个护桩距最外股钢轨外侧2.0 m～2.5 m。护桩间距为1.5 m,高于路面0.85 m,表面涂以黑、白相间各200 mm宽的水平条纹。

7.6.3.2 设有道口自动信号及自动栏木的双车道道口,可根据需要设置道口路段中央分隔带护栏。

道口路段中央分隔带护栏由隔离墩与钢管或索链连接而成,沿道口两端道路中心线摆设,隔离墩间距为5 m。中央分隔带护栏的起点应与落下的栏木相接近,全长不应小于20 m,颜色为红、白相间。

7.6.3.3 设有道口自动信号而无自动栏木的双车道道口,应设置道口路段中心线。道口路段中心线表示车辆、行人在任何情况下都不准跨越或压线通过道口。

7.6.3.4 道口路段中心线应符合下列规定:

a) 道口路段中心线为黄色单实线;
b) 漆划在道口两端道路的中心线位置上,其长度从铁路道口的停止线起,厂外道口不应小于60 m,厂内道口不应小于20 m;宽度均为100 mm～150 mm。

7.6.3.5 设有停车瞭望让行标志的道口均应设置停止线。停止线表示车辆、行人等候放行信号或停车瞭望的位置。即在道口信号机显示红灯或道口看守员示意列车即将通过时,车辆、行人必须依次停在停止线以外。停止线应与停车瞭望让行标志配合使用。

7.6.3.6 停止线应符合下列规定:

a) 停止线为白色单实线,线宽为200 mm,如图17所示;
b) 停止线的长度为:双车道道口自机动车驶向道口方向的右侧路缘划至路中心,单向通行的道口,应横跨整个路面;
c) 停止线应漆划在道口两端距栏木1.5 m～3.0 m处,无栏木的道口,应漆划在道口两端距最外股钢轨外侧5 m处,停止线宜与道路中心线垂直。

7.6.3.7 设有慢速瞭望让行标志的道口,应设置慢速瞭望让行标线。慢速瞭望让行标线为两条平行的白色虚线,线间距和线宽均为200 mm,如图18所示。

该标线与慢速瞭望让行标志配合使用,表示车辆、行人通过无人看守的厂内道口时,必须慢速瞭望,遇有列车即将通过时,车辆、行人必须依次停在该标线以外。

慢速瞭望让行标线应漆画在道口两端距最外股钢轨外侧5 m处,并宜与道路中心线垂直,其长度与停止线相同。

单位为毫米

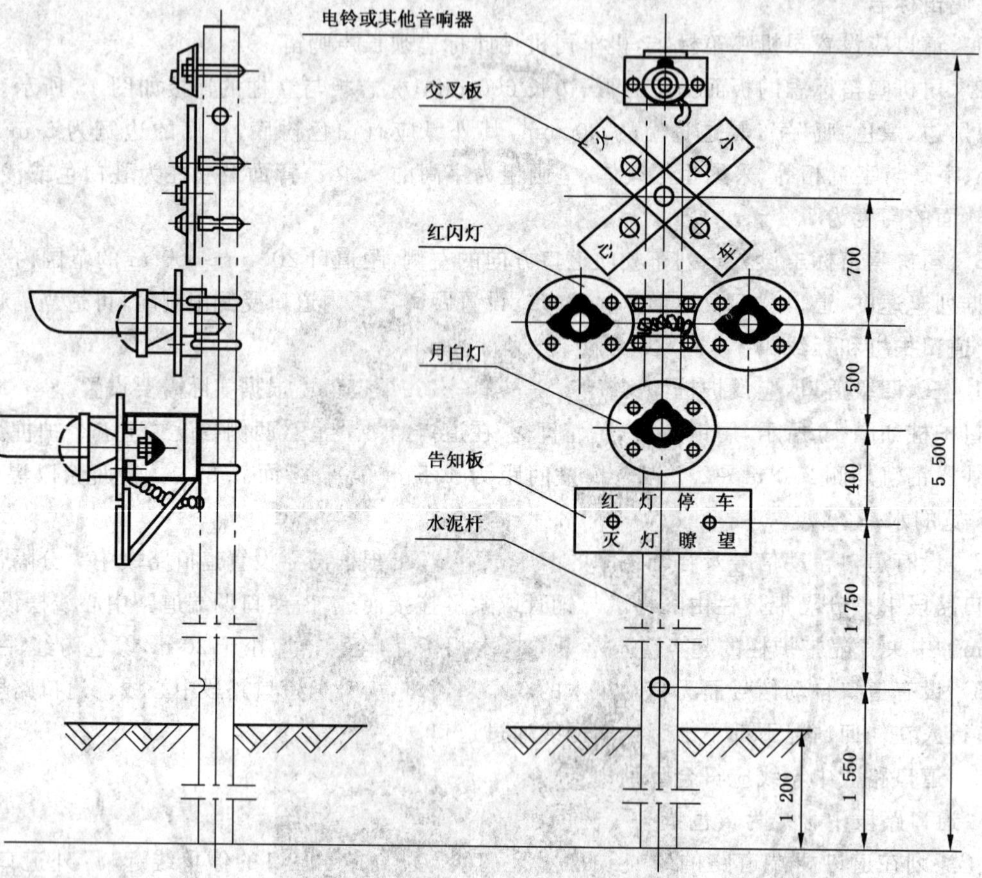

图 1　道口信号机示意图

单位为毫米

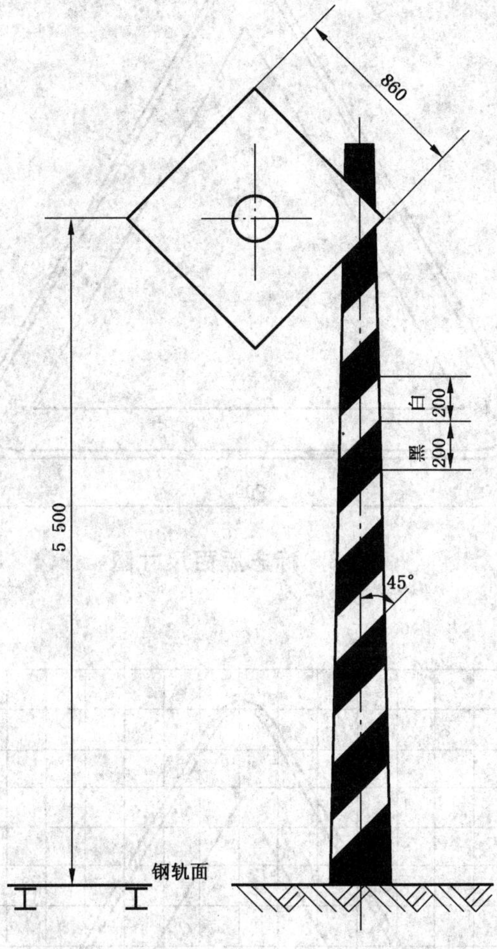

图 2 遮断信号机

单位为毫米

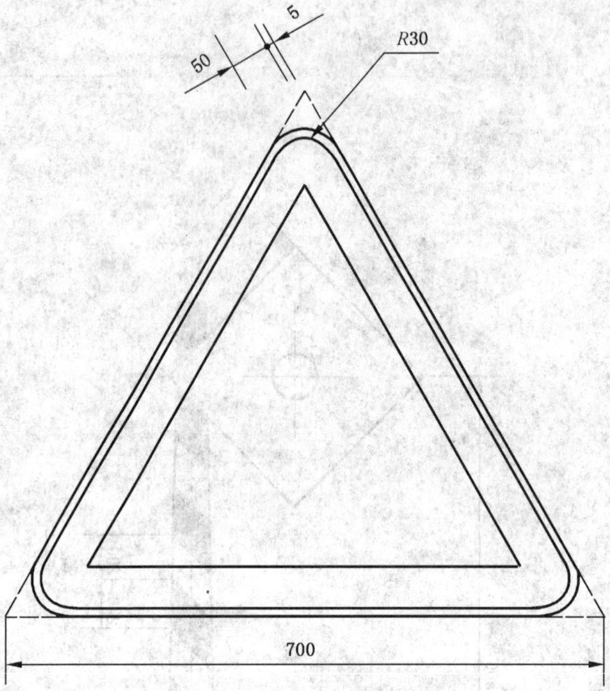

图 3 标志版面尺寸图

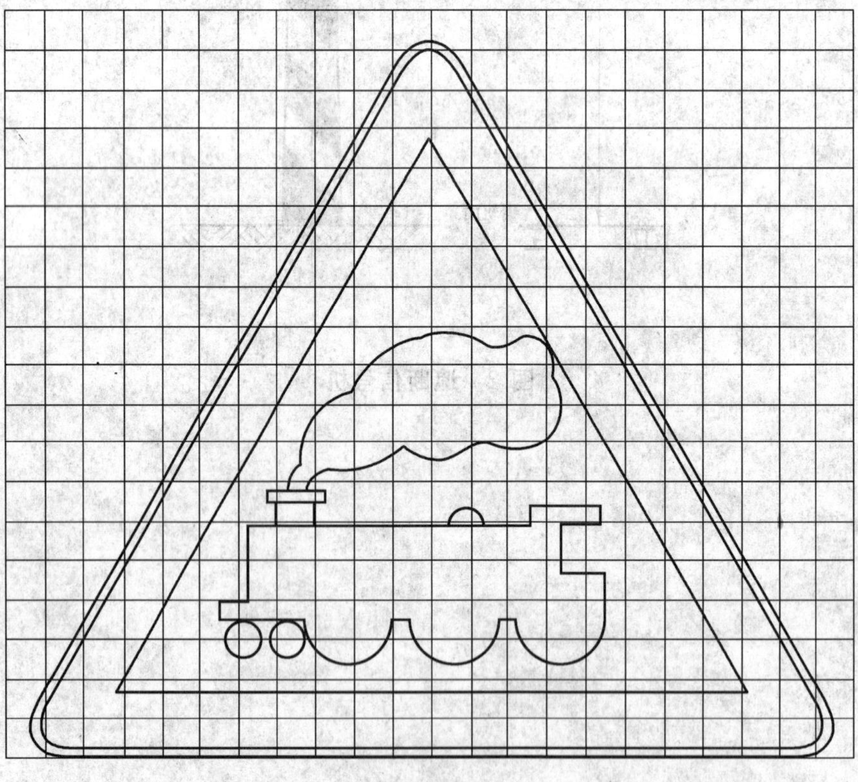

图 4 铁路道口标志版面制作示例图

图 5　有人看守铁路道口标志

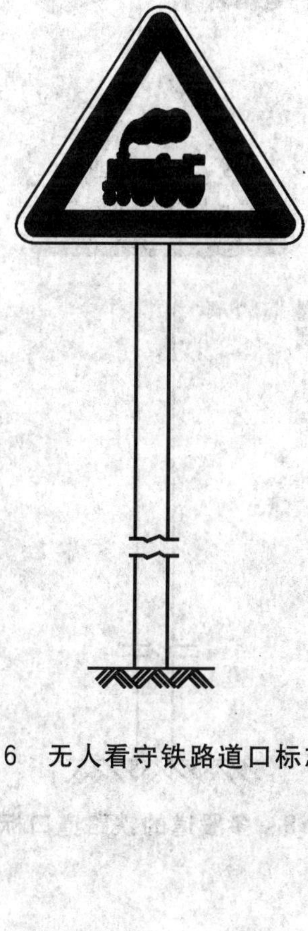

图 6　无人看守铁路道口标志

单位为毫米

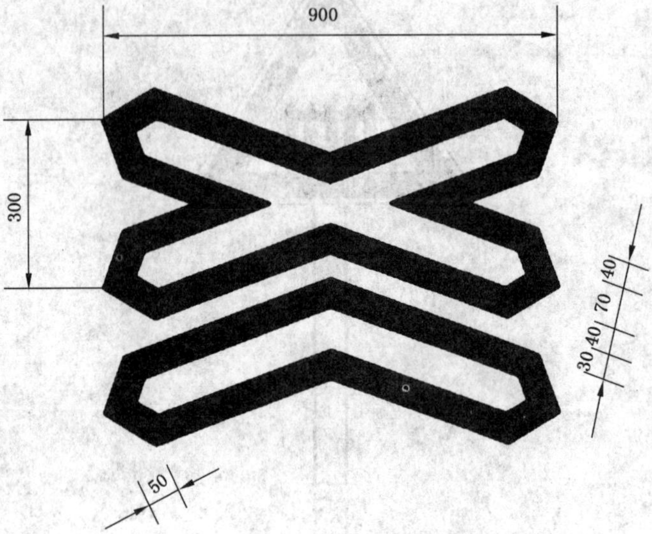

图7 叉形符号

图8 多股道的铁路道口标志

图 9　停车瞭望让行标志

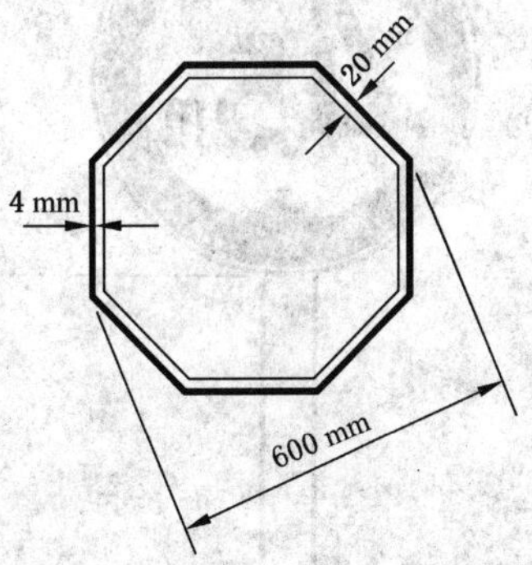

图 10　停车瞭望让行标志尺寸

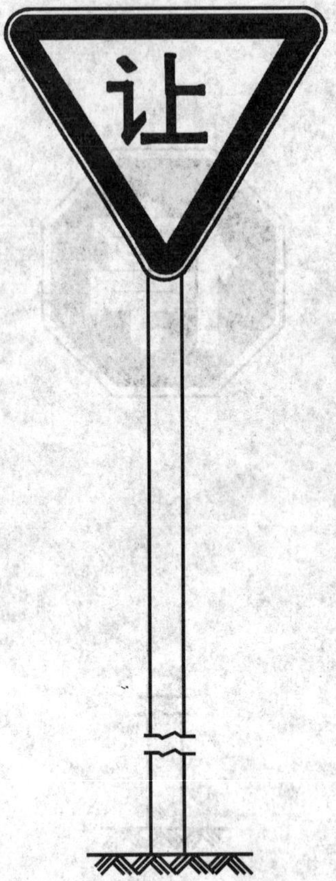

图 11　慢速瞭望让行标志

单位为毫米

图 12　道口限高标志

图 13　限制速度标志

图 14　解除限制速度标志

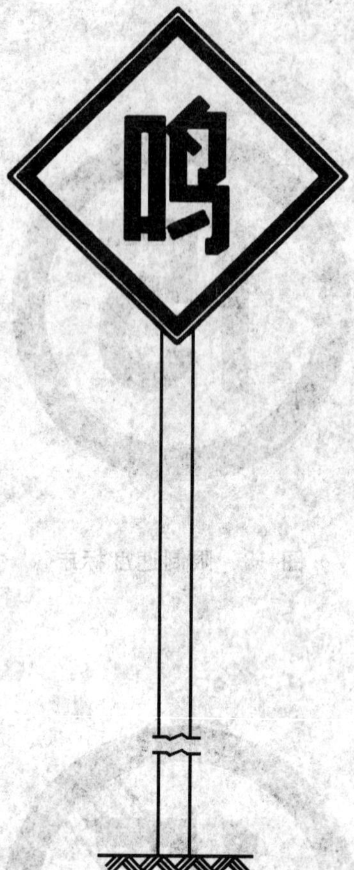

图 15　火车司机鸣笛标志

单位为毫米

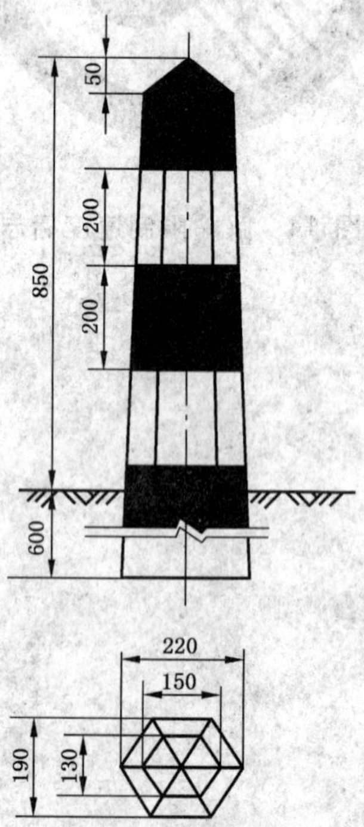

图 16　道口护桩

单位为毫米

图 17　停止线

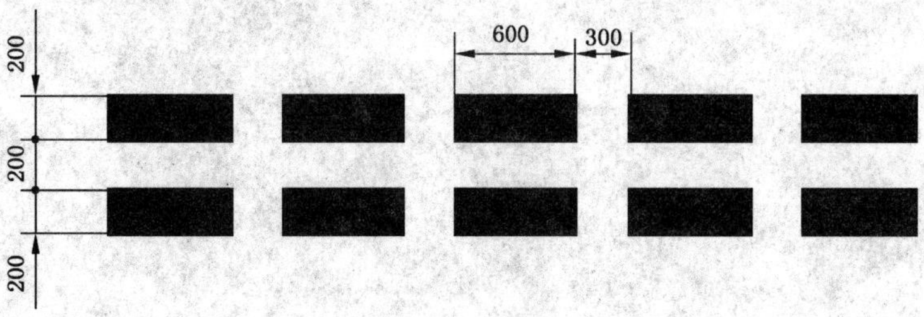

图 18　慢速瞭望让行标线

附 录 A
（规范性附录）
标准汽车换算系数 *K*

A.1 标准载重汽车（包括重型载重汽车、胶轮拖拉机带挂车、大客车等）：$K=1.0$。

A.2 带挂车的载重汽车（包括大平板车、带铰接的大型公共汽车等）：$K=1.5$。

A.3 小汽车（包括吉普车、摩托车、手扶拖拉机带挂车、小型旅行车等）：$K=0.5$。

A.4 兽力车：$K=2.0$。

A.5 架子车、人力车：$K=0.5$。

A.6 自行车：$K=0.1$。

A.7 行人：$K=0.05$。

附　录　B
（规范性附录）
列车接近通知时间及接近区段长度的计算

B.1　列车接近通知时间的计算公式

$$t = t_1 + t_2 + t_3 \qquad \cdots\cdots(B.1)$$

式中：

t——列车接近通知时间，单位为秒（s）；

t_1——道路车辆以规定最低速度通过道口的时间，单位为秒（s）；

t_2——道口栏木关闭时间，单位为秒（s）；

t_3——道口栏木关闭后至列车到达道口的时间，单位为秒（s）。

$$t_1 = 3.6 \times \frac{l_1 + l_2 + l_3}{v_1} \qquad \cdots\cdots(B.2)$$

式中：

l_1——两道口信号机之间或两停止线间的距离，单位为米（m）；

l_2——道路车辆确认信号显示的最小距离，单位为米（m）；

l_3——道路车辆车体长度，单位为米（m）；

v_1——道路车辆通过道口的规定最低速度，单位为千米每小时（km/h）。

B.2　接近区段长度计算公式

$$L = \frac{10}{36} v_2 t \qquad \cdots\cdots(B.3)$$

式中：

L——接近区段长度，单位为米（m）；

v_2——列车在接近区段内运行的最高速度，单位为千米每小时（km/h）；

t——列车接近通知时间，单位为秒（s）。

ICS 25.140.30
J 47

中华人民共和国国家标准

GB/T 4388—2008
代替 GB/T 4388—1995

呆扳手、梅花扳手、两用扳手的型式

Types of open-end wrenches, box wrenches and combination wrenches

(ISO 7738:2001, Assembly tools for screws and nuts—Combination wrenches—Lengths of wrenches and maximum thickness of heads, ISO 10102:2001, Assembly tools for screws and nuts—Double-headed open-ended engineer's wrenches—Length of wrenches and thickness of the heads, ISO 10103:2001, Assembly tools for screws and nuts—Double-headed, flat and offset, box wrenches—Length of wrenches and thickness of the heads, ISO 10104:2001, Assembly tools for screws and nuts—Double-headed, deep offset and modified offset, box wrenches—Length of wrenches and thickness of the heads, NEQ)

2008-12-30 发布　　2009-09-01 实施

中华人民共和国国家质量监督检验检疫总局
中国国家标准化管理委员会　发布

前　言

本标准与国际标准ISO 7738:2001《螺钉和螺母的装配工具　两用扳手　扳手长度和头部最大厚度》、ISO 10102:2001《螺钉和螺母的装配工具　双头呆扳手　扳手长度和头部厚度》、ISO 10103:2001《螺钉和螺母的装配工具　双头直颈和弯颈梅花扳手　扳手长度和头部厚度》、ISO 10104:2001《螺钉和螺母的装配工具　双头高颈和矮颈梅花扳手　扳手长度和头部厚度》的一致性程度为非等效。

本标准代替GB/T 4388—1995《呆扳手、梅花扳手、两用扳手的型式》。

本标准与GB/T 4388—1995相比主要变化如下：

——增加了双头呆扳手和双头梅花扳手的规格($s_1 \times s_2$)为19×24、24×26、27×29和30×36及其相应的尺寸(1995版的表1,本版的表1)；

——取消了原标准中短型双头呆扳手的头部厚度,使长型和短型厚度一致(1995版的表1,本版的表1)；

——增加了两用扳手的规格s为3.2、4和5及其相应的尺寸(1995版的表2,本版的表2)；

——调整了两用扳手长度和头部厚度的数值(1995版的表2,本版的表2)；

——对基本尺寸的数值作了调整(1995版的表1和表2,本版的表1和表2)。

本标准由中国轻工业联合会提出。

本标准由全国五金制品标准化技术委员会工具五金分技术委员会归口。

本标准由浙江亿洋工具制造有限公司、江苏舜天国际集团江都工具有限公司、上海市工具工业研究所负责起草,文登威力工具集团有限公司、杭州钱江五金工具有限责任公司、宁波长城精工实业有限公司、上海民星劳动工具有限公司、上海田野(集团)工具有限公司参加起草。

本标准主要起草人:吴祖训、陈昌祺、邹家平、刘玉信、鞠家平、陈国苗、陈立海、徐曙光、潘宇杰、顾青。

本标准所代替标准的历次版本发布情况为：

——GB 4388—1984;GB/T 4388—1995。

呆扳手、梅花扳手、两用扳手的型式

1 范围

本标准规定了扳拧螺栓和螺母或其他紧固件的呆扳手、梅花扳手、两用扳手的型式。本标准的图示仅是示例,并不影响对产品的设计。

本标准适用于GB/T 4625中规定的呆扳手、梅花扳手和两用扳手。

2 规范性引用文件

下列文件中的条款通过本标准的引用而成为本标准的条款。凡是注日期的引用文件,其随后所有的修改单(不包括勘误的内容)或修订版均不适用于本标准,然而,鼓励根据本标准达成协议的各方研究是否可使用这些文件的最新版本。凡是不注日期的引用文件,其最新版本适用于本标准。

GB/T 4625 螺钉和螺母的装配工具术语

3 产品分类

3.1 呆扳手的型式和基本尺寸

3.1.1 呆扳手分为双头呆扳手和单头呆扳手两种型式(见图1和图2),双头呆扳手可分为短型和长型两种长度。

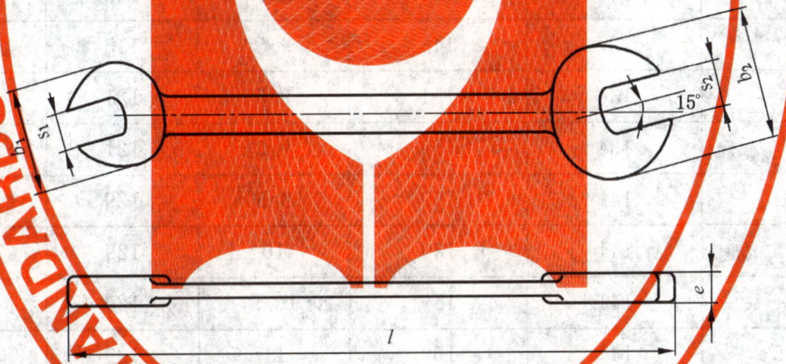

图1 双头呆扳手

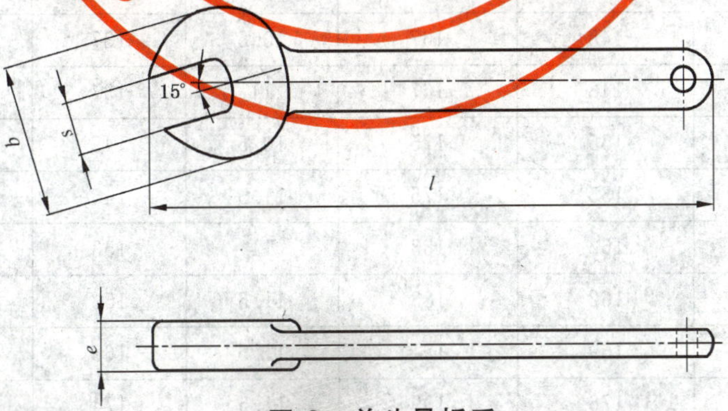

图2 单头呆扳手

3.1.2 双头呆扳手的规格和基本尺寸按表1的规定,单头呆扳手的规格和基本尺寸按表2的规定。

表 1 双头呆扳手和双头梅花扳手的对边尺寸组配及基本尺寸

单位为毫米

规格[a]（对边尺寸组配）$s_1 \times s_2$	双头呆扳手			双头梅花扳手			
	厚度	短型	长型	直颈、弯颈		矮颈、高颈	
	e max	全长 l min		厚度 e max	全长 l min	厚度 e max	全长 l min
3.2×4	3	72	81				
4×5	3.5	78	87				
5×5.5	3.5	85	95				
5.5×7	4.5	89	99				
(6×7)	4.5	92	103	6.5	73	7	134
7×8	4.5	99	111	7	81	7.5	143
(8×9)	5	106	119	7.5	89	8.5	152
8×10	5.5	106	119	8	89	9	152
(9×11)	6	113	127	8.5	97	9.5	161
10×11	6	120	135	8.5	105	9.5	170
(10×12)	6.5	120	135	9	105	10	170
10×13	7	120	135	9.5	105	11	170
11×13	7	127	143	9.5	113	11	179
(12×13)	7	134	151	9.5	121	11	188
(12×14)	7	134	159	9.5	121	11	188
(13×14)	7	141	159	9.5	129	11	197
13×15	7.5	141	159	10	129	12	197
13×16	8	141	159	10.5	129	12	197
(13×17)	8.5	141	159	11	129	13	197
(14×15)	7.5	148	167	10	137	12	206
(14×16)	8	148	167	10.5	137	12	206
(14×17)	8.5	148	167	11	137	13	206
15×16	8	155	175	10.5	145	12	215
(15×18)	8.5	155	175	11.5	145	13	215
(16×17)	8.5	162	183	11	153	13	224
16×18	8.5	162	183	11.5	153	13	224
(17×19)	9	169	191	11.5	166	14	233
(18×19)	9	176	199	11.5	174	14	242
18×21	10	176	199	12.5	174	14	242
(19×22)	10.5	183	207	13	182	15	251
(19×24)	11	183	207	13.5	182	16	251

表 1（续） 单位为毫米

规格[a]（对边尺寸组配）$s_1 \times s_2$	双头呆扳手			双头梅花扳手			
	厚度 e max	短型	长型	直颈、弯颈		矮颈、高颈	
		全长 l min		厚度 e max	全长 l min	厚度 e max	全长 l min
(20×22)	10	190	215	13	190	15	260
(21×22)	10	202	223	13	198	15	269
(21×23)	10.5	202	223	13	198	15	269
21×24	11	202	223	13.5	198	16	269
(22×24)	11	209	231	13.5	206	16	278
(24×26)	11.5	223	247	15.5	222	16.5	296
24×27	12	223	247	14.5	222	17	296
(24×30)	13	223	247	15.5	222	18	296
(25×28)	12	230	255	15	230	17.5	305
(27×29)	12.5	244	271	15	246	18	323
27×30	13	244	271	15.5	246	18	323
(27×32)	13.5	244	271	16	246	19	323
(30×32)	13.5	265	295	16	275	19	330
30×34	14	265	295	16.5	275	20	330
(30×36)	14.5	265	295	17	275	21	330
(32×34)	14	284	311	16.5	291	20	348
(32×36)	14.5	284	311	17	291	21	348
34×36	14.5	298	327	17	307	21	366
36×41	16	312	343	18.5	323	22	384
41×46	17.5	357	383	20	363	24	429
46×50	19	392	423	21	403	25	474
50×55	20.5	420	455	22	435	27	510
55×60	22	455	495	23.5	475	28.5	555
60×65	23	490					
65×70	24	525					
70×75	25.5	560					
75×80	27	600					

[a] 括号内的对边尺寸组配为非优先组配。

表 2　单头呆扳手、呆头梅花扳手、两用扳手的规格及其基本尺寸　　单位为毫米

规格	单头呆扳手		单头梅花扳手		两用扳手		
s	厚度 e max	全长 l min	厚度 e max	全长 l min	厚度 e_1 max	厚度 e_2 max	全长 l min
3.2					5	3.3	55
4					5.5	3.5	55
5					6	4	65
5.5	4.5	80			6.3	4.2	70
6	4.5	85			6.5	4.5	75
7	5	90			7	5	80
8	5	95			8	5	90
9	5.5	100			8.5	5.5	100
10	6	105	9	105	9	6	110
11	6.5	110	9.5	110	9.5	6.5	115
12	7	115	10.5	115	10	7	125
13	7	120	11	120	11	7	135
14	7.5	125	11.5	125	11.5	7.5	145
15	8	130	12	130	12	8	150
16	8	135	12.5	135	12.5	8	160
17	8.5	140	13	140	13	8.5	170
18	9	150	14	150	14	9	180
19	9	155	14.5	155	14.5	9	185
20	9.5	160	15	160	15	9.5	200
21	10	170	15.5	170	15.5	10	205
22	10.5	180	16	180	16	10.5	215
23	10.5	190	16.5	190	16.5	10.5	220
24	11	200	17.5	200	17.5	11	230
25	11.5	205	18	205	18	11.5	240
26	12	215	18.5	215	18.5	12	245
27	12.5	225	19	225	19	12.5	255
28	12.5	235	19.5	235	19.5	12.5	270
29	13	245	20	245	20	13	280
30	13.5	255	20	255	20	13.5	285
31	14	265	20.5	265	20.5	14	290
32	14.5	275	21	275	21	14.5	300
34	15	285	22.5	285	22.5	15	320

表 2（续）

单位为毫米

规格 s	单头呆扳手		单头梅花扳手		两用扳手		
	厚度 e max	全长 l min	厚度 e max	全长 l min	厚度 e_1 max	厚度 e_2 max	全长 l min
36	15.5	300	23.5	300	23.5	15.5	335
41	17.5	330	26.5	330	26.5	17.5	380
46	19.5	350	28.5	350	29.5	19.5	425
50	21	370	32	370	32	21	460
55	22	390	33.5	390			
60	24	420	36.5	420			
65	26	450	39.5	450			
70	28	480	42.5	480			
75	30	510	46	510			
80	32	540	49	540			

3.2 梅花扳手的型式和基本尺寸

3.2.1 梅花扳手分为双头梅花扳手(如图 3～图 4 所示)和单头梅花扳手(如图 5 所示)两种型式,并按颈部形状分为矮颈型和高颈型(如图 3、图 5 所示),以及直颈型和弯颈型(如图 4 所示)。

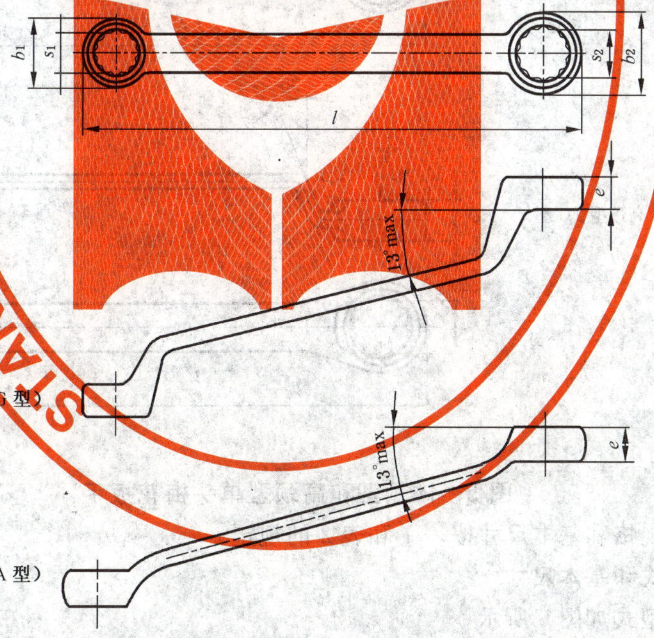

图 3 矮颈型和高颈型双头梅花扳手

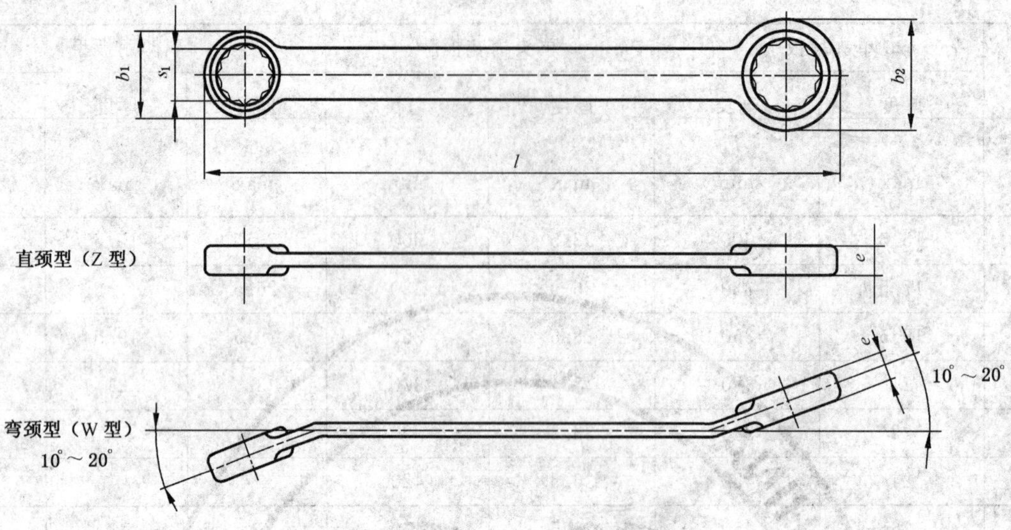

图 4 直颈型和弯颈型双头梅花扳手

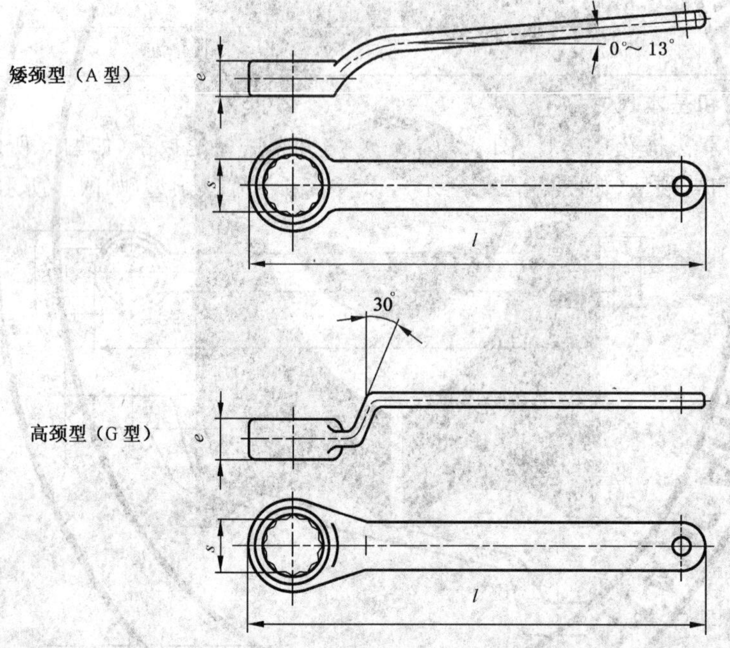

图 5 矮颈型和高颈型单头梅花扳手

3.2.2 梅花扳手的规格和基本尺寸按表 1 和表 2 的规定。

3.3 两用扳手的型式和基本尺寸

3.3.1 两用扳手的型式如图 6 所示。

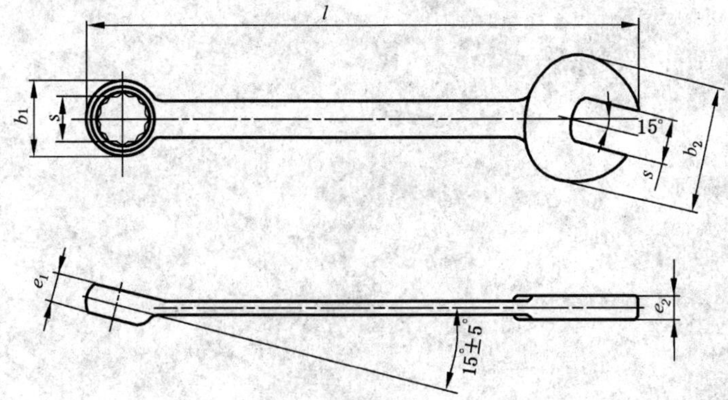

A 型

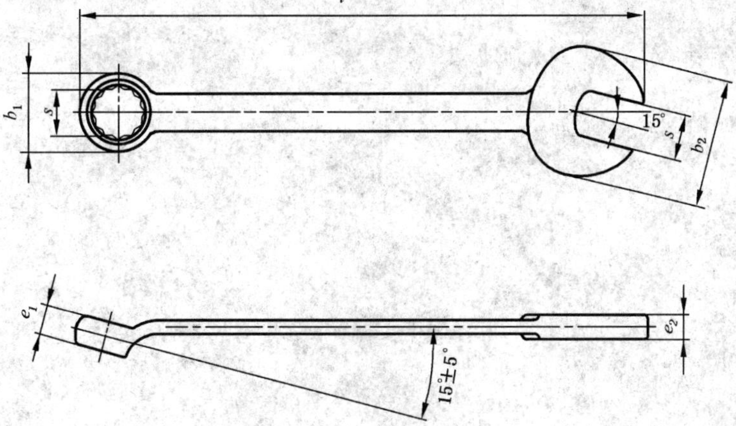

B 型

图 6　两用扳手的型式

3.3.2　两用扳手的规格和基本尺寸按表 2 的规定。

ICS 25.140.30
J 47

中华人民共和国国家标准

GB/T 4390—2008
代替 GB/T 4390—1995

扳手开口和扳手孔　常用公差

Wrench openings—Tolerances for general use

(ISO 691:2005, Assembly tools for screws and nuts—Wrench and socket openings—Tolerances for general use, MOD)

2008-12-30 发布　　2009-09-01 实施

中华人民共和国国家质量监督检验检疫总局
中国国家标准化管理委员会　发布

前　言

本标准修改采用 ISO 691:2005《螺钉和螺母的装配工具　扳手和套筒开口　常用公差》(英文版)。

本标准根据 ISO 691:2005 重新起草。在附录 A 中列出了本标准条款和国际标准条款的对照一览表。

考虑到我国国情,在采用 ISO 691:2005 时,本标准作了一些修改。有关技术性差异已编入正文中,并在它们所涉及条款的页边空白处用垂直单线标识。在附录 B 中给出了技术性差异及其原因的一览表,以供参考。

本标准与 ISO 691:2005 的主要差异如下:

——将一些适用于国际标准的表述改为适用于我国标准的表述;

——扳手的开口尺寸引用了国家标准 GB/T 3103.1(ISO 4759-1:2000,IDT)规定的公差;

——删去了有关套筒的部分,此部分在 GB/T 3390.1《手动套筒扳手　套筒》中已有规定;

——删去了 ISO 691 中有关标记的部分。

本标准代替 GB/T 4390—1995《公制扳手开口和扳手孔的常用公差》。

本标准与 GB/T 4390—1995 相比主要变化如下:

——将标准名称改为"扳手开口和扳手孔　常用公差"(1995 版的封面,本版的封面);

——增加了规范性引用文件 GB/T 3103.1《紧固件公差　螺栓、螺钉、螺柱和螺母》(本版的第 2 章);

——将"扳手开口和扳手孔的极限偏差"改为"扳手开口和扳手孔的常用公差"(1995 版的第 2 章,本版的第 3 章);

——将"经机械加工的扳手孔和开口"改为"公差系列 1",将"未经机械加工的扳手孔"改为"公差系列 2"并按照 ISO 691:2005 的规定对数值作了修改和调整。(1995 版的第 2 章,本版的第 3 章)。

本标准的附录 A 和附录 B 为资料性附录。

本标准由中国轻工业联合会提出。

本标准由全国五金制品标准化技术委员会工具五金分技术委员会归口。

本标准由上海市工具工业研究所、浙江亿洋工具制造有限公司负责起草,江苏舜天国际集团江都工具有限公司、杭州钱江五金工具有限责任公司、上海民星劳动工具有限公司、上海田野工具(集团)有限公司、文登威力工具集团有限公司、上海申裕五金工具制造有限公司、台州远泰锻压工具有限公司、河北中泊防爆工具集团有限公司参加起草。

本标准主要起草人:吴祖训、陈昌祺、翁恒建、邹家平、陈国苗、徐曙光、潘宇杰、刘玉信、李若慈、颜可智、杨栋江、顾青。

本标准所代替标准的历次版本发布情况为:

——GB 4390—1984;GB/T 4390—1995。

扳手开口和扳手孔　常用公差

1　范围

本标准规定了图1所示的公制扳手开口和扳手孔的常用公差。

本标准适用于扳拧对边尺寸为公制的螺栓、螺钉和螺母(或类似零件)的呆扳手和梅花扳手。

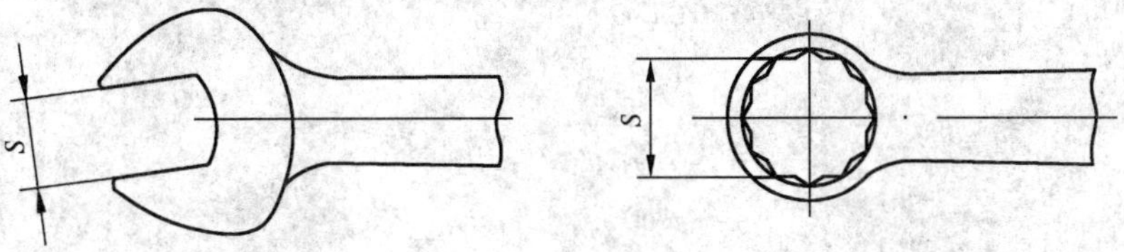

a) 呆扳手　　b) 梅花扳手

图1　呆扳手和梅花扳手

2　规范性引用文件

下列文件中的条款通过本标准的引用而成为本标准的条款。凡是注日期的引用文件，其随后所有的修改单(不包括勘误的内容)或修订版均不适用于本标准，然而，鼓励根据本标准达成协议的各方研究是否可使用这些文件的最新版本。凡是不注日期的引用文件，其最新版本适用于本标准。

GB/T 3103.1　紧固件公差　螺栓、螺钉、螺柱和螺母(GB/T 3103.1—2002，ISO 4759-1:2000，IDT)

3　常用公差

表1中所示呆扳手开口和梅花扳手扳手孔的常用公差是根据GB/T 3103.1所规定的螺栓、螺钉和螺母的对边公差而制定的。

表1　扳手开口和扳手孔的常用公差　　单位为毫米

对边尺寸 S	公差系列1		公差系列2[a]	
	下偏差	上偏差	下偏差	上偏差
$2\leqslant S<3$	+0.02	+0.08	+0.02	+0.12
$3\leqslant S<4$	+0.02	+0.10	+0.02	+0.14
$4\leqslant S<6$	+0.02	+0.12	+0.02	+0.16
$6\leqslant S<10$	+0.03	+0.15	+0.03	+0.19
$10\leqslant S<12$	+0.04	+0.19	+0.04	+0.24
$12\leqslant S<14$	+0.04	+0.24	+0.04	+0.30
$14\leqslant S<17$	+0.05	+0.27	+0.05	+0.35
$17\leqslant S<19$	+0.05	+0.30	+0.05	+0.40
$19\leqslant S<26$	+0.06	+0.36	+0.06	+0.46
$26\leqslant S<33$	+0.08	+0.48	+0.08	+0.58
$33\leqslant S<55$	+0.10	+0.60	+0.10	+0.70
$55\leqslant S<75$	+0.12	+0.72	+0.12	+0.92

表 1（续）

单位为毫米

对边尺寸 S	公差系列 1		公差系列 2[a]	
	下偏差	上偏差	下偏差	上偏差
75≤S<105	+0.15	+0.85	+0.15	+1.15
105≤S<150	+0.20	+1.00	+0.20	+1.40
150≤S≤210	+0.25	+1.25	—	—

[a] 公差系列 2 仅适用于未经精加工处理的梅花扳手。

附　录　A
（资料性附录）
本标准与 ISO 691:2005 技术性差异的章条编号对照

表 A.1 给出了本标准与 ISO 691:2005 技术性差异的章条编号对照一览表。

表 A.1　本标准与 ISO 691:2005 技术性差异章条编号对照一览表

本标准章条编号	对应的国际标准章条编号
1(图 1)	3(图 1)
2	2
无	4

附　录　B
（资料性附录）
本标准与 ISO 691:2005 技术性差异及其原因

表 B.1 给出了本标准与 ISO 691:2005 技术性差异及其原因一览表。

表 B.1　本标准与 ISO 691:2005 技术性差异及其原因

本标准的章条编号	技术性差异	原　因
1(图 1)	删去了有关套筒的部分	在 GB/T 3390.1《手动套筒扳手　套筒》中已有规定
2	引用了 GB/T 3103.1	GB/T 3103.1 等同采用 ISO 4759-1:2000
无	删去了“标记”部分	以适合我国产品现状

ICS 25.140.30
J 47

中华人民共和国国家标准

GB/T 4391—2008
代替 GB/T 4391—1995

双头扳手 对边尺寸组配

Double-ended wrenches—Size pairing

(ISO 1085:1999,Assembly tools for screws and nuts—Double-ended wrenches—Size pairing,MOD)

2008-12-30 发布 2009-09-01 实施

中华人民共和国国家质量监督检验检疫总局
中国国家标准化管理委员会 发布

前言

本标准修改采用 ISO 1085:1999《螺钉和螺母的装配工具　双头扳手　对边尺寸组配》(英文版)。

本标准根据 ISO 1085:1999 重新起草。考虑到我国国情，在采用 ISO 1085:1999 时，本标准作了一些修改，主要差异如下：

——将一些适用于国际标准的表述改为适用于我国标准的表述；

——引用了 GB/T 3104《紧固件　六角产品的对边宽度》(GB/T 3104—1982，eqv ISO 272:1982)；

——增加了非优先组配系列的选择(表 2 的[a])。

本标准代替 GB/T 4391—1995《双头扳手的对边尺寸组配》。

本标准与 GB/T 4391—1995 相比主要变化如下：

——增加了规范性引用文件 GB/T 3104《紧固件　六角产品的对边宽度》(GB/T 3104—1982，eqv ISO 272:1982)(本版的第 2 章)；

——将“组配系列”修改调整为“优先组配系列”和“非优先组配系列”(1995 年版的第 3 章，本版的第 3 章、第 4 章)；

——将组配系列内容作了调整和补充(1995 年版的第 3 章，本版的第 3 章、第 4 章)；

——本标准对标准的表述作了修改(1995 年版的第 3 章，本版的第 3 章、第 4 章)。

本标准由中国轻工业联合会提出。

本标准由全国五金制品标准化技术委员会工具五金分技术委员会归口。

本标准由上海市工具工业研究所、上海申裕五金工具制造有限公司负责起草，江苏舜天国际集团江都工具有限公司、上海民星劳动工具有限公司、浙江亿洋工具制造有限公司、杭州钱江五金工具有限责任公司、文登威力工具集团有限公司、上海田野工具(集团)有限公司、台州远泰锻压工具有限公司、河北中泊防爆工具集团有限公司参加起草。

本标准主要起草人：吴祖训、李若慈、翁恒建、邹家平、徐曙光、陈昌祺、陈国苗、刘玉信、潘宇杰、颜可智、杨栋江、顾青。

本标准所代替标准的历次版本发布情况为：

——GB 4391—1984；GB/T 4391—1995。

双头扳手　对边尺寸组配

1　范围

本标准规定了图 1 所示的双头扳手对边尺寸的组配型式和组配系列。

本标准适用于双头呆扳手和双头梅花扳手的对边尺寸组配。

2　规范性引用文件

下列文件中的条款通过本标准的引用而成为本标准的条款。凡是注日期的引用文件，其随后所有的修改单(不包括勘误的内容)或修订版均不适用于本标准，然而，鼓励根据本标准达成协议的各方研究是否可使用这些文件的最新版本。凡是不注日期的引用文件，其最新版本适用于本标准。

GB/T 3104　紧固件　六角产品的对边宽度(GB/T 3104—1982，eqv ISO 272：1982)

3　优先组配

双头扳手按照 GB/T 3104 规定的对边尺寸采用的优先组配如图 1 和表 1 所示。

图 1　双头扳手

表 1 双头扳手对边尺寸的优先组配

单位为毫米

$S_1 \times S_2$	$S_1 \times S_2$
3.2×4	16×18
4×5	18×21
5×5.5	21×24
5.5×7	24×27
7×8	27×30
8×10	30×34
10×11	34×36
10×13	36×41
11×13	41×46
13×15	46×50
13×16	50×55
15×16	55×60

4 非优先组配

双头扳手按照 GB/T 3104 规定的对边尺寸采用的非优先组配如图 1 和表 2 所示。

表 2 双头扳手对边尺寸的非优先组配

单位为毫米

$S_1 \times S_2$ [a]	$S_1 \times S_2$ [a]
6×7	20×22
8×9	21×22
12×13	21×23
12×14	22×24
13×14	24×26
13×17	24×30
14×15	25×28
14×17	27×29
15×18	27×32
16×17	30×32
17×19	30×36
18×19	32×34
19×22	32×36
19×24	—

[a] 也可以根据用户需要组成适当的组配系列。

ICS 25.140.30
J 47

中华人民共和国国家标准

GB/T 4393—2008
代替 GB/T 4393—1995

呆扳手、梅花扳手、两用扳手技术规范

Open end wrenches, box wrenches and combination wrenches—Technical specifications

(ISO 1711-1:2007, Assembly tools for screws and nuts—Technical specifications—Part 1: Hand—Operated wrenches and sockets, NEQ)

2008-12-30 发布　　　　2009-09-01 实施

中华人民共和国国家质量监督检验检疫总局
中国国家标准化管理委员会　发布

前　言

本标准与国际标准 ISO 1711-1:2007《螺钉和螺母的装配工具—技术规范—第 1 部分:手动扳手和套筒》的一致性程度为非等效。

本标准代替 GB/T 4393—1995《呆扳手、梅花扳手、两用扳手　技术规范》。

本标准与 GB/T 4393—1995 相比主要变化如下:

——增加了型式和尺寸的规定(本版的第 3 章);

——修改和调整了扳手的最小硬度试验值(1995 版的 3.2 条,本版的 4.2 条);

——增加了最小试验扭矩计算公式(本版的表 2);

——取消了 B 系列和 D 系列扭矩(1995 版的表 2);

——将原 A 系列扭矩调整为梅花扳手的最小试验扭矩(1995 版的表 2,本版的表 3);

——将原 C 系列扭矩调整为呆扳手的最小试验扭矩(1995 版的表 2,本版的表 3);

——取消了规格 $S>70$ mm 的产品要求(1995 版的表 2,本版的表 3);

——取消了开口与头宽的对称度(1995 版的 3.4 条);

——在表面处理中减小了镀层厚度要求(1995 版的 3.5.1,本版的 4.4.2);

——取消了发黑表面处理的耐腐蚀性能测试(1995 版的 4.6.2);

——取消附录 A“扳手开口和扳手孔的检验量规”(1995 版的附录 A)。

本标准由中国轻工业联合会提出。

本标准由全国五金制品标准化技术委员会工具五金分技术委员会归口。

本标准由江苏舜天国际集团江都工具有限公司、上海市工具工业研究所负责起草,文登威力工具集团有限公司、宁波长城精工实业有限公司、上海民星劳动工具有限公司、杭州钱江五金工具有限责任公司、上海田野工具(集团)有限公司、浙江亿洋工具制造有限公司、上海申裕五金工具制造有限公司、台州远泰锻压工具有限公司参加起草。

本标准主要起草人:吴祖训、翁恒建、邹家平、刘玉信、陈立海、徐曙光、陈国苗、潘宇杰、陈昌祺、李若慈、颜可智、顾青。

本标准所代替标准的历次版本发布情况为:

——GB 4393—1984、GB 4394—1984;

——GB/T 4393—1995。

呆扳手、梅花扳手、两用扳手技术规范

1 范围

本标准规定了呆扳手、梅花扳手、两用扳手的技术要求、试验方法、检验规则、包装、标志、运输与贮存。

本标准适用于扳拧螺栓和螺母或其他紧固件的呆扳手、梅花扳手、两用扳手。

2 规范性引用文件

下列文件中的条款通过本标准的引用而成为本标准的条款。凡是注日期的引用文件，其随后所有的修改单(不包括勘误的内容)或修订版均不适用于本标准，然而，鼓励根据本标准达成协议的各方研究是否可使用这些文件的最新版本。凡是不注日期的引用文件，其最新版本适用于本标准。

GB/T 230.1 金属洛氏硬度试验 第1部分：试验方法(A、B、C、D、E、F、G、H、K、N、T标尺)(GB/T 230.1—2004,ISO 6508-1:1999,IDT)

GB/T 1957 光滑极限量规 技术条件

GB/T 2828.1 计数抽样检验程序 第1部分：按接收质量限(AQL)检索的逐批检验抽样计划(GB/T 2828.1—2003,ISO 2859-1:1999,IDT)

GB/T 4388 呆扳手、梅花扳手、两用扳手的型式

GB/T 4389 螺钉与螺母的装配工具 双头呆扳手、双头梅花扳手、两用扳手头部外形的最大尺寸

GB/T 4390 公制扳手开口和扳手孔的常用公差

GB/T 4391 双头扳手的对边尺寸组配

GB/T 4955 金属覆盖层 覆盖层厚度测量 阳极溶解库仑法

GB/T 5305 手工具包装、标志、运输与贮存

GB/T 6060.2 表面粗糙度比较样块 磨、车、镗、铣、插及刨加工表面(GB/T 6060.2—2006,ISO 2632-1:1985,MOD)

GB/T 6462 金属和氧化物覆盖层 厚度测量 显微镜法(GB/T 6462—2005,ISO 1463:2003,IDT)

3 型式和尺寸

3.1 呆扳手、梅花扳手、两用扳手的型式和尺寸按照GB/T 4388、GB/T 4389的规定，双头呆扳手、双头梅花扳手的对边尺寸组配按照GB/T 4391的规定。

3.2 扳手开口和扳手孔的尺寸精度按照GB/T 4390的规定。

4 技术要求

4.1 材料

采用能够达到本标准要求的优质碳素结构钢或合金结构钢。

4.2 硬度

扳手的硬度应按表1的规定。

表 1 最小硬度试验值

规格(S)/mm	最小硬度/HRC		
	呆扳手		梅花扳手、两用扳手
	合金结构钢	优质碳素结构钢	合金结构钢、优质碳素结构钢
$S \leqslant 34$	42	36	39
$34 < S \leqslant 70$	39	36	35

4.3 扭矩

表 2 列出了用 N·m 表示的最小试验扭矩的计算公式。扳手的最小试验扭矩如表 3 所示。

表 2 最小试验扭矩计算公式

扳手分类			最小试验扭矩[a](M)/N·m
梅花扳手			$0.265\,7\ S^{2.34}$
呆扳手	规格(S)/mm	≤36	$0.039\,2\ S^{2.8}$
		>36	$0.686\,5\ S^{2}$

a 两用扳手的开口端和孔端分别采用呆扳手和梅花扳手的最小试验扭矩计算公式。

表 3 最小试验扭矩

规格(S)/mm	最小试验扭矩[a](M)/N·m	
	梅花扳手	呆扳手
3.2	4.04	1.02
4	6.81	1.9
5	11.50	3.55
5.5	14.40	4.64
6	17.60	5.92
7	25.20	9.12
8	34.50	13.3
9	45.40	18.4
10	58.10	24.8
11	72.70	32.3
12	89.10	41.2
13	107.00	51.6
14	128.00	63.5
15	150	77
16	175	92.3
17	201	109
18	230	128
19	261	149
21	330	198

表 3（续）

规格(S)/mm	最小试验扭矩[a](M)/N·m	
	梅花扳手	呆扳手
22	368	225
24	451	287
27	594	399
30	760	536
32	884	643
34	1 019	761
36	1 165	894
41	1 579	1 154
46	2 067	1 453
50	2 512	1 716
55	3 140	2 077
60	3 849	2 471
65	4 021	2 900
70	4 658	3 364

[a] 两用扳手的开口端和孔端分别采用呆扳手和梅花扳手的扭矩系列。

4.4 表面处理

4.4.1 扳手应进行电镀或其他表面处理。

4.4.2 经电镀处理的扳手，其电镀层厚度应不低于 6 μm。

4.5 表面质量

4.5.1 经电镀表面处理后的扳手，其表面应色泽均匀，不应有气孔、漏镀、烧焦、起层等影响保护性能和使用寿命的缺陷。

4.5.2 经发黑处理或其他化合物生成处理的扳手，其表面应色泽均匀，不应有明显的斑点及露底现象，且有一层防锈保护涂层。

4.5.3 扳手不应有裂缝、毛刺及明显的伤痕、氧化皮等缺陷。柄部平直且不应有影响使用性能的缺陷。

4.5.4 扳手开口两侧面的表面粗糙度 Ra 值不低于 12.5 μm。扳手孔内表面的表面粗糙度 Ra 值应不大于 25 μm。

5 试验方法

5.1 表面处理和表面质量检验

5.1.1 电镀层厚度检验按照 GB/T 4955 或 GB/T 6462 的规定进行，应符合 4.4.2 的规定。

5.1.2 扳手的表面质量用目测检验，应符合 4.5 条的各项规定。

5.1.3 扳手开口和扳手孔的表面粗糙度用符合 GB/T 6060.2 规定的标准样块进行检验，应符合 4.5.4 的规定。

5.2 尺寸检验

5.2.1 外形尺寸用通用量具检验，应符合 3.1 条的规定。

5.2.2 扳手开口和扳手孔尺寸精度用符合 GB/T 1957 规定的专用量规或通用量具检验，应符合 3.2 条的规定。

5.3 硬度试验

5.3.1 硬度试验按 GB/T 230.1 的规定进行，应符合 4.2 条的规定。

5.3.2 呆扳手硬度的测试部位如图 1 所示。

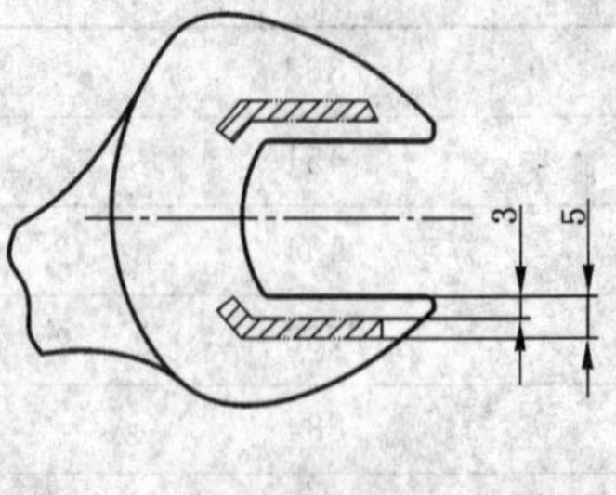

图 1 呆扳手硬度的测试部位

5.3.3 梅花扳手硬度的测试部位，应在靠近头颈处的柄部。

5.4 扭矩试验

5.4.1 扭矩试验应采用六角试棒，六角试棒的对边尺寸等同于公差带为 h8 的基准尺寸 S。试棒的硬度不小于 55HRC。

5.4.2 扭矩试验采用图 2 和图 3 所示的方式。试验时应将六角试棒棱角触及扳手开口底部或完全插入扳手梅花孔内，在柄部合适位置缓慢地施加载荷至最小试验扭矩。

采用试棒旋转的扭力试验机时，其扭矩精度为±2.5%。

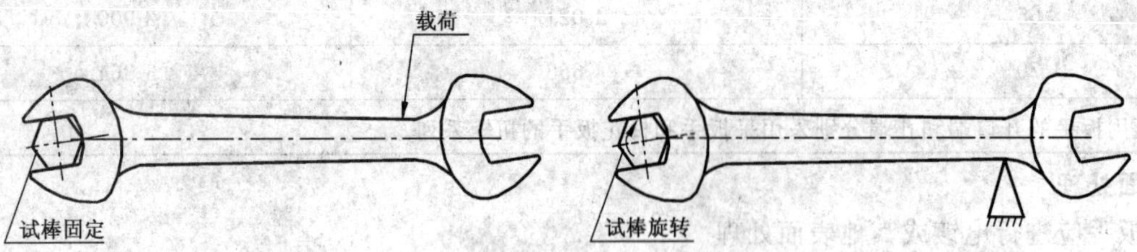

图 2 呆扳手扭矩试验

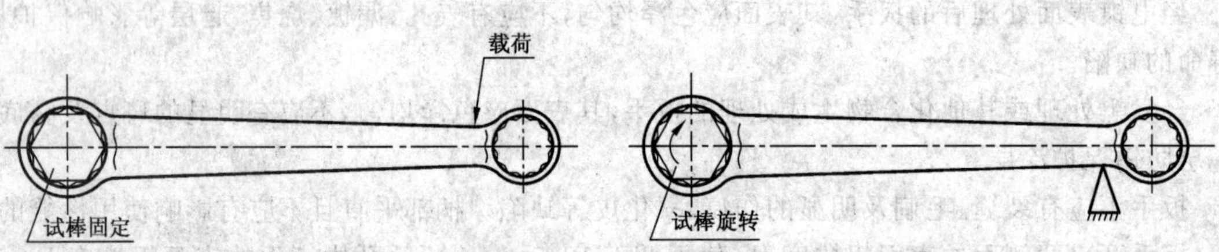

图 3 梅花扳手扭矩试验

5.4.3 扭矩试验后，扳手开口端部变形量不得超过表 4 的规定，且不能出现影响使用性能的永久变形或损伤。

表 4 扳手开口端部变形量

单位为毫米

S	≤25	>25
ΔS	≤0.05	≤0.08

6 检验规则

6.1 产品须经检验合格后方可出厂，并附有产品合格证。

6.2 产品的检验按 GB 2828.1 规定的二次抽样方案逐项进行。

6.3 样本可由相同规格的扳手组成，也可由成套产品中不同规格的扳手组成。

6.4 交收检验的不合格分类、检验项目、接收质量限(AQL)和检验水平按表5的规定。

表5 不合格分类、检验项目、接收质量限(AQL)和检验水平

序号	不合格分类	检查项目	接收质量限(AQL)	检验水平
1	B	扭矩	4.0	S-2
2		硬度		
3		开口和孔的尺寸精度		S-3
4	C	基本尺寸	6.5	
5		镀层厚度		S-2
6		表面质量		I

6.5 对交收检验中发现的不合格品及进行破坏试验后的样本,制造厂应予调换。

6.6 经检验拒收的产品,可由制造厂重新分类或修整后,再提交验收。

7 包装、标志、运输与贮存

产品的包装、标志、运输与贮存按GB/T 5305的规定进行。

ICS 65.020.20
B 22

中华人民共和国国家标准

GB 4404.1—2008
代替 GB 4404.1—1996

粮食作物种子　第1部分：禾谷类

Seed of food crops—Part 1: Cereals

2008-04-14 发布　　2008-09-01 实施

中华人民共和国国家质量监督检验检疫总局
中国国家标准化管理委员会　发布

前　言

GB 4404 的本部分的全部技术内容为强制性。

GB 4404《粮食作物种子》分为以下几部分：

——第 1 部分：禾谷类；

——第 2 部分：豆类；

——第 3 部分：赤豆、绿豆；

——第 4 部分：荞麦；

——第 5 部分：燕麦。

本部分为 GB 4404 的第 1 部分，是根据《中华人民共和国种子法》的有关规定和种业发展新情况对 GB 4404.1—1996 的修订，代替 GB 4404.1—1996。

本部分与 GB 4404.1—1996 相比主要变化如下：

——取消了依据种子纯度对杂交种子质量级别的划分；

——修改了部分质量指标；

——修订了检验规则。

本部分由中华人民共和国农业部提出。

本部分由全国农作物种子标准化技术委员会归口。

本部分起草单位：全国农业技术推广服务中心、四川省种子站、辽宁省种子管理局、山西省农业种子总站、江苏省种子站、山东省种子管理总站、吉林省种子总站等。

本部分主要起草人：辛景树、柏长青、赵建宗、吴毓谦、李洪建、苏菊萍、李稳香、王秀荣、卜连生、聂练兵、班秀丽、詹根印、胡昌、孙喜瑞、朱志华、金石桥、傅友兰。

本部分所代替标准的历次版本发布情况为：

——GB 4404—1984、GB 4405—1984；

——GB 4404.1—1996。

粮食作物种子　第1部分：禾谷类

1　范围

GB 4404 的本部分规定了稻(*Oryza sativa*)、玉米(*Zea mays*)、小麦(*Triticum aestivum*)、大麦(*Hordeum vulgare*)、高粱(*Sorghum bicolor*)、粟(*Setaris italica*)和黍(*Panicum miliaceum*)种子的质量要求、检验方法和检验规则。

本部分适用于中华人民共和国境内生产、销售的上述禾谷类作物种子，种子涵盖包衣种子和非包衣种子。

2　规范性引用文件

下列文件中的条款通过 GB 4404 的本部分的引用而成为本部分的条款。凡是注日期的引用文件，其随后所有的修改单(不包括勘误的内容)或修订版均不适用于本部分，然而，鼓励根据本部分达成协议的各方研究是否可使用这些文件的最新版本。凡是不注日期的引用文件，其最新版本适用于本部分。

GB/T 3543(所有部分)　农作物种子检验规程

GB 20464　农作物种子标签通则

3　术语和定义

下列术语和定义适用于 GB 4404 的本部分。

3.1

原种　basic seed

用育种家种子繁殖的第一代至第三代，经确认达到规定质量要求的种子。

3.2

大田用种　qualified seed

用原种繁殖的第一代至第三代或杂交种，经确认达到规定质量要求的种子。

3.3

单交种　single cross

两个自交系的杂交一代种子。

3.4

双交种　double cross

两个单交种的杂交一代种子。

3.5

三交种　three-way cross

一个自交系和一个单交种的杂交一代种子。

4　质量要求

4.1　总则

种子质量要求由质量指标和质量标注值组成。质量指标包括品种纯度、净度、发芽率、水分；质量标注值应真实，并符合本部分质量要求规定(见 4.2)。

4.2　质量标准

4.2.1　稻

稻种子质量应符合表 1 的要求。

表 1

%

作物名称	种子类别		纯度 不低于	净度 不低于	发芽率 不低于	水分[a] 不高于
稻	常规种	原种	99.9	98.0	85	13.0(籼)
		大田用种	99.0			14.5(粳)
	不育系、恢复系、保持系	原种	99.9	98.0	80	13.0
		大田用种	99.5			
	杂交种[b]	大田用种	96.0	98.0	80	13.0(籼) 14.5(粳)

[a] 长城以北和高寒地区的种子水分允许高于 13.0%，但不能高于 16.0%，若在长城以南(高寒地区除外)销售，水分不能高于 13.0%。

[b] 稻杂交种质量指标适用于三系和两系稻杂交种子。

4.2.2 **玉米**

玉米种子质量应符合表 2 的要求。

表 2

%

作物名称	种子类别		纯度 不低于	净度 不低于	发芽率 不低于	水分[a] 不高于
玉米	常规种	原种	99.9	99.0	85	13.0
		大田用种	97.0			
	自交系	原种	99.9	99.0	80	13.0
		大田用种	99.0			
	单交种	大田用种	96.0	99.0	85	13.0
	双交种	大田用种	95.0			
	三交种	大田用种	95.0			

[a] 长城以北和高寒地区的种子水分允许高于 13.0%，但不能高于 16.0%，若在长城以南(高寒地区除外)销售，水分不能高于 13.0%。

4.2.3 **小麦和大麦**

小麦和大麦种子质量应符合表 3 的要求。

表 3

%

作物名称	种子类别		纯度 不低于	净度 不低于	发芽率 不低于	水分 不高于
小麦	常规种	原种	99.9	99.0	85	13.0
		大田用种	99.0			
大麦	常规种	原种	99.9	99.0	85	13.0
		大田用种	99.0			

4.2.4 **高粱**

高粱种子质量应符合表 4 的要求。

表 4

%

<table>
<tr><th>作物名称</th><th colspan="2">种子类别</th><th>纯度
不低于</th><th>净度
不低于</th><th>发芽率
不低于</th><th>水分[a]
不高于</th></tr>
<tr><td rowspan="5">高粱</td><td rowspan="2">常规种</td><td>原种</td><td>99.9</td><td rowspan="2">98.0</td><td rowspan="2">75</td><td rowspan="2">13.0</td></tr>
<tr><td>大田用种</td><td>98.0</td></tr>
<tr><td rowspan="2">不育系、保持系、恢复系</td><td>原种</td><td>99.9</td><td rowspan="2">98.0</td><td rowspan="2">75</td><td rowspan="2">13.0</td></tr>
<tr><td>大田用种</td><td>99.0</td></tr>
<tr><td>杂交种</td><td>大田用种</td><td>93.0</td><td>98.0</td><td>80</td><td>13.0</td></tr>
<tr><td colspan="7">[a] 长城以北和高寒地区的种子水分允许高于 13.0%,但不能高于 16.0%,若在长城以南(高寒地区除外)销售,水分不能高于 13.0%。</td></tr>
</table>

4.2.5 粟和黍

粟和黍种子质量应符合表 5 的要求。

表 5

%

作物名称	种子类别		纯度 不低于	净度 不低于	发芽率 不低于	水分 不高于
粟、黍	常规种	原种	99.8	98.0	85	13.0
		大田用种	98.0	98.0	85	13.0
注:在农业生产中,粟俗称谷子,黍俗称糜子。						

5 检验方法

净度分析、发芽试验、水分测定、真实性和品种纯度检测应执行 GB/T 3543 的规定。

6 检验规则

6.1 扦样

扦样方法和种子批的确定应执行 GB/T 3543 的规定。

6.2 质量判定规则

质量判定规则应执行 GB 20464 的规定。

ICS 65.020.20
B 32

中华人民共和国国家标准

GB 4407.1—2008
代替 GB 4407.1—1996

经济作物种子　第1部分:纤维类

Seed of economic crops—Part 1:Fibre species

2008-04-14 发布　　2008-09-01 实施

中华人民共和国国家质量监督检验检疫总局
中国国家标准化管理委员会　发布

前言

GB 4407 的本部分的全部技术内容为强制性。

GB 4407《经济作物种子》分为两个部分：

——第 1 部分：纤维类；

——第 2 部分：油料类。

本部分为 GB 4407 的第 1 部分，是根据《中华人民共和国种子法》的有关规定和种业发展新情况对 GB 4407.1—1996《经济作物种子　纤维类》的修订，并代替 GB 4407.1—1996。

本部分与 GB 4407.1—1996 相比主要变化如下：

——明确了适用范围；

——修订了定义和术语；

——明确了棉花薄膜包衣种子、转基因种子的质量指标；

——增加了棉花杂交种及其亲本种子的质量指标；

——修改了亚麻种子净种子、黄麻和红麻种子发芽率的要求；

——修订了检验规则。

本部分由中华人民共和国农业部提出。

本部分由全国农作物种子标准化技术委员会归口。

本部分起草单位：全国农业技术推广服务中心、农业部棉花品质质量监督检验测试中心、农业部麻类产品质量监督检验测试中心。

本部分主要起草人：支巨振、杨伟华、金石桥、许红霞、杨瑞林、赵建宗、傅友兰。

本部分所代替标准的历次版本发布情况为：

——GB 4408—1984、GB 4409—1984；

——GB 4407.1—1996。

经济作物种子　第1部分：纤维类

1　范围

GB 4407 的本部分规定了陆地棉(*Gossypium hirsutum*)、海岛棉(*Gossypium barbadense*)、圆果黄麻(*Corchorus capsularis*)、长果黄麻(*Corchorus olitorius*)、红麻(*Hibiscus cannabinus*)和亚麻(*Linum usitatissimum*)种子的质量要求、检验方法和检验规则。

本部分适用于中华人民共和国境内生产、销售的上述纤维类种子。

2　规范性引用文件

下列文件中的条款通过 GB 4407 的本部分的引用而成为本部分的条款。凡是注日期的引用文件，其随后所有的修改单(不包括勘误的内容)或修订版均不适用于本部分，然而，鼓励根据本部分达成协议的各方研究是否可使用这些文件的最新版本。凡是不注日期的引用文件，其最新版本适用于本部分。

GB/T 3543(所有部分)　农作物种子检验规程

GB 20464　农作物种子标签通则

3　术语和定义

下列术语和定义适用于 GB 4407 的本部分。

3.1

原种　basic seed

用育种家种子繁殖的第一代至第三代，经确认达到规定质量要求的种子。

3.2

大田用种　qualified seed

用常规原种繁殖的第一代至第三代或杂交种，经确认达到规定质量要求的种子。

3.3

毛籽　undelinted seed

籽棉经轧花或剥绒，其表面附着短绒的棉籽。

3.4

光籽　delinted seed

脱绒后的棉籽。

3.5

薄膜包衣籽　encrusted seed

形状类似于原来的种子单位，可能含有杀虫剂、杀菌剂、染料或其他添加剂的种子。

4　质量要求

4.1　总则

种子质量要求由质量指标和质量标注值组成。质量指标包括品种纯度、净度、发芽率、水分；质量标注值应真实，并符合本部分质量要求(见 4.2)。

4.2　质量标准

4.2.1　棉花

棉花种子(包括转基因种子)质量应符合表 1 的最低要求。

表 1 %

作物种类	种子类型	种子类别	品种纯度 不低于	净度(净种子) 不低于	发芽率 不低于	水分 不高于
棉花常规种	棉花毛籽	原种	99.0	97.0	70	12.0
		大田用种	95.0			
	棉花光籽	原种	99.0	99.0	80	12.0
		大田用种	95.0			
	棉花薄膜包衣籽	原种	99.0	99.0	80	12.0
		大田用种	95.0			
棉花杂交种亲本	棉花毛籽		99.0	97.0	70	12.0
	棉花光籽		99.0	99.0	80	12.0
	棉花薄膜包衣籽		99.0	99.0	80	12.0
棉花杂交一代种	棉花毛籽		95.0	97.0	70	12.0
	棉花光籽		95.0	99.0	80	12.0
	棉花薄膜包衣籽		95.0	99.0	80	12.0

4.2.2 **黄麻、红麻和亚麻**

黄麻、红麻和亚麻种子质量应符合表 2 的最低要求。

表 2 %

作物种类	种子类别	品种纯度 不低于	净度(净种子) 不低于	发芽率 不低于	水分 不高于
圆果黄麻	原种	99.0	98.0	80	12.0
	大田用种	96.0			
长果黄麻	原种	99.0	98.0	85	12.0
	大田用种	96.0			
红麻	原种	99.0	98.0	75	12.0
	大田用种	97.0			
亚麻	原种	99.0	98.0	85	9.0
	大田用种	97.0			

5 检验方法

净度分析、发芽试验、水分测定、真实性和品种纯度检测应执行 GB/T 3543 的规定。

6 检验规则

6.1 扦样

扦样方法和种子批的确定应执行 GB/T 3543 的规定。

6.2 质量判定规则

质量判定规则应执行 GB 20464 的规定。

ICS 65.020.20
B 33

GB

中华人民共和国国家标准

GB 4407.2—2008
代替 GB 4407.2—1996

经济作物种子　第2部分:油料类

Seed of economic crops—Part 2:Oil species

2008-06-28 发布　　2008-12-01 实施

中华人民共和国国家质量监督检验检疫总局
中国国家标准化管理委员会　发布

前　言

GB 4407《经济作物种子》本部分的全部技术内容为强制性。

GB 4407《经济作物种子》分为两个部分：

——第1部分：纤维类；

——第2部分：油料类。

本部分为GB 4407的第2部分，主要依据《中华人民共和国种子法》的有关规定，及时反映种业发展的新情况，对GB 4407.2—1996《经济作物种子　第2部分：油料类》进行了修订，并代替GB 4407.2—1996。

本部分与GB 4407.2—1996相比主要变化如下：

——修订了定义和术语；

——取消了油菜杂交种子质量分级；

——增加了向日葵杂交种及亲本种子质量要求；

——修改了油菜杂交种纯度质量要求；

——修改了油菜杂交种、亲本种子、向日葵和花生常规种净度质量要求；

——修改了油菜和花生常规种发芽率质量要求；

——修改了向日葵常规种水分质量要求；

——修订了检验规则。

本部分由中华人民共和国农业部提出。

本部分由全国农作物种子标准化技术委员会归口。

本部分负责起草单位：全国农业技术推广服务中心、湖北省种子管理站、四川省种子站、安徽省种子管理总站、江苏省种子站、内蒙古自治区种子管理站、辽宁省种子管理局、河南省种子管理站、河北省种子总站、陕西省种子管理站、山东省种子管理总站、山西省农业种子总站、湖北省种子集团公司、陕西省秦丰杂交油菜种子有限公司。

本部分主要起草人：梁志杰、聂练兵、肖国锋、詹根印、金石桥、季广德、柏长青、张英、毛从亚、刘华开、何芳、张梅英、刘玉欣、赵建宗、傅友兰、朱迎春、张志刚、余有海、杨军。

本部分所代替标准的历次版本发布情况为：

——GB 4407—1984，GB 4407.2—1996。

经济作物种子　第2部分:油料类

1　范围

GB 4407的本部分规定了油菜(*Brassica napus* L.)、向日葵(*Helianthus annuus* L.)、花生(*Arachis hypogaea* L.)和芝麻(*Sesamum indicum* L.)种子的质量要求、检验方法和检验规则。

本部分适用于中华人民共和国境内生产和销售的上述所提及的油料类种子。

2　规范性引用文件

下列文件中的条款通过GB 4407的本部分的引用而成为本部分的条款。凡是注日期的引用文件,其随后所有的修改单(不包括勘误的内容)或修订版均不适用于本部分,然而,鼓励根据本部分达成协议的各方研究是否可使用这些文件的最新版本。凡是不注日期的引用文件,其最新版本适用于本部分。

GB/T 3543(所有部分)　农作物种子检验规程

3　术语和定义

下列术语和定义适用于GB 4407的本部分。

3.1

原种　basic seed

用育种家种子繁殖的第一代至第三代,经确认达到规定质量要求的种子。

3.2

大田用种　qualified seed

用常规原种繁殖的第一代至第三代或杂交种,经确认达到规定质量要求的种子。

4　质量要求

4.1　总则

种子质量要求由质量指标和质量标注值组成。质量指标包括品种纯度、净度、发芽率、水分;质量标注值应真实,并符合本部分质量要求(见4.2)。

4.2　质量标准

4.2.1　油菜

油菜种子质量要求见表1。

表1　%

作物名称	种子类别	品种纯度 不低于	净度 不低于	发芽率 不低于	水分 不高于
油菜常规种	原种	99.0	98.0	85	9.0
	大田用种	95.0			
油菜亲本	原种	99.0	98.0	80	9.0
	大田用种	98.0			
油菜杂交种	大田用种	85.0	98.0	80	9.0

4.2.2　向日葵

向日葵种子质量要求见表2。

表 2

%

作物名称	种子类别	品种纯度 不低于	净度 不低于	发芽率 不低于	水分 不高于
向日葵常规种	原种	99.0	98.0	85	9.0
	大田用种	96.0			
向日葵亲本	原种	99.0	98.0	90	9.0
	大田用种	98.0			
向日葵杂交种	大田用种	96.0	98.0	90	9.0

4.2.3 花生、芝麻

花生、芝麻种子质量要求见表 3。

表 3

%

作物名称	种子类别	品种纯度 不低于	净度 不低于	发芽率 不低于	水分 不高于
花生	原种	99.0	99.0	80	10.0
	大田用种	96.0			
芝麻	原种	99.0	97.0	85	9.0
	大田用种	97.0			

5 检验方法

净度分析、发芽试验、水分测定、真实性和品种纯度检测应执行 GB/T 3543 的规定。

6 检验规则

6.1 扦样

扦样方法和种子批的确定应执行 GB/T 3543 的规定。

6.2 判定规则

对种子质量进行判定时，应同时符合下列规则：

a) 作物种类、品种名称、产地与种子标签标注内容不符的，判为假种子；

b) 品种纯度、净度、发芽率和水分检测值任一项达不到标注值的，判为劣种子；

c) 种子标签的质量标注值任一项不符合本部分规定值的(见 4.2)，判为劣种子；

d) 带有国家规定检疫性有害生物的，判为劣种子。

对于质量符合性检验，使用 6.2b)规则进行判定时，检测值与标注值允许执行 GB/T 3543 规定的容许差距。

ICS 25.140.30
J 47

中华人民共和国国家标准

GB/T 4440—2008
代替 GB/T 4440—1998

活扳手

Adjustable wrenches

(ISO 6787:2001,Assembly tools for screws and nuts—Adjustable wrenches,MOD)

2008-12-30 发布　　2009-09-01 实施

中华人民共和国国家质量监督检验检疫总局
中国国家标准化管理委员会　发布

前　言

本标准修改采用 ISO 6787:2001《螺钉和螺母的装配工具　活扳手》(英文版)。

本标准根据 ISO 6787:2001 重新起草。附录 A 中列出了本标准条款和国际标准条款的对照一览表。

考虑到我国国情，在采用 ISO 6787:2001 时，本标准作了一些修改。有关技术性差异已编入正文中并在它们所涉及的条款的页边空白处用垂直单线标识。在附录 B 中给出了这些技术性差异及其原因的一览表以供参考。

本标准与 ISO 6787:2001 的主要差异如下：

——将一些适用于国际标准的表述改为适用于我国标准的表述；

——增加了材料的要求(本版的 4.1)；

——对活动扳口与扳体的装配性能作了规定(本版的 4.4)；

——对表面处理和表面质量作了规定(本版的 4.5、4.6)；

——对尺寸、硬度、装配性能、表面处理和表面质量的试验方法作了规定(本版的第 5 章)；

——对检验规则作了规定(本版的第 6 章)；

——对包装、标志、运输与贮存作了规定(本版的第 7 章)；

——对部分内容作了调整。

本标准代替 GB/T 4440—1998《活扳手》。

本标准与 GB/T 4440—1998 相比主要变化如下：

——删去了公称长度 l 为 650 mm 的产品(1998 版的 3.2，本版的 3.2)；

——对基本尺寸作了修改(1998 版的 3.2，本版的 3.2)；

——增加了材料的要求(本版的 4.1)；

——对最小试验扭矩作了调整(1998 版的 4.2，本版的 4.3)；

——减小了镀层厚度的要求(1998 版的 4.4，本版的 4.5.2)；

——增加了活扳手表面发黑处理或其他化合物生成处理的要求(本版的 4.6.2)；

——修改了装配性能中小肩离缝的检验方法(1998 版的 5.2.2，本版的 5.4.2)；

——增加了产品标志(本版的 7.1)。

本标准的附录 A 和附录 B 为资料性附录。

本标准由中国轻工业联合会提出。

本标准由全国五金制品标准化技术委员会工具五金分技术委员会归口。

本标准由上海市工具工业研究所、文登威力工具集团有限公司负责起草，宁波长城精工实业有限公司、山东泰工工贸有限责任公司、杭州钱江五金工具有限责任公司、上海民星劳动工具有限公司、上海田野工具(集团)有限公司、江苏舜天国际集团江都工具有限公司、河北中泊防爆工具集团有限公司参加起草。

本标准主要起草人：吴祖训、刘玉信、鞠家平、陈立海、叶郁蓬、陈国苗、徐曙光、潘宇杰、翁恒建、邹家平、杨栋江、顾青。

本标准所代替标准的历次版本发布情况为：

——GB 4440—1984、GB/T 4440—1998；

——GB 4441—1984。

活 扳 手

1 范围

本标准规定了活扳手的产品分类、技术要求、试验方法、检验规则及包装、标志、运输与贮存。

本标准适用于扳拧螺栓和螺母或其他紧固件的活扳手。

2 规范性引用文件

下列文件中的条款通过本标准的引用而成为本标准的条款。凡是注日期的引用文件，其随后所有的修改单(不包括勘误的内容)或修订版均不适用于本标准，然而，鼓励根据本标准达成协议的各方研究是否可使用这些文件的最新版本。凡是不注日期的引用文件，其最新版本适用于本标准。

GB/T 230.1 金属洛氏硬度试验 第1部分：试验方法(A、B、C、D、E、F、G、H、K、N、T标尺)(GB/T 230.1—2004，ISO 6508-1：1999，MOD)

GB/T 2828.1 计数抽样检验程序 第1部分：按接收质量限(AQL)检索的逐批检验抽样计划(GB/T 2828.1—2003，ISO 2859-1：1999，IDT)

GB/T 4955 金属覆盖层 覆盖层厚度测量 阳极溶解库仑法(GB/T 4955—2005，ISO 2177：2003，IDT)

GB/T 5305 手工具包装、标志、运输与贮存

GB/T 6060.2 表面粗糙度比较样块 磨、车、镗、铣、插及刨加工表面(GB/T 6060.2—2006，ISO 2632-1：1985，MOD)

GB/T 6462 金属和氧化物覆盖层 厚度测量 显微镜法(GB/T 6462—2005，ISO 1463：2003，IDT)

3 分类和标记

3.1 产品型式

活扳手的型式如图1所示。本标准的图示仅是示例，并不影响对产品的设计。

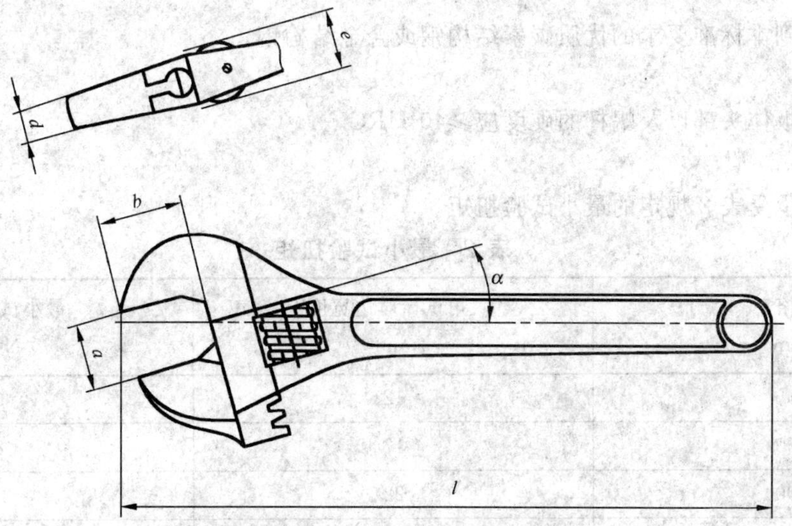

图1 活扳手的型式

3.2 基本尺寸

活扳手的基本尺寸应符合表1的规定,小肩离缝 j 如图2所示。

表1 活扳手的基本尺寸

长度 l/mm 规格	长度 l/mm 公差	开口尺寸 a/mm ≥	开口深度 b/mm min	扳口前端厚度 d/mm max	头部厚度 e/mm max	夹角 α/(°) A型	夹角 α/(°) B型	小肩离缝 j/mm max
100	$^{+15}_{0}$	13	12	6	10	15	22.5	0.25
150	$^{+15}_{0}$	19	17.5	7	13	15	22.5	0.25
200	$^{+15}_{0}$	24	22	8.5	15	15	22.5	0.28
250	$^{+15}_{0}$	28	26	11	17	15	22.5	0.28
300	$^{+30}_{0}$	34	31	13.5	20	15	22.5	0.30
375	$^{+30}_{0}$	43	40	16	26	15	22.5	0.30
450	$^{+45}_{0}$	52	48	19	32	15	22.5	0.36
600	$^{+45}_{0}$	62	57	28	36	15	22.5	0.50

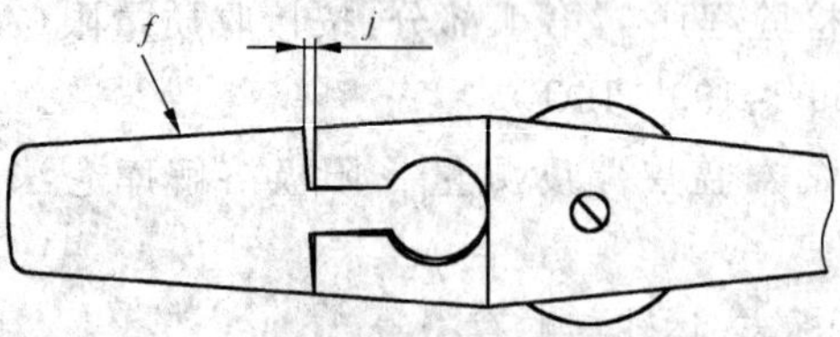

f——施加压力。

图2 活动扳口与扳体之间的小肩离缝

3.3 产品标记

活扳手的标记由产品名称、标准编号、规格和型式代号组成(B型活扳手不标注型式代号)。

示例1:规格为200 mm A型的活扳手标记为:活扳手 GB/T 4440—200A。

示例2:规格为300 mm B型的活扳手标记为:活扳手 GB/T 4440—300。

4 技术要求

4.1 材料

采用能够达到本标准要求的优质碳素结构钢或合金结构钢。

4.2 硬度

活动扳口和扳体头部以及蜗杆的硬度应≥40 HRC。

4.3 扭矩

活扳手应能承受表2规定的最小试验扭矩。

表2 最小试验扭矩

规格/mm	六角试棒对边宽度/mm	最小试验扭矩/N·m
100	12	33
150	17	85
200	22	180
250	27	320

表 2（续）

规格/mm	六角试棒对边宽度/mm	最小试验扭矩/N·m
300	32	515
375	41	920
450	50	1 370
600	60	1 970

4.4 装配性能

4.4.1 活动扳口应在扳体导轨的全行程上灵活移动。

4.4.2 活动扳口与扳体之间的小肩离缝应符合表 1 的规定。

4.5 表面处理

4.5.1 活扳手应进行电镀或其他表面处理。

4.5.2 活扳手的电镀层厚度应不低于 6 μm。

4.6 表面质量

4.6.1 经电镀处理后的活扳手，其表面应色泽均匀，不应有气孔、漏镀、起层等影响保护性能和使用寿命的缺陷。

4.6.2 经发黑处理或其他化合物生成处理的扳手，其表面应色泽均匀，不应有明显的斑点及露底现象，且有一层防锈保护涂层。

4.6.3 活扳手不应有裂缝、毛刺及明显的夹缝、氧化皮等缺陷，柄部平直且不应有影响使用性能的缺陷。

4.6.4 活扳手头部的双平面表面粗糙度 Ra 值应不大于 3.2 μm，工作口面的表面粗糙度 Ra 值应不大于 12.5 μm。

5 试验方法

5.1 基本尺寸检验

活扳手的基本尺寸采用通用量具检验，应符合 3.2 的各项规定。开口尺寸 a 系指将活动扳口移至距扳体垂直口面最大距离时两垂直口面间的开口尺寸。

5.2 硬度试验

活扳手的硬度试验按 GB/T 230.1 的规定，在扳体和扳口靠近口面的双平面以及蜗杆的端面上进行，应符合 4.2 的规定。

5.3 扭矩试验

活扳手的扭矩试验采用表 2 规定的六角试棒，其硬度应不低于 55HRC，公差带为 h8。扭矩试验以图 3 所示方式，从正反两个方向进行，试验时，将六角试棒棱角与扳体导轨面接触，然后平缓地施加载荷至表 2 规定的最小试验扭矩。卸荷后，活扳手不得出现影响使用性能的永久变形或其他损坏。

采用试棒旋转的扭矩试验装置时，其扭矩的精度为±2.5%。

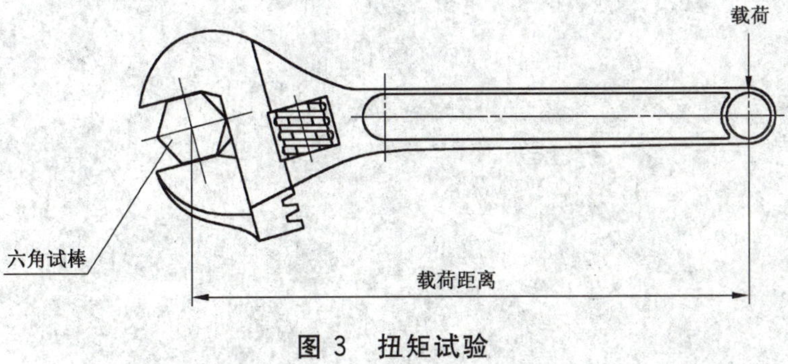

图 3 扭矩试验

5.4 **装配性能试验**

5.4.1 活动扳口移动的检验，以拇指和食指旋转蜗杆进行检查，应符合4.4.1的规定。

5.4.2 活动扳口和扳体之间的小肩离缝，按照图2所示在蜗杆静止状态下，轻按活动扳口检验，应符合4.4.2的规定。

5.5 **表面处理和表面质量的检验**

5.5.1 电镀层厚度检验按照GB/T 4955或GB/T 6462的规定进行，应符合4.5.2的规定。

5.5.2 活扳手的表面质量采用目测检验，应符合4.6.1、4.6.2和4.6.3的规定。

5.5.3 活扳手头部双平面和工作口面的表面粗糙度用符合GB/T 6060.2规定的标准样块进行检验，应符合4.6.4的规定。

6 检验规则

6.1 产品应检验合格后方可出厂并附有产品合格证。

6.2 产品的交收检验按GB/T 2828.1规定的二次抽样方案逐项进行。

6.3 产品的不合格分类、检验项目、接收质量限(AQL)和检验水平按表3的规定。

表3 不合格分类、检验项目、接收质量限和检验水平

序 号	不合格分类	检验项目	接收质量限(AQL)	检验水平
1	B	扭矩	4.0	S-2
2		硬度		
3	C	基本尺寸	6.5	S-3
4		小肩离缝		
5		装配性能		I
6		电镀层厚度		S-2
7		表面质量		I

6.4 对交收检验中发现的不合格品及进行破坏试验后的样本，制造厂应予调换。

6.5 经检验拒收产品，可由制造厂重新分类修整后，再提交验收。

7 包装、标志、运输与贮存

7.1 **产品标志**

在活扳手产品上应有固定明晰的产品标志。标志内容包括产品的规格和制造厂商的名称或商标。

7.2 **产品的包装、包装标志、运输与贮存**

产品的包装、包装标志、运输与贮存按GB/T 5305的规定进行。

附 录 A
（资料性附录）
本标准与 ISO 6787:2001 技术性差异的章条编号对照

表 A.1 给出了本标准与 ISO 6787:2001 技术性差异章条编号对照的一览表。

表 A.1 本标准与 ISO 6787:2001 技术性差异章条编号对照一览表

本标准章条编号	ISO 6787:2001 章条编号
2	2
4.1	无
4.4	4
4.5	无
4.6	无
5	无
6	无
7	无

附　录　B
（资料性附录）
本标准与ISO 6787:2001技术性差异及其原因

表B.1给出了本标准与ISO 6787:2001技术性差异及其原因的一览表。

表B.1　本标准与ISO 6787:2001技术性差异及其原因

本标准的章条编号	技术性差异	原　　因
2	引用了采用国际标准的我国标准。增加引用了GB/T 230.1、GB/T 2828.1、GB/T 4955、GB/T 5305、GB/T 6060.2、GB/T 6462	以适合我国国情和产品现状
4.1	增加了材料的规定	以适合我国国情
4.4	对活动扳口和扳体的装配性能作了规定	以适合我国产品现状
4.5	对表面处理作了规定	以适合我国产品现状
4.6	对表面质量作了规定	以适合我国产品现状
5	对基本尺寸、硬度、装配性能、表面处理和表面质量的试验方法作了规定	以适合我国产品现有的检测方法
6	对检验规则作了规定	以适合我国国情
7	对包装、包装标志、运输与贮存作了规定	以适合我国国情

ICS 47.020.40
U 22

GB

中华人民共和国国家标准

GB/T 4447—2008/ISO 4568:2006
代替 GB/T 4447—1992

海船用起锚机和起锚绞盘

Sea-going vessels—Windlasses and anchor capstans

(ISO 4568:2006,IDT)

2008-03-03 发布　　2008-09-01 实施

中华人民共和国国家质量监督检验检疫总局
中国国家标准化管理委员会　发布

前言

本标准等同采用 ISO 4568:2006《造船　海船　起锚机和起锚绞盘》(英文版)。

本标准代替 GB/T 4447—1992《海船用起锚机和起锚绞盘》。

本标准等同翻译 ISO 4568:2006。

为便于使用,本标准做了下列编辑性修改:

——“本国际标准”一词改为“本标准”;

——用小数点“.”代替作为小数点的逗号“,”;

——删除国际标准的前言;

——第 7 章和第 8 章的“国际标准号”一词改为“国家标准号”;

——更新了引用文件中的标准号。

本标准与 GB/T 4447—1992 相比主要变化如下:

——按 ISO 4568:2006 的结构进行了调整;

——增加了起锚机的公称规格、起锚绞盘、锚链的破断负载等术语;

——增加了未装止链器起锚机和起锚绞盘的具体要求;

——起锚机和起锚绞盘的制动装置额定负载改为 1.5 倍工作负载;

——增加了驱动设备和遥控设备的要求;

——增加了标记的具体要求;

——删去了包装、运输和贮存的要求。

本标准的附录 A 为资料性附录。

本标准由中国船舶重工集团公司提出。

本标准由全国船用机械标准化技术委员会甲板机械与机舱辅机分技术委员会归口。

本标准起草单位:中国船舶重工集团公司第七〇四研究所、中国船级社南京分社、武汉船用机械有限责任公司。

本标准主要起草人:盛伟群、王强、徐兵。

本标准所代替标准的历次版本发布情况为:

——GB 4447—1984、GB/T 4447—1992。

海船用起锚机和起锚绞盘

1 范围

本标准规定了起锚机和起锚绞盘的设计、结构、安全、性能和验收试验的要求。

本标准适用于海船电动、液压、蒸汽或外力驱动的起锚机和起锚绞盘。

对于起锚系泊组合机，除本标准外，还应参阅 ISO 3730。

注 1：本文所指的"起锚机"在适当处应理解为"起锚机和起锚绞盘"。

注 2：应注意有关船级社或船旗国政府的要求。

2 规范性引用文件

下列文件中的条款通过本标准的引用而成为本标准的条款。凡是注日期的引用文件，其随后所有的修改单(不包括勘误的内容)或修订版均不适用于本标准，然而，鼓励根据本标准达成协议的各方研究是否可使用这些文件的最新版本。凡是不注日期的引用文件，其最新版本适用于本标准。

ISO 1704　造船　有档锚链

ISO 3730　造船　系泊绞车

ISO 3828　造船及海上结构物　甲板机械　术语和符号

ISO 4413　液压传动　传动与控制系统通用技术条件

ISO 6325　造船　止链器

ISO 6482　造船　甲板机械　绞缆筒外形

ISO 7825　造船　甲板机械　一般要求

IEC 60092(全部)　船舶电气设备

IEC 60529　机壳保护分类等级(IP 代码)

3 术语和定义

ISO 3828 确定的以及下列术语和定义适用于本标准。

3.1

起锚机的工作负载　working load of the windlass

F_w

工作负载在锚链轮处测量并由锚链直径及锚链等级等导出。

3.2

起锚机的公称规格　nominal size of windlass

用锚链直径(mm)、锚链等级和支持负载表示。

示例：起锚机 100/3/45 表示锚链直径为 100 mm、IACS[1] 锚链等级为 3 级，支持负载为 45% 的锚链破断负载的起锚机。

3.3

过载拉力　overload pull

起锚机必需的短时过载能力。

1) International Association of Classification Societies 国际船级社协会。

3.4

支持负载　holding load

锚链轮制动装置能承受的锚链上的最大静负载。

3.5

公称起锚速度　nominal speed of windlass

当有三节锚链浸没在水中而且自由悬挂的情况下，回收两节锚链的平均速度。

3.6

对称双锚链轮起锚机(型式 1)　symmetrical double cable-lifter windlass

满载驱动的具有两个对称锚链轮的起锚机(见图 1)。

3.7

单锚链轮起锚机(型式 2)　single cable-lifter windlass

满载驱动的具有一个锚链轮的起锚机(见图 2)。

3.8

单锚链轮装置(型式 3 和型式 4)　single cable-lifter unit

配有外部动力源的具有一个锚链轮起锚装置(见图 3 和图 4)。

3.9

起锚绞盘(型式 5)　anchor capstan

安装在竖直轴上的动力驱动的锚链轮。轴可以伸出锚链轮带动一个绞缆筒。锚链轮能与原动机脱开，在运行和用途方面类似于起锚机(见图 5)。

3.10

右式(左式)起锚机　right-hand windlass (left-hand windlass)

3.10.1

右式起锚机　right-hand windlass

当观察者位于原动机、动力源或控制器一边时，如果锚链轮或锚链轮装置的驱动装置在锚链轮的右侧，该起锚机称为右式起锚机。

3.10.2

左式起锚机　left-hand windlass

当观察者位于原动机、动力源或控制器一边时，如果锚链轮或锚链轮装置的驱动装置在锚链轮的左侧，该起锚机称为左式起锚机。

3.11

锚链的破断负载　breaking load of the chain cable

指 IACS 根据锚链等级和直径规定的最小破断负载。

3.12

抛锚深度　anchorage

从抛锚点海面测得的水深。

4　设计与结构

4.1　锚链

本标准以采用三个锚链等级为基础(见 5.4 和 ISO 1704)。

4.2　锚链轮

4.2.1　锚链轮最少要有五齿。

4.2.2　锚链轮装置应能与驱动装置脱开。动力操纵的离合器也应可用手操纵离合。

4.3 绞缆筒

4.3.1 起锚机可设计成带或不带绞缆筒。绞缆筒外形见 ISO 6482。

4.3.2 绞缆筒可安装在中间轴或锚链轮轴上。

4.4 强度要求

4.4.1 如装有止链器(见 ISO 6325),当制动装置制动,锚链轮脱开时,起锚机承受 45%锚链破断负载的拉力,其受力零件不应有任何永久变形,其制动装置也不应有打滑现象。

4.4.2 如未装有止链器,当制动装置制动,锚链轮脱开时,起锚机应承受 80%锚链破断负载的拉力。

4.4.3 起锚机零件的应力应低于所用材料的弹性极限。

注:要注意:键槽和其他高应力零件的应力集中;由于原动机或锚链的突然起动或停止而产生的动力效应;计算设计应力时使用的计算方法和近似程度。

4.5 制动装置

4.5.1 控制制动装置

4.5.1.1 电动起锚机应配备自动制动装置,当操纵杆处于停止或制动位置或电源切断时,能自动动作。制动装置应能支持锚链上 1.5 倍工作负载。

4.5.1.2 对于其他驱动型式应由订户和制造厂商定采用合适的制动装置。此制动装置应能支持锚链上至少 1.3 倍工作负载。

4.5.2 锚链轮制动装置

每个锚链轮均应配备手动制动装置,此制动装置也可遥控,其制动转距要足以维持 5.4 中规定的支持负载。

4.6 应急停止机构

4.6.1 每台遥控起锚机应有一个快速动作的机旁应急停止机构,用来切断起锚机的动力并使控制制动装置起作用。

4.6.2 应急停止机构应设置在有明显标志且位于起锚机近旁便于到达的地方。

4.7 保护

4.7.1 原动机和传动装置应有防止超力矩和冲击的保护。

4.7.2 锚链轮和传动装置应有防止原动机发出超力矩保护。

4.8 速度控制

锚链轮的转速应能在空载转速和停止之间调节,并应能在起锚机工作过程中进行调节。

4.9 操纵装置的运动方向

4.9.1 起锚机动作应符合 ISO 7825 的规定。

4.9.2 所有控制手柄的操纵方向均应有明显的永久标志。

4.9.3 除非订户和制造厂另外订有协议,不论采用何种驱动力,当人力控制时,操纵装置应能自动恢复到制动或停止位置。

4.10 驱动设备

4.10.1 电力驱动及控制设备应符合 IEC 60092 的规定,露天电气设备应符合 IEC 60529 的 IP56,或符合与设备安装使用的环境相适应的防护等级。

4.10.2 液压驱动及控制设备应符合 ISO 4413 的规定。

4.11 遥控装置

每个可遥控的控制部件应能在机旁手动操纵。

5 要求

5.1 5.4 规定的性能要求是以一次使用一只锚链轮为基础的。

5.2 起锚机应具有在工作负载下连续工作 30 min 的能力，并要具有在 5.4 规定的过载拉力下减速连续工作至少 2 min 的能力。

5.3 起锚机的公称起锚速度不应低于 0.15 m/s。使用标准锚，并取锚链筒的效率为 70%，浮力系数为 87%。

5.4 在确定起锚机性能数据时应采用下列数据：

a) 工作负载 F_{w1}，用牛顿(N)表示，抛锚深度不大于 82.5 m 时

——1 级锚链：$37.5d^2$；

——2 级锚链：$42.5d^2$；

——3 级锚链：$47.5d^2$。

此处，d 为锚链直径、单位为毫米(mm)。过载拉力：$1.5F_{w1}$。

b) 工作负载 F_{w2}，用牛顿(N)表示，抛锚深度大于 82.5 m 时

$$F_{w2} = F_{w1} + (D - 82.5) \times 0.27d^2$$

此处，d 为锚链直径、单位为毫米(mm)；D 为抛锚深度，单位为米(m)。过载拉力$\geqslant 1.5F_{w1}$。

c) 支持负载

——有止链器：0.45×锚链破断负载；

——无止链器：0.8×锚链破断负载。

6 验收试验

6.1 起锚机和起锚装置应按 6.2～6.5 进行试验。如要进行超出下面规定的试验项目，订户和制造厂应在签订合同时取得协议。全部试验的场所应由订户和制造厂在签订合同时取得协议。

6.2 起锚机应以不低于公称速度的速度空载运转 30 min，每一转向 15 min。30 min 的试验后，尽快进行变速，每一级转速每一转向运转 5 min。试验时应进行下列检查或测量：

a) 油密封情况；

b) 轴承温度；

c) 有无异常噪音。

6.3 应检查起锚机以核实其能达到 5.2 规定的工作负载、公称起锚速度和过载拉力。试验时应进行下列检查或测量：

a) 油密封情况；

b) 轴承温度；

c) 有无异常噪声；

d) 锚链与锚链轮的啮合情况。

6.4 应对控制制动装置和锚链轮制动装置的工作情况及操作进行试验，以保证符合本标准的要求。锚链轮制动装置的支持负载能力应由计算来核实。对锚链轮制动装置，还应做用该装置控制和停止抛锚的试验。

6.5 如有遥控或其他特殊装置，应对其操作进行检查。

7 标志

符合本标准的起锚机或起锚绞盘应有下列标志：

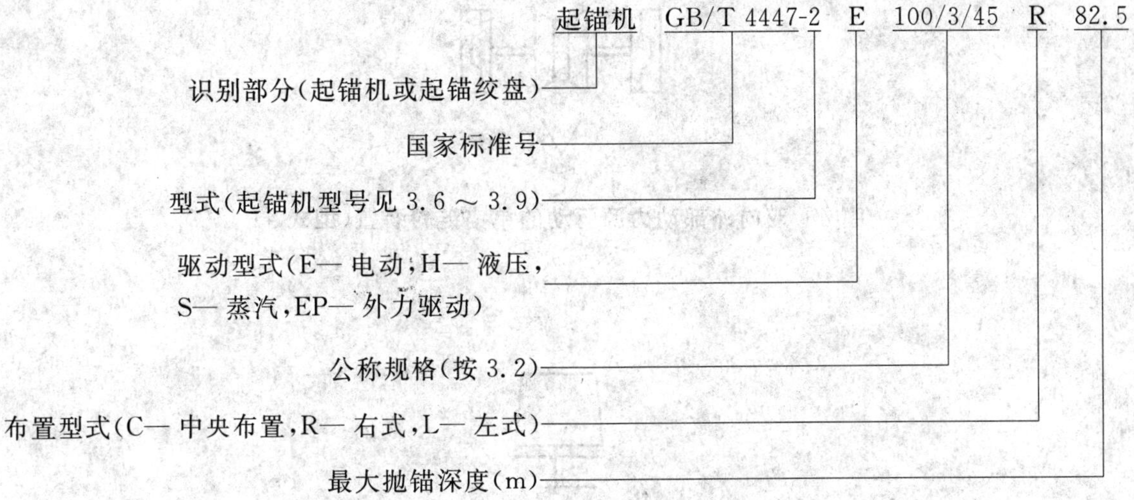

8 标记

符合本标准的起锚机或起锚绞盘应做出以下永久标记:

a) 国家标准号;

b) 公称规格(按 3.2);

c) 最大抛锚深度,单位为米(m)。

标记示例:GB/T 4447 100/3/45 82.5

中央式

图 1 满载驱动的对称双锚链轮起锚机(型式 1)

a) 左式　　b) 右式

图 2 满载驱动的单锚链轮起锚机(型式 2)

a) 左式　　b) 右式

图 3 外部动力源驱动的单锚链轮装置(型式 3)

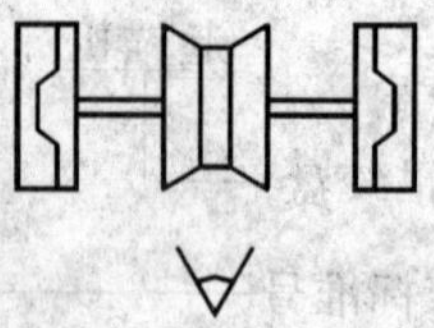

图 4　双向外部动力源驱动的单锚链轮装置(型式 4)

图 5　起锚绞盘(型式 5)

附 录 A
（资料性附录）
订户提供的资料

除了制造厂在标志中（见第7章）提供的资料外，订户在询价时向起锚机制造厂提供以下基本情况：

a) 动力源、电压、油压（如有）；

b) 锚链直径、锚链等级及支持负载；

c) 是否需要绞缆筒；

d) 相关船级社；

e) 表示起锚机在船舶上布置的图；

f) 是否需要遥控；

g) 起锚绞盘起锚时的俯视转向。

ICS 47.020.30
U 55

中华人民共和国国家标准

GB/T 4450—2008
代替 GB/T 4450—1995

船用盲板钢法兰

Marine blank steel flanges

2008-02-14 发布　　2008-09-01 实施

中华人民共和国国家质量监督检验检疫总局
中国国家标准化管理委员会　发布

前　言

本标准代替 GB/T 4450—1995《船用盲板钢法兰》。

本标准与 GB/T 4450—1995 相比，主要有下列变化：

——取消了 AS 型、BS 型的 DN 10 mm 规格；

——扩大了公称通径规格，DN 从 500 mm 扩大到 1 000 mm；

——A 型、AS 型 DN 300 mm 以上加钻一个螺孔；

——修改了 B 型、BS 型的结构和尺寸。

本标准由中国船舶工业集团公司提出。

本标准由全国船用机械标准化技术委员会管系附件分技术委员会归口。

本标准起草单位：沪东中华造船（集团）有限公司、中国船舶工业综合技术经济研究院。

本标准主要起草人：贺慧琼、罗发元、耿海平、俞伟海。

本标准所代替标准的历次版本发布情况为：

——GB/T 4450—1984、GB/T 4450—1995。

船用盲板钢法兰

1 范围

本标准规定了法兰连接尺寸按 GB/T 569 和 GB/T 2501 的船用盲板钢法兰(以下简称盲板法兰)的分类、要求、试验方法、检验规则、标志、包装和贮存。

本标准适用于公称压力不大于 1.6 MPa,介质为空气、海水、淡水、油和工作温度不高于 300℃的蒸汽的盲板法兰的设计、制造和验收。

2 规范性引用文件

下列文件中的条款通过本标准的引用而成为本标准的条款。凡是注日期的引用文件,其随后所有的修改单(不包括勘误的内容)或修订版均不适用于本标准,然而,鼓励根据本标准达成协议的各方研究是否可使用这些文件的最新版本。凡是不注日期的引用文件,其最新版本适用于本标准。

GB/T 569 船用法兰 连接尺寸和密封面

GB/T 700—2006 碳素结构钢

GB 712—2000 船体用结构钢

GB/T 1184—1996 形状和位置公差 未注公差值(eqv ISO 2768-2:1989)

GB/T 1958 产品几何量技术规范(GPS)形状和位置公差 检测规定

GB/T 2501 船用法兰连接尺寸和密封面(四进位)

3 分类

3.1 型式

盲板法兰分为如下四种:

A 型——法兰连接尺寸按 GB/T 569 的船用盲板钢法兰。

AS 型——法兰连接尺寸按 GB/T 2501 的船用盲板钢法兰。

B 型——法兰连接尺寸按 GB/T 569 的船用双联盲板钢法兰。

BS 型——法兰连接尺寸按 GB/T 2501 的船用双联盲板钢法兰。

3.2 基本参数

盲板法兰的基本参数见表 1。

表 1 盲板法兰的基本参数

类 型	公称压力 PN/MPa	公称通径 DN/mm
A	0.6、1.0、1.6	20～500
AS	0.6	15～1 000
	1.0、1.6	15～600
B	0.6、1.0、1.6	20～500
BS		15～500

3.3 结构和基本尺寸

3.3.1 A 型盲板法兰的结构和基本尺寸按图 1 和表 2。

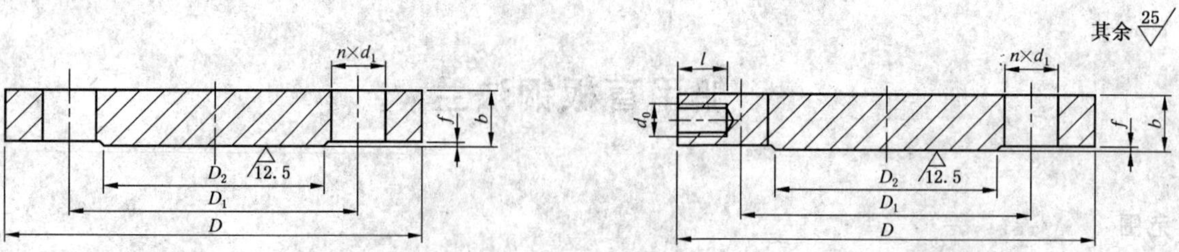

a） DN 20 mm～DN 250 mm　　　　b） DN 300 mm～DN 1 000 mm

图 1　A 型、AS 型盲板法兰

表 2　A 型盲板法兰的基本尺寸

单位为毫米

公称压力 PN/MPa	公称通径 DN	法兰							螺栓螺纹及螺孔			重量/kg
		D	D_1	D_2	b	f	d_0	l	Th.	d_1	n/个	
0.6 1.0 1.6	20	95	68	48	13	1	—	—	M12	13	4	0.63
	25	105	73	56	14	1	—	—	M12	13	4	0.82
	32	115	83	64	15	1	—	—	M14	15	6	1.05
	40	125	93	74	15	1	—	—	M14	15	6	1.27
	50	135	103	84	15	1	—	—	M14	15	6	1.50
0.6 1.0	65	155	123	104	14	1	—	—	M14	15	6	1.87
	80	170	138	118	14	1	—	—	M14	15	8	2.25
	100	190	158	138	14	1	—	—	M14	15	8	2.84
	125	215	183	164	14	1	—	—	M14	15	10	3.70
	150	240	208	190	14	1	—	—	M14	15	12	4.62
0.6	175	270	238	221	15	1	—	—	M14	15	12	6.40
	200	295	264	247	15	1	—	—	M14	15	12	7.91
	225	335	297	276	16	1	—	—	M16	17	12	10.79
	250	365	327	306	16	1	—	—	M16	17	14	12.83
	300	430	386	360	19	1	M8	16	M20	21	14	20.99
	350	480	436	410	20	1	M8	16	M20	21	16	26.78
	400	530	486	460	21	1	M8	16	M20	21	16	35.67
	450	580	536	512	21	1	M8	16	M20	21	18	42.85
	500	635	591	567	21	1	M8	16	M20	21	20	51.38
1.0	175	285	248	226	16	1	—	—	M16	17	12	7.56
	200	310	273	250	17	1	—	—	M16	17	12	9.49
	225	340	302	280	17	1	—	—	M16	17	14	11.74
	250	380	336	310	20	1	—	—	M20	21	14	17.04
	300	435	391	364	21	1	M8	16	M20	21	16	23.63
	350	485	441	414	21	1	M8	16	M20	21	18	29.55
	400	545	496	466	24	1	M8	16	M24	26	18	42.43
	450	600	551	520	25	1	M8	16	M24	26	20	51.46
	500	650	601	573	25	1	M8	16	M24	26	20	63.21

表 2（续）

单位为毫米

公称压力 PN/MPa	公称通径 DN	法兰							螺栓螺纹及螺孔			重量/kg
		D	D_1	D_2	b	f	d_0	l	Th.	d_1	n/个	
	65	170	132	110	18						8	2.88
	80	185	147	126								3.61
	100	205	167	146	19				M16	17	10	4.43
	125	225	187	168								5.46
	150	255	217	196			—	—				7.06
	175	300	256	230	21						12	10.75
	200	325	281	254					M20	21		12.99
1.6	225	350	307	283	22	1					14	15.81
	250	390	341	312	25							22.01
	300	445	396	366					M24	26	16	28.98
	350	495	447	418	26						18	37.23
	400	560	505	472	30		M8	16				50.21
	450	610	555	522	38				M27	30	20	83.55
	500	665	610	578	42		M10	20			22	109.92

3.3.2 AS 型盲板法兰的结构和基本尺寸按图 1 和表 3。

表 3 AS 型盲板法兰的基本尺寸

单位为毫米

公称压力 PN/MPa	公称通径 DN	法兰							螺栓螺纹及螺孔			重量/kg
		D	D_1	D_2	b	f	d_0	l	Th.	d_1	n/个	
	15	80	55	40	12							0.39
	20	90	65	50	14	2			M10	12		0.60
	25	100	75	60								0.74
	32	120	90	70								1.26
	40	130	100	80	16				M12	14	4	1.43
	50	140	110	90								1.68
	65	160	130	110								2.22
	80	190	150	128	18		—	—				2.90
	100	210	170	148								5.17
0.6	125	240	200	178	20	3						6.34
	150	265	225	202					M16	18		7.84
	175	295	255	232							8	10.97
	200	320	280	258	22							13.08
	225	345	305	282								15.26
	250	375	335	312	24							19.73
	300	440	395	365							12	26.52
	350	490	445	415	26							38.56
	400	540	495	465	28	4	M8	16	M20	23		50.13
	450	595	550	520	30						16	66.00
	500	645	600	570	32						20	76.38

表 3（续）

单位为毫米

公称压力 PN/MPa	公称通径 DN	法兰							螺栓螺纹及螺孔			重量/kg
		D	D_1	D_2	b	f	d_0	l	Th.	d_1	n/个	
0.6	600	755	705	669	36	5	M10	20	M24	27	20	124.62
	700	860	810	774	40		M12	22			24	179.2
	800	975	920	880	44		M16	28	M27	30		253.16
	900	1 075	1 020	980	48							336.73
	1 000	1 175	1 120	1 080	52		M20	35			28	435.59
1.0 1.6	15	95	65	47	14	2	—	—	M12	14	4	0.64
	20	105	75	58	16							0.92
	25	115	85	68								1.21
	32	140	100	78	18				M16	18		1.99
	40	150	110	88		3						2.29
	50	165	125	102	20							2.83
	65	185	145	122								3.62
	80	200	160	133							8	4.21
	100	220	180	158	22							5.64
	125	250	210	184								7.59
	150	285	240	212	24				M20	23		10.37
	175	315	270	242								13.34
1.0	200	340	295	268								15.89
	225	370	325	295								18.88
	250	395	350	320	26						12	23.16
	300	445	400	370	28	4	M8	16				29.54
	350	505	460	430	30						16	43.88
	400	565	515	482	32				M24	27		62.11
	450	615	565	532	35						20	81.11
	500	670	620	585	38		M10	20				104.5
	600	780	725	685	42				M27	30		154.07
1.6	200	340	295	268	26	3	—	—	M20	23	12	17.02
	225	370	325	295	27							21.03
	250	405	355	320	28				M24	27		26.83
	300	460	410	370	32	4	M8	16				38.56
	350	520	470	430	35						16	59.81
	400	580	525	482	38				M27	30		81.08
	450	640	585	532	42		M10	20			20	114.11
	500	715	650	585	46		M12	22	M30	33		159.70
	600	840	770	685	52		M16	28	M33	36		219.06

3.3.3 B型盲板法兰的结构和基本尺寸按图2和表4。

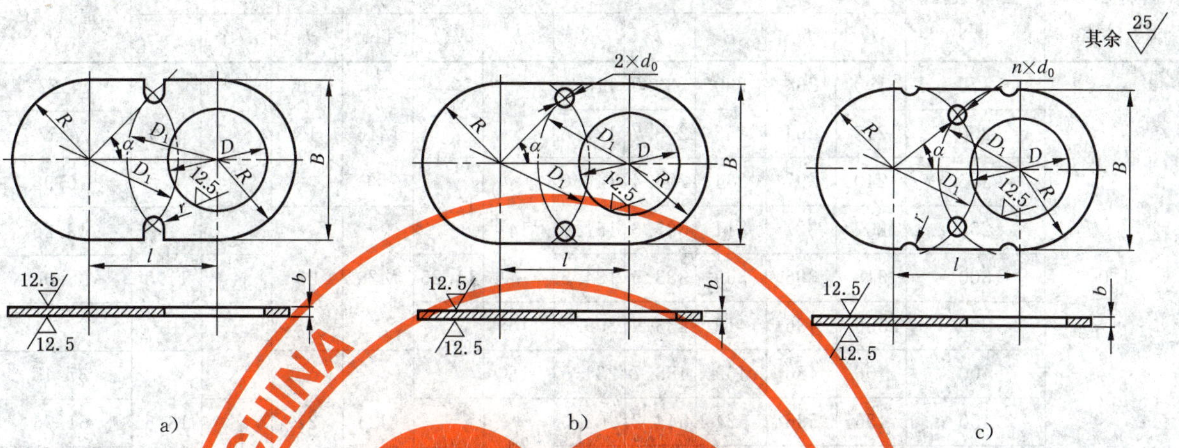

PN 0.6 MPa:DN 20 mm、DN 25 mm　　DN 32 mm～DN 65 mm　　DN 80 mm～DN 500 mm

PN 1.0 MPa:DN 20 mm、DN 25 mm　　DN 32 mm～DN 65 mm　　DN 80 mm～DN 500 mm

PN 1.6 MPa:DN 20 mm、DN 25 mm　　DN 32 mm～DN 50 mm　　DN 65 mm～DN 500 mm

图2　B型盲板法兰

表4　B型盲板法兰的基本尺寸

单位为毫米

<table>
<tr><th rowspan="2">公称压力 PN/MPa</th><th rowspan="2">公称通径 DN</th><th colspan="7">法　兰</th><th colspan="4">螺栓螺纹及螺孔</th><th rowspan="2">重量/kg</th></tr>
<tr><th>D</th><th>D_1</th><th>B</th><th>l</th><th>R</th><th>b</th><th>α/(°)</th><th>Th.</th><th>d_0</th><th>n/个</th><th>r</th></tr>
<tr><td rowspan="5">0.6
1.0
1.6</td><td>20</td><td>26</td><td>68</td><td>54</td><td>48.1</td><td>27</td><td rowspan="5">5</td><td rowspan="2">45</td><td rowspan="2">M12</td><td rowspan="2">—</td><td rowspan="2">—</td><td rowspan="2">7.0</td><td>0.17</td></tr>
<tr><td>25</td><td>33</td><td>73</td><td>59</td><td>51.7</td><td>29.5</td><td>0.19</td></tr>
<tr><td>32</td><td>41</td><td>83</td><td>67</td><td>71.9</td><td>33.5</td><td rowspan="4">30</td><td rowspan="9">M14</td><td rowspan="9">16</td><td rowspan="6">2</td><td rowspan="3">—</td><td>0.28</td></tr>
<tr><td>40</td><td>47</td><td>93</td><td>77</td><td>80.5</td><td>38.5</td><td>0.36</td></tr>
<tr><td>50</td><td>59</td><td>103</td><td>87</td><td>89.2</td><td>43.5</td><td>0.43</td></tr>
<tr><td rowspan="5">0.6
1.0</td><td>65</td><td>75</td><td>123</td><td>107</td><td>106.5</td><td>53.5</td><td>5</td><td>—</td><td>0.63</td></tr>
<tr><td>80</td><td>88</td><td>138</td><td>122</td><td>127.5</td><td>61.0</td><td rowspan="2">6</td><td rowspan="2">22.5</td><td rowspan="2">8.0</td><td>0.98</td></tr>
<tr><td>100</td><td>112</td><td>158</td><td>142</td><td>146.0</td><td>71.0</td><td>1.23</td></tr>
<tr><td>125</td><td>138</td><td>183</td><td>167</td><td>174.0</td><td>83.5</td><td rowspan="2">8</td><td>18</td><td>—</td><td>2.19</td></tr>
<tr><td>150</td><td>164</td><td>208</td><td>192</td><td>200.9</td><td>96.0</td><td rowspan="4">15</td><td rowspan="5">6</td><td rowspan="3">8.0</td><td>2.83</td></tr>
<tr><td rowspan="8">0.6</td><td>175</td><td>190</td><td>238</td><td>222</td><td>229.9</td><td>111.0</td><td rowspan="2">10</td><td>4.72</td></tr>
<tr><td>200</td><td>215</td><td>264</td><td>248</td><td>255.0</td><td>124.0</td><td>6.03</td></tr>
<tr><td>225</td><td>240</td><td>297</td><td>279</td><td>286.9</td><td>139.5</td><td rowspan="2">12</td><td rowspan="2">M16</td><td rowspan="2">18</td><td rowspan="2">9.0</td><td>8.88</td></tr>
<tr><td>250</td><td>267</td><td>327</td><td>309</td><td>318.8</td><td>154.5</td><td rowspan="2">12.86</td><td>10.83</td></tr>
<tr><td>300</td><td>318</td><td>386</td><td>364</td><td>376.3</td><td>182.0</td><td>14</td><td rowspan="5">M20</td><td rowspan="5">23</td><td rowspan="5">11.5</td><td>17.34</td></tr>
<tr><td>350</td><td>356</td><td>436</td><td>414</td><td>427.6</td><td>207.0</td><td>16</td><td rowspan="2">11.25</td><td rowspan="3">10</td><td>26.11</td></tr>
<tr><td>400</td><td>406</td><td>486</td><td>464</td><td>476.7</td><td>232.0</td><td>18</td><td>32.26</td></tr>
<tr><td>450</td><td>456</td><td>536</td><td>514</td><td>527.9</td><td>257.0</td><td rowspan="2">20</td><td>10</td><td>48.76</td></tr>
<tr><td>500</td><td>510</td><td>591</td><td>569</td><td>583.7</td><td>284.5</td><td>9</td><td>14</td><td>59.12</td></tr>
</table>

表 4（续） 单位为毫米

公称压力 PN/MPa	公称通径 DN	法兰 D	D_1	B	l	R	b	α/(°)	螺栓螺纹及螺孔 Th.	d_0	n/个	r	重量/kg
1.0	175	190	238	230	239.5	115.0	12	15	M16	18	6	9.0	6.27
	200	215	264	255	263.7	127.5							7.57
	225	240	297	284	294.4	142.0	14	12.86					10.98
	250	267	327	314	327.6	157.0			M20	23		11.5	13.26
	300	318	386	369	383.5	184.5		11.25			10		18.06
	350	356	436	419	433.9	209.5	16	10					27.11
	400	406	486	469	488.7	234.5	18		M24	27		13.5	37.45
	450	456	536	524	544.2	262.0	20	9			14		51.76
	500	510	591	574	593.6	287.0							60.78
1.6	65	75	132	114	122.0	57.0	6	22.5	M16	18	2	—	0.91
	80	88	147	129	135.8	64.5	8					9.0	1.48
	100	112	167	149	158.8	74.5		18.9					1.90
	125	138	187	169	177.8	84.5	10				6	—	2.83
	150	164	217	199	209.6	99.5		15				9.0	3.95
	175	190	256	234	247.3	117.0	12		M20	23		11.5	6.62
	200	215	281	259	271.4	129.5							7.95
	225	240	307	285	299.3	142.5	14	12.86					11.16
	250	267	341	314	332.4	157.0			M24	27		13.5	15.98
	300	318	396	369	388.4	184.5	16	11.25			10		24.38
	350	356	447	420	440.2	210.0	18	10					35.15
	400	406	505	474	497.3	237.0	20		M28	31		15.5	49.43
	450	456	555	524	548.2	262.0	24	9			14		70.78
	500	510	610	579	603.8	289.5	26	8.18					91.09

3.3.4 BS 型盲板法兰的结构和基本尺寸按图 3 和表 5。

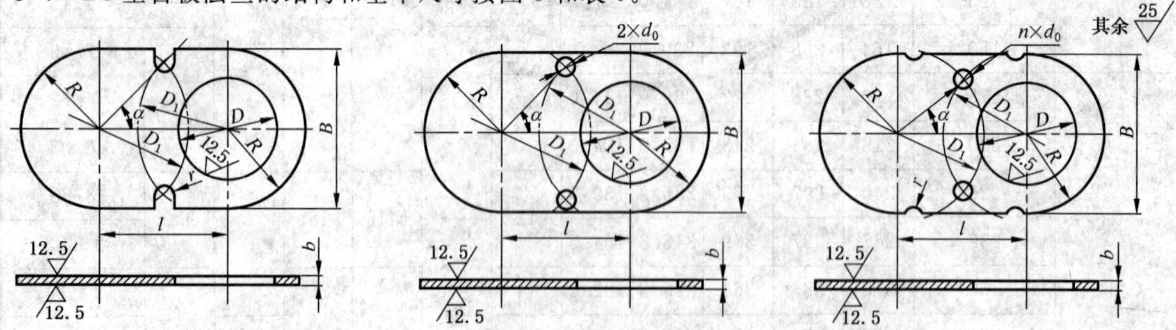

a) PN 0.6 MPa：DN 15 mm～DN 40 mm；PN 1.0 MPa：DN 15 mm～DN 50 mm；PN 1.6 MPa：DN 15 mm～DN 50 mm

b) DN 50 mm～DN 100 mm；DN 65 mm；DN 65 mm

c) DN 125 mm～DN 500 mm；DN 80 mm～DN 500 mm；DN 80 mm～DN 500 mm

图 3 BS 型盲板法兰

表 5　BS 型盲板法兰的基本尺寸

单位为毫米

公称压力 PN/MPa	公称通径 DN	法　兰							螺栓螺纹及螺孔				重量/kg
		D	D_1	B	l	R	b	α/(°)	Th.	d_1	n/个	r	
	15	20	55	43	38.9	21.5							0.11
	20	26	65	53	46.0	26.5	5		M10			6.0	0.15
	25	33	75	63	53.0	31.5				—	—		0.21
	32	41	90	75	63.6	37.5						7.0	0.35
	40	47	100	85	70.7	42.5	6	45	M12				0.45
	50	59	110	95	77.8	47.5				14			0.54
	65	75	130	115	91.9	57.5							0.77
	80	88	150	131	105.9	65.5	8					—	1.31
	100	112	170	151	120.2	75.5							1.62
0.6	125	138	200	181	184.8	90.5	10				2		3.40
	150	164	225	206	207.9	103.0			M16	18			4.24
	175	190	255	236	235.6	118.0		22.5					6.59
	200	215	280	261	258.7	130.5	12					9.0	7.87
	225	240	305	286	281.8	143.0							9.27
	250	267	335	316	323.6	158.0	14						13.53
	300	318	395	372	381.5	186.0	16	15			6		21.14
	350	356	445	422	429.8	211.0	18						30.94
	400	406	495	472	485.5	236.0	20	11.25	M20	23	10	11.5	42.37
	450	456	550	527	539.4	263.5	22						57.73
	500	510	600	577	592.6	288.5	24	9			14		74.08
	15	20	65	50	46.0	25.0							0.18
	20	26	75	60	53.0	30.0	6		M12			7.0	0.24
	25	33	85	70	60.1	35.0				—	—		0.32
	32	41	100	81	70.7	40.5	8	45					0.57
	40	47	110	91	77.8	45.5						9.0	0.72
1.0 1.6	50	59	125	106	88.4	53.0							1.17
	65	75	145	126	102.5	63.0	10		M16			—	1.61
	80	88	160	141	147.8	70.5							2.32
	100	112	180	161	166.3	80.5	12			18		9.0	3.44
	125	138	210	191	194.0	95.5		22.5			2		4.71
	150	164	240	217	221.7	108.5						11.0	6.91
	175	190	270	247	249.4	123.5	14						8.79
	200	215	295	272	272.5	136.0					2		10.42
	225	240	325	302	300.3	151.0		22.5	M20	23			12.76
	250	267	350	327	338.1	163.5	16	15			6	11.5	17.09
1.0	300	318	400	377	386.4	188.5	20						27.48
	350	356	460	437	451.2	218.5	22	11.25			10		42.04
	400	406	515	488	505.1	244.0	24						56.18
	450	456	565	538	558.0	269.0	27	9	M24	27	14	13.5	75.63
	500	510	620	593	612.4	296.5	30						100.58
	200	215	295	272	284.9	136.0	16		M20	23		11.5	12.49
	225	240	325	302	313.9	151.0	18	15			6		17.15
	250	267	355	328	342.9	164.0	20		M24				21.57
1.6	300	318	410	383	396.0	191.5	24			27		13.5	34.65
	350	356	470	443	461.0	221.5	27	11.25			10		53.63
	400	406	525	494	514.9	247.0	30		M28	31		15.5	72.80
	450	456	585	554	577.8	277.0	34	9			14		103.35
	500	510	650	616	642.0	308.0	38		M30	33		16.5	142.13

3.4 产品标记

3.4.1 盲板法兰的型号规定如下：

□ □ □□□

——公称通径数值：不足三位的前边加“0”；单位为毫米(mm)

——10倍公称压力的数值，单位为兆帕(MPa)

——型式

3.4.2 标记示例如下：

公称压力为1.6 MPa、公称通径为50 mm的A型船用盲板钢法兰标记为：

盲板法兰 GB/T 4450—2008 A16050

公称压力为0.6 MPa、公称通径为1 000 mm的AS型船用盲板钢法兰标记为：

盲板法兰 GB/T 4450—2008 AS61000

公称压力为1.0 MPa、公称通径为400 mm的BS型船用盲板钢法兰标记为：

盲板法兰 GB/T 4450—2008 BS10400

4 要求

4.1 盲板法兰的材料见表6。

表6 盲板法兰的材料

零件名称	材料		
	名称	牌号	标准号
盲板法兰	碳素结构钢	Q235-A	GB/T 700—2006
注：盲板法兰材料允许采用GB 712—2000中的A级钢。			

4.2 盲板法兰的表面应无毛刺。

4.3 盲板法兰的两端面平行度应符合GB/T 1184—1996中K级要求。

4.4 盲板法兰厚度的极限偏差按表7。

表7 盲板法兰厚度的极限偏差 单位为毫米

尺寸范围	允许偏差
$b \leqslant 18$	$^{+2}_{0}$
$b > 18$	$^{+3}_{0}$

5 试验方法

5.1 检查盲板法兰材料及其材质证书。结果应符合4.1的要求。

5.2 盲板法兰的外观用目测方法检查。结果应符合4.2的要求。

5.3 盲板法兰的形位公差按GB/T 1958规定的方法检查。结果应符合4.3的要求。

5.4 盲板法兰的线性尺寸和公差用相应等级的量具进行检查。结果应符合3.3和4.4的要求。

6 检验规则

6.1 检验分类

盲板法兰检验分型式检验和出厂检验。

6.2 型式检验

6.2.1 检验时机

有下列情况之一时，盲板法兰应进行型式检验：

a) 首次生产或转厂生产；

b) 生产工艺发生重大变化；

c) 上级质量检验部门提出要求。

6.2.2 检验项目和顺序

盲板法兰型式检验项目和顺序见表 8。

表 8 盲板法兰的检验项目

序号	检验项目	要求的章、条号	检验方法的章、条号	型式检验	出厂检验
1	材料	4.1	5.1	●	●
2	外观	4.2	5.2	●	●
3	形位公差	4.3	5.3	●	—
4	尺寸	3.3 4.4	5.4	●	—
注：●必检项目；—不检项目。					

6.2.3 检验样品数量

盲板法兰型式检验的检验样品为同一型式取 3 个。

6.2.4 判定规则

盲板法兰所有样品全部检验项目符合要求，判为型式检验合格。若材料检验不符合要求，判为型式检验不合格。若有其他不符合要求的项目，允许加倍取样复验，若复验符合要求，仍判盲板法兰型式检验合格；若复验仍有不符合要求的项目，则判为型式检验不合格。

6.3 出厂检验

6.3.1 检验项目和顺序

盲板法兰出厂检验项目和顺序见表 8。

6.3.2 检验样品数量

盲板法兰材料同一炉号为一批，按批次检验，其他项目应逐个产品进行检验。

6.3.3 判定规则

全部检验项目符合要求的盲板法兰判定出厂检验合格；若材料检验不符合要求，则判为该批盲板法兰出厂检验不合格；其他检验项目不符合要求的盲板法兰，允许返修后进行复验；若复验符合要求，仍判出厂检验合格。若复验仍不符合要求，则判该盲板法兰不合格。

7 标志、包装和贮存

7.1 盲板法兰的外圆柱表面上，应打出下列标志：

a) 制造厂名称或商标；

b) 规格和标准编号；

c) 生产批号；

d) 检验合格印章。

7.2 盲板法兰加工表面应采取防锈措施。

7.3 盲板法兰出厂应包装。

7.4 盲板法兰应存放于室内。

ICS 83.140.10
G 33

中华人民共和国国家标准

GB/T 4456—2008
代替 GB/T 4456—1996,GB/T 12025—1989

包装用聚乙烯吹塑薄膜

Polyethylene blown film for packaging applications

2008-12-30 发布　　2009-09-01 实施

中华人民共和国国家质量监督检验检疫总局
中国国家标准化管理委员会　发布

前言

本标准参考 ASTM D 4635—2008《通用和包装用低密度聚乙烯薄膜》和 ASTM D 3981—2003《一般用途及包装用中等密度聚乙烯制成的聚乙烯薄膜》。

本标准代替 GB/T 4456—1996《包装用聚乙烯吹塑薄膜》和 GB/T 12025—1989《高密度聚乙烯吹塑薄膜》。

本标准与 GB/T 4456—1996《包装用聚乙烯吹塑薄膜》和 GB/T 12025—1989《高密度聚乙烯吹塑薄膜》相比，主要变化如下：

——产品分类增加了 PE-MD 薄膜及相应的技术指标；

——4.4“卫生性能”增加了对添加剂的卫生要求；

——增加了 4.5“其他性能”，指标由供需双方协商；

——5.6.1 拉伸性能按 GB/T 1040.3—2006 规定，将试样改为“2 型，宽度为 10 mm”。

本标准由中国轻工业联合会提出。

本标准由全国塑料制品标准化技术委员会归口。

本标准起草单位：轻工业塑料加工应用研究所、深圳市万达杰塑料制品有限公司、惠州俊豪塑料发展有限公司、浙江华发生态科技有限公司。

本标准主要起草人：许丽丹、翁云宣、魏文昌、苏俊铭、沈华峰。

本标准所代替标准的历次版本发布情况为：

——GB/T 4456—1996；

——GB/T 12025—1989。

包装用聚乙烯吹塑薄膜

1 范围

本标准规定了包装用聚乙烯吹塑薄膜(以下简称薄膜)的产品分类、要求、试验方法、检验规则以及标志、包装、运输、贮存。

本标准适用于低密度聚乙烯(PE-LD)、线形低密度聚乙烯(PE-LLD)、中密度聚乙烯(PE-MD)、高密度聚乙烯(PE-HD)等树脂及以上树脂共混为主要原料,用吹塑法生产的直接包装用和复合膜基材用薄膜。

2 规范性引用文件

下列文件中的条款通过本标准的引用而成为本标准的条款。凡是注日期的引用文件,其随后所有的修改单(不包括勘误的内容)或修订版均不适用于本标准,然而,鼓励根据本标准达成协议的各方研究是否可使用这些文件的最新版本。凡是不注日期的引用文件,其最新版本适用于本标准。

GB/T 1037—1988 塑料薄膜和片材透水蒸气性试验方法 杯式法

GB/T 1038—2000 塑料薄膜和薄片气体透过性试验方法 压差法(neq ISO 2556:1974)

GB/T 1040.3—2006 塑料 拉伸性能的测定 第3部分:薄膜和薄片的试验条件(ISO 527-3:1995,IDT)

GB/T 2410—2008 透明塑料透光率和雾度试验方法

GB/T 2828.1—2003 计数抽样检验程序 第1部分:按接收质量限(AQL)检索的逐批检验抽样计划(ISO 2859-1:1999,IDT)

GB/T 2918—1998 塑料试样状态调节和试验的标准环境(idt ISO 291:1997)

GB/T 5009.60 食品包装用聚乙烯、聚苯乙烯、聚丙烯成型品卫生标准的分析方法

GB/T 6672—2001 塑料薄膜和薄片 厚度测定 机械测量法(idt ISO 4593:1993)

GB/T 6673—2001 塑料薄膜和薄片 长度和宽度的测定(idt ISO 4592:1992)

GB/T 8807—1988 塑料镜面光泽试验方法

GB/T 9639.1—2008 塑料薄膜和薄片 抗冲击性能试验方法 自由落镖法 第1部分:梯级法(ISO 7765-1:1988,IDT)

GB 9685 食品容器、包装材料用添加剂使用卫生标准

GB 9687 食品包装用聚乙烯成型品卫生标准

GB/T 10006—1988 塑料薄膜和薄片摩擦系数测定方法(idt ISO 8295:1986)

GB/T 14216—2008 塑料 膜和片润湿张力的测定(ISO 8296:2003,IDT)

QB/T 2358—1998 塑料薄膜包装袋热合强度试验方法

3 分类

按使用原料种类不同分为PE-LD薄膜、PE-LLD薄膜、PE-MD薄膜、PE-HD薄膜、PE-LD/PE-LLD薄膜。

4 要求

4.1 规格

4.1.1 宽度偏差

宽度偏差应符合表1要求。

表1 宽度偏差

单位为毫米

宽度(折径)	偏差
＜100	±4
100～500	±10
501～1 000	±20
＞1 000	±25

4.1.2 厚度偏差

厚度偏差应符合表2要求。

表2 厚度偏差

厚度/mm	厚度极限偏差/mm	厚度平均偏差/%
＜0.025	±0.008	±15
0.025～0.050	±0.015	±14
0.051～0.100	±0.025	±12
＞0.100	±0.040	±10

4.1.3 每卷段数和每段长度

每卷段数应不大于4段,每段长度应不小于20 m,断头处应有明显标记。

4.2 外观

不应存在有碍使用的气泡、穿孔、水纹、条纹、暴筋、塑化不良、鱼眼、僵块等瑕疵。

4.3 物理力学性能

物理力学性能应符合表3要求。

表3 物理力学性能

项目		PE-LD薄膜	PE-LLD薄膜	PE-MD薄膜	PE-HD薄膜	PE-LD/PE-LLD薄膜
拉伸强度(纵横向)/MPa		≥10	≥14	≥10	≥25	≥11
断裂标称应变(纵横向)/%	厚度＜0.050 mm	≥130	≥230	≥100	≥180	≥100
	厚度≥0.050 mm	≥200	≥280	≥150	≥230	≥150
落镖冲击	不破裂样品数≥8为合格,PE-MD薄膜不要求					
注:其他共混材料的物理力学性能要求由供需双方协商。						

4.4 卫生指标

用于食品包装、医药包装的薄膜应符合GB 9687的规定,其添加剂应符合GB 9685的规定。

4.5 其他性能

对摩擦系数、透光率、雾度、光泽度、润湿张力、热合强度、水蒸气透过量和气体透过量的要求由供需双方协商。

5 试验方法

5.1 试样

从供试膜卷上裁取足够数量的试样进行试验。

5.2 试样状态调节和试验的标准环境

按 GB/T 2918—1998 规定进行状态调节，温度为(23±2)℃，状态调节时间不少于 4 h，并在此条件下进行试验。

5.3 宽度偏差

按 GB/T 6673—2001 的规定进行。

5.4 厚度偏差

按 GB/T 6672—2001 的规定进行。

厚度极限偏差按式(1)进行计算。

$$\Delta S = S_{max}(\text{或 } S_{min}) - S_0 \qquad (1)$$

式中：

ΔS——厚度极限偏差，单位为毫米(mm)；

S_{max}——实测厚度的最大值，单位为毫米(mm)；

S_{min}——实测厚度的最小值，单位为毫米(mm)；

S_0——标称厚度，单位为毫米(mm)。

厚度平均偏差按式(2)进行计算。

$$\Delta \bar{S} = \frac{\bar{S} - S_0}{S_0} \times 100 \qquad (2)$$

式中：

$\Delta \bar{S}$——厚度平均偏差，用%表示；

$\bar{S}$——平均厚度，单位为毫米(mm)；

S_0——标称厚度，单位为毫米(mm)。

5.5 外观

在自然光线下目测。

5.6 物理力学性能

5.6.1 拉伸强度和断裂标称应变

按 GB/T 1040.3—2006 的规定进行。试样为 2 型，宽度为 10 mm，试验速度(空载)为(500±50)mm/min。

5.6.2 落镖冲击

按 GB/T 9639.1—2008 的规定进行。试样数量：10 片。

按表 4 规定的落镖质量进行试验。

表 4 落镖质量

单位为克

厚度/mm	PE-LD 薄膜	PE-LLD 薄膜	PE-HD 薄膜	PE-LD/PE-LLD 薄膜
≤0.025	20	25	40	25
0.026～0.035	30	35	60	35
0.036～0.045	50	55	70	55
0.046～0.060	50	60	80	60
0.061～0.070	70	80	90	80

表 4（续）

单位为克

厚度/mm	PE-LD 薄膜	PE-LLD 薄膜	PE-HD 薄膜	PE-LD/PE-LLD 薄膜
0.071～0.080	80	90	100	90
0.081～0.090	90	100	110	100
0.091～0.100	100	110	120	110
＞0.100	110	120	150	120

5.7 卫生性能

按 GB/T 5009.60 的规定进行。

5.8 其他性能

5.8.1 摩擦系数

按 GB/T 10006—1988 的规定进行。

5.8.2 透光率和雾度

按 GB/T 2410—2008 的规定进行。

5.8.3 光泽度

按 GB/T 8807—1988 的规定进行，入射角为 45°。

5.8.4 润湿张力

按 GB/T 14216—2008 的规定进行。

5.8.5 热合强度

按 QB/T 2358—1998 的规定进行。

5.8.6 水蒸气透过量

按 GB/T 1037—1988 的规定进行，试验条件为温度(38±0.6)℃，相对湿度(90±2)%。

5.8.7 气体透过量

按 GB/T 1038—2000 的规定进行。

6 检验规则

6.1 组批

产品以批为单位进行验收。同一牌号原料、同一规格、同一配方、同一工艺生产的产品，以不大于 8 t 为一批。

6.2 检验分类

6.2.1 出厂检验

出厂检验项目为 4.1、4.2 及 4.3 表 3 中的拉伸强度和断裂标称应变。

6.2.2 型式检验

型式检验项目为技术要求中的全部项目。有下列情况之一时，需进行型式检验：

a) 新产品或老产品转厂生产的试制定型鉴定；

b) 正式生产后，如原料、配方、工艺有较大改变，可能影响产品性能时；

c) 正常生产时，每年至少进行一次；

d) 产品长期停产超过半年后，恢复生产时；

e) 出厂检验结果与上次型式检验结果有较大差异时。

6.3 抽样

物理力学性能和卫生指标从每批产品中任取一卷。

外观和尺寸偏差按 GB/T 2828.1—2003 规定的二次正常抽样方案，采用一般检查水平Ⅱ，接收质量限(AQL)为 6.5，见表 5。每卷薄膜为一个样本单位。

表 5 抽样方案

单位为卷

批　　量	样　　本	样本大小	累计样本大小	接收数 Ac	拒收数 Re
1～8	第一	2	2	0	1
9～15	第一	2	2	0	1
16～25	第一 第二	3 3	3 6	0 1	2 2
26～50	第一 第二	5 5	5 10	0 1	2 2
51～90	第一 第二	8 8	8 16	0 3	3 4
91～150	第一 第二	13 13	13 26	1 4	3 5
151～280	第一 第二	20 20	20 40	2 6	5 7
281～500	第一 第二	32 32	32 64	3 9	6 10
501～1 200	第一 第二	50 50	50 100	5 12	9 13
1 201～3 200	第一 第二	80 80	80 160	7 18	11 19
≥3 201	第一 第二	125 125	125 250	11 26	16 27

6.4 判定规则

6.4.1 不合格项的判定

外观、尺寸偏差若有一项不合格，则判该卷为不合格品，再按表 5 判定。

物理力学性能检验结果中若有不合格项，应在原批中重新加倍取样，对不合格项进行复验，复验结果如仍有不合格，则该批薄膜的物理力学性能为不合格。

卫生性能若有一项不合格，则卫生性能不合格。

6.4.2 合格批的判定

外观、尺寸、物理力学性能和卫生性能检验结果全部合格，则判该批合格。

7 标志、包装、运输、贮存

7.1 标志

每卷薄膜在合格证或外包装上应标有以下内容：产品名称、商标或制造厂名、规格、净重、批号或生产日期、执行标准、检验员章等。

7.2 包装

每卷薄膜用塑料薄膜或牛皮纸等包装材料包好捆牢。长途运输时必须加固包装。

7.3 运输

运输时应轻装、轻卸，防止机械碰撞和日晒雨淋。

7.4 贮存

薄膜应贮存在干燥、阴凉、清洁的库房内。堆放整齐，不得使薄膜挤压变形或损伤，距热源不少于1 m。贮存期限从生产之日起不超过两年。

ICS 29.130.10
K 43

中华人民共和国国家标准

GB/T 4473—2008
代替 GB/T 4473—1996

高压交流断路器的合成试验

Synthetic testing of High-voltage alternating current circuit-breakers

(IEC 62271-101:2006 High-voltage switchgear and controlgear—
Part101:Synthetic testing,MOD)

2008-06-18 发布　　2009-03-01 实施

中华人民共和国国家质量监督检验检疫总局
中国国家标准化管理委员会　发布

前言

本标准修改采用 IEC 62271-101:2006《高压开关设备和控制设备　第 101 部分:合成试验》。

本标准与 IEC 62271-101:2006 的主要差异:

——增加了“重燃试验”等术语;

——电压等级按 GB 1984—2003 的规定进行了修改,如 245 kV 改为 252 kV;

——增加了用于接地系统断路器的三相合成试验方法。

本标准代替 GB/T 4473—1996。

本标准与 GB/T 4473—1996 的主要差异:

——增加了如“初始瞬态关合电流”、“最短开断时间”、“重燃试验”等术语;

——增加了三相合成试验方法;

——增加了试验回路的直流分量的时间常数大于或小于规定值时 T 100 s 的试验程序;

——增加了频率为 50 Hz 和 60 Hz 时试验回路直流分量的时间常数分别为 45 ms、60 ms、75 ms 和 120 ms 试验方式 T 100 a 最后电流半波参数、di/dt 的降低及 TRV 的修正值;

——增加了“单相和异相接地故障合成试验程序”的内容;

——将 GB/T 4473—1996 正文第五章和附录 A 的内容编辑性调整为正文第四章;

——将 GB/T 4473—1996 附录 B 作为附录 A,并增加了确定电流畸变的例子的内容;

——将 GB/T 4473—1996 附录 C 作为附录 B,并增加了“串联电流引入回路”的内容;

——将 GB/T 4473—1996 正文第六章和附录 F 调整为正文第五章,并增加了三相回路及特殊要求;

——将 GB/T 4473—1996 附录 I 编辑性调整为附录 E;

——增加了“容性电流开合试验的合成试验方法”的内容;

——增加了“延弧方法”的内容;

——删除了“考虑到每一开断极相关的 TRV,试验系列中试验方法的分解”的内容;

——增加了“型式试验中试验参量的公差”的内容:

本标准应与 GB 1984—2003 一起使用,除非本标准中另有规定,本标准参照 GB 1984—2003。

本标准的附录 E、附录 I、附录 K 是规范性附录,附录 A、附录 B、附录 C、附录 D、附录 F、附录 G、附录 H、附录 J 是资料性附录。

本标准由中国电器工业协会提出。

本标准由全国高压开关设备标准化技术委员会(SAC/TC 65)归口。

本标准负责起草单位:西安高压电器研究所。

本标准参加起草单位:机械工业高压电器产品质量检测中心(沈阳)、中国电力科学研究院高压开关研究所、西安西开高压电气股份有限公司、新东北电气(沈阳)高压开关有限公司、河南平高电气股份有限公司、上海西门子高压开关有限公司、上海华通开关厂有限公司、天水长城开关厂、上海电气输配电试验中心有限公司、山东泰开高压开关有限公司、宁波天安(集团)股份有限公司高压公司。

本标准主要起草人:洪深、田恩文、杜炜、严玉林、姚斯立。

本标准参加起草人:刘扑、刘伯涛、吴盛刚、赵端庆、孙永恒、邓蒙、王建西、闫关星、张姝、杨大锟、沈威、袁清、屈天玉、王传川、冯四喜、李炜、范彧、刘剑、李德军、汪建成、龚晨。

本标准所代替标准的历次版本发布情况为:

——GB/T 4473—1984、GB/T 4473—1996。

高压交流断路器的合成试验

1 范围

本标准适用于 GB 1984—2003 范围内的高压交流断路器。在 GB 1984—2003 的 6.102～6.111 规定的试验方式范围内，它给出了用合成方法试验高压交流断路器关合和开断能力的一般规则。

注：GB 1984—2003 中 6.111 规定的试验方式的试验回路目前尚未标准化。但是，附录 G 中给出了现有的方法。

本标准中描述的方法和技术是通用的。本标准的目的是确定合成试验的判据以及对试验结果作出适当的评估，该判据确定试验方法的有效性不会因试验回路的变更而改变。

2 规范性引用文件

下列文件中的条款通过本标准的引用而成为本标准的条款。凡是注日期的引用文件，其随后所有的修改单(不包括勘误的内容)或修订版均不适用于本标准，然而，鼓励根据本标准达成协议的各方研究是否可使用这些文件的最新版本。凡是不注日期的引用文件，其最新版本适用于本标准。

GB 1984—2003 高压交流断路器(IEC 62271-100：2001，MOD)

IEC 61633：1995 高压交流断路器 金属封闭和落地罐式断路器短路和开合试验程序的导则

IEC 62271-308：2002 高压开关设备和控制设备 第 308 部分：非对称短路试验方式 T 100 a 的导则

3 术语和定义

GB 1984—2003 中的术语和定义适用于本标准，并作如下补充：

3.1

直接试验 direct test

外施电压、电流以及瞬态和工频恢复电压均由一个单电源回路获得的试验，该电源可以是电力系统或者是用在短路试验站的专用发电机，或者是两者的组合。

[GB 2900.20 的 7.1，修改过]

3.2

合成试验 synthetic test

全部电流或者大部分电流从一个电源(电流回路)获得，而外施电压和/或恢复电压(瞬态的和工频的)全部或部分从另一个或多个独立的电源(电压回路)获得的试验。

[GB 2900.20 的 7.5，修改过]

3.3

被试断路器 test circuit-breaker

接受试验的断路器(见 GB 1984—2003 的 6.102.2)。

3.4

辅助断路器 auxiliary circuit-breaker(s)

用来使被试断路器按需要与各种回路发生关系并成为合成试验回路一部分的断路器。

3.5

电流回路 current circuit

合成试验回路的组成部分，工频电流的大部分或全部由它提供。

3.6

电压回路　voltage circuit

合成试验回路的组成部分，试验电压和/或恢复电压的大部分或全部由它提供。

3.7

预期电流（回路的以及相对于断路器的）　prospective current（of a current and with respect to a circuit breaker）

用阻抗可以忽略不计的导体代替被试和辅助断路器的每一极，回路中流过的电流。

［IEV 441-17-01，修改过］

3.8

实际电流　actual current

流过被试断路器的电流（受被试断路器和辅助断路器的电弧电压影响的预期电流）。

3.9

畸变电流　distortion current

等于预期电流和实际电流之差。

3.10

弧后电流　post-arc current

当电流和电弧电压降到零且瞬态恢复电压开始上升之后紧接着流过断路器弧隙的电流。

3.11

电流引入法　current-injection method

在工频电流零点前，电压回路施加到被试断路器上的合成试验方法。

3.12

初始瞬态关合电流　（ITMC）initial transient making current

关合过程中在电流回路的电流开始之前电压击穿时刻流过断路器的瞬态电流。

3.13

引入电流　injected current

当电流引入回路的电压回路连接到被试断路器上时所提供的电流。

3.14

电压引入法　voltage-injection method

在工频电流零点后，电压回路施加到被试断路器上的合成试验方法。

3.15

参考的系统条件　reference system conditions

具有的参数能够导出 GB 1984—2003 中的额定值和试验值的电气系统的条件。

3.16

关合装置的时延　t_m time delay of making device

合成关合试验中，外施电压击穿时刻和电流回路的电流开始时刻之间的时间间隔。

3.17

最短开断时间　minimum clearing time

制造厂声明的最短分闸时间、最短继电器时间（1/2 周波）与试验方式 T100a 期间获得的首开极小半波时的最短燃弧时间之和。本定义仅适用于确定试验方式 T100a 的试验参数。

注 1：试验期间获得的最短开断时间不应小于制造厂声明的值。试验前，应在操作用的最高脱扣电压和开断用的最低压力下测量最短分闸时间。如果试验前测量的最短分闸时间小于制造厂声明的数值，该较小的值应该用于确定要求的试验参数。

注 2：本定义假定在开断用的最低压力下获得的最短开断时间与在开断用的最高压力下获得的最短开断时间近似。

通常，最短开断时间是在开断用的最高压力下获得。如果这种压力条件得到的最短开断时间使得试验用的最短开断时间范围(IEC 62271-308:2002 的表 1a 到表 2d 中给出)不同于在最低压力条件下开断获得的时间范围，允许采用开断用的最高压力验证最短开断时间。

3.18

预击穿　pre-strike

关合操作期间导致电流流过触头间的电压击穿。

3.19

重燃试验　re-ignition test

确定最短燃弧时间的试验。在一次有效开断后，通过 18°改变脱扣脉冲使触头间发生重燃的单个分闸操作。

4　用于短路开断试验的合成试验技术和方法

4.1　合成开断试验方法的基本原理和一般要求

试验所选择的任何特定的合成方法应能对被试断路器施加充分的负荷。通常，如果试验方法满足下述条款中的要求时，所施加的负荷是充分的。

断路器有两个基本位置:合闸位置和分闸位置。在合闸位置，断路器导通全部电流，触头间的电压降可以忽略。在分闸位置，导通的电流可以忽略，但触头两端为全电压。这样就确定了两个主要负荷，电流负荷和电压负荷，且不同时出现。

开断过程中的电压和电流负荷(图 1)，可以分三个阶段：

——大电流阶段

从触头分离到电弧电压开始显著变化这一段时间为大电流阶段。大电流阶段在相互作用阶段和高电压阶段之前。

——相互作用阶段

从电流零前电弧电压显著变化起到电流(包括弧后电流，如果有)停止流过被试断路器为止的这一段时间为相互作用阶段。

——高电压阶段

从电流(包括弧后电流，如果有)停止流过被试断路器时刻起到试验结束这一段时间为高电压阶段。

4.1.1　大电流阶段

在这一阶段中，试验回路施加到被试断路器上的负荷应使得相互作用阶段的起始条件在规定的偏差范围内，且和参考系统条件下的相同。

合成试验回路中，电流回路的工频恢复电压与电弧电压之比，较在参考系统条件下试验时低，这是因为：

——电流回路的电压是系统电压的一小部分；

——被试断路器的电弧电压和辅助断路器的电弧电压相加。

因此，电流半波的持续时间和电流的峰值会减小。应采用尽量高的电流源电压，原则上，电流源电压不低于 12 kV。电流的这种畸变在附录 A 中阐述。

对被试断路器中释放出的电弧能量进行了多种考虑，得出用电流波形的两个特性值即电流峰值和半波持续时间的允差来表示允许的最大影响(见附录 A)。

流经被试断路器的实际电流不应超过 GB 1984—2003 的 6.103.2 和 6.104.3 给出的关于预期开断电流的幅值和频率的允差。因此，关于流过被试断路器的实际电流应满足下列条件：

——对于对称电流试验，电流幅值和最后半波的持续时间应不小于基于要求电流额定值的 90%；

——对于非对称电流试验，电流幅值和最后半波的持续时间应在基于要求电流额定值和时间常数

(见表 I.1a 到表 I.2d)的 90%和 110%之间。

调节措施：

最后电流半波的幅值和持续时间可以通过如下几种方法调节，例如

——提高或降低短路试验电流的有效值；

——改变试验电流的频率；

——采用预脱扣或延时脱扣；

——改变电流起始时刻(初始的直流分量)。

参见 IEC 62271-308：2002 的 5.3。

4.1.2 相互作用阶段

在相互作用阶段，由短路电流负荷转入高电压负荷，且断路器的性能会显著影响回路中的电流和电压。随着电流趋于零，弧压可能上升，对并联电容充电并使得流经电弧的电流畸变。在电流零点以后，弧后电导会对瞬态恢复电压产生附加的阻尼，从而影响断路器两端的电压以及输入已电离的触头间隙的能量。在电流零点前后(即相互作用阶段)，断路器与回路间的这种相互作用对开断过程极为重要。

在相互作用阶段，计及因断路器和回路间的相互作用而使电流和电压偏离预期值，合成试验的电流和电压波形应与参考系统条件(3.15)下的相同。

对于断路器的热重燃模式，相互作用阶段是关键时期。因此，预期瞬态恢复电压(TRV)的形状和数值要与相关试验方式的预期电流所对应的 TRV 的形状和数值相当。这一点极为重要。

以上所述意味着对试验回路的严格要求。4.2.1 和 4.2.2 分别给出了对电流引入法和电压引入法的各种要求

注 1：在围绕电流零点的关键阶段，辅助断路器的特性可能会干扰回路与被试断路器间的相互作用，这取决于所用的试验回路。

注 2：辅助断路器的弧压应小于或等于被试断路器的弧压。关于弧压在附录 A 中讨论。

4.1.3 高电压阶段

在高电压阶段，被试断路器承受恢复电压。

预期 TRV 应满足 GB 1984—2003 的 4.102、4.105、4.106 及 6.104.5 的要求。

可以从 GB 1984—2003 的附录 F 中选用合适的方法来确定合成试验回路中的预期 TRV。

电压回路的阻抗应足够低，如果发生击穿，能给出明确的证据。

注 1：如果被试断路器装设有并联分闸电阻，则可能需要特殊的程序(见附录 F)。

注 2：如果 TRV 由不止一个电源获得，则总的波形不得呈显出明显的不连续。

原则上，各基本短路试验方式的工频恢复电压应优先选用交流恢复电压且与 GB 1984—2003 的 6.104.7的要求相同。合成试验时，恢复电压或者由电压回路直接提供，或者与电流回路串联后提供。产生的是直流电压，或是交流和直流电压的组合或是交流电压，在大多数情况下，因电压源能量有限而衰减。因此，或许不可能象 GB 1984—2003 的 6.104.7 中规定的那样，恢复电压至少维持 0.3 s。如果满足下述条件，则与规定的恢复电压间的偏差是可以接受的：

——在断路器额定频率的 1/8 周波的时间内，恢复电压瞬时值应不低于 GB 1984—2003 的6.104.7规定的工频恢复电压等效瞬时值，对于对称电流试验，该等效瞬时值以最小峰值 $0.95\ k_{pp}\sqrt{2}U_r/\sqrt{3}$ 起始。

式中：

k_{pp}——首开极系数(1.3 或 1.5)；

U_r——断路器的额定电压。

——不论是使用指数衰减的直流恢复电压，还是交流恢复电压或者是交流和直流恢复电压的组合，其瞬时值(对直流)或峰值(对交流或交流和直流的组合)原则上应尽可能接近$\sqrt{2}U_r/\sqrt{3}$，且在任何情况下，在 0.1 s 内不应低于 $0.5\sqrt{2}U_r/\sqrt{3}$(见图 2)。

——如果按指数衰减的直流恢复电压或交流和直流组合起来的恢复电压对断路器施加的负荷，与由参考系统条件规定的交流恢复电压所施加的负荷相比不相当，则考虑到 GB 1984—2003 的 6.104.7 和上述限制因素，可使用更合适的回路。

4.2 开断试验的合成试验回路和相关的特定要求

4.2.1 电流引入法

此方法可作为优选的方法。

这些方法可用下述通用原则加以描述(见附录 B)：

——电压源的电流在相互作用阶段之前叠加到流过被试断路器的工频电流上；

——辅助断路器在相互作用阶段之前将电流回路的电流开断。

在相互作用阶段，被试断路器受电压回路电压的作用，电压回路的阻抗代表了参考系统条件。这一点说明了电流引入法的有效性。已知有多种电流引入法，但下面仅列出并联电流引入的条件，因为大多数试验室使用该方法。应满足下述条件：

a) TRV 波形调节回路

1) 预期 TRV 的波形和幅值应符合规定值；

2) 在相互作用阶段，等值波阻抗 Z_h(见图 3)理论上应等于$(du/dt)/(di/dt)$。du/dt 是规定的瞬态恢复电压的上升率，di/dt 是规定的短路电流的下降速率。

3) 杂散电容与集中电容的综合值 C_{dh} 与 Z_h 并联，产生时延 $t_d = Z_h \times C_{dh}$。

b) 电压回路的电感

电压回路的电感值应等于由等效工频电压除以预期电流导出的电感的 1.0 倍～1.5 倍。

c) 引入电流的频率和引入时刻

为了防止过分影响工频电流的波形，引入电流的频率最好在 500 Hz 左右，下限为 250 Hz，上限为 1 000 Hz。

引入电流的最高频率由电弧电压显著变化阶段确定，该阶段应小于电压回路的单独作用时间。为此，引入频率的周期至少是电弧电压显著变化阶段的四倍(见附录 B)。

引入电流开始的时刻应使得被试断路器单独由引入电流作用的时间不大于引入电流频率的四分之一周期，且不超过 500 μs。

注：如被试断路器单独由引入电流供电的时间小于 200 μs，则应注意断路器承受的负荷可能过严。

d) 引入电流的波形

引入电流的预期下降速率 di/dt 应与预期工频电流的相当。

在电流零点前不小于 100 μs 的时间内，引入电流实际上不应叠加有振荡。

4.2.2 电压引入法

已知有多种电压引入法，但这里仅概括地描述串联电压引入法(亦可见附录 C)如下：

——电压回路的电压在相互作用阶段之后加到被试断路器上；

——用与辅助断路器并联的电容将恢复电压加到被试断路器上；

——在大电流和相互作用阶段，被试断路器仅受电流回路的作用。

不应该使用电压引入法来检验断路器的热特性。

例如，在近区故障试验时，作为对电压引入回路提供的电源侧 TRV 的补充，应使用电流引入回路与被试断路器的线路侧端子相连来提供线路侧瞬态电压。

当用来进行与断路器介电特性有关的试验时，应满足下列条件：

——辅助断路器的电弧电压应低于或等于被试断路器的电弧电压(见 4.1.2 的注)；

——电压回路应能探测到可能发生的重燃或重击穿；

因此，辅助断路器两端的电容至少为 20 倍的被试断路器两端的并联电容。应注意避免工频电流零点前电流的过分畸变。

——电流回路和电压回路接合时不应产生停顿。

4.2.3 双回路法(变压器或 Skeats 回路)

本方法可用下述通用原则加以描述(见附录 D):

——电流和电压由同一电源提供;

——交流恢复电压由升压变压器提供,该变压器的原边接到电流回路;

——恢复电压经过一阻抗(通常为电阻)加到被试断路器上。

辅助断路器比被试断路器提前一短的时间间隔(通常约 10 μs)开断电流。在该短的时间间隔中,被试断路器中的 di/dt 值变小。

因此,当考核重点放在被试断路器的热重燃模式时,Skeats 试验回路无效。它适用于检验断路器的介电特性。且可用于关合试验。

Skeats 回路易于用来做两次(或更多次)操作,例如在 CO 操作中的合闸和分闸、在 O—t—CO 操作中的两个分闸、甚至在一次分断操作中连续的电流零点时提供全电压负荷。见附录 D。

4.2.4 其他合成试验法

为了试验具有特殊特性的断路器或试验某一断路器的特定性能,应能证明所采用的方法是正确和有利的。即使这些方法并未包括在本标准中,只要熟悉它们的运用,并经制造厂和用户同意,仍可采用。

涉及到金属封闭和落地罐式断路器的试验方法应考虑到 IEC 61633:1995 中的建议。

适用于试验带并联分闸电阻的断路器的方法见附录 F。

4.3 三相合成试验方法

三相合成试验方法适用于不能按照 GB 1984—2003 的 6.102.4.1 的规定进行单极试验的断路器的试验。如果相关的话,它们也可作为单相合成试验方法的替代方法。短路试验方式 T10、T30 和 T60 在任何情况下都可以在单相回路中进行试验。

为了保证开断单元、极间的适当负荷,以及施加到外壳上的负荷(如果适用)应满足下列总体要求:

a) 应给被试的三极断路器提供三相电流;
b) 试验方式 T100s 和 T100a 要求的试验回路的信息在表 1 中给出;
c) 每一开断极的试验参数在表 2a 和表 2b 中给出;
d) 所有的上述负荷应优先在同一试验中施加。如果不可行,可能需要多步试验程序;
e) 为了避免每一试验顺序的试验间改变高压回路和断路器的连接,在整个试验顺序期间,考虑了 GB 1984—2003 的 6.105.1 的要求后,允许首开极保持在同一相。

表 1 试验方式 T100s 和 T100a 的试验回路

	T100s		T100a	
k_{pp}	首开极	其他极	首开极	其他极
1.5	对所有操作采用 4.2.1 或 4.2.2 的合成回路	对所有操作采用 4.2.1 或 4.2.2 或 4.2.3 的合成回路	至少对两次操作采用 4.2.1或 4.2.2 的合成回路。第三次操作可以采用 4.2.3 的合成回路	至少对延长的大半波和长燃弧时间的操作采用 4.2.1或 4.2.2 的合成回路。
1.3	至少对两次操作采用 4.2.1或 4.2.2 的合成回路。第三次操作可以采用 4.2.3 的合成回路	至少对第二开断极长燃弧时间的操作采用 4.2.1 或 4.2.2 的合成回路。所有其他操作可以采用 4.2.1 到 4.2.3 的合成回路	至少对两次操作采用 4.2.1或 4.2.2 的合成回路。第三次操作可以采用 4.2.3 的合成回路	至少对第二开断极在延长的大半波和长燃弧时间的操作采用 4.2.1 或 4.2.2的合成回路。所有其他操作可以采用 4.2.1 到4.2.3的合成回路
k_{pp}——首开极系数。 注:电压引入法仅适用于没有 ITRV 要求或者该要求已被 SLF 涵盖的场合。				

表 2 试验方式 T10、T30、T60 和 T100s

表 2a 首开极系数为 1.5 时的三相开断的试验参数

TRV 峰值/%				恢复电压峰值 p. u.	du/dt %	di/dt %	相角 (°)
		首开极	后开(第二、第三)极				
相别	A	100	—	1	100	100	—
	B	0	58	1	70	87	90
	C	0	58	1	70	87	90
相间	A-B	100	58	1.732			
	B-C	0	115	1.732			
	A-C	100	58	1.732			

首开极 TRV 峰值：$u_c = k_{af} \times k_{pp} \times U_r \times \sqrt{2}/\sqrt{3}$（=100%）。

1(p. u.)$=U_r \times \sqrt{2}/\sqrt{3}$。

首开极在 A 相。

表 2b 首开极系数为 1.3 时的三相开断的试验参数

TRV 峰值/%				恢复电压峰值 p. u.	du/dt %	di/dt %	相角 (°)
		首开极	后开(第二、第三)极				
相别	A	100	—/—	1	100	100	—
	B	0	—/77	1	70	57	120
	C	0	98/—	1	95	89	77
相间	A-B	100	—/91	1.732			
	B-C	0	98/98	1.732			
	A-C	100	89/—	1.732			

首开极 TRV 峰值：$u_c = k_{af} \times k_{pp} \times U_r \times \sqrt{2}/\sqrt{3}$（=100%）。

1(p. u.)$=U_r \times \sqrt{2}/\sqrt{3}$。

首开极在 A 相。

第二开断极在 C 相。

5 短路关合试验的试验技术和方法

5.1 合成关合试验方法的基本原理和通用要求

短路情况下，在合闸操作中，断路器的触头间隙承受 GB 1984—2003 的 6.104.1 规定的外施电压的作用。击穿时刻后，断路器承受 GB 1984—2003 的 6.104.2.1 规定的关合电流。在合成试验回路中，外施电压由独立的电压源提供，短路电流则由降低电压的电流回路提供。在触头间隙击穿后，借助快速关合装置，例如触发火花间隙将电流回路立刻接到断路器上。

任何为试验选定的特定的合成试验方法，应对被试断路器施加充分的负荷。通常，当试验方法满足以下各条款所述要求时，施加的负荷是充分的。

关合前，断路器承受加于它两端的额定相对地电压；关合期间，断路器承载额定短路电流。仔细注意关合试验的电压和电流负荷(见图 4)，可辨认出三个主要阶段。

——高电压阶段

在断路器处于分闸位置的情况下，从试验起始到触头间隙击穿瞬间为止的这一段时间为高电压阶段。

——预击穿阶段

在断路器合闸行程中，从触头间隙击穿瞬间到触头接触为止的这一段时间为预击穿阶段。

——扣锁阶段

在断路器合闸行程中，从触头接触到触头到达完全闭合(锁定)位置的瞬间为止的这一段时间为扣锁阶段。

5.1.1 高电压阶段

在这一阶段，试验回路加于断路器的负荷，应使预击穿阶段的起始条件在规定的允差内，与下述参考系统条件下的相同。

——外施电压应满足 GB 1984—2003 的 6.104.1 中规定的要求；

——外施电压与短路电流间的相位差，在 GB 1984—2003 的 6.103.1 给定的允差内，应相应于试验回路的额定功率因数。

5.1.2 预击穿阶段

在预击穿阶段，断路器受到由电流产生的电动力和电弧能量产生的烧损效应的作用。电流由三个分量组成：

——起始瞬态关合电流(ITMC)；

——短路电流的直流分量；

——短路电流的交流分量。

根据接通时刻，可能出现两种典型的情况：

——击穿发生在外施电压峰值附近，产生几乎对称的电流。预击穿能量和 ITMC 相对较大；

——击穿发生在外施电压零点附近；产生非对称电流。除了在多断口断路器的一极的非同期合闸的情况外，预击穿能量和 ITMC 可予忽略。

5.1.3 扣锁阶段和完全闭合位置

在这个阶段，断路器必须在有电流产生的电动力和触头摩擦力的情况下合闸。因此，此阶段的关合电流应满足 GB 1984—2003 的 4.103。

5.2 用于关合试验的合成试验回路和有关特殊要求

5.2.1 概述

试验回路和特定的要求应满足 GB 1984—2003 的 6.104.2.1 的要求 a)。

5.2.2 试验回路

试验回路由两个电源组成，分别称为电流回路和电压回路。图 5 中给出了表示电压和电流的单相典型回路，图 6 给出了三相典型回路。

——电压回路提供：

- 在高电压阶段的外施电压；
- 在预击穿阶段，由 ITMC 回路放电而产生的 ITMC。

——在预击穿和扣锁阶段，电流回路提供关合电流。

5.2.3 特殊要求

进行合成关合试验时，外施电压与短路电流间的相位关系取决于下列参数：

——电流回路的功率因数($\cos\varphi$)；

——U_{cs} 和 U_h(如果 U_h 为交流电源)之间的相位移(β)；

——关合装置的延时(t_m)。

如果符合下述条件，正确关合操作的条件就已满足：

在 U_h 为交流电源的情况下，t_m 尽可能地短且在任何情况下不得长于 300 μs：

$$\beta + t_m' + (90° - \varphi) \leqslant 27°$$

式中：$t_m' = (t_m/T) \times 360°$（50 Hz 时，$T$=20 ms；60 Hz 时，$T$=16.7 ms）。

注 1：电压源 U_h 可能是交流电源、直流电源或者两者的组合。

注 2：如果电压 U_h 从一个独立的电源获得，β 可能是负值。

电压回路提供的引入电流应保证快速关合间隙接通前断路器的预击穿。因此，ITMC 回路的时间常数应足够大以保证在关合装置的时延期间流过电流。

6　与 GB 1984—2003 的 6.102 到 6.111 的要求相关的关合和开断性能的合成试验的特定要求

GB 1984—2003 的 6.102 到 6.111 也适用于合成试验。但是，在某些情况下，需要特殊的技术。这些情况在下述条款中描述。条款的编号与 GB 1984—2003 相对应。

6.102.4.3　多步试验

对于装有分闸电阻的断路器的合成试验方法见附录 F。

由于合闸电阻不影响试验回路，因此，具有合闸电阻的断路器的分闸操作不需要特殊的试验技术。

只要由一个电源提供了正确的电流和电压作用，合闸电阻可以仅在直接试验回路中进行试验。

在合成关合试验期间，为了在主断口中获得正确的短路电流作用和预击穿条件，有必要拆除合闸电阻。

6.102.10　燃弧时间的说明

需要满足的基本要求在 GB 1984—2003 的 6.102.10 中给出。

为了能在与直接试验相同的基础上进行合成试验，通常需采用专门的延弧法来延长被试断路器的燃弧，直到经过所需数目的工频电流零点。延弧的方法见附录 H。

大多数合成试验采用的是附录 H 描述的“一步一步”法。认为此方法与直接试验程序相当接近。

以热重燃的方法延弧。由于此法有可能强迫被试断路器在任何条件下重燃，要特别注意在断路器能开断的电流零点不要使断路器重燃。为此，需确定断路器每一个出线端故障、近区故障和失步试验方式时各自的最短燃弧时间。为了确定这个时间，至少需要做两次开断试验，一次开断，一次重燃。

最短燃弧时间的开断作为第一次有效开断操作。进行另一次试验来验证弧触头间的重燃出现在前一个电流零点。

注 1：为了证明在前一个电流零点的正常性能而需要进行的额外试验，由于燃弧时间短，造成的触头磨损等通常不显著，因此在试验后不需要检修。

注 2：在确定最短燃弧时间时发生重燃并不说明断路器开断失败。但是，确定该重燃仅发生在弧触头间是重要的。当采用电流引入法时，若重燃后引入电流在数个半波后开断，通常作为判断最短燃弧时间的有效方法。还应彻底检查屏蔽、燃弧触头和主触头等来验证正确性能。

6.102.10.1　三相试验

根据使用的试验回路，此处给出的试验程序没有涵盖固定接地系统（k_{pp}=1.3）中的第三开断极的条件。对于这种情况，在征得制造厂的同意后，可以将第二开断极的 TRV 和 di/dt 参数和相应于第三开断极的燃弧时间合并采用相同的试验程序。

6.102.10.1.1　试验方式 T10、T30、T60、T100s(b)

试验程序如下：

为了试验方便，接于 A 相中的极保持为首先开断极。

首先确定最短燃弧时间和正确的重燃性能。这可以通过以步长为 18°来改变脱扣脉冲的整定实现（可能需要重复几次）。完成后，从断路器开断的最短燃弧时间开始，脱扣脉冲控制的整定提前大约 40°。对于最后一次试验，从断路器开断的最短燃弧时间开始，脱扣脉冲控制的整定提前大约 20°：

——第一次有效开断操作：$t_{arc\ min}$，A 相中的最短燃弧时间；

——重燃试验：$t_{arcreig}=t_{arc\ min}-18°$，A 相中重燃；

——第二次有效开断操作：$t_{arc\ max}=t_{arc\ min}+40°$，A 相中最长燃弧时间；

——第三次有效开断操作：$t_{arcmed}=t_{arc\ min}+20°$，A 相中中燃弧时间。

第一次有效开断操作和重燃试验由单个分闸操作组成。第二次和第三次有效开断操作按照额定操作顺序的部分进行。如果额定操作顺序为 CO—t''—CO，则不要求第三次有效开断操作（见 GB 1984—2003 的 6.102.10）。

和三相直接试验中所采用的燃弧时间整定值的比较见图 7。

6.102.10.1.2 **试验方式 T100a**

试验程序如下：

所有的试验由单个分闸操作组成。

为了简化试验程序，A 相中的极保持为首先开断极，但 C 相中的极会承受提高的电磨损。为了在 B 相和 C 相的极上获得类似的电磨损，对于第三次有效开断操作，可以通过改变相 B 和相 C 的极来进行试验。

第一次最短燃弧时间（第一次有效开断操作）和重燃性能通过在 C 相中出现延长的大半波来确定。通过以步长为 18°来改变脱扣脉冲的整定实现（可能需要重复几次）。

第二次有效开断操作应在要求的非对称度转移到 A 相的条件下进行，因此，短路电流的初始相位和脱扣脉冲的整定值对应于重燃试验都应提前 60°。

第三次有效开断操作应把要求的非对称度设定到 C 相。相应于第二次有效开断操作，短路电流的初始相位延迟 60°而脱扣脉冲提前 10°。

——第一次有效开断操作：$t_{arc\ min}$

- A 相中最短燃弧时间；
- C 相中要求的非对称条件。

——重燃试验：$t_{arcreig}=t_{arc\ min}-18°$

- A 相中重燃；
- C 相中要求的非对称条件。

——第二次有效开断操作：首先开断极中 $t_{arc\ max\ major}$

- 短路电流的初始相位和脱扣脉冲的整定值对应于 $t_{arcreig}$ 都应提前 60°；
- A 相中要求的非对称条件。

——第三次有效开断操作：$t_{arc\ max\ majorextended}$

- A 相中最长燃弧时间；
- C 相中要求的非对称条件；
- 相应于 $t_{arc\ max\ major}$，短路电流的初始相位延迟 60°而脱扣脉冲提前 10°。

给出的试验顺序仅是为了便于试验。

和三相直接试验中所采用的燃弧时间整定值的比较见图 8。

第二次和第三次有效开断操作可以做如下交换：

——第二次有效开断操作：$t_{arc\ max\ majorextended}$

- A 相中最长燃弧时间；
- C 相中要求的非对称条件；
- 相应于 $t_{arcreig}$，脱扣脉冲提前 70°。

——第三次有效开断操作：首先开断极中 $t_{arc\ max\ major}$

- 相应于 $t_{arc\ max\ majorextended}$，短路电流的初始相位提前 60°，而脱扣脉冲延迟 10°；
- A 相中要求的非对称条件。

由于某些断路器不能在大半波后开断，如果断路器在随后的小半波开断，试验仍然有效。

注：对某些型式的断路器，第三次有效试验（$t_{\text{arc max majorextended}}$）时可能出现在前一个小半波电流零点已经在 B 相开断。这没有在上述的试验程序中验证，但是，可以通过把相对于 $t_{\text{arc max majorextended}}$ 的短路起始相位和脱扣脉冲整定均延迟 60°来检查。因此，如果开断出现在前一个小半波，则应根据断路器所不能开断的小半波电流的燃弧时间确定一更短的燃弧时间重复进行第三次有效试验。

6.102.10.2 代替三相条件的单相试验

GB 1984—2003 的 6.102.10.2 中规定的程序适用。

6.104.5.4 试验方式 T30

对于额定电压 72.5 kV 及以下的可能很难满足小的 t_3 值。应该采用能够达到的最短值，但不应小于 GB 1984—2003 的表 12 中规定的数值。所采用的数值应在试验报告中说明。

6.104.5.5 试验方式 T10

对于额定电压 72.5 kV 及以下的可能很难满足小的 t_3 值。应该采用能够达到的最短值，但不应小于 GB 1984—2003 的表 13 中规定的数值。所采用的数值应在试验报告中说明。

6.106 基本短路试验方式

基本要求在 GB 1984—2003 的 6.106 中给出。合成试验方法在表 3 中给出。

6.106 和表 3 中使用的缩写如下：

Cd——在可能小于 GB 1984—2003 的 6.104.1 规定电压的电流源电压的直接回路中的合闸操作；

Cs——在合成回路中具有规定参数的合闸操作；

Cd_{asy}——在符合 GB 1984—2003 的 6.104.2 的额定短路关合电流的直接回路中且在 Cd 规定的条件下的合闸操作；

Cs_{sym}——在合成回路中要求的外施电压下对称电流等于额定短路开断电流的合闸操作；

Od——仅有电流源电压且有规定的开断电流的开断操作；

Os——在合成回路中具有规定参数的开断操作；

t——操作之间的时间间隔（根据额定操作顺序，0.3 s 或 3 min）；

t'——操作之间的时间间隔（3 min）；

t''——操作之间的时间间隔（15 s）；

SP——GB 1984—2003 的 6.108 中定义的单相试验；

DEF——GB 1984—2003 的 6.108 中定义的异相接地故障试验。

注 1：由于合成试验的特点，可能难以满足额定操作顺序规定的时间间隔。见 GB 1984—2003 的 6.105.1。

注 2：为了满足所有的试验要求，可能需要进行多于正常的试验方式中规定的操作。在这种情况下，断路器可以修整且该试验方式可以重试。

6.106.1 试验方式 T10

可以采用几个试验程序按照规定参数进行合成试验的额定操作顺序（见表 3）。

6.106.2 试验方式 T30

可以采用几个试验程序按照规定参数进行合成试验的额定操作顺序（见表 3）。

6.106.3 试验方式 T60

可以采用几个试验程序按照规定参数进行合成试验的额定操作顺序（见表 3）。

6.106.4 试验方式 T100s

可以采用几个试验程序按照规定参数进行合成试验的额定操作顺序（见表 3），如下所述。

6.106.4.1 试验回路的直流分量的时间常数等于规定值

如果试验回路的时间常数等于 GB 1984—2003 的 4.101.2 规定的额定短路开断电流所用的规定值，可用下述方法之一。

a） 方法 1

优选的程序是进行如下完整的额定操作顺序：

$$\mathrm{Os—}t\mathrm{—CsOs—}t'\mathrm{—CsOs}\text{ 或者}$$
$$\mathrm{CsOs—}t''\mathrm{—CsOs}$$

其中一个 Cs 满足 GB 1984—2003 的 6.104.2.1 项 a)的要求，另一个 Cs 满足 GB 1984—2003 的 6.104.2.1 的要求项 b)的要求。

b) 方法 2

该程序按照如下进行完整的额定操作顺序：

$$\mathrm{Os}\text{ 接着}$$
$$\mathrm{Od—}t\mathrm{—Cs_{sym}Os—}t'\mathrm{—Cd_{asy}Os}\text{ 或者}$$
$$\mathrm{Cs_{sym}Od—}t''\mathrm{—Cd_{asy}Os}$$

其中 Od 具有和前面的 Os 相同的最短燃弧时间条件且 $\mathrm{Cd_{asy}}$ 满足 GB 1984—2003 的 6.104.2.1 项 b)的要求。

第一个 Os 的目的为：

a) 为了满足在规定的数值时开断操作的规定次数要求；

b) 为在随后的操作顺序期间的相关要求提供能够控制脱扣脉冲所必须的信息。这样可以确定和在规定值时进行直接试验一样的最短燃弧时间。这些条件在随后操作顺序中的 Od 操作期间得以再现。

$\mathrm{Cs_{sym}}$ 的目的是为了满足 GB 1984—2003 的 6.104.2.1 项 a)的要求，作为预击穿出现在外施电压峰值处的结果，关合对称电流。

c) 方法 3

该程序按照如下进行完整的额定操作顺序：

$$\mathrm{Cs_{sym}}\text{ 和 }\mathrm{Os}\text{ 接着}$$
$$\mathrm{Od—}t\mathrm{—CdOs—}t'\mathrm{—CdOs}\text{ 或者}$$
$$\mathrm{CdOd—}t''\mathrm{—CdOs}$$

其中 Od 具有和前面的 Os 相同的最短燃弧时间条件且两个 Cd 中的一个满足 GB 1984—2003 的 6.104.2.1 项 b)的要求。

第一个 Os 的目的为：

1) 为了满足在规定的数值时开断操作的规定次数要求；

2) 为在随后的操作顺序期间的相关要求提供能够控制脱扣脉冲所必须的信息。这样可以确定和在规定值时进行直接试验一样的最短燃弧时间。这些条件在随后操作顺序中的 Od 操作期间得以再现。

$\mathrm{Cs_{sym}}$ 的目的是为了满足 GB 1984—2003 的 6.104.2.1 项 a)的要求，作为预击穿出现在外施电压峰值处的结果，关合对称电流。

6.106.4.2 试验回路的直流分量的时间常数小于规定值

如果试验回路的时间常数小于 GB 1984—2003 的 4.101.2 规定的额定短路开断电流所用的规定值，可用下述方法之一。

a) 方法 1

优选的程序是进行如下完整的额定操作顺序：

$$\mathrm{Cd_{asy}}\text{ 和 }\mathrm{Os}\text{ 接着}$$
$$\mathrm{Od—}t\mathrm{—Cs_{sym}Os—}t'\mathrm{—CdOs}\text{ 或者}$$
$$\mathrm{Cs_{sym}Od—}t''\mathrm{—CdOs}$$

其中 Od 具有和前面的 Os 相同的最短燃弧时间条件且 $\mathrm{Cd_{asy}}$ 满足 GB 1984—2003 的 6.104.2.1 项 b)的要求。

第一个 Os 的目的为：

1）为了满足在规定的数值时开断操作的规定次数要求；

2）为在随后的操作顺序期间的相关要求提供能够控制脱扣脉冲所必须的信息。这样可以确定和在规定值时进行直接试验一样的最短燃弧时间。这些条件在随后操作顺序中的 Od 操作期间得以再现。

Cs_{sym} 的目的是为了满足 GB 1984—2003 的 6.104.2.1 项 a)的要求，作为预击穿出现在外施电压峰值处的结果，关合对称电流。

b）方法 2

该程序按照如下进行完整的额定操作顺序：

Cd_{asy}、Cs_{sym} 和 Os 接着

Od—t—CdOs—t'—CdOs 或者

CdOd—t''—CdOs

其中 Od 具有和前面的 Os 相同的最短燃弧时间条件且两个 Cd 中的一个满足 GB 1984—2003 的 6.104.2.1 项 b)的要求。

第一个 Os 的目的为：

1）为了满足在规定的数值时开断操作的规定次数要求；

2）为在随后的操作顺序期间的相关要求提供能够控制脱扣脉冲所必须的信息。这样可以确定和在规定值时进行直接试验一样的最短燃弧时间。这些条件在随后操作顺序中的 Od 操作期间得以再现。

Cs_{sym} 的目的是为了满足 GB 1984—2003 的 6.104.2.1 项 a)的要求，作为预击穿出现在外施电压峰值处的结果，关合对称电流。

6.106.4.3 试验回路的直流分量的时间常数大于规定值

如果试验回路的时间常数大于 GB 1984—2003 的 4.101.2 规定的额定短路开断电流所用的规定值，可用下述方法之一。

a）方法 1

优选的程序是进行如下完整的额定操作顺序：

Os 接着

Od—t—Cs_{sym} Os—t'—Cd_{asy} Os 或者

Cs_{sym} Od—t''—Cd_{asy} Os

其中 Od 具有和前面的 Os 尽可能相同的最短燃弧时间条件且 Cd_{asy} 满足 GB 1984—2003 的 6.104.2.1项 b)的要求。

第一个 Os 的目的为：

1）为了满足在规定的数值时开断操作的规定次数要求；

2）在随后的操作顺序期间的相关要求提供能够控制脱扣脉冲所必须的信息。这样可以确定和在规定值时进行直接试验一样的最短燃弧时间。这些条件在随后操作顺序中的 Od 操作期间得以再现。

Cs_{sym} 的目的是为了满足 GB 1984—2003 的 6.104.2.1 项 a)的要求，作为预击穿出现在外施电压峰值处的结果，关合对称电流。

b）方法 2

该程序按照如下进行完整的额定操作顺序：

Cs_{sym} 和 Os 接着

Od—t—CdOs—t'—CdOs 或者

CdOd—t''—CdOs

其中 Od 具有和前面的 Os 相同的最短燃弧时间条件且两个 Cd 中的一个满足 GB 1984—2003

的 6.104.2.1 项 b)的要求。

第一个 Os 的目的为:

1) 为了满足在规定的数值时开断操作的规定次数要求;

2) 为在随后的操作顺序期间的相关要求提供能够控制脱扣脉冲所必须的信息。这样可以确定和在规定值时进行直接试验一样的最短燃弧时间。这些条件在随后操作顺序中的 Od 操作期间得以再现。

Cs_{sym}的目的是为了满足 GB 1984—2003 的 6.104.2.1 项 a)的要求,作为预击穿出现在外施电压峰值处的结果,关合对称电流。

6.106.5 试验方式 T100a

应按照 GB 1984—2003 的 6.106.5 的规定进行三次开断操作(见表 3)。

由于直流分量的原因,非对称电流试验时 di/dt 和 TRV 均有变化。在合成试验中,这些改变需按以下各条事先予以安排:

a) 根据要求的直流分量时间常数,IEC 62271-308 和下述非对称判据应予以满足:

1) 最后电流半波的幅值;

2) 最后电流半波的持续时间;

3) 电流零点的直流分量百分数(控制 di/dt 和随后的 TRV 参数)。

试验方式 T100a 时,为了获得一次有效开断操作,需要同时再现几个试验参数。

最后半波的幅值和持续时间以及最终电流零点的直流分量百分数的数值在附录 I 的表 I.1a 到表 I.2d 中给出。

电流零点的预期直流分量百分数应根据试验期间的触头分离时刻的直流分量百分数和试验回路的直流分量时间常数计算得出。试验回路的直流分量时间常数应该在预期电流校正试验的示波图上对应于触头分离时刻的区域测量得到。实际试验的短路起始时刻应在预期电流校正试验的±10°范围内。

对于预期电流校正试验,有必要将其电流持续时间至少延长一个额外的半波以便能够准确测量预定电流零点的预期直流分量百分数。

注:实际试验中,电流零点的直流分量百分数也可以根据下面的公式计算:

$$p_0 = p_{cs} \times e^{-\frac{t_a}{\tau}}$$

式中:

p_0——实际试验中电流零点的直流分量百分数;

p_{cs}——实际试验中在触头分离时刻测量的直流分量百分数;

t_a——燃弧时间;

τ——预期的电流校正试验期间在触头分离时刻测量的试验回路的直流分量时间常数。

对每一特定的试验方法适用的非对称判据在 IEC 62271-308:2002 的 5.2 中描述。

b) 降低电流零点的 di/dt

对电流引入法,可以通过降低电压回路的充电电压来降低 di/dt。

相应的正确数值,对于具有完全非对称电流的相中的首先开断极条件,在表 I.1a 到表 I.2d 中给出;对于具有完全非对称电流的相中的第二开断极条件,在表 I.3a 和表 I.3b 中给出。

c) TRV 的修正

1) 简化法

对于 t_2 或 t_3 不超过 500 μs 的 TRV 来说,可以采用简化法。

合成回路的充电电压应整定成能够获得最严酷的试验参数。对于小半波试验,为 u_c;对于大半波试验,为 di/dt。

2) 对于 t_2 超过 500 μs 的 TRV 来说,必须采用其他修正办法和/或采用改变回路的办法。

表Ⅰ.4a到表Ⅰ.4d给出了要求的预期TRV值。

注：为了实现要求的数值，对于大半波和小半波，可能需要采用不同的试验回路。采用单一试验回路的试验可能会使断路器过负荷且要求征得制造厂的同意。

d) 恢复电压的修正

如果所进行的试验是在大半波末开断，降低了的恢复电压足够覆盖等效直接试验恢复电压的前1/4半波。

若在电流的小半波末开断，降低了的恢复电压不能覆盖参考的系统条件，因为在TRV开始后系统中的工频恢复电压是连续上升的。

结合对称试验方式，足以验证断路器的性能。

6.108 单相和异相接地故障试验

基本试验要求在GB 1984—2003的6.108中给出。试验方法见表3。

6.109 近区故障试验

基本试验要求在GB 1984—2003的6.109中给出。

近区故障的试验方法见表3。

开断前的最后电流半波的幅值应等于试验电流的$\sqrt{2}$倍，允差为4.1.1中规定的±10%。

对于近区故障合成试验，近区故障回路的参数应和GB 1984—2003的4.105中给出的一样，且线路侧回路在整个相互作用阶段应位于电流承载回路中。

对于电流引入回路，近区故障回路可以和电压回路串联，且其电感增加到L_h，如图B.1所示。

电压回路中的近区故障回路可能引起的振荡叠加在引入电流波形上。为了不影响电弧电压显著变化阶段或者电流零点前至少100 μs内的电流，这些振荡应予以阻尼（以满足4.2.1项d）的规定）。

可在TRV波形调节回路中串联一个电阻。大多数情况下，选作调节恢复电压起始上升率的电阻足以提供所需的阻尼。

注：近区故障试验时，如将线路和电压回路连接在被试断路器的同一侧，则应特别注意电压分布和预期TRV的测量。

如果按照GB 1984—2003的6.109.3的要求，可采用一附加的电容调节时延，应注意这些电容施加于何处：

——如果采用线路侧电容，则应接在试验回路线路段的两端来模拟和直接试验中的相同的条件；

——如果采用电源侧电容，则应接在电压回路的电源侧的两端。

注1：通常认为断路器两端的电容是被试断路器的一部分。在某些情况下，可能需要在断路器两端施加附加的电容来调节试验回路的时延。

注2：辅助断路器两端的电容影响时延且认为它是试验回路中时延电容的一部分。

6.110 失步关合和开断试验

基本要求在GB 1984—2003的6.110中给出。

OP1和OP2的试验方法在表3中给出。

表3 试验方式T10、T30、T60、T100s、T100a、SP、DEF、OP和SLF的合成试验程序

试验方式	合成试验		额定操作顺序	
	条款号	方法	O—t—CO—t'—CO t=0.3 s或3 min t'=3 min	CO—t''—CO t''=15 s
T10、T30、T60、SP和DEF	6.106.1到6.106.3 6.108	1	Os—t—(Cd)Os—t'—(Cd)Os[a]	(Cd)Os—t''—(Cd)Os[a]
		2	Os Od—t—(Cd)Os—t'—(Cd)Os[a]	Os (Cd)Od—t''—(Cd)Os[a]

表 3（续）

试验方式	合成试验		额定操作顺序	
	条款号	方法	O—t—CO—t′—CO t=0.3 s 或 3 min t′=3 min	CO—t″—CO t″=15 s
T100s	6.106.4.1(试验回路直流分量的时间常数等于标准值)	1	Os—t—CsOs—t′—CsOs	CsOs—t″—CsOs
		2	Os Od—t—Cs_{sym}Os—t′—Cd_{asy}Os	Os Cs_{sym}Od—t″—Cd_{asy}Os
		3	Cs_{sym} Os Od—t—CdOs—t′—CdOs[d]	Cs_{sym} Os CdOd—t″—CdOs[d]
	6.106.4.2(试验回路直流分量的时间常数小于标准值)	1	Cd_{asy} Os Od—t—Cs_{sym}Os—t′—CdOs[b]	Cd_{asy} Os Cs_{sym}Od—t″—CdOs[b]
		2	Cd_{asy} Cs_{sym} Os Od—t—CdOs—t′—CdOs[b]	Cd_{asy} Cs_{sym} Os CdOd—t″—CdOs[b]
	6.106.4.3(试验回路直流分量的时间常数大于标准值)	1	Os Od—t—Cs_{sym}Os—t′—Cd_{asy}Os[c]	Os Cs_{sym}Od—t″—Cd_{asy}Os[c]
		2	Cs_{sym} Os Od—t—CdOs—t′—CdOs[c,d]	Cs_{sym} OsCdOd—t″—CdOs[c,d]
T100a	6.106.5		Os—t′—Os—t′—Os	
SLF	6.109	1	Os—t—(Cd)Os—t′—(Cd)Os[a]	
		2	Os Od—t—(Cd)Os—t′—(Cd)Os[a]	
OP1	6.110		Os,Os,Os	
OP2	6.110	1	Cs_{sym}Os,Os,Os	
		2	Cs_{sym} (Cd)Os,Os,Os[a]	

[a] (Cd)是和 Cd 一样的合闸操作，可以在空载条件下进行。

[b] 由于和用于额定短路开断电流所用的规定值相比试验回路的直流分量时间常数较小，在 Cd_{asy} 操作期间的电流对称值需要大于额定值。由于同样的原因，已经在 Cd_{asy} 操作期间验证过，Cd 操作期间的电流峰值将小于额定短路关合电流。

[c] 由于和用于额定短路开断电流所用的规定值相比试验回路的直流分量时间常数较大，在 Cd_{asy} 操作期间的电流峰值可能大于额定短路关合电流。可以采用峰值电流降低的回路，或者通过选相控制合闸操作来获得要求的额定短路关合电流。采用选相控制应征得制造厂的同意。

[d] 两个 Cd 中的一个应为 Cd_{asy}。

6.111 **容性电流开合试验**

基本要求在 GB 1984—2003 的 6.111 中给出。

6.111.2 **概述**

只要恢复电压满足 60 Hz 的要求(见 GB 1984—2003 的 6.111.2 的注 4),50 Hz 电流回路的试验回路可以用来验证额定值为 60 Hz 的容性电流开合能力。触头分离时刻的整定应该根据电流源的频率。但是,最短燃弧时间应该基于被试断路器的额定频率通过以大约 6°的间隔改变分闸操作时触头分离时刻的整定值来确定。

6.111.3 **电源回路的特性**

如果试验回路的特性不能满足 GB 1984—2003 的 6.111.3 的要求,应该施加 GB 1984—2003 的 6.111.10 规定的预期瞬态恢复电压。

注:如 G.2 所述的电流截断效应可能改变容性电流开合试验期间的恢复电压。

6.111.7 **试验电压**

对于单相合成容性电流开合试验,应该施加 GB 1984—2003 的 6.111.7 中对直接试验规定的试验电压。

合成容性电流开合回路的例子在附录 G 中给出。

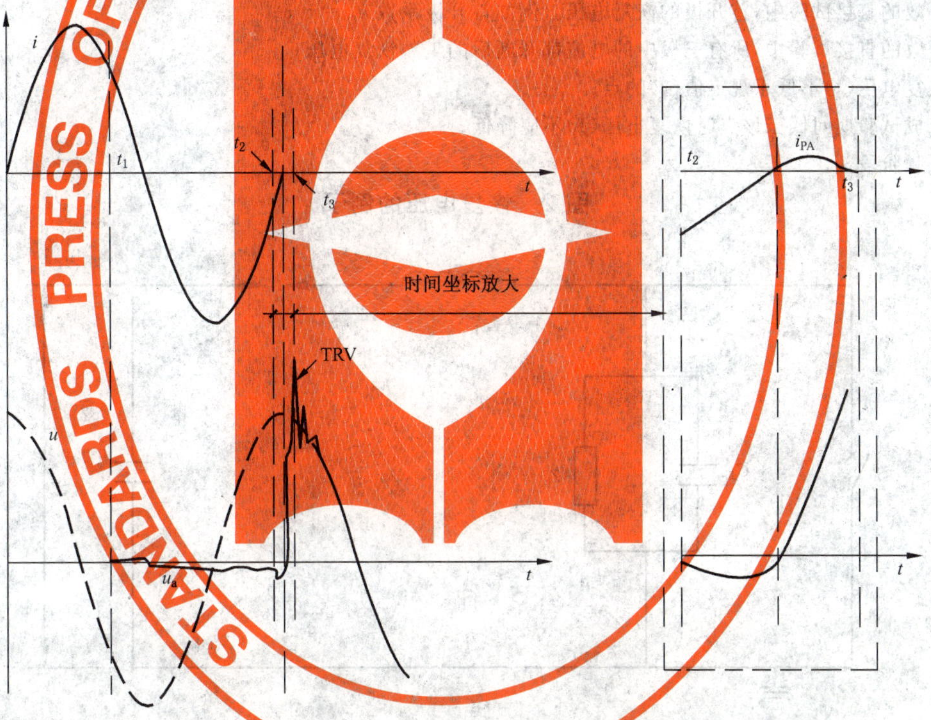

图例:

i——开断电流;

u——工频电压;

u_a——电弧电压;

TRV——瞬态恢复电压;

i_{PA}——弧后电流;

t_1——触头分离时刻;

t_2——电弧电压显著变化阶段的起始时刻;

t_3——弧后电流熄灭时刻;

t_2-t_1——大电流阶段;

t_3-t_2——相互作用阶段;

t_3 以后——高电压阶段。

图 1 开断过程;基本的时间段

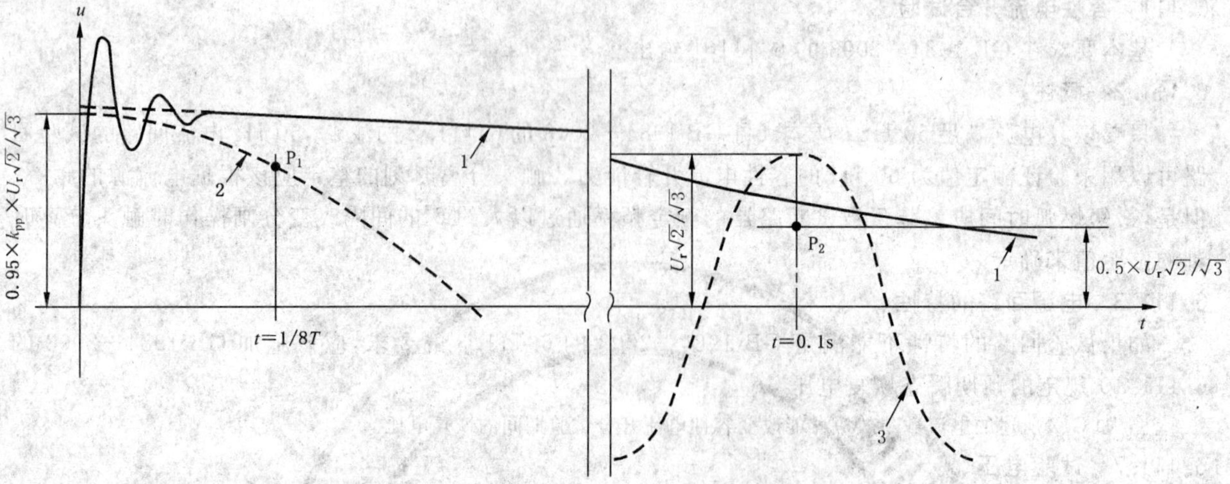

图例：

1——合成试验中，断路器两端的指数衰减的恢复电压；

2——等效的直接试验中，首开极的恢复电压。例如首开极系数 $k_{pp}=1.3$；

3——等效的直接试验中，所有三极中的电流都开断后的工频恢复电压；

P_1——恢复电压(1)不低于规定值(2)的点；

P_2——合成试验期间低于该点时恢复电压(1)不应降低；

T——工频阶段。

图 2 恢复电压的例子

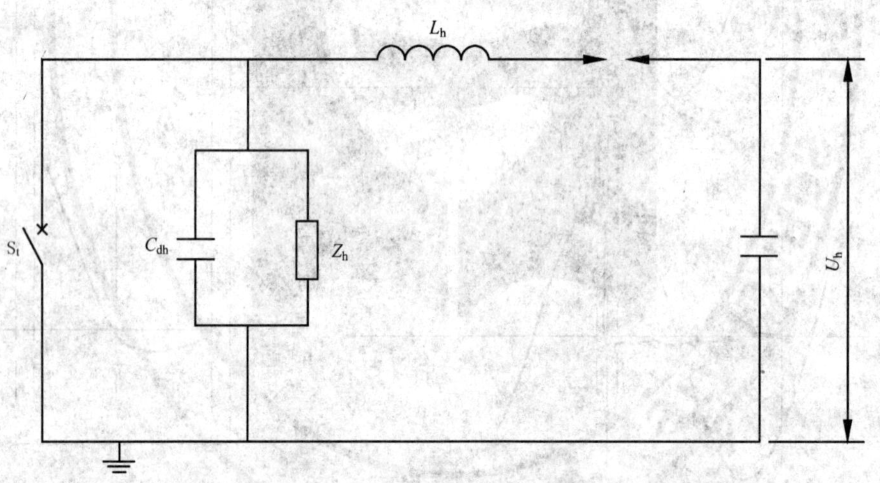

图例：

U_h——电压回路的充电电压；

L_h——电压回路的电感；

Z_h——等效波阻抗；

C_{dh}——电压回路的时延电容；

S_t——被试断路器。

图 3 电流引入回路的电压回路中的等值波阻抗

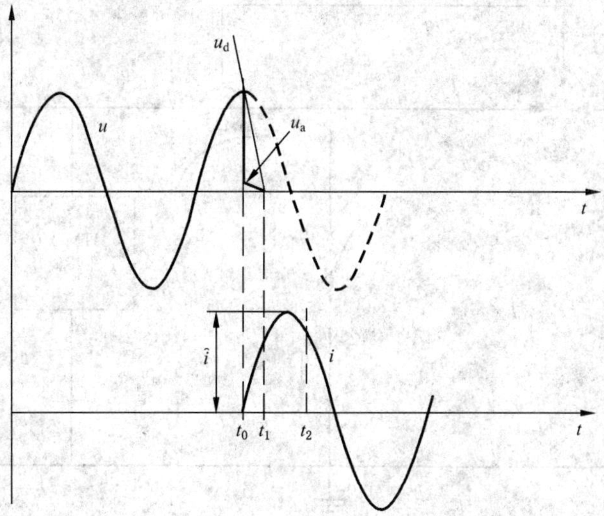

a) 对称关合电流

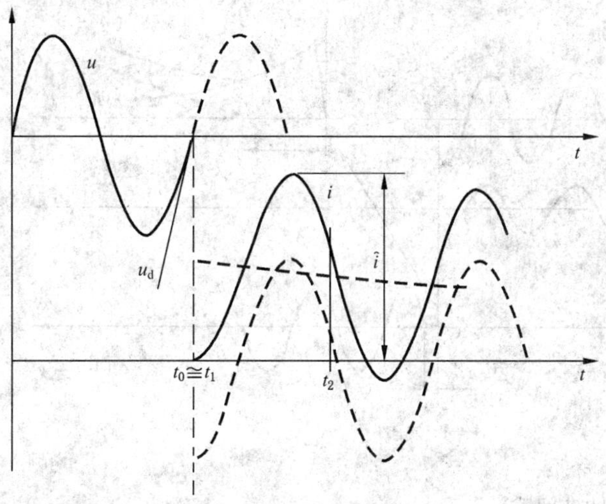

b) 非对称关合电流

图例：

i——电流；

$\hat{i}$——关合电流峰值；

u——工频电压；

u_d——介质的关合特性；

u_a——电弧电压；

t_0——预击穿时刻；

t_1——触头接触时刻；

t_2——完全合闸位置。

图 4　关合过程；基本的时间段

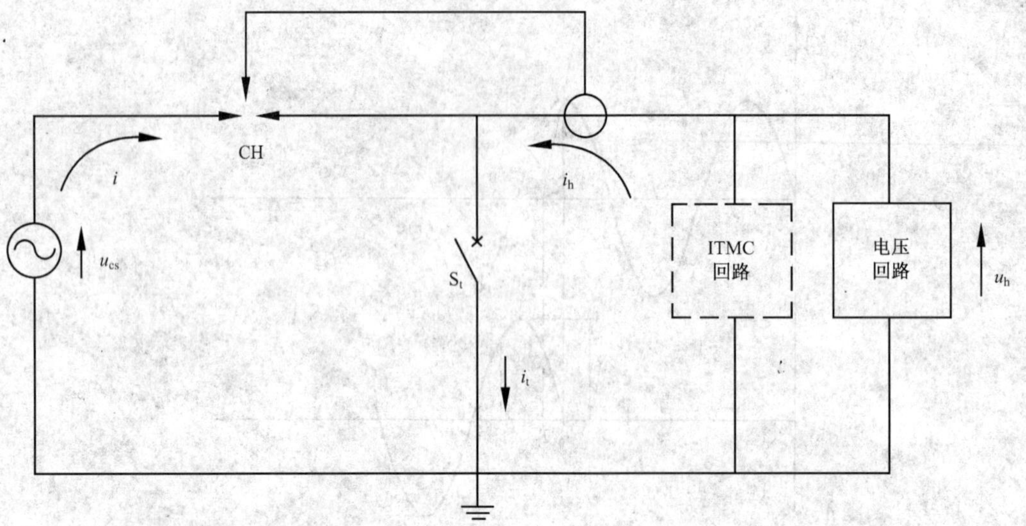

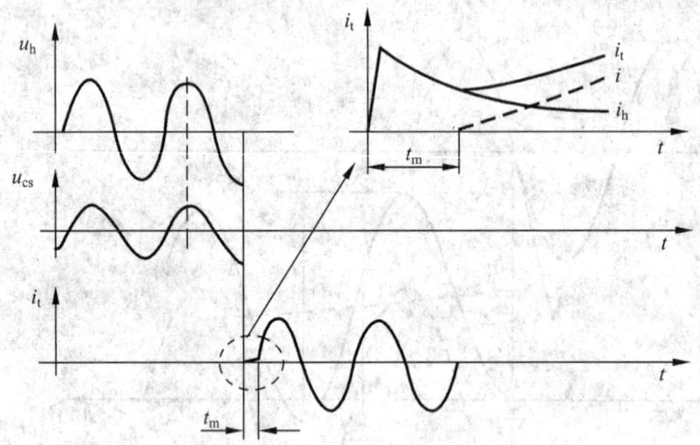

图例：

u_{cs}——电流回路的电压；

CH——关合装置(触发的火花间隙)；

i——电流回路提供的工频电流；

S_t——被试断路器；

u_h——外施电压；

i_h——起始瞬态关合电流(ITMC)；

i_t——被试断路器中的电流；

t_m——关合装置的时延。

图 5　单相试验的典型合成关合回路

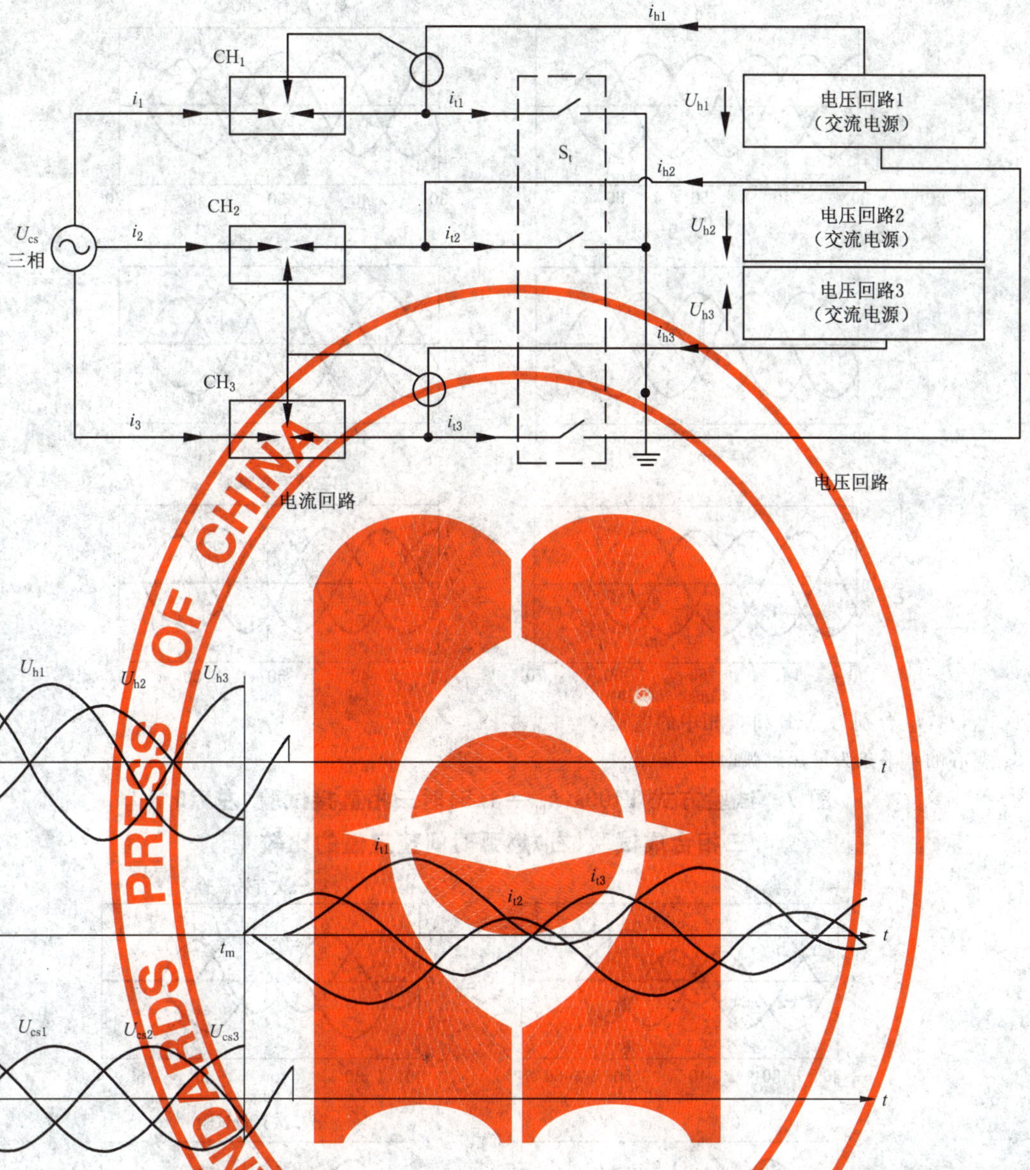

图例：

U_{cs1}，U_{cs2}，U_{cs3}——电流回路电压；

i_1，i_2，i_3——电流回路的电流；

i_{t1}，i_{t2}，i_{t3}——流过被试断路器的电流；

i_{h1}，i_{h2}，i_{h3}——初始瞬态关合电流(ITMC)；

U_{h1}，U_{h2}，U_{h3}——外施电压；

CH_1，CH_2，CH_3——关合装置；

S_t——被试断路器；

t_m——关合装置的时延。

图 6　三相试验的典型合成关合回路（$k_{pp}=1.5$）

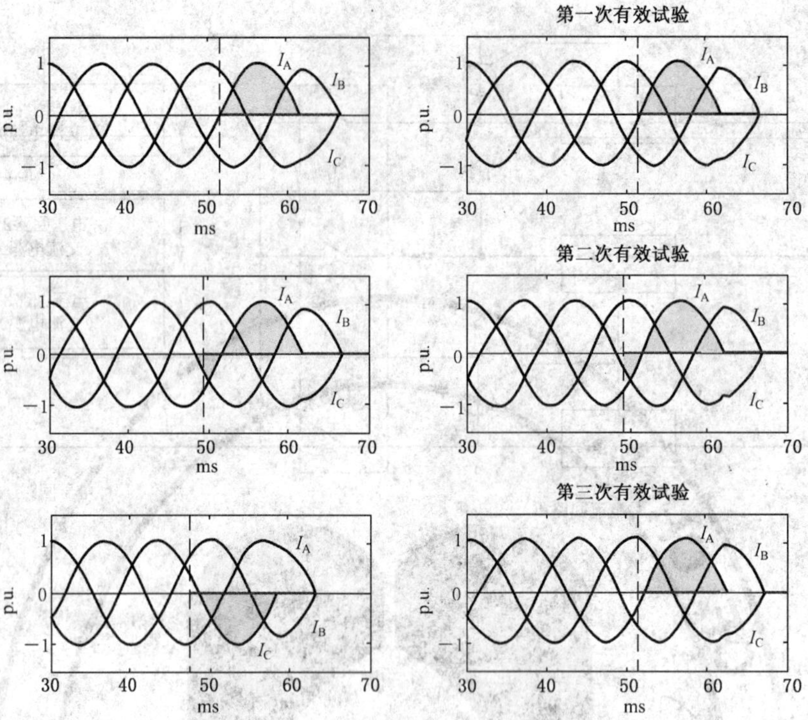

注 1：I_A，I_B，I_C 分别为 A、B 和 C 相中的电流。

注 2：实心的水平条为最短燃弧时间。

图 7　试验方式 T100s(k_{pp}＝1.5)时三相直接试验(左)和三相合成试验(右)燃弧时间整定值的比较

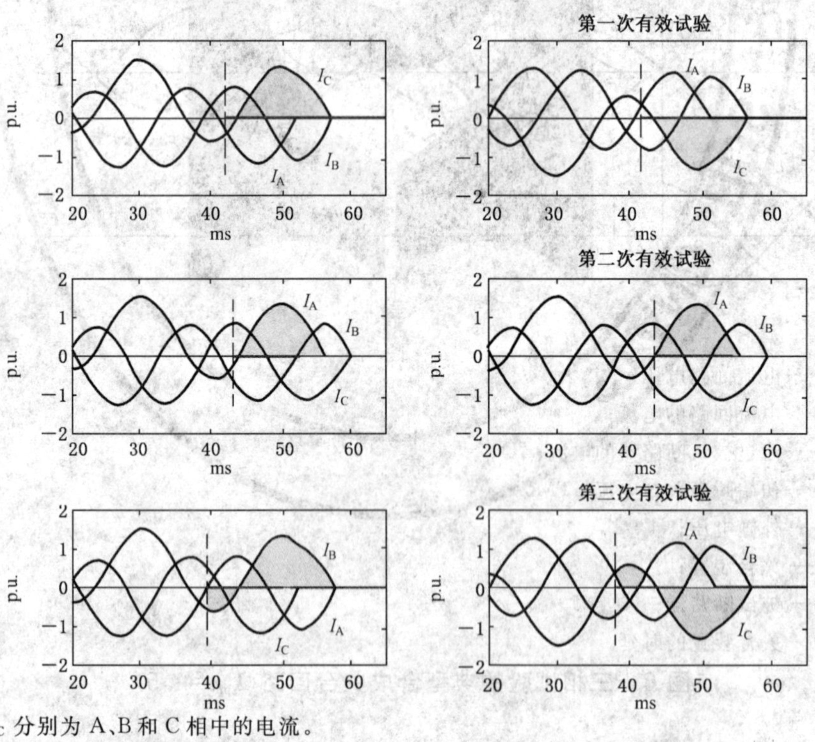

注 1：I_A，I_B，I_C 分别为 A、B 和 C 相中的电流。

注 2：实心的水平条为最短燃弧时间。

图 8　试验方式 T100a(k_{pp}＝1.5)时三相直接试验(左)和三相合成试验(右)燃弧时间整定值的比较

附 录 A
（资料性附录）
电流的畸变

众所周知，电流畸变是合成试验期间必须考虑的因素。A.1、A.2 和 A.3 给出了采用简化法的基本分析。实际上，利用计算机进行的数值计算可能更适合，它可以引入各种各样的电弧电压波形。

A.1 在临过零前的电流畸变

相互作用阶段始于因电流趋零使电弧电压开始显著变化的时刻。在此阶段内，电弧电压的变化影响电流过零前的波形和变化率。

畸变电流使实际电流偏离预期电流，畸变电流主要流过实际回路所有参数中具有小时间常数的阻抗。

电流趋零时特有的方式决定了电流零点时断路器弧触头间介质的物理状态。回路与断路器间的主要相互作用是由电弧电压引起的，它对电容充放电，并影响临近零前的 $\mathrm{d}i/\mathrm{d}t$。

在代表系统短路或直接试验的简化电路中，如图 A.1，电压 u 提供电弧电流 i，相应的电弧电压为 u_a，与电弧电压并联有一电容 C。

假定电弧电压 $u_a=0$，则预期短路电流 i_p（见图 A.2）将流经电弧，该电流的大小及波形由电感 L、电压 u、电压的频率和电流起始瞬间决定。

假定电源电压 $u=0$ 而电弧电压存在，则电弧电压将产生一电流。此电流 i_d（见图 A.3）就是畸变电流，其部分将流经电感 L 即 i_{dL}，部分将流经电容 C 即 i_{dC}。根据这些条件有下列方程：

$$u_a-L\times\frac{\mathrm{d}i_{dL}}{\mathrm{d}t}=0$$

和

$$C\times\frac{\mathrm{d}u_a}{\mathrm{d}t}-i_{dC}=0$$

由此可得关于 i_d 的下述方程：

$$i_d=i_{dL}+i_{dC}=\frac{1}{L}\int u_a\mathrm{d}t+C\times\frac{\mathrm{d}u_a}{\mathrm{d}t}$$

如果电压 u 和 u_a 同时存在（见图 A.4），则所得的实际电流为

$$i=i_p-i_d$$

A.2 大电流阶段的电流畸变

在这一阶段，电弧电压在回路中产生畸变电流 i_d，叠加在总电流上。

与预期电流相比，最终的电弧电流在四个物理参数方面呈现畸变，即电流幅值、半波持续时间、电弧能量及 $\mathrm{d}i/\mathrm{d}t$。

实际上，在评价电弧电压的影响时只考虑电流幅值和半波持续时间就够了。

作为初步近似，可考虑两种不同的电弧电压特性，即：

a) 电弧电压为恒值，$u_a=U_a$

b) 电弧电压线性增长，$u_a=S\times t$

由于燃弧的这一阶段流经电容 C（见图 A.1）的电流小，简化的图 A.5 就足够用了。

A.2.1 对称电流在一个半波燃弧时的畸变

在推导下述公式时略去了图 A.5 中的电阻，这是因为在一个半波中它的作用可忽略不计。图 A.8 和图 A.9 中给出了一些结果。

按图 A.6 和 A.7 表示的特性进行计算。

$\widehat{u}$——电流回路的电压峰值($=\omega L\times\widehat{i}_{p}$);

$\widehat{i}_{p}$——预期电流的峰值;

$\widehat{i}$——实际电流的峰值(已被电弧电压减小);

t_{m}——达到峰值$\widehat{i}$的瞬间。

a) 流幅值比

1) 对恒定的电弧电压:

$$\frac{\widehat{i}}{\widehat{i}_{p}}=\sin\omega t_{m}-\frac{U_{a}}{\hat{u}}\times\omega t_{m}$$

2) 对线性增长的电弧电压:

$$\frac{\widehat{i}}{\widehat{i}_{p}}=\sin\omega t_{m}-\frac{S\omega}{2\hat{u}}\times t_{m}{}^{2}$$

b) 实际的电流半波持续时间 T_{1}(已被电弧电压缩短)

1) 对恒定的电弧电压:

$$\sin\omega T_{1}=\frac{U_{a}\omega}{\hat{u}}T_{1}$$

2) 对线性增长的电弧电压:

$$\sin\omega T_{1}=\frac{S\omega}{2\hat{u}}T_{1}{}^{2}$$

图 A.8 和图 A.9 给出电流幅值减小率 $\Delta i/i_{p}$ 和半波时间减小率 $\Delta t/T_{p}$ 分别为比率 $U_{a}/\widehat{u}$(电弧电压为恒值时)和 $S\times T_{a}/2\times\widehat{u}$(电弧电压线性增长时)的函数关系。

式中:

$\Delta i=\widehat{i}_{p}-\widehat{i}$;

$\Delta t=T_{p}-T_{1}$;

T_{p}——预期的电流半波持续时间;

T_{a}——实际的燃弧时间(对于一个半波燃弧,$T_{a}=T_{1}$,见图 A.6 和图 A.7)。

A.2.2 在普遍情况下的畸变

在对称和非对称电流两种情况下,以及燃弧时间超过一个半波时,畸变电流由下述公式获得,该式适用于电弧电压为恒值及线性增长这两种情况。按图 A.5 所示的电路进行计算,且引入了电源阻抗的时间常数 L/R。预期电流的标么值由下式给出:

$$i/\widehat{i}_{p}=\sin(\omega t+\omega t_{1}-\varphi)-\sin(\omega t_{1}-\varphi)\times e^{-\frac{R}{L}t}$$

式中:

t——由电流初起点计起的时间坐标;

t_{1}——电压正半波起始点与电流起始点之间的时间间隔。

$\varphi=\arctan\dfrac{\omega L}{R}$,对于对称电流而言,$\varphi=\omega t_{1}$;

畸变电流的标么值是:

$i_{d}/\widehat{i}_{p}=C$ (对于第一个燃弧半波);

$i_{d}/\widehat{i}_{p}=D-E$ (对于第二个燃弧半波);

$i_{d}/\widehat{i}_{p}=D-F+G$ (对于第三个燃弧半波)。

式中:

C、D、E、F 和 G 由下述各式决定:

a) 电弧电压为恒值时

$$C=\frac{M}{\cos\varphi}\left[1-e^{-\frac{R}{L}(t-t_{CS})}\right]$$

$$D=\frac{M}{\cos\varphi}\left[1-e^{-\frac{R}{L}(t'_0-t_{CS})}\right]e^{-\frac{R}{L}(t-t'_0)}$$

$$E=\frac{M}{\cos\varphi}\left[1-e^{-\frac{R}{L}(t-t'_0)}\right]$$

$$F=\frac{M}{\cos\varphi}\left[1-e^{-\frac{R}{L}(t''_0-t'_0)}\right]e^{-\frac{R}{L}(t-t''_0)}$$

$$G=\frac{M}{\cos\varphi}\left[1-e^{-\frac{R}{L}(t-t''_0)}\right]$$

式中：

$M=\frac{U_a}{\hat{u}}$＝电弧电压与工频电压峰值之比；

$$\cos\varphi=\frac{R}{\sqrt{R^2+(\omega L)^2}};$$

t_{CS}——触头分离瞬间；

t'_0，t''_0——各半波电流的终止时刻。

b) 电弧电压为线形增长时

$$C=\frac{M}{\cos\varphi}\left[(t-t_{CS})-\frac{L}{R}(1-e^{-\frac{R}{L}(t-t_{CS})})\right]$$

$$D=\frac{M}{\cos\varphi}\left[(t'_0-t_{CS})-\frac{L}{R}(1-e^{-\frac{R}{L}(t'_0-t_{CS})})\right]e^{-\frac{R}{L}(t-t'_0)}$$

$$E=\frac{M}{\cos\varphi}\left[(t-t'_0)-\frac{L}{R}(1-e^{-\frac{R}{L}(t-t'_0)})+(t'_0-t_{CS})\times(1-e^{-\frac{R}{L}(t-t'_0)})\right]$$

$$F=\frac{M}{\cos\varphi}\left[(t''_0-t'_0)-\frac{L}{R}(1-e^{-\frac{R}{L}(t''_0-t'_0)})+(t'_0-t_{CS})\times(1-e^{-\frac{R}{L}(t''_0-t'_0)})\right]e^{-\frac{R}{L}(t-t''_0)}$$

$$G=\frac{M}{\cos\varphi}\left[(t-t''_0)-\frac{L}{R}(1-e^{-\frac{R}{L}(t-t''_0)})+(t''_0-t_{CS})\times(1-e^{-\frac{R}{L}(t-t''_0)})\right]$$

式中：

$$M=\frac{S\times T_a}{2\hat{u}}。$$

图 A.8 到图 A.11 给出在几种典型情况下最后燃弧半波的电流幅值减小率及半波持续时间减小率。

对于对称电流情况，电弧电压为恒值的结果作为比率 $U_a/\widehat{u}$ 的函数，由图 A.8 给出；电弧电压线性增长时，其结果作为比率 $S\times T_a/2\hat{u}$ 的函数，由图 A.9 给出。对于非对称电流的情况，由图 A.10 和图 A.11 给出相应的结果。

对于燃弧时间来说，考虑了三种典型情况：1 个半波、2 个半波及 2.5 个半波。在非对称电流的情况下，触头分离时刻选在电流起始之后 1.5 个周波时。

电弧电压造成的影响不但取决于电弧电压，而且取决于燃弧时间和电流的非对称度，所以，对每个情况都进行准确计算是必要的。

注：为了能够对两种燃弧形式的有关曲线进行比较，适当地选择了电弧电压值，即电弧电压线性上升时，在最后的电流零点的值等于恒值电弧电压情况下 U_a 的两倍。

A.3 确定畸变电流参数的例子

下面以 126 kV 断路器的单极试验为例来说明如何利用前面 A.1 和 A.2 所给出的方法计算畸变电流。

在合成试验的例子中，假定被试断路器和辅助断路器的电弧电压、触头分离时刻相同。

A.3.1 对称电流试验

A.3.1.1 恒值电弧电压

直接试验

额定电压 $U_r = 126\ \text{kV}$

单极试验电压 $U_t = \dfrac{126 \times 1.3}{\sqrt{3}} = 95\ \text{kV}$

恒值电弧电压平均值(最后半波) $U_a = 1\ \text{kV}$

因此 $\dfrac{U_a}{\widehat{u}} = \dfrac{1}{95\sqrt{2}} = 0.007\ 4$

按燃弧时间一个半波计算(见 A.2.1) $\dfrac{\Delta i}{\widehat{i}_p} = -1.2\%$

及 $\dfrac{\Delta t}{T_p} = -0.7\%$

合成试验

电流回路电压 $U_1 = 31\ \text{kV}$

恒值电弧电压(被试断路器和辅助断路器，最后半波)平均值 $U_{as} = 2U_a = 2\ \text{kV}$

因此 $\dfrac{U_{as}}{\widehat{u}} = \dfrac{2}{31\sqrt{2}} = 0.046$

按图 A.8 对于一个燃弧半波 $\dfrac{\Delta i}{\widehat{i}_p} = -7\%$

$\dfrac{\Delta t}{T_p} = -4.5\%$

A.3.1.2 线性增长的电弧电压

直接试验

单极试验电压 $U_t = \dfrac{126 \times 1.3}{\sqrt{3}} = 95\ \text{kV}$

线性增长的电弧电压 $\dfrac{ST_a}{2} = 3\ \text{kV}$

因此 $\dfrac{ST_a}{2\widehat{u}} = \dfrac{3}{95\sqrt{2}} = 0.022$

根据图 A.9 按燃弧时间一个半波计算 $\dfrac{\Delta i}{\widehat{i}_p} = -1.7\%$

及 $\dfrac{\Delta t}{T_p} = -2.2\%$

合成试验

电流回路电压 $U_1 = 31\ \text{kV}$，同上

线性增长的电弧电压(被试断路器和辅助断路器)

$$\frac{ST_a}{2} = 2 \times 3\ \text{kV} = 6\ \text{kV}$$

因此 $\dfrac{ST_a}{2\widehat{u}} = \dfrac{6}{31\sqrt{2}} = 0.137$

根据图 A.9 按燃弧时间一个半波计算 $\frac{\Delta i}{\hat{i}_p}=-10\%$

$$\frac{\Delta t}{T_p}=-11.2\%$$

在第一个例子中，按 4.1 的规定，工频电流半波幅值和持续时间的容差在实际的合成试验中都不会超过。当然，这要取决于电流交流分量的衰减可以忽略不计。

在第二个例子中，由于半波持续时间已超过容差，因此，应该提高电流回路电压，或采取 4.1 所述的其他措施。虽然电流幅值在表面上没有超差，但当预期电流的交流分量有些衰减时，实际上就可能超差。

A.3.2 非对称电流试验

如果电弧电压近似于恒定或线性增长，就可以使用图 A.10 到图 A.11 的曲线。计算方法与对称情况的相似。以恒值电弧电压的情况为例：

直接试验

单极试验电压 $U_t=\frac{126\times1.3}{\sqrt{3}}=95\ \text{kV}$

恒值电弧电压 $U_a=1\ \text{kV}$

因此 $\frac{U_a}{\hat{u}}=\frac{1}{95\sqrt{2}}=0.0074$

触头在电流起始后 1.5 周波处分离，燃弧时间一个半波 $\frac{\Delta i}{\hat{i}_p}=-1\%$

及 $\frac{\Delta t}{T_p}=-0.6\%$（见图 A.10）

合成试验

电流回路电压 $U_1=14.2\ \text{kV}$

恒值电弧电压（被试断路器和辅助断路器） $U_a=2\ \text{kV}$

因此 $\frac{U_a}{\hat{u}}=\frac{2}{14.2\times\sqrt{2}}=0.10$

触头分离时刻及燃弧半波数同上 $\frac{\Delta i}{\hat{i}_p}=-12.6\%$

$$\frac{\Delta t}{T_p}=-8.0\%\text{（图 A.10）}$$

实际的电弧电压可能不遵从这两个简化特性。在这种情况下，合成试验中的电流减小可由实际的示波图测得，或用计算方法计算。确定合成试验的驱动电压需要知道直接试验的实际电流，此电流仅能由计算得出。

对于电弧电压较低（如 $U_a=2\%U_1$）的断路器来说，在系统中或在直接试验时，可忽略电弧电压对电流的畸变作用，因此，认为规定的预期电流等于基准电流。

注：如果辅助断路器比被试断路器晚分，或使用电弧电压较低的辅助断路器，则它对开断电流的影响比被试断路器的小。

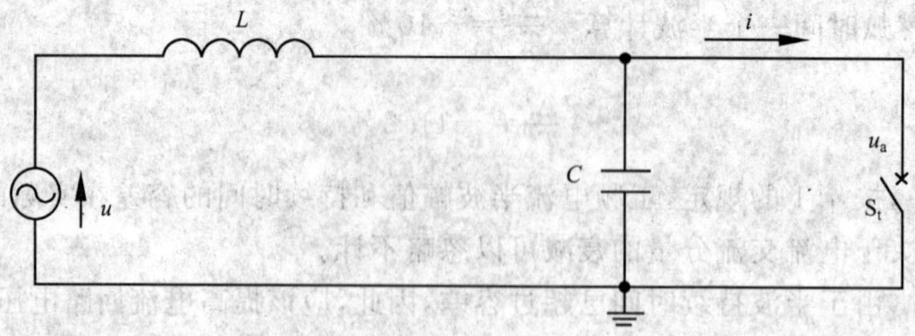

图例：

u——直接试验回路的电压；

u_a——断路器的电弧电压；

C——直接试验回路的电容，并和电感 L 一起控制回路的瞬态恢复电压；

L——直接试验回路的电感，并和 u 一起控制短路电流；

i——实际电流；

S_t——被试断路器。

图 A.1 直接试验回路简化的电路图

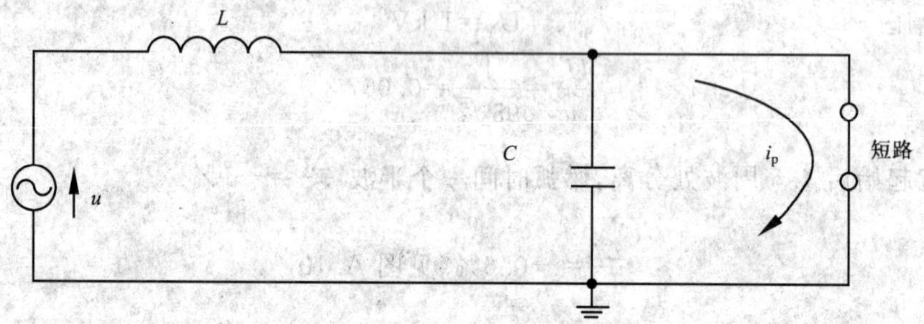

图例：

u——直接试验回路的电压；

i_p——预期短路电流；

C——直接试验回路的电容，并和电感 L 一起控制回路的瞬态恢复电压；

L——直接试验回路的电感，并和 u 一起控制短路电流。

图 A.2 预期短路电流

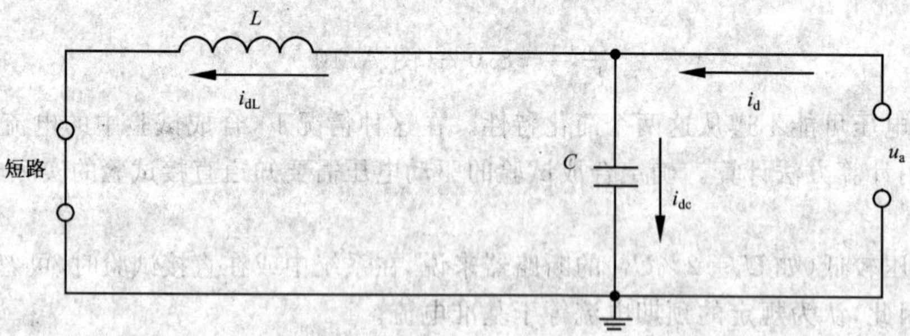

图例：

C——直接试验回路的电容，并和电感 L 一起控制回路的瞬态恢复电压；

L——直接试验回路的电感，并和 u 一起控制短路电流；

u_a——断路器的电弧电压；

i_{dC}——流过电容 C 的畸变电流；

i_{dL}——流过电感 L 的畸变电流。

图 A.3 畸变的电流

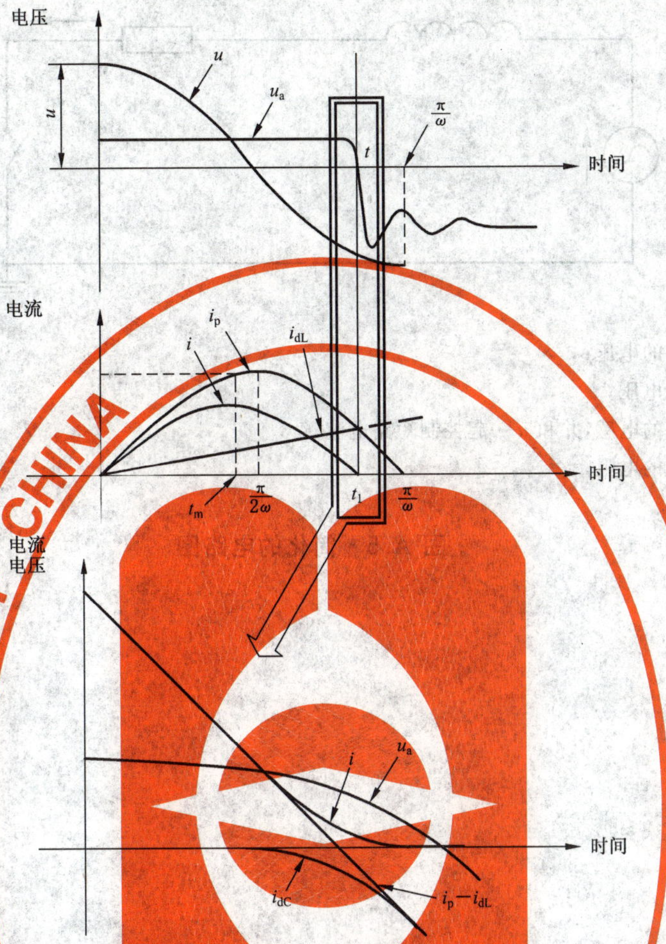

图例：

u——直接试验回路的电压；

u_a——断路器的电弧电压；

L——直接试验回路的电感，并和 u 一起控制短路电流；

i_p——预期短路电流；

i_{dC}——流过电容 C 的畸变电流；

i——实际电流；

i_{dL}——流过电感 L 的畸变电流。

图 A.4 畸变的电流

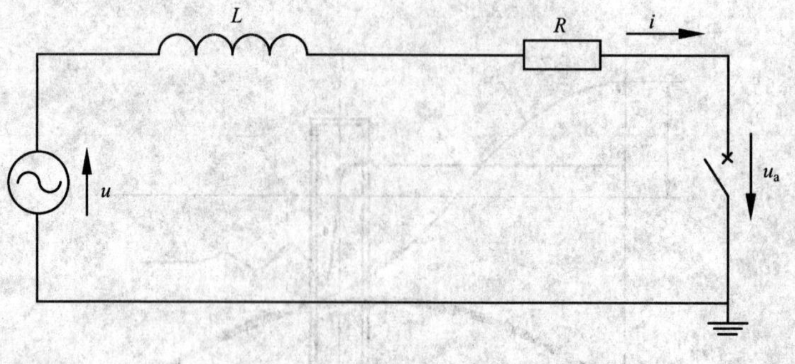

图例：

u——直接试验回路的电压；

u_a——断路器的电弧电压；

L——直接试验回路的电感，并和 u 一起控制短路电流；

R——直接试验回路的电阻；

i——实际电流。

图 A.5 简化的电路图

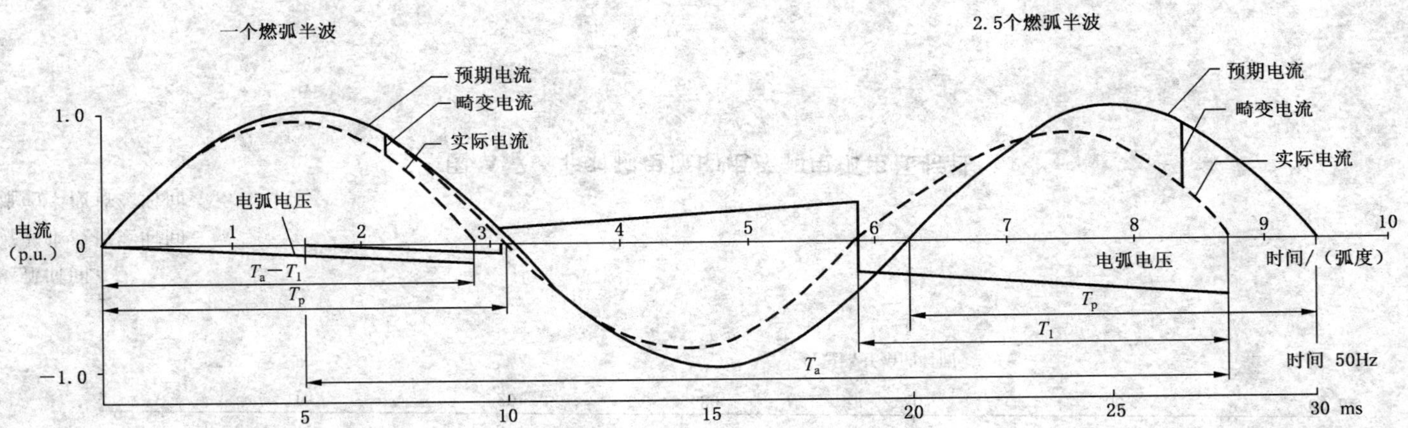

图例：

T_a——实际的燃弧时间；

T_p——预期电流的半波持续时间；

T_1——实际电流的半波持续时间。

图 A.6 对称电流的电流和电弧电压特性

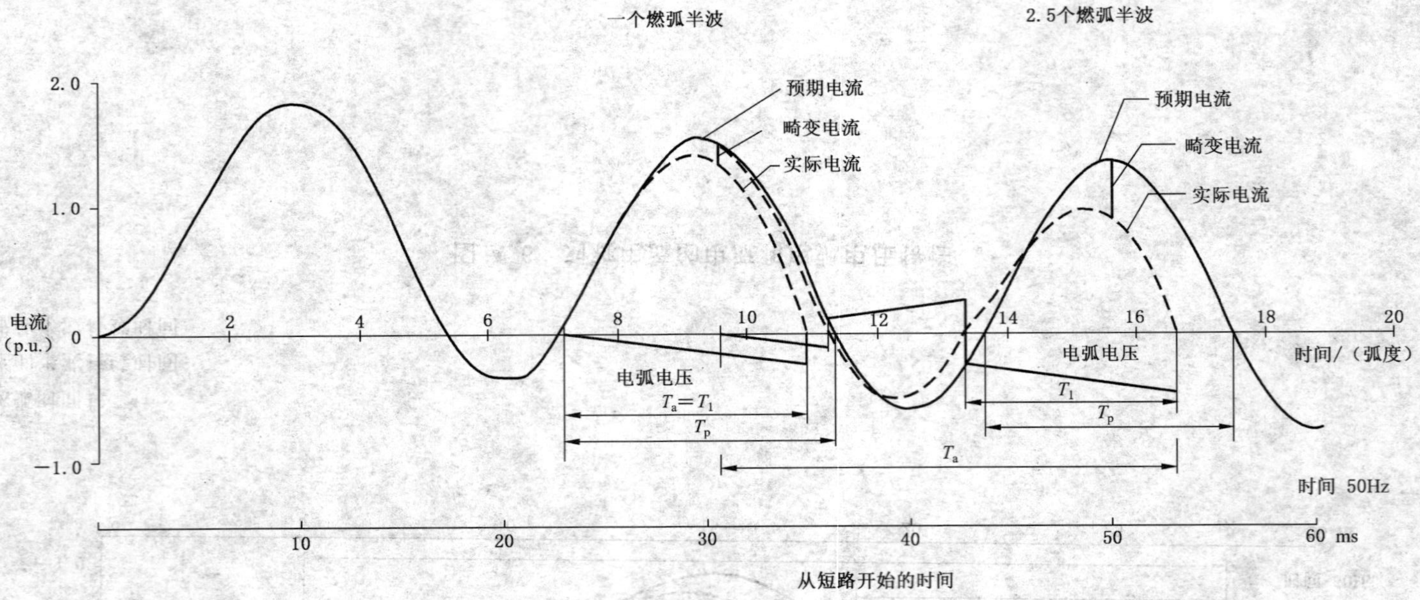

图例：

T_a——实际的燃弧时间；

T_p——预期电流的半波持续时间；

T_1——实际电流的半波持续时间。

图 A.7　非对称电流的电流和电弧电压特性

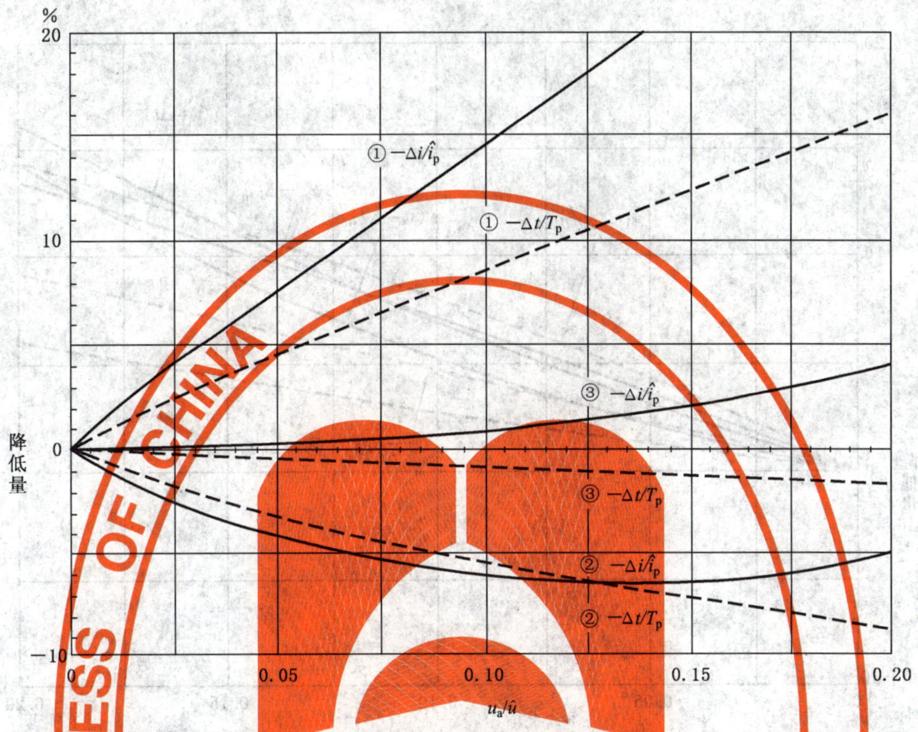

对于对称电流和恒定电弧电压

①——1 个半波的燃弧；

②——2 个半波的燃弧；

③——2.5 个半波的燃弧；

见图 A.6。

图例：

$\Delta i/\hat{i}_p$——电流幅值的相对降低；

$\Delta t/T_p$——电流半波持续时间的相对降低；

$u_a/\hat{u}$——电弧电压和电源电压之比。

图 A.8 电弧的最后电流半波的幅值和持续时间的降低

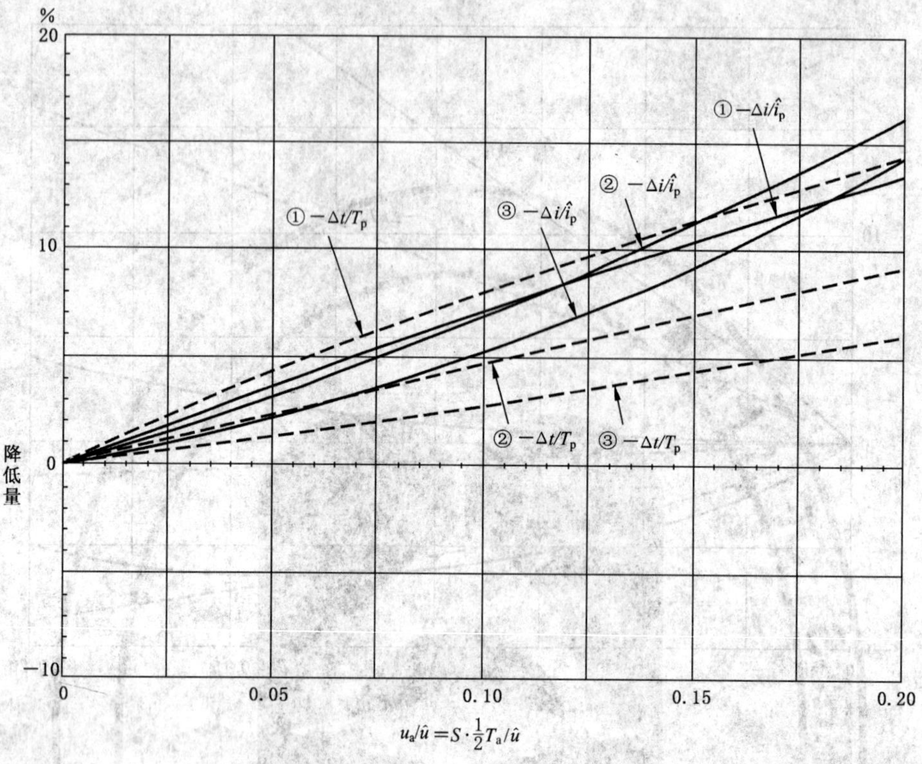

对于对称电流和线性升高的电弧电压

①——1 个半波的燃弧；

②——2 个半波的燃弧；

③——2.5 个半波的燃弧；

见图 A.6。

图例：

$\Delta i/\hat{i}_p$——电流幅值的相对降低；

$\Delta t/T_p$——电流半波持续时间的相对降低；

$u_a/\hat{u}$——电弧电压和电源电压之比。

图 A.9　电弧的最后电流半波的幅值和持续时间的降低

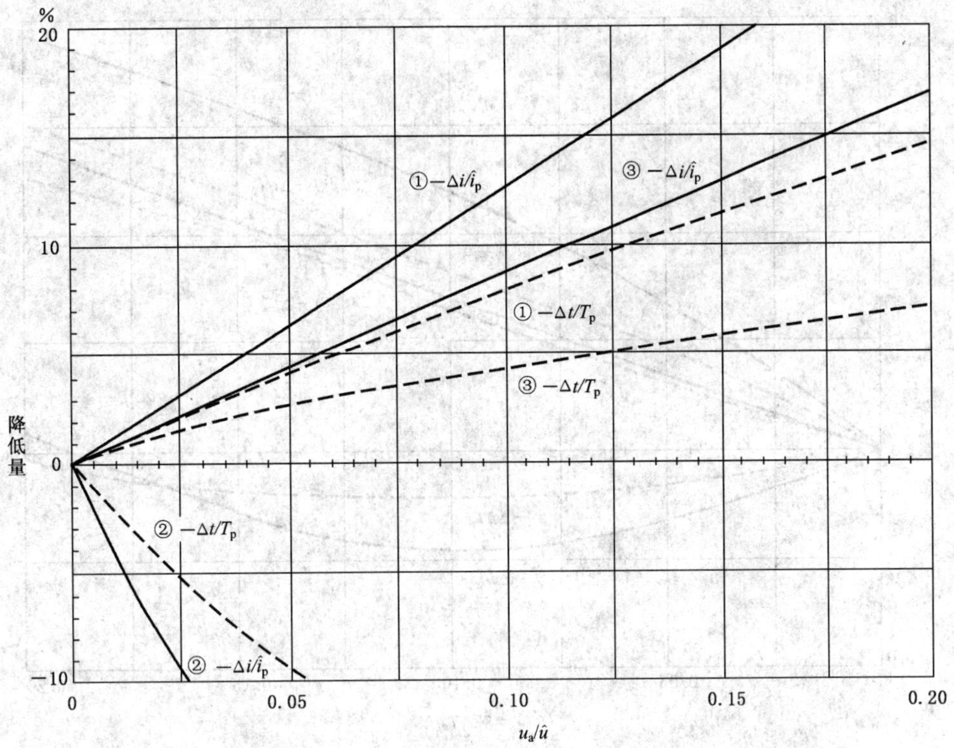

对于非对称电流和恒定电弧电压

①——1 个半波的燃弧；

②——2 个半波的燃弧；

③——2.5 个半波的燃弧；

见图 A.7。

图例：

$\Delta i/\hat{i}_p$——电流幅值的相对降低；

$\Delta t/T_p$——电流半波持续时间的相对降低；

$u_a/\hat{u}$——电弧电压和电源电压之比。

图 A.10 电弧的最后电流半波的幅值和持续时间的降低

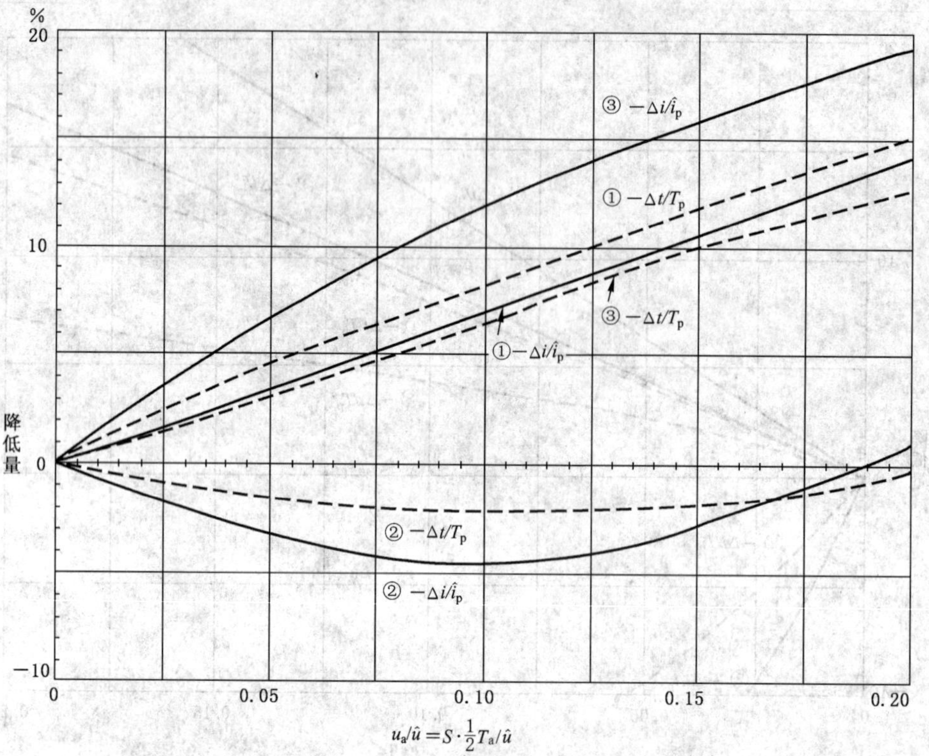

对于非对称电流和线性升高的电弧电压

①——1个半波的燃弧；

②——2个半波的燃弧；

③——2.5个半波的燃弧；

见图 A.7。

图例：

$\Delta i/\hat{i}_p$——电流幅值的相对降低；

$\Delta t/T_p$——电流半波持续时间的相对降低；

$u_a/\hat{u}$——电弧电压和电源电压之比。

图 A.11 电弧的最后电流半波的幅值和持续时间的降低

附　录　B
（资料性附录）
电流引入法

B.1　电流引入

在电流引入合成试验回路中，电流的叠加发生在工频短路电流零点稍前。由电压回路提供的幅值较小、但频率较高的电流，叠加到被试断路器或辅助断路器上。用一电流控制的控制回路来选择引入电流接入的时刻，使得在电弧电压显著变化阶段，被试断路器中的合成电流波形特性与规定的开断电流在电流零前的特性相符。

这样，被试断路器在辅助断路器开断电流以后自动地接入电压回路，因此，在电流负荷与施加电压负荷之间没有延迟。

B.1.1　电压回路与被试断路器并联的电流引入回路（并联回路）

图 B.1 示出电压回路与被试断路器并联的电流引入电路的简化线路图。

电压回路在工频短路电流零点稍前、相互作用阶段尚未开始时接入，这时，高频振荡电流 i_h 叠加到同极性的工频短路电流 i 上，构成被试断路器中的合成电流。

在辅助断路器将工频短路电流 i 开断后，被试断路器仅与电压回路相连，仅有 i_h 流过。电压回路还在电流开断后为被试断路器提供恢复电压。

图 B.2 示出的是引入时刻的例子。波形的特征是有两个曲折点，分别指明被试断路器中电流引入的起始以及辅助断路器中工频短路电流的开断。改变 Z_h 和 C_{dh}（图 B.1）就可调节瞬态恢复电压的波形，以符合 GB 1984—2003 的要求（见 4.1.3）。

B.1.2　电压回路与辅助断路器并联的电流引入回路（串联回路）

图 B.3 示出电压回路与辅助断路器并联的电流引入回路的简化线路图。

电压回路在工频短路电流零点稍前接入，之后，高频振荡电流 i_h 以相反的极性叠加到辅助断路器中的工频短路电流 i 上。

在辅助断路器中的合成电流被开断以后，振荡电流就转移到被试断路器和电流回路。此时，被试断路器是电流回路和电压回路串联组成的电路的一部分，被试断路器中的合成电流被熄灭后，由电压回路和电流回路共同提供瞬态恢复电压。

图 B.4 示出引入时刻选择的例子，电流波形上有一个曲折点，它与辅助断路器中电流的开断相对应。

改变 Z_h 和 C_{dh} 以及 Z_1 和 C_{d1}（图 B.3）能调节恢复电压的波形，使其符合 GB 1984—2003 的要求（见 4.1.3）。

B.2　电弧电压显著变化阶段的确定

为了确定在临近电流零前发生的电弧电压显著变化阶段，可以采用以下的方法。作法视具体的电弧电压特性而定。

断路器的电弧电压的总的形状变化很大。在很多情况下，电弧电压不稳定，沿一平均值波动。在其波峰与波谷间画一平滑曲线，以便求平均值（图 B.5）。该曲线可以用来确定显著变化。平均电弧电压特性的波形也可能很不相同。

大多数断路器的电弧电压在电流半波内表现为近似恒值或稳定增长，临近电流零点时显著增加。在这种情况下不难由示波图确定显著变化的起点。为此，所采用的示波器最好能给出有较大偏转的电弧电压，而且有足够快的时间尺度，以便能精确地测量电弧电压显著变化阶段。

有时，确定电弧电压显著变化阶段有困难，因为：

a) 在电流半波内几乎一直到电流零点，电弧电压近似保持恒值或稳定增长；

b) 在电流零前很早时电弧电压就发生变化。

这些情况下，在考虑 4.2.1 要求的同时，应采用尽可能低的引入电流频率。

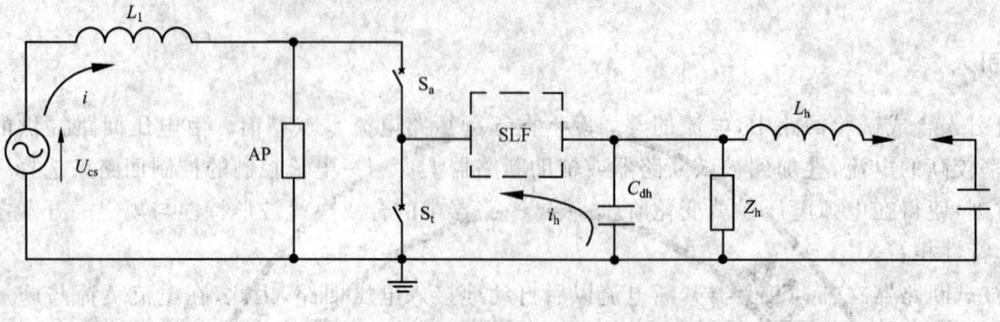

图例：

U_{CS}——电流回路的电压；

L_1——电流回路的电感；

AP——延弧回路；

S_a——辅助断路器；

S_t——被试断路器；

Z_h——电压回路的等效波阻抗；

C_{dh}——电压回路的时延电容；

L_h——电压回路的电感；

U_h——电压回路充电电压；

i——电流回路的电流；

i_h——引入电流；

SLF——近区故障回路(相应试验的)。

图 B.1 电压回路和被试断路器并联的典型电流引入回路

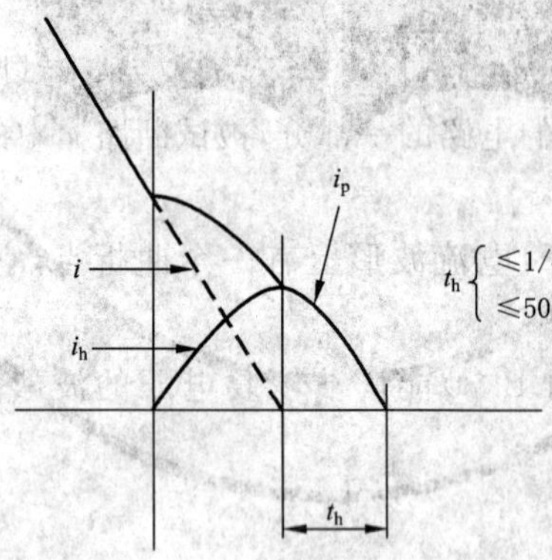

图例：

i——辅助断路器中的电流；

i_h——引入电流；

i_p——被试断路器中的电流；

T_h——引入电流一个周期的持续时间；

t_h——仅由引入电流提供的燃弧时间。

图 B.2 利用电路 B.1 中的电流引入回路的引入时间

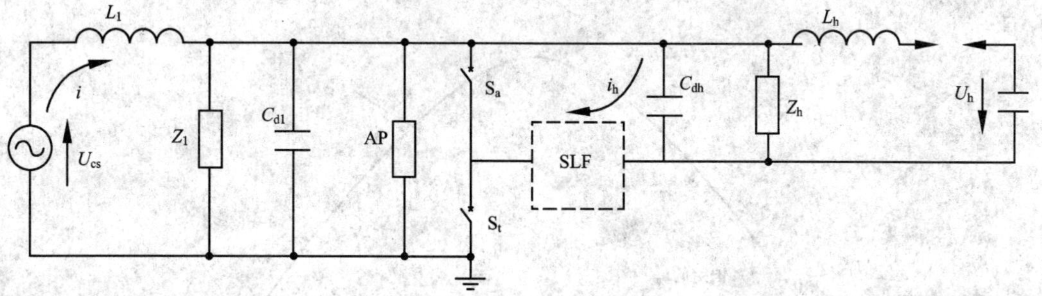

图例：

U_{CS}——电流回路的电压；

L_1——电流回路的电感；

AP——延弧回路；

S_a——辅助断路器；

S_t——被试断路器；

Z_h——电压回路的等效波阻抗；

C_{dh}——电压回路的时延电容；

U_h——电压回路充电电压；

i——电流回路的电流；

i_h——引入电流；

Z_1——电流回路的等效波阻抗；

C_{d1}——电流回路的时延电容；

SLF——近区故障回路(相应试验的)；

L_h——电压回路的电感。

图 B.3　电压回路和辅助断路器并联的典型电流引入回路

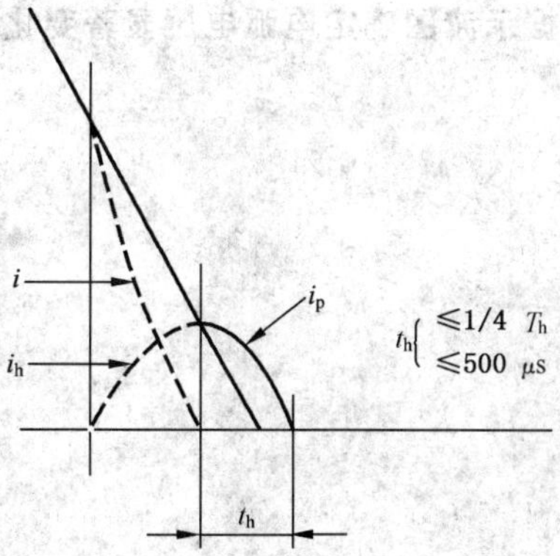

图例：

i——辅助断路器中的电流；

i_h——引入电流；

T_h——引入电流的一个周波；

t_h——仅由引入电流提供的燃弧时间；

i_p——试验断路器中的电流。

图 B.4　利用回路 B.3 中的电流引入回路的引入时间

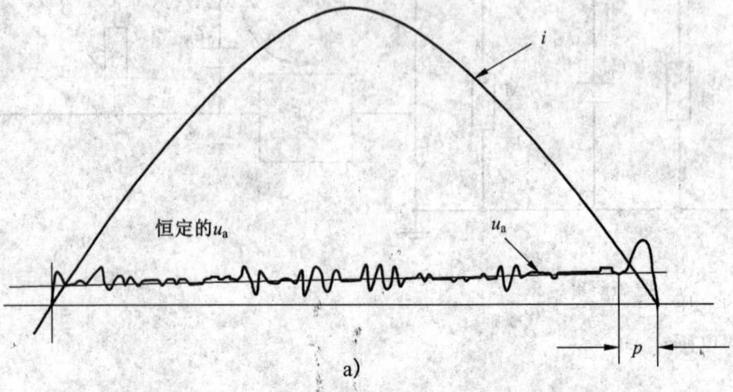

a)

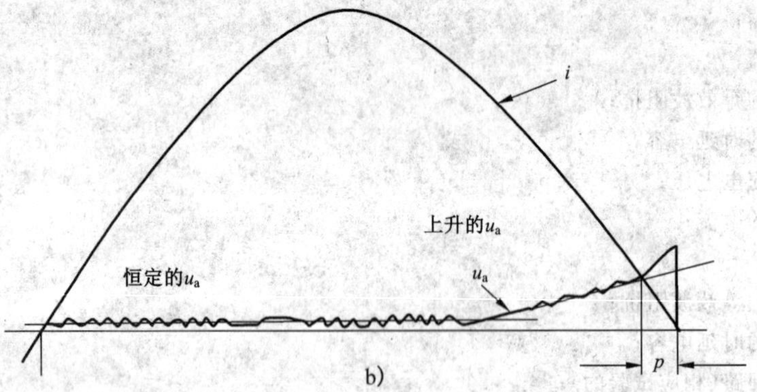

b)

图例：

i——电流；

p——电弧电压显著变化阶段；

u_a——电弧电压。

图 B.5　根据示波图确定电弧电压显著变化阶段的例子

附　录　C
（资料性附录）
电压引入法

在使用电压引入的合成试验回路中，电流回路为被试断路器提供全部短路电流，且在电流过零后提供瞬态恢复电压的第一部分。

适当地选择电流回路的电压和固有频率，就能得到正确的功率因数、电流值以及 TRV 的初始部分。

在电流回路瞬态恢复电压的第一个峰值附近，用一个电压控制的控制回路来投入电压回路，使规定的瞬态恢复电压得以继续，因此在电流负荷和电压负荷之间没有延迟。

C.1　电压回路与辅助断路器并联的电压引入回路（串联回路）

图 C.1 示出电压回路与辅助断路器并联的电压引入回路的简化电路图。电流回路提供全部的短路电流负荷。一个适当数值的电容器与辅助断路器并联，在工频短路电流的零点之后，这个电容器将电流回路的全部瞬态恢复电压传送给被试断路器，并传递弧后电流所需的能量。

在该瞬态电压的第一个峰值附近接入电压回路，此后，两个回路的瞬态恢复电压叠加，形成被试断路器两端的瞬态恢复电压。

图 C.2 示出被试断路器中的电流以及辅助断路器和被试断路器两端的电压波形。辅助断路器仅承受电压回路电压的作用。被试断路器端子上的两个电压分量相叠加，以产生瞬态恢复电压。改变 C_h、C_1 以及图 C.1 未示出的其他元件的数值，可调整它的波形，使其符合 GB 1984—2003 的要求（见 4.1.3）。

C.2　电压回路与被试断路器并联的电压引入回路

这个电压引入回路与上述的相似，但是电压回路与被试断路器并联，不是与辅助断路器并联。此回路通常不用。

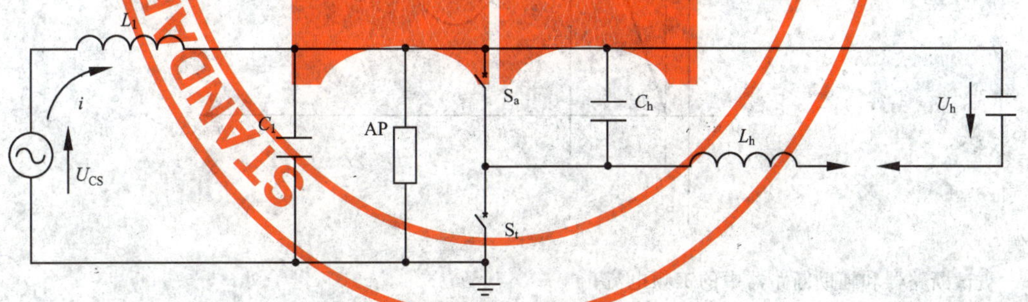

图例：

U_{CS}——电流回路的电压；

L_1——电流回路的电感；

C_1——和 L_1 一起控制 TRV 第一部分的电流回路的电容；

U_h——电压回路充电电压；

L_h——电压回路的电感；

C_h——和 L_h 一起控制 TRV 主要部分的电压回路的电容；

AP——延弧回路；

S_a——辅助断路器；

S_t——被试断路器。

图 C.1　电压回路和辅助断路器并联的典型电压引入回路（简化电路图）

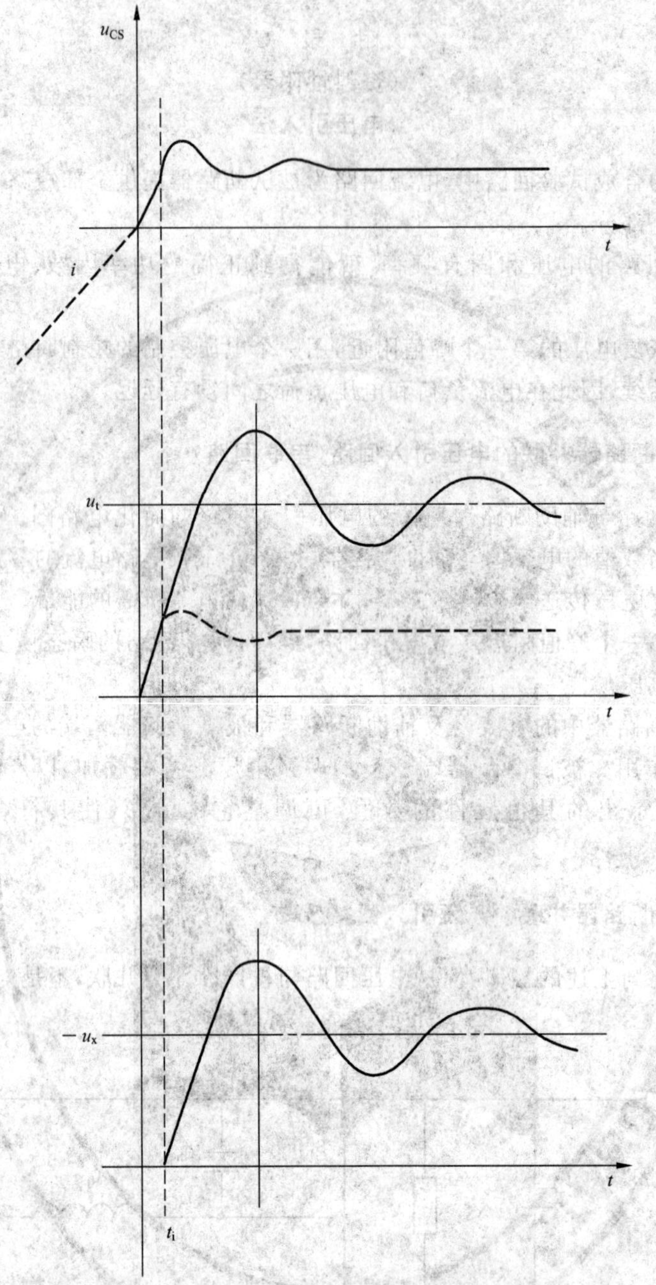

图例：

i——被试断路器和辅助断路器中的工频电流；

u_x——辅助断路器两端的电压；

u_t——被试断路器两端的电压；

u_{CS}——电流回路的 TRV；

t_i——电压引入时刻。

图 C.2　电压回路和辅助断路器并联的电压引入回路的 TRV 波形

附 录 D
（资料性附录）
双联回路（变压器回路或 SKEATS 回路）

D.1 方法的原理

在双联试验回路中，电流回路为串联的辅助断路器和被试断路器提供电流。由变压器（或自耦变压器）经电阻将高电压加在被试断路器上，变压器的原边接在电流回路上，跨接在辅助断路器和被试断路器两端。如图 D.1 所示。

在大电流阶段，被试断路器和辅助断路器的电弧电压在电压回路中产生电流 i_R，该电流迭加在流过被试断路器的电流上，$i_2=i_1+i_R$。辅助断路器中的电流比被试断路器中的电流提前到达零点且被开断。如果假定电弧电压近似恒定，则被试断路器中的电流将在辅助断路器开断后经过时间 Δt 到达零点。Δt 近似由下式给出：

$$\Delta t=\frac{n(u_{a1}+u_{at})-u_{at}}{n\times\hat{u}_{CS}}\times\frac{L_2}{R}$$

式中：

n——变压器的变比；

u_{a1}，u_{at}——分别为 S_a 和 S_t 的电弧电压；

$\hat{u}_{CS}$——电流回路电压；

L_2——电压回路的等值电感（$=n^2\times L_1+L_T$）；

L_T——变压器的漏感。

在 Δt 期间，被试断路器中电流的变化率 di_2/dt 近似达到的值是：

$$\frac{di_2}{dt}=-\frac{n\times\widehat{u}_{CS}}{L_2}=\frac{n\ \widehat{u}_{CS}}{n^2\times L_1+L_T}$$

即 di_2/dt 低于预期的未受影响的值，该值降为 $1/n$（n 为变压器的变比）。

选择足够大的电阻 R，可使 Δt 很小。但是，太大的 R 值将增加对 TRV 的阻尼。对有弧后电流的断路器，R 值还要进一步受到限制。常用的 R 值约数千欧，产生的 $\Delta t\leqslant 10\ \mu s$。

这种试验回路不适于进行断路器的热重燃模式试验，因为：

——在相互作用阶段电源阻抗与网络（或直接试验回路）条件不一致；

——在电流零点前的短时间内 di/dt 偏离预期值。

这种试验回路可用于试验断路器的介电恢复特性，也可以进一步用于关合试验，并且可以用于施加几次全电压的场合。

D.2 回路的实际布置

回路的实际布置如图 D.2 所示。它可利用依次分开辅助断路器 S_{a1}、S_{a2} 和 S_{a3} 的方法在一次分闸操作中连续的三个电流零点加全恢复电压。如果被试断路器在第一个和第二个电流零点未能开断，则火花间隙 G_1 和 G_2 分别被触发，使电流得以继续流通。

在合分操作中它也可以在合和分之后都施加全电压负荷。被试断路器 S_t 在全电压下合闸〈S_{a1} 在分闸状态〉，当预击穿时，一个火花间隙（如 G_2〉触发，接通电流回路（S_{a2} 处在合闸状态）。被试断路器分之前 S_{a3} 处在合闸状态，在第一个电流零点被用作辅助断路器。如果需要，可用 G_1 和 S_{a1} 对第二个电流零点进行试验。

利用同样的方法，在一次自动重合闸的两次分闸操作中也可以都作全电压试验。

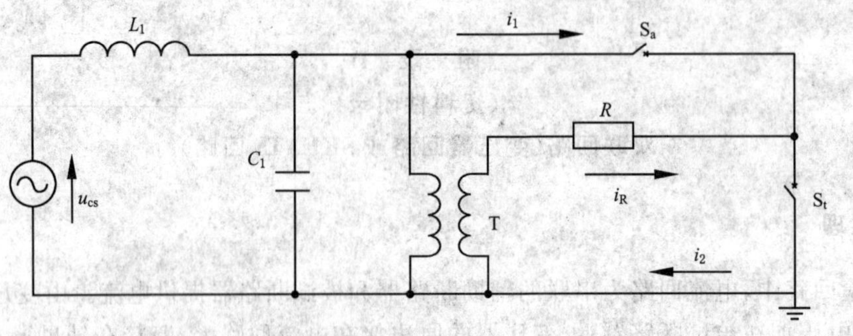

图例：

u_{CS}——电流回路的电压；

L_1——电流回路的电感；

C_1——电流回路的电容，与 L_1 一起控制 TRV 的第一部分；

T——变压器；

R——移相电阻；

i_1——流过辅助断路器的电流；

i_2——流过被试断路器的电流；

i_R——流过电阻 R 的电流；

S_a——辅助断路器；

S_t——被试断路器。

图 D.1　变压器或 Skeats 回路

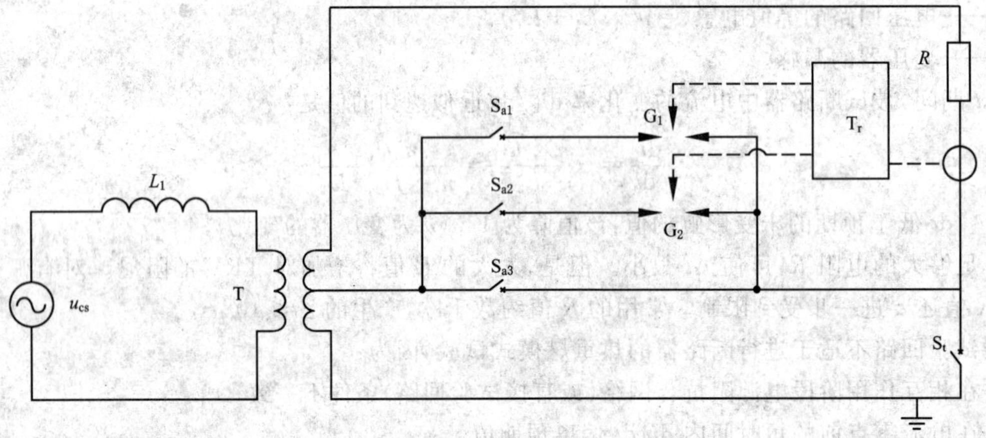

图例：

u_{CS}——电流回路的电压；

L_1——电流回路的电感；

T——变压器；

R——移相电阻；

S_{a1}，S_{a2}，S_{a3}——辅助断路器；

S_t——被试断路器；

T_r——触发回路；

G_1，G_2——触发间隙。

图 D.2　触发的变压器或 Skeats 回路

附　录　E
（规范性附录）
合成试验应提供的资料和记录的数据

除了 GB 1984—2003 的附录 C 所规定的要求外，合成试验报告应给出下列资料。

E.1　辅助断路器

a）　型号；

b）　说明，包括每极的单元数、灭弧介质和均压电容（如果有）等情况。

E.2　试验条件

a）　电压回路的回路参数；

b）　被试断路器预定的燃弧时间的整定，包括延弧回路的使用。

E.3　要记录的量

所记录信号的偏转和时间刻度的分辨率应使所需的数据能足够准确地计算出来。

E.3.1　电压

a）　电流回路的电压；

b）　被试断路器两端的电压。

E.3.2　电流

a）　通过被试断路器的电流；

b）　电压回路的电流。

E.3.3　电压回路单独作用时间

注 1：某些量可能需要有几个偏转和/或时间刻度不同的记录，通常是进行 E.3.1b）和 E.3.2a）的测量时就是这种情况。

注 2：为获得试验或设计数据，可增加其他信息和记录。

附 录 F
（资料性附录）
试验带分闸开断电阻断路器的特定程序

F.1 引言

当用合成试验法对装有并联分闸电阻的断路器进行试验时，每种方案均应根据它的利弊加以考虑，其主导原则是，合成试验回路应具有 GB 1984—2003 所规定的预期瞬态恢复电压，应将本标准 4.1.3 规定的恢复电压加到断路器上。

对于那些用并联电阻来改变瞬态恢复电压形状的断路器，合成试验回路应使瞬态恢复电压的形状尽量与已被断路器电阻改变了的规定的瞬态恢复电压的波形相同。如果并联电阻的阻值很低，由于电压源的能量有限，合成试验时的实际 TRV 峰值或许不可能达到上述值。在这种情况下，应选择改进了的试验方法，使实际的 TRV 峰值的相对减小保持在一个可忽略的最小值（小于 5%）。如果仍不能满足 4.1.3 关于恢复电压的要求。可以采取一定的预防措施，例如用下列方法中的一个，也许能进行有效的试验：

——调整电压回路的参数，以提供为电阻吸收所需的附加能量；

——转接到一个能维持电阻两端电压的附加交流电压源；

——断开被试断路器的并联电阻，而将一个电阻接到试验回路中合适的位置（例如电压回路电感的两端），以便在被试断路器的两端得到等值的瞬态恢复电压波形。当使用这个方法时，应注意保证在电流零区该电阻的影响与电阻接在断路器两端时足够接近。

这些方法的选择和认可需要非常仔细的考虑，且应由试验站、制造厂及用户协商。

如果采用的试验方法不能使电阻承受全部热负荷，或者不能使电阻电流的开断装置承受全部的开断负荷，则应进行附加试验（见 F.3.3 和 F.3.4）。

F.2 条件

应该满足对基本合成试验回路的要求（见 4.1）。当断路器的电阻低到不能使用仅由电容器构成的电压源时，在高电压阶段必须满足如下的附加要求：

F.2.1 瞬态恢复电压阶段

加在断路器上的正确的瞬态恢复电压应是考虑了断路器并联电阻及电弧电压影响后的恢复电压，在瞬态恢复电压波形上应无不连续之处。

注：在计算仅受到并联电阻影响的瞬态恢复电压时，可假定断路器是理想断路器，然后计算断路器并联电阻对规定的瞬态恢复电压的影响。

F.2.2 工频恢复电压阶段

应该提供与 GB 1984—2003 规定的数值相同的工频恢复电压。

注：允许使用幅值正确而相位与电网中不同的工频恢复电压，相位移的方向应使合成试验的恢复电压滞后于网络的恢复电压。结果是使恢复电压的第一个半波加长，只要相位移不超过 20°是允许的。

F.3 多步试验程序

这是一种代用法，是用一组共四个单独的试验程序来确认被试断路器满足完整的试验。为了达到这个目的，断路器的电阻必须能断开。

注：对于这些允许使用的单独试验程序来说，重要的是电阻开断装置的操作和性能不受主断口操作的影响。

F.3.1 主断口的热重燃模式试验

这些试验的目的是确定主断口在相互作用阶段不发生重燃。

将电阻装在断路器中的正常位置上进行合成试验。在比相互作用阶段长的时间内，此试验符合正常的要求。

当采用电压回路与被试断路器并联的电流引入法时，如果断路器在带有并联开断电阻的情况下电压回路的放电时间常数至少高于相互作用阶段持续时间的五倍，则电压回路的能量一般是足够的。

F.3.2 主断口的介电击穿模式试验

首先断开断路器的电阻，然后进行合成试验，其瞬态恢复电压是仅受电阻影响而改变了的正确的预期瞬态恢复电压。这个试验覆盖了介电阶段，在F.3.1中所述的热重燃试验中这个阶段未被覆盖。

注1：允许采用一个简便方法，即如果愿意，在相互作用阶段刚开始前可在外电路中接入替代电阻。虽然这可能使决定热重燃判据的条件发生变化，但在F.3.1的试验中这些条件已满足了。

注2：当在数个串联断口上进行F.3.2的介电试验时，可能出现问题，断开并联电阻就意味着除了由电容提供的均压措施外再无任何这类措施，可能无法提供足够均匀的电压分布，使得在某个断口上有过载的危险，对敞开式断路器来说，解决问题的一个方法是将一串阻值较高的外电阻接在断路器上，做到近于均匀分压。当然，在提供正确的瞬态恢复电压波形时要考虑这些电阻的影响。

F.3.3 电阻的试验

为了证明电阻能满足断路器进行操作循环时所施加的热和电压条件，需要在直接试验回路中进行试验。

F.3.4 电阻开断装置的试验

进行试验的目的是证明电阻开断装置具有所要求的性能。

F.4 附加说明

值得注意的是，在使用工频恢复电压的电路中，电压回路合闸开关的时间控制很重要，试验程序的正确操作取决于该定时能否处在很小的容差内。不遵循这点会使预期瞬态恢复电压波形有显著的误差。

如果采用这个代用的多步试验程序，应注意到在F.3.2的介电击穿模式试验中可能出现问题。在断路器之外采用替代电阻会将寄生电感和寄生电容引入到含有主断口的回路中。在介电击穿模式试验时会导致热重燃模式的开断失败，这样的失败并不构成否定断路器的理由，但需要改变电路再进行介电击穿模式试验。

附 录 G
（资料性附录）
容性电流开合试验的合成方法

G.1 引言

用合成方法进行容性电流开合试验通常按单相进行。主要有两种典型的试验回路：

a) 联合的电流和电压回路

试验回路由两个联合的回路组成，一个电流回路和一个电压回路。如果两个电源的相位作相应的改变，尽管可以采用感性或阻性电流回路作为替代，但是两个回路都应具有容性特征。

两个电源可以是发电机供电的变压器或者充电的电容器，或者两者的组合。采用这种类型的回路意味着必须使用辅助断路器将被试断路器和电流回路隔离。

b) LC 振荡回路

试验回路由一个能够从一个电源提供电流和电压的 LC 振荡回路组成。这种回路不需要使用辅助断路器。

注：重击穿或重燃事件后出现的现象并不能代表运行条件，因为试验回路没有充分再现事件后的电压条件。

G.1.1 开断试验

具有不同特点的试验回路有多种。图 G.1～图 G.7 中给出了一些例子。

为了保护试验回路和/或控制涌流，只要预期恢复电压符合 GB 1984—2003 的 6.111.10，可以增加阻抗。

G.1.2 恢复电压

原则上，恢复电压由施加于被试断路器一个端子上的交流电压和同时另一个端子上的缓慢衰减的直流电压组成。

在某些试验回路中，两个电压迭加在断路器的一端上，另一端接地。就对地绝缘而言，这种条件更严酷。图 G.6 和图 G.7 的电流和电压联合回路可用来对断路器的每一个端子施加正确的电压负荷。对于金属封闭式断路器，按照 IEC 61633：1995 的 4.3 的建议，可以在箱体上接一附加电压源以补偿这一效应。

G.1.3 电流和电压联合回路

如果试验采用 G.1 的项 a）中描述的回路进行，电流源和电压源与辅助断路器和被试断路器的连接可以是并联的方式，辅助断路器上电压等于两个电源电压之差；或串联，此时，被试断路器上的电压等于两个电源电压之和。

根据电压回路是持久的连接，还是在工频电流零点之前或之后的某一瞬间接入，可区别是工频电流迭加回路、电流引入回路或电压引入回路。

G.1.4 关合试验

试验回路的例子在图 G.8 和 G.9 中给出。

在介电击穿出现引起初始瞬态关合电流流过之前的时间内，电压回路提供试验电压。

G.2 截流

由断路器和回路（运行中或试验室试验期间）之间的相互作用产生的截流现象，通常引起负载侧电压的降低，从而使被试断路器的介电负荷也降低了。

在运行中或试验室试验期间的直接试验回路中，可能出现小容性电流的截流。在合成试验回路中，由于下面的原因这种截流的可能性增加了：

——一般地说，某些合成试验回路的主要元件和分散元件的特征参数是不同的，可能影响断路器的截流特性；

——在电流和电压联合回路中与被试断路器串联的辅助断路器的影响；

——电弧电压对工频电压比率的增加。

因此，在采用 G.1 的项 a)中描述的回路进行合成试验时，很难确定截流是否是断路器的显著特点。可采用下面的方法减少截流：

——改变从断路器两端看去的电容；

——在电流和电压联合回路中采用燃弧时间短和电弧电压低的辅助断路器。

图 G.1～图 G.9 给出了容性电流开合合成试验回路的典型示例。下述符号解释的清单与这些图(适用时)有关，在此列出是为了简短且避免重复。

C_c——电流回路的电容；

C_v——电压回路的电容；

C_h，L_{pf}——工频振荡回路；

f_{inrush}——涌流的频率；

f_r——额定频率；

f_{RV}——恢复电压的频率；

G——间隙；

i_c——电流回路的电流；

$i_{max\ peak}$——涌流的最大峰值；

i_L——负载电流(流过被试断路器的电流)；

i_v——电压回路的电流；

L_c——电流回路的电感；

L_v——电压回路的电感；

m——规定的试验电流 I_L 和电压回路提供的电流的比值；

n——规定的试验电压 U_s 和电流回路实际电压 U_c 的比值；

S_a——辅助断路器；

S_{a1}，S_{a2}，S_{a3}——辅助断路器；

S_t——被试断路器；

$\hat{i}$——引入电流的峰值时间；

U_c——电流回路的电压；

U_h——C_h 的充电电压；

U_{hB}——C_{hB} 的充电电压；

U_v——电压回路的电压；

u_t——受试断路器 S_t 两端的电压；

u_A，u_B——分别是 A 和 B 点对地的电压。

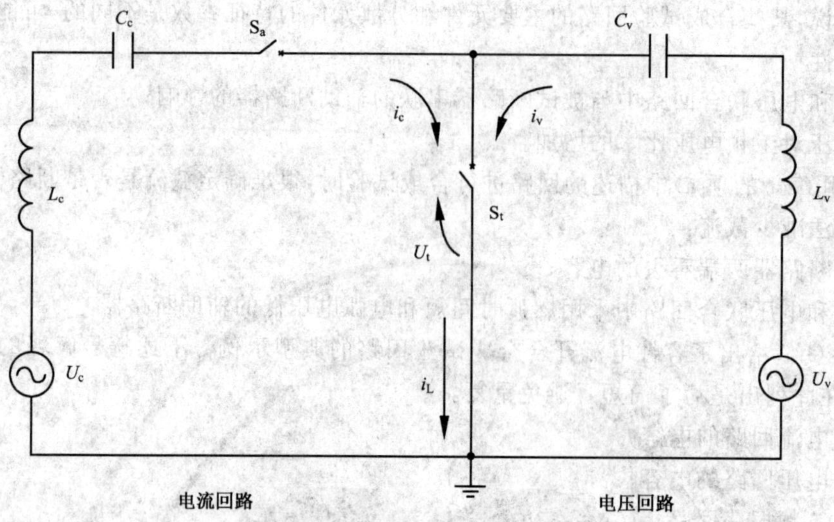

$U_c = u_t/n$	$U_v = u_t$
$i_c = i_L(1-1/m)$	$i_v = i_L/m$
$\omega L_c \ll 1/\omega C_c$	$\omega L_c \ll 1/\omega C_v$
$C_c = n(1-1/m)C_L$	$C_v = C_L/m$
C_L——等值负载电容	

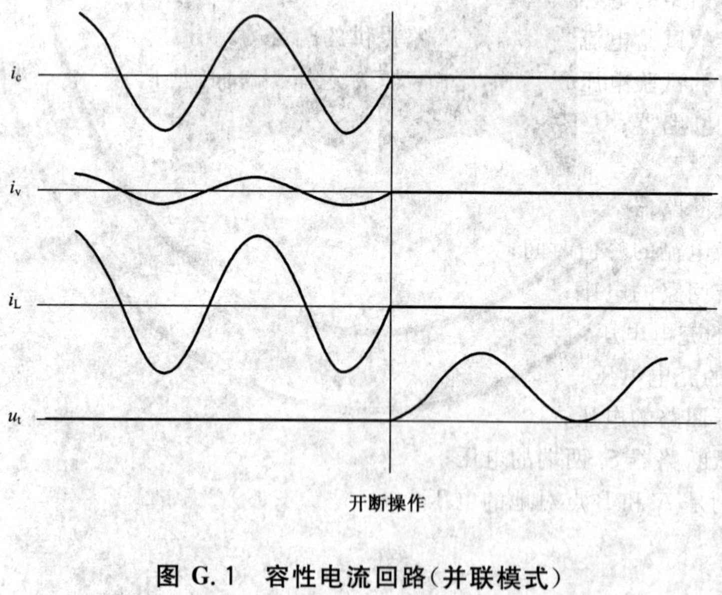

图 G.1 容性电流回路(并联模式)

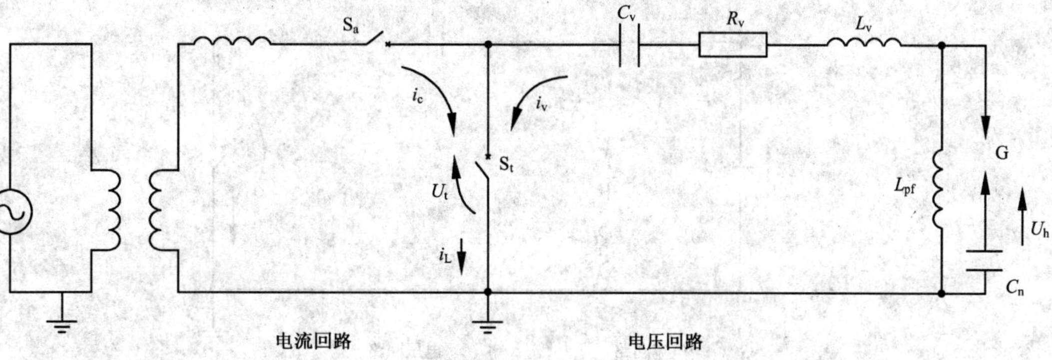

$U_c = u_t / n$	$U_h = \frac{(C_v + C_h)}{C_h} u_t \sqrt{2}$
$i_c = i_L$	$i_v = \frac{U_h}{\omega_0 L_v} e^{-\alpha t} \sin\omega_0 \hat{t}$，其中 $\alpha = \frac{R_v}{2L_v}$ 以及 $\omega_0 = \sqrt{\frac{1}{L_v}(\frac{1}{C_h} + \frac{1}{C_v}) - (\frac{R_v}{2L_v})^2}$
$\omega L_c = \frac{1}{n \times \omega \times C_L}$	$L_v = \frac{U_h}{i_L \times \omega \times \sqrt{2}}$
C_L——等值负载电容	

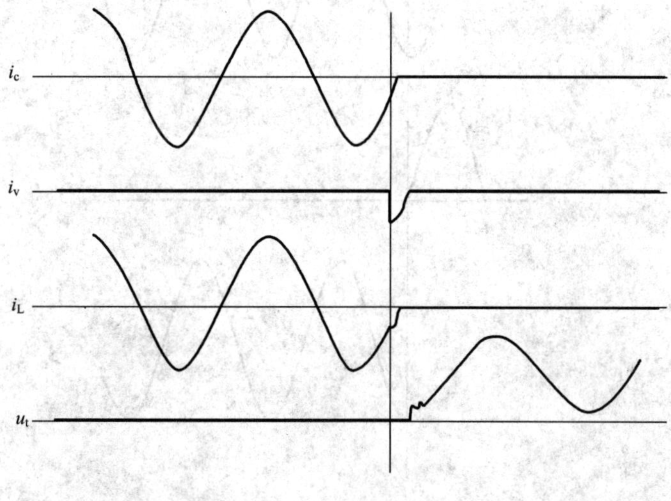

开断操作

图 G.2　电流引入回路

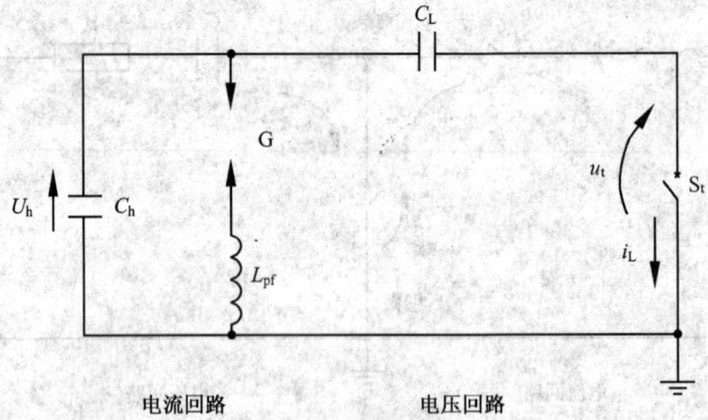

$U_h = u_t\sqrt{2}$	$i_L = 2\pi f_L \times C_L \times U_h$
$f_{RV} = \dfrac{1}{2\pi\sqrt{C_h \times L_{pf}}}$	$f_L = \dfrac{1}{2\pi\sqrt{(C_h + C_L) \times L_{pf}}}$
C_L——负载电容	

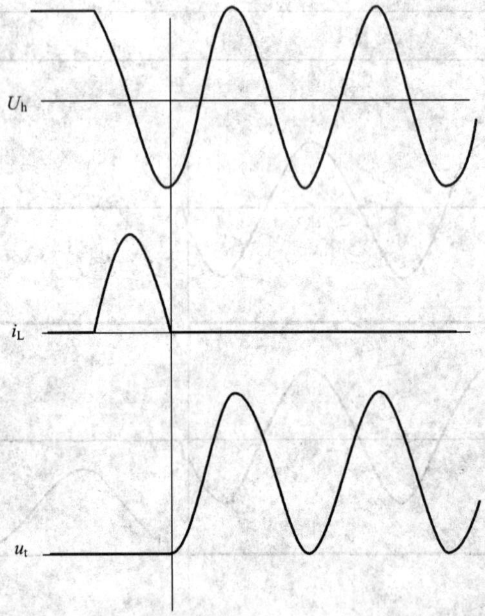

C_h 和 C_L 在电压 U_h 下预充电。

注：负载电容 C_L 也可接在被试断路器和地之间。

图 G.3 LC 振荡回路

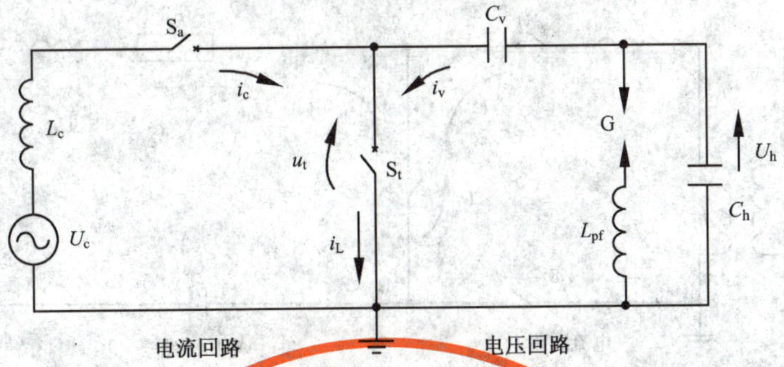

$i_c = i_L - i_v$	$U_h = u_t \times \sqrt{2}$
$i_c = U_c/\omega_r L_c$，其中 $\omega_r = 2\pi f_r$	$f_L = \dfrac{1}{2\pi\sqrt{(C_h + C_v) \times L_{pf}}}$
$i_v = U_h \times 2\pi f_L \times C_v$	$f_{RV} = \dfrac{1}{2\pi\sqrt{C_h \times L_{pf}}}$

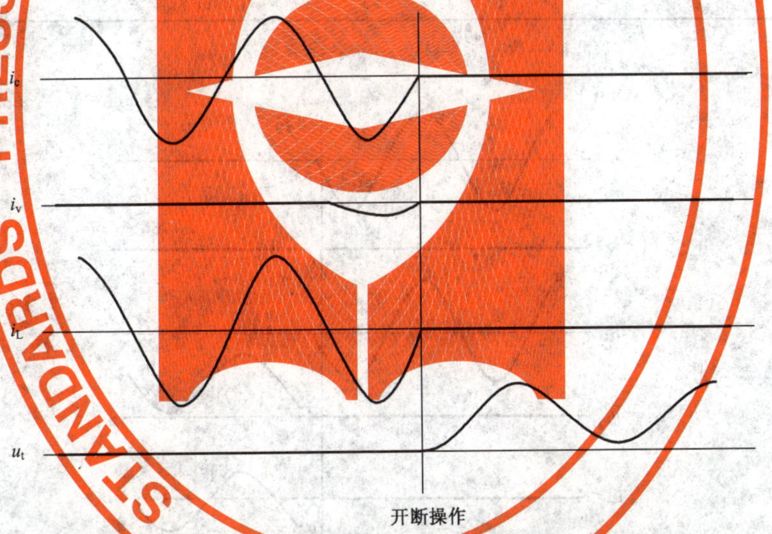

图 G.4　感性电流回路与 LC 振荡回路并联

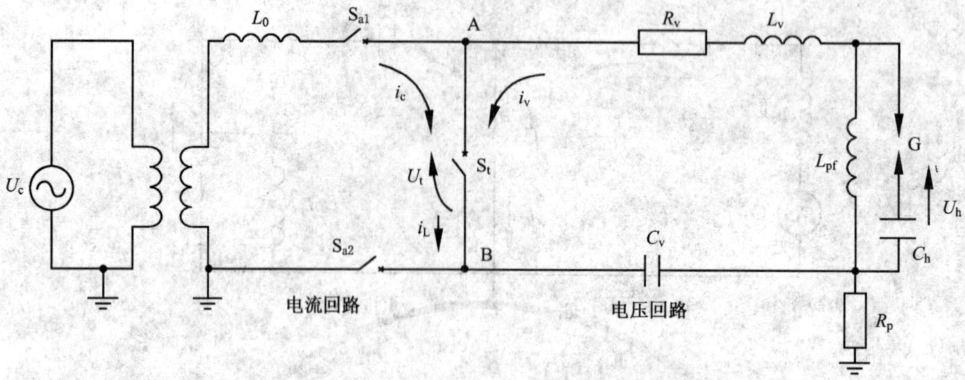

$U_c = u_t / n$	$U_h = (\frac{C_v + C_h}{C_h}) \times u_t \sqrt{2}$
$i_c = i_L$	$i_v = \frac{U_h}{\omega_0 L_v} \times e^{-\alpha t} \times \sin\omega_0 \hat{t}$，其中 $\alpha = \frac{R_v}{2L_v}$ 且 $\omega_0 = \sqrt{\frac{1}{L_v}(\frac{1}{C_h} + \frac{1}{C_v}) - (\frac{R_v}{2L_v})^2}$
$\omega L_c = \frac{1}{n \times \omega \times C_L}$	$L_v = \frac{U_h}{i_L \times \omega \times \sqrt{2}}$

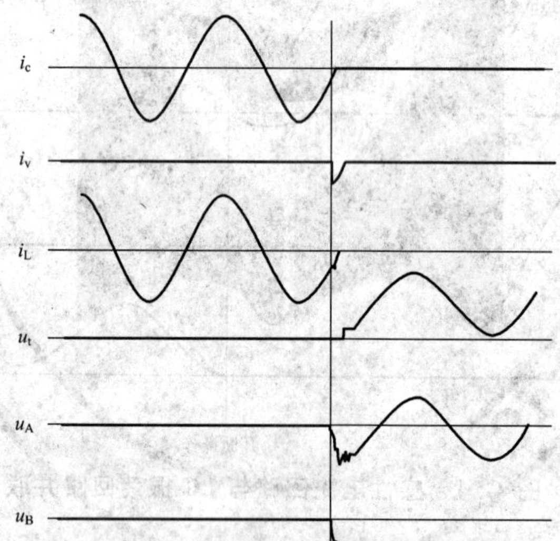

开断操作

图 G.5　电流引入回路，正常的恢复电压施加于断路器的两端

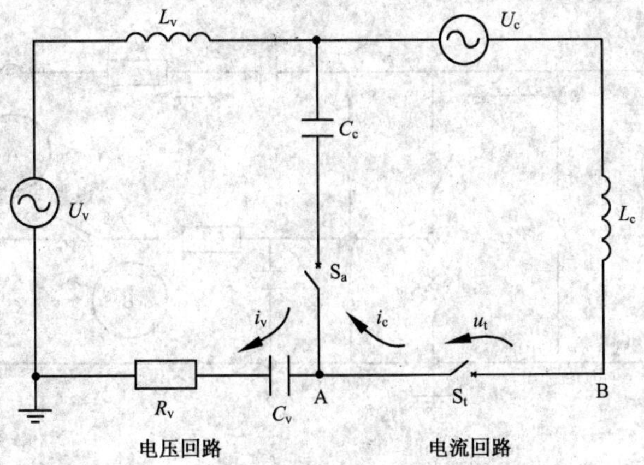

$U_c = u_t/n$	$U_v = u_t - U_c$
$i_c = U_c \times \omega \times C_c$	$i_v = u_t \omega C_v$
$\omega L_c \ll 1/\omega C_c$	$\omega L_c \ll 1/\omega C_v$
$C_c = nC_L$	$C_v = C_L/m$
$i_c = i_L$	C_L——等值负载电容

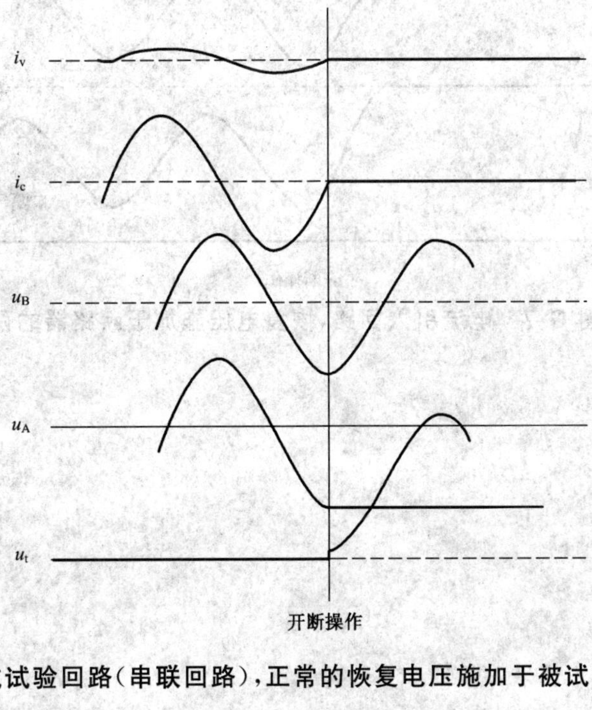

图 G.6　合成试验回路(串联回路),正常的恢复电压施加于被试断路器的两端

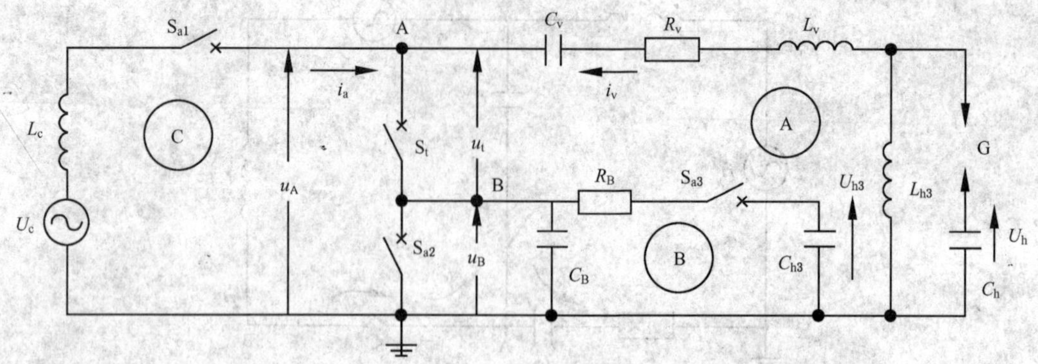

本试验回路由三个回路组成：

——回路 A 为传统的电流引入回路，和被试断路器的一个端子和地相连，提供(1－cos)波形的恢复电压 U_A；

——回路 B 与被试断路器的另一个端子相连施加一个指数电压[1－exp(－t/t_0)]波形。其幅值、衰减率和时间的选择应考虑到施加于被试断路器另一个端子上的电压，使得触头两端施加正确的恢复电压；

——回路 C 提供试验电流。

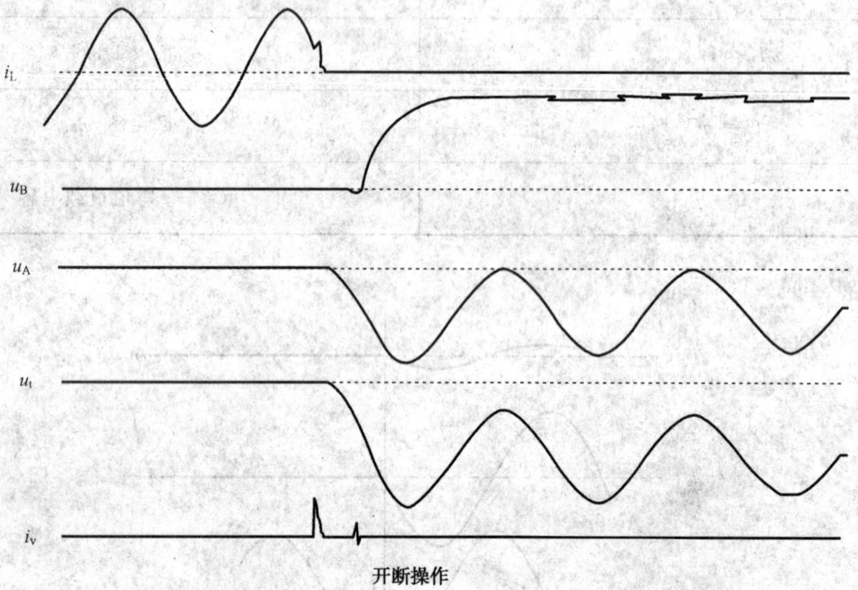

图 G.7　电流引入回路，恢复电压施加于断路器的两端

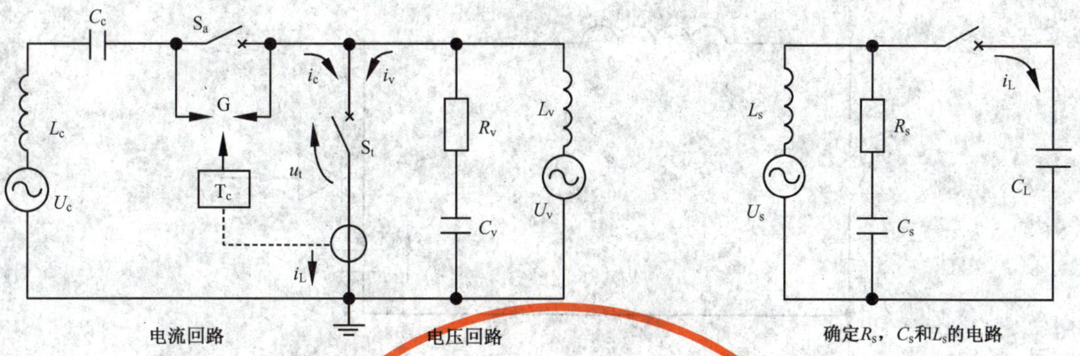

$U_c = u_t / n$	$U_v = u_t$
$i_c = i_L$	$i_v = U_v / \omega L_v$
$L_c = L_s / n$	$R_v = R_s$
$C_c = nC_L$	$C_v = \dfrac{C_s C_L}{C_s + C_L}$，或者，如果 $C_s \ll C_L$，则 $C_v = C_L$
C_L——等值负载电容	
R_s 和 C_s 确定初始瞬态关合电流	
L_s 和 C_L 确定瞬态关合电流	

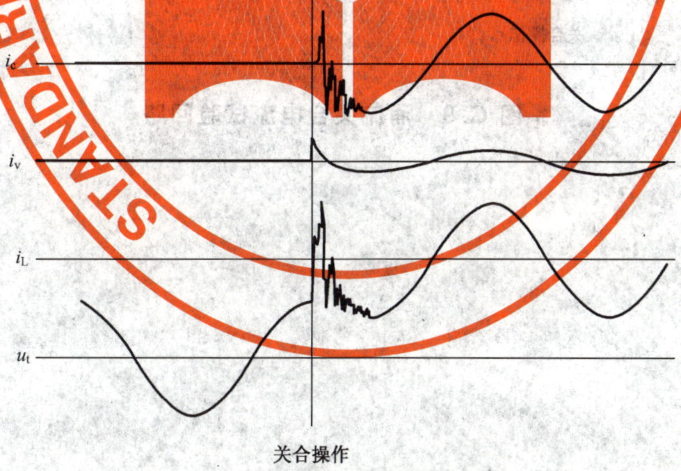

图 G.8　关合试验回路

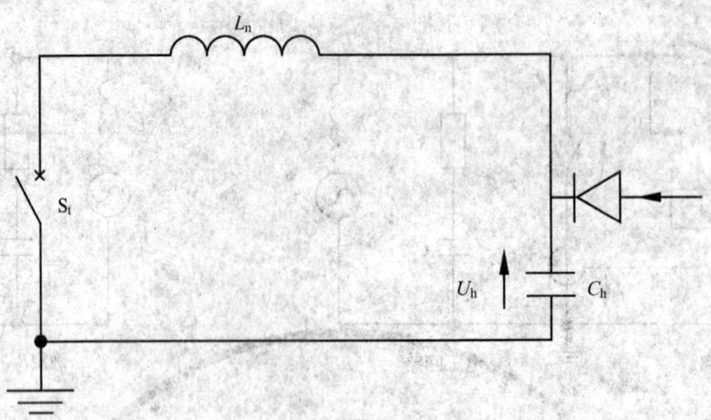

$U_h = u_t \times \sqrt{2}$	$i_{max\ peak} = U_h \times C_h \times 2\pi \times f_{inrush}$
$f_{inrush} = \dfrac{1}{2\pi\ \sqrt{C_h \times L_v}}$	

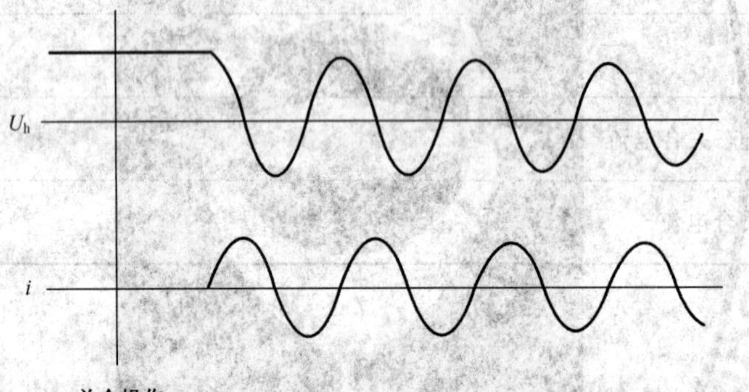

图 G.9 涌流关合电流试验回路

附 录 H
（资料性附录）
延 弧 方 法

H.1 “一步一步”法

此方法只用一个电源。为了把燃弧延长到欲施加电压源的那个零点，用专门的延弧回路或其他方法人为地使被试断路器重燃。与H.2的方法相比，“一步一步”法所需的附加设备较少。然而，为了满足规定的燃弧时间，可能需要做较多的试验。

a） 单独的延弧回路法

单独的延弧回路在电流零前提供一个与工频电流极性相反的、快速上升的电流脉冲。于是，流过断路器的电流迅速反向，弧隙的导电性维持到下一个工频电流半波。图H.1示出了一个延弧回路的例子，为了把燃弧延长几个电流半波，可以用几个这样的回路，原则上延弧回路能用来给被试断路器和辅助断路器二者延弧，然而适当延后辅助断路器触头分离可避免对两个断路器都延弧。

b） 采用提高工频回路严酷度的方法

在某些情况下，被试断路器的燃弧可以通过提高工频电流回路瞬态恢复电压上升率的方法来延长。这种方法有效与否，取决于工频电流回路和被试断路器的特性。

H.2 利用二重回路法

回路布置示于图H.2，是一个Skeats回路和一个电流引入回路组合，与之相应的、非对称电流开断试验的电流和电压如图H.3所示。

在第一个电流零点，被试断路器处于Skeats回路的作用下，因此得到了介电击穿。这样，短路电流波形与直接试验等价。在第二个电流零点，电流引入回路加到被试断路器上。

第一个电流零点：

——S_1：开断，作为辅助断路器；

——G_2：在延弧发生的时候被触发；

——S_2：处于合闸位置；

——S_3：处于合闸位置；

——S_4：处于分闸位置。

大电流阶段：

——S_3：分开；

——S_4：闭合。

第二个电流零点：

——S_1：处于分闸位置；

——S_2：开断，作为辅助断路器；

——G_1：被触发。

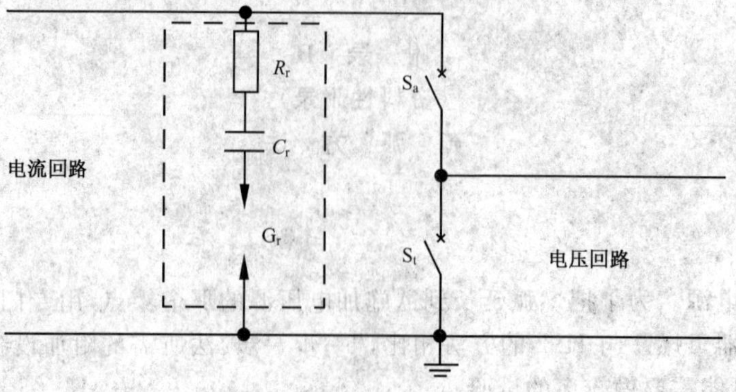

图中：

S_t——被试断路器；

S_a——辅助断路器；

R_r——延弧回路的电阻；

C_r——延弧回路的电容器；

G_r——接通延弧回路的火花间隙。

图 H.1 延长燃弧时间的典型电路图

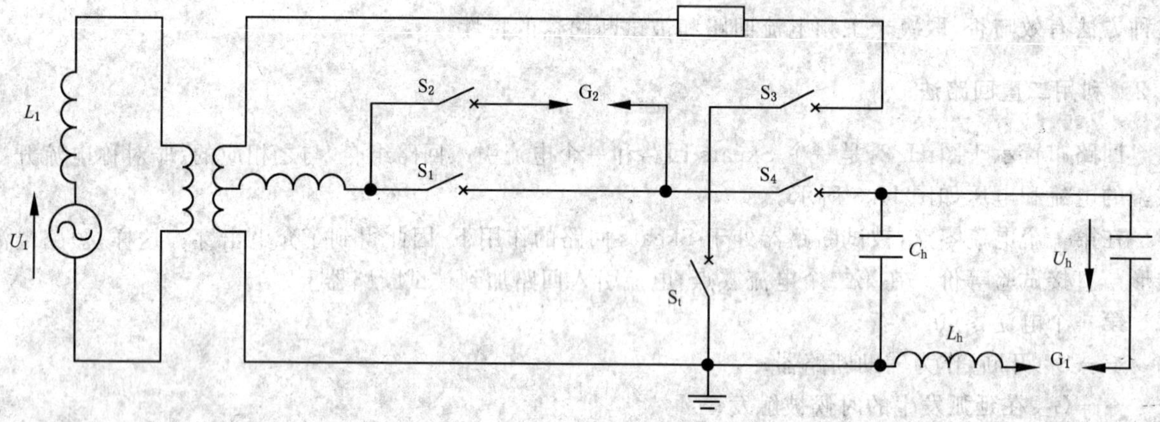

图中：

U_1——电流回路的电压；

L_1——电流回路的电感；

S_1，S_2，S_3，S_4——辅助断路器；

S_t——被试断路器；

L_h——电压回路的电感；

C_h——电压回路的电容，与 L_h 一起控制 TRV 的主要部分；

U_h——电压回路的充电电压；

G_1，G_2——火花间隙。

图 H.2 Skeats 回路和电流引入回路的组合电路

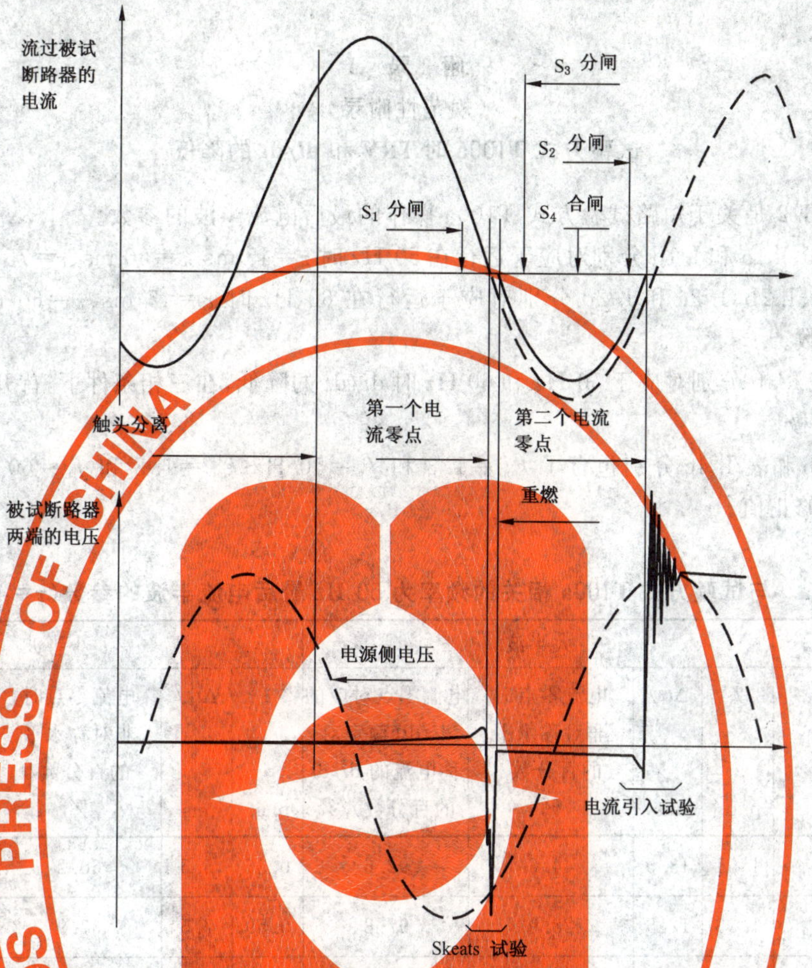

图 H.3 采用图 H.2 中的回路进行非对称试验时获得的典型波形

附　录　I
（规范性附录）
试验方式 T100a 时 TRV 和 di/dt 的降低

表 I.1 和表 I.2 是关于短路试验方式 T100a 操作的最后电流半波的参数。

表 I.1a、I.1b、I.1c 和 I.1d 分别对应于运行在 50 Hz 时 τ=45 ms、τ=60 ms、τ=75 ms 和 τ=120 ms 的参数。表 I.2a、I.2b、I.2c 和 I.2d 分别对应于运行在 60 Hz 时 τ=45 ms、τ=60 ms、τ=75 ms 和 τ=120 ms 的参数。

表 I.3a 和表 I.3b 分别对应于 50 Hz 和 60 Hz 时 di/dt 的降低，在三相条件下，首开极在 A 相，要求的非对称度在 C 极。

表 I.4a、I.4b 和表 I.4c 分别包含了 k_{pp}=1.3 和 f_r=50 Hz；k_{pp}=1.3 和 f_r=60 Hz；k_{pp}=1.5 和 f_r=50 Hz 时的修正值。

表 I.1a　与试验方式 T100a 相关的频率为 50 Hz 最后电流半波的参数（τ=45 ms）

τ=45 ms	大半波				小半波			
最短开断时间/ ms	$\hat{I}$ p.u.	Δt_1/ ms	电流零点时非对称水平的百分数/ %	电流零点对应的 di/dt（额定对称电流的 di/dt 的百分数）/%	$\hat{I}$ p.u.	Δt_2/ ms	电流零点时非对称水平的百分数/ %	电流零点对应的 di/dt（额定对称电流的 di/dt 的百分数）/%
10.0<t≤22.5	1.51	13.5	44.6	92.6	0.36	5.5	60.2	75.6
22.5<t≤33.0	1.33	12.5	28.9	97.8	0.59	7.5	37.9	89.9
33.0<t≤63.5	1.21	11.5	18.7	99.6	0.74	8.5	24.0	95.4
63.5<t≤84.0	a	a	a	a	a	a	a	a
84.0<t≤104.0	a	a	a	a	a	a	a	a

$\hat{I}$——与对称短路电流的峰值相关的峰值电流的标幺值；
Δt_1——大半波的持续时间（圆整到 0.5 ms）；
Δt_2——小半波的持续时间（圆整到 0.5 ms）；
τ——系统的时间常数；
本表中的所有数值均按保护继电器时间为 10 ms 计算的。

[a] 试验方式 T100a 不适用，两个电流半波的非对称水平都低于 20%。

注 1：系统的时间常数 τ=45 ms 是标准的时间常数，按照 4.1，τ=60 ms、75 ms 和 120 ms 是特殊工况的时间常数。

注 2：如果试验期间获得的最短燃弧时间不同于制造厂规定的数值，且如果实际的最短燃弧时间导致了另一个最短开断时间等级（另一个电流半波开断），则有必要用适当的电流半波值重复试验。如果有必要重复试验，允许按照 GB 1984—2003 的 6.102.9.5 对断路器进行检修或者按照 GB 1984—2003 的 6.102.2 采用附加的试品。

表 I.1b　50 Hz 时与短路试验方式 T100a 的开断操作相关的最后电流半波的参数(τ=60 ms)

τ=60 ms	大半波				小半波			
最短开断时间/ms	$\hat{I}$ p.u.	Δt_1/ms	电流零点时非对称水平的百分数/%	电流零点对应的 di/dt(额定对称电流的 di/dt 的百分数)/%	$\hat{I}$ p.u.	Δt_2/ms	电流零点时非对称水平的百分数/%	电流零点对应的 di/dt(额定对称电流的 di/dt 的百分数)/%
10.0<t≤22.5	1.61	14.0	54.2	86.9	0.28	5.0	68.7	69.0
22.5<t≤43.0	1.44	13.0	39.2	94.1	0.49	7.0	48.6	84.8
43.0<t≤63.5	1.31	12.0	28.3	97.4	0.63	8.0	34.5	92.0
63.5<t≤84.0	1.22	11.5	20.4	99.0	0.74	8.5	24.6	95.7
84.0<t≤104.0	[a]	[a]	[a]	[a]	[a]	[a]	[a]	[a]

$\hat{I}$——与对称短路电流的峰值相关的峰值电流的标么值；

Δt_1——大半波的持续时间(圆整到 0.5 ms)；

Δt_2——小半波的持续时间(圆整到 0.5 ms)；

τ——系统的时间常数；

本表中的所有数值均按保护继电器时间为 10 ms 计算的。

[a] 试验方式 T100a 不适用，两个电流半波的非对称水平都低于 20%。

注 1：系统的时间常数 τ=45 ms 是标准的时间常数，按照 4.1，τ=60 ms、75 ms 和 120 ms 是特殊工况的时间常数。

注 2：如果试验期间获得的最短燃弧时间不同于制造厂规定的数值，且如果实际的最短燃弧时间导致了另一个最短开断时间等级(另一个电流半波开断)，则有必要用适当的电流半波值重复试验。如果有必要重复试验，允许按照 GB 1984—2003 的 6.102.9.5 对断路器进行检修或者按照 GB 1984—2003 的 6.102.2 采用附加的被试断路器。

表 I.1c　50 Hz 时与短路试验方式 T100a 的开断操作相关的最后电流半波的参数(τ=75 ms)

τ=75 ms	大半波				小半波			
最短开断时间/ms	$\hat{I}$ p.u.	Δt_1/ms	电流零点时非对称水平的百分数/%	电流零点对应的 di/dt(额定对称电流的 di/dt 的百分数)/%	$\hat{I}$ p.u.	Δt_2/ms	电流零点时非对称水平的百分数/%	电流零点对应的 di/dt(额定对称电流的 di/dt 的百分数)/%
10.0<t≤22.5	1.67	15.0	61.0	81.9	0.23	4.5	74.3	63.8
22.5<t≤43.0	1.51	13.5	47.1	90.2	0.41	6.0	56.3	80.3
43.0<t≤63.5	1.39	12.5	36.3	94.7	0.55	6.5	42.9	88.5
63.5<t≤84.0	1.30	12.0	27.9	97.2	0.66	8.0	32.7	93.1
84.0<t≤104.0	1.23	11.5	21.4	98.6	0.74	8.5	24.9	95.8

$\hat{I}$——与对称短路电流的峰值相关的峰值电流的标么值；

Δt_1——大半波的持续时间(圆整到 0.5 ms)；

Δt_2——小半波的持续时间(圆整到 0.5 ms)；

τ——系统的时间常数；

本表中的所有数值均按保护继电器时间为 10 ms 计算的。

注 1：系统的时间常数 τ=45 ms 是标准的时间常数，按照 4.1，τ=60 ms、75 ms 和 120 ms 是特殊工况的时间常数。

注 2：如果试验期间获得的最短燃弧时间不同于制造厂规定的数值，且如果实际的最短燃弧时间导致了另一个最短开断时间等级(另一个电流半波开断)，则有必要用适当的电流半波值重复试验。如果有必要重复试验，允许按照 GB 1984—2003 的 6.102.9.5 对断路器进行检修或者按照 GB 1984—2003 的 6.102.2 采用附加的被试断路器。

表 I.1d　50 Hz 时与短路试验方式 T100a 的开断操作相关的最后电流半波的参数(τ=120 ms)

τ=120 ms	大半波				小半波			
最短开断时间/ ms	$\hat{I}$ p.u.	Δt_1/ ms	电流零点时非对称水平的百分数/ %	电流零点对应的 di/dt(额定对称电流的 di/dt 的百分数)/%	$\hat{I}$ p.u.	Δt_2/ ms	电流零点时非对称水平的百分数/ %	电流零点对应的 di/dt(额定对称电流的 di/dt 的百分数)/%
10.0<t≤22.5	1.78	15.5	73.1	70.0	0.16	3.5	83.3	53.1
22.5<t≤43.0	1.66	14.5	62.1	80.1	0.28	5.0	70.2	69.4
43.0<t≤63.5	1.56	14.0	52.8	86.3	0.40	6.0	59.2	79.1
63.5<t≤84.0	1.47	13.0	44.8	90.6	0.49	6.5	50.0	85.3
84.0<t≤104.0	1.40	12.5	38.0	93.5	0.57	7.0	42.2	89.5

$\hat{I}$——与对称短路电流的峰值相关的峰值电流的标么值；

Δt_1——大半波的持续时间(圆整到 0.5 ms)；

Δt_2——小半波的持续时间(圆整到 0.5 ms)；

τ——系统的时间常数；

本表中的所有数值均按保护继电器时间为 10 ms 计算的。

注 1：系统的时间常数 τ=45 ms 是标准的时间常数，按照 4.1τ=60 ms、75 ms 和 120 ms 是特殊工况的时间常数。

注 2：如果试验期间获得的最短燃弧时间不同于制造厂规定的数值，且如果实际的最短燃弧时间导致了另一个最短开断时间等级(另一个电流半波开断)，则有必要用适当的电流半波值重复试验。如果有必要重复试验，允许按照 GB 1984—2003 的 6.102.9.5 对断路器进行检修或者按照 GB 1984—2003 的 6.102.2 采用附加的被试断路器。

表 I.2a　60 Hz 时与短路试验方式 T100a 的开断操作相关的最后电流半波的参数(τ=45 ms)

τ=45 ms	大半波				小半波			
最短开断时间/ ms	$\hat{I}$ p.u.	Δt_1/ ms	电流零点时非对称水平的百分数/ %	电流零点对应的 di/dt(额定对称电流的 di/dt 的百分数)/%	$\hat{I}$ p.u.	Δt_2/ ms	电流零点时非对称水平的百分数/ %	电流零点对应的 di/dt(额定对称电流的 di/dt 的百分数)/%
8.3<t≤18.5	1.57	11.0	50.7	89.2	0.31	5.0	65.8	71.4
18.5<t≤36.0	1.39	10.0	35.4	95.6	0.52	6.0	44.9	86.7
36.0<t≤53.0	1.27	9.5	24.6	98.4	0.67	6.5	30.7	93.4
53.0<t≤70.0	1.19	9.5	17.1	99.6	0.77	7.0	21.1	96.8
70.0<t≤87.0	a	A	a	a	a	a	a	a
87.0<t≤104.0	a	A	a	a	a	a	a	a

$\hat{I}$——与对称短路电流的峰值相关的峰值电流的标么值；

Δt_1——大半波的持续时间(圆整到 0.5 ms)；

Δt_2——小半波的持续时间(圆整到 0.5 ms)；

τ——系统的时间常数；

本表中的所有数值均按保护继电器时间为 10 ms 计算的。

a 试验方式 T100a 不适用，两个电流半波的非对称水平都低于 20%。

注 1：系统的时间常数 τ=45 ms 是标准的时间常数，按照 4.1，τ=60 ms、75 ms 和 120 ms 是特殊工况的时间常数。

注 2：如果试验期间获得的最短燃弧时间不同于制造厂规定的数值，且如果实际的最短燃弧时间导致了另一个最短开断时间等级(另一个电流半波开断)，则有必要用适当的电流半波值重复试验。如果有必要重复试验，允许按照 GB 1984—2003 的 6.102.9.5 对断路器进行检修或者按照 GB 1984—2003 的 6.102.2 采用附加的被试断路器。

表 I.2b　60 Hz 时与短路试验方式 T100a 的开断操作相关的最后电流半波的参数(τ=60 ms)

τ=60 ms	大半波				小半波			
最短开断时间/ ms	$\hat{I}$ p.u.	Δt_1/ ms	电流零点时非对称水平的百分数/ %	电流零点对应的 di/dt(额定对称电流的 di/dt 的百分数)/%	$\hat{I}$ p.u.	Δt_2/ ms	电流零点时非对称水平的百分数/ %	电流零点对应的 di/dt(额定对称电流的 di/dt 的百分数)/%
8.3<t≤18.5	1.66	12.0	59.8	82.8	0.24	4.0	73.4	64.7
18.5<t≤36.0	1.50	11.0	45.7	91.0	0.42	5.0	55.0	81.1
36.0<t≤53.0	1.38	10.5	34.8	95.3	0.57	6.0	41.4	89.2
53.0<t≤70.0	1.29	10.0	26.4	97.6	0.67	6.5	31.2	93.6
70.0<t≤87.0	1.22	9.5	20.1	98.9	0.75	7.0	23.5	96.2
87.0<t≤104.0	a	a	a	a	a	a	a	a

$\hat{I}$——与对称短路电流的峰值相关的峰值电流的标么值;

Δt_1——大半波的持续时间(圆整到 0.5 ms);

Δt_2——小半波的持续时间(圆整到 0.5 ms);

τ——系统的时间常数;

本表中的所有数值均按保护继电器时间为 10 ms 计算的。

[a] 试验方式 T100a 不适用,两个电流半波的非对称水平都低于 20%。

注 1:系统的时间常数 τ=45 ms 是标准的时间常数,按照 4.1,τ=60 ms、75 ms 和 120 ms 是特殊工况的时间常数。

注 2:如果试验期间获得的最短燃弧时间不同于制造厂规定的数值,且如果实际的最短燃弧时间导致了另一个最短开断时间等级(另一个电流半波开断),则有必要用适当的电流半波值重复试验。如果有必要重复试验,允许按照 GB 1984—2003 的 6.102.9.5 对断路器进行检修或者按照 GB 1984—2003 的 6.102.2 采用附加的被试断路器。

表 I.2c　60 Hz 时与短路试验方式 T100a 的开断操作相关的最后电流半波的参数(τ=75 ms)

τ=75 ms	大半波				小半波			
最短开断时间/ ms	$\hat{I}$ p.u.	Δt_1/ ms	电流零点时非对称水平的百分数/ %	电流零点对应的 di/dt(额定对称电流的 di/dt 的百分数)/%	$\hat{I}$ p.u.	Δt_2/ ms	电流零点时非对称水平的百分数/ %	电流零点对应的 di/dt(额定对称电流的 di/dt 的百分数)/%
8.3<t≤18.5	1.72	12.5	66.1	77.4	0.20	3.5	78.2	59.5
18.5<t≤36.0	1.57	11.5	53.2	86.6	0.36	4.5	62.1	76.2
36.0<t≤53.0	1.46	11.0	42.8	91.9	0.49	6.0	49.5	85.1
53.0<t≤70.0	1.37	10.5	34.4	95.1	0.59	6.0	39.5	90.5
70.0<t≤87.0	1.29	10.0	27.6	97.1	0.67	6.5	31.5	93.8
87.0<t≤104.0	1.24	9.5	22.2	98.3	0.74	7.0	25.2	95.9

$\hat{I}$——与对称短路电流的峰值相关的峰值电流的标么值;

Δt_1——大半波的持续时间(圆整到 0.5 ms);

Δt_2——小半波的持续时间(圆整到 0.5 ms);

τ——系统的时间常数;

本表中的所有数值均按保护继电器时间为 10 ms 计算的。

注 1:系统的时间常数 τ=45 ms 是标准的时间常数,按照 4.1,τ=60 ms、75 ms 和 120 ms 是特殊工况的时间常数。

注 2:如果试验期间获得的最短燃弧时间不同于制造厂规定的数值,且如果实际的最短燃弧时间导致了另一个最短开断时间等级(另一个电流半波开断),则有必要用适当的电流半波值重复试验。如果有必要重复试验,允许按照 GB 1984—2003 的 6.102.9.5 对断路器进行检修或者按照 GB 1984—2003 的 6.102.2 采用附加的被试断路器。

表 I.2d　60 Hz 时与短路试验方式 T100a 的开断操作相关的最后电流半波的参数(τ=120 ms)

τ=120 ms	大半波				小半波			
最短开断时间/ms	$\hat{I}$ p. u.	Δt_1/ms	电流零点时非对称水平的百分数/%	电流零点对应的 di/dt(额定对称电流的 di/dt 的百分数)/%	$\hat{I}$ p. u.	Δt_2/ms	电流零点时非对称水平的百分数/%	电流零点对应的 di/dt(额定对称电流的 di/dt 的百分数)/%
8.3<t≤18.5	1.81	13.5	76.9	65.6	0.13	2.5	86.0	49.1
18.5<t≤36.0	1.70	12.5	67.2	75.5	0.24	3.5	74.6	65.0
36.0<t≤53.0	1.61	12.0	58.6	82.3	0.34	4.5	64.7	74.9
53.0<t≤70.0	1.53	11.5	51.1	87.1	0.42	5.0	56.2	81.5
70.0<t≤87.0	1.46	11.0	44.6	90.5	0.50	5.5	48.8	86.2
87.0<t≤104.0	1.41	10.5	38.8	93.1	0.57	6.0	42.4	89.6

$\hat{I}$——与对称短路电流的峰值相关的峰值电流的标么值；

Δt_1——大半波的持续时间(圆整到 0.5 ms)；

Δt_2——小半波的持续时间(圆整到 0.5 ms)；

τ——系统的时间常数；

本表中的所有数值均按保护继电器时间为 10 ms 计算的。

注 1：系统的时间常数 τ=45 ms 是标准的时间常数，按照 4.1τ=60 ms、75 ms 和 120 ms 是特殊工况的时间常数。

注 2：如果试验期间获得的最短燃弧时间不同于制造厂规定的数值，且如果实际的最短燃弧时间导致了另一个最短开断时间等级(另一个电流半波开断)，则有必要用适当的电流半波值重复试验。如果有必要重复试验，允许按照 GB 1984—2003 的 6.102.9.5 对断路器进行检修或者按照 GB 1984—2003 的 6.102.2 采用附加的被试断路器。

表 I.3a　50 Hz 时最后半波 di/dt 的降低(三相条件下首开极在 A 相且要求的非对称度在 C 相)

τ/ms	k_{pp}	1.5			1.3		
	最短开断时间/ms	A 相 %	B 相 %	C 相 %	A 相 %	B 相[a] %	C 相 %
45	10.0<t≤22.5	98.9	82.6	82.6	98.9	56.5	84.4
	22.5<t≤43.0	99.8	85.6	85.6	99.8	57.1	88.2
	43.0<t≤63.5	100	86.5	86.5	100	57.2	89.5
	63.5<t≤84.0	100	86.6	86.6	100	57.3	89.9
60	10.0<t≤22.5	97.3	79.2	79.2	97.3	55.3	79.7
	22.5<t≤43.0	98.8	83.3	83.3	98.8	56.6	85.2
	43.0<t≤63.5	99.6	85.3	85.3	99.6	57.0	87.7
	63.5<t≤84.0	100	86.1	86.1	100	57.1	88.8
75	10.0<t≤22.5	96.2	76.1	76.1	96.2	55.1	75.6
	22.5<t≤43.0	98.0	81.0	81.0	98.0	56.1	82.0
	43.0<t≤63.5	99.0	83.6	83.6	99.0	56.6	85.5
	63.5<t≤84.0	99.6	85.1	85.1	99.6	56.9	87.4
120	10.0<t≤22.5	93.7	69.1	69.1	93.7	53.8	66.8
	22.5<t≤43.0	95.5	74.8	74.8	95.5	54.8	73.9
	43.0<t≤63.5	97.0	78.4	78.4	97.0	55.5	78.8
	63.5<t≤84.0	97.9	81.1	81.1	97.9	56.0	82.1

[a] B 相为最后开断极。

注 1：系统时间常数 τ=45 ms 为标准的时间常数，按照 4.1，τ=60 ms 、75 ms 和 120 ms 为特殊工况的时间常数。

注 2：对于 k_{pp}=1.3，假定中性线阻抗为纯感性的而没有阻性分量。

表 I.3b　60 Hz 时最后半波 di/dt 的降低(三相条件下首开极在 A 相且要求的非对称度在 C 相)

τ/ms	k_{pp}	1.5			1.3		
	最短开断时间/ms	A 相 %	B 相 %	C 相 %	A 相 %	B 相[a] %	C 相 %
45	8.3<t≤18.5	98.2	80.5	80.5	98.2	56.1	81.5
	18.5<t≤36.0	99.8	84.3	84.3	99.8	56.8	86.4
	36.0<t≤53.0	99.9	85.8	85.8	99.9	57.1	88.5
	53.0<t≤70.0	100	86.5	86.5	100	57.2	89.3
	70.0<t≤87.0	100	86.7	86.7	100	57.2	89.6
60	8.3<t≤18.5	96.1	76.6	76.6	96.1	55.3	76.4
	18.5<t≤36.0	98.1	81.4	81.4	98.1	56.2	82.6
	36.0<t≤53.0	99.1	84.0	84.0	99.1	56.7	85.9
	53.0<t≤70.0	99.7	85.3	85.3	99.7	56.9	87.7
	70.0<t≤87.0	99.9	86.0	86.0	99.9	57.1	88.6
75	8.3<t≤18.5	85.0	73.4	73.4	85.0	54.6	72.0
	18.5<t≤36.0	97.0	78.7	78.7	97.0	55.6	79.1
	36.0<t≤53.0	98.3	81.9	81.9	98.3	56.2	83.2
	53.0<t≤70.0	99.0	83.8	83.8	99.0	56.6	85.7
	70.0<t≤87.0	99.5	84.9	84.9	99.5	56.8	87.2
120	8.3<t≤18.5	92.9	66.5	66.5	92.9	53.3	62.8
	18.5<t≤36.0	94.7	72.1	72.1	94.7	54.3	70.4
	36.0<t≤53.0	96.0	76.1	76.1	96.0	55.0	75.6
	53.0<t≤70.0	97.2	79.9	79.9	97.2	55.6	79.8
	70.0<t≤87.0	97.9	81.0	81.0	97.9	56.0	82.0

[a] B 相为最后开断极。

注 1：系统时间常数 τ=45 ms 为标准的时间常数，按照 4.1，τ=60 ms、75 ms 和 120 ms 为特殊工况的时间常数。

注 2：对于 k_{pp}=1.3，假定中性线阻抗为纯感性的而没有阻性分量。

表 I.4a　对于 k_{pp}=1.3 且 f_r=50 Hz 修正的 TRV 值

最短开断时间/ms		10.0<t≤22.5		22.5<t≤43.0		43.0<t≤63.5		63.5<t≤84.0		84.0<t≤104	
	U_r/kV	u_1/kV	u_c/kV	u_1/kV	u_c/kV	u_1/kV	u_c/kV	u_1/kV	u_c/kV	u_1/kV	u_c/kV
τ=45ms 小半波	100	62	117	72	137	76	144	a	a	a	a
	126	77	148	90	173	96	181				
	145	88	171	104	199	110	209				
	170	103	203	122	235	129	246				
	252	153	306	181	352	192	366				
	300	183	370	216	421	229	438				
	363	222	454	261	513	276	532				
	420	258	534	303	600	321	620				
	550	340	723	399	801	421	821				
	800	501	1 117	585	1 206	615	1 221				

表 I.4a（续）

最短开断时间/ms		10.0＜t≤22.5		22.5＜t≤43.0		43.0＜t≤63.5		63.5＜t≤84.0		84.0＜t≤104	
	U_r/kV	u_1/kV	u_c/kV	u_1/kV	u_c/kV	u_1/kV	u_c/kV	u_1/kV	u_c/kV	u_1/kV	u_c/kV
τ=45ms 大半波	100	74	135	78	144	80	147				
	126	92	169	98	180	99	184				
	145	106	193	112	206	114	211				
	170	124	226	132	242	134	248				
	252	184	329	195	355	199	365	a	a	a	a
	300	219	389	232	420	237	434				
	363	264	464	280	503	286	521				
	420	308	532	324	580	331	602				
	550	399	679	424	748	433	781				
	800	576	940	614	1 058	628	1 116				
τ=60ms 小半波	100	56	108	69	130	74	140	77	144		
	126	70	136	85	164	92	176	96	181		
	145	80	158	98	189	106	203	110	209		
	170	94	187	115	224	125	239	129	246	a	a
	252	141	284	172	336	185	358	192	367		
	300	168	344	205	404	221	429	230	440		
	363	203	424	247	494	267	522	277	533		
	420	237	501	288	579	310	609	322	622		
τ=60ms 大半波	100	69	126	75	137	78	143	79	146		
	126	87	158	94	172	97	179	99	183		
	145	99	179	108	197	112	206	114	210		
	170	117	210	126	231	131	241	133	247	a	a
	252	173	304	187	337	194	354	197	363		
	300	205	359	223	399	232	419	236	431		
	363	247	426	268	476	279	502	284	517		
	420	286	487	311	547	323	579	329	597		
τ=75ms 小半波	550	291	648	360	752	394	797	413	817	423	825
	800	430	1 024	529	1 156	577	1 206	604	1 224	618	1 228
τ=75ms 大半波	550	349	568	388	659	409	714	422	748	429	770
	800	502	760	560	908	592	1 000	610	1 058	621	1 098

[a] 试验方式 T100a 不适用，因为两个半波的非对称水平均小于 20%。

表 I.4b　对于 k_{pp}=1.3 且 f_r=60 Hz 修正的 TRV 值

最短开断时间/ms		8.3＜t≤18.5		18.5＜t≤36.0		36.0＜t≤53.0		53.0＜t≤87.0		87.0＜t≤104	
	U_r/kV	u_1/kV	u_c/kV	u_1/kV	u_c/kV	u_1/kV	u_c/kV	u_1/kV	u_c/kV	u_1/kV	u_c/kV
τ=45ms 小半波	100	58	112	70	133	75	142				
	126	73	142	87	168	94	179				
	145	83	164	100	194	108	206				
	170	98	195	118	229	127	243				
	252	146	297	176	344	188	363	a	a	a	a
	300	174	360	210	415	225	436				
	363	211	444	253	508	271	530				
	420	245	526	294	596	315	620				
	550	325	720	388	801	414	826				
	800	480	1 133	570	1 224	606	1 242				

表 I.4b（续）

最短开断时间/ms		8.3<t≤18.5		18.5<t≤36.0		36.0<t≤53.0		53.0<t≤87.0		87.0<t≤104	
	U_r/kV	u_1/kV	u_c/kV	u_1/kV	u_c/kV	u_1/kV	u_c/kV	u_1/kV	u_c/kV	u_1/kV	u_c/kV
τ=45ms 大半波	100	71	129	76	140	79	145	a	a	a	a
	126	89	161	95	175	98	181				
	145	102	183	110	200	113	207				
	170	120	214	128	234	132	243				
	252	177	311	190	343	196	357				
	300	210	366	227	404	234	423				
	363	253	433	273	482	281	507				
	420	393	495	316	553	326	584				
	550	481	624	412	708	426	753				
	800	549	842	595	984	617	1 064				
τ=60ms 小半波	100	52	102	65	125	72	136	75	142	a	a
	126	66	130	82	159	90	172	94	179		
	145	75	151	94	183	103	198	108	206		
	170	89	179	110	217	121	234	127	241		
	252	114	275	164	328	180	352	189	364		
	300	159	334	297	396	215	424	225	437		
	363	192	414	338	486	260	517	272	532		
	420	234	492	477	572	302	606	316	622		
τ=60ms 大半波	100	66	119	72	132	76	139	78	143	a	a
	126	83	148	91	165	95	174	97	180		
	145	94	169	104	188	109	199	112	206		
	170	111	197	122	220	128	234	131	241		
	252	163	284	181	321	190	341	194	353		
	300	195	332	215	377	226	403	232	419		
	362	234	392	258	448	272	481	279	501		
	420	270	445	299	513	315	553	323	577		
τ=75ms 小半波	550	275	646	345	749	382	819	417	830	425	835
	800	409	1 042	509	1 171	561	1 244	610	1 250	620	1 248
τ=75ms 大半波	550	327	498	369	599	395	664	410	707	420	737
	800	468	638	531	802	569	910	593	984	608	1 037

[a] 试验方式 T100a 不适用，因为两个半波的非对称水平均小于 20%。

表 I.4c　对于 k_{pp}=1.3 且 f_r=50 Hz 修正的 TRV 值

最短开断时间/ms		10.0<t≤22.5		22.5<t≤43.0		43.0<t≤63.5		63.5<t≤84.0		84.0<t≤104	
	U_r/kV	u_1/kV	u_c/kV	u_1/kV	u_c/kV	u_1/kV	u_c/kV	u_1/kV	u_c/kV	u_1/kV	u_c/kV
τ=45ms 小半波	72.5	a	96	a	113	a	119	a	a	a	a
	100	70	135	83	157	88	165				
	126	88	172	104	199	110	209				
	145	101	200	120	231	127	242				
	170	119	235	141	271	149	284				

表 I.4c（续）

最短开断时间/ms		10.0＜t≤22.5		22.5＜t≤43.0		43.0＜t≤63.5		63.5＜t≤84.0		84.0＜t≤104	
	U_r/kV	u_1/kV	u_c/kV	u_1/kV	u_c/kV	u_1/kV	u_c/kV	u_1/kV	u_c/kV	u_1/kV	u_c/kV
τ=45 ms 大半波	72.5	a	113	a	120	a	123				
	100	85	154	90	164	91	168				
	126	106	195	113	207	115	213	a	a	a	a
	145	123	222	130	238	132	244				
	170	144	259	152	277	155	285				
τ=60 ms 小半波	72.5	a	88	a	107	a	115	a	119		
	100	64	124	78	149	85	161	88	166		
	126	81	161	98	189	106	204	110	210	a	a
	145	93	184	113	220	123	235	128	243		
	170	109	217	133	258	144	276	150	284		
τ=60 ms 大半波	72.5	a	106	a	115	a	120	a	122		
	100	80	144	86	157	89	164	91	167		
	126	100	180	108	199	112	207	115	211	a	a
	145	115	207	125	227	129	237	131	243		
	170	135	240	146	264	151	277	154	283		

[a] 试验方式 T100a 不适用，因为两个半波的非对称水平均小于 20%。

表 I.4d　对于 k_{pp}=1.5 且 f_r=60 Hz 修正的 TRV 值

最短开断时间/ms		8.3＜t≤18.5		18.5＜t≤36.0		36.0＜t≤53.0		53.0＜t≤70.0		70.0＜t≤87.0	
	U_r/kV	u_1/kV	u_c/kV	u_1/kV	u_c/kV	u_1/kV	u_c/kV	u_1/kV	u_c/kV	u_1/kV	u_c/kV
τ=45ms 小半波	72.5	a	91	a	109	a	117				
	100	66	129	80	153	86	163				
	126	83	165	101	194	108	207	a	a	a	a
	145	96	192	116	226	125	239				
	170	113	227	136	265	146	280				
τ=45ms 大半波	72.5	a	109	a	117	a	121				
	100	82	147	88	160	90	166				
	126	102	185	110	201	114	209	a	a	a	a
	145	118	211	127	230	130	240				
	170	138	245	148	268	153	279				
τ=60ms 小半波	72.5	a	83	a	103	a	112	a	117		
	100	60	118	75	144	82	157	86	163		
	126	76	150	94	183	103	199	108	207	a	a
	145	87	176	109	213	119	231	125	240		
	170	103	208	128	251	140	271	147	281		
τ=60ms 大半波	72.5	a	100	a	111	a	117	a	120		
	100	76	135	83	151	87	159	90	164		
	126	95	170	104	189	109	201	112	207	a	a
	145	109	194	120	217	126	230	129	238		
	170	128	224	141	252	148	268	152	277		

[a] 试验方式 T100a 不适用，因为两个半波的非对称水平均小于 20%。

附 录 J
（资料性附录）
三相合成试验回路

本附录概述了一些典型的三相试验回路。

J.1 三相合成联合回路

J.1.1 一个电流引入回路和两个 Skeats 回路施加于被试断路器的三相合成回路

回路如图 J.1a 所示，它包括：

——一个三相电流源；

如 GB 1984—2003 的图 26a 所示回路中，首开极系数为 1.3，如 GB 1984—2003 的图 13，一个附加阻抗与电流源的中性点连接；

——一台三极辅助断路器；

——一个电压回路：并联电流引入回路，按照图 B.1 和图 B.2，连接在一相和地之间；

这个回路可以施加四参数的 TRV。此外，通过附加阻抗 L_{ac}，可以得到一个以额定电源频率振荡的恢复电压；

——两个电压回路：双联（Skeats）回路，按照图 D.1，连接在其他两相的每一相与地之间。

此回路可以施加两参数 TRV，它的包络线满足规定的四参数 TRV 参考线。

——与各相相连的延弧回路，是为了防止被试断路器提前开断，并考核它的尽可能长的燃弧时间。

三相电压回路应按照表 1 的要求，连接到不同的相上。

J.1.2 两个电流引入回路和一个 Skeats 回路施加于被试断路器的三相合成回路

回路如图 J.1b 所示，它包括：

——一个三相电流源；

如 GB 1984—2003 的图 26a 所示回路中，首开极系数为 1.3，如 GB 1984—2003 的图 13，一个附加阻抗与电流源的中性点连接；

——一台三极辅助断路器；

——两个电压回路：并联电流引入回路，按照图 B.1 和图 B.2，连接在两相和地之间；

这个回路可以施加四参数的 TRV。此外，通过附加阻抗 L_{ac}，可以得到一个以额定电源频率振荡的恢复电压；

——一个电压回路：双联（Skeats）回路，按照图 D.1，连接在另一相与地之间。

此回路可以施加两参数 TRV，它的包络线满足规定的四参数 TRV 参考线。

——与各相连接的延弧回路，是为了防止被试断路器提前开断，并考核它的尽可能长的燃弧时间。

三相电压回路应按照表 1 的要求，连接到不同的相上。

J.1.3 三个电流引入回路施加于被试断路器的三相合成回路

回路如图 J.1c 所示，它包括：

——一个三相电流源；

如 GB 1984—2003 的图 26a 所示的回路中，首开极系数为 1.3，如 GB 1984—2003 的图 13，一个附加阻抗与电流源的中性点连接；

——一台三极辅助断路器；

——三个电压回路：并联电流引入回路，按照图 B.1 和图 B.2，连接在每一相和地之间；

这个回路可以施加四参数的 TRV。此外，通过附加阻抗 L_{ac}，可以得到一个以额定电源频率振荡的恢复电压；

——与各相连接的延弧回路,是为了防止被试断路器提前开断,并考核它的尽可能最长的燃弧时间。

三相电压回路应按照表1的要求,连接到不同的相上。

图J.1d为采用三相合成联合回路,进行的一次三相合成开断试验(T100s, $k_{pp}=1.5$)的电流波形、相对地及相间电压的波形。

J.2 所有相引入的三相合成回路

回路如图J.2a所示,它包括:

——一个三相电流源;

——一台或两台三极辅助断路器;

——一个电压回路:依照图B.1和图B.2,连接在一相与地之间的并联电流引入回路;

——如上述的电压回路:连接在其他两相之间的并联电流引入回路;

这个回路与通常的并联电流引入回路的不同点仅在于返回导线与地之间必须适当地绝缘。利用均压电容,恢复电压可在两个后开极间平均分布;

——与各相连接的延弧回路,是为了防止被试断路器提前开断,并考核它的尽可能最长的燃弧时间。

通过这些回路,可施加四参数的TRV。此外,通过附加阻抗 L_{ac},可以得到一个以额定电源频率振荡的恢复电压。

按照表1的要求,两个电压回路应连接到不同的相上。

图J.2b为按照引入所有相的三相合成回路所做的三相合成开断试验(T100s, $k_{pp}=1.5$)的电流及相对地电压波形。

J.3 两相引入的三相合成回路

本回路如图J.3a所示,它包括:

——一个三相电流源;

如果采用GB 1984—2003的图26a所示的回路,首开极系数为1.3,依照GB 1984—2003的图13,一个附加阻抗与电流源的中性点连接;

——一台三极辅助断路器;

——一个电压回路:并联电流引入回路,依照图B.1和图B.2,连接在一相与地之间;

——一个如上述的电压回路:并联电流引入回路,连接在另外两相中的一相与地之间。作为一个替代方案,如图C.1和图C.2所示,这个回路可以是一个并联电压引入回路;

——延弧回路与各相连接,是为了防止被试断路器提前开断,并考核它的尽可能最长的燃弧时间。

通过以上回路,可施加四参数的TRV。此外,通过附加阻抗 L_{ac},可以得到一个以额定电源频率振荡的恢复电压。

按照表1的要求,两个电压回路应连接到不同的相上。

图J.3b与图J.3c为采用引入两相的三相合成试验回路进行三相合成开断试验(T100s, $k_{pp}=1.3$)的电流、相对地及相间电压的波形。

图J.1a～图J.1c给出了三相合成试验回路的典型示例。下述符号解释的清单与这些图(适用时)有关,在此列出是为了简短且避免重复。

G_n——电流源;
S_a——辅助断路器;
S_t——被试断路器;
Z_0——中性点连接的阻抗($k_{pp}=1.3$时需要);
L——电流回路电感;
Z_h——电压回路的等值波阻抗;
i——电流回路的电流;
i_h——引入电流;
C_{dh}——电压回路的时延电容;
L_h——电压回路的电感;
U_h——电压回路的充电电压;
L_{ac}——需要交流恢复电压时的附加电感;
ML——多相延弧回路。

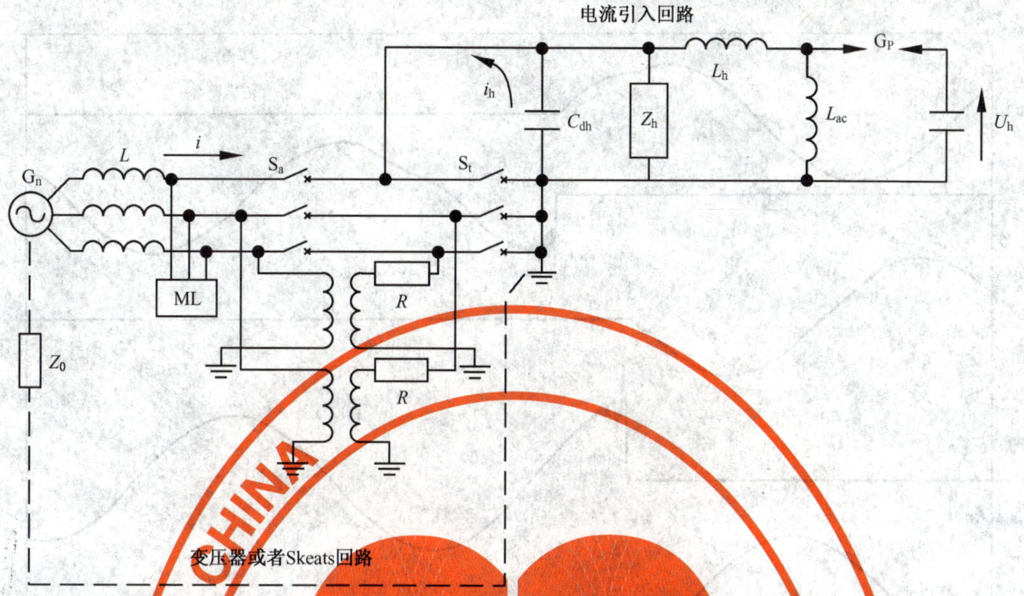

图 J.1a 三相合成联合回路

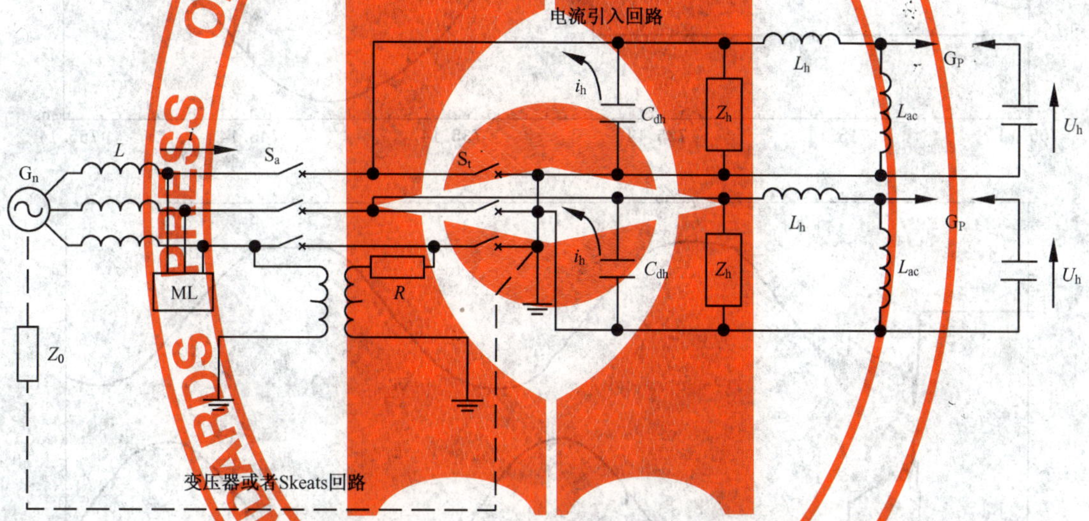

图 J.1b 三相合成联合回路

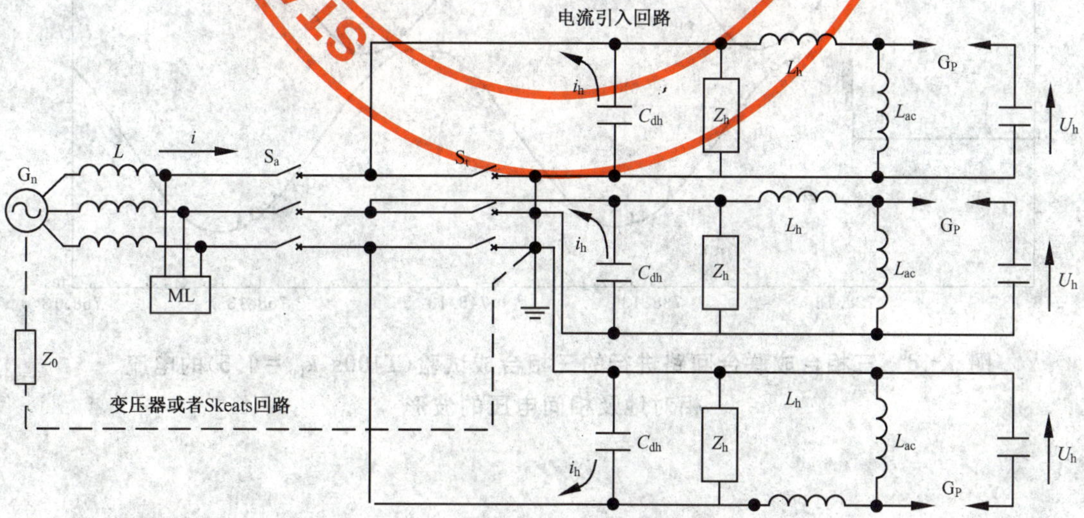

图 J.1c 三相合成联合回路

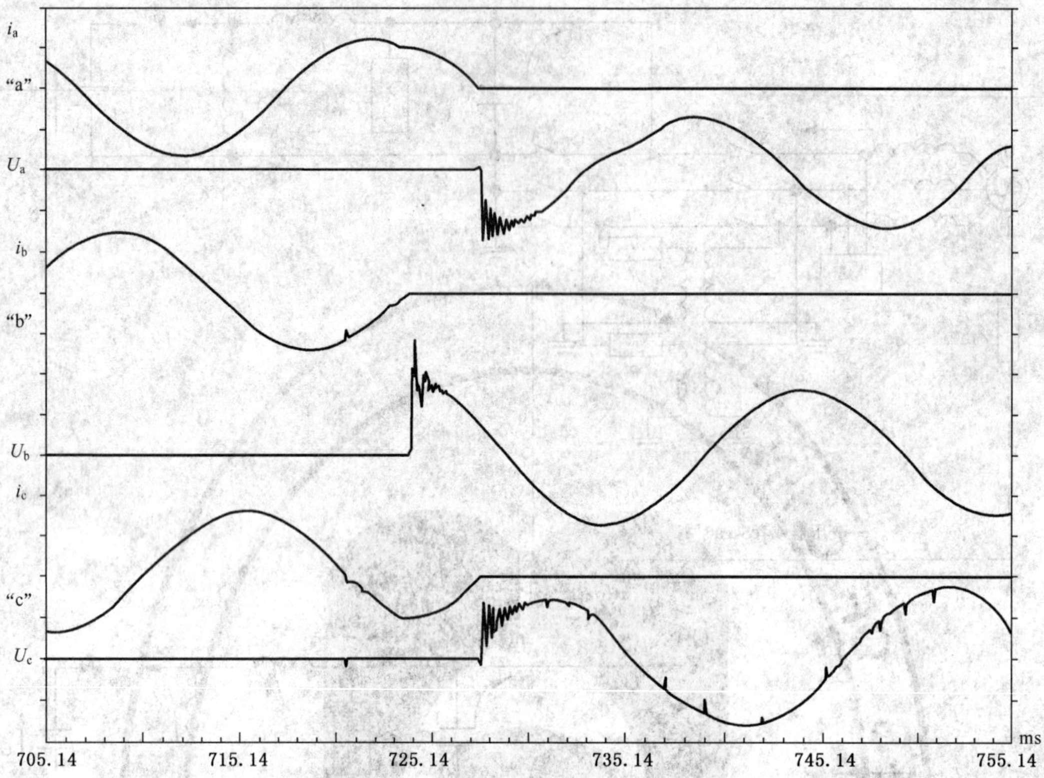

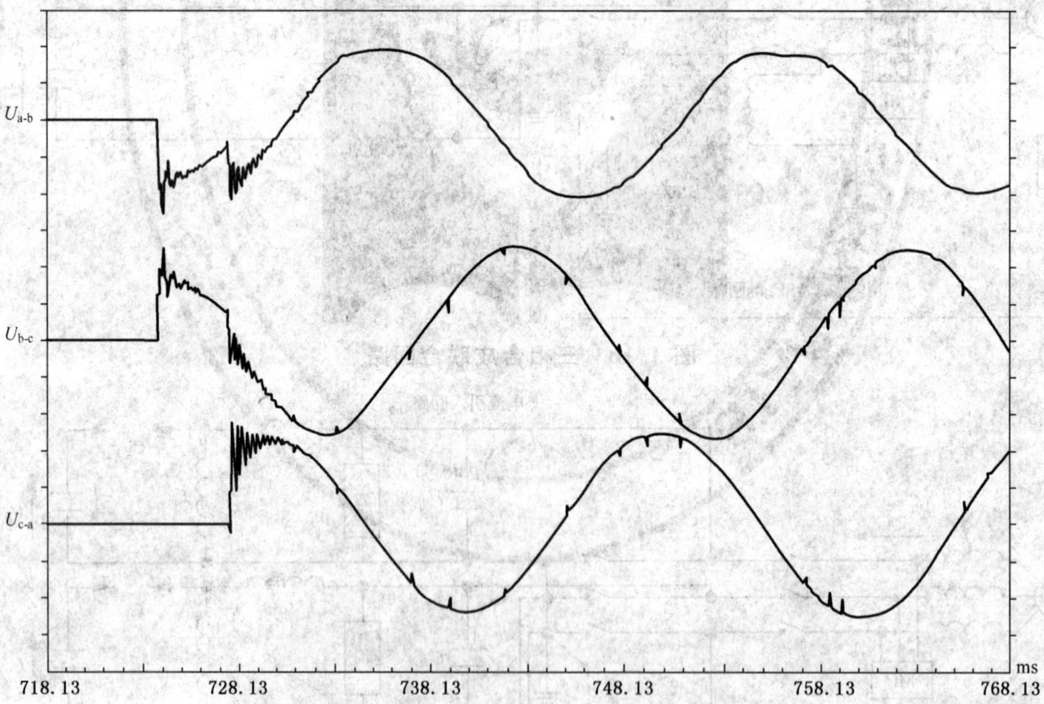

图 J.1d　三相合成联合回路进行的三相合成试验(T100s,k_{pp}＝1.5)的电流、相对地及相间电压的波形

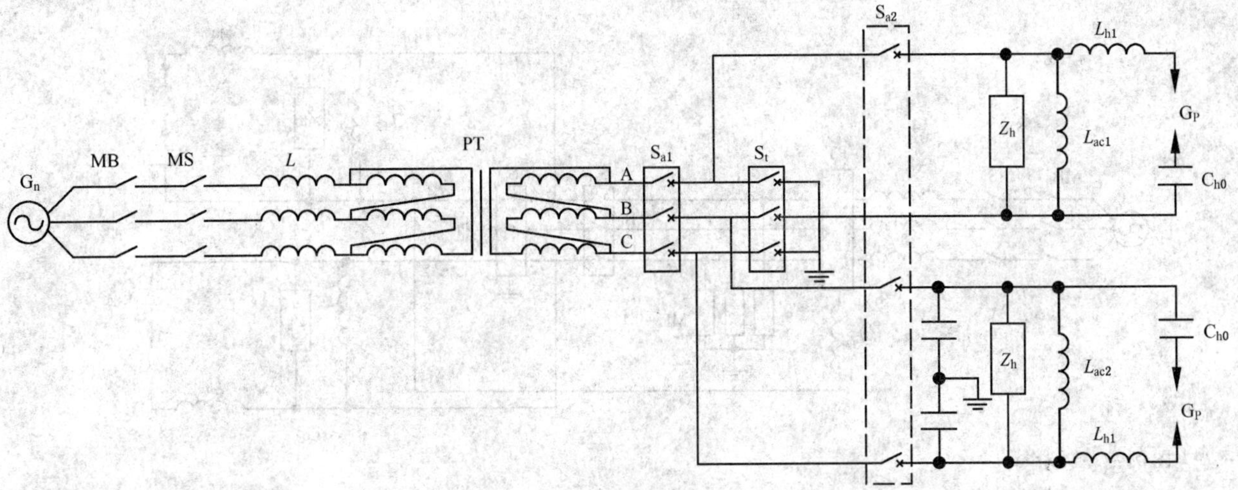

图例：

电流源：G_n——发电机；

MB——保护断路器；

MS——合闸开关；

PT——变压器；

L——电流回路的电抗；

S_t——被试断路器；

S_{a1}，S_{a2}——辅助断路器；

GP——触发间隙。

电压源：C_{h0}——主电容器；

$L_{h1,2}$——电压回路电感；

$L_{ac1,2}$——工频电感；

Z_h——TRV 调节电路。

图 J.2a　三相引入的三相合成回路，k_{pp}=1.5

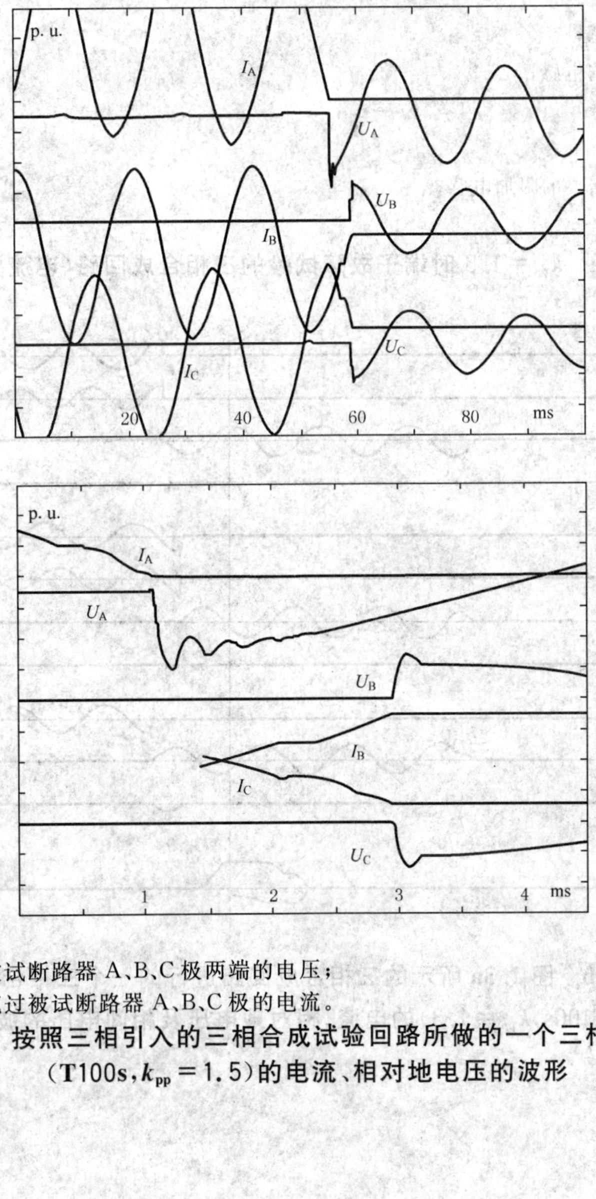

图例：

U_A，U_B，U_C——分别为被试断路器 A、B、C 极两端的电压；

I_A，I_B，I_C——分别为流过被试断路器 A、B、C 极的电流。

图 J.2b　按照三相引入的三相合成试验回路所做的一个三相合成试验（T100s，k_{pp}=1.5）的电流、相对地电压的波形

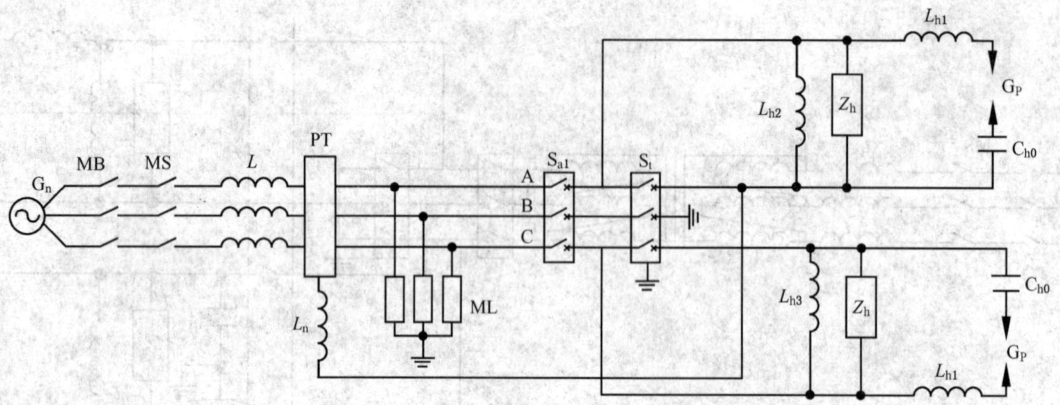

图例：

G_n——短路发电机；

MB——保护断路器；

MS——合闸开关；

PT——变压器；

S_a——辅助断路器；

S_t——被试断路器；

L——电流回路的电感；

L_n——与中性点连接的电感；

ML——多相延弧回路；

G_P——触发间隙；

L_{ac2}，L_{ac3}——交流恢复电压需要的附加电感；

C_{h0}——主电容器组。

图 J.3a　$k_{pp}=1.3$ 时端子故障试验的三相合成回路(电流引入法)

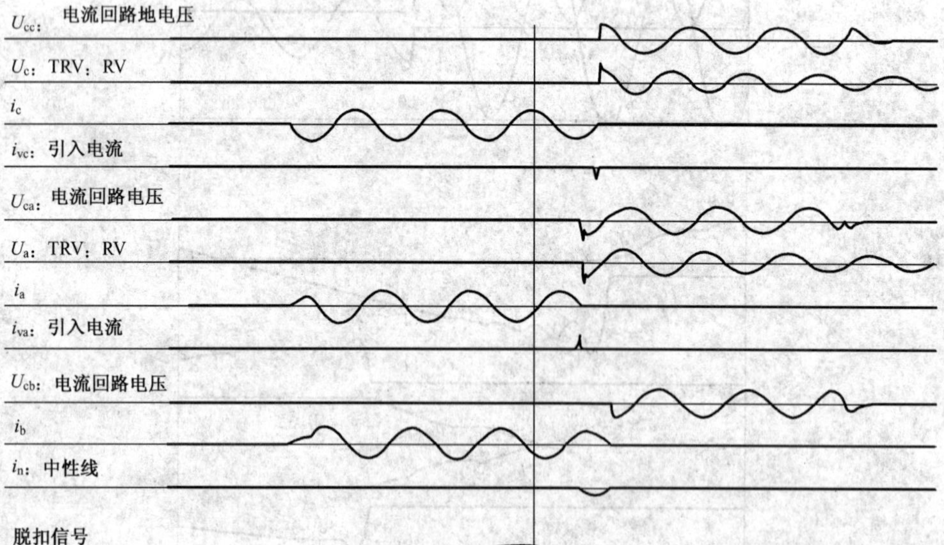

图 J.3b　图 J.3a 所示的三相合成回路进行的一个三相合成试验(T100s，$k_{pp}=1.3$)的电流、相对地电压及相间电压的波形

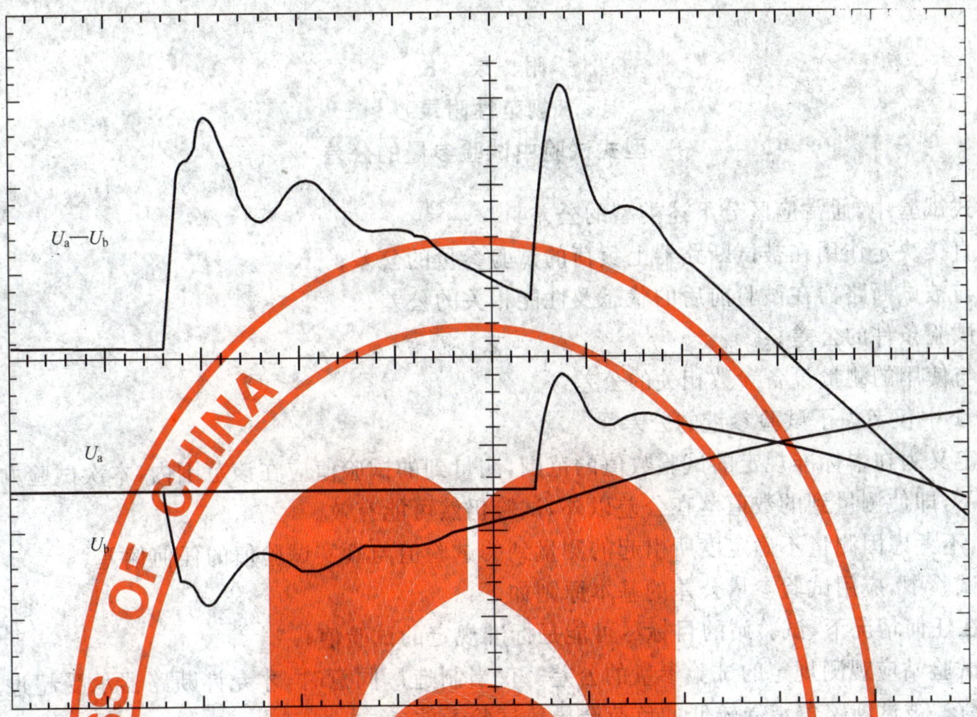

图例：

U_a,U_c——分别为被试断路器 A 和 C 极两端的电压。

图 J.3c　图 J.3a 所示的试验回路的 TRV 波形

附　录　K
（规范性附录）
型式试验中试验参量的公差

在型式试验中，通常应区分下述类型的公差：

——直接决定作用在被试断路器上负荷的试验参量的公差；

——与被试断路器在试验前后的状态及性能相关的公差；

——试验条件的公差；

——与使用的测量设备参数相关的公差。

表 K.1 中仅考虑了试验参量的公差。

公差定义为在本标准规定的试验数值的范围，测量到的试验值应在该范围内，本次试验方有效。在某些情况下，即使测量到的数值落在公差以外，试验仍然可能有效。

在此，不考虑因测量不确定度所引起的测量到的试验值与真实试验值的任何偏差。

型式试验中，应用试验参量公差的基本原则如下：

a) 在任何情况下，试验站的目标尽可能是标准规定的试验值；

b) 试验站应观测规定的试验参量的公差。仅当制造厂同意时，才允许断路器承受超过这些公差的较高负荷。被试断路器承受较低的负荷会导致试验无效。

c) 对于任何试验参量，如果本标准中没有给出公差，那么 GB 1984—2003 的公差适用。其上限应力值应征得制造厂的同意。

d) 若只给出某试验参量一侧的限值，则认为另一侧限值应为尽可能地接近规定值。

表 K.1 型式试验时试验参量的公差

试验名称	试 验 参 量	规定的试验值	试验公差/试验值的限值
基本短路方式	T10 电流零点的 d*i*/d*t*[a]	10%额定短路开断电流的电流零点的 d*i*/d*t*	±20%
	T30 电流零点的 d*i*/d*t*[a]	30%额定短路开断电流的电流零点的 d*i*/d*t*	±20%
	T60 电流零点的 d*i*/d*t*[a]	60%额定短路开断电流的电流零点的 d*i*/d*t*	±10%
	T100s 和 T100a 电流零点的 d*i*/d*t*[a]	额定短路开断电流的电流零点的 d*i*/d*t*	$^{+5}_{0}$%
临界电流试验	电流零点的 d*i*/d*t*[a]	GB 1984—2003 的 6.107.2 确定的电流零点的 d*i*/d*t*	±20%
单相和异相接地故障试验	电流零点的 d*i*/d*t*[a]	GB 1984—2003 的图 45 确定的电流的电流零点的 d*i*/d*t*	$^{+5}_{0}$%
近区故障试验	L90 电流零点的 d*i*/d*t*[a]	额定短路开断电流的电流零点的 d*i*/d*t*	90%～92%
	L90 的电源侧恢复电压上升率	GB 1984—2003 表 1a～1d 中给出的上升率的 90%	$^{+5}_{0}$%
	L75 电流零点的 d*i*/d*t*[a]	额定短路开断电流的电流零点的 d*i*/d*t*	71%～79%
	L75 的电源侧恢复电压上升率	GB 1984—2003 表 1a～1d 中给出的上升率的 75%	$^{+5}_{0}$%
	L60 电流零点的 d*i*/d*t*[a]	额定短路开断电流的电流零点的 d*i*/d*t*	55%～65%
	L60 的电源侧恢复电压上升率	GB 1984—2003 表 1a～1d 中给出的上升率的 60%	$^{+5}_{0}$%
失步关合和开断试验	OP1 电流零点的 d*i*/d*t*[a]	30%额定失步开断电流的电流零点的 d*i*/d*t*	±20%
	OP2 电流零点的 d*i*/d*t*[a]	额定失步开断电流的电流零点的 d*i*/d*t*	$^{+10}_{0}$%
容性电流开合试验	开断电流的频率	额定频率	45 Hz～65 Hz

[a] 这些公差仅适用于电流引入试验回路。

ICS 47.020
U 04

中华人民共和国国家标准

GB/T 4476.1—2008
代替 GB/T 4476.1—1984

金属船体制图　第1部分：一般规定

Drawing for metal hull of ships—Part1：General provisions

2008-10-20 发布　　　　2009-04-01 实施

中华人民共和国国家质量监督检验检疫总局
中国国家标准化管理委员会　发布

前　言

GB/T 4476《金属船体制图》分为四个部分：

——第 1 部分：一般规定；

——第 2 部分：图形符号；

——第 3 部分：图样画法及编号；

——第 4 部分：尺寸标注。

本部分为 GB/T 4476 的第 1 部分。

本部分代替 GB/T 4476.1—1984《金属船体制图　一般规定》。

本部分与 GB/T 4476.1—1984 相比，主要有下列变化：

——修改了“船体中线”、“中线面”、“设计水线”等术语的相关定义；

——第 4 章中修改了 4.3，增加了 4.4；

——第 5 章中修改了 5.1.1、5.2.2，增加了 5.1.2；

——修改了第 6 章；

——第 7 章中增加了 7.2；

——增加了资料性附录 A“线型的应用示例”。

本部分附录 A 为资料性附录。

本部分由中国船舶工业集团公司提出。

本部分由全国海洋船标准化技术委员会船舶基础分技术委员会归口。

本部分起草单位：中国船舶工业综合技术经济研究院。

本部分主要起草人：苗宏仁、赵华、高学峰。

本部分所代替标准的历次版本发布情况为：

——GB/T 4476.1—1984。

金属船体制图　第1部分：一般规定

1　范围

GB/T 4476 的本部分规定了金属船体制图中所涉及到的术语、图纸幅面、图样比例、书写方法、图线型式等内容。

本部分适用于民船和军用辅助船舶金属船体的制图。

2　规范性引用文件

下列文件中的条款通过 GB/T 4476 的本部分的引用而成为本部分的条款。凡是注日期的引用文件，其随后所有的修改单(不包括勘误的内容)或修订版均不适用于本部分，然而，鼓励根据本部分达成协议的各方研究是否可使用这些文件的最新版本。凡是不注日期的引用文件，其最新版本适用于本部分。

GB 3101　有关量、单位和符号的一般原则

GB 3102(所有部分)　量和单位

GB/T 13361　技术制图　通用术语

GB/T 16948　技术产品文件　词汇　投影法术语(eqv ISO 10209-2:1993)

CB/T 3243.3　船舶产品图样和技术文件管理　第3部分:基本格式

3　术语和定义

GB/T 13361 和 GB/T 16948 确立的以及下列术语和定义适用于本部分。

3.1

主坐标平面　principal coordinate planes

固定于船舶上，三个直角坐标轴组成的坐标平面，即基平面、中线面和中站面。

3.2

基平面　baseplane

通过龙骨线与中站线交点的水平面。

3.3

中线面　middle-line plane

将船体左右对称划分，并垂直于基平面的纵向平面。

3.4

中站面　midstation plane

中站处，垂直于基平面和中线面的横向平面。

3.5

基线　molded base line

基平面与纵向平面或横向平面的交线，系垂直量度的基准线。一般用符号“BL”表示。

3.6

船体中线　center line

中线面与水平面或横向平面的交线。一般用符号“CL”或℄表示。

3.7

船体型表面　molded hull surface

船体外形的设计表面，即不包括外板在内的船体骨架外缘的表面。

3.8

型线 molded line

剖切平面与船体型表面(包括其延伸部分)的交线。

3.9

外轮廓线 profile

中线面与船体型表面的交线。

3.10

龙骨线 keel line

船体型表面的底部与中线面的交线。

3.11

型值 offset

确定船体型表面上各点空间位置的坐标值。

3.12

艏垂线 forward perpendicular

根据不同船型和要求,通过下列固定点之一所作的横向平面与中线面的交线,一般用“FP”表示。

a) 设计水线前端点;

b) 设计水线与艏柱前缘的交点。

3.13

艉垂线 after perpendicular

根据不同船型和要求,通过下列固定点之一所作的横向平面与中线面的交线,一般用“AP”表示。

a) 设计水线后端点;

b) 设计水线与舵柱后缘的交点;

c) 设计水线与舵杆中心线的交点。

3.14

站 station

沿基线将设计水线长或垂线间长所划分的各点位置。

3.15

中站 midstation

位于设计水线长或垂线间长中点处的站。

3.16

站线 station ordinates

型线图上,通过各站并垂直于基线及船体中线的直线。

3.17

水线 waterline

平行于基平面的水平面与船体型表面的交线,一般用“WL”表示。

3.18

设计水线 designed waterline

设计吃水时的水线。

3.19

纵剖线 buttock

平行于中线面的剖切平面与船体型表面的交线。

3.20

横剖线 body line

平行于中站面的剖切平面与船体型表面的交线。

3.21

斜剖线　diagonal

斜交于基平面和中线面，但垂直于中站面的剖切平面与船体型表面的交线。

3.22

水线面　waterplane

由水线所形成的平面。

3.23

纵剖面　longitudinal section

以平行于中线面的平面剖切型表面所形成的剖面。

3.24

中纵剖面　longitudinal section in centerplane

位于中线面处的纵剖面。

3.25

横剖面　transverse sections

以平行于中站面的平面剖切裸船体或船体所形成的剖面。

3.26

中横剖面　midship section

位于中站处的横剖面。

3.27

甲板边线　deck side line

甲板型表面的边缘线，对于甲板舷边为圆弧形的船体，则指横梁上缘延伸线与肋骨外缘延伸线之交点的连线。

3.28

甲板中线　deck centerline

甲板型表面与中线面的交线。

3.29

舷弧线　sheer line

甲板边线在中纵剖面上的投影线。

3.30

舷弧　sheer

甲板边线的纵向曲度，其值以各站处舷弧线与型深的高度差表示。

3.31

艏舷弧　sheer at forward perpendicular

在艏垂线处的舷弧。

3.32

艉舷弧　sheer at after perpendicular

在艉垂线处的舷弧。

3.33

梁拱　camber

甲板的横向拱度，其值以各肋位处甲板中线与甲板边线的高度差表示。一般系指最大横剖面处，以“f”表示。

3.34

梁拱线　camber curve(line)

具有梁拱的甲板型表面与各肋位处横向垂直平面的交线，一般系指最大横剖面处。

3.35

理论线 assembled molded line

用于决定船体构件安装位置的基准线。

3.36

折角线 knuckle line

船体型表面或船体构件曲度突变呈折角时所形成的棱角线。

3.37

转圆线 rounded line

圆弧切点的连线(展开壁板时在转圆处所作的分界线),一般用“RL”来表示。

3.38

肋板边线 connecting line for floor end on top

肋板的腹板型表面,其外缘线顶点的连线。

4 图纸幅面尺寸

4.1 基本幅面

制图时,应优先采用表1所规定的基本幅面。

表1 基本幅面数值表

单位为毫米

幅面代号	A0	A1	A2	A3	A4
$B\times L$	841×1 189	594×841	420×594	297×420	210×297
图纸面积/m^2	1.00	0.50	0.25	0.12	0.06
c	10			5	
a	25				

4.2 幅面的延伸

必要时,可加长表1中基本幅面的尺寸,其加长量按所选基本幅面短边的整数倍沿短边增加,见图1。所有幅面的宽度不应超过A0幅面的宽度。

单位为毫米

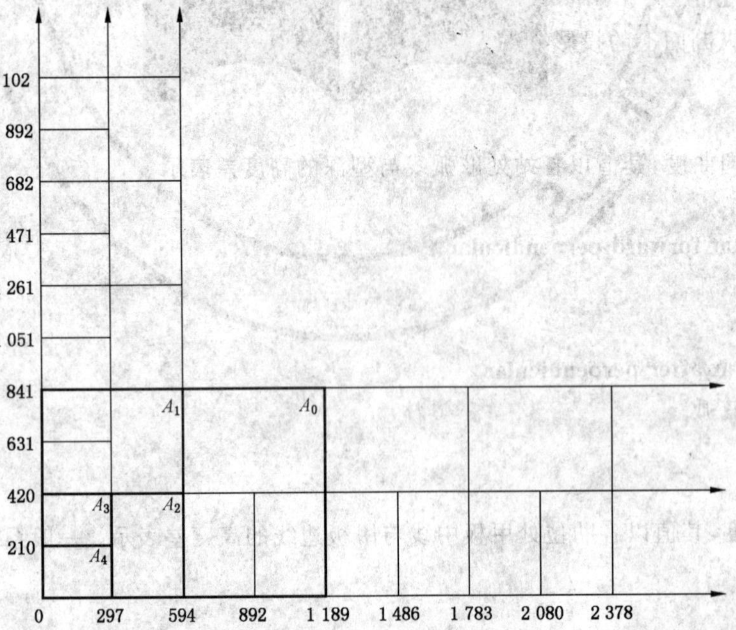

图1 图纸幅面加长示意图

4.3 图框格式

4.3.1 图纸一般留有装订边，并用粗实线画出图框，图框格式见图 2，图框尺寸见表 1。加长幅面的图框尺寸按所选基本幅面大一号的图框尺寸来确定。

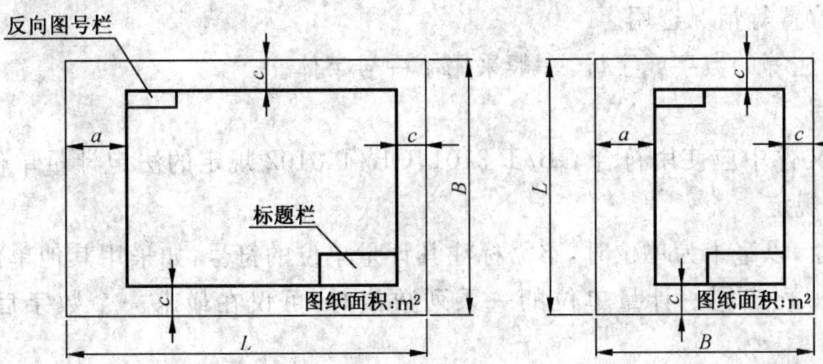

图 2 图框格式

4.4 标题栏

应在图纸的右下角标出标题栏，标题栏的格式和尺寸应符合 CB/T 3243.3 的要求。

4.5 图纸面积

每张图样应于其边框外右下角处注明其所在图纸的面积。

5 图样比例

5.1 比例的选用

5.1.1 绘图比例

一般按照 1∶1 的原值比例来绘制图样。需要按比例绘制时，应在表 2 规定的比例中选取合适的比例。

表 2 绘图比例表

比例种类	采用的比例						
原值比例	1∶1						
缩小比例			1∶2	1∶2.5			1∶5	
	1∶10		1∶20	1∶25	1∶30	1∶40	1∶50	1∶75
	1∶100	1∶150	1∶200	1∶250				
放大比例	2∶1、2.5∶1、5∶1、10∶1、50∶1、100∶1						

5.1.2 出图比例

需要按比例出图时，应选用表 2 中相应的比例。

5.2 比例的标注

5.2.1 比例的标注方式如 1∶50、2∶1 等。

5.2.2 图样的比例注在标题栏内。在同一图样中，若视图的比例不一致时，主要视图比例放在标题栏内，其他视图的比例注在视图名称的下方或右侧。

示例 1：$\frac{A—A}{1:100}$

示例 2：平面图 1∶100

6 书写方法

6.1 文字的书写

6.1.1 图样和技术文件中书写的汉字、数字、字母等都应做到：字体端正、笔划清楚、排列整齐、间隔均匀。

6.1.2 汉字应写成长仿宋体，并应采用中华人民共和国国务院正式公布推行的《汉字简化方案》中规定的简化字。

6.1.3 字体的高度即号数，一般采用 10 mm、7 mm、5 mm、3.5 mm、3 mm、2.5 mm、1.8 mm 七种，根据幅面、内容和书写位置等情况选用。

6.1.4 用作指数、脚注等的数字或字母，一般采用小一号字体。

6.2 计量单位的书写

6.2.1 图样和技术文件中应使用符合 GB/T 3101、GB/T 3102 规定的法定计量单位。数字符号应按照 GB/T 3102.11 的规定。

6.2.2 图样中的尺寸，以毫米为单位时，不需标注其计量单位的符号，如采用其他单位时，应注明。

6.2.3 在文字叙述中列出同一计量单位的一系列数值时，可仅在最末一个数字后面列出计量单位符号。

示例：5.0、7.5、10.0、12.5 cm。

6.3 数值的写法

6.3.1 表示非物理量的数，数字一至九用汉字"一"、"二"、"三"、……表示，大于九的数字一般采用阿拉伯数字表示。表示物理量的数值，应使用阿拉伯数字，后面写上法定计量单位符号。

示例：用五根 5 m 长管子做试验后，再选 15 根管子做三次试验。

6.3.2 图样和技术文件中的数值一般采用阿拉伯数字，尽量避免使用分数，而宜采用小数。小于 1 的数字写成小数形式时，应在小数点前加零，见示例 1。采用分数或百分数时，不应将数字与汉字混杂表示，见示例 2、示例 3。

示例 1：0.001。

示例 2：铁的百分含量（不能写作铁的%含量）。

示例 3：3/4 或四分之三（不能写作 4 分之 3）。

6.3.3 数值的有效位数应全部写出。标明量的数值，应能反应出所需的精确度。

6.3.4 表格中的数值，上下行的小数点应对正。某些栏没有数值时应以短横线表示。

6.4 文字说明的编号

6.4.1 船体制图中的技术文件按其内容可分为若干章、条进行叙述，编号采用阿拉伯数字加下脚点制，下脚点为圆点，加在阿拉伯数字右下角，见示例。

```
示例：    章    一级条       二级条      三级条
          1   ┌──2.1                   ┌──2.3.1.1
          2 ──┼──2.2     ┌──2.3.1──────┼──2.3.1.2
          3   └──2.3─────┼──2.3.2      └──2.3.1.3
                         └──2.3.3
```

6.4.2 用分行并列叙述简短内容时，可采用列项的形式，列项中每一项前加破折号或加上后带半圆括号的小写拉丁字母序号，见示例。

示例 1：

工艺要求：

——加工精度；

——焊接方法；

——装配要求。

示例 2：

工艺要求：

a) 加工精度；

b) 焊接方法；

c) 装配要求。

7 图线

7.1 图线名称、型式及应用

制图中所使用的各种图线的名称、型式及一般应用范围见表3，应用示例参见附录A。

表3 图线及应用表

序号	图线名称	图线型式	一般应用范围
1	粗实线		a) 板材、骨材剖面简化线； b) 设备、部件可见轮廓线(总布置图除外)； c) 名称线
2	细实线		a) 可见轮廓线； b) 尺寸线与尺寸界线； c) 型线； d) 基线； e) 引出线与指引线； f) 接缝线； g) 剖面线； h) 规格线
3	粗虚线		不可见板材简化线(不包括规定采用轨道线表示的情况)
4	轨道线		主船体结构图内不可见水密板材简化线(肋骨型线图、分段划分图等除外)
5	细虚线		a) 不可见轮廓线； b) 不可见次要构件(肋骨、横梁、纵骨、扶强材等)的简化线
6	粗点划线		a) 可见主要构件(强肋骨、舷侧纵桁、强横梁、甲板纵桁、舱壁桁材等)的简化线； b) 钢索、绳索、链索等的简化线
7	细点划线		a) 中心线； b) 可见次要构件(肋骨、横梁、纵骨、扶强材等)的简化线； c) 开口对角线； d) 转圆线； e) 液舱范围线； f) 折角线
8	粗双点划线		不可见主要构件(强肋骨、舷侧纵桁、强横梁、甲板纵桁、舱壁桁材等)的简化线
9	细双点划线		a) 非本图构件可见轮廓线； b) 假想构件可见轮廓线； c) 肋板边线； d) 工艺开口线

表 3（续）

序号	图线名称	图线型式	一般应用范围
10	波浪线		构件断裂边界线
	折断线	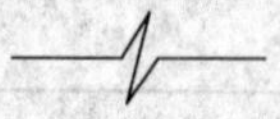	
11	斜栅线		分段界线（分段划分图除外）

7.2 图线宽度

7.2.1 对于表 3 中序号为 1、3、6、8 的粗线线型的宽度，一般根据图样性质及图纸幅面的情况分为 0.35、0.5、0.7、1、1.4 mm 五种形式，但同一图样上的粗线尽量使用同一种线宽。

7.2.2 轨道线视为粗线，其中空部分的两侧为细实线。

7.2.3 其余序号为 2、4、5、7、9、10 线型的宽度不应大于粗线宽度的 1/3。

附 录 A
（资料性附录）
线型的应用示例

表 A.1 给出了表 3 中各种线型的应用示例。表 A.1 中的图形采用第一角画法，线型的应用同样适用于按第三角画法绘制的图形。

表 A.1 线型的应用示例

序 号	图线名称	应 用 示 例
1	粗实线	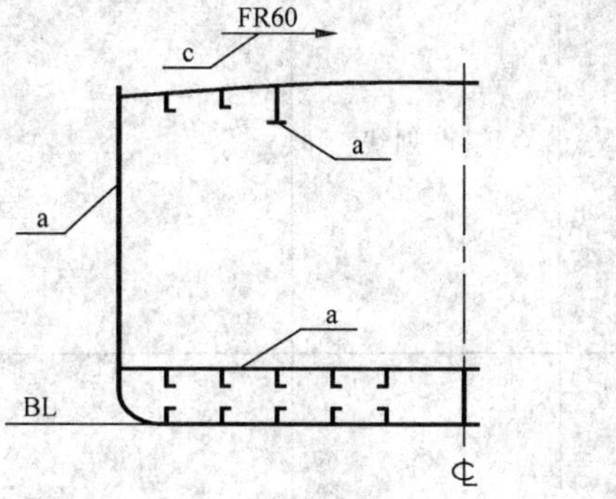
2	细实线	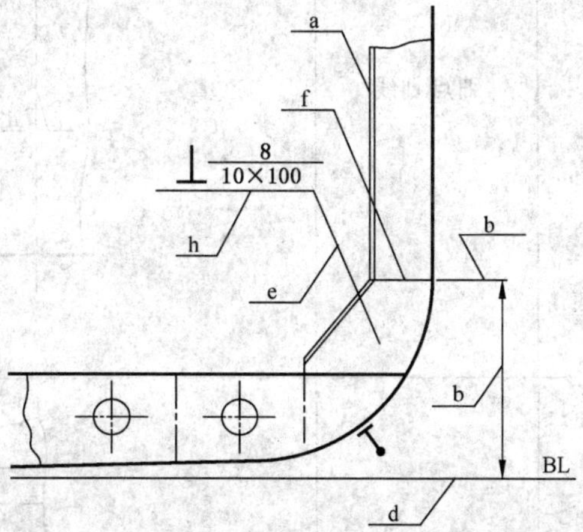
3	粗虚线	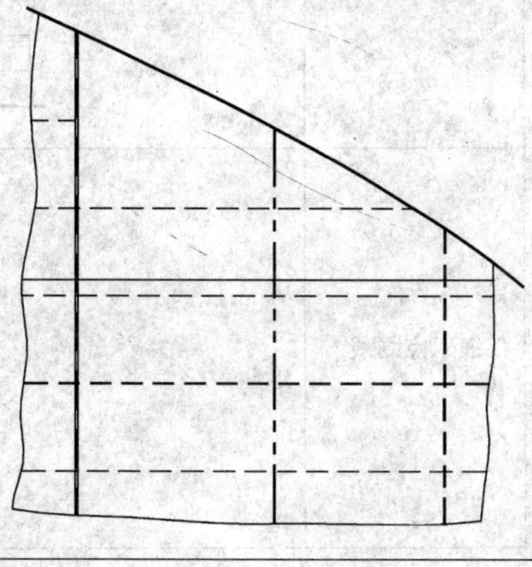
4	轨道线	

表 A.1（续）

序　　号	图线名称	应　用　示　例
5	细虚线	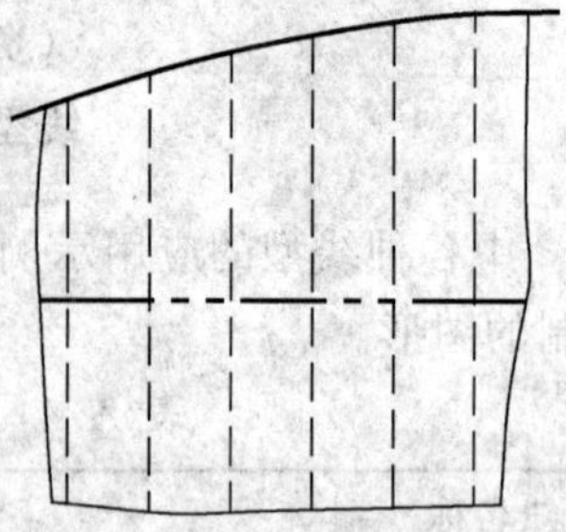
6	粗点划线	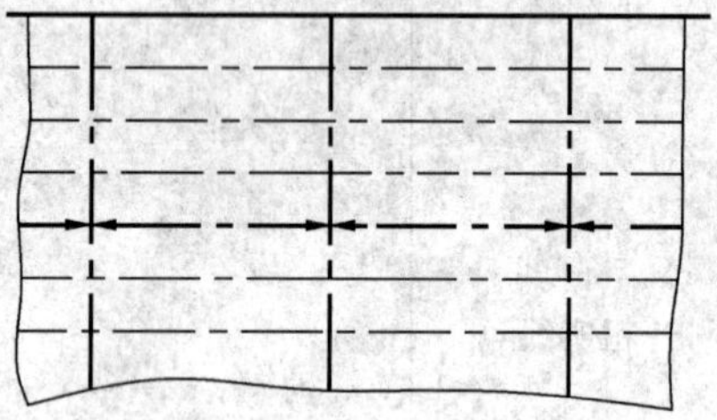
7	细点划线	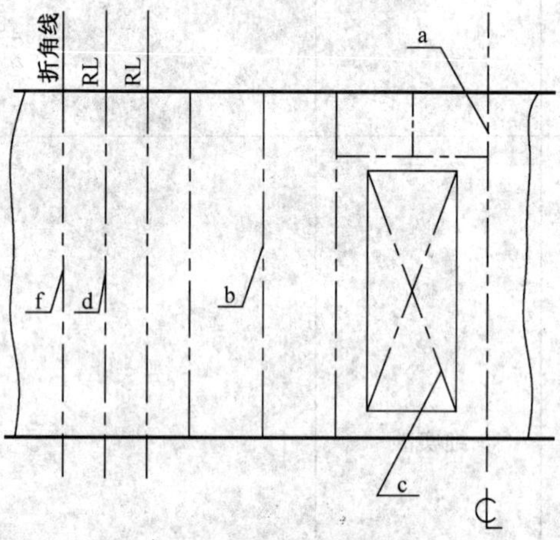
8	粗双点划线	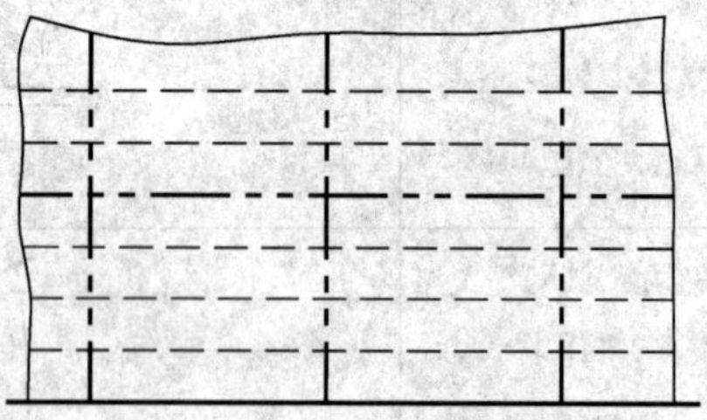
9	细双点划线	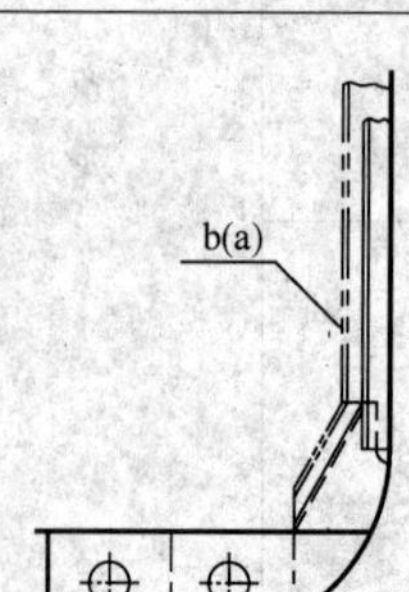

表 A.1（续）

序号	图线名称	应用示例
10	波浪线	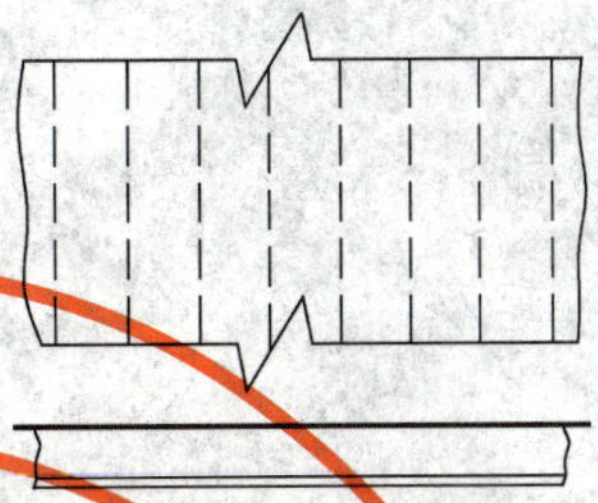
	折断线	
11	斜栅线	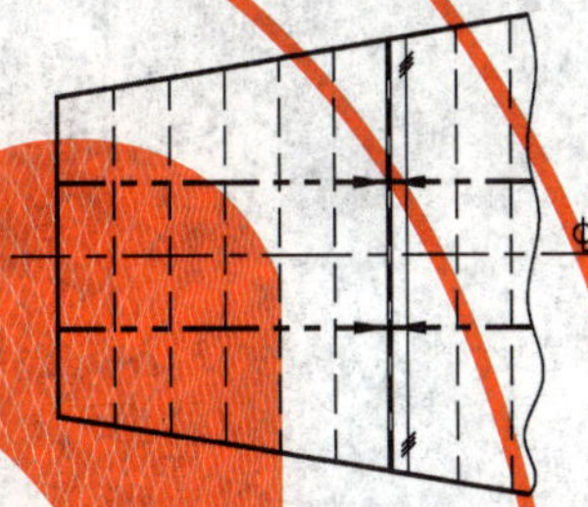

ICS 47.020
U 04

中华人民共和国国家标准

GB/T 4476.2—2008
代替 GB/T 4476.2—1984

金属船体制图
第2部分：图形符号

**Drawing for metal hull of ships—
Part 2：Graphical symbols**

2008-07-30 发布　　　　2009-02-01 实施

中华人民共和国国家质量监督检验检疫总局
中国国家标准化管理委员会　发布

前　言

GB/T 4476《金属船体制图》分为四个部分：

——第 1 部分：一般规定；

——第 2 部分：图形符号；

——第 3 部分：图样画法和编号；

——第 4 部分：尺寸标注。

本部分为 GB/T 4476 的第 2 部分。

本部分代替 GB/T 4476.2—1984《金属船体制图　图形符号》。

本部分与 GB/T 4476.2—1984 相比，主要有下列变化：

——修改了视向符号；

——增加了一种肋位符号；

——明确了小开口剖面符号的适用范围。

本部分由中国船舶工业集团公司提出。

本部分由全国海洋船标准化技术委员会船舶基础分技术委员会归口。

本部分起草单位：中国船舶工业综合技术经济研究院。

本部分主要起草人：苗宏仁、赵华、高学峰

本部分所代替标准的历次版本发布情况为：

——GB/T 4476.2—1984。

金属船体制图
第2部分:图形符号

1 范围

GB/T 4476的本部分规定了金属船体制图时在图样或技术文件中所需的图形符号。

本部分适用于民船和军用辅助船舶金属船体的制图。

2 图形符号

图样或技术文件中的图形符号见表1。

表1 图形符号表

序号	名称		符号	示例
1	吃水符号			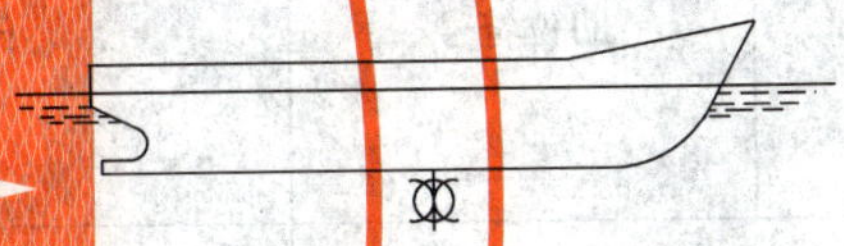
2	船中符号			
3	轴系剖面符号			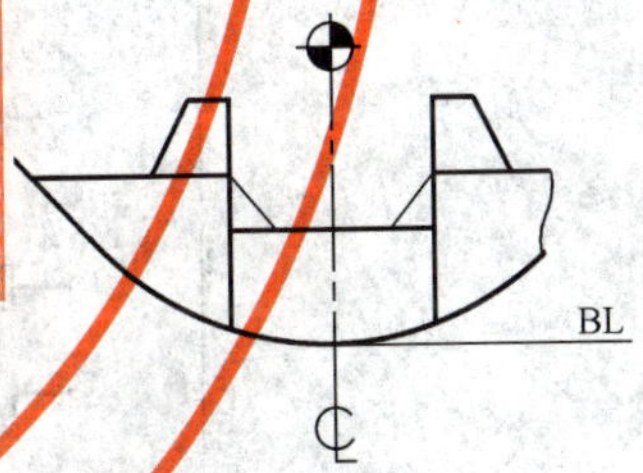
4	端接缝和边接缝符号	一般接缝	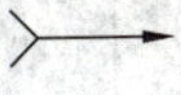	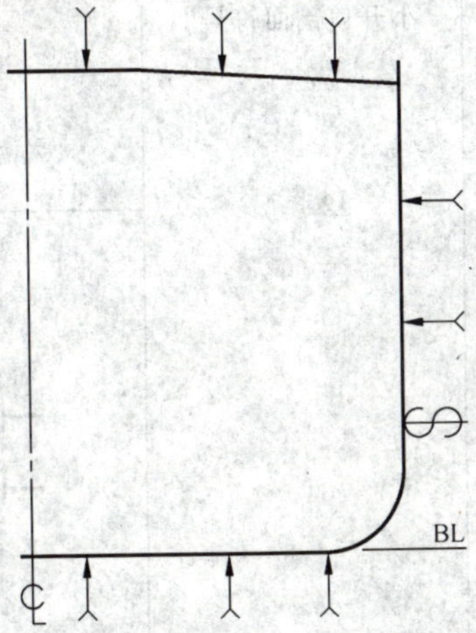
		分段接缝	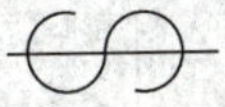	

表 1（续）

<table>
<tr><th>序号</th><th>名　　称</th><th>符　　号</th><th>示　　例</th></tr>
<tr><td>5</td><td>连续符号[a]</td><td>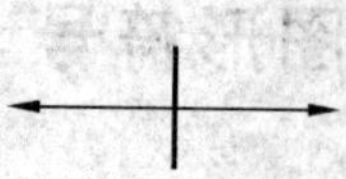</td><td>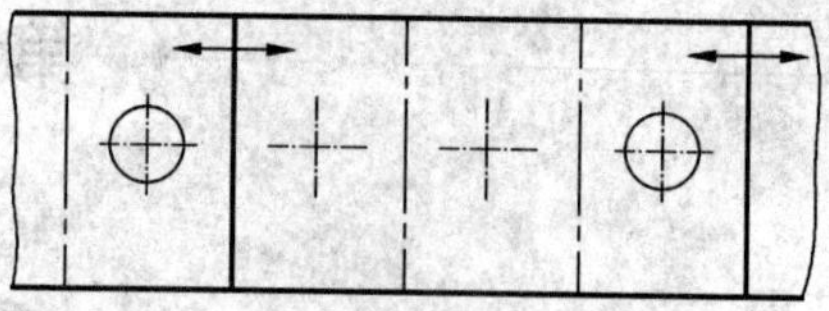</td></tr>
<tr><td>6</td><td>间断符号[a]</td><td></td><td>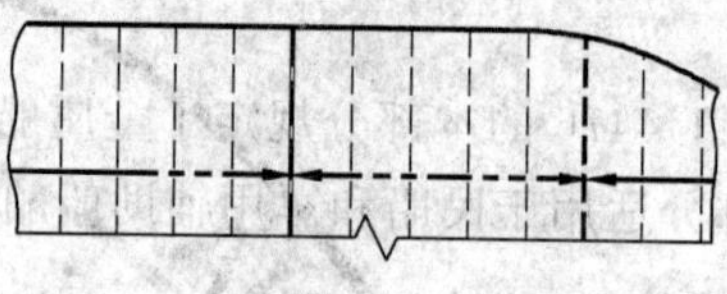</td></tr>
<tr><td>7</td><td>视向符号</td><td>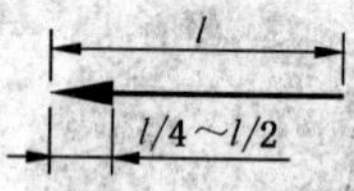</td><td>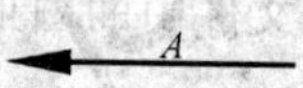</td></tr>
<tr><td>8</td><td>肋位符号</td><td>FR 或 #</td><td></td></tr>
<tr><td rowspan="2">9</td><td rowspan="2">小开口剖面符号[b]</td><td>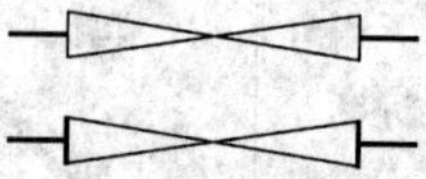</td><td>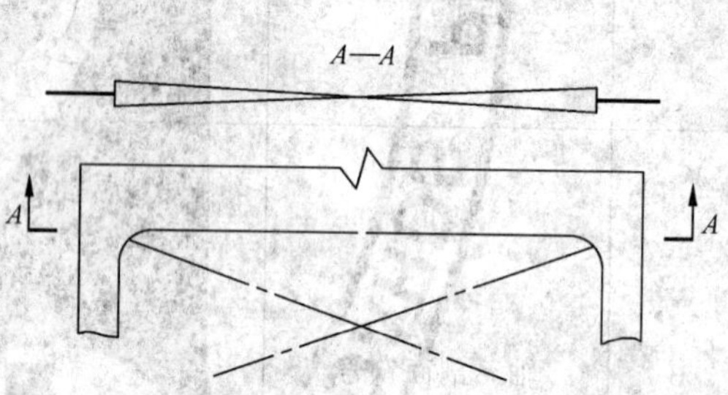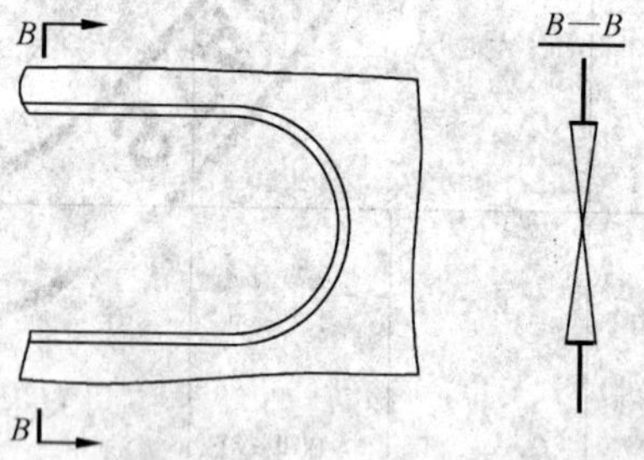</td></tr>
<tr><td></td><td>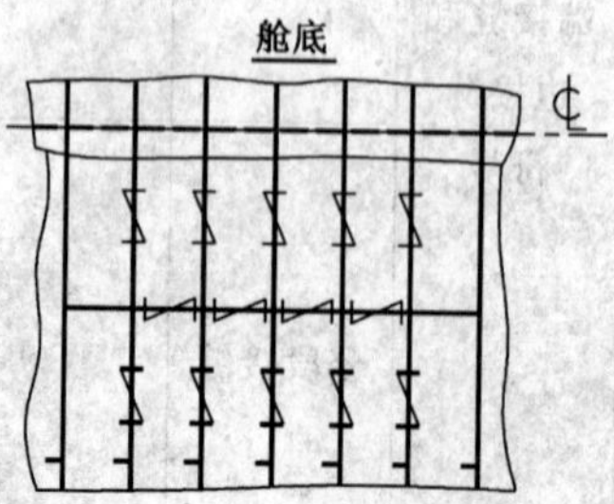</td></tr>
</table>

表 1（续）

序号	名　称	符　号	示　例
10	剖切符号		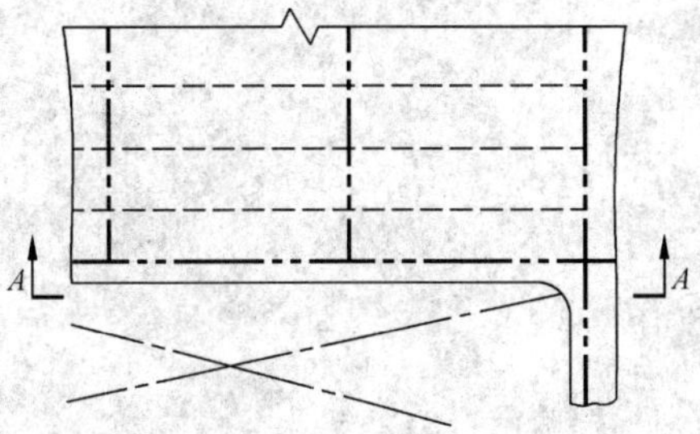
		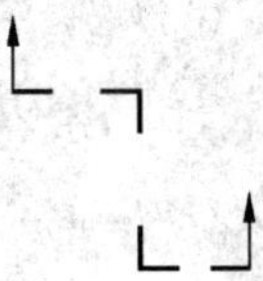	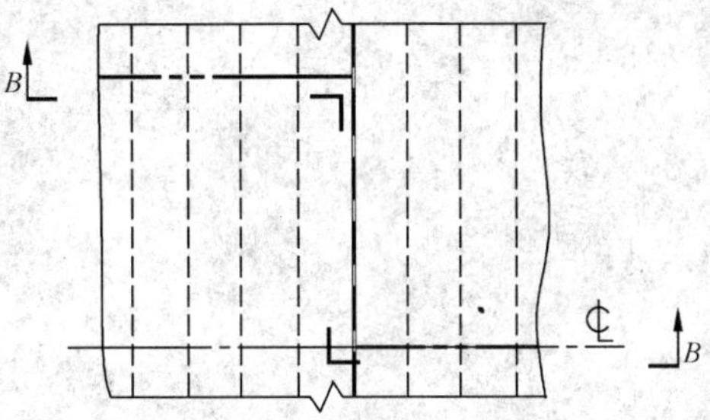

[a] 若图形上的断续关系已经明确，该符号可以不画。

[b] 舱底图、围壁平面图等图形中，小开口虽未被剖切，但仍可使用该符号。若同一图形中，该符号使用较多时，可采用其下半部分的简化画法。对于无扁钢或面板的开口，使用上、下部分中上方的符号，否则，使用下方的符号。

ICS 47.020
U 40

中华人民共和国国家标准

GB/T 4476.3—2008
代替 GB/T 4476.3—1984

金属船体制图 第3部分：图样画法及编号

Drawings for metal hull of ships—Part 3：Presentation and coding of drawings

2008-10-20 发布　　2009-04-01 实施

中华人民共和国国家质量监督检验检疫总局
中国国家标准化管理委员会　发布

前言

GB/T 4476《金属船体制图》分为四个部分：

——第1部分：一般规定；

——第2部分：图形符号；

——第3部分：图样画法及编号；

——第4部分：尺寸标注。

本部分为GB/T 4476的第3部分。

本部分代替GB/T 4476.3—1984《金属船体制图　图样画法及编号》。

本部分与GB/T 4476.3—1984相比，主要有下列变化：

——增加了“规范性引用文件”、“术语与定义”两章；

——删除了图2、图20，修改了图1、图3、图5、图17、图22；

——增加了对绘制图样用图线的规定；

——明确了向视图、剖面图、局部放大图的标注方式；

——修改了人孔、减轻孔、流水孔、透气孔的简化表示方法；

——修改了零部件编号的标注方式。

本部分由中国船舶工业集团公司提出。

本部分由全国海洋船标准化技术委员会船舶基础分技术委员会归口。

本部分起草单位：中国船舶工业综合技术经济研究院、江苏科技大学、中国船舶工业集团公司第七〇八研究所。

本部分主要起草人：苗宏仁、赵华、高学峰、管义锋、王怀玉。

本部分所代替标准的历次版本发布情况为：

——GB/T 4476.3—1984。

金属船体制图
第3部分：图样画法及编号

1 范围

GB/T 4476的本部分规定了金属船体制图时的图样画法及编号方法。

本部分适用于民用船舶及军用辅助船舶金属船体的制图。

2 规范性引用文件

下列文件中的条款通过GB/T 4476的本部分的引用而成为本部分的条款。凡是注日期的引用文件，其随后所有的修改单（不包括勘误的内容）或修订版均不适用于本部分，然而，鼓励根据本部分达成协议的各方研究是否可使用这些文件的最新版本。凡是不注日期的引用文件，其最新版本适用于本部分。

GB/T 4476.1 金属船体制图 第1部分：一般规定

CB 1259—1995 舰艇船体制图

CB* 3182 船体结构 相贯切口与补板

CB* 3183 船体结构 型材端部形状

CB/T 3184 船体结构 流水孔、透气孔、通焊孔、密性焊段孔

3 术语与定义

GB/T 4476.1确立的以及下列术语和定义适用于本部分。

3.1

基本视图 basic view

船体或船上其他结构向基本投影面投影所得的视图为基本视图。

3.2

向视图 direction view

船体或船上其他结构向某一方向投影所得的视图为向视图。

3.3

剖视图 section

假想用剖切平面剖切结构，将位于视者与剖切平面之间的部分移去，而将剩余部分向投影面投影所得的图形为剖视图，简称剖视。如舱底平面图。

3.4

剖面图 cut

假想在要表达的船体或构件附近作一剖切平面，将位于视者与剖切平面之间的部分移去，仅绘出剖切到的船体或构件剖面、要表达的构件及与其直接相连的构件，这样所得的图形为剖面图。

3.5

剖切面 cutting plane

剖切被表达结构的假想平面或曲面。

4 图样画法

4.1 基本要求

4.1.1 图样应采取正投影法绘制，并优先采用第一角画法。

4.1.2 绘制图样的图线应按 GB/T 4476.1 的规定。

4.1.3 图面上，船尾在左，船首在右。

4.1.4 图样的名称（图名）位于图形的正上方或右上方，图名下方应绘一短粗实线（名称线），见示例。

示例：*A—A*。

4.1.5 图面布局应合理、整齐。凡属全船性图样，一般侧面图位于图面上部，平面图位于中间或下部；分段结构图中，一般侧面图（中纵剖面图、外板展开图等）位于图面的左上部及左中部，平面图（平台、甲板、舱底图等）位于左下部及左中部，剖面图、局部详图等位于上述图形的右边和其他空白处。

4.2 视图

4.2.1 基本视图

基本视图一般分为首视图、侧面图、平面图、尾视图等。

4.2.2 向视图

4.2.2.1 向视图用视向符号与大写拉丁字母表示其投影方向和视图名称。

4.2.2.2 在向视图的上方标注“×向”（“×”为大写拉丁字母，其下为短粗实线），在相应图形上用视向符号指明投射方向，并标注相同的字母，见图 1c)、图 1b)。表示不在同一平面上的结构时，应将其旋转展开在同一平面上，其表示形式为“×向展开”（“×”为大写拉丁字母，其下为短粗实线），见图 1c)、图 1a)。

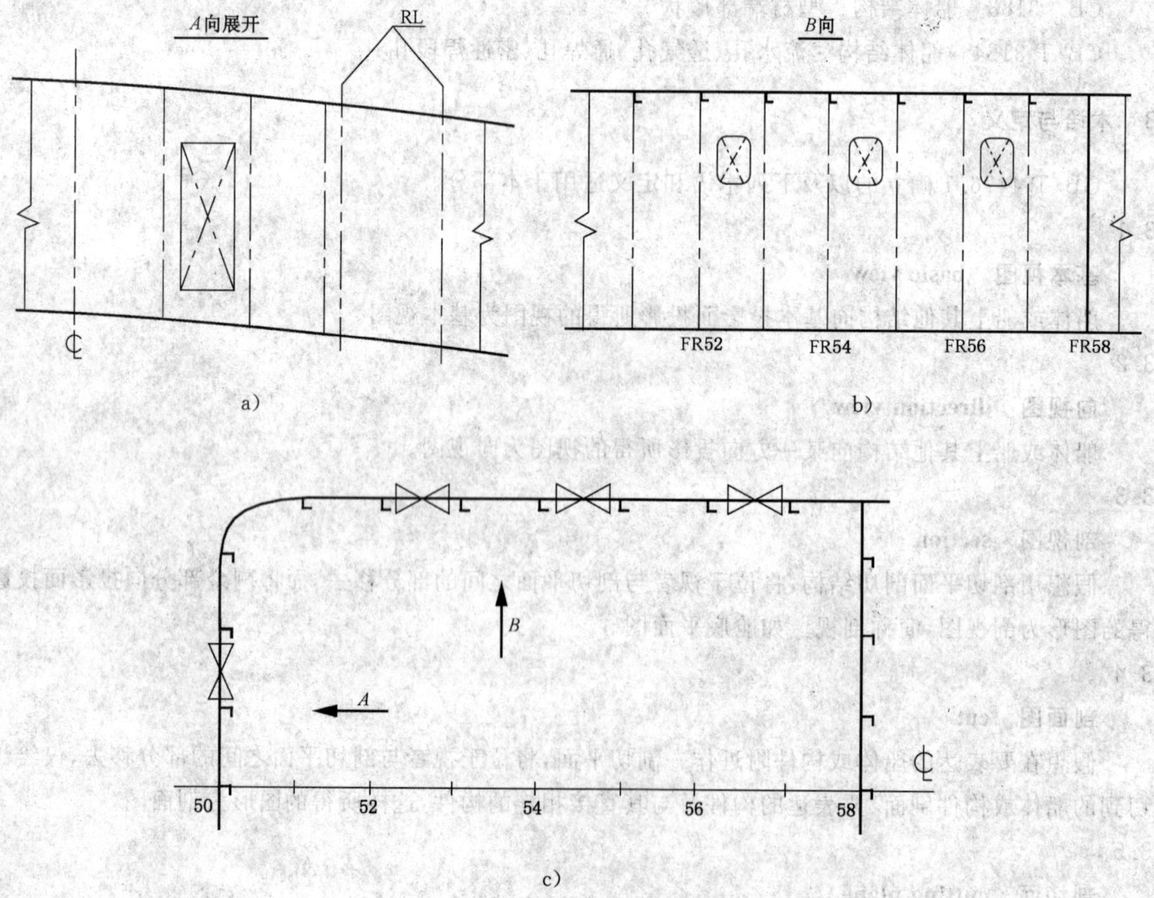

图 1

4.3 剖视图

4.3.1 全剖视图

用剖切面完全剖开船体结构所得的剖视图，如舱底平面图。

4.3.2 半剖视图

4.3.2.1 结构具有对称平面时，可以对称中心线附近为界，一部分用剖视图表示，另一部分用其他视图表示。如双层底平面图。

4.3.2.2 若结构形状接近于对称，不对称部分已另有图形表达清楚时，也可画成半剖视图。

4.3.3 局部剖视图

需要表示局部结构时，可用局部剖视的方法来绘制局部剖视图。

4.3.4 剖视图分界

除半剖视图外，同一平面图上的不同视图之间用折断线或波浪线分界，但折断线或波浪线不应与其他图线重合。

4.4 剖面图

4.4.1 肋位剖面图

肋位剖面图用以表示肋位处的结构形式，用肋位符号、视向符号和文字来表示剖切位置、投影方向和剖面图名称，见示例。

示例 1：FR50 → 表示 50 号肋位剖面图，向艏。

示例 2：FR50（FR51～FR55 相似）→ 表示 50 号肋位剖面图，向艏，51 号～55 号肋位剖面图与其相似。

4.4.2 一般剖面图

4.4.2.1 除肋位外的所有其他位置的剖面图为一般剖面图。

4.4.2.2 在剖面图的上方标注"×—×"（"×"为大写拉丁字母，其下为短粗实线），在相应视图上用剖切符号与相同字母表示剖切位置和投影方向，见图 2。

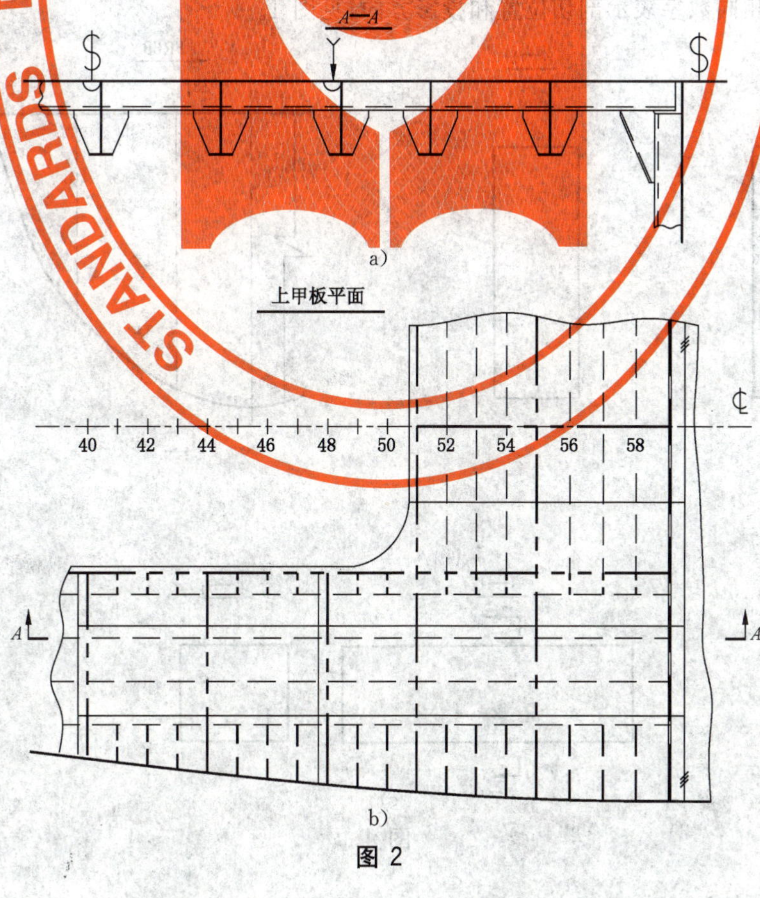

图 2

4.4.2.3 剖面图也可直接绘制在剖切平面迹线的延长线(细点划线)上,所移出剖面的轮廓线为粗实线,可不另加标注,也可按需要放大比例绘制,见图3。

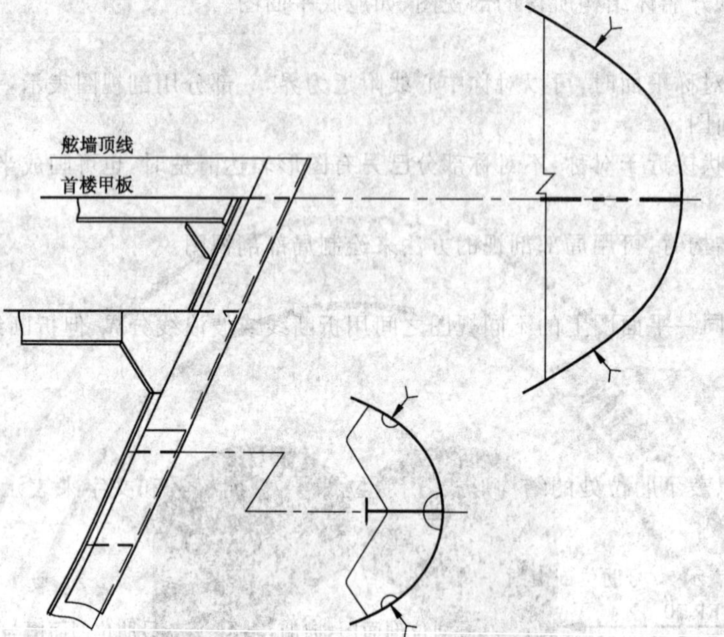

图3

4.4.3 分剖面图

4.4.3.1 在剖面图上再剖切所得的图形称为分剖面图。

4.4.3.2 在分剖面图的上方标注"×—x"("×"为原图名,x为序数字,其下为短粗实线),在相应剖面图上用剖切符号与相同数字表示剖切位置和投影方向,见图4。

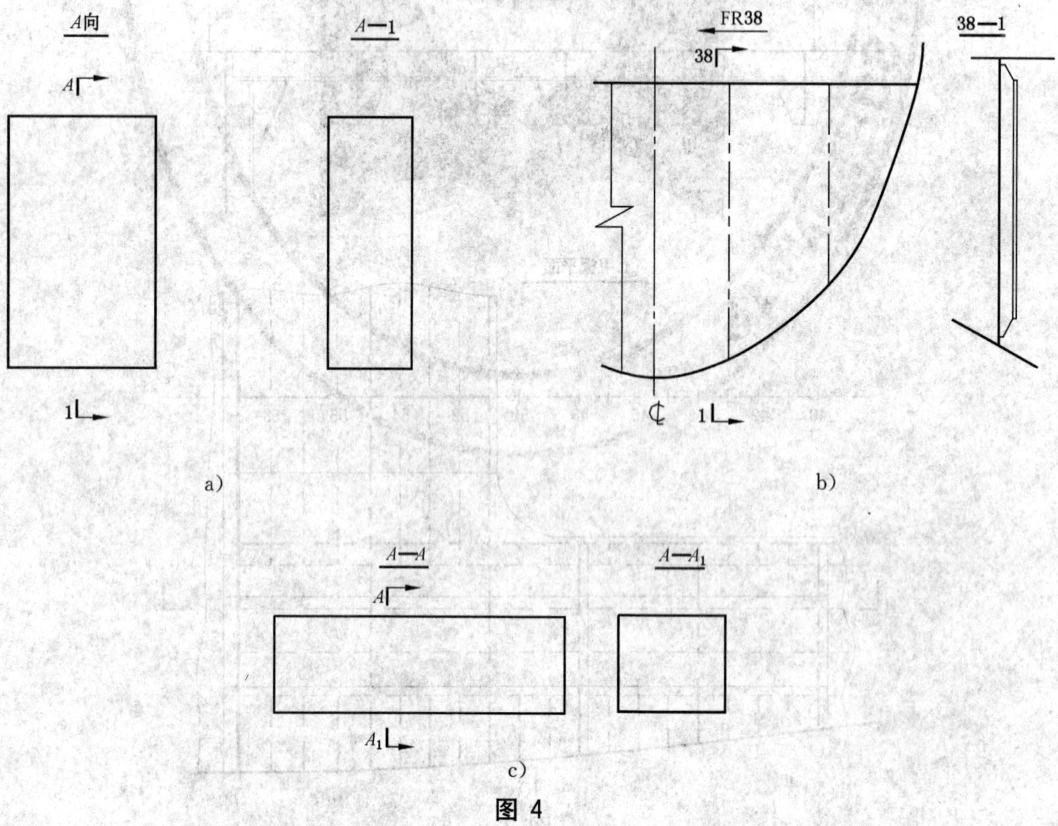

图4

4.5 局部放大图

4.5.1 若视图中有表达不清楚的局部结构，可采用大于原图形绘制比例的比例绘制局部放大图。

4.5.2 局部放大图应尽量配置在被放大部分的附近。

4.5.3 绘制局部放大图时，用细实线圈(一般为圆或长圆)圈出被放大的部分。当同一构件有几个被放大的部分时，应以适当大小的阿拉伯数字依次标明被放大的部位，并在局部放大图的上方标注出相应的阿拉伯数字和所采用的比例，形式见图 5。当构件上被放大的部分仅一个时，可不编号，直接将其绘在视图附近，并在其上方注明所采用的比例。

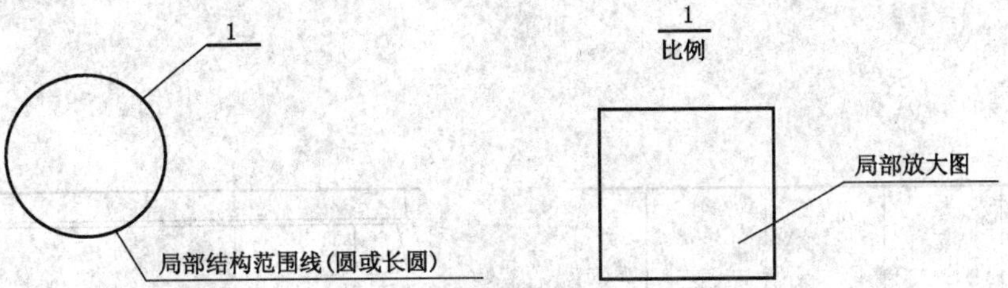

图 5

4.6 特殊画法

4.6.1 型线投影

船体型表面与剖切平面的交线(型线)及型表面的轮廓线、甲板边线、舷墙顶线等在三个基本投影面上的投影为型线投影。例如船体型线图、肋骨型线图等。

4.6.2 重叠画法

将不在同一剖面上的构件绘制在同一剖面上时，应采用重叠画法，其剖面轮廓线可只画一个剖面的剖面轮廓线。如中横剖面图。

4.6.3 单向展开画法

该种画法主要针对外板的展开图等图形的绘制。绘制外板展开图时，采用肋骨线以龙骨线为基准进行横向伸长(肋骨线实长)，而船体纵向不伸长的单向展开的方法绘制。

4.6.4 覆板表示法

覆板在平面图上用覆板轮廓线加细斜线表示，见图 6。

4.6.5 不对称结构表示法

当平面图只画一半，而图上的开口、覆板等的布置不对称时，应注明“仅左舷”或“仅右舷”，见图 6。

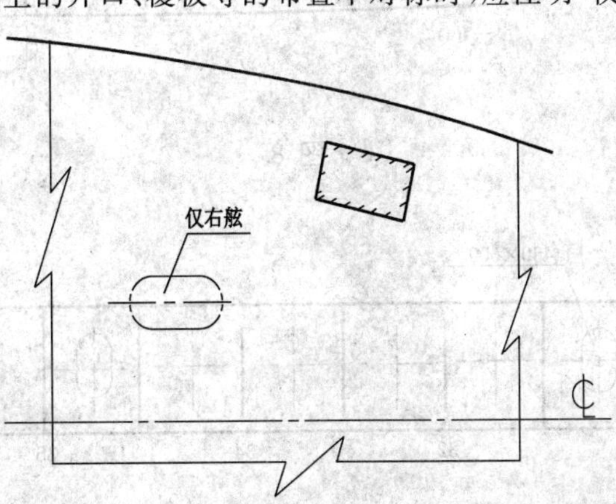

图 6

4.7 简化表示法

4.7.1 压筋围壁及槽型舱壁简化表示法

压筋围壁及槽型舱壁可用符号“∪”、“∨”、“_/”来表示，开口向上表示压筋在平板正面，见图 7a)、图 7b)。反之则在平板背面，见图 7c)、图 7d)。

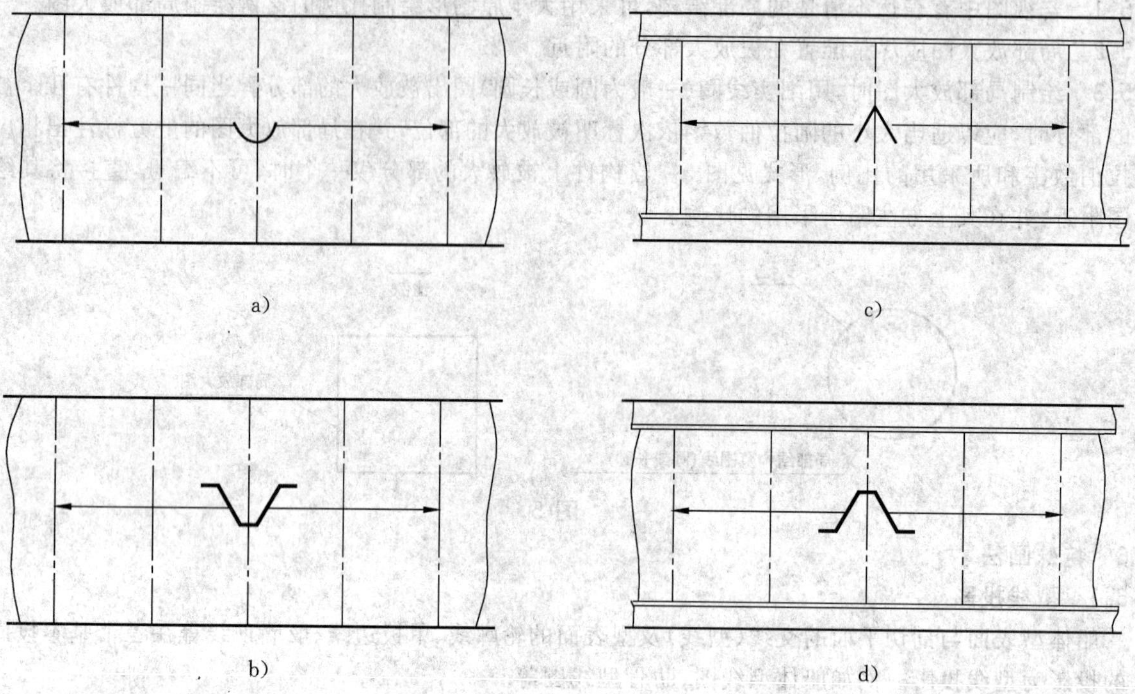

图 7

4.7.2 人孔、减轻孔简化表示法

构件上开有相同的人孔或减轻孔时，应绘出全部或只绘出两端孔。只绘出两端孔时，其余孔应用定位轴线表示，见图 8、图 9。

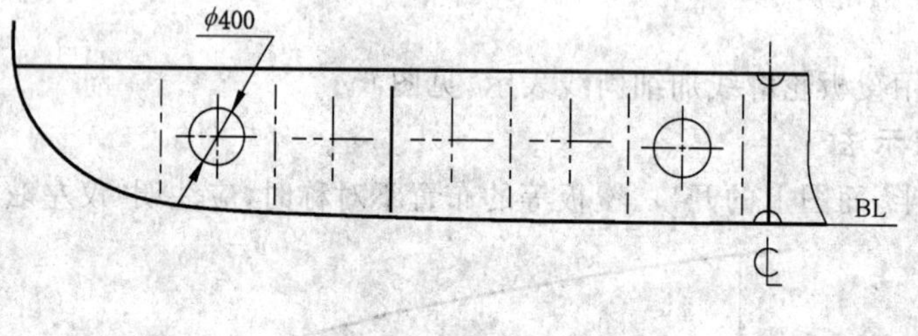

图 8

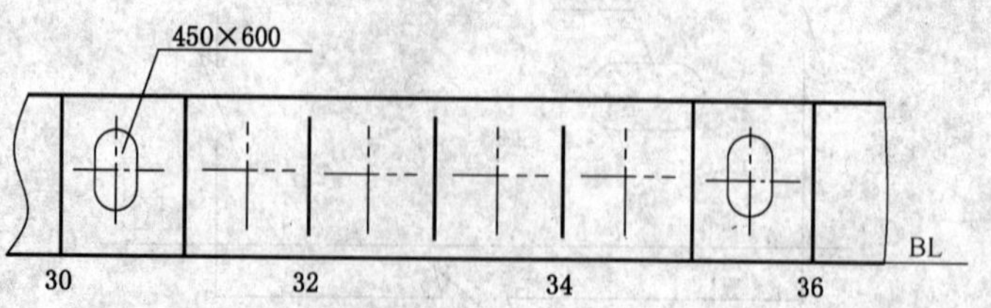

图 9

4.7.3 流水孔、透气孔简化表示法

构件上开有相同的流水孔或透气孔时，应绘出全部或只绘出两端孔。只绘出两端孔时，其余孔应用定位轴线表示，见图 10。若开孔的大小和形式符合 CB/T 3184，在图样上只需按 CB/T 3184 的规定注明其代号。

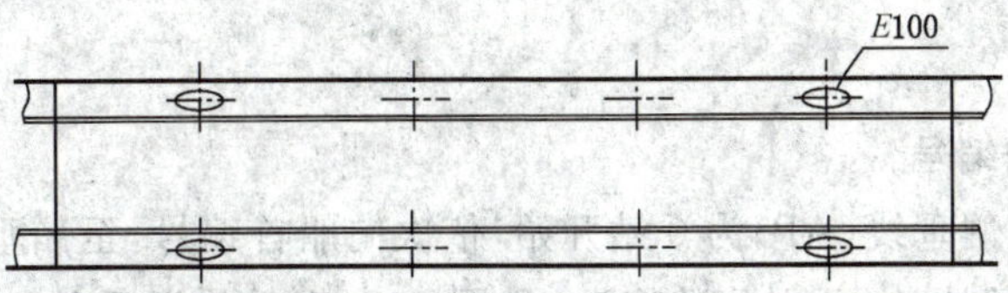

图 10

4.7.4 型材简化表示法

4.7.4.1 若型材通过壁板且符合 CB* 3182 要求，在图样上只需按 CB* 3182 的规定注明代号，见图 11。

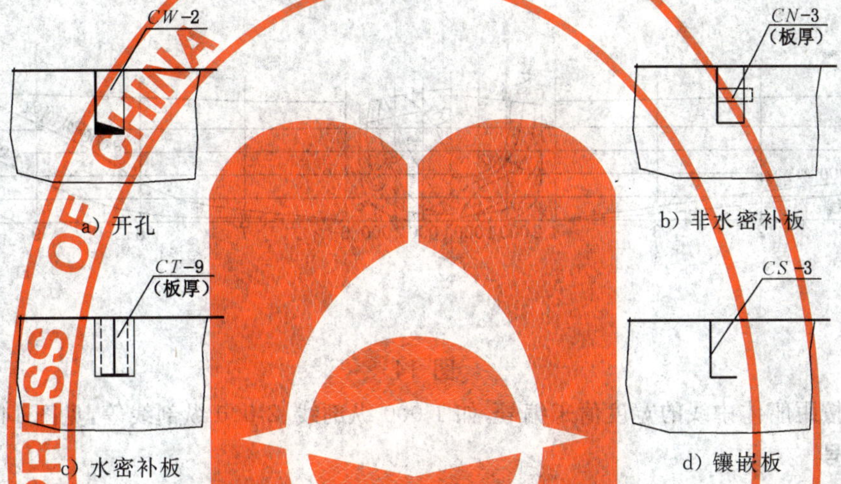

a) 开孔　b) 非水密补板

c) 水密补板　d) 镶嵌板

图 11

4.7.4.2 若型材端部切斜形式符合 CB* 3183 的要求，在图样上只需按 CB* 3183 规定在端部注明削斜或固定符号，见图 12。

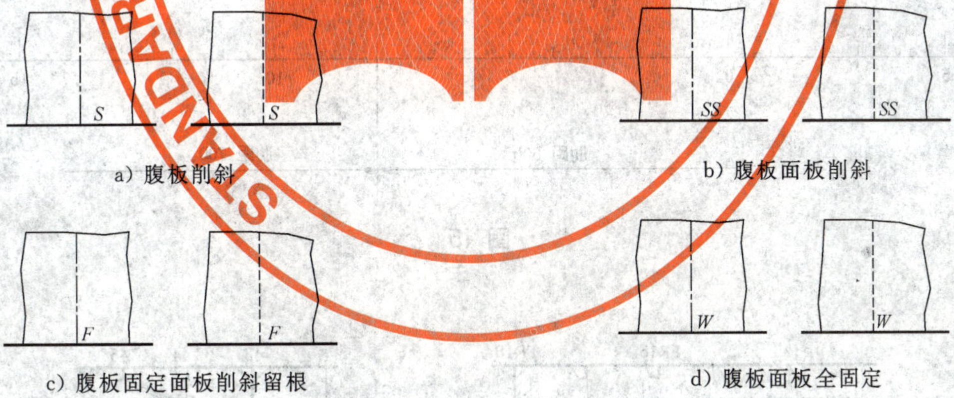

a) 腹板削斜　b) 腹板面板削斜

c) 腹板固定面板削斜留根　d) 腹板面板全固定

图 12

4.7.4.3 若型材端部用肘板连接，可用符号 B 表示，见图 13。

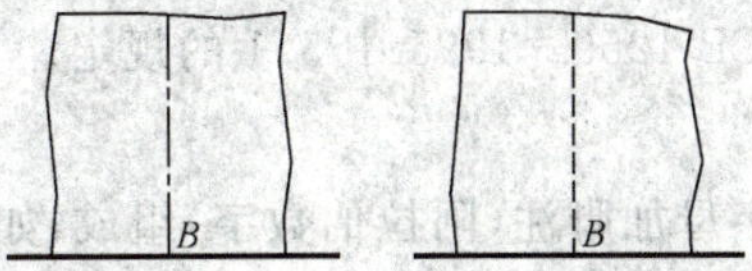

图 13

5 编号及排列方法

5.1 站线、水线、纵剖线的编号

5.1.1 民船站线的编号由艉垂线(AP)为0站开始,依次向船首编号,至艏垂线(FP)为10(或20)站为止。在艏艉端需要增加中间站时,可用分数表达,见图14。艉垂线以后的站号应用负号加以区别。军辅船站线的编号应符合舰艇的要求。

注:用分数表达中间站时,除1/2站外,其他建议用如3½的形式,而不采用$3\frac{1}{2}$的形式。

5.1.2 水线按其距基线的高度值来编号。如1 000 WL、2 000 WL等,见图14。

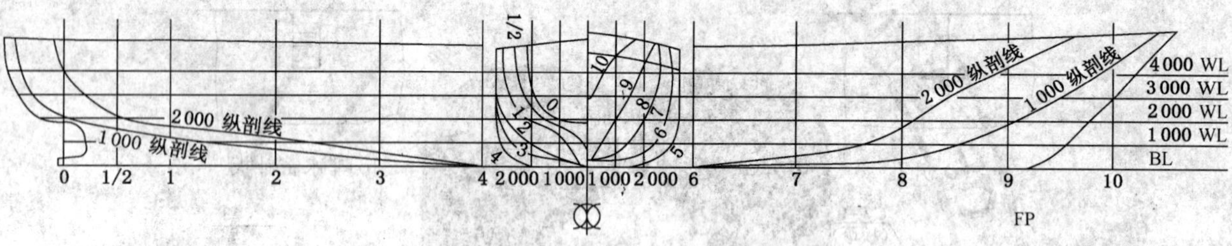

图 14

5.1.3 纵剖线按距船体中线的宽度值来编号,如1 000纵剖线、2 000纵剖线等,见图14。

5.2 肋位的编号

5.2.1 民船肋位由艉向艏编号,艉垂线以前(包括艉垂线)由“0”开始编号,艉垂线以后应用负号加以区别。

5.2.2 全船性图样每隔5档标注肋位号。肋距不同时,应分别标出其肋位区域的肋距,见图15。对于船体分段结构图,肋位应按偶数标注,其中不满四个的肋位应全部标出,见图16。

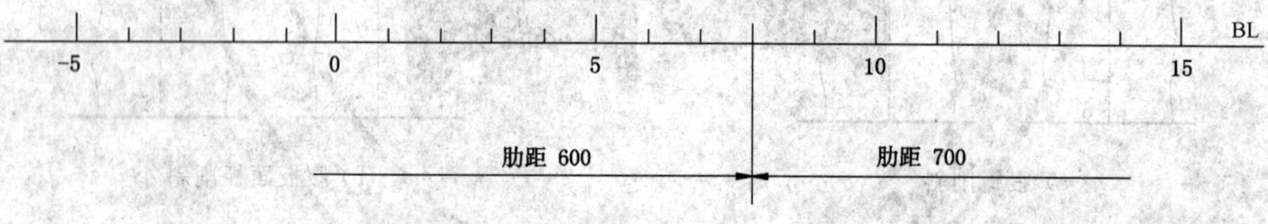

图 15

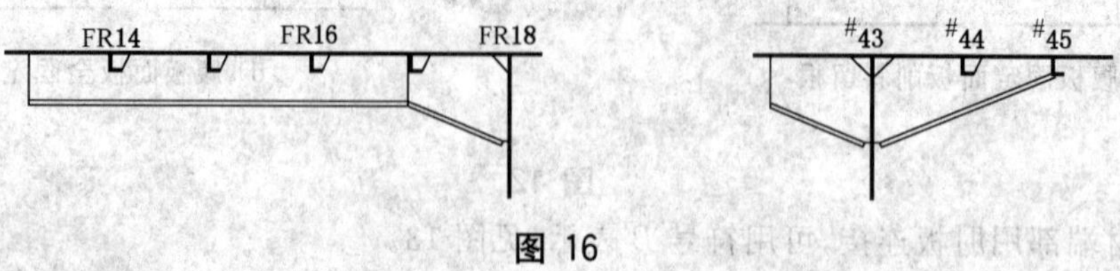

图 16

5.2.3 不在船体中线或基线上的肋位号,均应用“FR”或“#”标注。

5.2.4 军辅船肋位的编号应符合CB 1259—1995中5.1的规定。

5.3 外板板的编号

5.3.1 外板板的编号由大写拉丁字母加脚注(阿拉伯数字)组成,如B_2。

5.3.2 外板板以平板龙骨为K,舷侧顶列板为S,按A、B、C……的次序由平板龙骨向舷侧顶列板编排,每块板编号的脚注由艉向艏顺序排列,见图17。

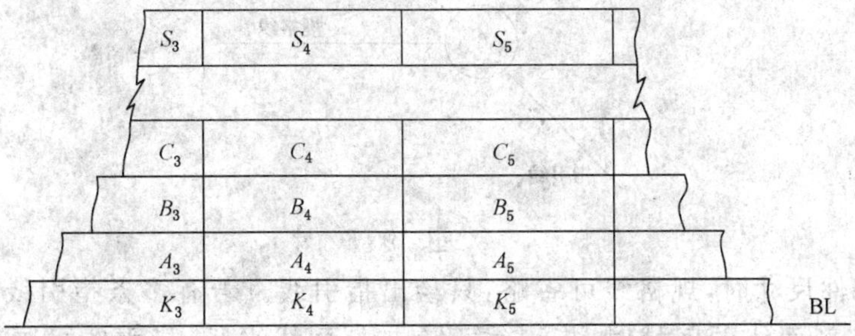

图 17

5.4 纵桁的编号

5.4.1 纵桁按阿拉伯数字顺序编号。

5.4.2 舷侧纵桁和舱壁水平桁从上往下编号;甲板纵桁和底部纵桁需要编号时,均应以船体中线为准,由中向舷侧编号。

5.5 液舱、货舱的编号

5.5.1 液舱、货舱由阿拉伯数字由艉向艏顺序编号。

5.5.2 被纵舱壁分隔时,应在编号后面注明左(P)、中(C)、右(S)。如第一货舱(左)或货舱 NO. 1P,表示左舷第一货舱。

5.6 分段的编号

5.6.1 主船体分段的编号

5.6.1.1 主船体一般采用三位阿拉伯数字,从艉向艏编号。百位数字表示分段区域,数字"1"代表艉段,"2"代表中段,"3"代表艏段。十位数字表示分段区域内的分段部位,数字"1"代表底部,"2"代表舷侧,"3"代表甲板,"4"代表舱壁,用"0"来代表立体分段。个位上的数字表示分段的顺序号。如 222 表示主船体中段舷侧第二分段,101 表示主船体艉段第一立体分段。

5.6.1.2 同一分段的两舷应采用一个编号,但在编号后面应注明左(P)、右(S)。如 232P 表示主船体中段甲板左舷第二分段。

5.6.2 上层建筑分段的编号

上层建筑分段仍用三位阿拉伯数字编号。百位上的数字为"6",后两位数字表示同一分段的顺序号。编号按先从艉向艏,再由下而上的顺序进行,如 612 表示上层建筑的第 12 分段。

5.6.3 分段编号的标注

分段编号一般采用圆加分段范围线的形式进行标注。圆和分段范围线应用细实线绘制,分段范围线对准圆心引出,圆的直径一般为 8 mm,见图 18。

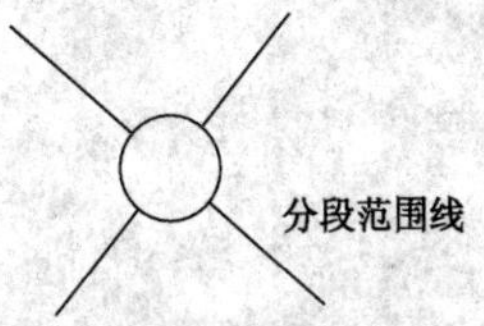

图 18

5.7 零部件的编号

5.7.1 零部件按构件顺序依次编号。一般是先编板材,然后是骨材、肘板等。

5.7.2 零部件编号的标注

5.7.2.1 零部件编号一般采用圆加指引线、规格线的形式进行标注。指引线、规格线和圆应用细实线绘制,指引线和规格线对准圆心引出,圆的直径一般为 8 mm,见图 19。

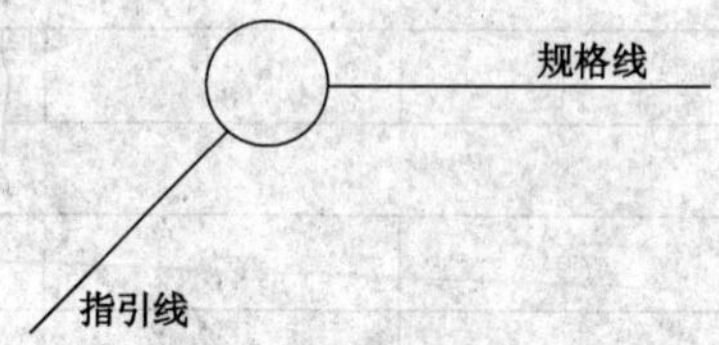

图 19

5.7.2.2 不注零部件尺寸时，规格线可省略，只绘出指引线。若有多条指引线时，指引线之间不可相互交叉；当通过有剖面线的区域时，指引线不应与剖面线平行；指引线可画成折线，但只可曲折一次。

5.7.2.3 在肋位剖面图（或剖视图）中同类或相似构件的编号，可采用公共指引线的形式，其件号应按肋位号顺序编排，见图 20。

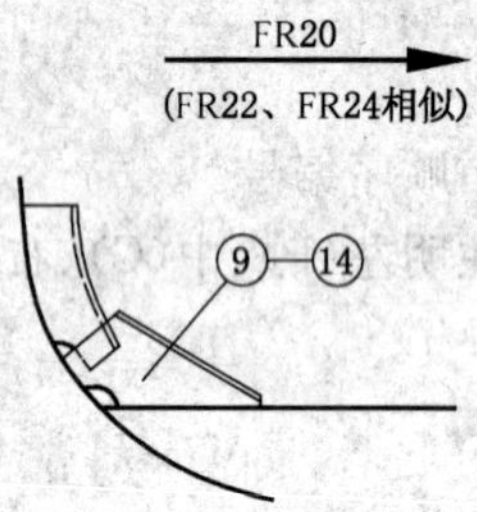

图 20

5.7.2.4 零部件的编号在图样上应排列整齐。

ICS 47.020
U 04

中华人民共和国国家标准

GB/T 4476.4—2008
代替 GB/T 4476.4—1984

金属船体制图　第4部分：尺寸注法

Drawing for metal hull of ships—Part 4: Dimensioning

2008-08-04 发布　　　　2009-02-01 实施

中华人民共和国国家质量监督检验检疫总局
中国国家标准化管理委员会　发布

前　言

GB/T 4476《金属船体制图》分为四个部分：

——第 1 部分：一般规定；

——第 2 部分：图形符号；

——第 3 部分：图样画法和编号；

——第 4 部分：尺寸标注。

本部分为 GB/T 4476 的第 4 部分。

本部分代替 GB/T 4476.4—1984《金属船体制图　尺寸注法》。

本部分与 GB/T 4476.4—1984 相比，主要有下列变化：

——增加了“规范性引用文件”一章；

——增加了对标注尺寸单位的要求；

——增加了尺寸线的终端形式；

——修改了球扁钢的标注方式；

——明确了尺寸数字的标注方向；

——删除了图 5。

本部分由中国船舶工业集团公司提出。

本部分由全国海洋船标准化技术委员会船舶基础分技术委员会归口。

本部分起草单位：中国船舶工业综合技术经济研究院、中国船舶工业集团公司第七〇八研究所。

本部分主要起草人：苗宏仁、赵华、高学峰、王怀玉。

本部分所代替标准的历次版本发布情况为：

——GB/T 4476.4—1984。

金属船体制图　第4部分：尺寸注法

1　范围

GB/T 4476的本部分规定了金属船体制图时的尺寸标注方法。

本部分适用于民用船舶和军用辅助船舶金属船体的制图。

2　规范性引用文件

下列文件中的条款通过GB/T 4476的本部分的引用而成为本部分的条款。凡是注日期的引用文件，其随后所有的修改单(不包括勘误的内容)或修订版均不适用于本部分，然而，鼓励根据本部分达成协议的各方研究是否可使用这些文件的最新版本。凡是不注日期的引用文件，其最新版本适用于本部分。

CB/T 253　金属船体构件理论线

3　一般规定

3.1　船体构件的大小应以图样上所注的尺寸数字为依据，与图形的大小和绘图的准确度无关。

3.2　图样和其他技术文件中的尺寸，以毫米为单位时，不需标注其计量单位，若采用其他单位，应注明其单位。

3.3　船体结构的定位尺寸应标注构件理论线距基准线(一般为基线、船体中线、尾垂线等)的距离。若不符合CB/T 253，可用符号“ZZZ”表示该构件的理论线位置，见图1。

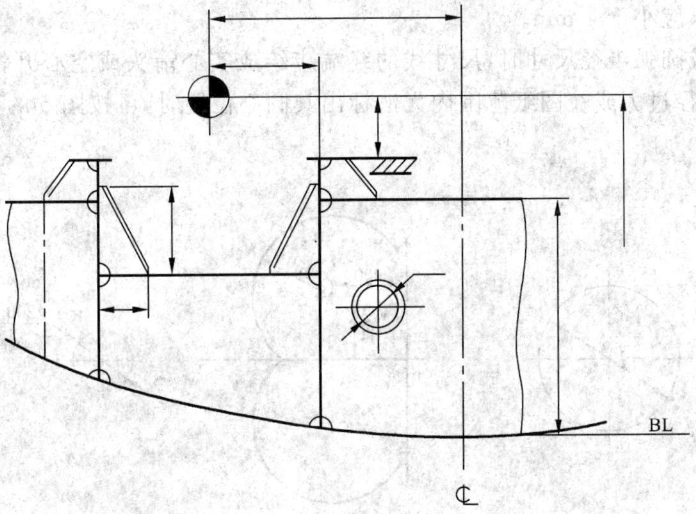

图1

3.4　同一船体结构的尺寸一般只标注一次，规格或尺寸相同的构件可只标注一个。尺寸应标注在表示构件最清晰的图上。

3.5　高度方向的定位尺寸通常采用距基线或水线的距离进行标注，宽度方向采用距船体中线或船舷的距离进行标注，船长方向采用距船中、站线或肋骨线的距离进行标注。

3.6　待定尺寸采用符号“～”加尺寸数字进行标注。

4　尺寸线

4.1　尺寸线用细实线绘制，其终端可以有下列两种形式：

a) 实心箭头:箭头的形式见图 2。

b) 斜线:细实线绘制,形式见图 3。采用该种形式时,尺寸线与尺寸界线应相互垂直。

同一图样上尺寸线的终端应采用同一种形式。

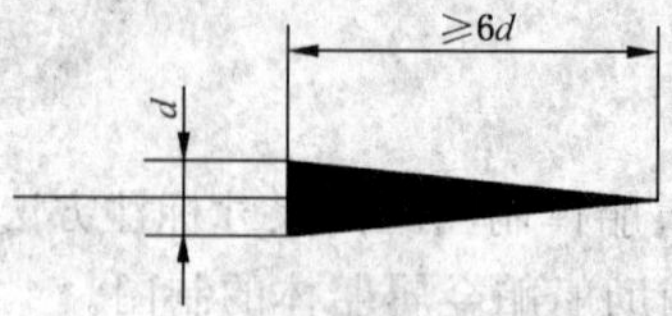

图 2

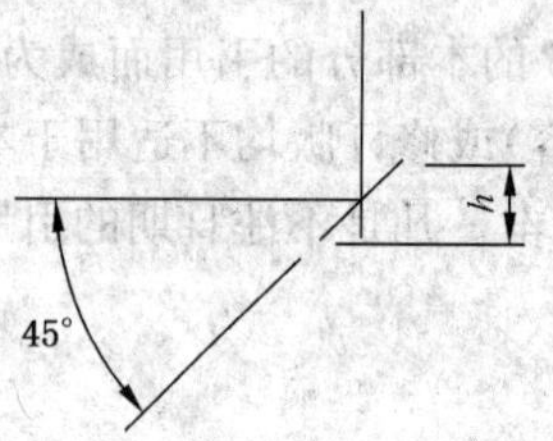

h——斜线高度。

图 3

4.2 尺寸线应与所标注的线段或弧线平行。

4.3 轮廓线、轴线、中心线及尺寸界线不应作尺寸线使用。尺寸线不能用其他图线代替,一般也不应与其他图线重合或画在其延长线上。

4.4 尺寸线的间距不应小于 4 mm。

4.5 标注圆的直径或圆弧半径尺寸时,尺寸线的终端应绘成实心箭头或空心开箭头,并按图 4 所示进行标注。当圆弧的半径过大或在图纸范围内无法标出其圆心位置时,可按图 5 的形式进行标注。

单位为毫米

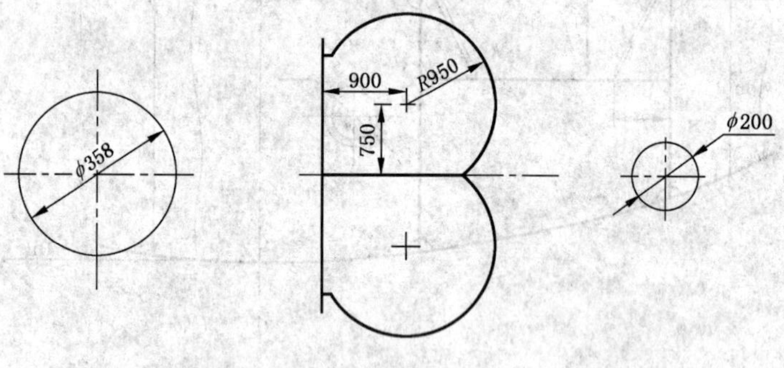

图 4

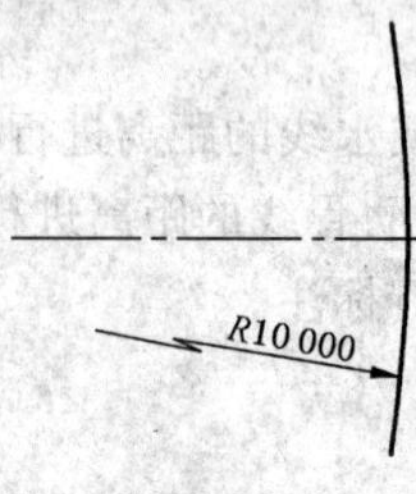

图 5

4.6 若没有足够的位置画箭头或写数字，允许使用圆点代替箭头，见图 6。

单位为毫米

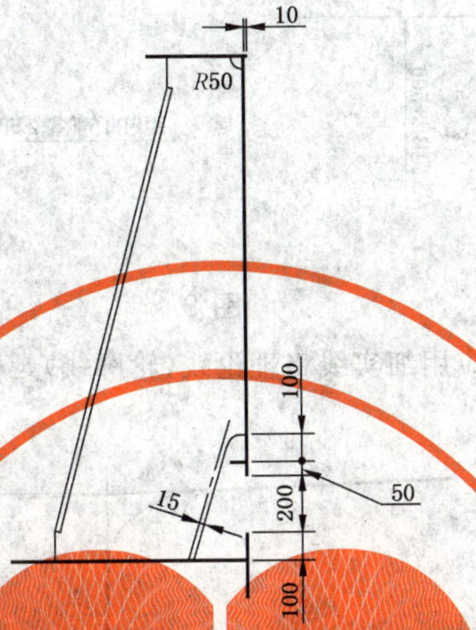

图 6

5 尺寸界线

5.1 尺寸界线用细实线绘制，并应自构件的理论线、站线、肋骨线、轴线、中线、基线等处引出，也可用这些线本身和曲线轮廓线等作尺寸界线，见图 7。

单位为毫米

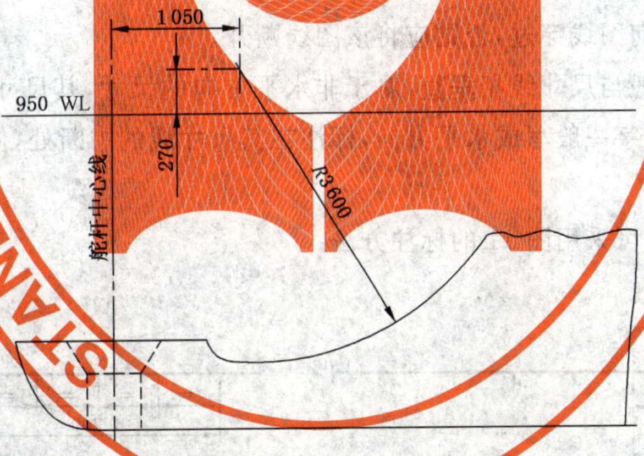

图 7

5.2 尺寸界线一般应与尺寸线垂直，必要时允许倾斜，见图 8。

单位为毫米

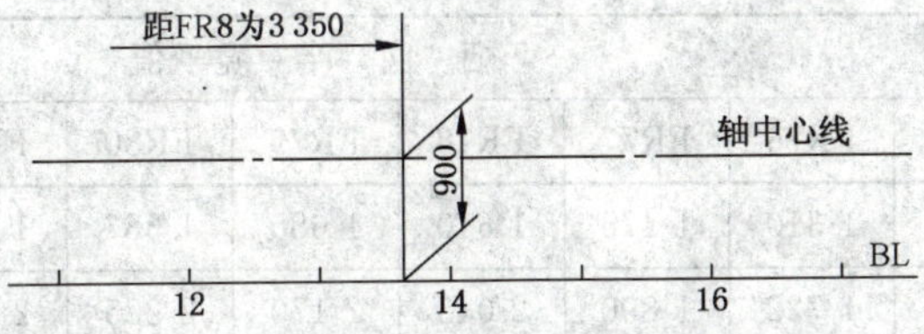

图 8

5.3 尺寸线较长时，基准线的尺寸界线可省略，但应用文字标明，见图9。

单位为毫米

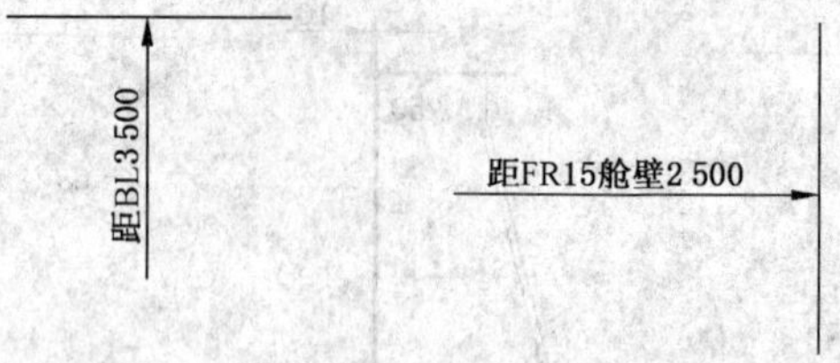

图9

5.4 在光滑过渡处标注尺寸时，应用细实线将理论线(轮廓线)延伸，从它们的交点处引出尺寸界线，见图10。

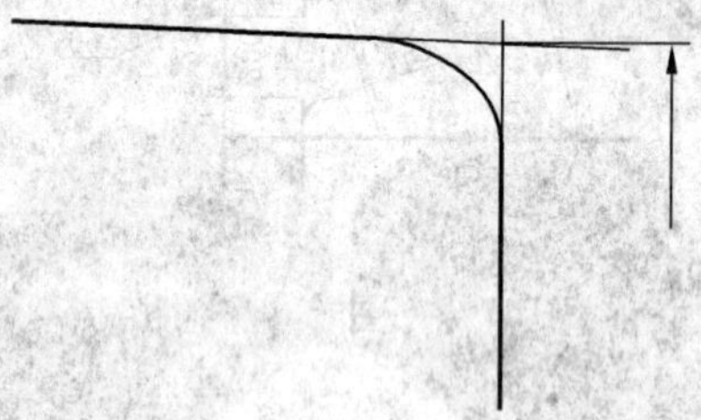

图10

6 尺寸数字

6.1 尺寸数字一般填写在尺寸线的上方或中断处，但应尽量采用同一种方式。当位置不够时也可引出标注。

6.2 尺寸数字不应被任何图线穿过，否则应将该图线断开。

6.3 尺寸数字的方向一般与尺寸线相垂直，对于非水平方向的尺寸，其尺寸数字也可水平的注写在尺寸线的中断处。角度的数字一般写成水平方向，标注在其尺寸线的中断处，但必要时也可采用其他标注方式。

6.4 构件等距离分布时，可采用图11的标注方法。

单位为毫米

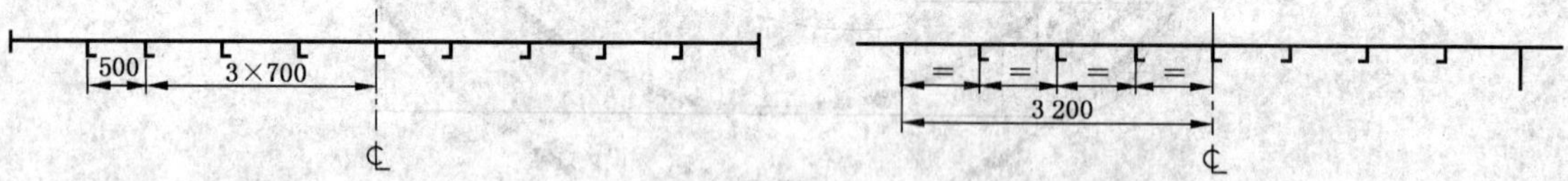

图11

6.5 标注曲线轮廓的尺寸时，可用型值表的方法，见表1、图12。

表1

单位为毫米

名称	烟囱半宽值										
	FR74	FR75	FR76	FR77	FR78	FR79	FR80	FR81	FR82	FR83	FR84
顶线	—	—	1 310	1 475	1 610	1 685	1 587	1 515	1 072	—	—
底线	1 332	1 530	1 722	1 890	2 045	2 170	2 235	2 200	2 032	1 710	1 040

单位为毫米

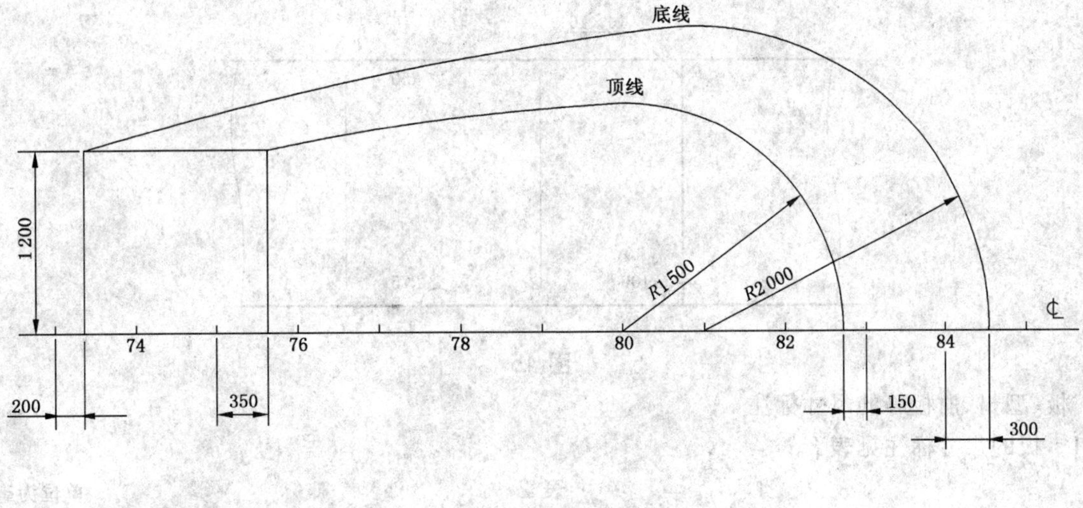

图 12

6.6 烟囱和甲板室前端壁倾斜度的标注，应采用直角坐标法，不宜用角度标注。

6.7 图样中，矩形开口尺寸的标注形式为“短边×长边”，若开口四角为圆弧形，则用“*R*”表示圆弧的半径。窗的开口高度为开口中心到围壁下甲板上缘的垂直距离，用“*h*”表示门的开口下缘距甲板上缘的最小距离。同一图形中，对于相同尺寸的开口、孔、槽等成组要素，可只标注一个。见图 13。

单位为毫米

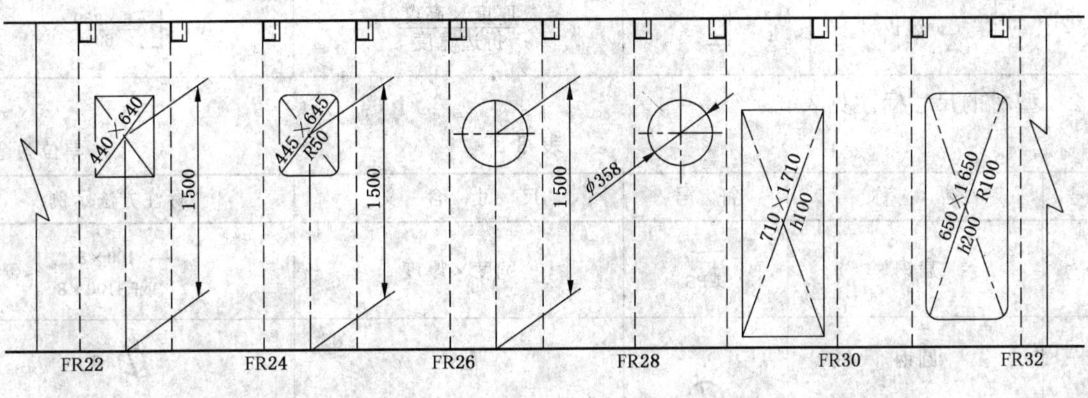

图 13

6.8 人孔、减轻孔等的开孔尺寸的标注方法见图 14。在标注人孔时，应有文字说明其是“人孔”。

单位为毫米

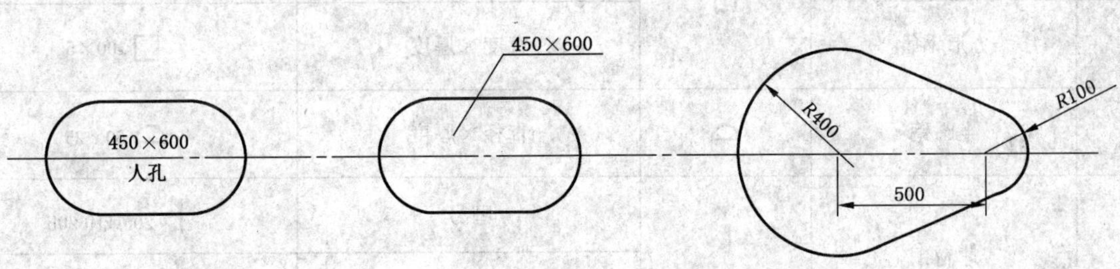

图 14

6.8.1 流水孔、通焊孔、透气孔等的开孔尺寸的标注方法见图15。

——单位为毫米

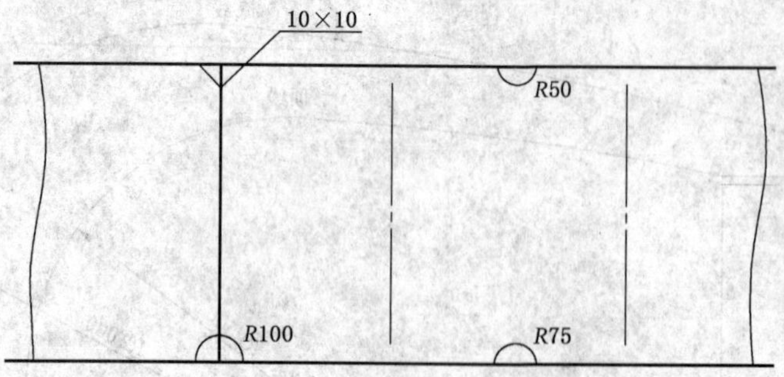

图 15

6.9 板、型材、肘板等的尺寸标注

6.9.1 板的尺寸标注见表2。

表 2

单位为毫米

序号	名称	符号	尺寸含义	标注方法示例
1	钢板	—	厚度	12
			厚度×宽度	12×1 500
			厚度×宽度×长度	12×1 500×6 000
2	折边板材	∟	厚度×高度 / 折边宽度	∟ 6×250 / 60

6.9.2 型材的尺寸标注见表3。

表 3

单位为毫米

序号	名称	符号	尺寸含义	标注方法示例
1	扁钢	— 或FB	宽度×厚度	— 100×8 或FB100×8
2	圆钢	ϕ	直径	ϕ 50
3	钢管	ϕ	外径×厚度	ϕ 108×8
4	方钢	□	宽度	□ 100
5	方形钢管	□	宽度×厚度	□ 100×5
6	半圆钢	◠	直径×厚度	◠ 50×25
7	球扁钢	▛ 或HP	型号	▛ 20b或HP20b
			高度×球宽度×壁厚	▛ 200×44×10 或HP 200×44×10

表 3（续）

单位为毫米

序号	名　　称	符　号	尺　寸　含　义	标注方法示例
8	角钢	∟	边宽×边宽×边厚	∟ 160×160×12
			长边宽×短边宽×边厚	∟ 160×100×14
9	不等边不等厚角钢		型号	∟ 30
			长边宽×短边宽×长边厚/短边厚	∟ 300×90×11.5/16
10	对称球扁钢	¡	型号	¡ 36a
			高度×球宽度×壁厚	¡ 360×136×14
11	T 型钢	T	型号	T 50b
			厚度×宽度（面板）/厚度×总高度（腹板）	T 24×180/14×500
12	槽钢	[	型号	[20a
			高度×宽度×厚度	[200×73×7
13	工字钢	I	型号	I 27a
			高度×宽度×厚度	I 270×122×8.5

6.9.3　组合型材的尺寸标注见表 4。

表 4

单位为毫米

序号	名　　称	符　　号	尺　寸　含　义	标注方法示例
1	组合球扁钢	!	厚度×高度（腹板）/圆钢直径	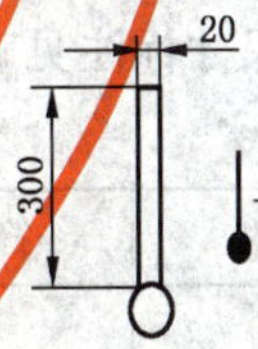 ! 20×300/ϕ50
2	组合角钢	∟	长边厚×长边宽/短边厚×短边宽圆钢直径	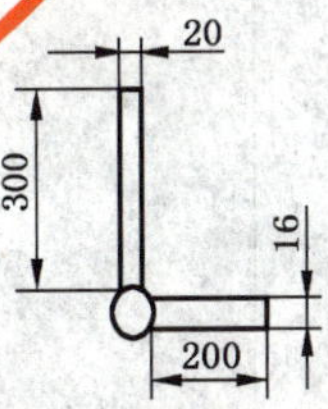 ∟ 12×300/16×200 ϕ60
			长边厚×长边宽（跟长）/短边厚×短边宽	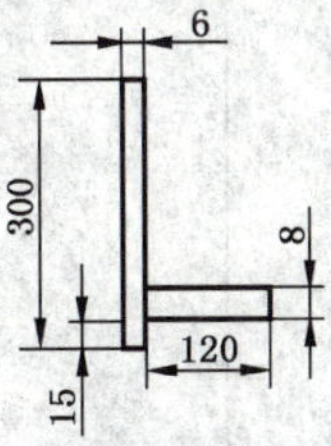 ∟ 6×300(15)/8×120

表 4（续）

单位为毫米

序号	名　　称	符　　号	尺　寸　含　义	标注方法示例
2	组合角钢	└	长边厚×长边宽 短边厚×短边宽（跟长）	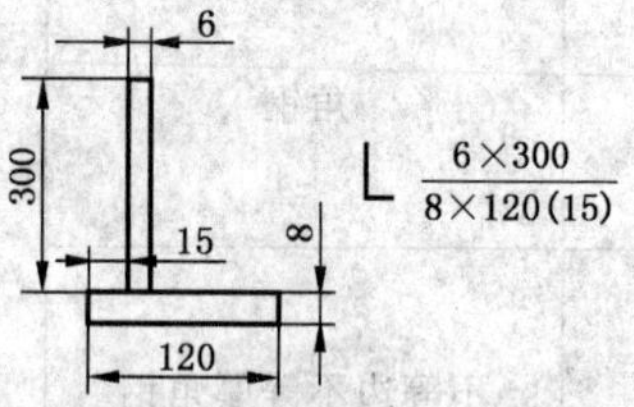
			长边厚×长边宽 短边厚×短边宽	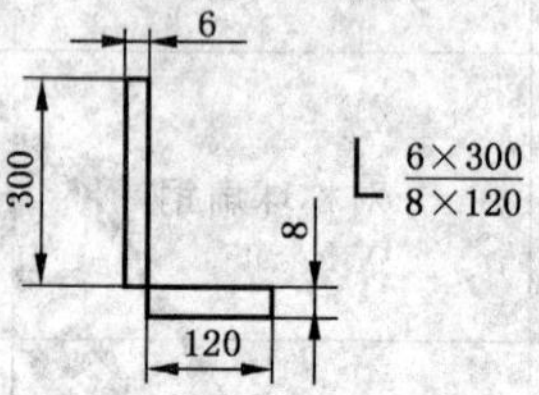
3	组合T型钢	⊥	厚度×高度（腹板） 厚度×宽度（面板）	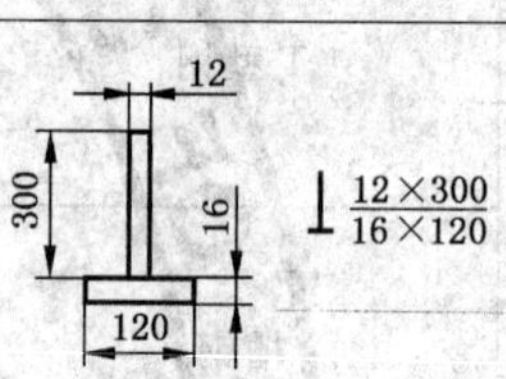
4	组合工型钢	I	（厚度×高度）（腹板） 2（厚度×宽度）（面板）	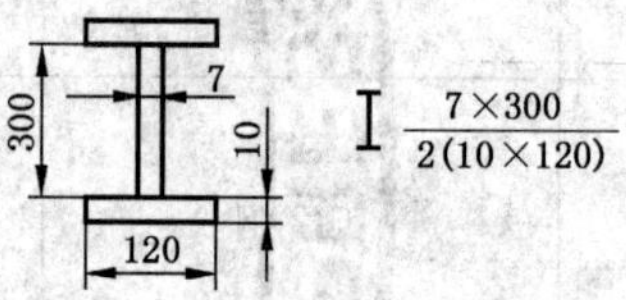
5	组合箱形梁	╨	2（厚度×高度）（腹板） 厚度×宽度（面板）	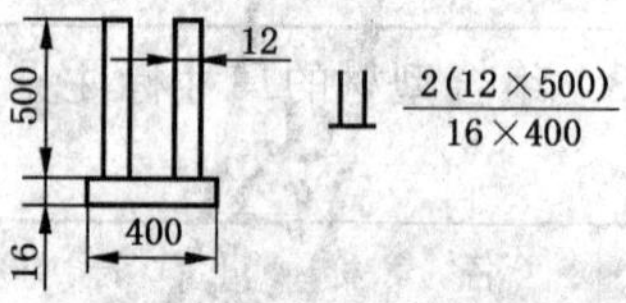

6.9.4　肘板的尺寸标注见表 5。

表 5

单位为毫米

序号	名　　称	符　　号	尺　寸　含　义	标注方法示例
1	T型肘板	⊥	厚度×边长×边长 厚度×宽度（面板）	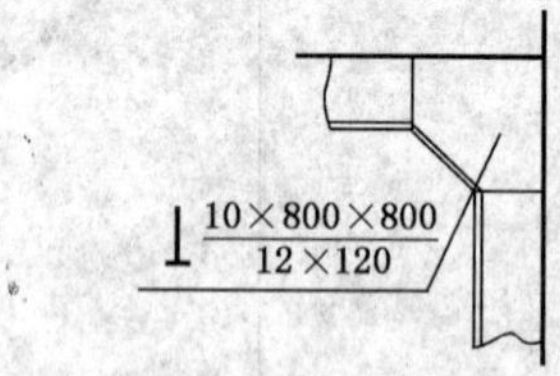
			厚度（腹板） 厚度×宽度（面板）	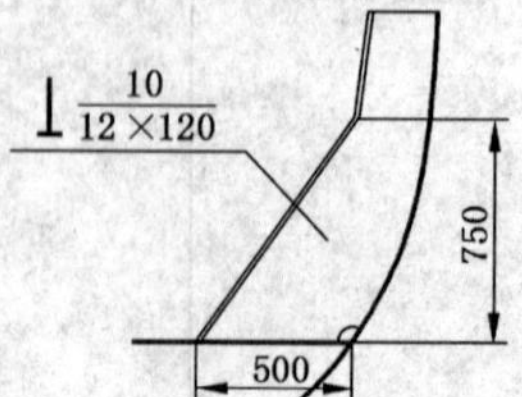

表 5（续）

单位为毫米

序号	名　称	符　号	尺　寸　含　义	标注方法示例
2	折边肘板	L	厚度×边长×边长 折边宽度	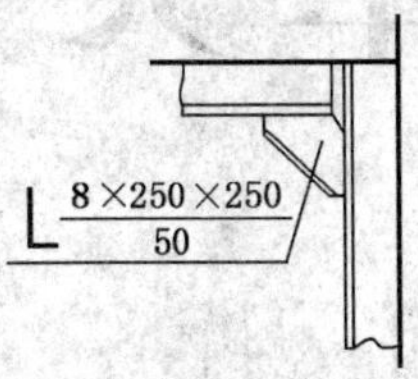
				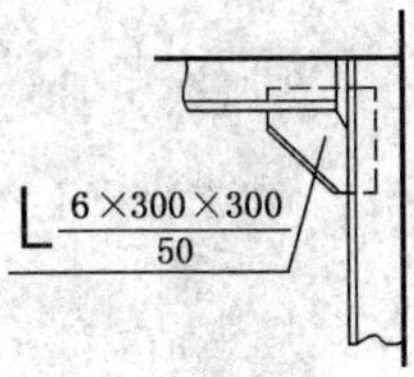
			厚度 折边宽度	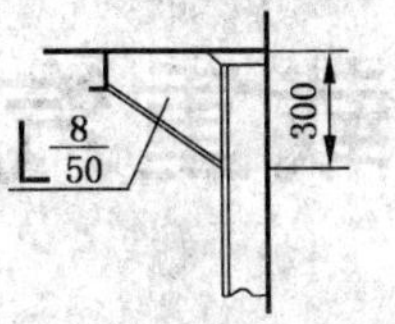
3	肘板	—	厚度×边长×边长	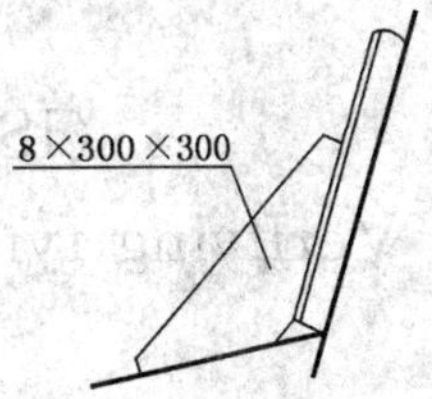
4	防倾肘板	—	厚度	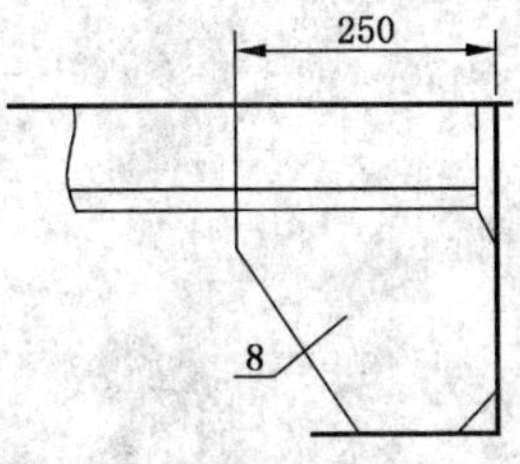

ICS 83.160.10
G 41

中华人民共和国国家标准

GB/T 4501—2008
代替 GB/T 4501—1998,GB/T 6327—1996,GB/T 7035—1993

载重汽车轮胎性能室内试验方法

Laboratory test methods for truck and bus tyres capabilities

(ISO 10454:1993,Truck and bus tyres—
Verifying tyre capabilities—Laboratory test methods,MOD)

2008-06-18 发布　　2009-02-01 实施

中华人民共和国国家质量监督检验检疫总局
中国国家标准化管理委员会　发布

前　言

本标准修改采用ISO 10454:1993《载重汽车轮胎——性能检验——室内试验方法》(英文版)。

本标准代替GB/T 4501—1998《载重汽车轮胎耐久性试验方法　转鼓法》、GB/T 6327—1996《载重汽车轮胎强度试验方法》、GB/T 7035—1993《轻型载重汽车轮胎高速性能试验方法　转鼓法》。

本标准根据ISO 10454:1993《载重汽车轮胎——性能检验——室内试验方法》重新起草,对GB/T 4501—1998《载重汽车轮胎耐久性试验方法》(转鼓法)、GB/T 6327—1996《载重汽车轮胎强度试验方法》(转鼓法)、GB/T 7035—1993《轻型载重汽车轮胎高速性能试验方法》进行了整合修订。

附录A列出了本标准和ISO 10454:1993章条编号的对照一览表,以方便比较。

本标准与ISO 10454:1993的有关技术性差异用垂直单线标识在正文中它们所涉及的条款的页边空白处,并在附录B中列出了这些技术性差异及原因以供参考。

本标准还作了以下编辑性修改,以便于使用:

a)“本国际标准”改为“本标准”;

b)用小数点“.”代替作为小数点的“,”;

c)删除了国际标准的前言;

d)删除了国际标准的参考文献。

本标准与GB/T 4501—1998主要差异如下:

——本标准对章条编排做了调整;

——增加并修改了规范性引用文件(GB/T 4501—1998和本标准的第2章);

——增加并修改了试验仪器设备精度及其要求(GB/T 4501—1998的第4章和第7章,本标准的第4章);

——修改了关于试验轮辋的要求(GB/T 4501—1998的5.1.2,本标准的5.1.1.2);

——删除了原标准附录中高速耐久试验条件(GB/T 4501—1998的附录A);

——修改及增加了试验报告内容(本标准的第7章)。

本标准与GB/T 6327—1996主要差异如下:

——本标准对章条编排做了调整;

——增加并修改了规范性引用文件(GB/T 6327—1996和本标准的第2章);

——增加并修改了试验仪器设备精度及其要求(GB/T 6327—1996的第4章和5.3,本标准的第4章);

——增加并修改了试验轮胎质量外观要求(GB/T 6327—1996的5.1.1,本标准的5.3.1.1);

——修改了关于试验轮辋的要求(GB/T 6327—1996的5.1.2,本标准的5.3.1.2);

——本标准按公制系列和英制系列分别考核破坏能,原国家标准不分(GB/T 6327—1996的第3章,本标准的6.2);

——本标准取消了国家标准中规定的最小破坏能按轮胎高宽比分类(GB/T 6327—1996的第3章);

——对轮辋直径≥17.5的载重汽车轮胎,按有内胎和无内胎分别考核其破坏能,原国家标准不分(GB/T 6327—1996的第3章,本标准的6.2);

——本标准将原国家标准中考核破坏能平均值的方法改为考核每一点的最小破坏能(GB/T 6327—1996的5.2.8,本标准的6.2);

——修改及增加了试验报告内容(本标准的第7章)。

本标准与 GB/T 7035—1993 主要差异如下：

——本标准对章条编排做了调整；

——增加并修改了规范性引用文件(GB/T 7035—1993 和本标准的第 2 章)；

——增加并修改了试验仪器设备精度及其要求(GB/T 7035—1993 的第 3 章，本标准的第 4 章)；

——修改了关于试验轮辋的要求(GB/T 7035—1993 的 4.1.3，本标准的 5.2.1.2)；

——根据速度符号考核轻型载重汽车轮胎的高速性能，而国家标准中是根据轮辋名义直径代号、层级考核轻型载重汽车轮胎的高速性能(GB/T 7035—1993 的 4.2.1，本标准的 5.2.2.3)；

——修改及增加了试验报告内容(本标准的第 7 章)。

本标准的附录 A、附录 B 均为资料性附录，附录 C 为规范性附录。

本标准由中国石油和化学工业协会提出。

本标准由全国轮胎轮辋标准化技术委员会(SAC/TC 19)归口。

本标准主要起草单位：风神轮胎股份有限公司、双星集团有限责任公司、山东玲珑橡胶有限公司、北京橡胶工业研究设计院、杭州中策橡胶有限公司、双钱集团股份有限公司、贵州轮胎股份有限公司、青岛黄海橡胶集团有限公司、北京首创轮胎有限责任公司、青岛高校测控技术有限公司、汕头市浩大轮胎测试设备有限公司。

本标准主要起草人：任绍文、冯耀岭、戚顺青、刘连波、王克先、徐丽红、陈国华、姚新、黄舸舸、权艳、方宣、陈健明、刘宏、陈迅、应世洲。

本标准所代替标准的历次版本发布情况为：

——GB/T 4501—1984、GB/T 4501—1998；

——GB/T 6327—1986 、GB/T 6327—1996；

——GB/T 7035—1986 、GB/T 7035—1993。

载重汽车轮胎性能室内试验方法

1 范围

本标准规定了载重汽车轮胎性能检验的实验室试验方法，包括试验用术语和定义、试验仪器设备与精度、试验条件、试验步骤、判定规则和试验报告等。在提出的试验方法中，仅有某些试验方法的应用需要依据被测轮胎的类型决定。

本标准包括：

(1) 耐久性能试验——通过在规定的负荷和一定速度下的运行距离来评价轮胎的持久性能；

(2) 高速性能试验——按照轮胎速度符号，评价轮胎高速行驶性能；

(3) 强度性能试验——通过检测轮胎胎冠部位的破坏能，评价轮胎结构性能。

本标准所列试验方法不宜用于轮胎产品的性能或质量水平的分级。

本标准适用于新的载重汽车充气轮胎。

2 规范性引用文件

下列文件中的条款通过本标准的引用而成为本标准的条款。凡是注日期的引用文件，其随后所有的修改单(不包括勘误的内容)或修订版均不适用于本标准，然而，鼓励根据本标准达成协议的各方研究是否可使用这些文件的最新版本。凡是不注日期的引用文件，其最新版本适用于本标准。

GB/T 2977 载重汽车轮胎规格、尺寸、气压与负荷

GB/T 6326 轮胎术语及其定义(GB/T 6326—2005，ISO 4223-1:2002，Definitions of some terms used in tyre industry—Part 1:Pneumatic tyres，NEQ)

GB 9744 载重汽车轮胎

3 术语和定义

GB/T 6326 确立的以及下列术语和定义适用于本标准。

3.1

试验转鼓速度 test drum speed

钢制试验转鼓旋转时鼓面沿周向线速度。

3.2

试验速度 test speed

试验转鼓速度。

4 试验仪器设备及其精度要求

4.1 高速耐久试验机

4.1.1 试验机转鼓直径应为 1 700 mm±17 mm。

4.1.2 试验机转鼓的试验鼓面应为平滑的钢制面，其宽度应大于或等于试验轮胎的断面总宽度。

4.1.3 试验加载装置的加载能力应能满足试验方法要求，其精度为满量程的±1.5%。

4.1.4 试验机转鼓及试验设备的速度能力应满足试验方法的要求，其速度精度为 $^{+2}_{0}$ km/h。

4.1.5 试验机转鼓的径向跳动应为≤0.25 mm。

4.1.6 环境温度测量装置宜设置在距离试验轮胎 150 mm～1 000 mm 的范围内。

4.2 强度试验机

4.2.1 试验机上应配备一个足够长的金属圆柱形压头，压头端部为半球形。载重汽车公制系列轮胎按照表 1 的规定采用不同的压头直径；载重汽车英制系列轮胎按照表 2 的规定采用不同的压头直径。

4.2.2 压头装置应能逐渐递增地施加负荷，力和位移指示器精度为满量程的±1%。

4.2.3 设备速度精度为满量程的±3%。

4.3 充气压力表

充气压力表的最大量程至少应为 1 000 kPa，精度为±20 kPa。

表 1 载重汽车公制系列轮胎强度试验用压头直径

单位为毫米

单胎负荷指数	压头直径±0.5
≤121	19
122～134	32
≥135	38

表 2 载重汽车英制系列轮胎强度试验用压头直径

单位为毫米

轮 胎 类 型			压头直径±0.5
微型、轻型载重汽车轮胎[a]			19
载重汽车轮胎	轮辋名义直径≤17.5		19
	轮辋名义直径>17.5	12PR 及其以下	32
		14PR 及其以上	38

[a] 轮辋名义直径≥16，且单胎最大负荷能力≥1 500 kg 的轻型载重汽车斜交轮胎，压头直径为 32 mm。

5 试验方法

5.1 耐久性能试验

5.1.1 试验条件

5.1.1.1 试验轮胎的外观质量应符合 GB 9744 的规定。

5.1.1.2 将轮胎安装在符合 GB/T 2977 规定的测量轮辋上，充以其最大额定负荷相应气压（当规定单胎和双胎两种使用条件时，以单胎最大额定负荷所对应的气压为准）。

5.1.1.3 轮胎轮辋组合体在 38 ℃±3 ℃温度下，至少停放 3 h。

5.1.1.4 试验转鼓以匀加速启动到初始试验速度的时间应在 5 min 以内。

5.1.1.5 各速度等级轮胎的耐久性试验条件应符合表 3 的规定。

表 3 载重汽车轮胎耐久性试验条件

轮胎速度符号	试验转鼓速度[a]/(km/h)		轮胎最大额定负荷的百分比/%		
			持续时间		
	子午线轮胎	斜交轮胎	7 h（第一阶段）	16 h（第二阶段）	24 h（第三阶段）
a) 单胎最大额定负荷≤1 500 kg					
F	35	35	65	85	100
G	40	40			
J	50	50			
K	55	55			

表 3（续）

轮胎速度符号	试验转鼓速度[a]/(km/h)		轮胎最大额定负荷的百分比/%		
			持续时间		
	子午线轮胎	斜交轮胎	7 h（第一阶段）	16 h（第二阶段）	24 h（第三阶段）
L	65	55	70	90	105
M	80	65			115
N	90	—	75[b]	95[b]	
P	100	—			
Q 及其以上	120	—			
b) 单胎最大额定负荷＞1 500 kg					
F	35	35	65	85	100
G	45	35			
J	50	40			
K	55	50			
L	65	—			
M	70	—			

注 1：牵引型花纹轮胎按普通轮胎的 85% 试验速度进行试验。

注 2：名义断面宽度在 13.00 及其以上，最高速度为 70 km/h 的轮胎，均按 30 km/h 试验转鼓速度进行试验。

注 3：轮胎速度符号对应的速度详见附录 C。

a 指直径为 1 700 mm±17 mm 转鼓表面的线速度。

b 第一和第二试验阶段的时间分别为 4 h 和 6 h。

5.1.2 试验步骤

5.1.2.1 将停放后的轮胎气压重新调整到 5.1.1.2 规定值，再停放 15 min 后，测量轮胎主要尺寸。

5.1.2.2 将按上述条件准备好的轮胎轮辋组合体安装在试验轴上，使之垂直转鼓外表面加压。

5.1.2.3 试验期间环境温度为 38 ℃±3 ℃。

5.1.2.4 按表 3 规定的条件进行试验。规定程序连续进行，期间不得中断，不得重新调整气压，不得人为地冷却轮胎，并保持各阶段相应的试验负荷不变。

5.1.2.5 轮胎按规定程序完成 3 个阶段的试验后，要立即停机，测量轮胎气压和主要尺寸，待自然冷却 1 h 后，卸下轮胎进行外观检查。

5.2 高速性能试验（微型、轻型载重汽车轮胎）

5.2.1 试验条件

5.2.1.1 试验轮胎的外观质量应符合 GB 9744 的规定。

5.2.1.2 试验轮胎安装在 GB/T 2977 规定的测量轮辋上，并充入单胎最大负荷对应的充气压力。

5.2.1.3 充气后的试验轮胎和轮辋组合体在 38 ℃±3 ℃的温度下至少停放 3 h。

5.2.1.4 试验转鼓以匀加速启动到初始试验速度的时间应在 10 min 以内。

5.2.1.5 试验条件应符合表 4 的规定。表 4 中，除第 1 试验阶段外，其他各试验阶段速度改变到速度稳定，所需时间应在 1 min 以内。

5.2.1.6 整个试验过程应连续进行，不应调整轮胎试验气压，试验负荷应保持恒定。

5.2.1.7 在整个试验过程中，环境温度应保持在 38 ℃±3 ℃的范围内。

5.2.2 试验步骤

5.2.2.1 将停放后的试验轮胎气压重新调整到5.2.1.2规定的气压。

5.2.2.2 将按上述条件准备好的试验轮胎和轮辋组合体固定在试验机上，并使其垂直于试验转鼓外表面施加试验负荷，试验负荷应为单胎最大负荷的90%。

5.2.2.3 按表4的规定连续进行试验。

5.2.2.4 按规定程序完成试验后，立即停机并测量试验轮胎气压；待自然冷却1 h后，卸下轮胎进行外观检查。

表4 轮胎高速性能试验程序

试验阶段	试验速度/(km/h)	试验时间/min
1	0～初始试验速度[a]	10
2	初始试验速度	10
3	初始试验速度＋10	10
4	初始试验速度＋20	30

[a] 初始试验速度＝速度符号对应的速度－20 km/h。

5.3 强度性能试验

5.3.1 试验条件

5.3.1.1 试验轮胎的外观质量应符合GB 9744的规定。

5.3.1.2 将试验轮胎安装在GB/T 2977规定的测量轮辋上，充入最大负荷对应的气压，如果轮胎的单双胎气压不相同，则应采用双胎气压进行试验。

5.3.1.3 实验室温度应保持在18 ℃～36 ℃范围内。试验轮胎和轮辋组合体应在实验室温度下至少停放3 h。

5.3.2 试验步骤

5.3.2.1 将停放后的轮胎气压重新调整到5.3.1.2规定的气压。将试验轮胎和轮辋组合体固定在试验机上。

5.3.2.2 沿轮胎胎面中心线取大致间隔相等的5个点进行试验。

5.3.2.3 压头垂直于胎面，并压在靠近胎面圆周中心线的花纹块上，避免压入花纹沟中。压入轮胎的速度为50 mm/min±2.5 mm/min。

5.3.2.4 测量每个点的轮胎破坏前瞬时的压力和压入深度(行程)，或压头触及轮辋的瞬时压力和行程。在转入下一个点试验前校正气压。

5.3.2.5 如果压头触及轮辋，轮胎未压穿，且未达到最小破坏能值，则此点视为达到最小破坏能。

5.3.2.6 用式(1)计算各点(5.3.2.5点除外)的破坏能。

$$W = \frac{F \times P}{2\,000} \qquad \cdots\cdots(1)$$

式中：

W——破坏能，单位为焦耳(J)；

F——作用力，单位为牛顿(N)；

P——行程，单位为毫米(mm)。

5.3.2.7 采用自动计算破坏能装置时，当达到规定的最小破坏能后，应立即停止压头继续压入轮胎。

5.3.2.8 试验过程中，如果无内胎轮胎无法保持充气压力，可装入内胎进行试验。但应在试验报告中注明。

6 判定规则

6.1 耐久性能、高速性能试验

按本标准规定的条件进行试验后，轮胎气压不应低于规定的初始气压；轮胎外观检查不应有(胎面、胎侧、帘布层、气密层、带束层、胎圈)脱层、帘布层裂缝、帘线剥离、帘线断裂、崩花、接头裂开、龟裂以及胎体异常变形等缺陷,则为“通过试验”否则为“未通过试验”。

6.2 强度性能试验

载重汽车公制系列轮胎各试验点的破坏能值均大于或等于表5的规定值时,判定“通过试验”;若有一试验点的破坏能值小于表5的规定值时,则判定“未通过试验”。

载重汽车英制系列轮胎各试验点的破坏能值均大于或等于表6的规定值时,判定“通过试验”;若有一试验点的破坏能值小于表6的规定值时,则判定“未通过试验”。

表5 载重汽车公制系列轮胎的最小破坏能

单胎负荷指数	最大负荷对应的气压/kPa	最小破坏能/J	
		轮辋名义直径<13	轮辋名义直径≥13
≤121	≤250	136	294
	251~350	203	362
	351~450	271	514
	451~550	—	576
	551~650	—	644
	>650	—	712
≥122	≤550	972	
	551~650	1 412	
	651~750	1 695	
	751~850	2 090	
	851~950	2 203	

表6 载重汽车英制系列轮胎的最小破坏能

单位为焦耳

层级(PR)	微型、轻型载重汽车轮胎			载重汽车轮胎		
	轮辋名义直径≤12	轮辋名义直径13~14	轮辋名义直径≥15	轮辋名义直径≤17.5	轮辋名义直径>17.5	
					有内胎	无内胎
4	136	192	294	294	—	—
6	203	271	362	362	768	576
8	271	384	514	514	893	734
10	339	514	576	576	1 412	972
12	—	—	644	644	1 785	1 412
14			712	712	2 282	1 695
16			768	768	2 599	2 090
18	—	—	—	—	2 825	2 203
20			—	—	3051	—
22			—	—	3 220	—

7 试验报告

试验报告宜包括以下内容:

a) 轮胎制造商名称、商标、规格、生产编号;

b) 试验轮胎负荷指数或层级、最大负荷能力、速度符号；

c) 试验用轮辋规格；

d) 试验环境温度；

e) 试验方法标准代号、试验日期；

f) 试验气压、试验负荷；

g) 试验各阶段的试验时间和试验速度；

h) 强度性能试验轮胎各试验点的压头作用力、行程、能量、最大破坏能(如果有)；

i) 强度试验轮胎各试验点的情况:“已穿”、“未穿”或“触及轮辋”；

j) 高速性能、耐久性能试验结束后的轮胎外观、气压保持等状况；

k) 试验过程的情况记录或说明；

l) 结论:“通过试验”、“未通过试验”。

附　录　A
（资料性附录）
本标准与 ISO 10454:1993 章条编号对照

表 A.1 给出了本标准与 ISO 10454:1993(英文版)章条编号对照一览表。

表 A.1　本标准与 ISO 10454:1993 章条编号对照

本标准章条编号	ISO 10454:1993 章条编号	本标准章条编号	ISO 10454:1993 章条编号
1	1	5.3	5.1
2	2	5.3.1	5.1.1
3	3	5.3.1.1	—
3.1	3.13	5.3.1.2～5.3.1.3	5.1.1.1～5.1.1.2
3.2	—	5.3.2	5.1.2
4	4	5.3.2.1	5.1.2.1
4.1	—	5.3.2.2	5.1.2.3
4.1.1～4.1.4	4.1	5.3.2.4	
4.1.5、4.1.6	—	5.3.2.3	5.1.2.2
4.2	—	5.3.2.5	5.1.2.4
4.2.1～4.2.3	4.2	5.3.2.6	5.1.2.5
4.3	4.3	—	5.1.2.6
5	5	5.3.2.7	5.1.2.7
5.1	5.2	5.3.2.8	5.1.2.8
5.1.1	5.2.1	6	6
5.1.1.1	—	6.1	6.3
5.1.1.2	5.2.1.1	6.1a)	6.3.1、6.3.2
5.1.1.3	5.2.1.2	6.1b)	—
5.1.1.4～5.1.1.5	—	6.2	6.2、表 3、表 A3
5.1.2	5.2.2	—	6.1
5.1.2.1～5.1.2.3	5.2.2.1～5.2.2.3	7	—
5.1.2.4	5.2.2.4～5.2.2.5	—	附录 A
5.1.2.5	—	—	附录 B
—	5.2.3	附录 A	—
—	5.2.3.1～5.2.3.5	附录 B	—
5.2～5.2.2.4	—	附录 C	—

附　录　B
（资料性附录）
本标准与 ISO 10454:1993 技术性差异及其原因

表 B.1 给出了本标准与 ISO 10454:1993（英文版）技术性差异及其原因的一览表。

表 B.1　本标准与 ISO 10454:1993 技术性差异及其原因的一览表

本标准章条编号	技术性差异	原　因
1	标准覆盖范围不同	ISO 10454 是关于载重汽车轮胎室内性能检测的 2 项试验方法，而本标准是 3 项试验方法
2	直接引用了 GB/T 6326、GB/T 2977、GB 9744，删除了 ISO 10454 引用的 ISO 4223-1	GB/T 6326 与 ISO 4223-1 的一致性程度为非等效，但是它总共有 410 条术语且包括了 ISO 4223-1 的 58 条术语中的 52 条。同时由于试验方法涉及试验负荷、测量轮辋以及其他要求，根据国情需要，增加了 GB/T 2977、GB 9744 引用标准
3	删除了国际标准陈述的大部分具体内容，仅保留了 1 条关键术语，并增加了 1 条术语	GB/T 6326 已经包括了 ISO 10454 所用到的大部分术语定义，为了简化标准内容，仅保留和增加了必要的术语定义
4.1.1	试验转鼓直径选用 ISO 10454 中两种之一的 1 700 mm，且公差不同	维持原国家标准试验转鼓直径为 1 700 mm±17 mm 的规定
4.1.5、4.1.6	增加了试验转鼓鼓面的径向跳动要求、温度测量装置安装位置的推荐性建议	以保证试验精度，较 ISO 10454 要求严格，对设备的精度要求更完善
4.2.1	增加了表 2，表 2 规定了载重汽车英制系列轮胎压头直径	ISO 10454 表 1 仅适用于公制系列轮胎
5.1.1.1 5.3.1.1	增加了试验轮胎的外观质量标准按 GB 9744	外观质量不符合要求的轮胎，不适宜用于试验
5.1.1.2 5.3.1.2	本标准明确了试验轮辋为 GB/T 2977 规定的测量轮辋，而 ISO 10454 规定为所有符合测量宽度要求的推荐轮辋	使用符合测量轮辋尺寸的试验轮辋以维持试验方法和标准的严谨性，并有利于对试验结果进行比较
5.1.1.3 5.1.2.3 5.3.1.3	ISO 10454 仅规定强度试验在实验室温度下；耐久在不低于 20 ℃的室温下停放，在 20 ℃～30 ℃室温下试验。原国家标准强度试验规定 18 ℃～36 ℃；耐久试验规定在 38 ℃±3 ℃	保留原国家标准的规定，较 ISO 10454要求严格
5.1.1.4 5.1.1.5	增加了有关试验转鼓加速时间的要求及试验条件的具体规定	可操作性更强

表 B.1（续）

本标准章条编号	技术性差异	原　因
表 3	增加了速度符号 Q 级及其以上轮胎规格的试验条件	适应产品发展的需要
5.1.2.5	本条是增加的有关试验后进行检查的规定	较国际标准更完整，可操作性更强
—	删除了 ISO 10454 中 5.2.3	在 5.2 高速性能试验方法中有相关的规定
5.2	增加了轻型载重汽车轮胎高速试验方法	由于轻型载重汽车轮胎速度较高，为保证安全要求，较国际标准增加了对高速性能要求
—	删除 ISO 10454 中 5.1.2.6	由于本标准 6.2 将考核破坏能平均值的方法改为考核每一点的最小破坏能，所以 ISO 10454 中 5.1.2.6 已不需要
—	删除 ISO 10454 中 6.1	在相应的产品标准中有相关的规定
6.2	将考核破坏能平均值的方法改为考核每一点的最小破坏能	为保证安全，要求更加严格
表 6	增加了有关载重汽车英制系列轮胎最小破坏能的要求	国际标准仅适用于公制系列轮胎
7	增加试验报告	以适合国情
—	删除了 ISO 10454 的附录 A	附录 A 规定的试验条件不适用于我国

附　录　C
（规范性附录）
轮胎速度符号与速度的对应关系

表 C.1 给出了轮胎速度符号与速度的对应关系。

表 C.1　轮胎速度符号与速度的对应关系

轮胎速度符号	最高行驶速度/(km/h)
C	60
D	65
E	70
F	80
G	90
J	100
K	110
L	120
M	130
N	140
P	150
Q	160
R	170
S	180
T	190
U	200
H	210

ICS 71.080
G 18

中华人民共和国国家标准

GB/T 4511.1—2008
代替 GB/T 4511.1—1984,GB/T 4511.3—1984,GB/T 4511.4—1984

焦炭真相对密度、假相对密度和气孔率的测定方法

Coke—Determination of true relative density apparent relative density and porosity

2008-08-19 发布 2009-04-01 实施

中华人民共和国国家质量监督检验检疫总局
中国国家标准化管理委员会 发布

前　言

GB/T 4511的本部分整合GB/T 4511.1—1984《焦炭显气孔率测定方法》、GB/T 4511.3—1984《焦炭假相对密度及总气孔率测定方法》、GB/T 4511.4—1984《焦炭真相对密度测定方法》的基础上进行修订。

本部分代替GB/T 4511.1—1984、GB/T 4511.3—1984、GB/T 4511.4—1984。

本部分与GB/T 4511.1—1984、GB/T 4511.3—1984、GB/T 4511.4—1984相比，主要变化如下：

——规范了标准编写格式

——标准名称进行了修改；

——将相同的内容合并。

本部分由中国钢铁工业协会提出。

本部分由全国钢标准化技术委员会归口。

本部分起草单位：中钢集团鞍山热能研究院、冶金工业信息标准研究院。

本部分主要起草人：于银萍、徐忠厚、杨金霞、孙伟。

本部分所替代的标准的历次版本发布情况为：

——GB/T 4511.1—1984；

——GB/T 4511.3—1984；

——GB/T 4511.4—1984。

焦炭真相对密度、假相对密度和气孔率的测定方法

1 范围

GB/T 4511的本部分规定了焦炭真相对密度测定和焦炭假相对密度及气孔率测定的术语、原理、试验步骤、结果计算、精密度等。

本部分适用于焦炭的真、假相对密度及气孔率的测定。

2 规范性引用文件

下列文件中的条款通过GB/T 4511的本部分的引用而成为本部分的条款。凡是注日期的引用文件,其随后所有的修改单(不包括勘误的内容)或修订版均不适用于本部分,然而鼓励根据本部分达成协议的各方研究是否可使用这些文件的最新版本。凡是不注日期的引用文件,其最新版本适用于本部分。

GB/T 1997 焦炭试样的采取和制备

GB/T 9977 焦化产品术语

3 术语

GB/T 9977确立的术语和定义适用于本部分。

4 焦炭真相对密度的测定

4.1 原理

试样置于密度瓶内,加入无空气的蒸馏水,加热使水沸腾,排除吸附的气体,根据阿基米德定理测出同体积水的质量,即可计算试样的真相对密度。

4.2 仪器

4.2.1 一般试验室仪器

4.2.2 密度瓶:容量50 mL,带磨口毛细管,如图1所示。

单位为毫米

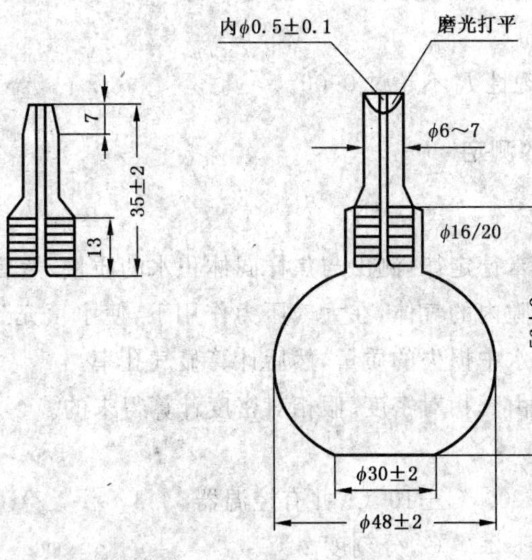

图 1

4.2.3 恒温器:带有搅拌器并能保持(10~50)℃±1 ℃的水浴。

4.2.4 空气回流管:外径与密度瓶颈相同的长度 300 mm~1 000 mm 的玻璃管,用一小段橡皮管将两者紧密相连。

4.2.5 甘油浴:在一适当容器内装入足量甘油,使密度瓶的 2/3 能浸到甘油中加热。

4.2.6 分析天平:感量 0.000 1 g。

4.3 试样的采取和制备

试样的采取和制备按 GB/T 1997 的规定进行,制成小于 0.2 mm 的分析试样。

4.4 试验步骤

4.4.1 用重铬酸钾和硫酸混合液洗净密度瓶,用蒸馏水充分冲洗,装满无空气的蒸馏水,旋紧塞子将瓶浸入(至瓶颈)温度比环境温度约高 5 ℃的水浴内 1 h。在 1 h 后用滤纸片吸去塞子顶的水滴,从水浴中取出密度瓶。在自来水下迅速冷却晾干,放在天平旁 30 min 然后称重(准确至±0.000 1 g)。将密度瓶倒空,并将瓶干燥。

4.4.2 取一份焦样在 105 ℃~110 ℃温度下干燥 1 h,冷至室温后称约 5 g 干焦(准确至 0.000 1 g),将其全部装入密度瓶内。用无空气的蒸馏水冲洗粘附在瓶颈和瓶壁上的焦样,使总体积达到 25 mL。将空冷管和瓶颈橡皮管连好,将密度瓶放入甘油浴内,加热油浴,使瓶中水开始激烈沸腾。用几毫升无空气的热蒸馏水冲洗瓶壁上的焦炭浮渣,沸腾 30 min 后从甘油浴中取出密度瓶,拆掉空冷管,让瓶自然冷却。而后注入 t ℃无空气的蒸馏水,用直径 1 mm 的金属丝在瓶颈旋转搅拌,使焦样浮渣下沉,旋紧塞子,浸入 t ℃水浴至瓶颈 1 h,滴加无空气蒸馏水,以补偿液相收缩量。保证塞子下面或毛细管内不积存空气泡。1 h 后擦去塞顶的水滴,由水槽取出密度瓶,冷却、晾干,放在天平旁 30 min 后称其质量。

注:t ℃为试验温度,一般比环境温度约高 5 ℃。

4.5 结果计算

焦炭的真相对密度(d)按式(1)计算:

$$d=\frac{m_1}{m_1+m_2-m_3} \quad \cdots\cdots(1)$$

式中:

m_1——干基焦样质量,单位为克(g);

m_2——密度瓶盛满水时的质量,单位为克(g);

m_3——密度瓶、焦样和盛满水时的质量,单位为克(g)。

4.6 精密度

重复性 r 不超过 0.03;再现性 R 不超过 0.06。

5 焦炭假相对密度和气孔率的测定

5.1 原理

5.1.1 假相对密度:根据阿基米德定律,测出与焦样同体积水的质量,然后计算焦炭的假相对密度。

5.1.2 显气孔率:抽出焦炭孔隙内的气体,在大气压力作用下,使水填充到焦炭的孔隙内,测焦炭孔隙中水的质量和同一试样沉没于水中损失的质量,然后计算显气孔率。

5.1.3 总气孔率:总气孔率是由真相对密度、假相对密度计算得来的。

5.2 仪器材料

5.2.1 电热干燥箱:能加热至 200 ℃±10 ℃,并有控温器。

5.2.2 温度计:温度范围 0 ℃~200 ℃,分刻度 2 ℃。

5.2.3 真空泵:极限真空度 0.101 3 MPa。

5.2.4 真空干燥箱(改装):真空度 0.101 3 MPa。

5.2.5 天平:感量 0.1 g。

5.2.6 丝网篓:用直径为 0.5 mm～1.0 mm 的镍铬丝或镀锌丝制作。篓的孔径为 12 mm,直径 200 mm,高 150 mm(其中一个带有底盘,底盘深高为 10 mm)。

5.2.7 水桶:直径 300 mm,高 330 mm。

5.2.8 镀锌铁皮盒(或塑料、不锈钢等)两个:(长×宽×高)310 mm×270 mm×150 mm。

5.2.9 网片:用直径 2 mm～3 mm 的金属丝编织,孔径为 25 mm,网面为(长×宽)300 mm×260 mm。

5.3 试样的采取和制备

按 GB/T 1997 的规定采样,在作转鼓的试样中取出约 10 kg 试样,用手工破碎至小于 60 mm,弃去小于 25 mm 的小块,混匀、缩分取出每份约 1.5 kg 的两份试样。

5.4 试验步骤

5.4.1 将试验焦样相互轻轻撞击,去掉表面不牢固的焦粒,刷去粉尘,放入干燥箱内,在 150 ℃～160 ℃下干燥 2.5 h。

注:若焦样被浸泡过湿时,干燥时间应延长或提高干燥温度。

5.4.2 从干燥箱内取出试样,冷却 5 min,置于已知质量(m_5)丝网篓中,称量(m_4),然后装入铁皮盒内,放入真空干燥箱内,按图所示连接试验设备,将通水胶管的一端插入铁皮盒内,用网片压上并加一重物,关闭真空箱。用夹子夹紧(图 2 中 2-1,2-2),然后开启真空泵,打开抽气阀。当剩余压力等于 2 666 Pa 时,关闭抽气阀,停泵,打开夹子(图 2 中 2-1),使真空泵接通大气。稳定 5 min,打开夹子(图 2 中 2-2),缓缓充水,使水完全淹没焦样,再保持 2 min。

每周应检查一次真空箱的密封性,当剩余压力小于 2 666 Pa 时,关闭抽气阀,停泵。5 min 内压力变化应不大于 666 Pa。

1——真空泵;

2——夹子;

3——抽气阀;

4——真空表;

5——真空箱;

6——焦样;

7——水盒。

图 2 测定焦炭假相对密度及气孔率的试验装置示意图

5.4.3 打开抽气阀接通大气，在常压下静置 30 min。

5.4.4 取出试样放入已知在水中悬浮质量(m_9)的丝网篓内，称量丝网篓和试样在水中悬浮的质量(m_8)。

5.4.5 每次试验用澄清的自来水。

5.4.6 将丝网篓连同试样提出水面，滴水 30 s 后，将试样拣到已知质量(m_7)的带有排水盘的丝网篓中称量(m_6)。

丝网篓的质量及在水中悬浮质量每周应检查一次。

5.5 结果计算及精密度

5.5.1 焦炭假相对密度公式及精密度

5.5.1.1 焦炭假相对密度(d_A)按式(2)计算：

$$d_A = \frac{m_4 - m_5}{(m_6 - m_7) - (m_8 - m_9)} \qquad \cdots\cdots(2)$$

式中：

m_4——烘干后的试样与干丝网篓的质量，单位为克(g)；

m_5——干丝网篓的质量，单位为克(g)；

m_6——水饱和后的试样与带排水盘丝网篓的质量，单位为克(g)；

m_7——带排水盘丝网篓的质量，单位为克(g)；

m_8——水饱和后的试样与丝网篓在水中悬浮的质量，单位为克(g)；

m_9——丝网篓在水中悬浮的质量，单位为克(g)。

5.5.1.2 精密度

重复性 r 不超过 0.02；再现性 R 不超过 0.03。

5.5.2 显气孔率公式及精密度

5.5.2.1 显气孔率(P_s)按式(3)计算：

$$P_s(\%) = \frac{(m_4 - m_5) - (m_6 - m_7)}{(m_4 - m_5) - (m_8 - m_9)} \times 100 \qquad \cdots\cdots(3)$$

式中：

m_4——烘干后的试样与干丝网篓的质量，单位为克(g)；

m_5——干丝网篓的质量，单位为克(g)；

m_6——水饱和后的试样与带排水盘丝网篓的质量，单位为克(g)；

m_7——带排水盘丝网篓的质量，单位为克(g)；

m_8——水饱和后的试样与丝网篓在水中悬浮的质量，单位为克(g)；

m_9——丝网篓在水中悬浮的质量，单位为克(g)。

5.5.2.2 精密度

5.5.2.2.1 重复性 r 不超过 2.0%。

5.5.2.2.2 如果两次平行试验结果间误差超过 5.2.2.1 的规定，则进行第三次试验。第三次试验与前两次试验中任何一个结果之差符合 5.5.2.2.1 的规定时，则取第三次试验结果与前两次试验中最接近的结果的算术平均值。

5.5.2.2.3 如果第三次试验与前两次试验中任何一个结果之差都超过 5.5.2.2.1 的规定，但第三次的结果处于前两次试验结果的极限范围之内，则取三次结果的算术平均值为试验结果。

5.5.3 焦炭总气孔率公式

5.5.3.1 焦炭总气孔率(P_t)按式(4)计算：

$$P_t(\%) = \frac{d - d_A}{d} \times 100 \qquad \cdots\cdots(4)$$

式中：

d——焦炭真相对密度；

d_A——焦炭假相对密度。

5.5.3.2 结果精确到1%报出。

ICS 61.080
Y 17

中华人民共和国国家标准

GB/T 4515—2008/ISO 4915:1991
代替 GB/T 4515—1984

线迹的分类和术语

Stitch types—Classification and terminology

(ISO 4915:1991, Textiles—Stitch types—Classification and terminology, Textiles—Types de points—Classification et terminologie, IDT)

2008-12-30 发布 2009-12-01 实施

中华人民共和国国家质量监督检验检疫总局
中国国家标准化管理委员会 发布

前　言

本标准等同采用国际标准 ISO 4915:1991《纺织品　线迹的分类和术语》(英文版)。

为便于使用,本标准对 ISO 4915:1991 做了如下编辑性修改:

——用小数点“.”代替作为小数点的逗号“,”;

——用“本标准”代替“本国际标准”;

——删除了 ISO 4915:1991 的前言,重新编写了本标准前言。

本标准代替 GB/T 4515—1984《线迹的分类和术语》。

本标准与 GB/T 4515—1984 相比,主要增加了 328、329、351 和 522 线迹型式。

本标准由中国轻工业联合会提出。

本标准由全国缝制机械标准化技术委员会归口。

本标准主要起草单位:上海市缝纫机研究所。

本标准主要起草人:潘锡基、张维青。

本标准所代替标准的历次版本发布情况为:

——GB/T 4515—1984。

线迹的分类和术语

1 范围

本标准规定了定义、分类、编号说明、图形描绘方法和图解。

本标准适用于手工和缝纫机所形成的线迹。

2 术语和定义

下列术语和定义适用于本标准。

2.1

线迹 stitch

由一根或一根以上的缝线，采用自连、互连、交织，在缝料上或穿过缝料形成的一个单元。

注：线迹的形成有a）无缝料；b）在缝料的内部；c）穿过缝料；d）在缝料表面四种情况。

2.1.1

自连 intralooping

缝线的线环依次穿入同一根缝线形成的前一个线环（见图1）。

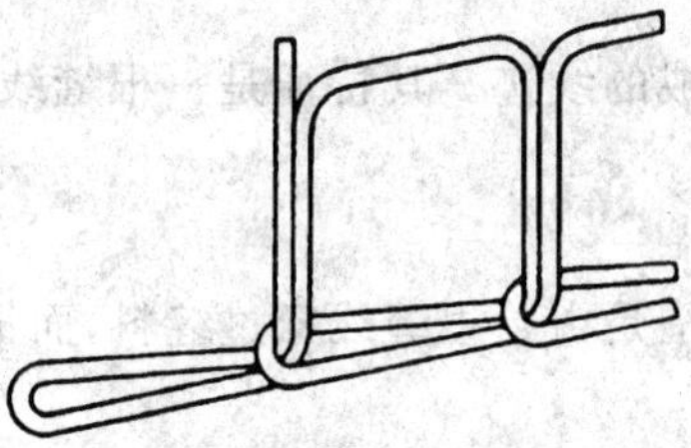

图 1

2.1.2

互连 interlooping

一根缝线的线环穿入另一根缝线所形成的线环（见图2）。

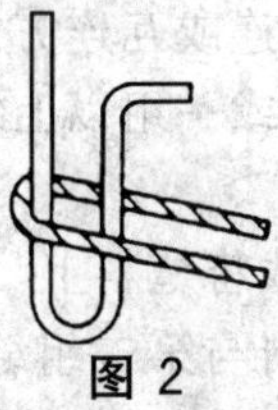

图 2

2.1.3

交织 interlacing

连锁

一根缝线穿过另一根缝线的线环，或者围绕另一根缝线（见图3）。

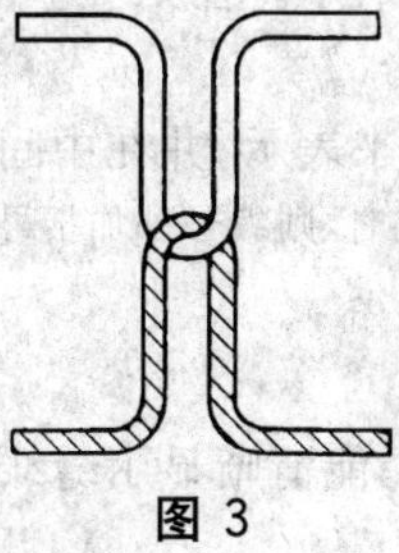

图 3

2.2

线迹型式　stitch type

一组重复形成的线迹，它与缝料及线迹的方向有关。描绘一种线迹型式所必需的最少线迹数目(见图4)。

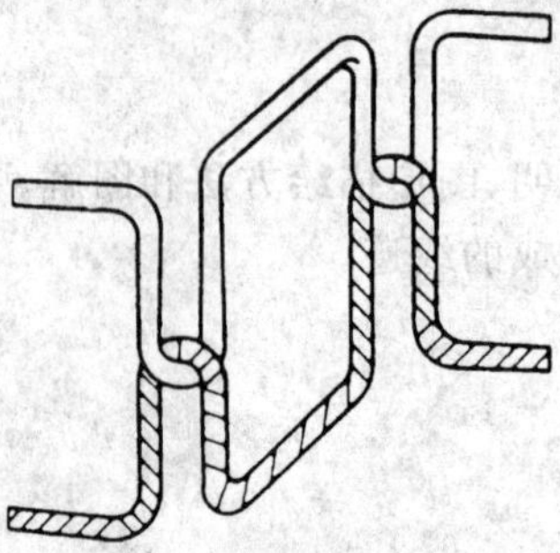

图4

2.3

缝线组　threads

满足机针或勾梭的功能所需要的缝线根数。

3　分类

3.1　100类——链式线迹

由一根或一根以上针线自连形成的线迹。其特征是一根缝线的线环穿入缝料后，依次与一个或几个线环自连。

3.2　200类——手缝线迹

起源于手工缝纫的线迹。其特征是由一根缝线穿过缝料，而把缝料固结。

3.3　300类——锁式线迹

一组(一根或数根)缝线的线环，穿入缝料后与另一组缝线(一根或数根)交织而形成的线迹。

3.4　400类——多线链式线迹

一组(一根或数根)缝线的线环，穿入缝料后，与另一组缝线(一根或数根)互连而形成的线迹。

3.5　500类——包边链式线迹

一组(一根或数根)或一组以上缝线以自连或互连方式形成的线迹，至少一组缝线的线环包绕缝料边缘，一组缝线的线环穿入缝料以后，与一组或一组以上缝线的线环互连。

3.6　600类——覆盖链式线迹

由两组以上缝线互连，并且其中两组缝线将缝料上、下覆盖的线迹。第一组缝线的线环穿入固定于缝料表面的第三组缝线的线环后，再穿入缝料与第二组缝线的线环在缝料底面互连。但是601线迹例外，它只用两组缝线。第三组缝线的功能，是由第一组缝线中的一根缝线来完成。

4　编号说明

4.1　线迹编号

各类线迹都以三位数字中的第一位数来表示。各类线迹中的线迹型式，以第二位和第三位数来表示。

4.2　组合线迹编号

组合线迹编号以各个线迹型式的编号来表示，并在中间用点“·”分开，例如401·502。

注：组合线迹型式是在一次操作过程中形成时，则编号外加括号，例如：(401·502)。

5　图形描绘方法

5.1　为使图形清晰易辨，采用透视法，选择能清晰显示缝线的最佳角度描绘。

5.2　连续线迹形成的方向规定从右向左。

5.3　线迹的开始和结束，只用缝线的一个线头来表示，并且针线呈垂直方向离开缝料。

5.4　全部针线都只用轮廓线来表示，而其他的线则加斜线表示。

5.5　所有针线以1、2、3……数字表示；所有梭线以a、b、c……字母表示；所有覆盖线以Z、Y、X……字母表示。

5.6　只在有助于线迹图形能够清晰明辨时，才将缝料表示出来，如500类中所表示的。

注：在某些情况下，当上述描绘方法还不能使线迹得到明确表示时，则采用平面简图。

6　图解

6.1　图解内容

图解包括下列线迹型式：

a)　100类：101、102、103、104、105、107、108；

b)　200类：201、202、204、205、206、209、211、213、214、215、217、219、220；

c)　300类：301、302、303、304、305、306、307、308、309、310、311、312、313、314、315、316、317、318、319、320、321、322、323、324、325、326、327、328、329、351；

d)　400类：401、402、403、404、405、406、407、408、409、410、411、412、413、414、415、416、417；

e)　500类：501、502、503、504、505、506、507、508、509、510、511、512、513、514、521、522；

f)　600类：601、602、603、604、605、606、607、608、609。

6.2　图解图形

各图形都表示出机针穿刺的次数。第一次穿刺不能形成该线迹型式的一个线迹。

100类

101

图5

101这种线迹型式是由一根针线(1)所形成。它的一个线环从机针一面穿入缝料，在缝料另一面进行自连。(见图5)

至少要用两个线迹描绘这种线迹型式。

102

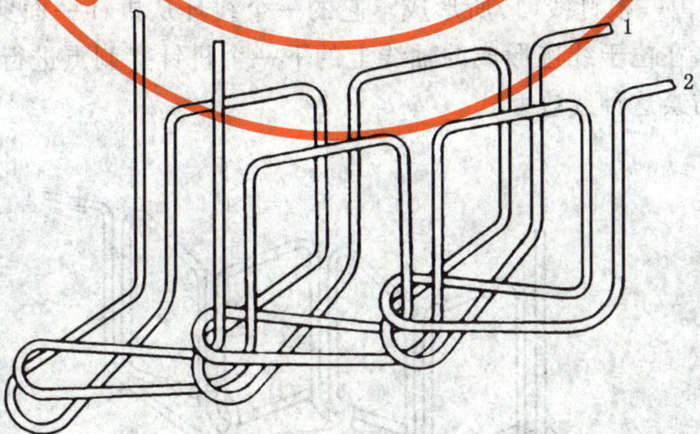

图6

102这种线迹型式是由两根针线(1和2)所形成。线1和线2的线环从机针一面穿入缝料，在缝料另一面，线2的线环同本身的前一线环自连后，又同线1的线环互连。(见图6)

至少要用两个线迹描绘这种线迹型式。

103

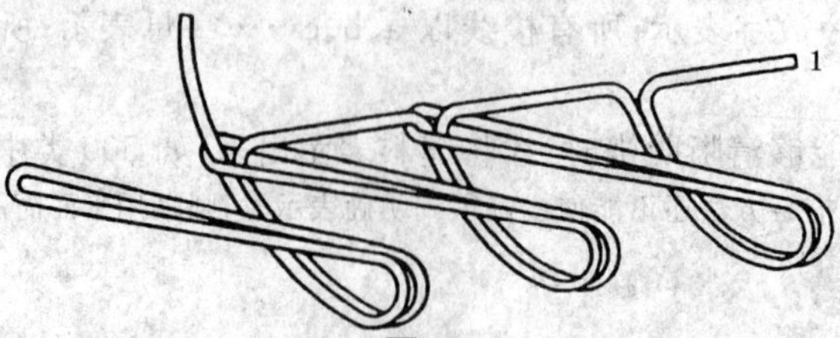

图 7

103 这种线迹型式是由一根针线(1)所形成。它的一个线环从机针一面穿入，过缝料的一部分，仍露出在机针一面，到达下一个机针穿刺点进行自连。(见图 7)

至少要用两个线迹描绘这种线迹型式。

104

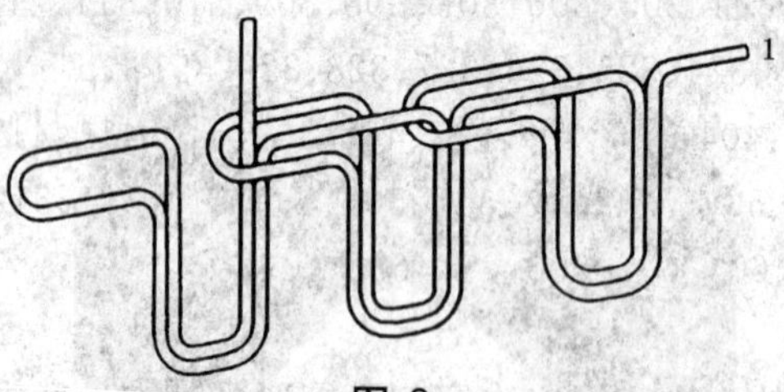

图 8

104 这种线迹型式是由一根针线(1)所形成。它的一个线环从机针一面穿入缝料，然后经过一定距离，返穿回到机针一面，并在机针的下一个穿刺点进行自连。(见图 8)

至少要用两个线迹描绘这种线迹型式。

105

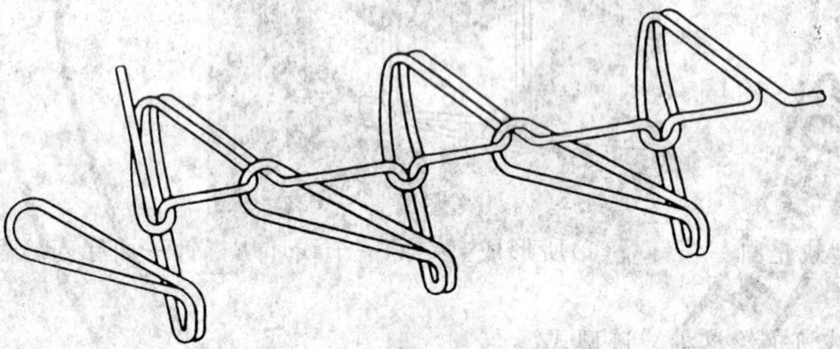

图 9

105 这种线迹型式是由一根针线(1)所形成。它的一个线环从机针一面穿入缝料，通过缝料的一部分，然后露出在机针一面，在位于线迹形成的轴线上的下一个机针穿刺点进行自连。(见图 9)

至少要用两个线迹描绘这种线迹型式。

107

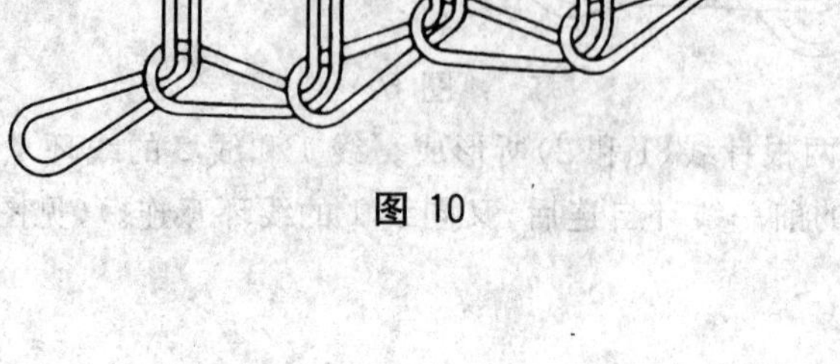

图 10

107 这种线迹型式是由一根针线(1)所形成。它的一个线环从机针一面穿入缝料，在另一面进行自连。该线迹型式与 101 线迹相同。只是连续的线迹排列成 Z 字形。(见图 10)

至少要用两个线迹描绘这种线迹型式。

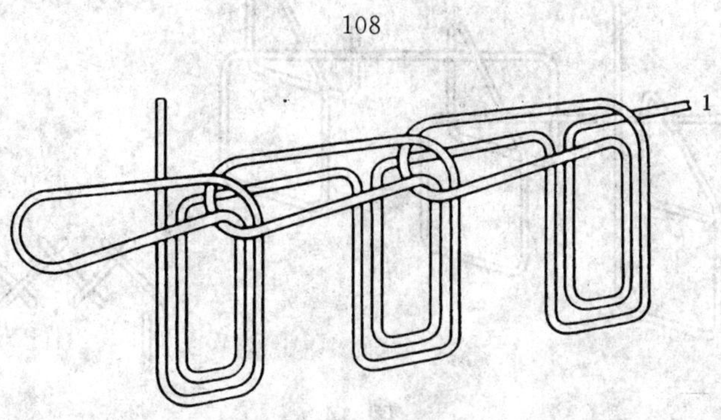

图 11

108 这种线迹型式是由一根针线(1)所形成。它的一个线环从机针一面穿入缝料到另一面，然后返回一定距离再穿回到达机针一面，在下一个机针穿刺点进行自连。(见图 11)

至少要用两个线迹描绘这种线迹型式。

200 类

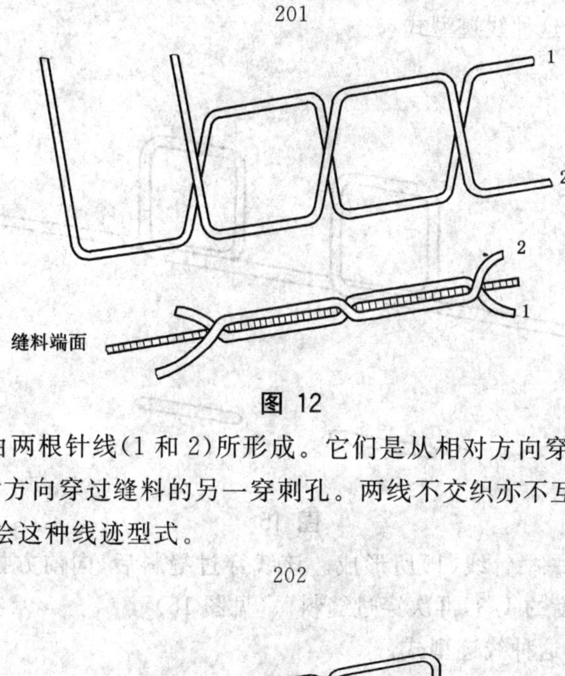

图 12

201 这种线迹型式是由两根针线(1 和 2)所形成。它们是从相对方向穿过缝料的同一穿刺孔，然后两线往前适当长度，从相对方向穿过缝料的另一穿刺孔。两线不交织亦不互连。(见图 12)

至少要用两个线迹描绘这种线迹型式。

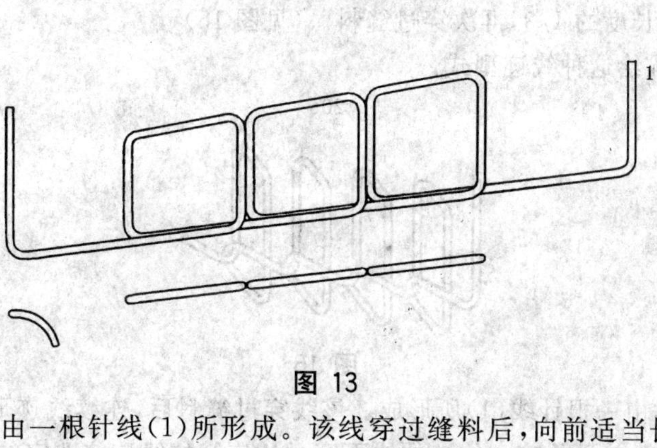

图 13

202 这种线迹型式是由一根针线(1)所形成。该线穿过缝料后，向前适当长度回穿过缝料，再向后方拉出向前长度的 1/2，再一次穿过缝料。这种线迹型式常用于其他线迹形成的起始和结束。(见图 13)

至少要用两个线迹描绘这种线迹型式。

204

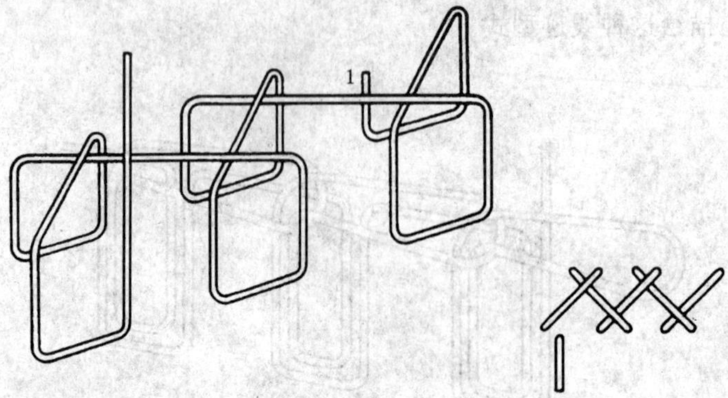

图 14

204 这种线迹型式是由一根针线(1)所形成。该线穿过缝料后,向后方拉出适当长度,回穿过缝料,斜向移动相当于线迹宽度的距离,再次穿过缝料,向后方拉出与前一次相同的长度,再次回穿过缝料,然后斜向移动相当于一个线迹的宽度,反复进行这一过程,在机针一面形成分离的组成平行行列的线迹,而在缝料另一面,则形成十字交叉形花纹(如用手工缝制时,这种线迹型式一般从左向右缝)。(见图 14)

至少要用两个线迹描绘这种线迹型式。

205

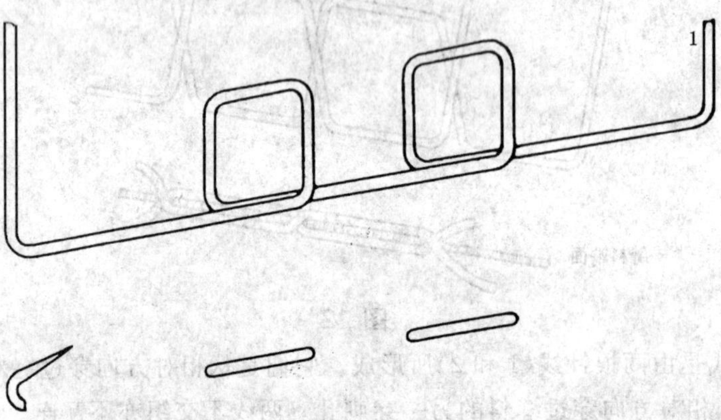

图 15

205 这种线迹型式是由一根针线(1)所形成。该线穿过缝料后,向前方拉出适当长度,再返回穿过缝料,向后拉出向前拉出长度的 1/3,再次穿过缝料。(见图 15)

至少要用两个线迹描绘这种线迹型式。

206

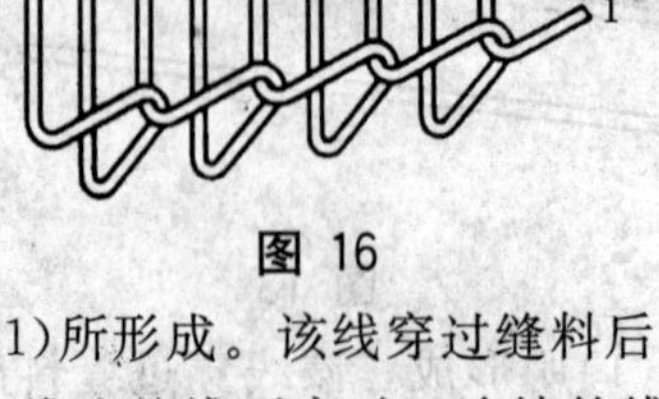

图 16

206 这种线迹型式是由一根针线(1)所形成。该线穿过缝料后,连续线迹形成方向相垂直方向拉出适当距离再返回穿过缝料,并且从前一线迹的线下穿过。连续的线迹按选定的间隔而排列,并可缝制成间隔大些或者靠近些(如用手工缝制时,这种线迹型式一般从左向右缝)。(见图 16)

至少要用两个线迹描绘这种线迹型式。

209

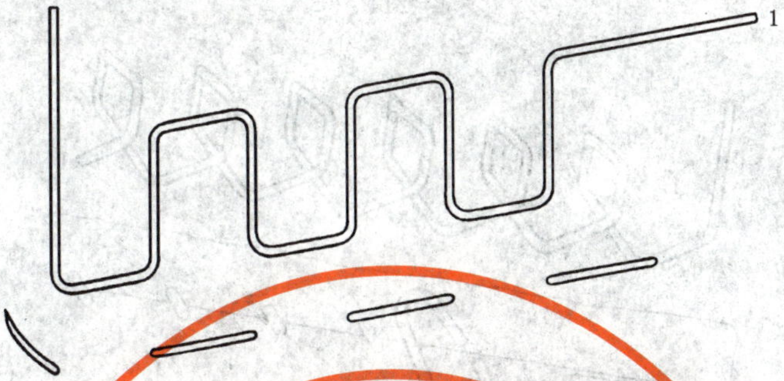

图 17

209 这种线迹型式是由一根针线(1)所形成。该线穿过缝料，向前拉出适当长度，返回穿过缝料。(见图 17)

各机针穿刺点的间距可以很近，这样可使缝料集合打成碎皱裥，或者缝制出计量尺寸的皱裥，各机针穿刺点的间距也可较大，或者是不同间距的穿刺点交替配置。

至少要用两个线迹描绘这种线迹型式。

211

图 18

211 这种线迹型式是由一根针线(1)所形成。该线穿过缝料后，包绕过边缘再穿过缝料，与前一线露出点呈一直行。(见图 18)

这种线迹型式一般用在软薄缝料上，可应用于缝料边的缝制。

该线迹型式可采用不同间距的排列。

至少要用两个线迹描绘这种线迹型式。

213

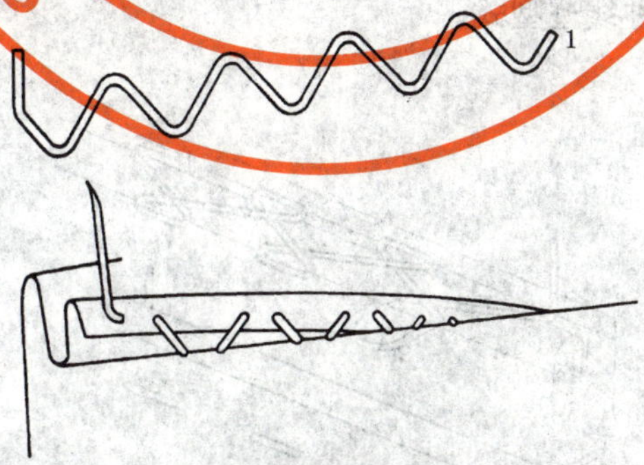

图 19

213 这种线迹型式是由一根针线(1)所形成。该线穿过单层缝料一部分，再穿过缝料卷边的一部分(缝料边是翻卷的)，缝线稍微露出在另一面，与前一穿刺点处于一直线上，并将极少量缝料收紧，然后缝料向前拉出，在卷边下方重复穿过单层缝料。(见图 19)

这种线迹型式是在要求缝料另一面看不见线迹或稍微露出时使用。

至少要用两个线迹描绘这种线迹型式。

214

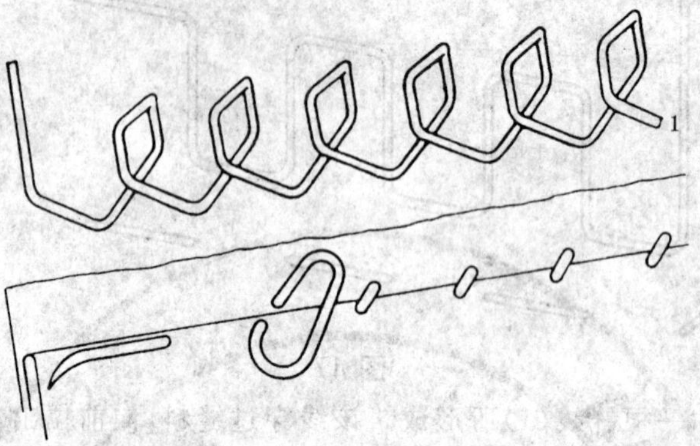

图 20

214 这种线迹型式是由一根针线(1)所形成。它穿过缝料叠层,并在短距离的稍右上方进入单层缝料,然后缝线斜向回穿过双层缝料,达到与前一缝线露出点呈一直线。(见图 20)

这种线迹用于将一种缝料与另一种缝料缝合,例如缝合服装衬里等。

至少要用两个线迹描绘这种线迹型式。

215

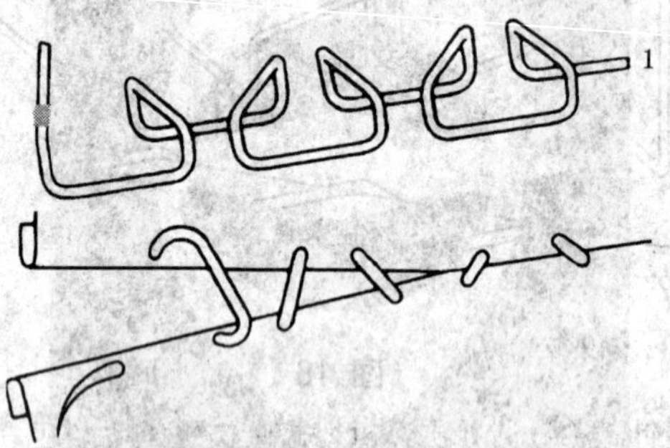

图 21

215 这种线迹型式是由一根针线(1)所形成。它穿过缝料的折叠边,在叠层中向前拉出适当长度后,穿回出缝料,于是再稍错后一些穿过相对的缝料折叠边,向前拉出适当长度,穿回出缝料,把缝线拉紧。(见图 21)

这种线迹型式一般用于将两个折叠边紧缝在一起。例如衣领和翻领。

至少要用两个线迹描绘这种线迹型式。

217

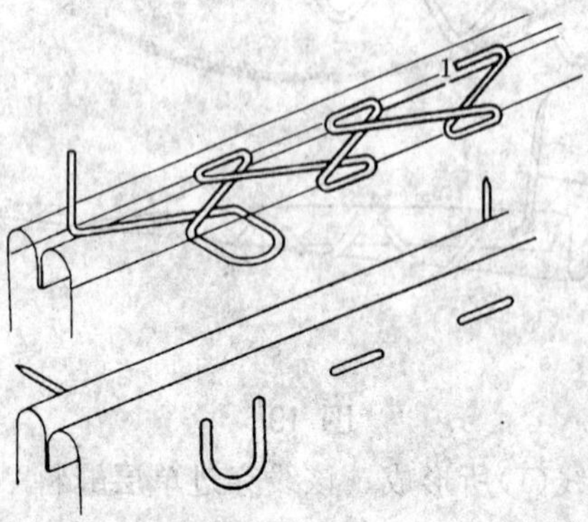

图 22

217 这种线迹型式是由一根针线(1)所形成。它斜向穿过缝料层,往缝线露出点后方拉出适当长

度，再斜向往前回穿过缝料，与第一个斜线呈交叉状。（见图 22）

这种线迹型式在缝料表面上只看到有小小凹痕，一般用于缝制服的衣边。

至少要用两个线迹描绘这种线迹型式。

219

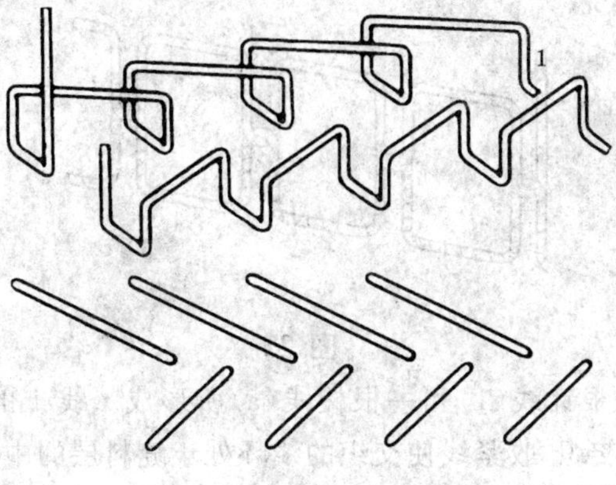

图 23

219 这种线迹型式是由一根针线(1)所形成。该线呈水平方向穿过缝料或缝料的一部分。露出在缝料的同一面上，所露出的缝线段，都与连续的机针穿刺点呈锐角。而连续的针穿刺点又平行于线迹形成方向成为一条直线。（见图 23）

线迹的交替行列定在相对方向形成的，并且是互相错后的。

在用衬里和面子缝制衣领和翻领的过程中，采用这种线迹型式。该线迹型式还可用于将硬衬帆布缝牢在衬里上，而缝线往往是完全通过这两种缝料。

至少要用两个线迹描绘这种线迹型式。

220

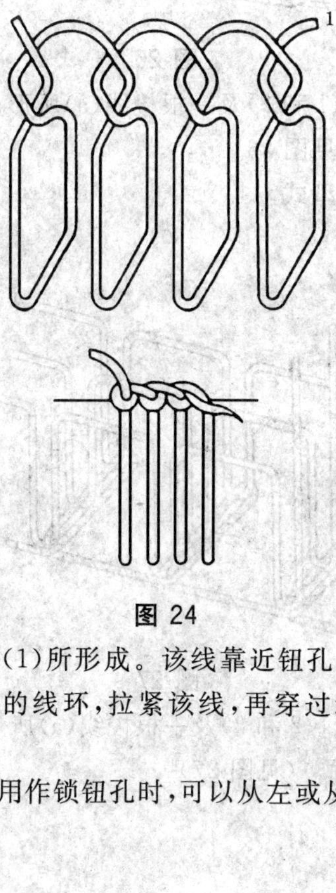

图 24

220 这种线迹型式是由一根针线(1)所形成。该线靠近钮孔切口边穿过缝料，然后在缝料背面垂直移动到钮孔切口边，穿过前一线迹的线环，拉紧该线，再穿过缝料，就在切边形成一个结子。（见图 24）

该线迹应用于锁钮孔的切边。在用作锁钮孔时，可以从左或从右，从下或从上面嵌线，同时还可重缝一条嵌心狭辫带，以便具有较坚固的效果。

至少要用两个线迹描绘这种线迹型式。

300 类

301

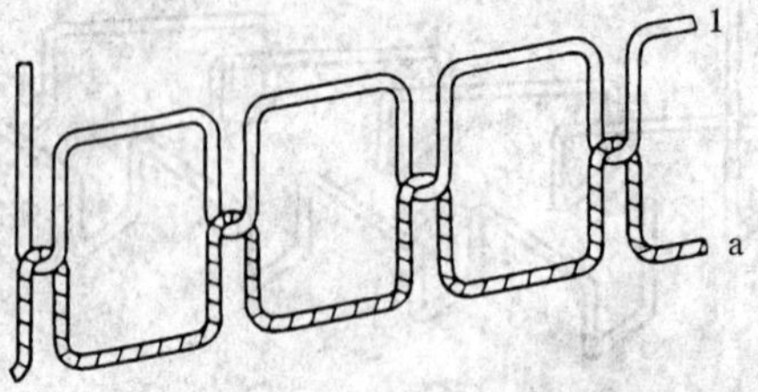

图 25

301 这种线迹型式是由一根针线(1)和一根梭线(a)所形成。线 1 的一个线环从机针一面穿入缝料，露出在另一面与线 a 进行交织，收紧线使交织的线环处于缝料层的中间部位。(见图 25)

该线迹型式有时用一根线形成，在这种情况下，第一个线迹与其后依次连续的线迹有所差异。

至少要用两个线迹描绘这种线迹型式。

302

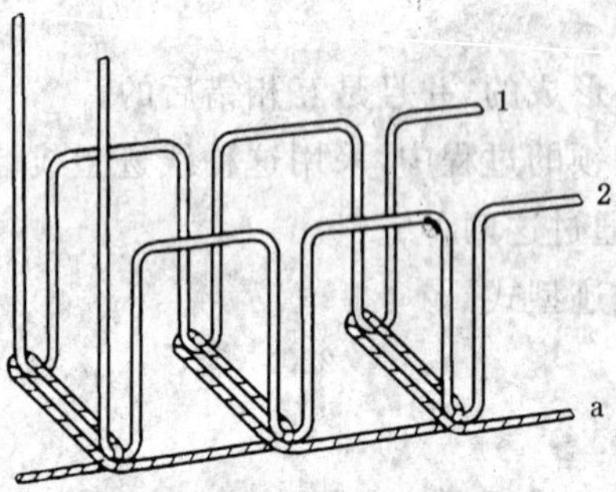

图 26

302 这种线迹型式是由两根针线(1 和 2)及一根梭线(a)所形成。线 1 和线 2 的线环从机针一面穿入缝料，与线 a 进行交织在另一面。(见图 26)

至少要用两个线迹描绘这种线迹型式。

303

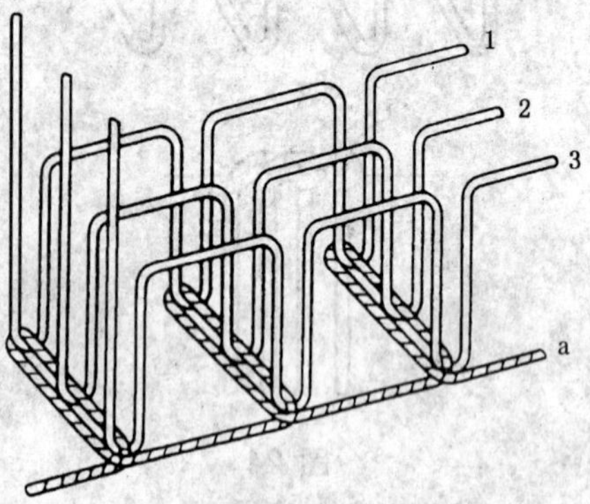

图 27

303 这种线迹型式是由三根针线(1、2 和 3)及一根梭线(a)所形成。线 1、2 和线 3 的线环从机针一面穿入缝料，与线 a 进行交织在另一面。(见图 27)

至少要用两个线迹描绘这种线迹型式。

304

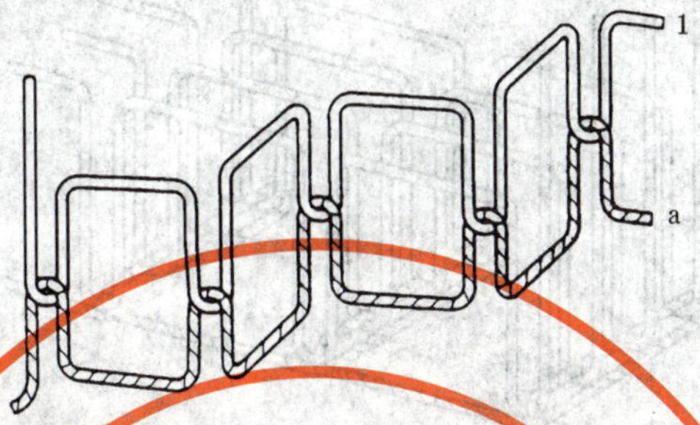

图 28

304 这种线迹型式是由一根针线(1)和一根梭线(a)所形成。线 1 的线不从机针一面穿入缝料,露出在另一面与线 a 进行交织。(见图 28)

该线迹型式与 301 线迹相同,只是连续的线迹,排列成 Z 字形。

至少要用两个线迹描绘这种线迹型式。

305

图 29

305 这种线迹型式是由两根针线(1 和 2)及一根梭线(a)所形成。线 1 和线 2 的线环从机针一面穿入缝料,与线 a 进行交织在另一面。(见图 29)

该线迹型式与 302 线迹相同,只是连续的线迹,排列成 Z 字形。

至少要用两个线迹描绘这种线迹型式。

306

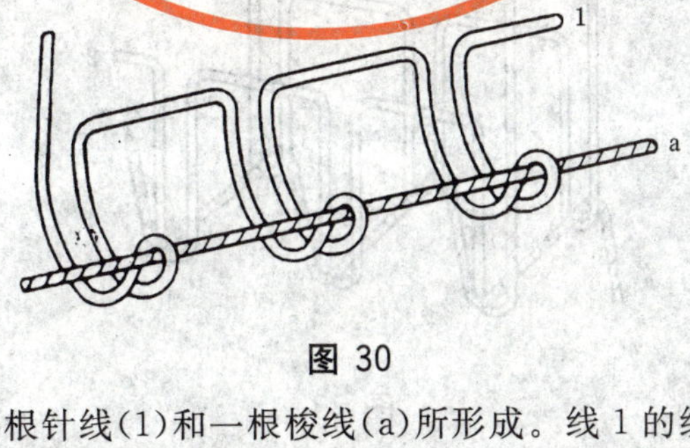

图 30

306 这种线迹型式是由一根针线(1)和一根梭线(a)所形成。线 1 的线环从机针一面穿入缝料的一部分,露出在缝料的机针一面上与线 a 进行交织。(见图 30)

这种线迹型式的机针穿刺方向与连续线迹的形成方向垂直。

至少要用两个线迹描绘这种线迹型式。

307

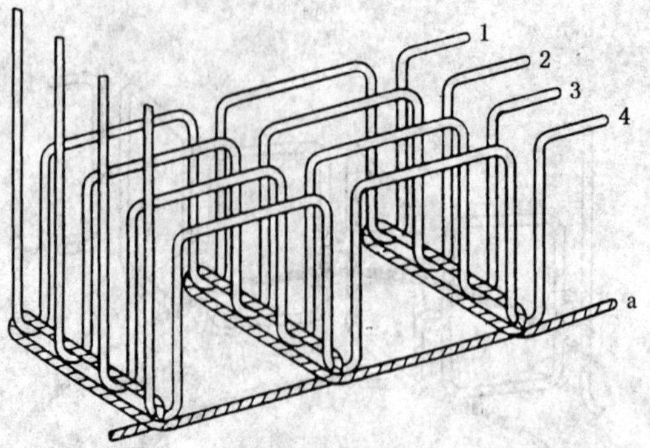

图 31

307 这种线迹型式是由四根针线(1、2、3 和 4)及一根梭线(a)所形成。线 1、2、3 和 4 从机针一面穿入缝料,与线 a 进行交织在另一面。(见图 31)

至少要用两个线迹描绘这种线迹型式。

308

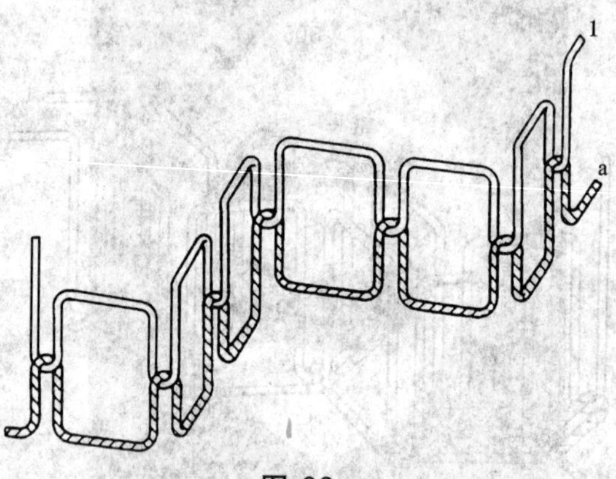

图 32

308 这种线迹型式是由一根针线(1)和一根梭线(a)所形成。线 1 的线环从机针一面穿入缝料,露出在另一面与线 a 进行交织,收紧线 1,使交织部位处于缝料层的中间。(见图 32)

该线迹型式与 301 线迹相同,只是连续的每两个线迹排列成 Z 字形。

至少要用四个线迹描绘这种线迹型式。

309

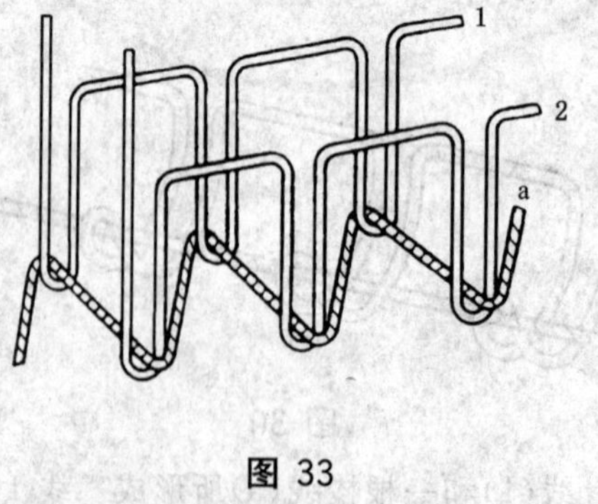

图 33

309 这种线迹型式是由两根针线(1 和 2)及一根梭线(a)所形成。线 1 和 2 的线环从机针一面穿入缝料,与线 a 进行交织在另一面。(见图 33)

至少要用两个线迹描绘这种线迹型式。

310

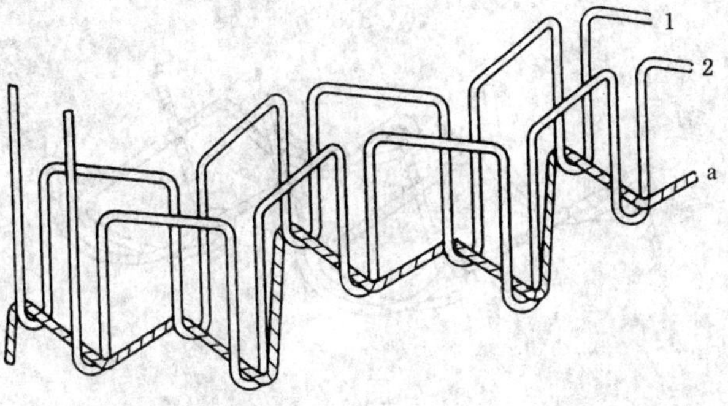

图 34

310 这种线迹型式是由两根针线(1 和 2)及一根梭线(a)所形成。线 1 和 2 的线环从机针一面穿入缝料,与线 a 进行交织在另一面。(见图 34)

该线迹型式与 309 线迹相同,只是连续的线迹排列成 Z 字形。

至少要用两个线迹描绘这种线迹型式。

311

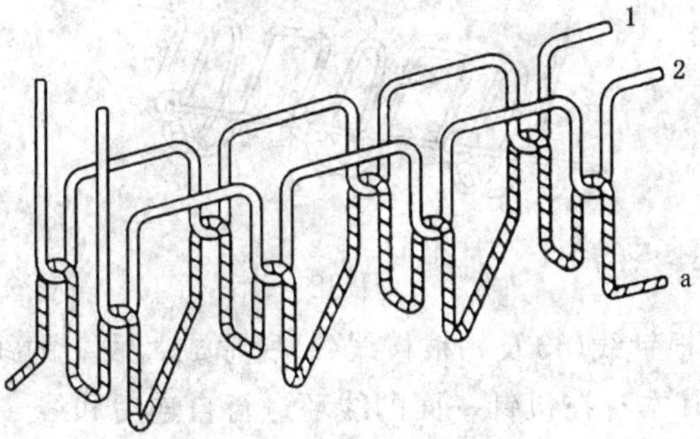

图 35

311 这种线迹型式是由两根针线(1 和 2)及一根梭线(a)所形成。线 1 和 2 的线环从机针一面穿入缝料,露出在另一面与线 a 进行交织,收紧线 1 和线 2,使交织部位处于缝料层的中间。(见图 35)

至少要用两个线迹描绘这种线迹型式。

312

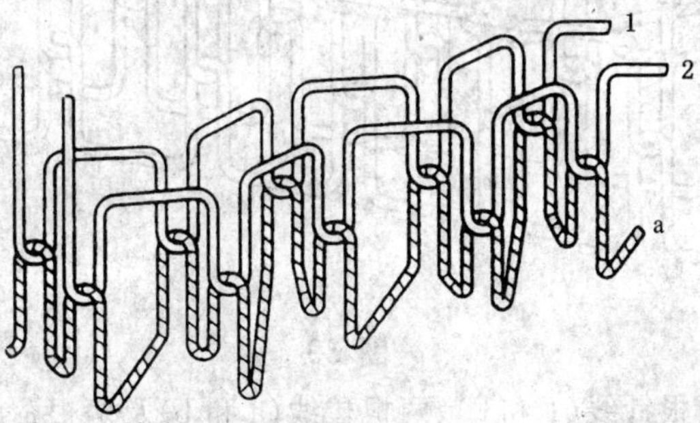

图 36

312 这种线迹型式是由两根针线(1 和 2)及一根梭线(a)所形成。线 1 和 2 的线环从机针一面穿入缝料,露出在另一面与线 a 进行交织,收紧线 1 和线 2,使交织部位处于缝料层的中间。(见图 36)

该线迹型式与 311 线迹相同,只是连续的每个线迹排列成 Z 字形。

至少要用两个线迹描绘这种线迹型式。

313

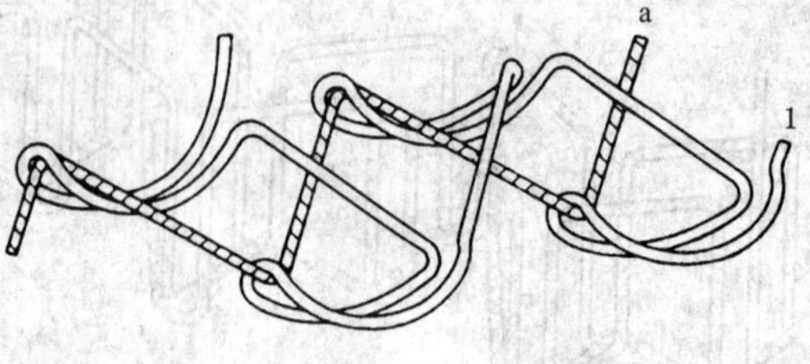

图 37

313 这种线迹型式是由一根针线(1)和一根梭线(a)所形成。线 1 的线环从机针一面穿入缝料的一部分,露出在缝料的机针一面上与线 a 进行交织。(见图 37)

该线迹型式与 317 线迹相同,只是连续的每个线迹形成一种对称曲折形花纹。

至少要用两个线迹描绘这种线迹型式。

314

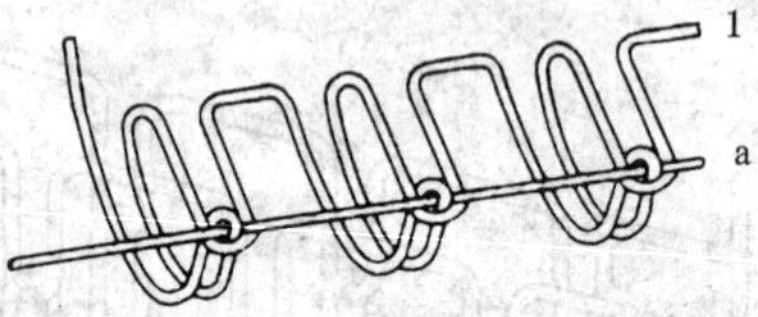

图 38

314 这种线迹型式是由一根针线(1)及一根梭线(a)所形成。线 1 的线环从机针面穿入缝料的一部分,露出在缝料的机针一面和其本身在机针一面的线环进行自连后和线 a 进行交织。(见图 38)

机针穿刺方向与连续线迹的形成方向垂直。

至少要用两个线迹描绘这种线迹型式。

315

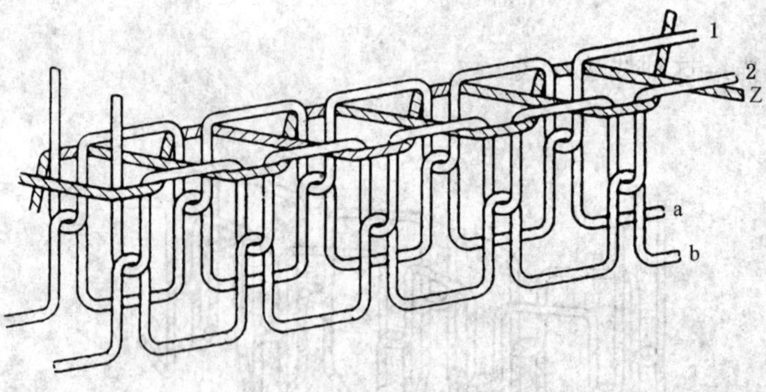

图 39

315 这种线迹型式是由两根针线(1 和 2)、两根梭线(a 和 b)及两根覆盖线(Z 和 Y)所形成。线 1 和线 2 的线环,从覆盖在缝料表面的线 Z 和线 Y 的线环中穿入缝料,露出在缝料另一面,分别以线 1 的线环与线 a 进行交织,线 2 的线环与线 b 进行交织。收紧线 1 和线 2,使交织线环处于缝料层的中间部位。线 Z 和 Y 是以对称十字交叉形式而覆盖于缝料表面。(见图 39)

至少要用两个线迹描绘这种线迹型式。

316

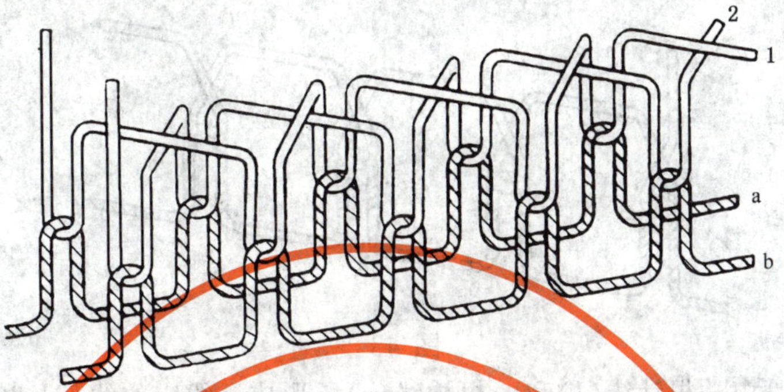

图 40

316 这种线迹型式是由两根针线(1 和 2)和两根梭线(a 和 b)所形成。线 1 和 2 的线环从机针一面穿入缝料,露出在缝料的另一面,分别以线 1 的线环与线 a 交织,线 2 的线环与线 b 交织。收紧线 1 和 2,使交织部位处于缝料层的中间。(见图 40)

在下一机针穿刺点,线 1 与线 b 进行交织,而线 2 则与线 a 交织,这一过程交替地反复进行。

至少要用两个线迹描绘这种线迹型式。

317

图 41

317 这种线迹型式是由一根针线(1)和一根梭线(a)所形成。线 1 的一个线环从机针一面穿入缝料的一部分,露出在机针一面与线 a 进行交织。机针的穿刺方向与连续线迹形成方向重叠呈一条直线。(见图 41)

至少要用两个线迹描绘这种线迹型式。

318

图 42

318 这种线迹型式是由一根针线(1)和一根梭线(a)所形成。线 1 的一个线环在机针一面从线 a 的线环中穿入缝料的一部分,露出在机针一面上,与线 a 进行交织。机针的穿刺方向与连续线迹形成方向重叠呈一条直线。(见图 42)

至少要用两个线迹描绘这种线迹型式。

319

图 43

319 这种线迹型式是由一根针线(1)和一根梭线(a)所形成。线 1 的线环从机针一面穿入缝料,露出在另一面与线 a 进行交织。收紧线 1 使交织部位处于缝料层的中间位置。(见图 43)

该线迹型式与 301 线迹相同,只是线 1 的线环旋转 180°后,与线 a 进行交织。

至少要用两个线迹描绘这种线迹型式。

320

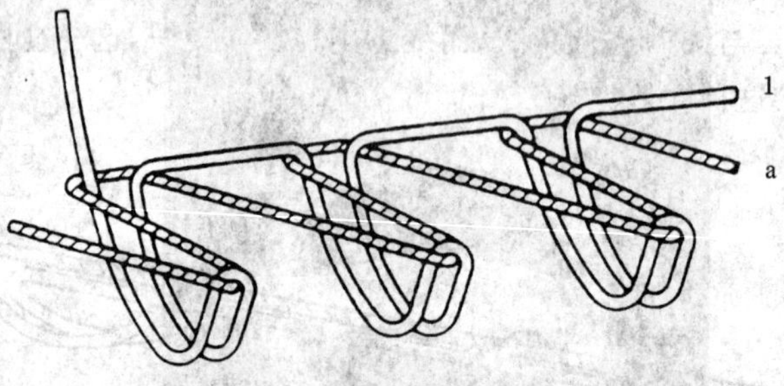

图 44

320 这种线迹型式是由一根针线(1)和一根梭线(a)所形成。线 1 的线环在机针一面从线 a 的一个线环中穿入缝料的一部分,露出在机针面上与线 a 进行交织。机针穿刺方向与连续线迹形成方向垂直。(见图 44)

至少要用两个线迹描绘这种线迹型式。

321-327

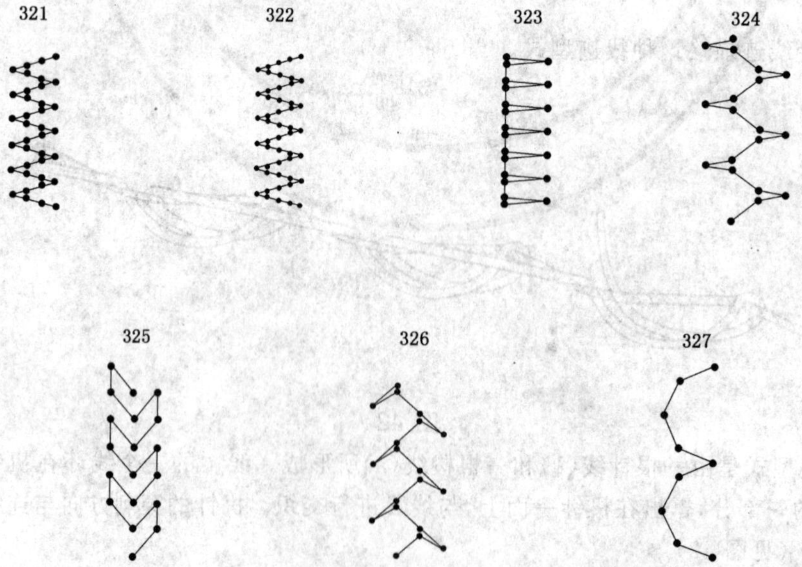

图 45

这些线迹型式与 301 线迹相同,只是其平面图上所示的线缝,具有不同的图形。(见图 45)

328

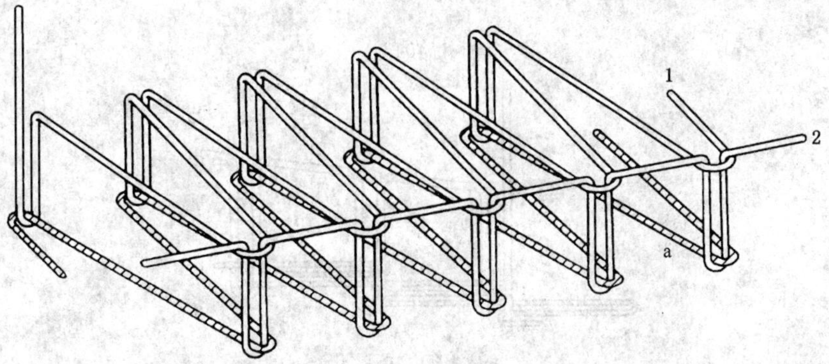

图 46

328 这种线迹型式是由两根针线(1 和 2)和一根梭线(a)所形成。线 2 的线环从覆盖在缝料表面的线 1 的线环中穿入缝料,线 1 的线环也穿入缝料,两者都露出在缝料的另一面与线 a 进行交织。(见图 46)

至少要两种线迹描绘这种线迹型式。

329

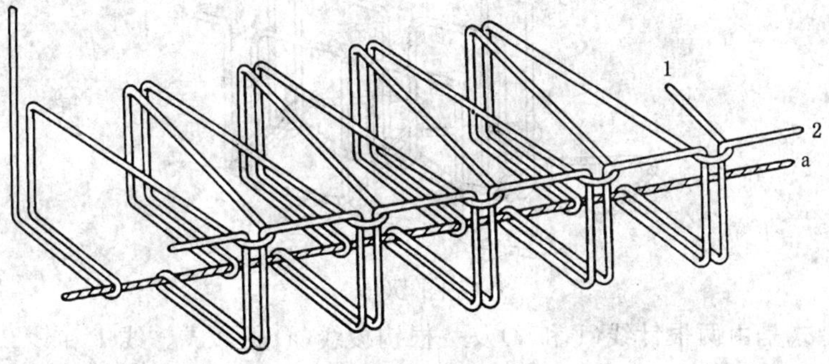

图 47

329 这种线迹型式是由两根针线(1 和 2)和一根梭线(a)所形成。线 2 的线环从覆盖在缝料表面的线 1 的线环中穿入缝料,线 1 的线环也穿入缝料,两者都露出在缝料的另一面,并在上述两线迹的中间位置与线 a 进行交织。(见图 47)

至少要两种线迹描绘这种线迹型式。

351

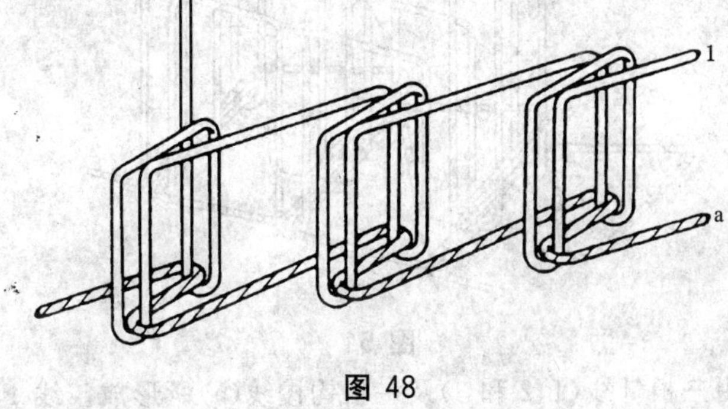

图 48

351 这种线迹型式是由一根针线(1)和一根梭线(a)所形成。线 1 的线环从机针的一面穿入缝料,露出在缝料的另一面与线 a 进行交织。(见图 48)

两线迹之间的间距按顺缝较长、倒缝较短的顺序变化。

至少要用两种线迹描绘这种线迹型式。

400 类

401

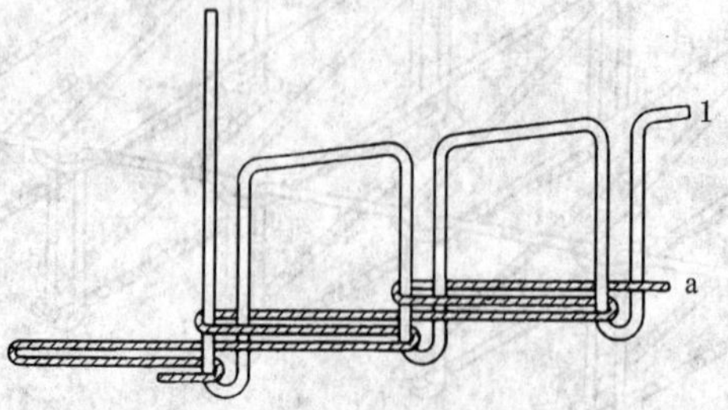

图 49

401 这种线迹型式是由一根针线(1)和一根钩梭线(a)所形成。线 1 的线环从机针一面穿入缝料，露出于另一面后穿入线 a 的前一个线环，然后与线 a 的线环进行互连。这些互连线环都相对于缝料而被收紧。(见图 49)

至少要用两个线迹描绘这种线迹型式。

402

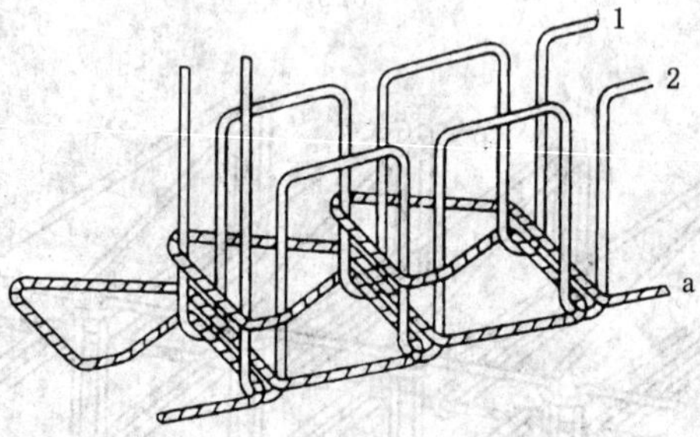

图 50

402 这种线迹型式是由两根针线(1 和 2)及一根钩梭线(a)所形成。线 1 和线 2 的线环从机针一面穿入缝料，露出于另一面后穿入线 a 的前一个线环。然后与线 a 的线环进行互连，这些互连线环都相对缝料而被收紧。(见图 50)

至少要用两个线迹描绘这种线迹型式。

403

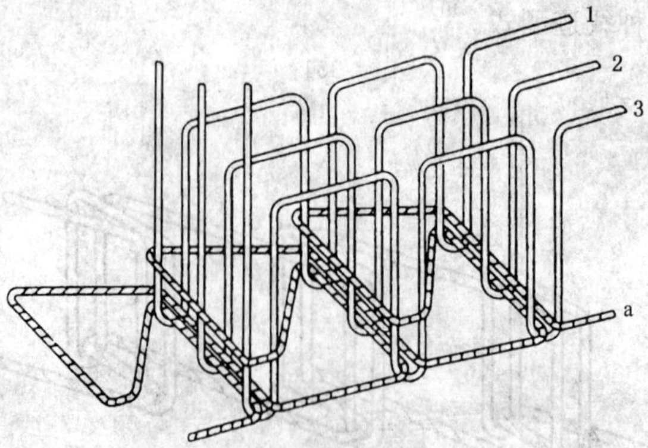

图 51

403 这种线迹型式是由三根针线(1、2 和 3)及一根钩梭线(a)所形成。线 1、2 和 3 的线环从机针一面穿入缝料，露出于另一面后，穿入线 a 的前一个线环，然后与线 a 的线环进行互连，这些互连线环都相对缝料而被收紧。(见图 51)

至少要用两个线迹描绘这种线迹型式。

404

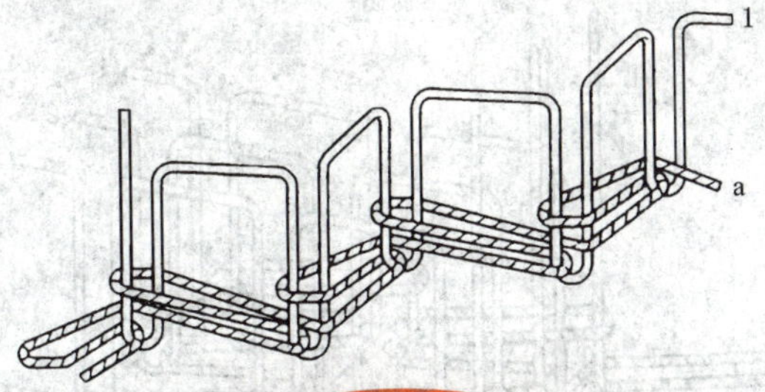

图 52

404 这种线迹型式是由一根针线(1)和一根钩梭线(a)所形成。线 1 的一个线环从机针一面穿入缝料露出于另一面后，穿入线 a 的前一个线环，然后与线 a 的线环进行互连。这些互连线环都相对缝料而被收紧。(见图 52)

该线迹型式的线迹与 401 线迹相同，只是连续的线迹排列成 Z 字形。

至少要用两个线迹描绘这种线迹型式。

405

图 53

405 这种线迹型式是由两根针线(1 和 2)和一根钩梭线(a)所形成。线 1 和 2 的线环从机针一面穿入缝料，露出于另一面后，穿入线 a 的前一个线环，然后与线 a 的线环进行互连，这些互连线环都相对缝料而被收紧。(见图 53)

该线迹型式与 402 线迹相同，只是连续的线迹排列成 Z 字形。

至少要用两个线迹描绘这种线迹型式。

406

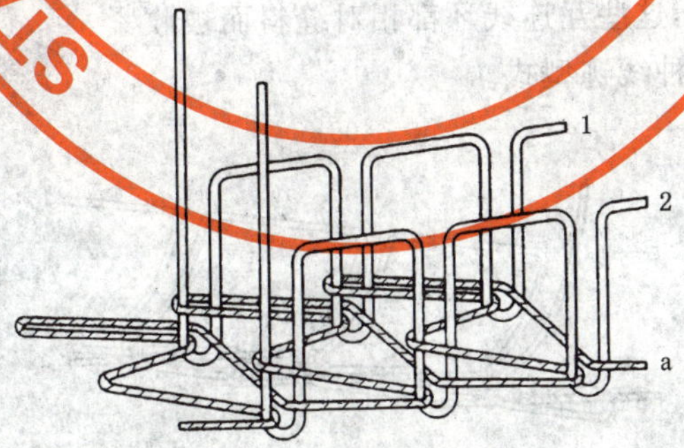

图 54

406 这种线迹型式是由两根针线(1 和 2)及一根钩梭线(a)所形成。线 1 和 2 的线环从机针一面穿入缝料，露出于另一面后分别穿入线 a 前线环分离的两个线环，然后再与线 a 的线环进行互连，这些互连线环相对缝料面而被收紧。(见图 54)

至少要用两个线迹描绘这种线迹型式。

407

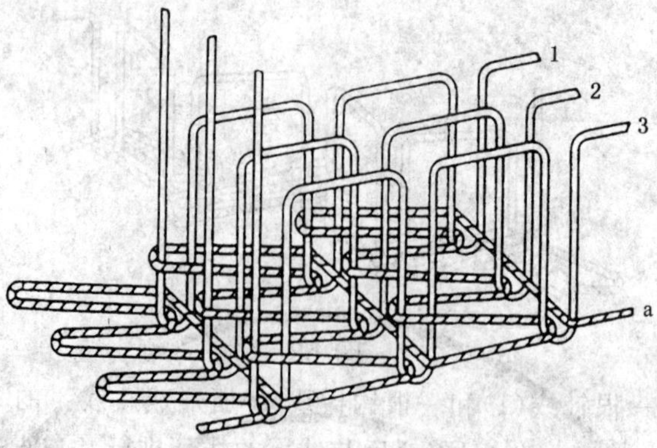

图 55

407 这种线迹型式是由三根针线(1、2 和 3)及一根钩梭线(a)所形成。线 1、2 和 3 从机针一面穿入缝料,露出于另一面后,分别穿入线 a 前一个线环分离的三个线环,然后与线 a 的线环进行互连,这些互连线环都相对缝料面而被收紧。(见图 55)

至少要用两个线迹描绘这种线迹型式。

408

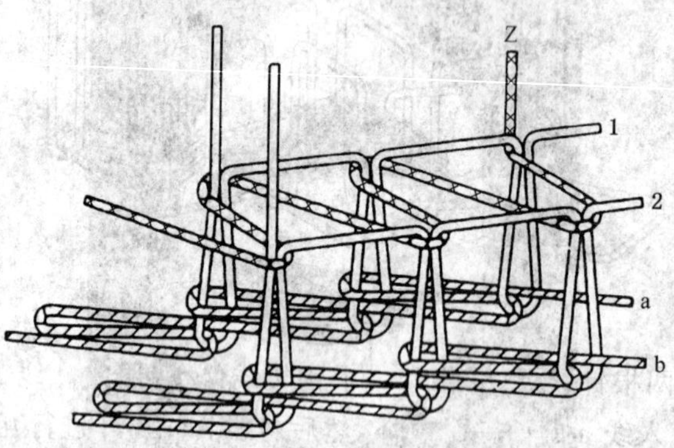

图 56

408 这种线迹型式是由两根针线(1 和 2)、两根钩梭线(a 和 b)和一根覆盖线(Z)所形成。(见图 56)

线 1 和 2 的线环从覆盖在缝料机针一面线 Z 的线环中穿入缝料,露出于另一面后,线 1 的线环穿入线 a 的前一个线环,线 2 的线环穿入线 b 的前一个线环,然后线 1 的线环与线 a 的线环进行互连,线 Z 的线环与线 b 的线环进行互连,这些互连线环都相对缝料而被收紧。

至少要用两个线迹描绘这种线迹型式。

409

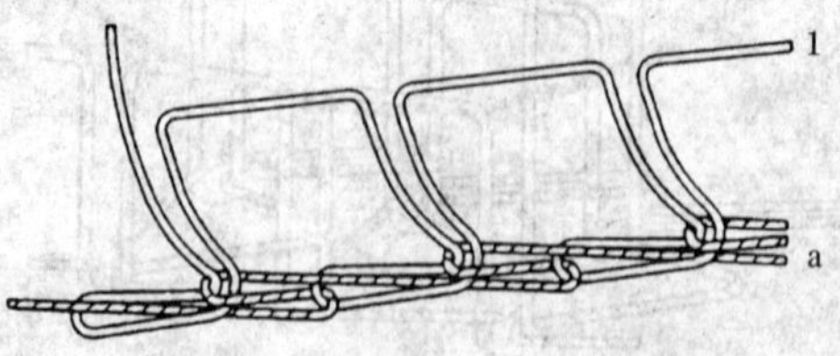

图 57

409 这种线迹型式是由一根针线(1)和一根钩梭线(a)所形成。线 1 的线环从机针一面穿入缝料的一部分,露出于缝料的机针一面后,穿入线 a 的前一个线环,然后与线 a 的线环进行互连,机针穿刺方向同连续线迹形成方向垂直。(见图 57)

至少要用两个线迹描绘这种线迹型式。

410

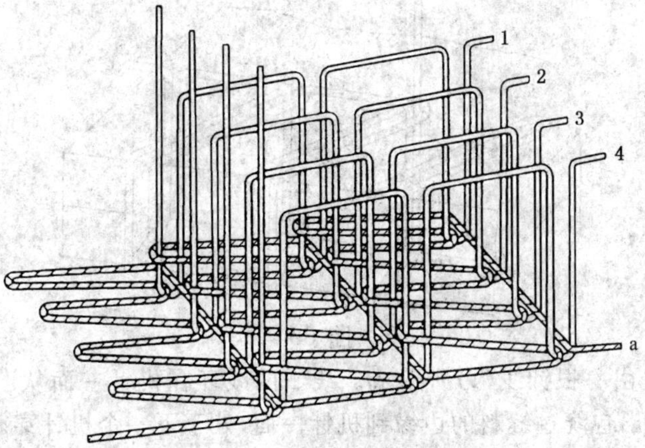

图 58

410 这种线迹型式是由四根针线(1、2、3 和 4)和一根钩梭线(a)所形成。线 1、2、3 和 4 的线环从机针一面穿入缝料,露出于另一面后,分别穿入线 a 前一个线环分离的四个线环,然后与线 a 的线环进行互连,这些互连线环都相对缝料面而被收紧。(见图 58)

至少要用两个线迹描绘这种线迹型式。

411-417

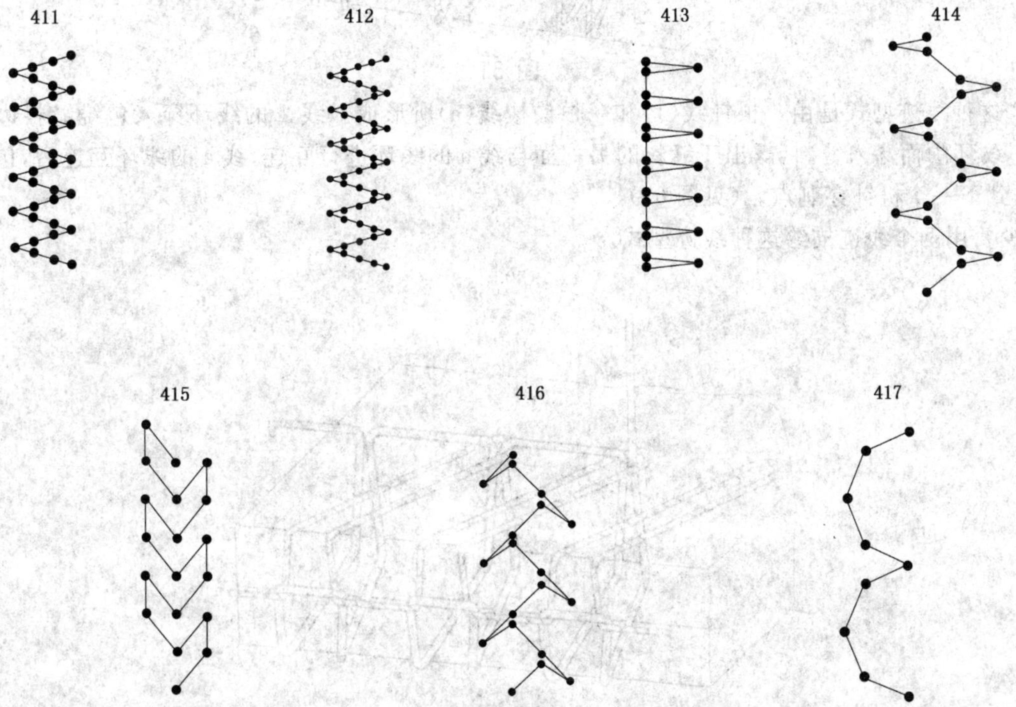

图 59

这种线迹型式与 401 线迹相同,只是平面简图上所示的线缝,具有不相同的图形。(见图 59)

500 类

501

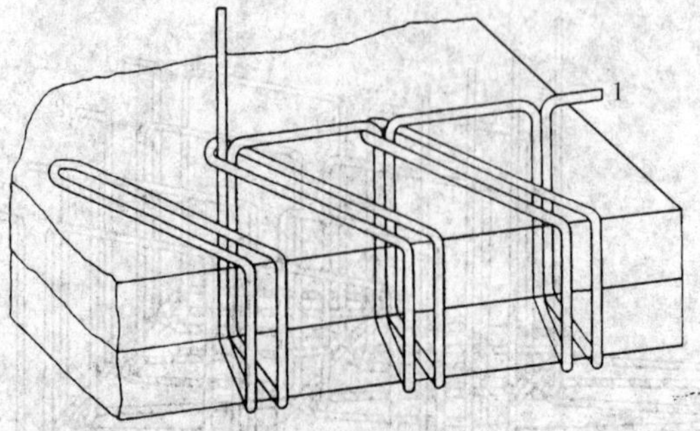

图 60

501 这种线迹型式是由一根针线(1)所形成。线 1 的线环在机针一面从已包绕缝料边缘的前一个线环中穿入缝料,然后拉出包绕过缝料的边缘到机针一面,处于下一个机针穿刺点上。(见图 60)

至少要用两个线迹描绘这种线迹型式。

502

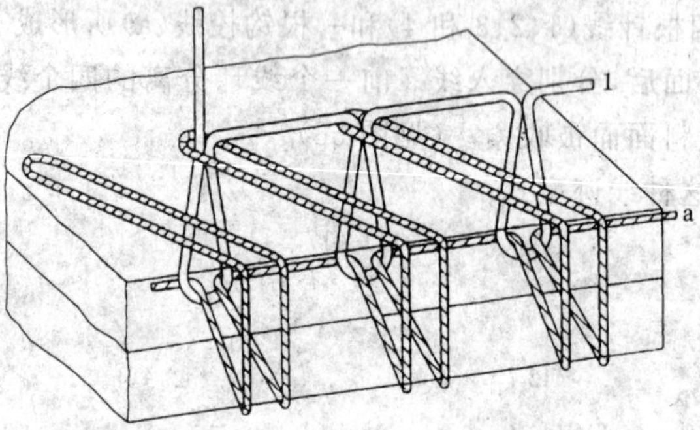

图 61

502 这种线迹型式是由一根针线(1)和一根钩梭线(a)所形成。线 1 的线环穿入包绕缝料边缘的线 a 的前一线环中而穿入缝料,露出于缝料的另一面与线 a 的线环进行互连,线 a 的线环互连后,包绕过缝料边缘,到下一个机针穿刺点。(见图 61)

至少要用两个线迹描绘这种线迹型式。

503

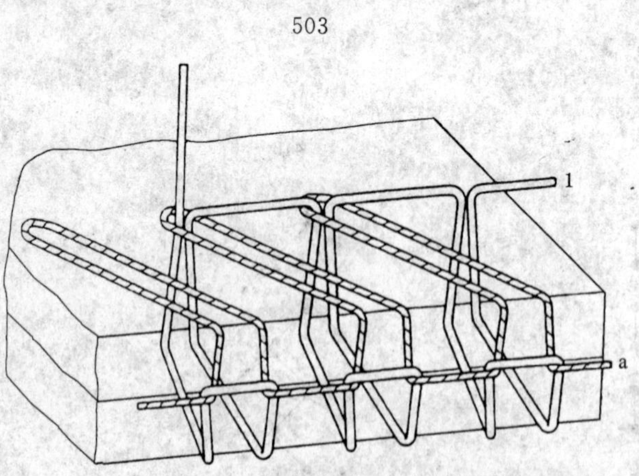

图 62

503 这种线迹型式是由一根针线(1)和一根钩梭线(a)所形成。线 1 的线环穿过已包绕过缝料边缘的线 a 的上一个线环中穿入缝料,然后至缝料边缘与线 a 的线环进行互连,线 a 的线环互连后至下一个机针穿刺点。(见图 62)

至少要用两个线迹描绘这种线迹型式。

504

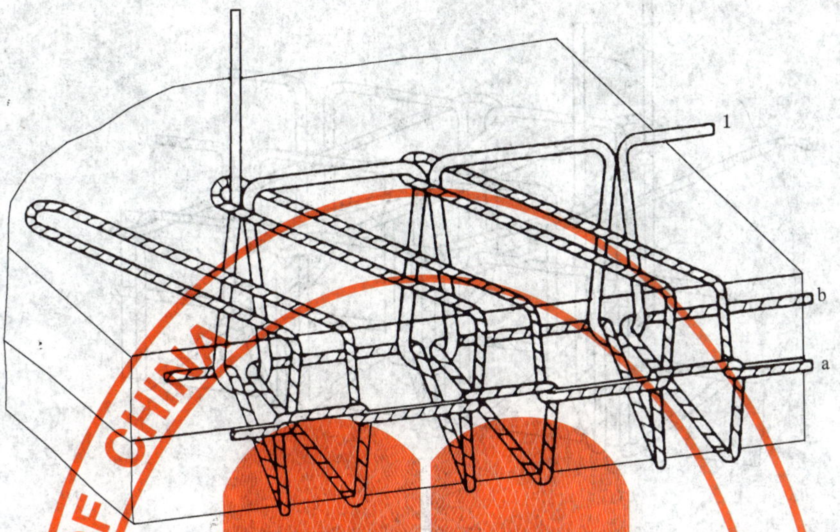

图 63

504 这种线迹型式是由一根针线(1)和两根钩梭线(a 和 b)所形成。线 1 的线环从已包绕缝料边缘的线 a 的上一个线环中穿入缝料，露出于另一面与线 b 的线环进行互连，线 b 的线环互连后至缝料边缘与线 a 的线环进行互连，线 a 的线环互连后至下一个机针穿刺点。(见图 63)

至少要用两个线迹描绘这种线迹型式。

505

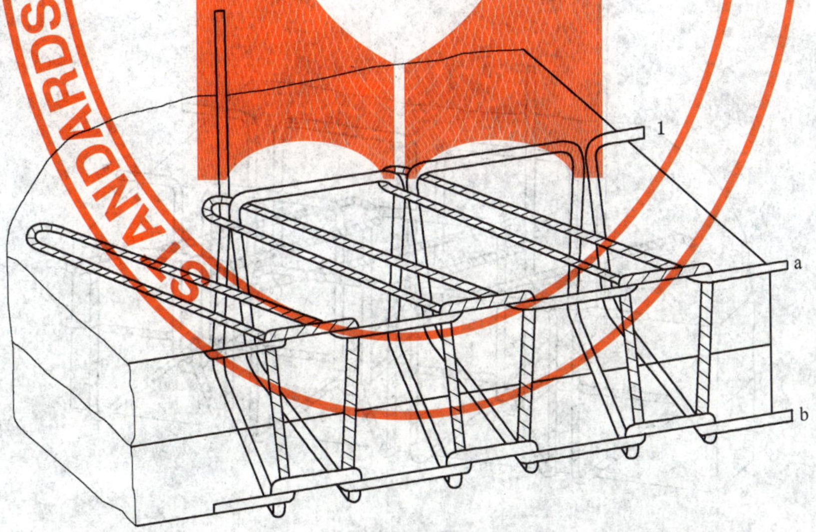

图 64

505 这种线迹型式是由一根针线(1)和两根钩梭线(a 和 b)所形成。线 1 的线环从已包绕过缝料边缘的线 a 的上一个线环中穿入缝料，露出于缝料下边缘，与线 b 的一个线环进行互连，线 b 的线环互连后至缝料上边缘与线 a 的线环进行互连，线 a 的线环互连后至下一个机针穿刺点。(见图 64)

至少要用两个线迹描绘这种线迹型式。

506

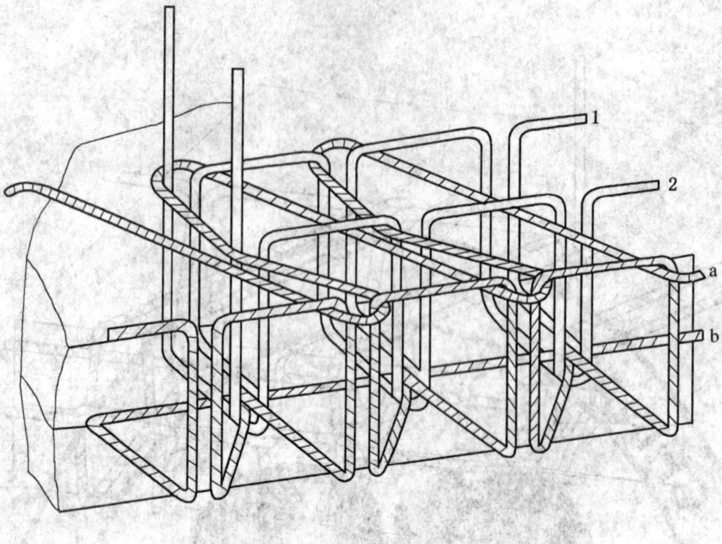

图 65

506 这种线迹型式是由两根针线(1 和 2)及两根钩梭线(a 和 b)所形成。线 1 和 2 的线环从已覆盖于缝料机针一面的线 a 的线环中穿入缝料，在另一面，线 1 的线环拉出到线 2 线环的露出点，线 1 和 2 的线环在此点与线 b 的线环进行互连，线 b 的线环互连后到缝料边缘与线 a 的线环进行互连。线 a 的线环互连后至线 1 和线 2 的下一个机针穿刺点。(见图 65)

至少要用两个线迹描绘这种线迹型式。

507

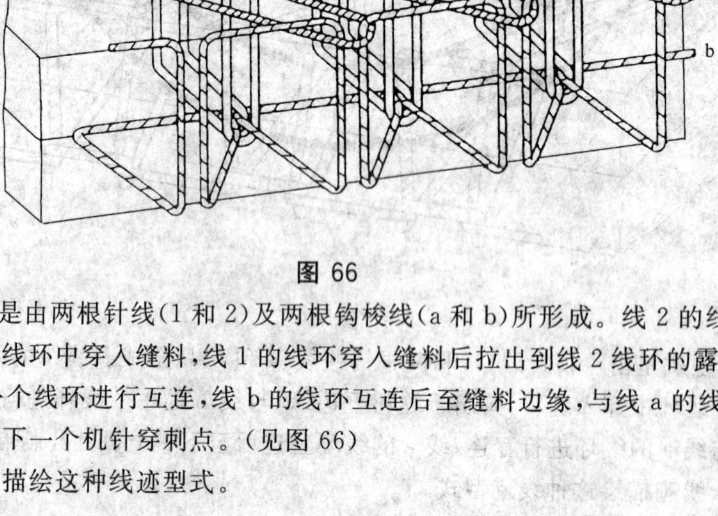

图 66

507 这种线迹型式是由两根针线(1 和 2)及两根钩梭线(a 和 b)所形成。线 2 的线环从已覆盖于机针一面的线 a 的前一个线环中穿入缝料，线 1 的线环穿入缝料后拉出到线 2 线环的露出点，线 1 和 2 的线环在此点与线 b 的一个线环进行互连，线 b 的线环互连后至缝料边缘，与线 a 的线环进行互连，线 a 的线环互连后至线 2 的下一个机针穿刺点。(见图 66)

至少要用两个线迹描绘这种线迹型式。

508

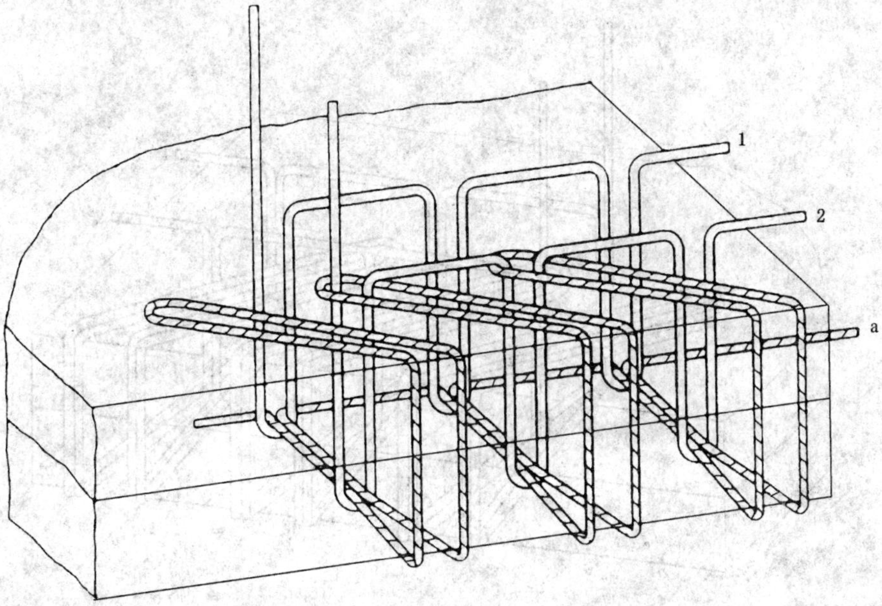

图 67

508 这种线迹型式是由两根针线(1 和 2)及一根钩梭线(a)所形成。线 2 的线环从已包绕过缝料边缘的线 a 的前一个线环中穿入缝料,线 1 的线环穿入缝料,线 1 和 2 的线环在缝料的另一面露出点上与线 a 的线环进行互连,线 a 的线环互连后包绕过缝料边缘到达线 2 的下一个机针穿刺点。(见图 67)

至少要用两个线迹描绘这种线迹型式。

509

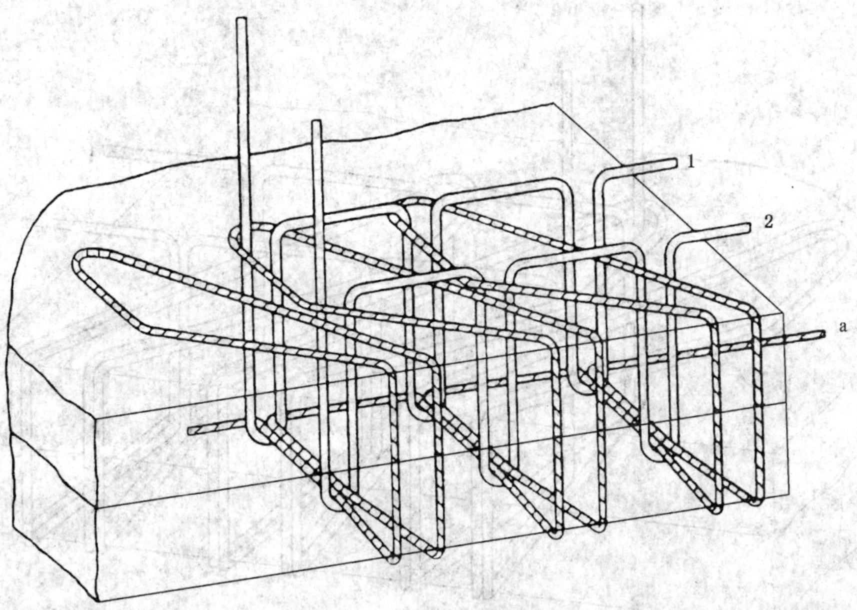

图 68

509 这种线迹型式是由两根针线(1 和 2)及一根钩梭线(a)所形成。线 1 和 2 的线环从已包绕过缝料边缘的线 a 的前一个线环中穿入缝料,线 1 和 2 的线环在缝料的另一面露出点上与线 a 的线环进行互连,线 a 的线环互连后包绕过缝料边缘到达线 1 和 2 的下一个机针穿刺点。(见图 68)

至少要用两个线迹描绘这种线迹型式。

510

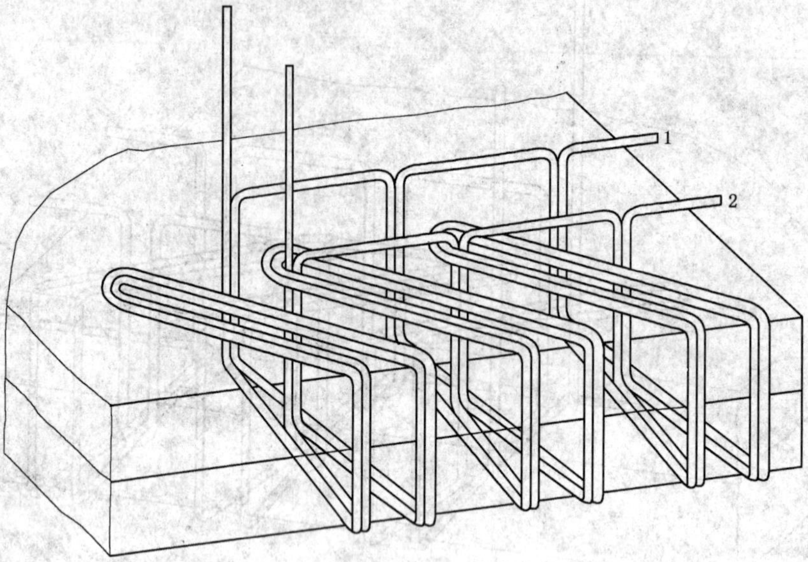

图 69

510 这种线迹型式是由两根针线(1 和 2)所形成。线 2 的线环从包绕过缝料至机针一面的线 1 和 2 的线环中穿入缝料。线 1 的线环穿入缝料后,线 1 和线 2 的线环被合并包绕过缝料边,到达线 2 的下一个机针穿刺点。(见图 69)

至少要用两个线迹描绘这种线迹型式。

511

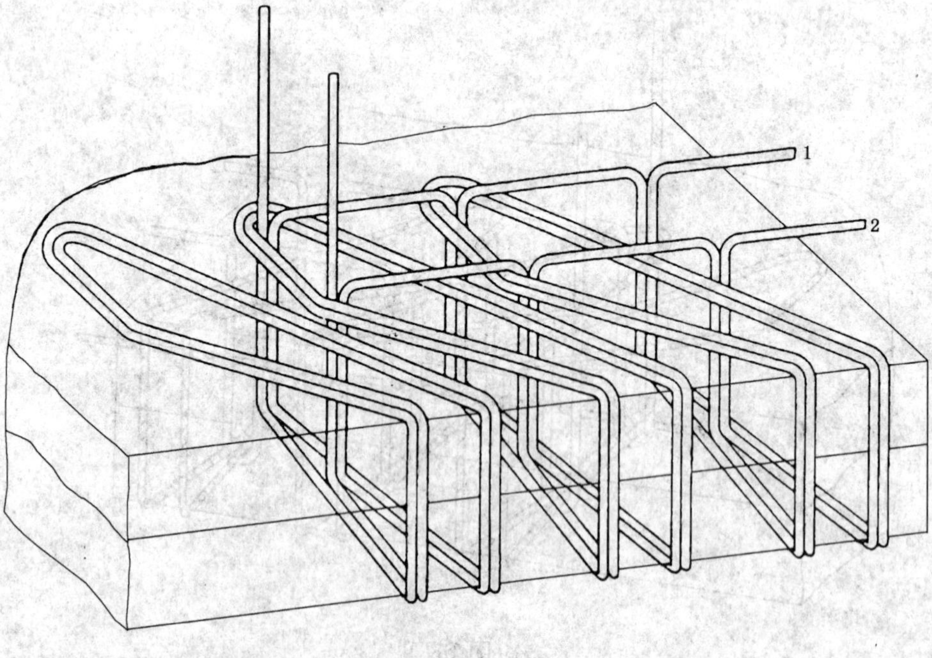

图 70

511 这种线迹型式是由两根针线(1 和 2)所形成。线 1 和 2 的线环从已包绕过缝料边缘至机针一面的本身的线环中穿入缝料后,被拉伸包绕缝料边,一直至下次的机针穿刺点。(见图 70)

至少要用两个线迹描绘这种线迹型式。

512

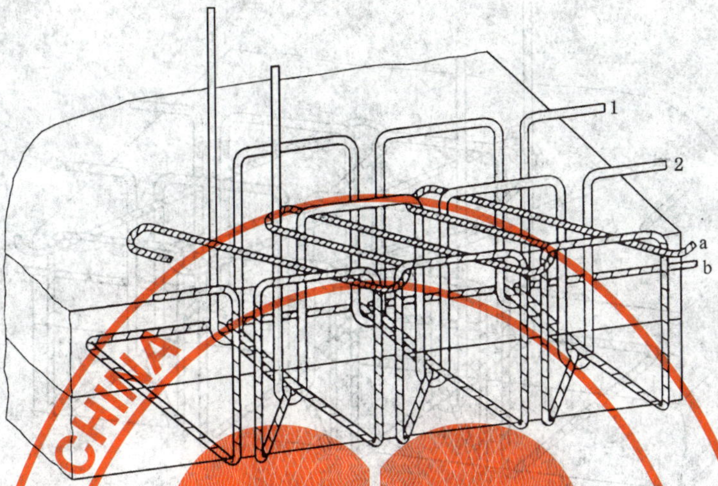

图 71

512 这种线迹型式是由两根针线(1 和 2)及两根钩梭线(a 和 b)所形成。线 2 的线环从在机针一面的线 a 的上一个线环中穿入缝料,以及线 1 的线环穿入缝料后,在缝料另一面的露出点与线 b 的线环进行互连,线 b 的线环互连后包绕缝料边缘,与线 a 的线环进行互连,而线 a 的线环互连后被拉至线 2 的下一个机针穿刺点。(见图 71)

至少要用两个线迹描绘这种线迹型式。

513

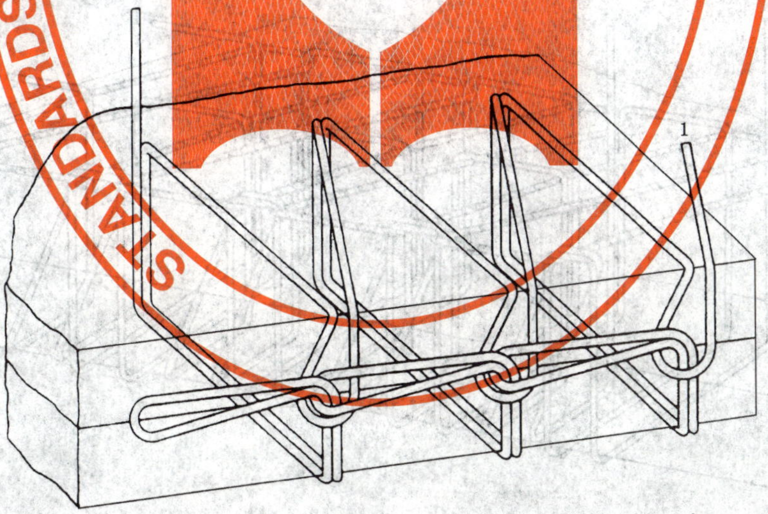

图 72

513 这种线迹型式是由一根针线(1)所形成。该线的线环从缝料机针一面穿入缝料到边缘,于此处与已拉长至缝料边缘处于机针一面线环,以及穿入缝料边的前一个线环进行自连后,进一步再步下一个线环进行自连。(见图 72)

至少要用两个线迹描绘这种线迹型式。

514

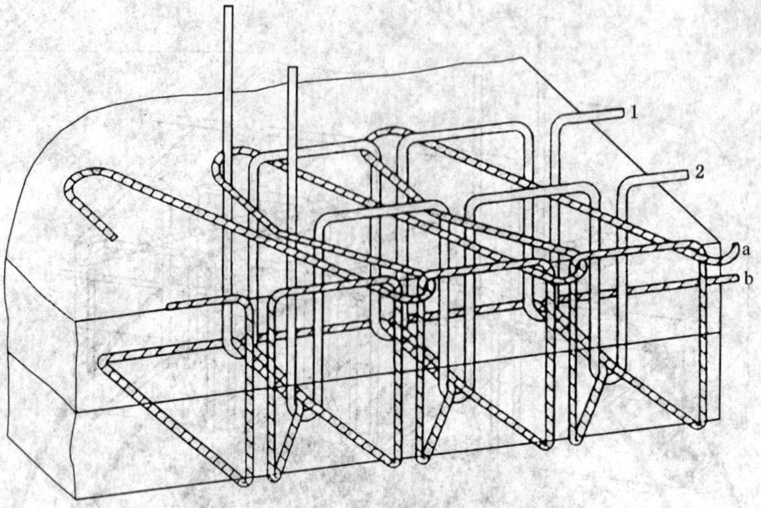

图 73

514 这种线迹型式是由两根针线(1 和 2)及两根钩梭线(a 和 b)所形成。线 1 和 2 的线环从处于缝料机针一面的线 a 的前一个线环中穿入缝料,露出于另一面与线 b 的线环进行互连,线 b 的线环互连后被拉至缝料边缘,与线 a 的线环进行互连,线 a 的线环互连后至线 1 和 2 的下一个机针穿刺点。(见图 73)

至少要用两个线迹描绘这种线迹型式。

521

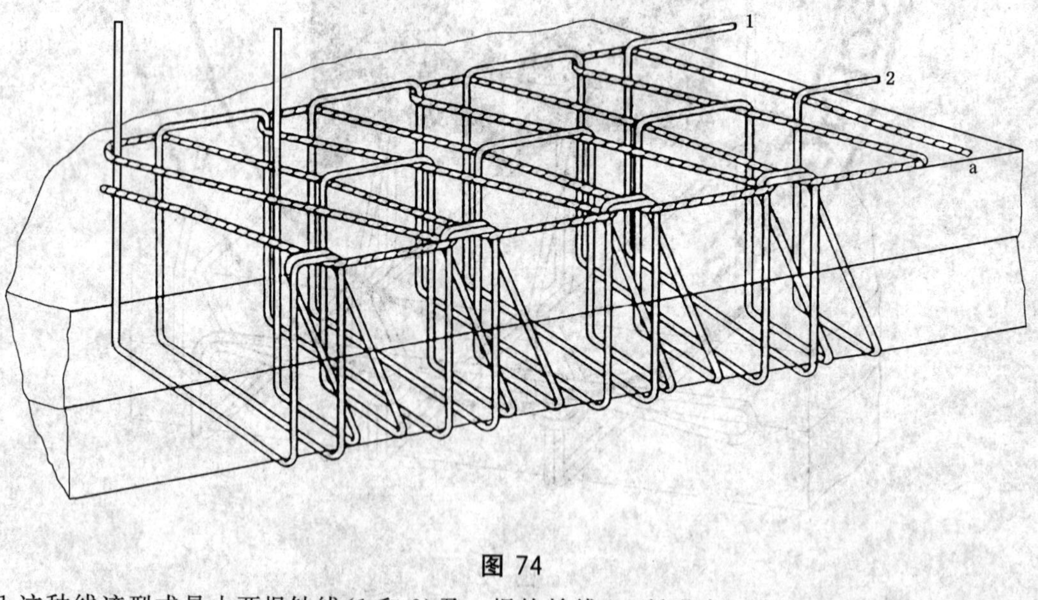

图 74

521 这种线迹型式是由两根针线(1 和 2)及一根钩梭线(a)所形成。线 1 和 2 的线环从处于缝料机针一面的线 a 的前一个线环中穿入缝料后,被拉至缝料边,与线 a 的线环进行互连,线 a 的线环互连后,被拉至线 1 和 2 的下一个机针穿刺点。(见图 74)

至少要用两个线迹描绘这种线迹型式。

522

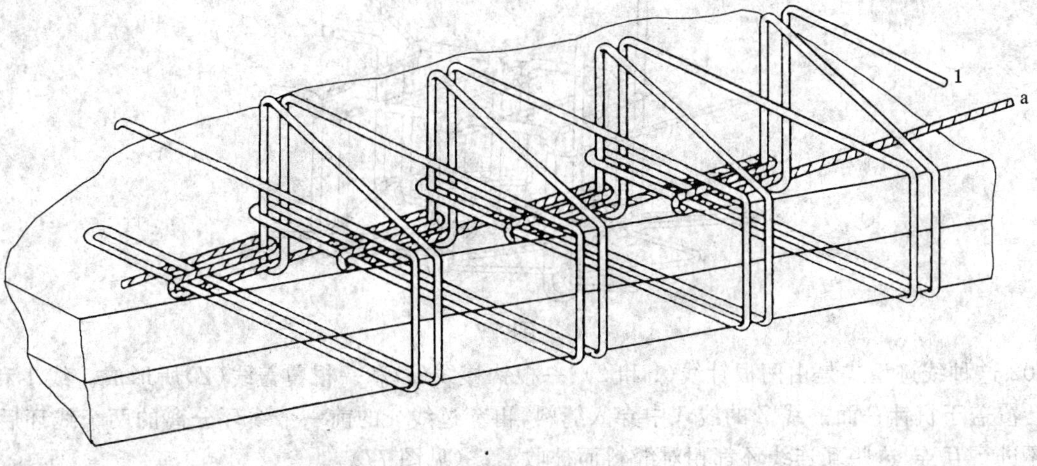

图 75

522 这种线迹型式是由一根针线(1)和一根钩梭线(a)所形成。线 1 的线环从机针的一面穿入缝料，与缝料另一面的线 a 互连，线 1 返回缝料表面后包绕缝料边缘与线 a 的前一线环再次互连，到下一个机针穿刺点。(见图 75)

连续的线迹在缝料的机针一面排列成对称的 Z 字形。

至少要用两种线迹描绘这种线迹型式。

600 类

601

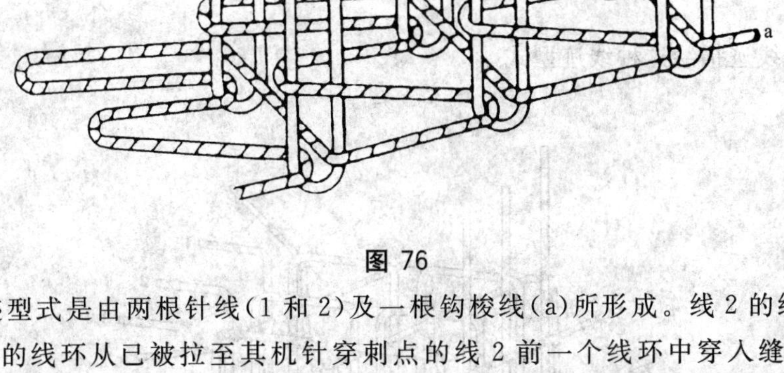

图 76

601 这种线迹型式是由两根针线(1 和 2)及一根钩梭线(a)所形成。线 2 的线环从机针一面穿入缝料，以及线 1 的线环从已被拉至其机针穿刺点的线 2 前一个线环中穿入缝料后，进入线 a 的前一个线环中分离的两个线环，再与线 a 的线环进行互连，这些互连线环都是相对缝料而被收紧。(见图 76)

该线迹型式也可用于缝料边缘上。

至少要用两个线迹描绘这种线迹型式。

602

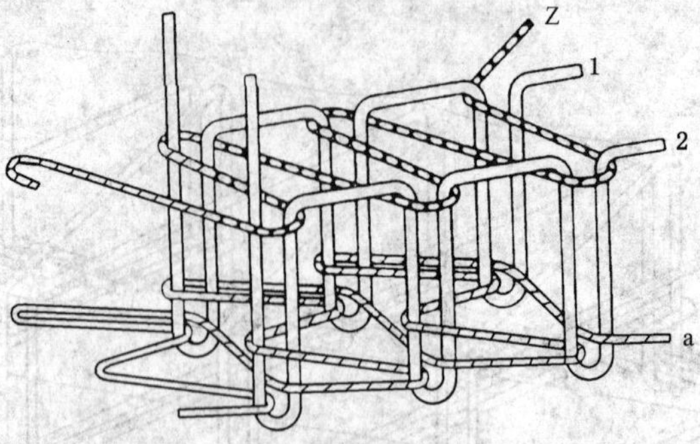

图 77

602 这种线迹型式是由两根针线(1 和 2)、一根钩梭线(a)和一根覆盖线(Z)所形成。线 1 和 2 的线环从已覆盖于机针一面的线 Z 的线环中穿入缝料,再穿过线 a 的前一个线环分离的两个线环后,与线 a 的线环进行互连,这些互连线环都相对缝料而被收紧。(见图 77)

至少要用两个线迹描绘这种线迹型式。

603

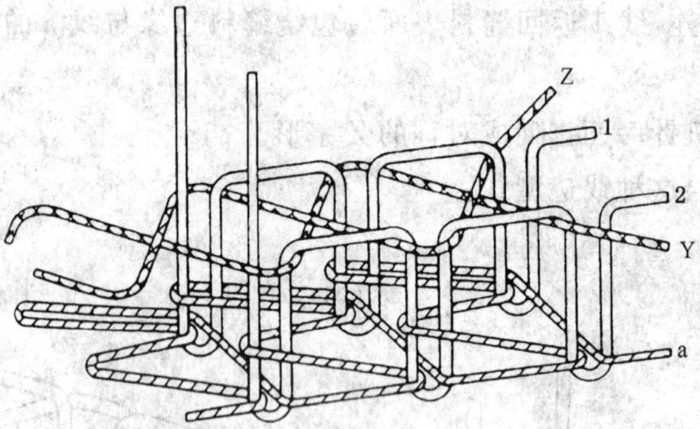

图 78

603 这种线迹型式是由两根针线(1 和 2)、一根钩梭线(a)和两根覆盖线(Z 和 Y)所形成。线 1 和 2 的线环从已覆盖于缝料机针一面的线 Z 和 Y 的线环中穿入缝料,进入线 a 的前一个线环分离的两个线环后,与线 a 的线环进行互连,这些互连线环都相对缝料而被收紧,线 Z 和 Y 是呈对称十字交叉形配置。(见图 78)

至少要用两个线迹描绘这种线迹型式。

604

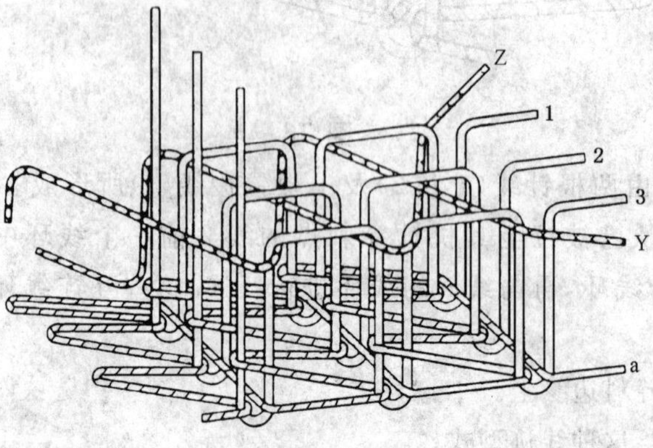

图 79

604 这种线迹型式是由三根针线(1、2 和 3)、一根钩梭线(a)及两根覆盖线(Z 和 Y)所形成。线 1、2 和 3 的线环从已覆盖于缝料机针一面的线 Z 和 Y 的线环中穿入缝料后，进入线 a 前一个线环分离的三个线环，再与线 a 的线环进行互连，这些互连线环都相对缝料而被收紧。线 Z 和 Y 是呈对称十字交叉形配置。(见图 79)

至少要用两个线迹描绘这种线迹型式。

605

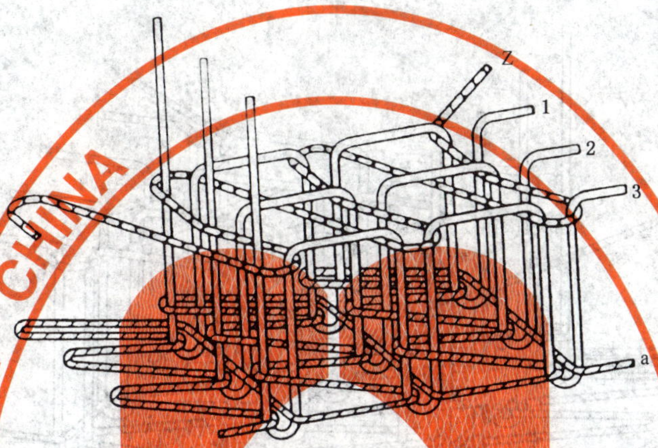

图 80

605 这种线迹型式是由三根针线(1、2 和 3)、一根钩梭线(a)及一根覆盖线(Z)所形成。线 1、2 和 3 的线环从已覆盖于缝料机针一面的线 Z 的线环中穿入缝料后，进入线 a 前一个线环分离的三个线环，再与线 a 的下一个线环进行互连，这些互连线环都相对缝料而被收紧。(见图 80)

至少要用两个线迹描绘这种线迹型式。

606

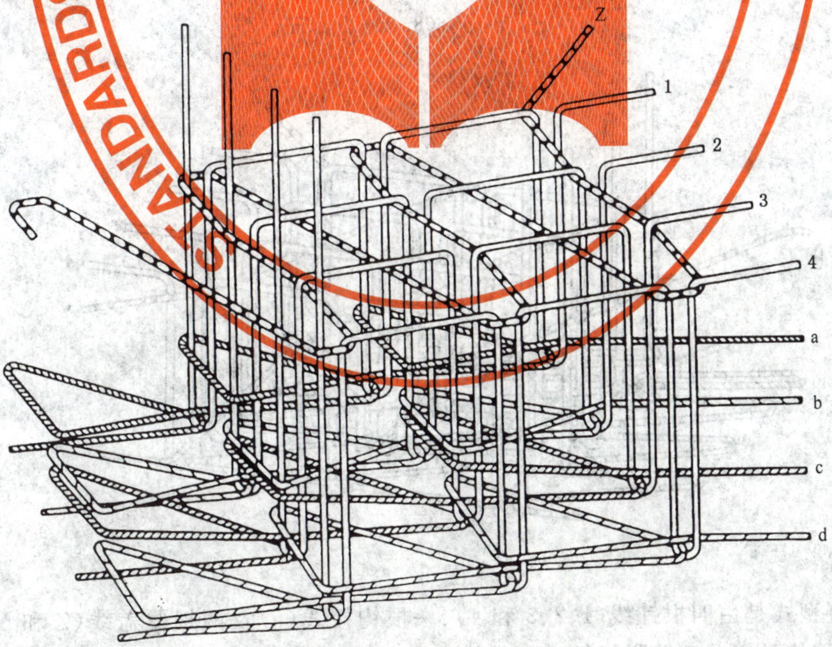

图 81

606 这种线迹型式是由四根针线(1、2、3 和 4)、四根钩梭线(a、b、c 和 d)及一根覆盖线(Z)所形成。线 1 和 2 的线环从已覆盖于机针一面的线 Z 的前一个线环中穿入缝料，线 3 和 4 的线环从线 2 的后一个线环中穿入缝料。在另一面按下列方式穿入线 a、b、c 和 d 的前一个线环，即线 1 的线环穿入线 a 的线环，线 2 的线环穿入线 a、b 和 c 的线环，线 3 的线环穿入线 b、c 和 d 的线环，线 4 的线环穿过线 d 的线环，接着再进一步按下列方式与线 a、b、c 和 d 的另一线环进行互连，即 1 与 a，2 与 b，3 与 c 及 4 与 d。这些互连线环都相对缝料而被收紧。(见图 81)

至少要用两个线迹描绘这种线迹型式。

607

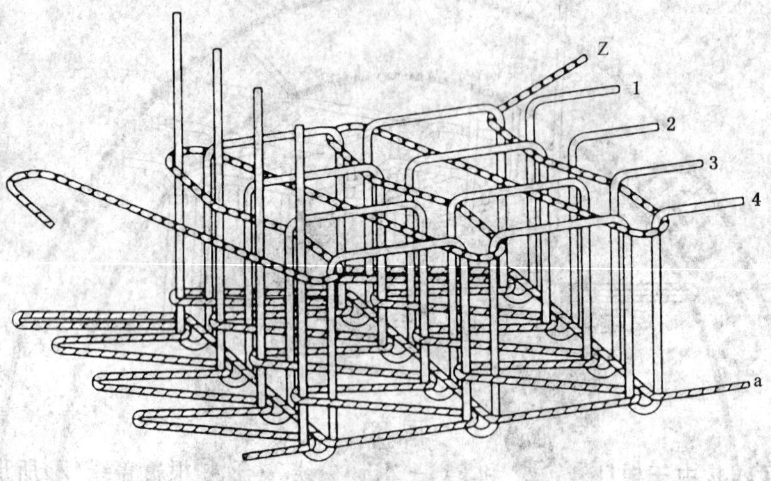

图 82

607 这种线迹型式是由四根针线(1、2、3 和 4)、一根钩梭线(a)及一根覆盖线(Z)所形成。线 1、2、3 和 4 的线环，从已覆盖于缝料机针一面的线 Z 的线环中穿入缝料，进入线 a 前一个线环分离出的四个线环，再与线 a 的线环进行互连。这些互连线环都相对缝料而被收紧。(见图 82)

至少要用两个线迹描绘这种线迹型式。

608

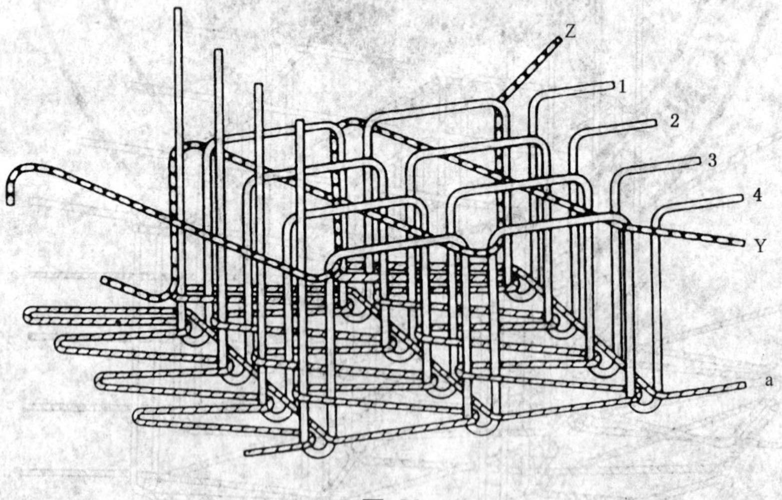

图 83

608 这种线迹型式是由四根针线(1、2、3 和 4)、一根钩梭线(a)及两根覆盖线(Z 和 Y)所形成。线 1、2、3 和 4 的线环，从已覆盖于缝料机针一面的线 Z 和 Y 的线环中穿入缝料，进入线 a 前一个线环分离的四个线环，再与线 a 的线环进行互连。这些互连线环都相对缝料而被收紧，线 Z 和 Y 是对称式十字交叉形配置而覆盖的。(见图 83)

至少要用两个线迹描绘这种线迹型式。

609

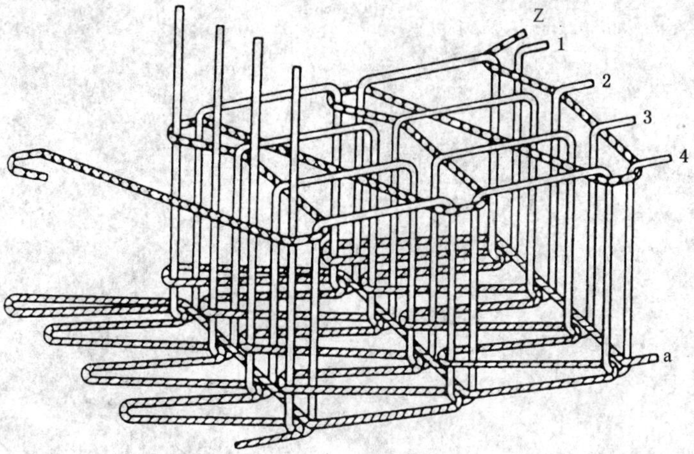

图 84

609 这种线迹型式是由四根针线(1、2、3 和 4)、一根钩梭线(a)及一根覆盖线(Z)所形成。线 1、2、3 和 4 的线环从已覆盖于缝料机针一面的线 Z 的线环中穿入缝料，进入线 a 前一个线环分离的四个线环，然后与线 a 的线环进行互连。这些互连线环都相对缝料而被收紧。(见图 84)

至少要用两个线迹描绘这种线迹型式。